Walter Roedel

Physik unserer Umwelt: Die Atmosphäre

Mit 172 Abbildungen

Springer-Verlag
Berlin Heidelberg New York London Paris
Tokyo Hong Kong Barcelona Budapest

Professor Dr. WALTER ROEDEL
Institut für Umweltphysik
Universität Heidelberg
Im Neuenheimer Feld 366
69120 Heidelberg

ISBN 3-540-54285-X Springer-Verlag Berlin Heidelberg New York

Korrigierter Nachdruck

Die Deutsche Bibliothek – CIP-Einheitsaufnahme
Roedel, Walter:
Physik unserer Umwelt: die Atmosphäre / Walter Roedel. –
Berlin ; Heidelberg ; New York ; London ; Paris ; Tokyo ; Hong Kong ; Barcelona ; Budapest :
Springer, 1992
ISBN 3-540-54285-X

Satz: Elsner & Behrens GmbH, D-6836 Oftersheim

32/3145-5 4 3 2 1 – Gedruckt auf säurefreiem Papier

Vorwort

Dieses Buch ist aus einer zweisemestrigen Vorlesung hervorgegangen, die ich seit einigen Jahren im Rahmen meiner Lehrveranstaltungen über Umweltphysik an der Universität Heidelberg halte. Die Vorlesung, eine Einführung in die Physik der Atmosphäre und in die Umweltmeteorologie, ist in erster Linie für Physikstudenten gedacht, wird aber auch von vielen Geowissenschaftlern besucht.

Dieser Herkunft entsprechend wendet sich das Buch primär an Physiker und an Geowissenschaftler. Es will darüber hinaus allen physikalisch interessierten Naturwissenschaftlern und Ingenieuren, die sich mit der Atmosphäre als Teil unserer Umwelt beschäftigen wollen oder müssen, einen ersten Überblick über das Funktionieren dieses so ungeheuer komplexen Systems vermitteln, das Verständnis für natürliche und anthropogene Einflüsse auf dieses System fördern und nach Möglichkeit Hilfestellung für die eigene Arbeit geben. Die Leserin oder der Leser sollte etwa über die physikalischen Kenntnisse und über die physikalisch-mathematischen Techniken verfügen, die in den ersten Semestern eines Physik-Studiums vermittelt werden. Um jedoch den Lesefluß mathematisch weniger bewanderter Leser nicht zu sehr zu stören, sind formal kompliziertere Teile aus dem Text herausgenommen und in „Ergänzungen" verlagert worden, soweit dies ohne Beeinträchtigung der Verständlichkeit möglich erschien. In den Teilen, die unmittelbar der Bereitstellung theoretischer Grundlagen dienen, ist ein solches Ausklammern der Formalismen natürlich nicht sinnvoll. Daneben enthalten die „Ergänzungen" einige weitere Abschnitte, die für das Verständnis des Haupttextes nicht unmittelbar erforderlich sind.

Die Herkunft des Buches aus einer einführenden Vorlesung spiegelt sich auch im Stil der Darstellung sowie in der Auswahl und Anlage des Stoffes wider: Das Buch ist bewußt als Lehrbuch ausgelegt, in dem nachvollziehbare physikalische Begründungen atmosphärischer Prozesse im Vordergrund stehen, nicht die lückenlose Darstellung aller Phänomene. Für dieses Ziel werden gelegentlich dort, wo es notwendig erscheint, auch Vereinfachungen und Auslassungen in Kauf genommen.

Die Stoffauswahl ist also notwendigerweise beschränkt. Eine gewisse Heterogenität und natürlich eine gewisse Subjektivität ließen sich nicht vermeiden. Ich habe versucht, auf die eher konventionellen Gebiete der atmosphärischen Physik und auf die im engeren Sinne umweltmeteorologischen Aspekte jeweils etwa gleiches Gewicht zu legen. Manche Themen ziehen sich durch das ganze Buch hindurch. Die Leserin oder der Leser wird z. B. bemerken, daß das Verhalten von Spurenstoffen oder – in noch stärkerem Maße – Fragen des Klimas und der Klimavariationen immer wieder angesprochen werden.

Ich möchte dieses Vorwort nutzen, um in Dankbarkeit einige Persönlichkeiten zu erwähnen, die mich in der Hinwendung zu meinem heutigen Arbeitsgebiet, das in diesem Buch seinen Niederschlag findet, beeinflußt und geleitet haben. An erster Stelle will ich hier meinen akademischen Lehrer Prof. Otto Haxel nennen. Otto Haxel hat in den fünfziger Jahren – einerseits unter dem Eindruck der drohenden radioaktiven Verseuchung der Atmosphäre durch die oberirdischen Kernwaffentests und andererseits aus Interesse für die damals aufkommenden isotopengeophysikalischen Techniken – in Heidelberg die Arbeitsgebiete begründet, welche wir heute hier unter dem Begriff Umweltphysik zusammenfassen. Otto Haxel wurde auch nie müde, darauf hinzuweisen, daß Wissen nicht nur erarbeitet, sondern auch vermittelt und weitergegeben werden muß. Diese Einstellung hat mich später in meiner eigenen Tätigkeit als Hochschullehrer geleitet, aus ihr heraus ist auch die Idee zu diesem Buch entstanden.

Weiter möchte ich Prof. Christian Junge und Prof. Hans-Walter Georgii erwähnen. Der Kontakt mit ihnen und ihren Arbeitsgruppen in Mainz und Frankfurt, in den siebziger und frühen achtziger Jahren, hat mein Interesse an der Meteorologie und an der Beschäftigung mit atmosphärischen Spurenstoffen nachhaltig gefördert. Dr. Gerhard Schumann und Prof. Karl-Otto Münnich verdanke ich viele Anregungen, darunter nicht zuletzt die besonders von K.-O. Münnich immer wieder in den Vordergrund gestellte Denkweise, Teile der physischen Umwelt nicht isoliert, sondern als Bausteine eines Ganzen zu sehen, die Denkweise also, die gerne als Interdisziplinarität bezeichnet wird. Schließlich möchte ich Prof. Hans Oeschger danken. Er ermöglichte mir einen halbjährigen Aufenthalt in seinem Institut in Bern und hat mich während dieser Zeit ganz besonders für die Probleme des Klimas und der Klima-Änderung sensibilisiert.

An dieser Stelle will ich mich auch für die zahlreichen Hinweise und Vorschläge aus dem Kreis der Hörer meiner Vorlesungen bedanken. Viele ihrer Anregungen sind in dieses Buch eingeflossen. Ebenso bedanke ich mich bei Doris Meinhardt, die das abgeschlossene Manuskript dieses Buches sorgfältig durchgesehen, mich auf Fehler und Verbesserungsmöglichkeiten hingewiesen und bei dem Lesen der Korrekturen unterstützt hat. Nicht zuletzt richtet sich mein besonderer Dank an den Springer-Verlag in Heidelberg und an seine Mitarbeiter und Mitarbeiterinnen für das Interesse an diesem Buch und für die hervorragende Betreuung, die ich erfahren durfte.

Ich möchte mit der Bitte an die Leserinnen und Leser dieses Buches schließen, mich auf noch verbliebene Fehler aufmerksam zu machen. Ebenso sind Vorschläge für Verbesserungen sehr willkommen.

Heidelberg, im Dezember 1991 Walter Roedel

Inhaltsverzeichnis

Kapitel 1

Strahlung und Energie in dem System Atmosphäre/Erdoberfläche

Alle meteorologisch-physikalischen Prozesse, die in der irdischen Atmosphäre ablaufen, sind letzten Endes eine Folge einiger weniger (wenn man so will: astronomischer) Einflußgrößen. Die wichtigsten sind die Einstrahlung von der Sonne, die räumliche und zeitliche Variation dieser solaren Einstrahlung durch die Bewegung der Erde um die Sonne und durch die Drehung der Erde um ihre eigene Achse und schließlich die Kräfte, die durch die Gravitation des Erdkörpers und durch seine Eigendrehung zustande kommen. Die Einstrahlung von Energie von der Sonne und die Umsetzung dieser Energie in dem System, das aus Ozean, festem Erdboden und Atmosphäre besteht, sind dabei die eigentlichen Antriebsmechanismen des atmosphärischen Geschehens. Wir stellen deshalb die Behandlung des Strahlungs- und Wärmehaushaltes dieses Systems an den Anfang unserer ganzen Betrachtungen.

Dieser Haushalt wird, kurz gesagt, bestimmt durch

- die Einstrahlung von Sonnenlicht aus dem Weltraum in die Atmosphäre sowie durch die Absorption und Streuung dieses Lichtes innerhalb der Atmosphäre und am Erdboden; der Schwerpunkt des Wellenlängenspektrums dieser Strahlung liegt bei etwa 500 nm;
- die thermische Strahlung, die von terrestrischen Quellen wie Erdoberfläche und Atmosphäre selbst ausgeht und deren Schwerpunkt im Spektrum bei etwa 10 μm liegt; diese Strahlung wird zum Teil an der Erdoberfläche und in der Atmosphäre wieder absorbiert, zum Teil wird sie in den Weltraum abgestrahlt; per Saldo muß die thermische Abstrahlung der Erde als Ganzes gerade die solare Einstrahlung kompensieren;
- nichtradiative, d. h. nicht durch Strahlung bewirkte Wärme- bzw. Energietransportprozesse.

Damit ist auch die Einteilung des ersten Kapitels nahegelegt; wir wollen – nach der Besprechung einiger wichtiger Grundlagen – in der Reihenfolge dieser Punkte vorgehen, um dann mit der Diskussion der Gesamtenergiebilanzen und – allerdings nur phänomenologisch – der daraus resultierenden Oberflächentemperaturen zu schließen.

1.1 Einige Grundlagen

Im ersten Teil dieses Abschnitts werden die wichtigsten für die solare Strahlung auf der Erde relevanten himmelsmechanischen Fakten zusammengestellt, die z. B. für die Abfolge der Jahreszeiten verantwortlich sind, oder die die Rollen ausgezeichneter geographischer Breiten, wie z. B. der Tropen, festlegen. Anschließend sollen in kurzer Form – und ohne Begründung – die Gesetze der thermischen Strahlung in das Gedächtnis zurückgerufen werden, die zum Verständnis der terrestrischen Strahlung erforderlich sind. Im dritten Teil dieses Abschnitts werden die formalen Grundlagen für die Behandlung der Übertragung von Strahlung in der Atmosphäre dargestellt. Im letzten Abschnitt werden wir schließlich die chemische Zusammensetzung der irdischen Atmosphäre besprechen, unter besonderer Betonung der für die Strahlung besonders relevanten Komponenten.

1.1.1 Die Erde als Planet

Die Erde umkreist die Sonne in einer ganz schwach exzentrischen Ellipse; der mittlere Abstand der Erde zur Sonne beträgt etwa $149{,}6 \cdot 10^6$ km, der Abstand im Perihel, der minimalen Entfernung, ca. $147 \cdot 10^6$ km, und im Aphel, der maximalen Entfernung, ca. $152 \cdot 10^6$ km. Das Perihel wird Anfang Januar durchlaufen, das Aphel dementsprechend Anfang Juli, die Erde erreicht ihren sonnennächsten Punkt also während des nördlichen Hochwinters. Wegen der höheren Bahngeschwindigkeit der Erde in Perihelnähe, einer Folge der Konstanz des Bahndrehimpulses, ist das Nordwinter/Südsommer-„Halbjahr" mit 179 Tagen, vom 23. 9. bis 21. 3., etwas kürzer als der Nordsommer/Südwinter mit 186 Tagen.

Sommer und Winter selbst sind eine Folge der Neigung der Erdachse relativ zur Bahnebene, der sog. Ekliptik. Wie in Abb. 1.1 skizziert ist, weist die Drehachse der Erde gegenüber der Normalen zur Ekliptik eine Neigung von 23,5° auf. Aufgrund dieser Neigung wird während des Nordsommers die Nordhalbkugel und während des Nordwinters die Südhalbkugel stärker bestrahlt; im Frühjahr und Herbst, um

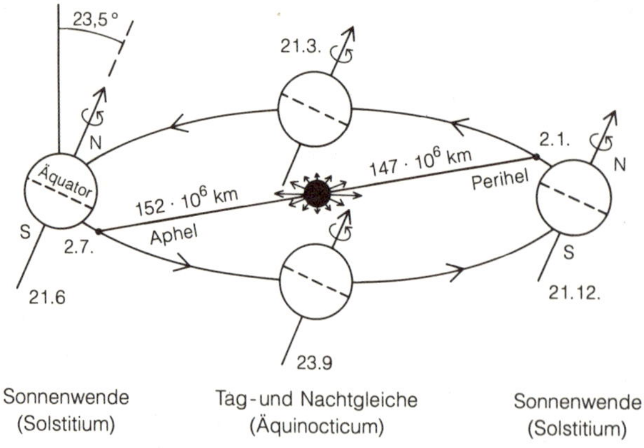

Abb. 1.1. Schematische Darstellung der Bahn der Erde um die Sonne

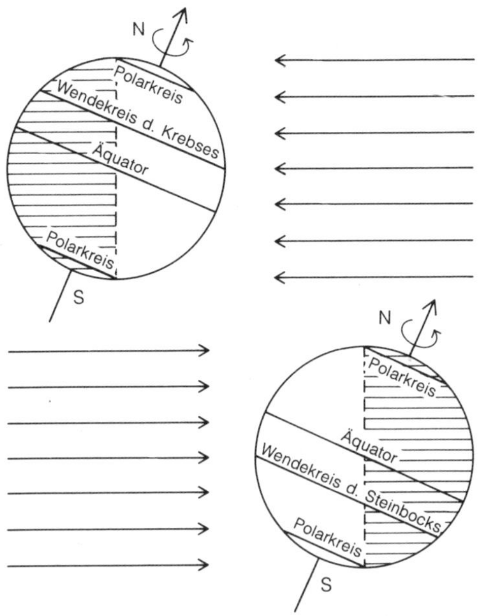

Abb. 1.2. Beleuchtungsverhältnisse und ausgezeichnete Breitenkreise am 21. Juni, dem Datum der (nördlichen) Sommersonnenwende (*oberer Teil des Bildes*), und am 21. Dezember, dem Tag der Wintersonnenwende (*unterer Teil*). Die jeweils im Dunklen liegenden Teile der Erde sind *schraffiert* gezeichnet, die *Pfeile* deuten die einfallenden Sonnenstrahlen an

die Zeit der Tag- und Nachtgleiche, wird keine der beiden Hemisphären bevorzugt, da dann die Verbindungslinie Sonne–Erde senkrecht auf der durch Erdachse und Bahnebenennormalen aufgespannten Ebene steht.

Die Neigung der Erdachse hat auch zur Folge, daß die Sonne im Laufe eines Jahres scheinbar zwischen den beiden Wendekreisen hin- und herwandert. Von den Wendekreisen selbst, die gerade die Umkehrpunkte markieren, abgesehen, steht die Sonne in den Tropen während eines Jahres zweimal im Zenit; in den inneren Tropen, in Äquatornähe, finden diese Zenitdurchgänge jeweils im Frühjahr und Herbst statt, während sie in den äußeren Tropen, in Wendekreisnähe, im jeweils lokalen Sommer relativ schnell aufeinander folgen.

Zur besseren Veranschaulichung sind in Abb. 1.2 die beiden Positionen am 21. 6. und 21. 12. noch einmal – gewissermaßen vergrößert – herausgezeichnet; dabei sind die von der Sonne angestrahlten und die auf der Nachtseite liegenden Gebiete einander gegenübergestellt. Am 21. 6., dem Tag der nördlichen Sommersonnenwende, der scheinbaren Umkehr der Sonne, steht diese über dem Breitenkreis mit 23,5° nördlicher Breite um 12 Uhr mittags genau im Zenit, in höheren Breiten erreicht sie an diesem Tag ihre größtmögliche Höhe über dem Horizont, oder anders ausgedrückt, ihre kleinste Zenitdistanz (oberer Teil der Abb. 1.2). Der Kreis mit 23,5° nördlicher Breite definiert somit den nördlichen Wendepunkt der Sonne bei ihrer scheinbaren Bewegung zwischen Norden und Süden und wird deshalb als nördlicher Wendekreis (oder „Wendekreis des Krebses") bezeichnet; zusammen mit dem entsprechenden Breitenkreis auf der Südhalbkugel schließt er die Tropen beiderseits des Äquators ein. An dem Tag des höchsten Sonnenstandes auf der Nordhalbkugel geht auf 66,5° nördlicher Breite, am nördlichen Polarkreis, die Sonne einmal nicht unter; der Polarkreis begrenzt das Gebiet, in dem

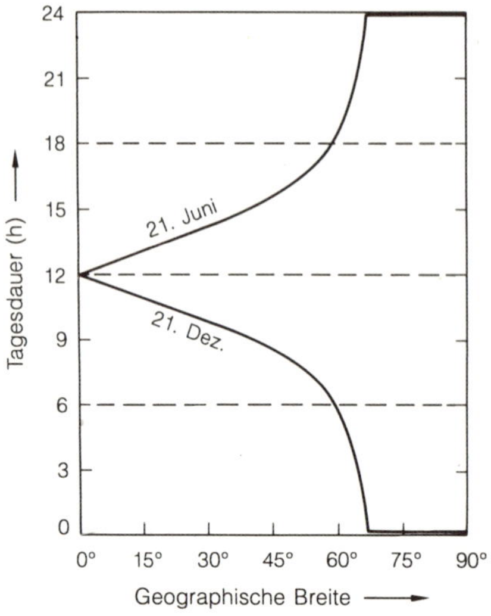

Abb. 1.3. Tagesdauer zur Zeit der nördlichen Sommersonnenwende (*obere Kurve*) und der nördlichen Wintersonnenwende (*untere Kurve*) als Funktion der geographischen Breite

Polartag bzw. Mitternachtssonne möglich sind. Analog dazu steigt an diesem Tag über dem südlichen Polarkreis die Sonne nicht über den Horizont; während des Winters grenzt dieser Breitenkreis den Bereich der möglichen Polarnachterscheinung ein.

Für den 21. Dezember, den Tag der nördlichen Winter- und südlichen Sommersonnenwende (in Abb. 1.2 unten), gilt Entsprechendes mit vertauschten Rollen von Süd und Nord. Am südlichen Polarkreis verschwindet an diesem Tag die Sonne nicht unter dem Horizont, und am nördlichen Polarkreis herrscht einmal durchgehende Polarnacht. Um die Mittagszeit steht die Sonne, genau für ein Mal, über dem südlichen Wendekreis („Wendekreis des Steinbocks") im Zenit.

Abbildung 1.3 zeigt noch als eine weitere für die Charakterisierung der Einstrahlung und deren jahreszeitlicher Variation interessante Größe die Tageslänge zur Zeit der Sommer- bzw. Wintersonnenwende als Funktion der geographischen Breite. Dabei sind Dämmerungserscheinungen nicht berücksichtigt. Das Diagramm zeigt, daß in tropischen und teilweise auch noch in subtropischen Breiten die Jahreszeit nur wenig Einfluß auf die Tageslänge hat, während in höheren Breiten und im Extrem natürlich in arktischen und antarktischen Gebieten der Unterschied zwischen Sommer und Winter immer ausgeprägter wird.

1.1.2 Die Gesetze der thermischen Strahlung

Jedes hinreichend große Kollektiv miteinander wechselwirkender und im thermischen Gleichgewicht stehender Atome bzw. Moleküle emittiert thermisch angeregte Strahlung und zwar genau in dem Maße, wie es auch Strahlung zu absorbieren vermag. Strahlungsleistung und Interdependenz zwischen Absorption und Emission werden durch das Stefan-Boltzmannsche und das Kirchhoffsche Gesetz beschrieben.

Nach dem Stefan-Boltzmannschen Gesetz ist die gesamte, von einem thermisch strahlenden Körper pro Flächeneinheit emittierte Leistung, P, gegeben durch

$$P = \varepsilon \cdot \sigma \cdot T^4, \tag{1.1}$$

wobei T die absolute Temperatur, $\sigma = 5{,}7 \cdot 10^{-8}\ \mathrm{W} \cdot \mathrm{m}^{-2} \cdot \mathrm{K}^{-4}$ die Stefan-Boltzmann-Konstante, und ε das relative Emissionsvermögen, mit $0 \leqq \varepsilon \leqq 1$, bedeuten. Die Größe von ε wird durch das Kirchhoffsche Gesetz, einer Konsequenz des II. Hauptsatzes der Thermodynamik, bestimmt. Dieses Gesetz besagt, daß ein thermischer Strahler genau in dem Maße Strahlung emittiert wie er Strahlung zu absorbieren vermag. Definieren wir das Absorptionsvermögen α durch

$$\alpha = \frac{\text{absorbierte Strahlungsleistung}}{\text{auftreffende Strahlungsleistung}} \tag{1.2}$$

(ebenfalls mit $0 \leqq \alpha \leqq 1$), so können wir das Kirchhoff-Gesetz in der Form

$$\varepsilon = \alpha \tag{1.3}$$

schreiben. Einen Strahler mit $\alpha = 1$ nennen wir „schwarz"; für einen schwarzen Strahler folgt aus dem Gesagten $\varepsilon = 1$; wir können ε damit auch über

$$\varepsilon = \frac{\text{Strahlungsleistung des aktuellen Strahlers}}{\text{Strahlungsleistung eines idealen schwarzen Strahlers}} \tag{1.4}$$

definieren. Es ist für unsere Zwecke sehr wichtig festzuhalten, daß diese Beziehungen auch für Gase gelten.

Im allgemeinen wird α von der Wellenlänge abhängen; dies soll, wenn nötig, durch einen Index λ ausgedrückt werden, z. B. in der Form α_λ oder ε_λ. Wegen der Gültigkeit des II. Hauptsatzes hängt dann auch das Emissionsvermögen zwingend von der Wellenlänge ab, es gilt

$$\varepsilon_\lambda = \alpha_\lambda. \tag{1.5}$$

Das bedeutet, daß ein Gas genau in den Wellenlängenbereichen thermische Strahlung emittieren kann, in denen es Absorptionslinien oder -banden hat. Weiterhin ist klar, daß das Emissionsvermögen eines Gases auch in gleichem Maße schichtdickenabhängig ist wie das Absorptionsvermögen.

Für die spektrale Intensitätsverteilung eines schwarzen Strahlers gilt das Plancksche Gesetz, das hier als Formel für die Strahlungsflußdichte angegeben sei, nicht – wie meist üblich – als Formel für die Energiedichte in einem Hohlraum. Die Strahlungsflußdichte dF_λ pro Flächeneinheit des Strahlers und pro Raumwinkeleinheit im Wellenlängenintervall zwischen λ und $\lambda + d\lambda$ ist gegeben durch

$$dF_\lambda(T) = \frac{2 \cdot h \cdot c^2}{\lambda^5} \cdot \frac{d\lambda}{\exp\left(\dfrac{h \cdot c}{\lambda \cdot k \cdot T}\right) - 1} \tag{1.6}$$

mit der Planckschen Konstanten $h = 6{,}63 \cdot 10^{-34}$ Joule · s und der Boltzmann-Konstanten $k = 1{,}38 \cdot 10^{-23}$ Joule/K. c ist die Lichtgeschwindigkeit.

Die Strahlungsleistung eines beliebigen, nichtschwarzen Strahlers, $dF'_\lambda/d\lambda$, folgt hieraus zu

$$\frac{dF'_\lambda}{d\lambda} = \varepsilon_\lambda \cdot \frac{dF_\lambda}{d\lambda} = \alpha_\lambda \cdot \frac{dF_\lambda}{d\lambda}. \tag{1.7}$$

Durch Differentiation der Planck-Verteilungsfunktion nach der Wellenlänge und Nullsetzen der Ableitung erhält man das Wiensche Verschiebungsgesetz für die Lage des Maximums der Verteilung: Mit λ_{max} als der Wellenlänge maximaler Intensität gilt

$$\lambda_{max} \cdot T = 2898\ \mu m \cdot K. \tag{1.8}$$

1.1.3 Grundlagen der Strahlungsübertragung

Zur Diskussion der Phänomene, die die Strahlungsübertragung in der Atmosphäre bestimmen, betrachten wir als Modell einen aus einer vorgegebenen Richtung kommenden Lichtstrahl mit Licht der Wellenlänge λ und der Intensität (= Energieflußdichte) F_λ sowie ein in der Strahlungsrichtung orientiertes Volumenelement $dV = A \cdot ds$ mit dem Querschnitt A und der Länge ds. Trifft nun der Lichtstrahl auf das Volumenelement, so sind zwei Erscheinungen zu beobachten:

- Die Intensität der Strahles wird in dem Volumenelement geschwächt, der austretende Strahl hat eine um $dF_{e,\lambda}$ geringere Intensität. Dieser Effekt wird als Extinktion bezeichnet.
- Außerhalb der ursprünglichen Strahlrichtung wird Streustrahlung beobachtet. Der Fluß $d^2\Phi_{s,\lambda}$ dieser Streustrahlung in einer durch den Streuwinkel ϑ und den Azimutwinkel φ charakterisierten Richtung ist dem Raumwinkel $d\Omega$ und dem streuenden Volumen dV proportional; er hängt i. allg. von dem Streuwinkel ϑ, bei polarisiertem Licht gegebenenfalls auch von dem Azimutwinkel φ ab.

In Abb. 1.4 sind die Verhältnisse schematisch skizziert; in der Zeichnung sind der einfallende Strahl und die unmittelbar auf diesen zurückzuführenden Strahlen schwarz eingezeichnet. In unserer Nomenklatur sollen Flüsse mit Φ und Flußdichten mit F bezeichnet werden.

Zur Extinktion tragen zwei Prozesse bei: Das ist erstens die gerade erwähnte Streuung, und zweitens die Absorption von Licht, bei der die Energie der Strahlung in andere Energieformen übergeführt wird. Extinktion und Absorption sind also zwei verschiedene Begriffe, die nicht verwechselt werden dürfen.

Die Absorption kann durch den Ansatz

$$dF_\lambda = -K_{a,\lambda} \cdot F_\lambda \cdot ds \tag{1.9}$$

beschrieben werden. Dabei ist $K_{a,\lambda}$ der Absorptionskoeffizient mit der Dimension Länge^{-1}. Der Index λ weist wieder auf die Wellenlängenabhängigkeit hin, bzw. auf die Tatsache, daß alle angeschriebenen Beziehungen nur für eine feste Wellenlänge gelten.

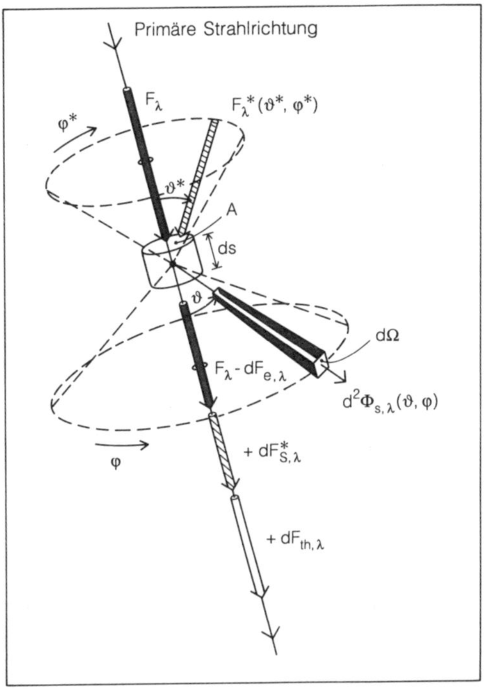

Abb. 1.4. Beiträge zur Änderung der Lichtintensität bei der Strahlungsübertragung. *Dunkel (ausgefüllt):* Transmission und Extinktion des primären Strahles sowie Streustrahlung, die auf den primären Strahl zurückzuführen ist. *Schraffiert bzw. hell:* Strahlung, die von der primären Strahlintensität unabhängig ist; dabei bedeutet *schraffiert:* sekundäre Streustrahlung, *hell (offen):* thermische Strahlung

Zu einer eher mikroskopischen Beschreibung der Absorption kommt man durch folgende Überlegung: Die gesamte in dem Volumen $dV = A \cdot ds$ absorbierte Strahlungsenergie $d\Phi_\lambda$ kann man schreiben als Produkt aus der eingestrahlten Energieflußdichte F_λ, der Zahl der Absorptionszentren in dem Volumen dV, und einem Absorptionswirkungsquerschnitt σ_a des einzelnen Absorptionszentrums. Den Absorptionswirkungsquerschnitt kann man sich als Produkt aus dem geometrischen Querschnitt und dem relativen Absorptionswirkungsgrad vorstellen; für ein ideal schwarzes Teilchen wäre dieser relative Wirkungsgrad gerade eins. Da die Gesamtzahl der Absorptionszentren in dem Volumen dV durch $N \cdot dV$ mit der Anzahldichte N gegeben ist, können wir schreiben

$$\begin{aligned} d\Phi_{a,\lambda} &= -F_\lambda \cdot \sigma_{a,\lambda} \cdot N \cdot dV \\ &= -F_\lambda \cdot \sigma_{a,\lambda} \cdot N \cdot A \cdot ds. \end{aligned} \tag{1.10}$$

Division durch den Querschnitt A des betrachteten Volumens ergibt

$$\frac{d\Phi_{a,\lambda}}{A} = dF_\lambda = -F_\lambda \cdot \sigma_{a,\lambda} \cdot N \cdot ds. \tag{1.11}$$

Der Vergleich mit dem ersten Ansatz für dF_λ zeigt

$$K_{a,\lambda} = \sigma_{a,\lambda} \cdot N, \tag{1.12}$$

der makroskopische Absorptionskoeffizient ist also das Produkt aus der Anzahldichte der Absorptionszentren und dem mikroskopischen Absorptionswirkungsquerschnitt des einzelnen Zentrums. Aus der Überlegung folgt noch unmittelbar die Beziehung

$$d\Phi_\lambda = -F_\lambda \cdot K_{a,\lambda} \cdot dV. \tag{1.13}$$

Ein analoger Ansatz wie eben bei der Absorption ist auch für die Beschreibung der Streuung zweckmäßig: Die aus dem Volumen dV in die durch die Winkel ϑ und φ charakterisierte Richtung gestreute Leistung, die dem Volumen dV und dem in der Streurichtung aufgespannten Raumwinkel $d\Omega$ proportional ist, kann durch

$$d^2\Phi_{s,\lambda} = F_\lambda \cdot \frac{d\sigma_{s,\lambda}}{d\Omega} \cdot N \cdot d\Omega \cdot dV \tag{1.14}$$

dargestellt werden; dabei ist $d\sigma_s/d\Omega$ der differentielle Streuwirkungsquerschnitt, der allgemein von ϑ und φ abhängen kann.

In manchen Fällen, z. B. bei der Beschreibung der Lichtstreuung durch Aerosolpartikel, ist es zweckmäßig, den differentiellen Streuquerschnitt als Produkt aus dem geometrischen Querschnitt des als kugelförmig angenommenen Streuzentrums, $\pi \cdot r^2$ (mit r als Kugelradius), und einer dimensionslosen Streufunktion $I_\varphi(\vartheta)$ zu schreiben, d. h.

$$I_\varphi(\vartheta) = \frac{1}{\pi \cdot r^2} \cdot \frac{d\sigma_{s,\lambda}}{d\Omega}(\vartheta, \varphi). \tag{1.15}$$

Die Integration von $d^2\Phi_{s,\lambda}$ über alle Raumwinkel liefert die totale aus dem Volumen dV austretende Streuleistung $d\Phi_{s,\lambda}$, oder, mit entgegengesetztem Vorzeichen, die dem ursprünglichen Strahl durch Streuung in dV entzogene Leistung $d\Phi_\lambda$. Es gilt

$$d\Phi_\lambda = -d\Phi_{s,\lambda} = -F_\lambda \cdot \sigma_{s,\lambda} \cdot N \cdot dV = -F_\lambda \cdot \sigma_{s,\lambda} \cdot N \cdot A \cdot ds \tag{1.16}$$

oder nach Division durch die Querschnittsfläche des Volumenelementes

$$dF_\lambda = -F_\lambda \cdot \sigma_{s,\lambda} \cdot N \cdot ds. \tag{1.17}$$

Analog zu dem Vorgehen im Fall der Absorption leiten wir auch hier über die Schwächung des ursprünglichen Strahls einen makroskopischen Streukoeffizienten K_s ab; es gelte

$$dF_\lambda = -F_\lambda \cdot K_{s,\lambda} \cdot ds \tag{1.18}$$

bzw.

$$d\Phi_\lambda = -F_\lambda \cdot K_{s,\lambda} \cdot dV \tag{1.19}$$

mit

$$K_{s,\lambda} = \sigma_{s,\lambda} \cdot N. \tag{1.20}$$

Die Schwächung des ursprünglichen Strahls durch Absorption und durch Streuung addieren sich zur Gesamtschwächung, der Extinktion, die wir in der Form

$$\begin{aligned} dF_\lambda &= -F_\lambda \cdot (K_{a,\lambda} + K_{s,\lambda}) \cdot ds \\ &= -F_\lambda \cdot K_{e,\lambda} \cdot ds \end{aligned} \tag{1.21}$$

bzw.

$$d\Phi_\lambda = - F_\lambda \cdot K_{e,\lambda} \cdot dV \qquad (1.22)$$

mit dem Extinktionskoeffizienten $K_e = K_a + K_s$ schreiben können. Ebenso können wir einen Extinktionswirkungsquerschnitt σ_e mit

$$\sigma_e = \sigma_a + \sigma_s \qquad (1.23)$$

definieren. Auch dabei kann es gegebenenfalls zweckmäßig sein, σ_e in ein Produkt aus dem geometrischen Querschnitt z. B. eines Aerosolpartikels und einer dimensionslosen Extinktionsfunktion E aufzuteilen, d. h. $\sigma_e = \pi \cdot r^2 \cdot E$ zu setzen.

Neben der bisher behandelten Transmission des ursprünglichen Lichtes wird in die vorgegebene Richtung auch von dem Volumenelement selbst Strahlung emittiert, die von der ursprünglichen Strahlung unabhängig ist. Dazu tragen bei

- Streustrahlung, in Abb. 1.4 mit $dF^*_{s,\lambda}$ bezeichnet, die dadurch zustandekommt, daß von Licht, das aus beliebigen Richtungen in das Volumenelement eintritt, ein gewisser Anteil in die vorgegebene Richtung gestreut wird;
- thermische Strahlung aus dem Volumenelement, in Abb. 1.4 mit $dF_{th,\lambda}$ bezeichnet.

Die gesamte aus dem Volumenelement dV in die vorgegebene Richtung gestreute Lichtleistung $d\Phi^*_{s,\lambda}$ läßt sich in Analogie zu der weiter oben angeführten Argumentation schreiben als

$$d\Phi^*_{s,\lambda} = K_{s,\lambda} \cdot dV \cdot \int_0^\pi \int_0^{2\pi} F^*_\lambda(\vartheta^*, \varphi^*) \cdot \frac{S(\vartheta^*, \varphi^*)}{4 \cdot \pi} \cdot d\varphi^* \cdot \sin \vartheta^* \cdot d\vartheta^*. \qquad (1.24)$$

Dabei ist $F^*_\lambda(\vartheta^*, \varphi^*)$ die Intensität der Strahlung aus der durch ϑ^* und φ^* relativ zur ursprünglichen Raumrichtung definierten Einfallrichtung; $F^*_\lambda(\vartheta^*, \varphi^*) \cdot K_{s,\lambda} \cdot dV$ ist die Gesamtleistung der zu dieser Einfallrichtung gehörigen Streustrahlung, und die Verteilungsfunktion $S(\vartheta^*, \varphi^*)$ gibt an, welcher Bruchteil davon gerade in die ursprüngliche ausgezeichnete Richtung gestreut wird. Das entstandene Produkt wird über alle Einfallsrichtungen integriert, $K_{s,\lambda} \cdot dV$ kann dabei vor das Integral gezogen werden. Die Division durch den Querschnitt A des Volumenelementes $dV = A \cdot ds$ ergibt dann

$$dF^*_{s,\lambda} = K_{s,\lambda} \cdot ds \cdot \int_0^\pi \int_0^{2\pi} F^*_\lambda(\vartheta^*, \varphi^*) \cdot \frac{S(\vartheta^*, \varphi^*)}{4 \cdot \pi} \cdot d\varphi^* \cdot \sin \vartheta^* \cdot d\vartheta^*. \qquad (1.25)$$

Die Verteilungsfunktion $S(\vartheta, \varphi)$ hängt mit den zuvor eingeführten Streuwirkungsquerschnitten über die Beziehung

$$S(\vartheta, \varphi) = 4 \cdot \pi \cdot \frac{1}{\sigma_s} \cdot \frac{d\sigma_s}{d\Omega} \qquad (1.26)$$

zusammen; in dieser Darstellung ist S so normiert, daß für isotrope Steuung $S = 1$ ist.

Die thermische Strahlung aus einem gas- bzw. lufterfüllten Volumenelement ist nach dem Kirchhoffschen Gesetz durch das Produkt aus der Strahlungsleistung eines schwarzen Körpers und dem Absorptionsvermögen des Volumenelementes gegeben. Auf die Einheitsfläche bezogen ist das Absorptionsvermögen des Volumenelements gerade $K_{a,\lambda} \cdot ds$. Wenn wir für die Schwarzkörperstrahlung noch

$$B_\lambda(T) = dF_\lambda(T)/d\lambda \tag{1.27}$$

schreiben, so erhalten wir als Flußdichte der thermischen Strahlung aus dem Volumenelement

$$dF_{th,\lambda} = K_{a,\lambda} \cdot B_\lambda(T) \cdot ds. \tag{1.28}$$

Alle aufgeführten Prozesse werden in der Strahlungsübertragungsgleichung zusammengefaßt, die die Intensitätsänderung dF_λ eines Strahles beim Durchlaufen der Wegstrecke ds in der ursprünglichen ausgezeichneten Richtung beschreibt:

$$\begin{aligned}\frac{dF_\lambda}{ds} = &-(K_{a,\lambda} + K_{s,\lambda}) \cdot F_\lambda \\ &+ K_{a,\lambda} \cdot B_\lambda(T) \\ &+ K_{s,\lambda} \cdot \int_0^{\pi} \int_0^{2\pi} F_\lambda^*(\vartheta^*, \varphi^*) \cdot \frac{S(\vartheta^*, \varphi^*)}{4 \cdot \pi} \cdot d\varphi^* \cdot \sin \vartheta^* \cdot d\vartheta^*.\end{aligned} \tag{1.29}$$

Die erste Zeile steht für die Extinktion des einfallenden Strahles, die zweite für die aus dem Volumenelement selbst kommende thermische Strahlung und die dritte für die aus der Umgebung kommende Streustrahlung.

In der Praxis sind unter bestimmten Umständen einige Vereinfachungen gegenüber dieser allgemeinen Form der Strahlungsübertragungsgleichung möglich. So kann im kurzwelligen Bereich der solaren Strahlung die thermische Emission praktisch vernachlässigt werden; der entsprechende Term in der Gleichung kann deshalb i. allg. wegfallen. Im langwelligen Bereich der terrestrischen Strahlung spielen dagegen Streuprozesse kaum eine Rolle; in diesem Fall kann die Strahlungsübertragungsgleichung auf

$$\frac{dF_\lambda}{ds} = -K_{a,\lambda} \cdot F_\lambda + K_{a,\lambda} \cdot B_\lambda(T) \tag{1.30}$$

reduziert werden.

Bei Gleichungen dieser oder ähnlicher Form bietet die Notation mit Hilfe der optischen Weglänge τ (auch: optische Tiefe, optische Dicke, optical depth) eine weitere nützliche Möglichkeit zur Vereinfachung der Schreibweise. Die optische Weglänge τ ist definiert durch

$$d\tau = K_{e,\lambda} \cdot ds \tag{1.31}$$

bzw. für einen endlichen Weg zwischen den Punkten x_1 und x_2 durch

$$\tau = \int_{x_1}^{x_2} K_{e,\lambda} \cdot ds. \tag{1.32}$$

Bei zu vernachlässigender Streuung reduziert sich diese Definition auf

$$d\tau = K_{a,\lambda} \cdot ds \tag{1.33}$$

bzw.

$$\tau = \int K_{a,\lambda} \cdot ds, \tag{1.34}$$

so daß z. B. die zuletzt angeschriebene Übertragungsgleichung für die terrestrische thermische Strahlung nach Division durch $K_{a,\lambda}$ in die Form

$$\frac{dF_\lambda}{d\tau} = -F_\lambda + B_\lambda(T) \tag{1.35}$$

gebracht werden kann. Anschaulich gesprochen gibt $e^{-\tau}$ den Faktor an, um den die ursprüngliche Strahlung auf der betrachteten Weglänge geschwächt wird.

Die Physik der Prozesse, die zu den einzelnen Gliedern der Strahlungsübertragungsgleichung beitragen, werden wir getrennt nach solarer und thermischer Strahlung in den jeweiligen Abschnitten behandeln.

Es sei noch angemerkt, daß die Strahlungsübertragungsgleichung in der angeschriebenen Form sich jeweils nur auf eine bestimmte Wellenlänge bezieht. Zur Beschreibung der Strahlungsübertragung in dem ganzen interessierenden Wellenlängenspektrum ist die Gleichung für jede einzelne Wellenlänge zu lösen; die Lösungen müssen dann über die relevanten Wellenlängen integriert werden. In der Praxis bedeutet dies in der Regel eine Summierung über möglichst geschickt gewählte Wellenlängenbereiche. Die Schwächung der ursprünglichen Strahlung bei Integration über einen größeren Wellenlängenbereich entspricht nicht mehr einem exponentiellen Abfall, sobald die Absorptions- bzw. Extinktionskoeffizienten wellenlängenabhängig werden.

1.1.4 Die Zusammensetzung der Erdatmosphäre

Als letzten Punkt der Grundlagen, der natürlich nicht nur für die Strahlung bedeutsam ist, wollen wir die chemische Zusammensetzung der Atmosphäre besprechen. Tabelle 1.1 gibt die Zusammensetzung der trockenen, wasserdampffreien Atmosphäre in Bodennähe wieder. In diese Tabelle sind diejenigen Bestandteile aufgenommen, die räumlich und zeitlich praktisch konstant sind; die Lebensdauern dieser permanenten Luftbestandteile reichen von ca. 10000 Jahren bis - vermutlich - zu dem Alter der Erde selbst. Die Zusammensetzung der Luft ist bezüglich dieser Gase bis zu einer Höhe von etwa 80 km weitgehend homogen; erst darüber tritt eine Entmischung durch gaskinetische Effekte auf (Näheres dazu in Kap. 2).

Neben den in Tabelle 1.1 aufgeführten permanenten Bestandteilen gibt es eine Reihe von Spurenstoffen, deren Konzentrationen mehr oder minder starken zeitlichen und räumlichen Schwankungen unterworfen sind, und deren mittlere Aufenthalts- oder Lebensdauern in der Atmosphäre in der Größenordnung von Stunden bis Jahren liegen und damit vergleichsweise kurz sind. Das sind einerseits partikelförmige Beimengungen, die Aerosolpartikel (oder - sprachlich etwas unkorrekt - „die Aerosole"), andererseits Spurengase, darunter vor allem Wasserdampf und Kohlendioxid und weiter, ungefähr in der Reihenfolge abnehmender Konzentrationen, aber ohne Vollständigkeit, Methan (ca. 1,7 ppm), Wasserstoff (ca. 0,5 ppm), Ozon (ca. 0,05 bis 5 ppm), Distickstoffoxid (Lachgas, ca. 0,3 ppm),

Tabelle 1.1. Zusammensetzung der wasserdampffreien Atmosphäre (permanente Bestandteile)

Bestandteil		Molmasse	Volumen-%	Massen-%
Stickstoff	N_2	28,02	78,09	75,73
Sauerstoff	O_2	32,00	20,95	23,14
Argon	Ar	39,94	0,93	1,28
Neon	Ne	20,18	$18{,}2 \cdot 10^{-4}$	$10{,}5 \cdot 10^{-4}$
Helium	He	4,003	$5{,}24 \cdot 10^{-4}$	$0{,}724 \cdot 10^{-4}$
Krypton	Kr	83,8	$1{,}14 \cdot 10^{-4}$	$3{,}3 \cdot 10^{-4}$
Xenon	Xe	131,3	$0{,}087 \cdot 10^{-4}$	$0{,}39 \cdot 10^{-4}$
Luft		28,97		

Für die Einheit von 10^{-4} Volumen-%, entsprechend 1 Teil auf 10^6 Teile, ist die Bezeichnung ppm (parts per million) üblich; bei noch kleineren Konzentrationen sind die Einheiten ppb (parts per billion) für 1 Teil auf 10^9 Teile und ppt (parts per trillion) für 1 Teil auf 10^{12} Teile gebräuchlich.

Tabelle 1.2. Säulenhöhe verschiedener Gase in einer isobaren Atmosphäre unter Normalbedingungen

Stickstoff	ca. 6250 m
Sauerstoff	ca. 1670 m
Argon	ca. 74 m
Wasserstoff als ideales Gas	ca. 35 m
Kohlendioxid	ca. 2,5 m
Edelgase ohne Argon, zusammen	ca. 0,20 m
Ozon	ca. 0,0035 m

Stickoxide (ca. 0,01 bis 50 ppm), Kohlenmonoxid (ca. 0,1 ppm), Schwefelverbindungen (ca. 0,1 bis 100 ppb), Ammoniak (ca. 1 bis 20 ppb), und viele andere.

An dieser Stelle sei noch auf eine weitere Möglichkeit hingewiesen, die Mengen von Gasen, und speziell von Spurengasen, in der Atmosphäre anschaulich darzustellen, nämlich die Angabe derjenigen Höhe einer Säule, die das betreffende Gas unter Normalbedingungen (0° C, 1013 hPa) ausfüllen würde. Die Tabelle 1.2 gibt die entsprechenden Säulenhöhen für einige Gase an; wie im 2. Kap. näher begründet wird, betrüge die Höhe der Gesamtatmosphäre unter diesen Bedingungen etwa 8 km. Für Ozon ist neben der Angabe der Säulenhöhe in Zentimetern oder Millimetern noch die „Dobson-Einheit“ (Dobson Unit, DU) gebräuchlich; 1 cm Säulenhöhe entspricht 1000 DU; die mittlere Säulenhöhe des atmosphärischen Ozons beträgt damit 300 bis 400 DU.

Im Kontext dieses Kapitels, d. h. im Zusammenhang mit dem natürlichen Strahlungshaushalt der Atmosphäre interessieren von den angeführten Spurenstoffen in erster Linie die Spurengase Kohlendioxid (CO_2, Molmasse 44,01 g/mol), Wasser (H_2O, 18,01 g/mol) und Ozon (O_3, 48 g/mol), sowie die Aerosolpartikel. Diese Bestandteile haben wegen ihrer absorbierenden und streuenden Wirkung einen fundamentalen Einfluß auf den Strahlungs- und Energiehaushalt der

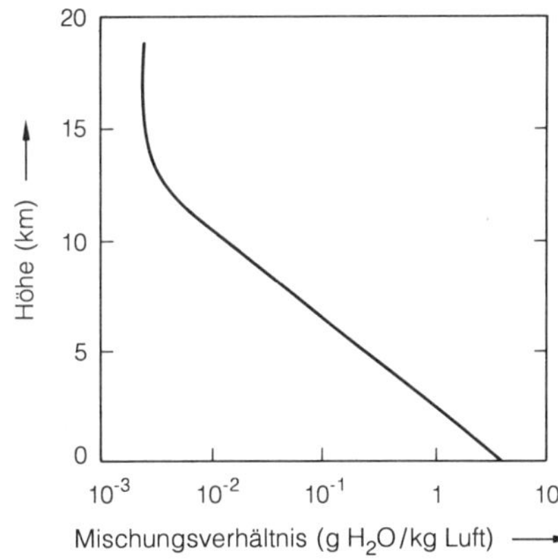

Abb. 1.5. Mischungsverhältnis von Wasserdampf als Funktion der Höhe; Mittelwert aus mehreren Messungen. (Junge 1963)

Atmosphäre und damit auch auf die atmosphärische Optik und auf das Klima. Daneben haben einige andere Spurengase eine gewisse Bedeutung – auch schon unter natürlichen Bedingungen –; dabei sind in erster Linie Methan (CH_4, 16,04 g/mol) und Distickstoffoxid (N_2O, 44,01 g/mol, auch als Lachgas bekannt) zu nennen.

Auf den Wasserdampf und auf die Wolkenbildung werden wir im 5. Kap. und auf die weiteren Spurengase im 8. Kap. detaillierter eingehen. Hier sollen deshalb nur einige Angaben über die zu erwartenden Konzentrationen vorweggenommen werden. Im 8. Kap. werden auch anthropogene Einflüsse auf die Spurengase und die damit verbundenen Abweichungen von den natürlichen Bedingungen zur Sprache kommen.

CO_2 weist in der Atmosphäre eine ziemlich einheitliche Volumen-Konzentration von ca. 350 ppm auf (dies entspricht einem Massenmischungsverhältnis von 0,53 g CO_2/kg Luft), mit jahreszeitlichen Schwankungen in der Größenordnung von 10 ppm und einem säkularen Anstieg von derzeit etwa 1,3 bis 1,5 ppm pro Jahr; die jahreszeitlichen Schwankungen sind durch den biologischen Rhythmus bedingt, der Anstieg wird durch die Verbrennung fossiler Brennstoffe und frischer Biomasse verursacht. Dagegen sind Wasserdampf und Ozon in der Atmosphäre extrem inhomogen verteilt; Konzentration und Lebensdauer werden im Fall des Wassers durch Kondensation und Verdunstung und im Fall des Ozons durch luftchemische Prozesse gesteuert.

Abbildung 1.5 zeigt ein schematisches Profil des Wasserdampfgehaltes der Atmosphäre. Das Bild gibt die Größenordnung wieder; die aktuellen Werte sind in Abhängigkeit von der geographischen Lage, der Jahreszeit und der Witterung kräftigen Schwankungen unterworfen. Die schnelle, etwa exponentielle Abnahme der Wasserdampfkonzentration mit der Höhe ist eine unmittelbare Folge des Temperaturrückganges bei zunehmender Höhe (mehr darüber im 2. Kap.). Es sei übrigens hier schon angemerkt, daß der weitaus größte Teil des Wassers in der Atmosphäre in Form von Dampf vorliegt; selbst innerhalb von Wolken ist der Gehalt an Wasserdampf um ein Mehrfaches höher als der Flüssigwassergehalt.

Abbildung 1.6 zeigt die Konzentration des Ozons als Funktion der Höhe in zwei Profilen aus mittleren Breiten, das eine vom Frühjahr, das andere vom Herbst.

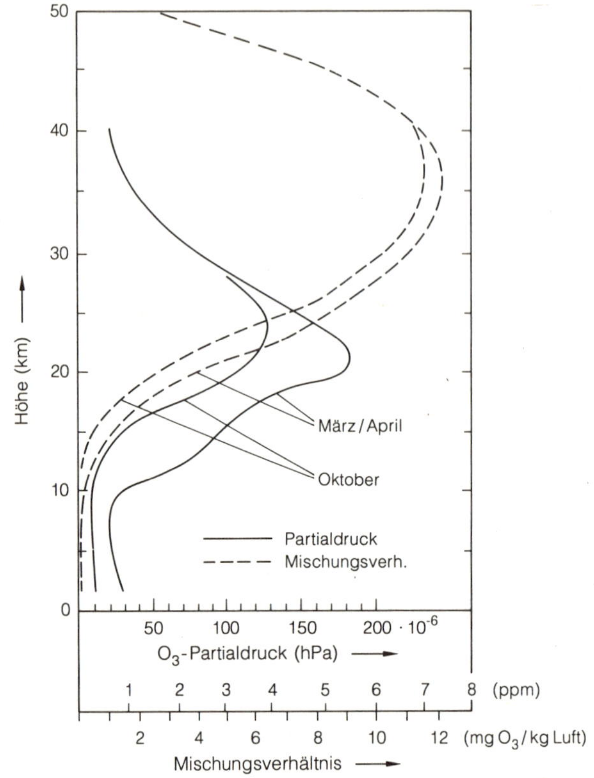

Abb. 1.6. Ozon-Partialdruck und Ozon-Mischungsverhältnis in mittleren Breiten als Funktion der Höhe, für März/April und für Oktober. (Nach Dütsch 1970, 1978)

Allerdings sind die aktuellen Konzentrationen sehr starken Schwankungen unterworfen, das Bild kann nur typische mittlere Profile wiedergeben. Die Obergrenze der für den Strahlungshaushalt relevanten Ozonschicht liegt in etwa 50 bis 55 km Höhe; Produktion von Ozon findet zwar auch noch weiter oben statt, doch nimmt die Lebensdauer des Ozons wegen des schnellen photochemischen Abbaus in größeren Höhen sehr rasch ab; damit geht in gleichem Maße die Konzentration zurück.

Aerosolpartikel sind luftgetragene Partikel mit Lineardimensionen in den Größenordnungen zwischen etwa 10 nm und 10 µm. Typische Partikelzahlen in Bodennähe liegen über den Kontinenten bei etwa $10^4\,cm^{-3}$, mit Variationen zwischen ca. $10^3\,cm^{-3}$ in Reinluft und einigen $10^5\,cm^{-3}$ in sehr stark belasteter Stadtluft. In maritimer Reinluft liegen die Partikelkonzentrationen typisch bei einigen $10^2\,cm^{-3}$ bis $10^3\,cm^{-3}$. Mit der Höhe nimmt die Konzentration rasch ab; oberhalb etwa 5 km Höhe sind auch über Kontinenten nur noch wenige hundert Teilchen pro cm^3 zu finden. Die Massenkonzentrationen von Aerosolen sind niedrig; in Bodennähe über Kontinenten kann man mit etwa 30 bis $150\,\mu g/m^3$ rechnen.

Abbildung 1.7 zeigt typische Größenspektren für kontinentale und maritime Aerosole. Solche Größenverteilungen sind recht universell, eigentlich weltweit zu beobachten, wenn man etwas gealterte, einigermaßen durchmischte Aerosole

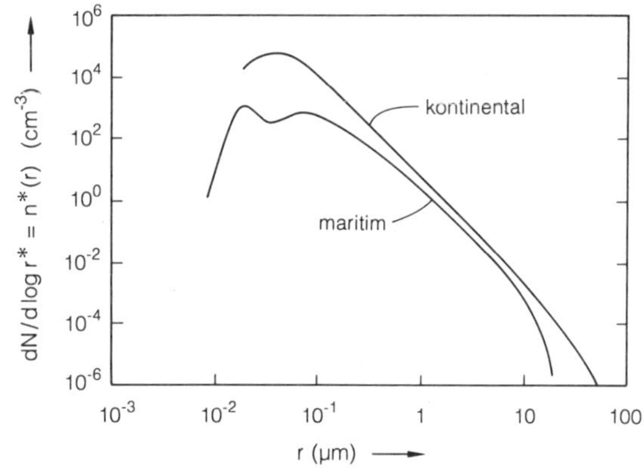

Abb. 1.7. Teilchengrößenspektren (Anzahldichte als Funktion des Radius) erdoberflächennaher Aerosole; Mittelwerte aus zahlreichen Messungen

untersucht, d. h. von Aerosolen in unmittelbarer Quellnähe oder Aerosolen aus singulären Ereignissen einmal absieht. Die Spektren sind in der Form einer Anzahldichte pro dekadisch-logarithmischem Teilchenradiusintervall, $n^*(r) = dN(r)/d \log r^*$ aufgetragen; $r^* = r/r_0$, mit r_0 als Einheitsstrecke, ist dabei der wegen des Logarithmus dimensionslos geschriebene Radius. Diese Darstellung ist in der Aerosolphysik weitestgehend üblich; den Zusammenhang mit der vielleicht vertrauteren Form dN/dr erhält man durch zweimalige Anwendung der Kettenregel bei der Differentiation zu $dN/d \log r^* = (dN/dr) \cdot r \cdot \ln 10 = 2{,}303 \cdot r \cdot dN/dr$.

Es ist auffallend und, wie sich weiter unten zeigen wird, für die Aerosoloptik wichtig, daß die Größenverteilungen, wie sie in Abb. 1.7 dargestellt sind, für Radien oberhalb einiger hundertstel Mikrometer in guter Annäherung negative Potenzverteilungen darstellen. Näherungsweise ist $dN/d \log r^* \sim r^{-s}$ bzw. $dN/dr \sim r^{-s-1}$ mit $s \approx 3{,}5 \pm 1$, wobei die Spektren zu mittelgroßen und kleineren Teilchen hin eher etwas flacher und zu sehr großen Partikeln hin eher etwas steiler verlaufen. Für feinere Details, speziell für Abweichungen von diesen Potenz-Verteilungen, sei auf das 9. Kapitel hingewiesen.

1.2 Die solare Einstrahlung

Bei der Besprechung der solaren Komponente des atmosphärischen Strahlungshaushaltes in diesem Abschnitt werden wir die globalen Energieumsätze an den Anfang stellen und anschließend auf die physikalischen Einzelaspekte wie Spektren, Streumechanismen und dgl. eingehen; in ähnlicher Weise werden wir auch im nächsten Abschnitt, bei der Besprechung der terrestrischen Strahlung, verfahren.

1.2.1 Das globale Bild der Umsätze solarer Strahlung

Die Energieflußdichte der von der Sonne kommenden Strahlung am Ort der Erde durch eine senkrecht auf der Verbindungsgeraden zwischen Sonne und Erde stehenden Fläche, gemittelt über die Erdbahn bzw. über ein Jahr, wird als Solarkonstante, SC, bezeichnet. Der derzeit wohl beste Wert für diese Größe beträgt

$$SC = 1368\ \mathrm{W/m^2} = 136{,}8\ \mathrm{mW/cm^2} = 1{,}96\ \mathrm{cal/cm^2 \cdot min}; \qquad (1.36)$$

allerdings schwanken die Literaturwerte aus den letzten Jahren ohne eindeutige Tendenz innerhalb eines Korridors zwischen etwa 1360 und 1370 $\mathrm{W/cm^2}$. Die Einheit cal sollte korrekterweise nicht mehr angewendet werden; sie ist aber in der meteorologischen Literatur noch häufig zu finden. 1 cal entspricht 4,185 W·s, für die Einheit $\mathrm{cal/cm^2}$ findet man auch die Bezeichnung Langley, Ly. Zwei weitere nützliche Beziehungen zur Umrechnung sind 1 cal/min = 69,7 mW und $1\ \mathrm{W} = 7{,}52 \cdot 10^6\ \mathrm{cal/Jahr}$.

Da die Bahn der Erde um die Sonne schwach elliptisch ist (siehe Abschn. 1.1), variiert die aktuelle Energieflußdichte von der Sonne am Ort der Erde im Lauf eines Jahres um ± 3,4% um den Mittelwert herum. Die höchste Einstrahlung tritt Anfang Januar während des Periheldurchgangs auf und die niedrigste Anfang Juli, während die Erde des Aphel durchläuft.

Die zeitlich und räumlich gemittelte Einstrahlung bezogen auf die Erdoberfläche ergibt sich aus folgender Überlegung: Die Erde blendet aus der Sonnenstrahlung ein Bündel der Fläche $\pi \cdot R^2$ mit R als Erdradius aus. Die Erdoberfläche selbst beträgt $4 \cdot \pi \cdot R^2$. Damit wird die Dichte der mittleren solaren Einstrahlung auf die Erdoberfläche ohne Berücksichtigung des Einflusses der Atmosphäre, S_0, gerade ein Viertel der Solarkonstanten, d. h.

$$S_0 = 342\ \mathrm{W/m^2} = 34{,}2\ \mathrm{mW/cm^2} \qquad (1.37)$$

oder

$$S_0 = 706\ \mathrm{cal/cm^2 \cdot d}. \qquad (1.38)$$

Diese mittlere solare Einstrahlung S_0 werden wir im folgenden als Bezugswert für alle globalen Betrachtungen benutzen. Multipliziert man S_0 noch mit der Erdoberfläche von $510 \cdot 10^6\ \mathrm{km^2}$, so erhält man den gesamten von der Sonne auf die Erde treffenden Energiefluß zu $1{,}74 \cdot 10^{17}$ W. Bei der ganzen Rechnung ist die Erde als ideale Kugel angenommen. Dies ist zwar nicht korrekt, verursacht aber in diesem Zusammenhang keinen nennenswerten Fehler.

Abbildung 1.8 stellt den zeitlichen Verlauf der solaren Einstrahlung S über das Jahr, für drei verschiedene geographische Breiten dar (für den Äquator, für 50° N, was gerade unseren Breiten entspricht, und für den Nordpol). Das Bild soll zeigen, daß die Einstrahlung am Äquator während eines Jahres einen ziemlich ausgeglichenen Verlauf aufweist, und daß die Variation der Einstrahlung durch die Jahreszeiten hindurch mit zunehmender geographischer Breite immer stärker wird. Im ersten Augenblick erscheint es überraschend, daß die höchste Einstrahlung pro 24 Std. nicht etwa am Äquator auftritt, wo die Sonne ja zweimal im Jahr im Zenit steht, sondern am Pol, wo sich die Sonne höchstens um 23° über den Horizont erhebt. Diese hohe mittlere Einstrahlung am Pol zur Zeit der Sommersonnenwende ist

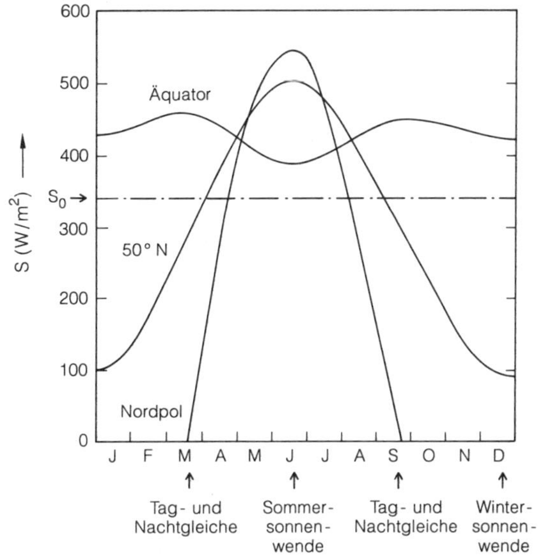

Abb. 1.8. Solare Einstrahlung an der Obergrenze der Atmosphäre, gemittelt über 24 Std., im Lauf eines Jahres für 3 geographische Breiten. (Nach Daten von Flohn 1974) Die *strichpunktierte Linie* entspricht dem globalen Mittelwert

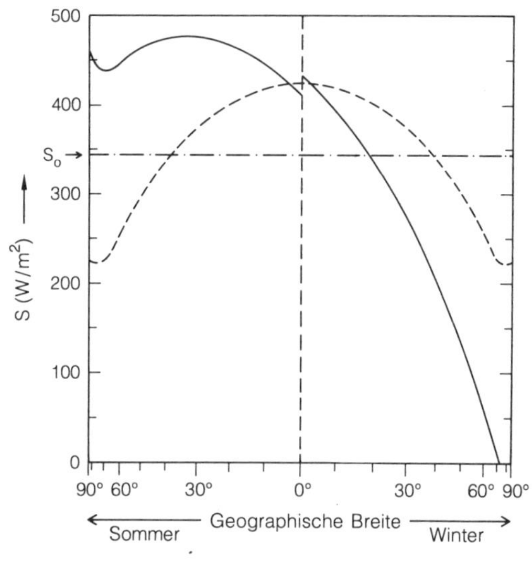

Abb. 1.9. Sommer- und Winter-Halbjahresmittel der solaren Einstrahlung S an der Obergrenze der Atmosphäre, als Funktion der geographischen Breite, für die Nordhalbkugel. (Nach Daten von London, zitiert bei Möller 1973) Das Jahresmittel für die Nordhalbkugel ist *gestrichelt*, das globale Mittel S_0 *strichpunktiert* eingezeichnet. Gleiche Abszissenabschnitte entsprechen gleichen Anteilen an der Erdoberfläche

durch die lange Tagesdauer von 24 Std. bedingt, während die an sich viel größere aktuelle Einstrahlung am Äquator mit einer nur halb so langen Tagesdauer verknüpft ist.

Abbildung 1.9 zeigt die Variation der solaren Einstrahlung S als Funktion der geographischen Breite, jeweils als Halbjahresmittel für die Nordhalbkugel. Die Darstellung ist so gewählt, daß gleichen Abschnitten auf der Abszisse gleiche Anteile der Erdoberfläche entsprechen. Der Sprung am Äquator wird durch die unterschiedliche Entfernung der Erde von der Sonne während des Winter- und

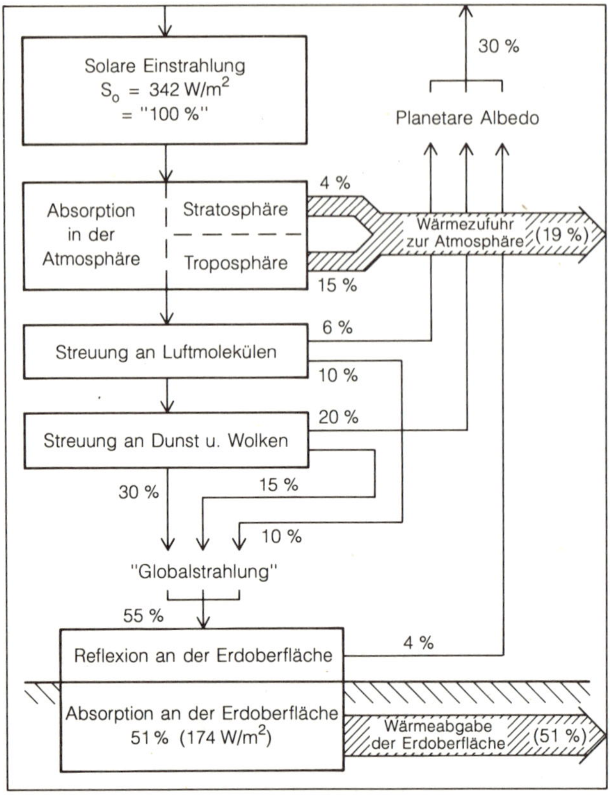

Abb. 1.10. Globales Budget der solaren Strahlung im System Atmosphäre–Erdoberfläche. Die angegebenen Prozentwerte sind mit Unsicherheiten in der Größenordnung von ±2 behaftet

während des Sommerhalbjahres verursacht. Es ist festzuhalten, daß die höchste sommerliche Einstrahlung nicht in den äquatorialen Gebieten, sondern in den Subtropen zu finden ist.

Abbildung 1.10 skizziert das weitere Schicksal der solaren Strahlung nach dem Eintreten in die irdische Atmosphäre. Bezugswert ist auch hier die global gemittelte solare Einstrahlung S_0 an der Atmosphärenobergrenze; auf diese beziehen sich die angegebenen Prozentwerte, die ihrerseits ebenfalls globale Mittel sind.

Das in Abb. 1.10 gezeichnete Bild läßt sich pauschal dahingehend zusammenfassen, daß rund

- 30% der an der Grenze der Atmosphäre auftreffenden Strahlung in den Weltraum zurückreflektiert werden,
- 20% in der Atmosphäre, zum Teil in großen Höhen, absorbiert werden (die Begriffe Tropo- und Stratosphäre werden im 2. Kap. erläutert) und
- 50% von dem Erdboden absorbiert werden.

Tabelle 1.3. Einige Werte für das Rückstreuvermögen (Albedo) der Erdoberfläche

Erdboden, Ackerland		10%
Erdboden, Wüste		30%
Meer, bei senkrechtem Einfall		4%
Meer, bei streifendem Einfall		90%
Eis		35%
Schnee, frisch gefallen		80%
Schnee, in Polregionen	(bis)	90%

Unter Albedo versteht man allgemein das prozentuale bzw. relative Reflexions- und Rückstreuvermögen eines Himmelkörpers. In unserem Kontext sind zu unterscheiden

- die planetare Albedo, d. h. das Gesamtreflexions- bzw. Rückstreuvermögen der Erde, wie es von einem anderen Himmelkörper oder einem Satelliten aus zu beobachten ist, und
- die Bodenalbedo, d. h. das Reflexions- bzw. Rückstreuvermögen der Erdoberfläche selbst.

In Abb. 1.10 betragen die planetare Albedo 30% und die Bodenalbedo – rein formal gesehen – 4% von 55%, d. h. knapp 8%. Differenzierter gesehen hängt das Reflexions- bzw. Rückstreuvermögen der Erdoberfläche natürlich von deren Beschaffenheit ab; in der Tabelle 1.3 sind einige Zahlen zusammengestellt; die Abschätzungen für die globale Bodenalbedo variieren zwischen 7% und 12%.

Die Summe der zur Erdoberfläche gelangenden Strahlung wird Globalstrahlung genannt. Sie setzt sich aus zwei Anteilen, der restlichen direkten Sonnenstrahlung und der diffus in der Luft und an Wolken zur Erdoberfläche hin gestreuten Strahlung, zusammen. Bei wolkenlosen Himmel verhalten sich in den gemäßigten Breiten direkte Sonnenstrahlung und diffuses Himmelslicht etwa wie 6:1; der genaue Wert hängt u. a. von der Trübung der Luft und der Zenitdistanz der Sonne ab. Mit zunehmender Bewölkung nimmt der Anteil der diffusen Strahlung zu; bei geschlossener Schichtbewölkung steigt die diffuse Strahlung etwa bis zum Doppelten des Wertes bei wolkenlosem Himmel an. Pauschal gesehen beträgt die Globalstrahlung bei geschlossener Schichtbewölkung etwa noch ein Viertel der Globalstrahlung bei wolkenlosem Himmel.

Abbildung 1.11 zeigt die geographische Verteilung der Globalstrahlung für die Monate Juni und Dezember. Der zeitlich und räumlich gemittelte Wert liegt bei etwa 180 bis 190 W/m^2; in ihrem tendenziellen Verlauf folgt die Globalstrahlung recht gut dem in Abb. 1.9 skizzierten Verlauf der Einstrahlung an der Atmosphärenobergrenze. Eine etwas herausragende Stellung nehmen nach Abb. 1.11 eigentlich nur die sommerlichen Trockengebiete der Subtropen ein. Dort kommen zu dem hohen Sonnenstand während des Hochsommers die sehr geringe Bewölkung und die geringe Trübung der trockenen Luft. Die betroffenen Gebiete sind während des Nordsommers vor allem die östliche Sahara und die Wüstengebiete des Nahen Orients, in etwas geringerem Maße auch die Subtropengebiete im Südwesten der Vereinigten Staaten, und während des Südsommers die Wüstengebiete an der

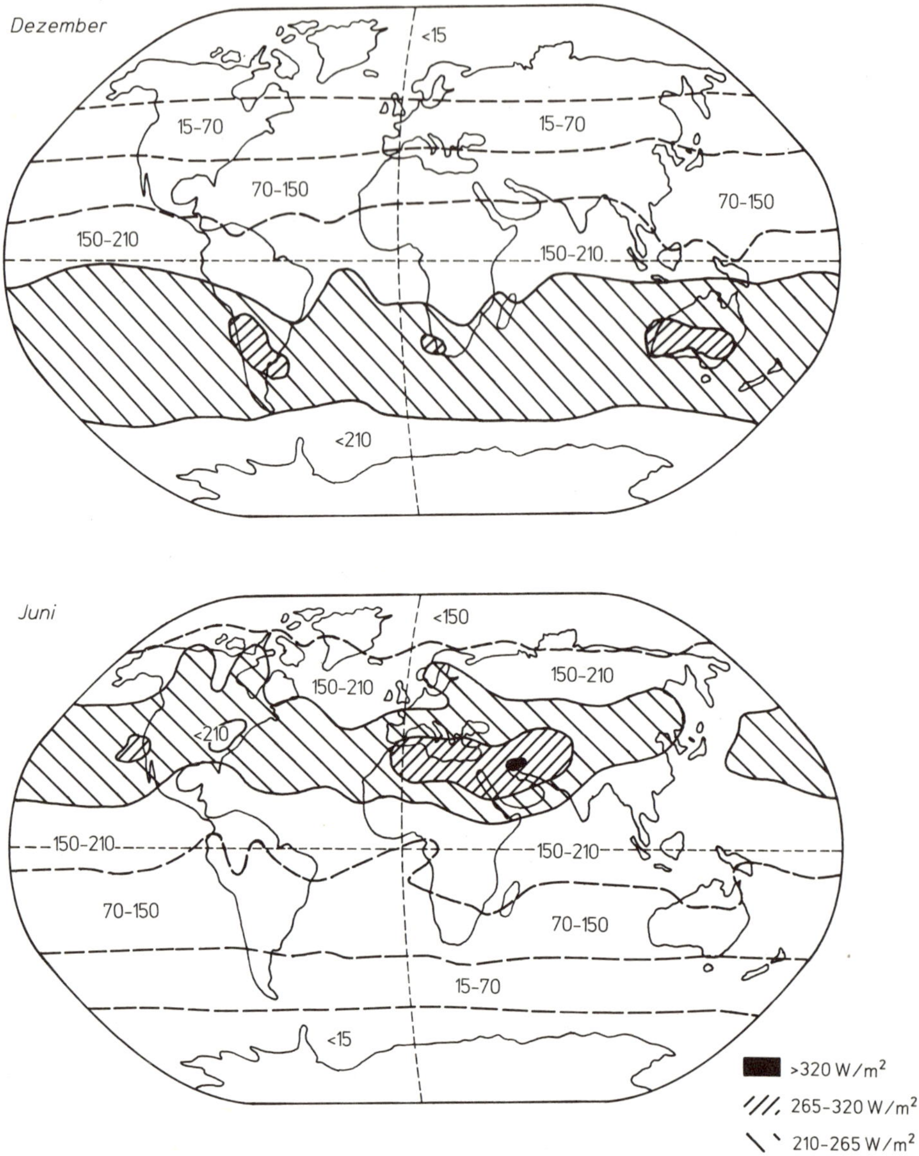

Abb. 1.11. Monatsmittel der Globalstrahlung für Dezember und Juni (Zahlenwerte: *W/m²*). Gebiete mit einer Globalstrahlung von mehr als 210 W/m^2 sind *schraffiert* oder *geschwärzt;* die Isolinien für 150, 70 und 15 W/m^2 sind *gestrichelt* eingezeichnet

Westküste von Südamerika und in Australien. Im Monatsmittel werden in diesen Gebieten Werte der Globalstrahlung von 300 bis 350 W/m^2 erreicht.

Die Globalstrahlung abzüglich des am Boden reflektierten Anteils kommt der Erdoberfläche zugute. Wie oben schon erwähnt, macht die vom Boden verein-

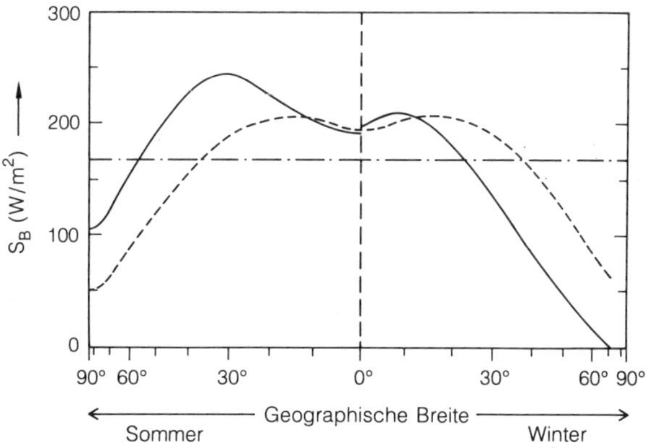

Abb. 1.12. Von der Erdoberfläche absorbierte solare Leistung S_B als Funktion der geographischen Breite, auf der Nordhalbkugel, **links** für das Sommer-, **rechts** für das Winterhalbjahr. Auftragung und Quelle wie in Abb. 1.9 (*gestrichelt:* Jahresmittel, *strichpunktiert:* globales Mittel)

nahmte Energie S_B global rund die Hälfte der einfallenden Sonnenstrahlung aus. Abbildung 1.12 zeigt S_B noch nach Breitenkreisen für das Sommer- und das Winterhalbjahr differenziert; zum Vergleich siehe Abb. 1.9.

1.2.2 Absorption, Streuung und spektrale Verteilung

Die Strahlung der Sonne ist in erster Näherung die Strahlung eines schwarzen Körpers mit einer Strahlungstemperatur von rund 5700 K; nach dem Wienschen Verschiebungsgesetz liegt das Maximum der Energieverteilung bei einer Wellenlänge von etwa 0,5 µm. Durch Absorption von Strahlung in der Sonnenatmosphäre, die z. B. die bekannten Fraunhofer-Linien zur Folge hat, ergeben sich allerdings gewisse Abweichungen von der idealen Schwarzkörperstrahlung. Im oberen Teil von Abb. 1.13 ist die spektrale Verteilung des Sonnenlichtes an der Obergrenze der Atmosphäre dargestellt; zum Vergleich ist punktiert die Verteilung einer entsprechenden idealen Schwarzkörperstrahlung mit eingezeichnet.

Der Vergleich der an der Erdoberfläche ankommenden solaren Strahlung mit dem Sonnenlicht außerhalb der Erdatmosphäre (siehe Abb. 1.13) weist auf die wesentlichen Fakten der Extinktion der Sonnenstrahlung bei ihrem Weg durch die irdische Atmosphäre hin: Zum einen ist erkennbar, daß das Licht in selektiven Wellenlängenbereichen durch molekulare Absorption geschwächt wird. Zum anderen wird die Intensität über das ganze Spektrum hinweg durch Streuung reduziert; dabei fällt auf, daß der Einfluß der Streuung auf die Extinktion mit abnehmender Wellenlänge deutlich anwächst.

Die spektrale Verteilung der am Boden ankommenden Strahlung, wie sie im unteren Teil von Abb. 1.13 zu sehen ist, zeigt – neben der Schwächung der Strahlung durch Streuung – molekulare Absorption vor allem durch Ozon und durch Wasserdampf. Eine starke Bande des Ozons zwischen etwa 0,22 µm und 0,31 µm, die sog. Hartley-Bande, und die sich daran anschließende Huggins-Bande löschen das solare UV-Licht unterhalb von 0,35 µm weitgehend und unterhalb von 0,3 µm praktisch vollständig aus; daneben zeigt Ozon noch eine schwache Absorptionsbande (Chappuis-Bande) im sichtbaren (grünen) Wellenlängenbereich. Wasserdampf

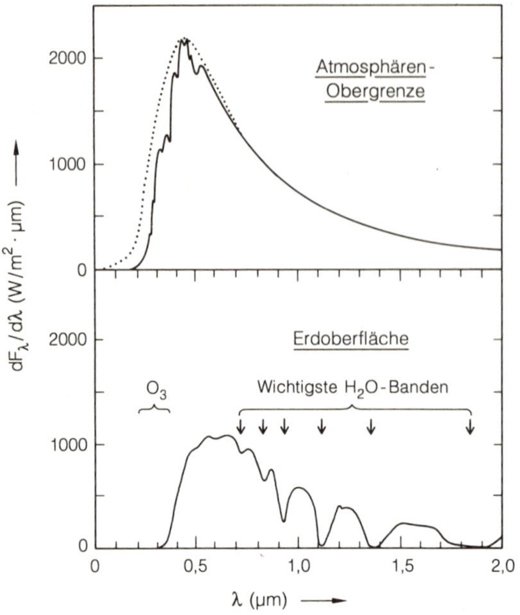

Abb. 1.13. Spektrale Verteilung des Sonnenlichtes an der Atmosphärenobergrenze (**oben**) und am Erdboden (**unten**). Die *untere Kurve* gilt für einen Lichtweg, der dem 2fachen der Strecke Zenit–Erdboden bzw. einer Sonnenhöhe von 30° über dem Horizont entspricht. (Nach Möller 1973, umgezeichnet)

weist neben einem sehr schwachen, im Maßstab der Abb. 1.13 nicht in Erscheinung tretenden Kontinuum Banden bei 0,72 µm, 0,81 µm, 0,93 µm, 1,13 µm 1,37 µm und 1,85 µm sowie einige weitere, für den solaren Spektralbereich nicht mehr sehr bedeutsame Banden im ferneren Infrarot auf. Neben den genannten Absorptionsbanden des Ozons und des Wasserdampfs sind im nahen Infrarot noch einige, für den solaren Bereich ebenfalls nicht sehr ins Gewicht fallende Banden des Kohlendioxids und des Sauerstoffs zu beobachten.

Im Wellenlängenbereich unterhalb der Hartley-Bande des Ozons wird die Absorption solarer Strahlung durch verschiedene Banden und Kontinua des Sauerstoffs dominiert. Dies sind zwischen etwa 0,22 µm und 0,19 µm das für die stratosphärische Ozon-Produktion wichtige Herzberg-Kontinuum, unter 0,19 µm die Schumann-Runge-Banden und unterhalb 0,17 µm das starke Schumann-Kontinuum. Die Absorption der UV-Strahlung durch Sauerstoff findet schon in der hohen Atmosphäre statt, lediglich im Bereich des Herzberg-Kontinuum dringt die solare Strahlung etwas tiefer in die Atmosphäre ein und ermöglicht so die eben erwähnte und im 8. Kap. näher besprochene Ozon-Produktion in der Stratosphäre.

Bei der Behandlung der Streuung von Licht in der Atmosphäre ist eine gewisse Fallunterscheidung zu treffen:

- Streuung an Zentren, die klein gegenüber der Wellenlänge des Lichtes sind, die sog. Rayleigh-Streuung. Zentren dieser Art sind vor allem die Moleküle der Luft, daneben auch kleine Aerosolteilchen mit Lineardimensionen unter etwa 0,1 µm.
- Streuung an Zentren, deren Lineardimensionen nicht mehr klein gegenüber der Wellenlänge sind, die sog. Mie-Streuung. Solche Zentren sind Aerosolpartikel, Dunstteilchen und auch Wolken- und Nebeltröpfchen.

Wir wollen die Rayleigh-Streuung relativ ausführlich besprechen, einmal wegen ihrer Bedeutung für das Himmelslicht, aber auch, weil die Diskussion der Rayleigh-Streuung zu einer gewissen allgemeinen Einsicht in die Physik der Lichtstreuung führt und zudem einer elementaren Betrachtung einigermaßen zugänglich ist. Dagegen überstiege eine formale Behandlung der Mie-Streuung den Rahmen der vorliegenden Darstellung; wir werden uns deshalb auf eine qualitative Besprechung und auf die Wiedergabe der wichtigsten Fakten beschränken. Der weitergehend interessierte Leser sei auf das sehr ausführliche und auch sehr gut zu lesende Buch von Van de Hulst (1981) verwiesen.

Ganz generell kommt Streuung an dielektrischen Materialien dadurch zustande, daß die Materie unter der Wirkung des elektromagnetischen Wechselfeldes der einfallenden Strahlung periodisch polarisiert wird, d. h., daß die Schwerpunkte der positiven und negativen Ladungen gegeneinander verschoben und so zu erzwungenen Schwingungen angeregt werden. Die oszillierenden Ladungen strahlen nach den Regeln der Elektrodynamik ihrerseits Energie ab; diese Strahlung wird als Streustrahlung beobachtet.

Die Rayleigh-Streuung selbst kann man als die Abstrahlung eines sog. Hertzschen Dipols auffassen, der durch das oszillierende elektrische Feld der einlaufenden Lichtwelle zu Schwingungen angeregt wird. Um den formal weniger interessierten Leser nicht zu ermüden, haben wir die quantitativen Überlegungen in der Ergänzung 1.1 zusammengefaßt und wollen hier nur die wichtigsten Resultate wiedergeben:

- Die Intensität der Rayleigh-Streuung ist – zumindest in sehr guter Näherung – proportional zu λ^{-4} mit λ als der Wellenlänge der einfallenden Strahlung. Kurzwelliges Licht wird also viel stärker gestreut als langwelliges; dies erklärt die blaue Farbe des Himmelslichtes, aber auch die stärkere Extinktion der kurzwelligen Strahlung, wie sie z. B. in Abb. 1.13 zum Ausdruck kommt.
- Die Intensität der Rayleigh-Streuung ist, für unpolarisiertes einfallendes Licht, proportional zu $1+\cos^2\vartheta$, mit dem Streuwinkel ϑ zwischen der Richtung des einfallenden und der des gestreuten Lichtes (siehe auch Abb. 1.16 in der Ergänzung 1.1). Wir werden sehen, daß dies im Vergleich zu der noch zu besprechenden Mie-Streuung eine recht schwache Winkelabhängigkeit der Rayleigh-Streuung bedeutet; insbesondere besteht keine Bevorzugung der Vorwärtsrichtung.
- Das Streulicht ist (wieder unter der Voraussetzung, daß das einfallende Licht unpolarisiert ist) in Vorwärts- und Rückwärtsrichtung unpolarisiert, senkrecht zur Einfallsrichtung dagegen maximal polarisiert mit einem elektrischen Feldvektor, der senkrecht zu der Ebene steht, die von der Strahlrichtung des einfallenden und der des gestreuten Lichtes aufgespannt wird. Dies bedeutet z. B., daß das Himmelslicht maximal polarisiert erscheint, wenn die Blickrichtung und die Richtung zur Sonne aufeinander senkrecht stehen (ein Phänomen, das von Fotografen mit Hilfe von Polarisationsfiltern zur Vertiefung des Himmelblaus ausgenutzt werden kann).

Die Mie-Streuung, d. h. die Streuung von Licht an Partikeln, die nicht mehr klein gegen die Wellenlänge sind, kann man sich als kohärente Anregung einer größeren –

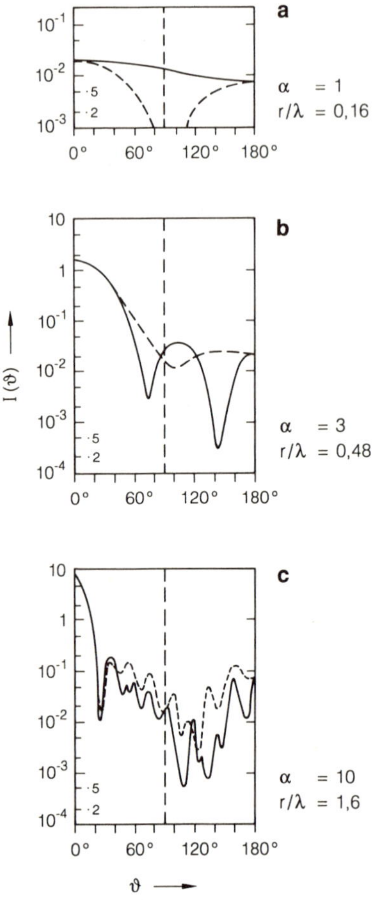

Abb. 1.14a–c. Mie-Streufunktionen, d. h. normierte differentielle Streuquerschnitte als Funktion des Streuwinkels ϑ, für kugelförmige dielektrische Aerosolpartikeln mit Brechungsindex $n = 1{,}5$ und für drei verschiedene Teilchengrößenparameter $\alpha = 2 \cdot \pi \cdot r/\lambda$. Die *durchgezogene Kurve* entspricht dem elektrischen Feldvektor senkrecht zur Streuebene, die *gestrichelte Kurve* dem elektrischen Feld parallel zur Streuebene. (Nach Hodkinson 1966)

oder großen - Zahl von Elementarstrahlern veranschaulichen. Senkrecht zur Ausbreitungsrichtung ist dies mit der Beugung an einem kreisförmigen Loch vergleichbar, dessen Durchmesser nicht mehr klein gegen die Wellenlänge ist; da die Teilchen auch in der Richtung des anregenden Strahles ausgedehnt sind, kommt hierzu noch eine kohärente Anregung in Strahlrichtung ins Spiel, die - der Wirkung einer Richtantenne vergleichbar - zu einer scharfen Betonung der Vorwärtsstreuung führt. Die Folge sind interferenzbedingte Maxima und Minima in Abhängigkeit von dem Streuwinkel, mit einem ausgeprägten Maximum in Vorwärtsrichtung, das um so schärfer wird, je größer das streuende Partikel ist.

Eine analytische Darstellung der Streuintensität ist im Falle der Mie-Streuung nicht möglich. Abbildung 1.14 zeigt deshalb zur Illustration die Streufunktionen $I(\vartheta)$ (zur Definition von $I(\vartheta)$ s. Abschn. 1.1.3) für drei verschiedene sog. Teilchengrößenparameter $\alpha = 2 \cdot \pi \cdot r/\lambda$, d. h. für drei verschiedene Verhältnisse von Partikelradius r zur Wellenlänge λ. In der Ergänzung 1.1 ist gezeigt, daß man im Fall der Rayleigh-Streuung an sehr kleinen Partikeln sowohl die Streufunktion $I(\vartheta)$ als auch die Extinktionsfunktion E als Funktionen von α allein schreiben kann; diese

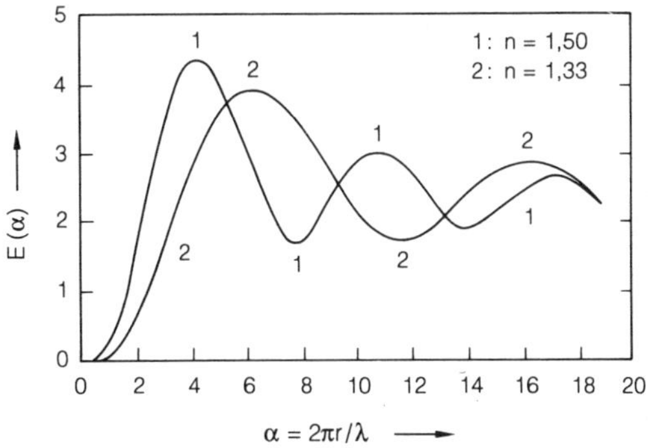

Abb. 1.15. Mie-Extinktionsfunktionen E, d. h. auf den Partikelquerschnitt normierte Extinktionsquerschnitte, als Funktion des Teilchengrößenparameters $\alpha = 2 \cdot \pi \cdot r/\lambda$, für zwei verschiedene Brechungsindizes n des Teilchenmaterials. (Nach Hodkinson 1966) Für sehr große α konvergiert $E(\alpha)$ gegen 2; zur Begründung siehe z. B. Van de Hulst (1981)

Aussage ist auch für die Mie-Streuung richtig. In dem obersten Beispiel der Abb. 1.14, für $\alpha = 1$ oder $r/\lambda \approx 0{,}16$, ist die Rayleigh-Winkelverteilung noch einigermaßen wiedererkennbar, wenn auch schon mit einer zweifachen Überhöhung der Vorwärtsrichtung; die beiden anderen Beispiele zeigen deutlich die Winkelverteilung von Interferenzmustern, ebenso wie die starke Überhöhung der Vorwärtsstreuung.

Auch für die totalen Mie-Streuquerschnitte bzw. die Mie-Extinktionsquerschnitte lassen sich keine analytischen Darstellungen angeben. Die Extinktionsfunktionen, d. h. die auf den geometrischen Teilchenquerschnitt normierten Extinktionswirkungsquerschnitte, sind oszillierende Funktionen des Teilchengrößenparameters α; in Abb. 1.15 sind Beispiele für zwei verschiedene Brechungsindizes wiedergegeben.

Bei der Berechnung des makroskopischen Extinktionskoeffizienten eines polydispersen Aerosols, d. h. eines Teilchengemisches mit einer mehr oder minder breiten Verteilung der Partikelradien, tritt an die Stelle des Produktes aus Anzahldichte und Einzelextinktionsquerschnitt ein Integral über die Partikelgrößenverteilung $n(r) = dN/dr$ (s. hierzu Abschn. 1.1.4). $K_e(\lambda)$ ist dann gegeben durch

$$K_e(\lambda) = \int_0^\infty \pi \cdot r^2 \cdot E(\alpha) \cdot n(r) \cdot dr. \tag{1.39}$$

Im Abschnitt 1.1.4 ist erwähnt worden, daß atmosphärische Aerosole in der Mehrzahl der Fälle eine Größenverteilung nach einem Potenzgesetz der Art $n(r) = dN/dr = c \cdot r^{-m}$, mit m in der Größenordnung von 4, aufweisen, zumindest in dem für die atmosphärische Optik wichtigen Radienbereich oberhalb etwa 0,1 μm. In diesem Fall läßt sich bei einigermaßen einheitlichem Brechungsindex des Aerosolmaterials das gerade angegebene Integral durch eine einfache Erweiterung mit $\lambda^{2-m+1} \cdot \lambda^{-2+m-1} = 1$ in ein Integral über eine Funktion von α allein umformen und so, unter Berücksichtigung des bekannten funktionalen Verlaufs von $E(\alpha)$ nach Abb. 1.15 auswerten. Es ist, mit $dr = d\alpha \cdot \lambda/2 \cdot \pi$ und mit c bzw. C als Konstanten,

$$K_e(\lambda) = \int_{r=0}^{\infty} \pi \cdot r^2 \cdot E(\alpha) \cdot c \cdot r^{-m} \cdot dr$$
$$= (2 \cdot \pi)^{m-2-1} \cdot \lambda^{2-m+1} \cdot \int_{r=0}^{\infty} E(\alpha) \cdot c \cdot \alpha^{2-m} \cdot d\alpha$$
$$= C \cdot \lambda^{3-m}. \tag{1.40}$$

Diese Darstellung ist möglich, weil das Integral in der zweiten Zeile eine reine Zahl darstellt, die nicht mehr explizit von r oder λ abhängt und durch numerische Integration von $E(\alpha)$ erhalten werden kann. Es existiert also ein einfacher und eindeutiger Zusammenhang zwischen dem Exponenten einer Potenzverteilung der Partikelgrößen und der Wellenlängenabhängigkeit des Extinktionskoeffizienten. Dieser Zusammenhang wurde in der Frühzeit der Aerosolphysik auch zu ersten Bestimmungen der Aerosol-Größenverteilungen in der Atmosphäre herangezogen. Setzt man in Anlehnung an die in Abschn. 1.1.4 erwähnte Junge-Verteilung $m = 4$, so erhält man eine Proportionalität des Extinktionskoeffizienten zu λ^{-1}; die empirischen Werte tendieren im Mittel eher zu einer Proportionalität zu $\lambda^{-1,3}$, entsprechend einem Exponenten in der Aerosolgrößenverteilung von $m \approx 4{,}3$.

Aus diesen Überlegungen geht hervor, daß die Wellenlängenabhängigkeit der Streuintensität bei der Mie-Streuung an atmosphärischen Aerosolen viel schwächer ist als die Wellenlängenabhängigkeit der Rayleigh-Streuung an Luftmolekülen. Dies äußert sich in einer ausgeprägten Verweißlichung des Himmelslichtes, sobald größere Konzentrationen von Aerosol- und Dunstpartikeln vorliegen.

Natürlich gilt die hier abgeleitete λ^{-1}- bis $\lambda^{-1,5}$-Abhängigkeit der Mie-Extinktion nicht uneingeschränkt; sie stellt lediglich den mittleren Regelfall dar, von dem ganz erhebliche Abweichungen beobachtet werden können, sobald die aktuelle Partikelgrößenverteilung nicht mehr durch eine Junge-Verteilung beschrieben wird. So berichtet Quenzel (1970) – um nur ein Beispiel anzuführen – von Extinktionsmessungen in einer Saharastaubfahne über dem Nordatlantik, bei denen maximale Extinktionen bei Wellenlängen zwischen 0,7 µm und 1 µm gefunden wurden; für größere und kleinere Wellenlängen ging die Extinktion rasch zurück (die zugehörigen Partikelgrößenverteilungen wiesen Maxima bei Radien zwischen 0,35 µm und 0,6 µm auf).

Um eine Vorstellung von der Größenordnung der Extinktionskoeffizienten in Bodennähe zu vermitteln, sind in der Tabelle 1.4 einige Werte für die Extinktion durch Rayleigh-Streuung an Luftmolekülen und durch Mie-Streuung an Aerosolen – unter der Annahme typischer kontinentaler Aerosolgemische – zusammengestellt; die damit verknüpften e-Wert-Längen für die Schwächung der Strahlung ($= 1/K_e$) sind ebenfalls in die Tabelle mit aufgenommen. Die in der Tabelle angegebenen Zahlen für die Mie-Streuung sollen allerdings nicht überbewertet werden. Höhere Partikelkonzentrationen in belasteten Gebieten können die Extinktion ebenso drastisch heraufsetzen wie etwa sehr hohe Luftfeuchtigkeit, die die Extinktionsquerschnitte der meisten Teilchen deutlich vergrößert.

Wird der Durchmesser der streuenden Partikel sehr groß gegen die Wellenlänge, so wird der Extinktionskoeffizient von der Wellenlänge praktisch unabhängig; er ist dann in guter Näherung durch das Produkt aus der Anzahldichte der streuenden

Tabelle 1.4. Typische atmosphärische Extinktionskoeffizienten in Bodennähe

Wellenlänge	Rayleigh-Extinktion d. Luft		Mie-Extinktion d. Partikel	
	K_e	e-Wert-Länge	K_e	e-Wert-Länge
0,4 μm	0,046 km^{-1}	22 km	0,04 km^{-1}	25 km
0,5 μm	0,018 km^{-1}	55 km	0,03 km^{-1}	33 km
0,6 μm	0,0086 km^{-1}	116 km	0,022 km^{-1}	45 km
0,8 μm	0,0029 km^{-1}	350 km	0,016 km^{-1}	62 km
1,5 μm	(0,0002 km^{-1})	(4200 km)	0,008 km^{-1}	125 km

Teilchen und dem doppelten geometrischen Querschnitt der Einzelpartikel gegeben (wegen $E \approx 2$; siehe hierzu die Legende von Abb. 1.15). Dieser Fall liegt typisch bei der Streuung von Sonnenlicht durch Nebel oder Wolken vor. Für einen typischen Nebel mit einer Tröpfchenzahl von etwa 300 cm^{-3} und einem mittleren Tropfendurchmesser von 10 μm erhält man $K_e \approx 0{,}047\, m^{-1}$; dies entspricht einer e-Wert-Länge von etwa 20 m. Bei einem mittleren Tropfendurchmesser von 20 μm geht die e-Wert-Länge entsprechend auf etwa 5 m zurück.

In Wolken wird die primäre Sonnenstrahlung meist vollständig ausgelöscht; die optische Dicke von Wolken kann die Größenordnung von $\tau \approx 100$ und mehr erreichen; das Licht aus dichteren Wolken ist reines Streulicht. Als Anhaltspunkt mag dienen, daß die Sonne durch Wasserwolken hindurch bis zu einer optischen Dicke dieser Wolken von etwa 10 bis 15 sichtbar ist; dabei fällt auf, daß die scharfe Begrenzung der Sonnenscheibe erhalten bleibt. Hoch liegende Cirrus-Wolken, die aus sehr kleinen Eisnadeln bestehen, lassen die Umrisse der Sonne sogar noch bis zu einer optischen Dicke von etwa 25 erkennen; die Ränder der Sonnenscheibe erscheinen in diesem Fall aber diffus und verwaschen.

Einen recht guten, wenn auch etwas subjektiven Anhaltswert für die aktuelle Extinktion kann man sich aus einer Abschätzung der Sichtweite in der Atmosphäre verschaffen. Unter günstigen Bedingungen (ausreichende Helligkeit, aber keine Blendung, und einigermaßen ausgeruhte, gesunde Augen) heben sich dunkle Objekte bis zu einer Entfernung von knapp 4 e-Wert-Längen der Extinktion durch Streuung von dem Hintergrund ab. Die Begründung für diesen Zusammenhang ist in der Ergänzung 1.2 gegeben. Wenden wir die Beziehung – um ein Beispiel zu geben – auf die reine Rayleigh-Streuung an, so können wir der Tabelle 1.4 entnehmen, daß bei $\lambda = 0{,}5$ μm, einer Wellenlänge, bei der das Auge eine besondere gute Empfindlichkeit aufweist, die durch die Rayleigh-Streuung begrenzte Sichtweite bei etwas über 200 km liegt; in weitgehend staubfreier Luft (etwa zu Beginn einer Schönwetterperiode nach kräftigen vorhergegangenen Niederschlägen) sind solche Sichtweiten möglich.

In Tabelle 1.5 sind zum Abschluß mittlere Transmissionsfaktoren wiedergegeben, die die streubedingte Extinktion der primären solaren Strahlung zwischen der Atmosphärenobergrenze ($z = \infty$) und dem Erdboden ($z = 0$) bei senkrechter Einstrahlung beschreiben. Diese wellenlängenabhängigen Transmissionsfaktoren q

Tabelle 1.5. Transmission solarer Strahlung zwischen Atmosphärenobergrenze und Erdboden bei senkrechtem Einfall

	$\lambda = 0{,}3\,\mu m$	$\lambda = 0{,}5\,\mu m$	$\lambda = 0{,}8\,\mu m$
q_λ (Rayleigh)	0,29	0,86	0,98
q_λ (Mie)	0,72	0,82	0,88
q_λ (gesamt)	0,21	0,70	0,86

sind definiert durch

$$F_\lambda(0) = F_\lambda(\infty) \cdot \exp\left(-\int_0^\infty K_{e,\lambda}(z) \cdot dz\right) = F_\lambda(\infty) \cdot q_\lambda, \tag{1.41}$$

d. h., der Transmissionsfaktor q_λ gibt den Bruchteil der Sonnenstrahlung an, der bei senkrechtem Einfall den Erdboden erreicht. Die Tabelle zeigt einige Werte dieses Faktors für verschiedene Wellenlängen, getrennt nach der Schwächung der Strahlung durch Rayleigh-Streuung, q_λ(Rayleigh), durch Mie-Streuung, q_λ(Mie), und der Gesamtschwächung, q_λ(gesamt), nach Möller (1973).

Bei schrägem Einfall verlängert sich natürlich der Lichtweg durch die Atmosphäre. Es ist gebräuchlich, diese Verlängerung durch eine „relative Luftmasse“, d. h. über einen dimensionslosen Multiplikator m_r zu schreiben, der über $ds = m_r \cdot dz$ mit s als tatsächlichem Lichtweg und mit z als zugehöriger vertikaler Komponente definiert ist. Aus dieser Definition geht durch Einsetzen in die oben angeschriebene Beziehung unmittelbar hervor, daß bei schrägem Lichtweg

$$F_\lambda(0) = F_\lambda(\infty) \cdot q_\lambda^{m_r} \tag{1.42}$$

gilt, d. h., daß bei schrägem Einfall q_λ und damit auch die Wellenlängenabhängigkeit von q_λ potenziert werden; deshalb wird z. B. das Licht von der Sonne bei Annäherung an den Horizont immer rötlicher.

Für die relative Luftmasse m_r gilt bis zu ziemlich flachem Einfall der Sonnenstrahlung $m_r \approx 1/\cos\beta$, wenn β den Winkel zwischen der Einfallrichtung und dem Zenit bedeutet. Bis $\beta = 80°$ ist die Abweichung von $1/\cos\beta$ kleiner als 3%, für $\beta = 90°$ wird $m_r \approx 40$.

Ergänzung 1.1

Halbquantitative Behandlung der Rayleigh-Streuung

Wie im Haupttext schon angedeutet, kann die Rayleigh-Streuung als die Abstrahlung eines Hertzschen Dipols aufgefaßt werden, der durch die einlaufende Welle zu erzwungenen Schwingungen mit Frequenzen unterhalb seiner Resonanzfrequenz angeregt wird. Die Abstrahlung eines Hertzschen Dipols wird in den Lehrbüchern der Elektrodynamik ausführlich behandelt; einen ersten groben

Einblick in die Abstrahlcharakteristik eines Dipols mit einem periodisch wechselnden Dipolmoment $p = p \cdot e^{i\omega t}$ kann man jedoch aus folgender Überlegung gewinnen: Durch ein sich zeitlich veränderndes Magnetfeld wird ein elektrisches Feld induziert; die Feldstärke E des induzierten elektrischen Feldes ist direkt der zeitlichen Ableitung der magnetischen Flußdichte B proportional. Die Flußdichte B ist ihrerseits der Stärke I des Stromes proportional, der das Magnetfeld erzeugt. Der Strom I ist durch den Fluß der Ladungen des Dipols gegeben; dieser Ladungsfluß ist der Änderung des Dipolmomentes proportional, es gilt also auch $I \sim dp/dt$. Damit erhalten wir eine Beziehung von Proportionalitäten der Form

$$E \sim \frac{dB}{dt} \sim \frac{dI}{dt} \sim \frac{d^2p}{dt^2} = -\omega^2 p \sim \omega^2 \cdot p_0. \tag{1.43}$$

Die von dem Dipol abgestrahlte Leistung Φ wird durch das Quadrat der Feldstärke bestimmt; es gilt also weiter

$$\Phi \sim E^2 \sim \omega^4 \cdot p_0^2 \quad \text{bzw.} \quad \Phi \sim \frac{p_0^2}{\lambda^4}. \tag{1.44}$$

Die bekannte λ^{-4}-Abhängigkeit der Rayleigh-Streuung und die Proportionalität zum Quadrat des induzierten Dipolmomentes wird so auf einfache Weise plausibel. Eine quantitative Rechnung ergibt für die pro Raumwinkeleinheit abgestrahlte Leistung

$$\frac{d\Phi}{d\Omega} = \frac{1}{2} \cdot \frac{c \cdot \pi^2}{\varepsilon_0} \cdot \frac{p_0^2}{\lambda^4} \cdot \cos^2 \psi; \tag{1.45}$$

dabei sind $\varepsilon_0 = 8{,}85 \cdot 10^{-12}$ As/V·m die elektrische Feldkonstante, ψ der Winkel zwischen der Abstrahlrichtung und der Äquatorialebene des Dipols, d. h. der Ebene senkrecht zur Dipolachse und c die Lichtgeschwindigkeit. Für die gesamte von dem Dipol abgestrahlte Leistung erhält man

$$\Phi = \int_{4\pi} \frac{d\Phi}{d\Omega} \cdot d\Omega = \frac{4 \cdot \pi^3 \cdot c}{3 \cdot \varepsilon_0} \cdot \frac{p_0^2}{\lambda^4}. \tag{1.46}$$

Um nun den Streuprozeß selbst zu beschreiben, berücksichtigen wir, daß p bzw. p_0 das Produkt aus der Polarisierbarkeit χ des Streuers, der zu Schwingungen angeregt wird, und dem Momentanwert E bzw. der Amplitude E_0 der elektrischen Feldstärke der anregenden Strahlung ist, d. h., daß $p_0 = \chi \cdot E_0$ gilt. E_0 erhalten wir aus der Energieflußdichte F der anregenden Strahlung: Die Energiedichte des elektrischen Feldes außerhalb von Materie ist gerade $1/2 \cdot \varepsilon_0 \cdot E^2$; da in dem Strahlungsfeld einer elektromagnetischen Welle der elektrische und der magnetische Anteil der Energiedichte gleich groß sind, ist die Gesamtenergiedichte gerade $\varepsilon_0 \cdot E^2$ oder, nach Mittelung über eine Periode, $1/2 \cdot \varepsilon_0 \cdot E_0^2$. Multiplikation mit der Lichtgeschwindigkeit ergibt die Energieflußdichte

$$F = \frac{1}{2} \cdot c \cdot \varepsilon_0 \cdot E_0^2. \tag{1.47}$$

Hieraus folgt umgekehrt

$$E_0^2 = \frac{2 \cdot F}{c \cdot \varepsilon_0}. \tag{1.48}$$

Durch sukzessives Einsetzen erhalten wir den integralen Streufluß

$$\Phi_s = \frac{4 \cdot \pi^3 \cdot c}{3 \cdot \varepsilon_0 \cdot \lambda^4} \cdot p_0^2$$
$$= \frac{4 \cdot \pi^3 \cdot c}{3 \cdot \varepsilon_0 \cdot \lambda^4} \cdot \chi^2 \cdot E_0^2$$
$$= \frac{8 \cdot \pi^3 \cdot \chi^2}{3 \cdot \varepsilon_0^2 \cdot \lambda^4} \cdot F \tag{1.49}$$

bzw. – durch analoges Vorgehen – den differentiellen Streufluß

$$\frac{d\Phi_s}{d\Omega} = \frac{\pi^2 \cdot \chi^2}{\varepsilon_0^2 \cdot \lambda^4} \cdot \cos^2 \psi \cdot F. \tag{1.50}$$

Die Division durch die Energieflußdichte F der anregenden Strahlung liefert, in Anlehnung an Abschn. 1.1.3, den totalen bzw. den differentiellen Rayleigh-Streuquerschnitt,

$$\sigma_s = \frac{8 \cdot \pi^3 \cdot \chi^2}{3 \cdot \varepsilon_0^2 \cdot \lambda^4} \tag{1.51}$$

bzw.

$$\frac{d\sigma_s}{d\Omega} = \frac{\pi^2 \cdot \chi^2}{\varepsilon_0^2 \cdot \lambda^4} \cdot \cos^2 \psi. \tag{1.52}$$

In Abb. 1.16 sind die Zusammenhänge zwischen der Polarisationsrichtung des einfallenden Lichtes und der Richtungscharakteristik der gestreuten Strahlung bzw. zwischen dem weiter oben zur Darstellung der Abstrahlcharakteristik eines Dipols eingeführten Winkel ψ und dem Streuwinkel ϑ aufgezeichnet. Schwingen der E-Vektor des anregenden Lichtes und damit der Dipol in der Streuebene, so ist der Streuwinkel ϑ mit dem Abstrahlwinkel ψ identisch; die Streustrahlung weist eine Richtungscharakteristik mit Proportionalität zu $\cos^2 \vartheta$ auf. Schwingen E-Vektor der anregenden Strahlung und angeregter Dipol senkrecht zur Streuebene, so ist in der Streuebene $\psi \equiv 0$; die Streuintensität wird vom Streuwinkel unabhängig.

Wird mit unpolarisiertem Licht angeregt, so ergibt die Mittelung über die verschiedenen Richtungen des anregenden E-Feldes bzw. der angeregten Dipolstrahlung schließlich

$$\frac{d\sigma_s}{d\Omega} = \frac{\pi^2 \cdot \chi^2}{2 \cdot \varepsilon_0^2 \cdot \lambda^4} \cdot (1 + \cos^2 \vartheta). \tag{1.53}$$

Auch bei Anregung mit unpolarisiertem Licht ist die Streustrahlung i. allg. polarisiert; lediglich genau in Vorwärts- und in Rückwärtsrichtung beobachten wir unpolarisiertes Streulicht. Der Polarisationsgrad wächst mit zunehmendem Streu-

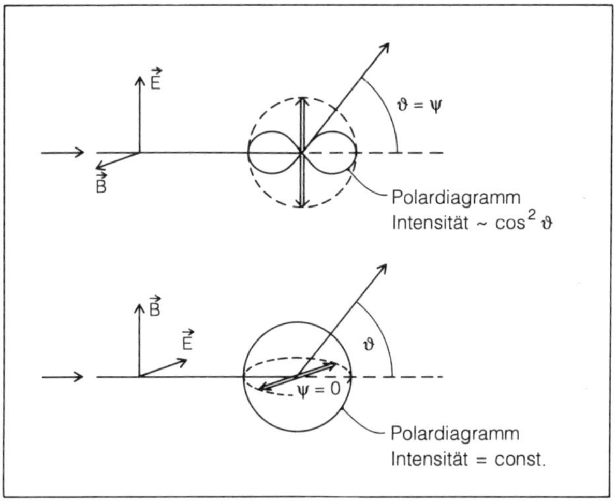

Abb. 1.16. Polardiagramm der Rayleigh-Streuung für die beiden Polarisationsrichtungen E-Feld in der Streuebene (**oben**) und E-Feld senkrecht zur Streuebene (**unten**). Als Streuebene ist jeweils die Zeichenebene anzusehen

winkel ϑ und wird bei $\vartheta = 90°$ maximal: deshalb ist z. B. das blaue Himmelslicht am stärksten polarisiert, wenn die Einfallsrichtung von der Sonne und die Beobachtungsrichtung senkrecht aufeinander stehen.

Die jetzt noch zu berechnende Polarisierbarkeit χ müssen wir etwas unterschiedlich behandeln, je nachdem, ob wir uns für die Streuung durch Luftmoleküle oder durch kleine Aerosolteilchen interessieren:

Die Polarisierbarkeit eines einzelnen Luftmoleküls folgt aus der makroskopischen, durch die Dielektrizitätskonstante ($\varepsilon = 1{,}000576$, bei Normalbedingungen) beschriebenen Polarisierbarkeit der Luft zu

$$\chi = \frac{\varepsilon_0(\varepsilon - 1)}{n} \tag{1.54}$$

mit n als der Anzahldichte der Luftmoleküle. Das Einsetzen dieser Beziehung in die oben angegebenen Ausdrücke für die Wirkungsquerschnitte (Gl. 1.51 und 1.52) ergibt z. B. den totalen Streuquerschnitt eines Luftmoleküls,

$$\sigma_s = \frac{8 \cdot \pi^3 \cdot (\varepsilon - 1)^2}{3 \cdot \lambda^4 \cdot n^2}. \tag{1.55}$$

Hieraus folgt weiter für den makroskopischen Rayleigh-Streukoeffizienten der Luft, $K_s = n \cdot \sigma_s$ (s. Abschn. 1.1.3), bzw. den damit identischen, für die atmosphärische Optik wichtigen Rayleigh-Extinktionskoeffizienten, K_e,

$$K_s = K_e = \frac{8 \cdot \pi^3 \cdot (\varepsilon - 1)^2}{3 \cdot \lambda^4 \cdot n} \tag{1.56}$$

(einige Zahlenwerte sind in Tabelle 1.4 im Haupttext wiedergegeben).

Die Polarisierbarkeit einer dielektrischen Kugel – als solche wollen wir kleine Aerosolpartikel ansehen – ist gegeben durch (mit V_K als Kugelvolumen und r als

Kugelradius)

$$\chi = V_K \cdot \varepsilon_0 \cdot \frac{3 \cdot (\varepsilon - 1)}{\varepsilon + 2} = \varepsilon_0 \cdot \frac{4 \cdot \pi \cdot r^3 \cdot (\varepsilon - 1)}{\varepsilon + 2} \tag{1.57}$$

(die Begründung ist in fast allen Lehrbüchern der Elektrizitätslehre zu finden); ε ist jetzt die Dielektrizitätskonstante des Partikelmaterials. Einsetzen dieser Beziehung in die oben abgeleiteten Ausdrücke (s. Gl. 1.51 und Gl. 1.52) ergibt

$$\sigma_s = \frac{128}{3} \cdot \pi^5 \cdot r^6 \cdot \lambda^{-4} \cdot \frac{(\varepsilon - 1)^2}{(\varepsilon + 2)^2} \tag{1.58}$$

bzw.

$$\frac{d\sigma_s}{d\Omega} = 8 \cdot \pi^4 \cdot r^6 \cdot \lambda^{-4} \cdot \frac{(\varepsilon - 1)^2}{(\varepsilon + 2)^2} \cdot (1 + \cos^2 \vartheta). \tag{1.59}$$

Den makroskopischen Rayleigh-Extinktionskoeffizienten K_e können wir natürlich auch hier – genau wie oben – durch Multiplikation von $\sigma_e = \sigma_s$ mit der Anzahldichte der Aerosolteilchen erhalten. Da in der Praxis vorkommende Aerosole normalerweise Gemische von Partikeln unterschiedlicher Größe bilden, läuft dieses Verfahren allerdings in der Regel auf eine Integration über eine Teilchengrößenverteilung hinaus.

Im Haupttext, bei der Behandlung der Mie-Streuung, hatten wir den sog. Teilchengrößenparameter α,

$$\alpha = \frac{2 \cdot \pi \cdot r}{\lambda} \tag{1.60}$$

eingeführt, der eine einfachere und universellere Schreibweise gestattet. Mit diesem wird

$$\sigma_s = \frac{8 \cdot \pi}{3} \cdot r^2 \cdot \alpha^4 \cdot \frac{(\varepsilon - 1)^2}{(\varepsilon + 2)^2} \tag{1.61}$$

bzw.

$$\frac{d\sigma_s}{d\Omega} = \frac{1}{2} \cdot r^2 \cdot \alpha^4 \cdot \frac{(\varepsilon - 1)^2}{(\varepsilon + 2)^2} \cdot (1 + \cos^2 \vartheta). \tag{1.62}$$

Normieren wir diese Wirkungsquerschnitte noch auf die geometrische Querschnittsfläche $\pi \cdot r^2$ der Aerosolpartikel, so erhalten wir die in Abschn. 1.1.3 definierte Extinktionsfunktion E (soweit sie durch Rayleigh-Streuung bedingt ist) und die Rayleigh-Streufunktion $I(\vartheta)$,

$$E = \frac{8}{3} \cdot \alpha^4 \cdot \frac{(\varepsilon - 1)^2}{(\varepsilon + 2)^2} \tag{1.63}$$

bzw.

$$I(\vartheta) = \frac{1}{2 \cdot \pi} \cdot \alpha^4 \cdot \frac{(\varepsilon - 1)^2}{(\varepsilon + 2)^2} \cdot (1 + \cos^2 \vartheta). \tag{1.64}$$

$I(\vartheta)$ und E sind Funktionen von α allein, r und λ treten nicht mehr explizit auf; diese Feststellung gilt auch für die Mie-Streuung.

Ergänzung 1.2

Die praktische Sichtweite in der Atmosphäre

Es ist eine alltägliche Erfahrung, daß Staub, Dunst, Nebel und ähnliches die Sichtweite in der Atmosphäre begrenzen, d. h. die Entfernung, innerhalb der Gegenstände noch von ihrer Umgebung getrennt und unterschieden werden können. Dieser Sachverhalt soll hier quantifiziert werden mit dem Ziel, eine Beziehung zwischen dem streubedingten Extinktionskoeffizienten und der Sichtweite aufzustellen. Wir beschränken uns dabei auf flächenhafte Objekte, deren Sichtbarkeit nicht durch das endliche Auflösungsvermögen des Auges oder eines optischen Instrumentes begrenzt ist und deren Helligkeit als Flächenhelligkeit wahrgenommen wird.

Unter diesen Voraussetzungen ist die Erkennbarkeit eines Objektes eine Frage der scheinbaren, d. h. vom Auge aus empfundenen Helligkeit des Objektes im Vergleich zur Helligkeit des Hintergrundes oder der Umgebung. Unterschreitet der subjektiv wahrgenommene Kontrast zwischen Objekt und Umgebung einen gewissen Minimalwert, so kann das Objekt nicht mehr von seiner Umgebung unterschieden werden.

Bezeichnet man die vom Auge aus empfundene Helligkeit des Objektes mit H und die der Umgebung oder des Hintergrundes mit H_0, so kann man den Kontrast Ct durch

$$Ct = \left| \frac{H - H_0}{H_0} \right| \tag{1.65}$$

definieren. Als Erfahrungswert gilt nun, daß unter günstigen Umständen (keine Blendung, aber ausreichende Helligkeit, gute Verfassung des Auges) ein Objekt dann noch von der Umgebung getrennt werden kann, wenn $Ct > 0{,}02$ ist, oder anders ausgedrückt, wenn sich die vom Auge empfundenen Helligkeiten von Objekt und Umgebung um mehr als 2% unterscheiden.

Die vom Auge empfundene Helligkeit eines flächenhaften Objektes, dessen Bild eine große Zahl von Sehnerven auf der Netzhaut überdeckt, ist dem Quotienten aus der gesamten in das Auge eintretenden Lichtleistung P_a, und der Fläche des Bildes auf der Netzhaut proportional; letztere ist ihrerseits dem Raumwinkel Ω proportional, unter dem das Objekt gesehen wird. Wir erhalten also

$$H = c_1 \cdot \frac{P_a}{\Omega}; \tag{1.66}$$

c_1 und im weiteren Text c_2, c_3 und c_4 sind Proportionalitätskonstanten.

Wenn wir nun ein (dunkles) Objekt in einer (hellen) Umgebung betrachten, so entspricht der subjektive Kontrast solange dem tatsächlichen Verhältnis der von Objekt und Umgebung emittierten Lichtleistungsdichten, wie nicht durch Streuung in dem Raum zwischen Objekt und Auge zusätzliches Licht ins Auge gelangt. Die Streuung von Licht durch Luftmoleküle, Aerosolpartikel, Nebeltröpfchen und dergleichen, die sich innerhalb des Lichtweges zwischen Objekt und Auge befinden, hellt das Objekt scheinbar auf und vermindert so den subjektiven Kontrast (ein

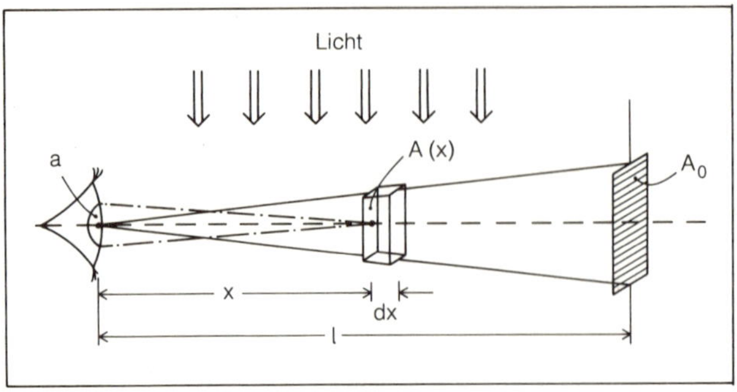

Abb. 1.17. Strahlengang zur Berechnung der Sichtbarkeitsgrenze flächenhafter Objekte; die einzelnen Bezeichnungen sind im Text erklärt

Beispiel: In einer Landschaft wirken an sich dunkle Berge um so heller, je weiter sie entfernt sind). Wir wollen unter etwas vereinfachenden Annahmen einen Ausdruck für die sich unter diesen Umständen ergebende Sichtweite ableiten; die hierzu notwendigen Größen sind in Abb. 1.17 skizziert.

Wir betrachten ein Objekt mit der Fläche A_0 in heller Umgebung; die Leuchtdichte des Objektes selbst sei vernachlässigbar, das Objekt sei also absolut schwarz. Die Entfernung zwischen Objekt und Auge sei l. Der Raum zwischen Auge und Objekt sei homogen von Streuzentren erfüllt, die Licht, das z. B. von der Seite einfällt, in Richtung auf das Auge hin streuen. Vom Auge aus gesehen spannt das Objekt einen Raumwinkel $\Omega = A_0/l^2 = A(x)/x^2$ auf, und jedes Volumenelement $dV = A(x) \cdot dx$ innerhalb des von diesem Raumwinkel aufgespannten Kegels streut Licht in Richtung auf das Auge; x ist dabei als laufende Variable die Entfernung zwischen dem jeweiligen Volumenelement, A(x) sei die Kegelquerschnittsfläche in der Entfernung x, d. h. die scheinbare Fläche des Objektes. Wir nehmen nun an, daß die aus dem Volumen dV gestreute Strahlungsleistung dP_s dem Extinktionskoeffizienten K_e und dem streuenden Volumen dV proportional ist.

Dabei gehen wir davon aus, daß die Extinktion allein durch Streuung verursacht ist und daß sie nicht vom Ort abhängt. Dann gilt

$$dP_s = c_2 \cdot K_e \cdot dV = c_2 \cdot K_e \cdot A(x) \cdot dx = c_2 \cdot K_e \cdot A_0 \cdot \frac{x^2}{l^2} \cdot dx. \tag{1.67}$$

Ein Teil dieser gestreuten Leistung gelangt in das Auge des Beobachters. Um diesen Anteil zu berechnen, müssen wir erstens berücksichtigen, daß von dem streuenden Volumen aus die Augenpupille mit der Pupillenfläche a einen Raumwinkel a/x^2 aufspannt, dem die von dem Auge empfangene Leistung proportional ist, und zweitens, daß das in Richtung Auge gestreute Licht der Extinktion unterliegt. Damit erhalten wir für die vom Auge empfangene Leistung dP_a

$$\begin{aligned} dP_a &= c_3 \cdot dP_s \cdot \frac{a}{x^2} \cdot \exp(-K_e \cdot x) \\ &= c_4 \cdot K_e \cdot A_0 \cdot \frac{x^2}{l^2} \cdot dx \cdot \frac{a}{x^2} \cdot \exp(-K_e \cdot x) \\ &= c_4 \cdot K_e \cdot A_0 \cdot \frac{a}{l^2} \cdot \exp(-K_e \cdot x) \cdot dx. \end{aligned} \tag{1.68}$$

Die Integration über x, d. h. über das Kegelvolumen, ergibt schließlich

$$P_a = c_4 \cdot A_0 \cdot \frac{a}{l^2} \cdot [1 - \exp(-K_e \cdot l)]. \qquad (1.69)$$

Wegen $H = P_a/\Omega$ und $\Omega = A_0/l^2$ erhalten wir als vom Auge empfundene Helligkeit

$$H = c_4 \cdot a \cdot [1 - \exp(-K_e \cdot l)]. \qquad (1.70)$$

Die Konstante c_4 können wir bestimmen: Für $l \to \infty$ geht H gegen die Umgebungs- oder Hintergrundshelligkeit H_0; deshalb muß $c_4 \cdot a = H_0$ sein, und wir erhalten für die scheinbare Helligkeit des Objektes am Ort des Auges

$$H = H_0 \cdot [1 - \exp(-K_e \cdot l)] \qquad (1.71)$$

und für den vom Auge empfundenen Kontrast

$$Ct = \left| \frac{H - H_0}{H_0} \right| = \left| \frac{H_0 \cdot [1 - \exp(-K_e \cdot l)] - H_0}{H_0} \right| \qquad (1.72)$$
$$= \exp(-K_e \cdot l).$$

Setzen wir für Ct noch die auf S. 33 erwähnte Unterscheidbarkeitsgrenze $Ct_{min} = 0{,}02$ ein und identifizieren dann l mit der Sichtweite R_s, so erhalten wir

$$Ct_{min} = \exp(-K_e \cdot R_s) \qquad (1.73)$$

oder schließlich

$$R_s = -\frac{\ln Ct_{min}}{K_e}. \qquad (1.74)$$

Eine Beziehung dieser Art wurde erstmals von Koschmieder (1924) angegeben. Mit $Ct_{min} = 0{,}02$ ergibt sich gerade

$$R_s = \frac{3{,}9}{K_e}, \qquad (1.75)$$

die praktische Sichtweite beträgt also knapp vier e-Wert-Längen.

Wie schon angemerkt, gilt diese Beziehung nur unter einigen nicht immer erfüllten Voraussetzungen. So sind weder Lichteinstrahlung noch Extinktionskoeffizient immer unabhängig vom Ort, noch ist ein betrachtetes Objekt in der Praxis absolut schwarz. Auch die Annahme von $Ct_{min} = 0{,}02$ ist, wie schon angedeutet, nur für sehr günstige Bedingungen gültig, schon leichte Blendung verschlechtert diesen Wert deutlich. Dennoch sind in der Praxis, für eine Abschätzung der Größenordnung des Extinktionskoeffizienten, die Unsicherheiten der Koschmieder-Beziehung nicht allzu groß; zum Teil hängt dies damit zusammen, daß der kritische Minimalkontrast nur mit seinem Logarithmus in die oben abgeleitete Formel (s. Gl. 1.74) eingeht (setzt man z. B. für Ct_{min} einen um einen Faktor zwei schlechteren Wert sein, so erhält man für R_s immerhin noch einen Wert von 3,2 e-Wert-Längen).

1.3 Terrestrische Strahlung

Im ersten Abschnitt des vorliegenden Kapitels sind die Grundlagen der thermischen Strahlung zusammengestellt worden. Danach emittiert Materie, unabhängig vom Aggregatzustand, bei Temperaturen oberhalb von 0 K thermische Strahlung in dem Maße und in dem Wellenlängenbereich, in dem sie auch zu absorbieren vermag. Für eine bestimmte Wellenlänge und für eine bestimmte Temperatur ist die thermische Emission durch das Produkt aus der Emission eines idealen schwarzen Strahlers und dem Absorptionsvermögen der betrachteten Materie gegeben. Die Größenordnung der relevanten Wellenlängen kann aus dem Wien-Verschiebungsgesetz abgeschätzt werden.

Diese Überlegungen gelten für die Erdoberfläche und für die Atmosphäre selbst in gleichem Maße. Dabei kann man die feste und flüssige Erdoberfläche in guter Näherung als schwarzen Strahler ansehen, während die Atmosphäre selbst nur in bestimmten Wellenlängenbereichen absorbiert und emittiert und insofern eher ein „farbiger" Strahler ist. Die mittlere Oberflächentemperatur der Erde liegt bei 15° C bzw. 288 K; nach dem Wienschen Verschiebungsgesetz liegt das Maximum der Wellenlängenverteilung bei etwa 10 µm, also weit im Infraroten. Die Atmosphäre selbst ist im großen und ganzen etwas kühler (wir kommen darauf zurück), die Größenordnung der beteiligten Wellenlängenbereiche ist aber die gleiche.

Der Versuch, sich die terrestrische Strahlung zu veranschaulichen, stößt auf gewisse Schwierigkeiten. Im terrestrischen Wellenlängengebiet absorbiert und emittiert die Luft in weiten Spektralbereichen selbst Strahlung. Die Luft wird also einerseits mehr oder minder undurchsichtig, auf der anderen Seite aber selbst leuchtend; eine Analogie hierzu aus dem normalen Erfahrungsbereich ist schwer vorstellbar.

Auch in anderer Hinsicht stößt die Anschauung auf Schwierigkeiten: Das Absorptions- und Reflexionsverhalten vieler Materialien im Infraroten unterscheidet sich wesentlich von dem aus dem sichtbaren Bereich vertrauten Verhalten. So ist z. B. frisch gefallener Schnee im Infraroten schwärzer als jeder Ruß im sichtbaren Wellenlängenbereich. Die Tabelle 1.6 soll ein gewisses Maß für die Größenordnungen vermitteln. Das Absorptionsvermögen der Erdoberfläche be-

Tabelle 1.6. Absorptions- und Reflexionsvermögen einiger Oberflächentypen im terrestrisch-thermischen (infraroten) Spektralbereich

	Absorption	Reflexion
Sand	90%	10%
Wasser	96%	4%
Gras	98–99%	1–2%
Schnee	99,5%	0,5%
Wolken	90–100%	0–10%

trägt im Mittel etwa 95%; insofern ist es berechtigt, diese angenähert als schwarzen Strahler anzusehen.

Wir werden bei der Behandlung der terrestrischen thermischen Strahlung ähnlich wie bei der Behandlung der solaren Strahlung zunächst das globale Bild besprechen und von dort aus dann zur Diskussion der Details übergehen.

1.3.1 Das globale Bild; der Treibhauseffekt

Betrachtet man, wie schon angedeutet, die Erdoberfläche als thermischen Strahler mit einer mittleren Temperatur von etwa 288 K, so stößt man im ersten Anschein auf eine grundlegende Diskrepanz. Die thermische Abstrahlung der Erdoberfläche nach dem Stefan-Boltzmannschen Gesetz, bei einem angenommenen thermischen Emissionsvermögen von 95%, beträgt im Mittel etwa 373 W/m^2; sie ist damit beträchtlich höher als die gesamte Einnahme der Erdoberfläche an solarer Energie in Höhe von etwa 175 W/m^2, ja sie ist sogar noch deutlich höher als die ganze solare Einstrahlung (S_0) an der Atmosphärenobergrenze von 342 W/m^2. Selbst wenn alle nichtradiativen Prozesse, die der Erdoberfläche weitere Energie entziehen können, unberücksichtigt bleiben, scheint das Gleichgewicht zwischen Energiezufuhr zum Boden durch solare Einstrahlung und Energieentzug durch thermische Abstrahlung verletzt.

Diese Diskrepanz wird dadurch aufgelöst, daß die Atmosphäre im Infraroten Strahlung absorbiert, damit selbst ein thermischer Strahler ist und einen beträchtlichen Teil der ihr zugeführten Energie wieder zum Erdboden als sog. thermische „Gegenstrahlung" zurückstrahlt. Im globalen Mittel beträgt diese atmosphärische Gegenstrahlung ca. 300 W/m^2; die Nettoabstrahlung der Erdoberfläche beläuft sich damit nur noch auf ungefähr 72 W/m^2 und bleibt damit natürlich weit unter der Energiezufuhr durch die solare Strahlung.

Diese Abschirmwirkung der Atmosphäre wird oft mit der eines Glashauses verglichen, dessen Scheiben zwar die kurzwellige Sonnenstrahlung durchlassen, die Wärmestrahlung des Bodens oder auch der Pflanzen aber zurückhalten und wieder an das Innere des Glashauses abgegeben. Deshalb wird die Abschirmwirkung der Atmosphäre populär gern als „Treibhauseffekt" oder „Glashauseffekt" bezeichnet.

Einige Zahlen sollen diesen Effekt noch etwas illustrieren: Rechnet man zwar mit der planetaren Albedo der Erde inkl. Atmosphäre von 30%, läßt aber den Treibhauseffekt unberücksichtigt, so läge die Oberflächentemperatur der Erde je nach angenommenem thermischen Emissionsvermögen ε bei etwa 258 K oder $-15°$ C ($\varepsilon = 95\%$) bzw. bei etwa 255 K oder $-18°$ C ($\varepsilon = 100\%$). Der „Glashauseffekt" allein – bei sonst ungeänderte Atmosphäre, insbesondere bei unveränderter planetarer Albedo – erhöht also die bodennahe Temperatur um 30 K bis 33 K. Diese Zahlen haben allerdings nichts mit der Temperatur zu tun, die sich auf der Erdoberfläche im thermischen Gleichgewicht einstellen würde, wenn die Atmosphäre völlig fehlte (die beiden Szenarien werden manchmal verwechselt): Ganz ohne Atmosphäre, bei einer Oberflächenalbedo von 10%, läge die Bodentemperatur je nach angenommenem thermischen Emissionsvermögen im globalen Mittel bei

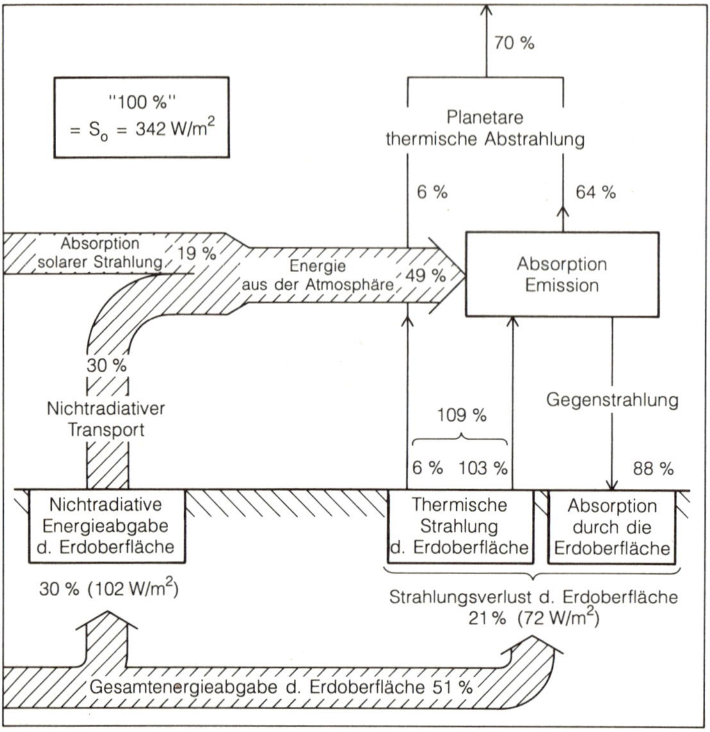

Abb. 1.18. Budget der thermischen Strahlungsflüsse von der Erdoberfläche, der Atmosphäre und der Erde als Planet. Die angegebenen Prozentzahlen sind um etwa ±2 unsicher

0° C ($\varepsilon = 95\%$) bzw. bei -3° C ($\varepsilon = 100\%$), wäre also 15° bis 18° niedriger als die tatsächliche globale Mitteltemperatur von 15° C.

Der Treibhauseffekt ist – diese Tatsache soll hier noch einmal betont werden – also ein natürlicher und lebensnotwendiger Effekt. Diese Tatsache wird in manchen Diskussionen in der breiteren Öffentlichkeit oft verkannt; unter dem Begriff Treibhauseffekt werden dann nur die anthropogenen Veränderungen subsumiert, die zwar katastrophale Folgen haben können und keineswegs verharmlost werden dürfen, die aber zahlenmäßig klein sind im Vergleich zu dem natürlichen Effekt.

Das gesamte Budget der thermischen Strahlungsflüsse in dem System Atmosphäre–Erdoberfläche ist in Abb. 1.18 skizziert. Der Atmosphäre wird Energie zum Teil durch unmittelbare Absorption solarer Strahlung, zum Teil durch nichtradiativen Transport von der Erdoberfläche (Konvektion, Verdunstung und Kondensation von Wasser), zum überwiegenden Teil aber durch Absorption der von der Erdoberfläche emittierten thermischen Strahlung zugeführt. Für die Absorption sind – wie schon angedeutet – vor allem Wasserdampf, Kohlendioxid, Ozon, einige weitere Spurengase und Wolken verantwortlich. Das bedeutet umgekehrt, daß die Gegenstrahlung sehr wesentlich von der Konzentration dieser Spurengase und ihrer Höhenverteilung sowie von dem Bedeckungsgrad bestimmt werden; in der unteren

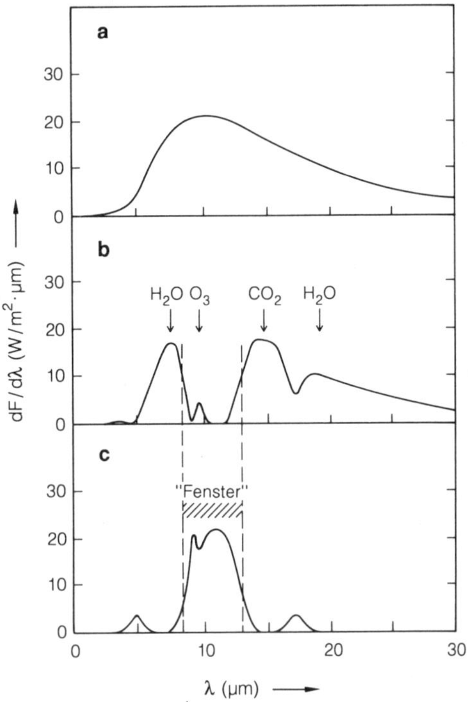

Abb. 1.19 a–c. Spektrale Verteilung der Bruttobodenstrahlung (**a**), der Gegenstrahlung (**b**) und der Nettobodenabstrahlung/Bruttobodenstrahlung minus Gegenstrahlung (**c**) bei wolkenlosem Himmel. (Nach Möller 1973, umgezeichnet)

Atmosphäre kommen dabei dem Wasserdampf und den Wolken eine dominierende Rolle zu.

Auf der anderen Seite muß im Gleichgewicht die Erde als Planet natürlich gerade wieder die Strahlungsleistung in den Weltraum abstrahlen, die der solaren Nettoeinstrahlung, d. h. der Bruttoeinstrahlung S_0 abzüglich der planetaren Reflexion von 30% entspricht. Diese Abstrahlung wird zum ganz überwiegenden Teil von der Atmosphäre geleistet, nur etwa 5 bis 6% von S_0 werden direkt vom Erdboden in den Weltraum emittiert. Da diese Abstrahlung gerade die Aufheizung der Atmosphäre durch Strahlungsabsorption im solaren und terrestrischen Bereich und durch nichtradiativen Transport kompensieren muß, spricht man von „Strahlungskühlung" („radiative cooling") der Atmosphäre.

1.3.2 Emission und Absorption terrestrischer Strahlung

Abbildung 1.19 zeigt oben die spektrale Energieverteilung der Bodenstrahlung, die praktisch der Schwarzkörperstrahlung entspricht, in der Mitte das Spektrum der bei wolkenlosem Himmel von oben kommenden Gegenstrahlung der Atmosphäre und unten, als Differenzspektrum, den Nettostrahlungsverlust der Erdoberfläche.

Die primäre Strahlung der Erdoberfläche (oberes Teilbild von Abb. 1.19) hat, wie erwähnt, angenähert die Energieverteilung eines schwarzen Körpers. Die Intensität der Gegenstrahlung (mittleres Teilbild von Abb. 1.19) entspricht im Bereich der starken Absorptionsbanden ebenfalls weitgehend der eines schwarzen

Körpers (der allenfalls eine etwas geringere Temperatur als der Boden hat), so daß im Spektralbereich dieser Banden die Nettoabstrahlung der Erdoberfläche (unteres Teilbild von Abb. 1.19) fast Null wird.

Die wichtigsten Banden für die Absorption und die thermische Emission sind die des Wassers und des Kohlendioxids. Wasser weist eine sehr starke Rotationsschwingungsbande bei Wellenlängen zwischen 5 μm und 8 μm mit Schwerpunkt bei 6,3 μm auf und weiter eine breite Rotationsbande ab etwa 16 μm zu größeren Wellenlängen hin. In den Zwischenbereich – mit teilweiser Überlappung – fällt eine starke Bande des Kohlendioxids zwischen 13 μm und 17 μm mit Schwerpunkt bei etwa 15 μm. Daneben tritt eine schmale Bande des Ozons bei einer Wellenlänge von 9,6 μm auf.

Die Hauptabsorber Wasserdampf und Kohlendioxid lassen in der wolkenfreien Atmosphäre ein – wenn man so will – effektives „Fenster" für Wellenlängen zwischen etwa 7,5 μm und 13 μm offen. Dort wirken sich die genannte Ozonbande, ein sehr schwaches, im Maßstab der Abb. 1.19 nicht erscheinendes Absorptionskontinuum des Wassers und die Banden von weiteren Spurengasen, in erster Linie von Methan und Distickstoffoxid, aus (Methan und Distickstoffoxid haben Banden zwischen 7 μm und 8 μm, die gerade auf die Flanke der Rotationsschwingungsbande des Wassers fallen).

Kondratyev u. Moskalenko (1984) haben in Modellrechnungen für eine wolkenfreie Atmosphäre die Anteile der einzelnen Spurengase am natürlichen Treibhauseffekt aufgeschlüsselt. Unter der Annahme eines Gesamteffektes von 33 K tragen danach Wasserdampf 20,6 K (oder ca. 62%), Kohlendioxid 7,2 K (ca. 22%), Ozon 2,4 K (ca. 7%), Distickstoffoxid 1,4 K (ca. 4%) und schließlich Methan 0,8 K (ca. 2,5%) bei.

Wolken schirmen auch das erwähnte spektrale Fenster ab; bei Bedeckung des Himmels mit tiefliegenden und damit relativ warmen Wolken geht die Nettoabstrahlung der Erdoberfläche fast auf Null zurück. Einige Zahlen (nach Sellers 1965) sollen den überaus starken Einfluß der Wolken auf die Gegenstrahlung verdeutlichen: Setzen wir die Nettoausstrahlung des Bodens bei wolkenlosem Himmel gleich 100%, so bleiben davon übrig bei Bedeckung mit

- Cirrus (hochliegende Eiswolken, ca. 12 km Höhe): 84%
- Cirrostratus (hochliegende Eisschichtwolken, ca. 8,5 km Höhe): 68%
- Altostratus (hohe Schichtbewölkung, ca. 2,2 km): 20%
- Stratus (Schichtbewölkung, ca. 500 m): 4%
- Nimbostratus (tiefliegende mächtige Regenschichtwolken, Untergrenze ca. 100 m): 1%.

Diese Wirkung der Wolken hängt damit zusammen, daß das Absorptions- und Emissionsvermögen einer einigermaßen mächtigen Wolke in keinem für die terrestrische Strahlung relevanten Wellenlängenbereich klein ist oder gar verschwindet, ganz im Gegensatz zu Gasen (auch im Gegensatz zu Wasserdampf) mit ihrem vergleichsweise spektral selektiven Absorptionsvermögen. Abbildung 1.20 soll dies veranschaulichen. In der Zeichnung ist das spektrale Emissionsvermögen ε_λ einer Altostratuswolke mit einem Flüssigwassergehalt von 0,28 g/m^3 dargestellt, einmal für eine Wolke mit 50 m Mächtigkeit, zu anderen für eine sättigungsdicke Wolke.

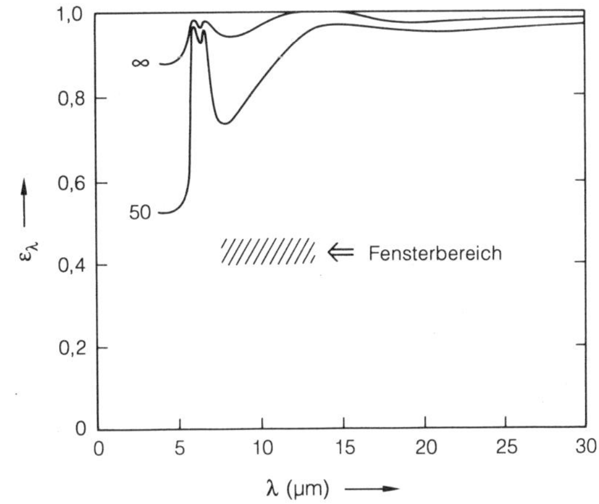

Abb. 1.20. Spektrales Emissionsvermögen ε_λ von Altostratuswolken mit 0,28 g/m³ Flüssigwassergehalt. (Nach Rechnungen von Yamamoto et al. 1970) *50:* Werte für eine Wolke mit 50 m Mächtigkeit. ∞: Werte für eine sättigungsdicke Wolke (wegen eines gewissen Restreflexionsvermögens sind Absorptions- und damit Emissionsvermögen auch einer sättigungsdicken Wolke nicht durchgehend 100%)

Da die Leistung eines thermischen Strahlers zu T^4 proportional ist, wird die Gegenstrahlung natürlich um so intensiver, aus je wärmeren, und das heißt im allgemeinen, aus je tieferen Schichten sie kommt. Anders ausgedrückt bedeutet dies: Das Strahlungsgleichgewicht am Boden wird sich bei um so höheren Temperaturen einstellen, je tiefer die Schichten liegen, aus denen die Gegenstrahlung kommt, und umgekehrt bei um so tieferen Temperaturen, je höhere Schichten zur Gegenstrahlung beitragen. Die folgende Überlegung wird diesen Gedanken noch etwas vertiefen.

Die Übertragung der terrestrischen Strahlung in den untersten Schichten der Atmosphäre wird, vom Einfluß tiefliegender Wolken einmal abgesehen, ganz überwiegend durch die Absorption und Emission durch Wasserdampf bestimmt. Abbildung 1.21 soll dies verdeutlichen. In der Abbildung ist das mit dem Absorptionsvermögen identische relative Emissionsvermögen des atmosphärischen Wasserdampfs, integriert über den ganzen für die terrestrische Strahlung relevanten Wellenlängenbereich, ε_{int}, als Funktion der Massenschichtdicke des Wasserdampfes, $\int \varrho_{H_2O} \cdot dz$ (mit der Dimension Masse/Fläche), aufgetragen.

Das rechte schraffierte Band in Abb. 1.21 gibt etwa die Gesamtwasserdampfmenge in der Atmosphäre an, das linke schraffierte Band die entsprechende Menge in den untersten 100 m über dem Boden (für mittlere geographische Breiten und in Meereshöhe). Der Vergleich der beiden Bänder zeigt, daß das Emissionsvermögen der ersten 100 m über dem Boden schon mehr als $^2/_3$ des Gesamtemissionsvermögens des atmosphärischen Wasserdampfs ausmacht. Da man aus den Zahlen der Abb. 1.18 entnehmen kann, daß das Gesamtemissionsvermögen der Atmosphäre, vom Boden aus gesehen, etwa 80% beträgt, zeigt Abb. 1.21 auch, daß ungefähr 60% bis 65% der am Boden empfangenen Gegenstrahlung aus der Schicht zwischen dem Boden und etwa 100 m Höhe kommen, d. h. aus einer Schicht, die kaum kälter als die Erdoberfläche selbst ist. Unter solchen Bedingungen ist also keine starke Auskühlung zu erwarten, auch wenn die Temperatur nach Sonnenuntergang nur durch das Gleichgewicht der terrestrischen Strahlung bestimmt wird. Das Bild kann und wird sich natürlich grundlegend ändern, sobald der Wasserdampf deutlich

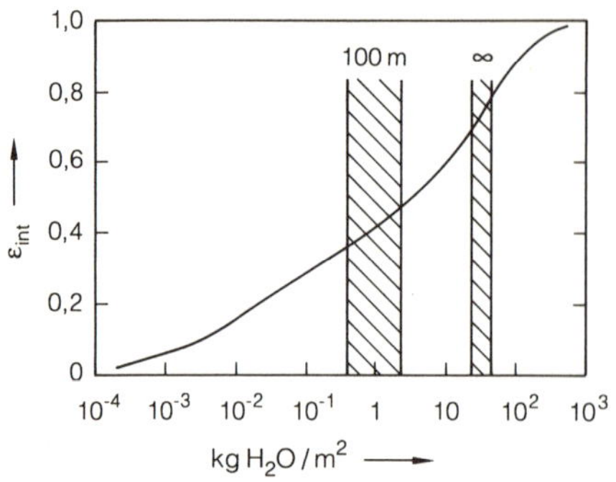

Abb. 1.21. Relatives Emissionsvermögen einer wasserdampferfüllten Säule als Funktion des Wasserdampfgehaltes pro Flächeneinheit, integriert bzw. gemittelt über den ganzen Wellenlängenbereich der terrestrischen Strahlung. (Nach Staley u. Jurica 1970)

weniger wird als es der Abb. 1.21 entspricht, wie z. B. über Wüsten oder im Hochgebirge bei klarem Wetter (und hier besonders ausgeprägt im Winter): da dann die Gegenstrahlung effektiv aus höheren und damit kälteren Schichten kommt, können die Temperaturen des Bodens und der bodennahen Luft nach Sonnenuntergang drastisch absinken.

Bei der Betrachtung der Abb. 1.21 mag überraschen, daß das integrierte Emissions- bzw. Absorptionsvermögen des Wasserdampfs bei hinreichend großer Schichtdicke gegen eins geht, obwohl nach Abb. 1.19 Wasserdampf in einem breiten Wellenlängenbereich zwischen etwa 9 μm und 16 μm scheinbar nicht absorbiert. Tatsächlich macht sich aber in diesem Wellenlängenbereich bei größeren Massenbelegungen (die allerdings dem 20- bis 30fachen des normalen atmosphärischen Wasserdampfgehalts entsprechen und in der Atmosphäre nie erreicht werden) das erwähnte, im Maßstab der Abb. 1.19 aber nicht erkennbare Absorptionskontinuum bemerkbar und verursacht das hohe Gesamtabsorptionsvermögen des Wasserdampfs.

1.3.3 Strahlungsübertragung, Strahlungsflüsse, Strahlungskühlung

Bei der formalen Behandlung der Strahlungsübertragung im terrestrisch-thermischen Spektralbereich sind gegenüber der allgemeinen Form der Strahlungsübertragungsgleichung einige Vereinfachungen möglich. Zunächst kann man, wie schon erwähnt, meist die Streuterme vernachlässigen. Darüber hinaus ist eine Vereinfachung bzw. Verallgemeinerung der Winkelintegration möglich, die unter dem Namen „Zwei-Fluß-Modell" vielfach zur Beschreibung der terrestrischen Strahlung in der Atmosphäre herangezogen wird. Der Grundgedanke ist folgender: Interessiert man sich für die Strahlungsbilanz eines Volumenelements, so sind streng genommen die Strahlungsübertragungsgleichungen für alle Richtungen zu lösen und die Ergebnisse dann über alle Richtungen zu integrieren. Dieses mühsame Verfahren kann man vermeiden, wenn man eine feste Bezugsrichtung wählt und dann Homogenität senkrecht zu dieser Bezugsrichtung annimmt. Als solche feste Bezugsrichtung bietet sich natürlich die Senkrechte zur Erdoberfläche an. Nimmt man jetzt noch eine ebene, homogene Erdoberfläche und ebenso eine horizontal homogene Atmosphäre an (d. h. die das Strahlungsfeld bestimmenden Größen soll nicht von den horizontalen Koordinaten abhängen) und berücksichtigt die lokale Isotropie der thermischen Emission, so kann man sich modellmäßig auf die Berechnung der vertikalen, aufwärts bzw. abwärts gerichteten eindimensionalen Strahlungsflüsse $F_{\lambda\uparrow}$ bzw. $F_{\lambda\downarrow}$ beschränken. Dies ist das Prinzip des Zwei-Fluß-Modells, das eine einfache Darstellung der Energieumsätze durch thermische Strahlung, wie z. B. Kühlung und Aufheizung, erlaubt und das beispielsweise in Klimamodellen häufig Anwendung findet.

Da in diesem Modell die Integration über alle Richtungen implizit schon vorweggenommen wird, müssen die Absorptions- oder Extinktionskoeffizienten bzw. die Ausdrücke für die Transmission durch eine Schicht modifiziert werden; an die Stelle der die Transmission bzw. Absorption in einer Richtung beschreibenden Exponentialterme $\exp(-\tau(z_1, z_2))$ treten modifizierte Transmissionsfunktionen $Tr_\lambda(z_1, z_2)$ zur Beschreibung der Transmission zwischen zwei Höhen z_1 und z_2.

Die Transmissionsfunktionen kann man, kurz gesprochen, folgendermaßen erhalten (eine detailliertere Diskussion ist z. B. bei Paltridge u. Platt 1976 zu finden): um die Flüsse durch die waagrechte Oberfläche eines Volumenelementes zu berechnen, muß über alle Richtungen, die durch eine Halbkugel über dieser Oberfläche vorgegeben sind, integriert werden, d. h. sowohl über den Azimutwinkel φ (was wegen der Isotropie lediglich einen Faktor $2 \cdot \pi$ liefert) als auch über den Winkel ϑ zwischen Zenit und Flußrichtung. Strahlung, die die Höhendifferenz $z_2 - z_1$ durchläuft, muß dabei eine Wegstrecke $(z_2 - z_1)/\cos\vartheta$ durchlaufen.

Wenn wir die optische Dicke der durchquerten Schicht, $\tau(z_2, z_1)$, durch $\tau = \int K_a(z) \cdot dz$ definieren, so ist die Transmission für diese Strahlung dann gerade durch den Faktor $\exp(-\tau/\cos\vartheta)$ gegeben. Der schräge Einfall auf die waagrechte Oberfläche des Volumenelementes erfordert noch die Multiplikation der Flußdichte mit dem Faktor $\cos\vartheta$, so daß sich als Integral über die Einheitshalbkugel

$$Tr_\lambda(z_1, z_2) = \frac{1}{\pi} \cdot \int_0^{2\pi} \int_0^{\pi/2} \exp\left(-\frac{\tau(z_1, z_2)}{\cos\vartheta}\right) \cdot \cos\vartheta \cdot \sin\vartheta \cdot d\vartheta \cdot d\varphi \qquad (1.76)$$

mit $\sin\vartheta \cdot d\vartheta \cdot d\varphi$ als Oberflächenelement ergibt. Über die Substitution

$$\zeta = \frac{1}{\cos\vartheta} \quad \text{mit} \quad d\zeta = \frac{\sin\vartheta}{\cos^2\vartheta} \cdot d\vartheta \qquad (1.77)$$

erhält man, nach Durchführung der Integration über φ, schließlich

$$Tr_\lambda(z_1, z_2) = 2 \cdot \int_1^{\infty} \exp(-\zeta \cdot \tau(z_1, z_2)) \cdot \zeta^{-3} \cdot d\zeta = 2 \cdot E_3(\tau(z_1, z_2)). \qquad (1.78)$$

Das Integral $E_3(\tau)$ – unter der Bezeichnung „3. Exponential-Integral“ bekannt – kann numerisch oder mit Hilfe von Integraltafeln ausgewertet werden (s. z. B. Abramowitz u. Stegun 1972).

Zu der Flußdichte von oben nach unten, $F_{\lambda\downarrow}$, beobachtet in einer Höhe z, tragen nun alle oberhalb z gelegenen Elementarschichten der Dicke dz' entsprechend ihrer Temperatur und entsprechend ihrem Emissions- bzw. Absorptionsvermögen mit $B_\lambda(T_{z'}) \cdot K_{a,\lambda}(z') \cdot dz'$ bei; dieser Beitrag der Schicht dz' in der Emissionshöhe z' zu dem in der Höhe z beobachteten Fluß ist noch mit der Transmission zwischen z und z′, $Tr_\lambda(z, z')$, zu gewichten. Wir erhalten damit

$$dF_{\lambda\downarrow} = B_\lambda(T_{z'}) \cdot K_{a,\lambda}(z') \cdot Tr_\lambda(z, z') \cdot dz' \tag{1.79}$$

bzw.

$$F_{\lambda\downarrow}(z) = \int_z^\infty B_\lambda(T_{z'}) \cdot K_{a,\lambda}(z') \cdot Tr_\lambda(z, z') \cdot dz'. \tag{1.80}$$

Für die aufwärts gerichtete Flußdichte, $F_{\lambda\uparrow}$, gilt entsprechend

$$F_{\lambda\uparrow}(z) = B_\lambda(T_{z=0}) \cdot \varepsilon_{\lambda, z=0} \cdot Tr_\lambda(0, z) + \int_0^z B_\lambda(T_{z'}) \cdot K_{a,\lambda}(z') \cdot Tr_\lambda(z, z') \cdot dz', \tag{1.81}$$

wobei $z = 0$ die Erdoberfläche charakterisieren soll.

Eine gravierende Schwierigkeit bei der Behandlung der Strahlungsübertragung im thermischen Spektralbereich entsteht durch die Notwendigkeit, über alle Wellenlängen integrieren zu müssen (die angeschriebenen Beziehungen gelten ja nur jeweils für eine bestimmte Wellenlänge). Die Molekülbanden im Infraroten sind sehr komplex aus einer Vielfalt von Einzellinien unterschiedlicher Stärke zusammengesetzt; Intensität und Breite dieser Einzellinien hängen zudem noch von Druck und Temperatur ab. Da eine exakte Integration über alle Linien einer Bande praktisch nicht durchführbar ist, sind Näherungsformeln und Modelle zur Berechnung der Absorption entwickelt worden. Wegen der Kompliziertheit dieser Modelle soll aber hier nicht weiter darauf eingegangen werden und statt dessen z. B. auf Goody (1964) oder auf Paltridge u. Platt (1976) verwiesen werden.

Um eine Vorstellung von der Größenordnung der thermischen Strahlungsflüsse in der Atmosphäre zu vermitteln, zeigt Abb. 1.22 über alle Wellenlängen integrierte Flußdichten $F_\uparrow$ und $F_\downarrow$ als Funktion der Höhe, gerechnet für einen wolkenlosen Himmel, sowie die sich daraus ergebende Nettoflußdichte $F_n = F_\uparrow - F_\downarrow$. Der nach oben zunehmende, nach oben gerichtete Nettostrahlungsstrom entzieht der Atmosphäre Energie, d. h. die Atmosphäre wird zum Ausgleich der ihr zugeführten Energie strahlungsgekühlt.

Die Rate des Energieentzugs durch Strahlungskühlung $-dP/dV$ ergibt sich aus der Divergenz der Nettostrahlungsdichte; die pro Elementarvolumen dV durch Strahlung entzogene Leistung ist, unter der Annahme der Unabhängigkeit von den horizontalen Koordinaten,

$$dP = -\operatorname{div} F_n \cdot dV = -\frac{dF_n}{dz} \cdot dV, \tag{1.82}$$

d. h.

$$\frac{dP}{dV} = -\frac{dF_n}{dz}. \tag{1.83}$$

Meist interessiert in diesem Zusammenhang allerdings nicht so sehr der Absolutbetrag des Energieentzugs als solcher, sondern eher der auf die Wärmekapazität der Luft bezogene, d. h. durch $c_p \cdot \varrho$ dividierte Wärmeentzug. Formal stellt diese Größe

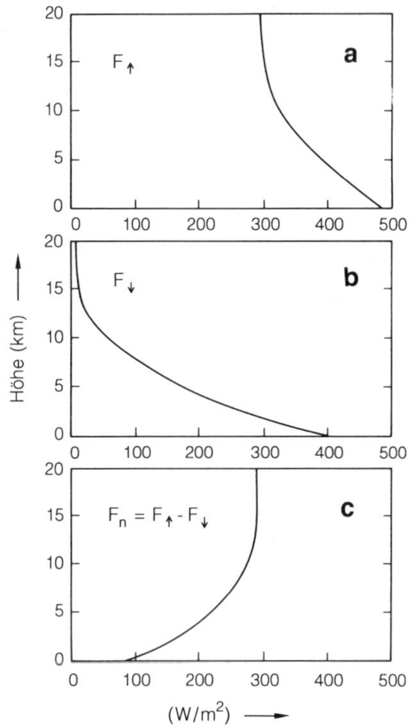

Abb. 1.22a–c. Flußdichten der thermischen Strahlung in der Atmosphäre nach dem Zwei-Fluß-Modell; a: aufwärts gerichteter Fluß, b: abwärts gerichteter Fluß, c: Nettofluß (Nach Rechnungen von Ramanathan et al. 1976)

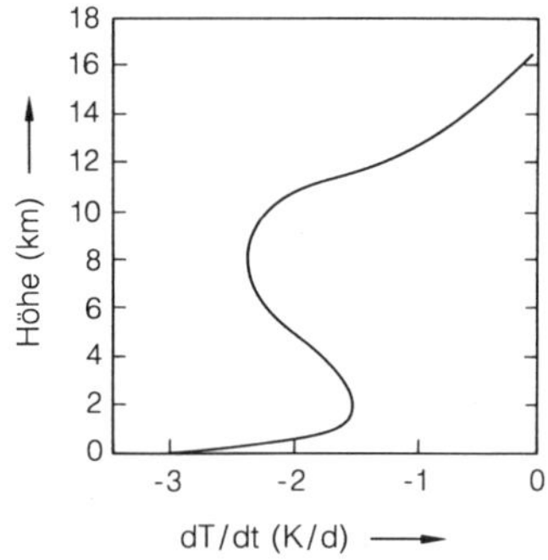

Abb. 1.23. Mittlere Rate der Strahlungskühlung der Atmosphäre der gemäßigten Breiten. (Nach Rechnungen von Rodgers u. Walshaw 1966)

eine Kühlrate dar und ist gegeben durch

$$\frac{dT}{dt} = \frac{1}{c_p \cdot \varrho} \cdot \frac{dF_n}{dz}. \tag{1.84}$$

Abbildung 1.23 zeigt typische atmosphärische Kühlraten (Kelvin pro Tag) in gemäßigten Breiten als Funktion der Höhe.

Die Struktur dieses Abstrahlungs- oder Abkühlungsprofils ist ganz wesentlich durch den Verlauf des Wasserdampfgehaltes der Luft bestimmt. In diesem Zusammenhang sei hier schon auf das Maximum der Kühlrate zwischen etwa 6 km und 10 km Höhe hingewiesen, das für das später zu besprechende Temperaturprofil der Atmosphäre von Bedeutung ist. Zum qualitativen Verständnis dieses Maximums sei an den im Abschn 1.1.4 gezeigten vertikalen Verlauf der Wasserdampfkonzentration erinnert. In Bodennähe ist die Konzentration des Wasserdampfs hoch, die Strahlungsenergie wird nach einer kurzen Wegstrecke absorbiert und wieder emittiert (wie wir gesehen hatten, liegt die mittlere freie Weglänge der Strahlungsenergie in Bodennähe in der Größenordnung von 100 m); der Prozeß der Strahlungsübertragung hat hier eine gewisse Ähnlichkeit mit einem Diffusionsprozeß. Mit zunehmender Höhe wird die Wasserdampfkonzentration immer geringer, die freie Weglänge der Strahlung dementsprechend immer größer, bis schließlich, in der angedeuteten Höhe des Maximums der Strahlungskühlung, die Absorptionslängen so groß werden, daß die Energie in den Weltraum abgestrahlt werden kann. Anders ausgedrückt ist die Atmosphäre bis in eine Höhe von etwa 8 km (der Wert gilt für die gemäßigten Breiten) im Spektralbereich der Wasserdampfabsorption opak, d. h. praktisch undurchsichtig, darüber wird sie transparent. Vom Weltraum aus gesehen strahlt dann auch die Atmosphäre im Wellenlängenbereich der Wasserdampfbanden ab wie ein schwarzer Strahler mit einer Temperatur, wie sie in etwa 8 km Höhe herrscht; das sind etwa $-30°$ C (weiteres hierzu werden wir im nächsten Abschnitt besprechen).

1.4 Strahlungs- und Energiebilanzen

Wenn die solaren und terrestrischen Strahlungsflüsse sowie die nichtradiativen Transportprozesse miteinander verrechnet werden, so ergeben sich die Nettoenergieumsätze am Boden, in der Atmosphäre und schließlich in dem System aus Atmosphäre und Erdoberfläche als Ganzem. Diese Nettoumsätze wollen wir in diesem Abschnitt behandeln. Wir besprechen zunächst die Nettoenergieeinnahme der Erdoberfläche durch Strahlung, die sog. Strahlungsbilanz Q_B des Bodens. Im Gleichgewicht muß diese Energie durch Nichtstrahlungsprozesse wieder an die Atmosphäre abgegeben werden. Letztlich empfängt die Atmosphäre wieder den größten Teil der eingestrahlten Energie und muß diese Energie zur Aufrechterhaltung des Gesamtgleichgewichts wieder abstrahlen. Das heißt, die Nettoenergieeinnahme des Gesamtsystems aus Erdoberfläche und Atmosphäre, die sog. Gesamtbilanz Q, wird im globalen Mittel natürlich Null, sie zeigt aber Abhängigkeiten von der geographischen Lage, insbesondere von der geographischen Breite, und von der Jahreszeit. Diese Gesamtbilanz, zusammen mit den aus ihr resultierenden meridionalen Energieflüssen, wollen wir dann als zweites besprechen.

1.4.1 Die Strahlungsbilanz der Erdoberfläche

Wie wir oben gesehen hatten, beträgt die solare Einstrahlung an der Erdoberfläche im globalen Mittel etwa 174 W/m^2, der Nettostrahlungsverlust im terrestrischen Spektralbereich beträgt 72 W/m^2, es verbleibt der Erdoberfläche also ein globaler Überschuß („Strahlungsbilanz“) von etwa 102 W/m^2; das sind rund 30% von S_0.

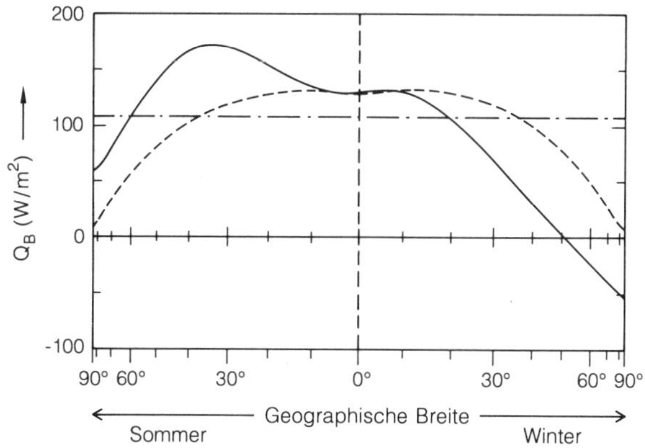

Abb. 1.24. Halbjahresmittel der Strahlungsbilanz der Erdoberfläche Q_B als Funktion der geographischen Breite (für die Nordhalbkugel). (Quelle und Darstellung wie Abb. 1.9) Das Ganzjahresmittel auf der Nordhalbkugel ist *gestrichelt*, das globale Mittel *strichpunktiert* eingezeichnet

Diesem globalen Überschuß steht natürlich lokal oder regional eine Strahlungsbilanz gegenüber, die von der geographischen Lage – und hier in erster Linie von der geographischen Breite –, der Bodenbeschaffenheit (z. B. von der Albedo), von der Tages- und Jahreszeit und von den Witterungsbedingungen abhängt. Diese aktuelle Strahlungsbilanz kann selbstverständlich auch negativ werden, d. h. die Abstrahlung kann gegenüber der Einstrahlung überwiegen.

Abbildung 1.24 zeigt die Strahlungsbilanz Q_B als Funktion der geographischen Breite, getrennt als Halbjahresmittel für Sommer und Winter. Bei der Bewertung dieses Bildes ist, im Sinne des eben Gesagten, zu berücksichtigen, daß mit der Mittelung über die geographische Länge eine Mittelung über sehr unterschiedliche Bodenbeschaffenheiten und über sehr unterschiedliche Klimata verbunden sein kann.

Der Strahlungsbilanzüberschuß Q_B muß der Erdoberfläche durch nichtradiative Prozesse wieder entzogen und der Atmosphäre zugeführt werden. Ebenso kann gegebenenfalls negatives Q_B durch Wärmeabgabe aus der Atmosphäre an die Erdoberfläche kompensiert werden.

Die wichtigsten direkten Mechanismen zum Ausgleich von Q_B sind

- Verdunstung von Wasser, das dann in der Atmosphäre wieder kondensiert und seine Verdampfungswärme an die Atmosphäre abgibt (Energietransport in Form sog. latenter Wärme);
- unmittelbare Abgabe von Wärme an die Atmosphäre durch Wärmeleitung an der Erdoberfläche (Transport von Energie in Form sog. fühlbarer Wärme).

Verdunstung und unmittelbarer Wärmeaustausch sind über dem Land von gleicher Größenordnung, dagegen spielt über dem Meer und auch über anderen großen Wasserflächen die Verdunstung die ausschlaggebende Rolle. Über den Ozeanen werden etwa $^8/_9$ von Q_B durch Verdunstung und nur etwa $^1/_9$ durch unmittelbare Wärmeabgabe an die Luft ausgeglichen. Im globalen Mittel werden der Strom latenter Wärme von der Erdoberfläche in die Atmosphäre zu etwa 70 bis 90 W/m^2, der Strom fühlbarer Wärme zu etwa 30 bis 40 W/m^2 abgeschätzt. Dem angegebenen Wert für den Fluß latenter Wärme entspricht eine mittlere globale Verdunstungsrate von etwa 800 bis 1000 mm Wasser pro Jahr.

Neben den beiden genannten Mechanismen gibt es weitere Prozesse, die zwar im globalen Langzeitmittel verschwinden, die aber temporär und regional eine ganz erhebliche Rolle spielen können. Das sind z. B. der Energietransport in ozeanischen Strömungen oder des Schmelzen und Gefrieren von Wasser an der Erdoberfläche.

Es sei noch erwähnt, daß die geothermische Energie für die Bilanz der Erdoberfläche gegenüber der Atmosphäre i. allg. keine Rolle spielt. Im Mittel beträgt die Wärmeflußdichte aus dem Erdkörper heraus nur etwa 0,06 W/m^2, allerdings sind lokal deutlich höhere Werte möglich.

1.4.2 Gesamtbilanz des Systems von Atmosphäre und Erdoberfläche

Im raumzeitlichen Mittel wird das Äquivalent zu Q_B der Atmosphäre durch die oben angeführten Mechanismen wieder zugeführt; global macht dies, wie erwähnt, etwa 102 W/m^2 oder 30% von S_0 aus. Dazu erhält die Atmosphäre noch die Energie, die aus der solaren Strahlung in der Atmosphäre selbst absorbiert wird, im globalen Mittel etwa 65 W/m^2 oder 19% von S_0, sowie den Anteil der thermischen Abstrahlung, der nach Abzug der Gegenstrahlung der Atmosphäre verbleibt, im Mittel etwa 21% von S_0 (bei diesen Werten ist allerdings der direkt in das Weltall gelangende Teil der Bodenstrahlung mit eingerechnet). Zusammen ergeben die genannten Flüsse eine Energiezufuhr für die Atmosphäre von etwa 70% von S_0.

Zum Ausgleich der Gesamtbilanz muß die Atmosphäre bzw. das aus Atmosphäre und Boden bestehende System diese Energie, d. h. 70% von S_0 oder rund 240 W/m^2, als thermische Strahlung in den Weltraum emittieren. Zur Verdeutlichung faßt Abb. 1.25 alle relevanten Strahlungs- und Energieflüsse noch einmal zu einem Gesamtbild zusammen; dabei sind auf der linken Seite der Abbildung die solaren und auf der rechten Seite die terrestrisch-thermischen Flüsse dargestellt.

Nach Satellitenmessungen entspricht die Gesamtstrahlung des Systems von Atmosphäre und Erdoberfläche in den Weltraum einer mittleren Strahlungstemperatur von etwa −18° C, was nach dem Stefan-Boltzmannschen Gesetz in Übereinstimmung mit dem genannten Energieüberschuß steht. Diese mittlere Strahlungstemperatur entspricht ungefähr der mittleren Lufttemperatur in 6 km Höhe.

Eine solche Betrachtung ist allerdings nur im energetischen Mittel über den ganzen thermischen Spektralbereich richtig. Im Detail ist die Erde keineswegs ein homogener schwarzer Strahler, sondern zeigt in unterschiedlichen Wellenlängenbereichen ausgeprägte Unterschiede in der Herkunftshöhe der Strahlung und in der Strahlungstemperatur.

Abbildung 1.26 soll dies verdeutlichen. In dem Bild ist in schematischer Form die Intensität der Abstrahlung in den Weltraum als Funktion der Wellenlänge bzw. auch als Funktion der Herkunft (Erdboden oder atmosphärische Spurengase) dargestellt und mit den spektralen Verteilungen von Schwarzkörperstrahlung für verschiedene Herkunftstemperaturen verglichen.

Im Bereich der H_2O-Banden liegt die Strahlungstemperatur bei ca. −30° bis −35° C, entsprechend einer Herkunftshöhe von etwa 8 bis 10 km; weiter vorn hatten wir gesehen, daß dies ungefähr die Höhe ist, in der die „Wasserdampfsphäre" transparent wird und in den Weltraum abstrahlen kann. Im Bereich der 9,6 µm-

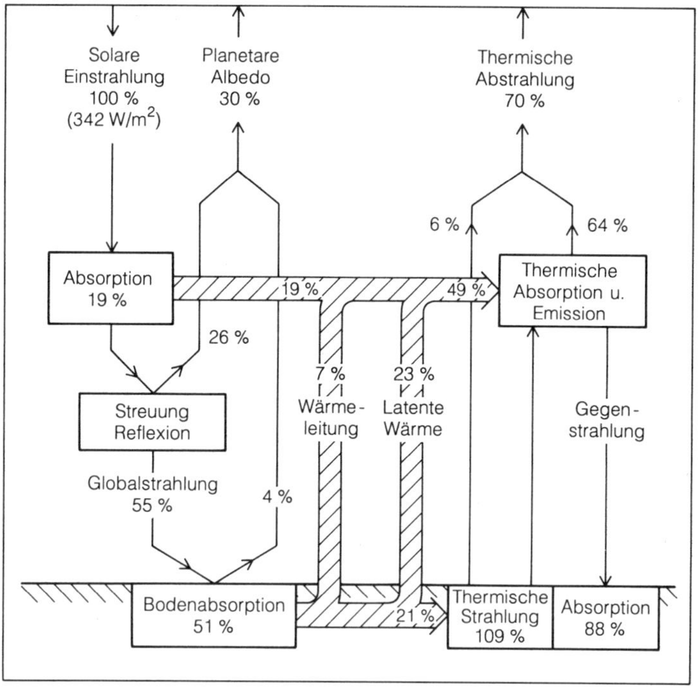

Abb. 1.25. Zusammenfassende Darstellung der Strahlungs- und Energieflüsse in dem System von Atmosphäre und Erdoberfläche

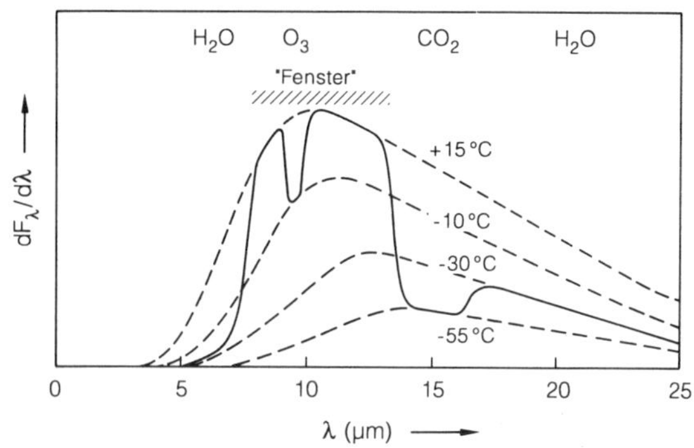

Abb. 1.26. Intensität der Abstrahlung des Systems Atmosphäre/Erdoberfläche in den Weltraum als Funktion der Wellenlänge (*durchgezogene Kurve*, in relativen Einheiten). Die *gestrichelten Kurven* stellen Schwarzkörperverteilungen zu den angeschriebenen Temperaturen dar; Näheres siehe Text. (Nach Hanel et al. 1972, sehr vereinfacht)

Bandc des Ozons liegt die Strahlungstemperatur bei etwa −10° C; dies entspricht der Temperatur der Stratosphärenobergrenze in 50 bis 55 km Höhe (Näheres hierzu im 2. Kap.). Im Bereich der CO_2-Banden zwischen 13 μm und 17 μm beträgt die Strahlungstemperatur etwa −55° C; dieser Wert korrespondiert mit einer Höhe von etwa 10 bis 12 km. Im Wellenlängengebiet des atmosphärischen „Fensters" zwischen 8 μm und 13 μm entspricht die zu beobachtende Strahlungstemperatur bei

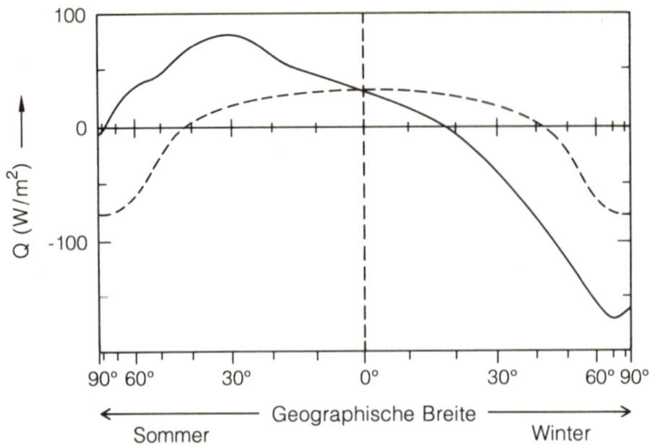

Abb. 1.27. Strahlungsbilanz *Q* des Systems von Atmosphäre und Erdoberfläche in Halbjahresmitteln für die Nordhalbkugel. (Quelle und Darstellung wie in Abb. 1.9) Das globale Mittel von *Q* ist Null, das Jahresmittel in Abhängigkeit von der geographischen Breite ist *gestrichelt* eingezeichnet

klarem Wetter der Temperatur der Erdoberfläche und bei geschlossener Wolkendecke der Temperatur der Wolkenoberseite.

Weiter oben hatten wir schon darauf hingewiesen, daß die Gesamtstrahlungsbilanz des Systems von Atmosphäre und Erdoberfläche, Q, zwar global ausgeglichen sein muß, daß die lokalen und regionalen Werte von Q dagegen eine starke Abhängigkeit von der geographischen Lage, von der Tages- und Jahreszeit und von den meteorologischen Bedingungen zeigen können. In Abb. 1.27 sind die für den atmosphärischen Energiehaushalt besonders wichtigen Abhängigkeiten von der geographischen Breite und von der Jahreszeit dargestellt. Dabei bedeutet ein positiver Wert für Q, daß die Einstrahlung überwiegt, und umgekehrt ein negativer Wert, daß die Ausstrahlung stärker ist.

Als Folge dieser Breitenabhängigkeit von Q, bei gleichzeitiger globaler Ausgeglichenheit der Energiebilanz, existiert ein Energiefluß von den wärmeren zu den

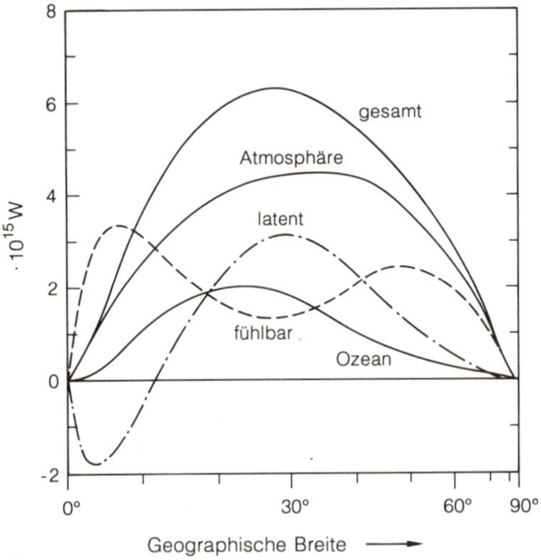

Abb. 1.28. Abgeschätzte meridionale Energieflüsse; *positive Werte* entsprechen polwärts gerichteten, *negative Werte* äquatorwärts gerichteten Flüssen. Die Flüsse in der Atmosphäre und im Ozean sowie der Gesamtfluß sind als *durchgezogene Kurven* eingezeichnet; der atmosphärische Fluß ist seinerseits aufgeteilt in den Fluß fühlbarer Wärme (*gestrichelt*) und in den Fluß latenter Wärme (*strichpunktiert*)

kälteren Breiten. Dieser Energietransport nimmt im Jahresmittel vom Äquator aus, wo er nahezu Null ist, polwärts rasch zu und erreicht in etwa 30° bis 40° Breite ein Maximum von etwa 6 bis $7 \cdot 10^{15}$ W (oder etwa 4 bis $5 \cdot 10^{22}$ cal/Jahr); zu höheren Breiten hin nimmt er dann wieder ab, bis er an den Polen selbst wieder verschwindet. Die Abschätzungen verschiedener Autoren streuen etwas, vor allem gibt es Diskrepanzen zwischen konventionell bestimmten und aus Satellitendaten gewonnenen Werten. Abbildung 1.28 zeigt als Anhaltspunkt Energieflüsse in Atmosphäre und Ozean, die durch Zusammenfassungen von Rechnungen verschiedener Autoren (v. a. Oort 1971; Manabe u. Wetherald 1980) erhalten wurden. Auf die Gründe für die Umkehrung der Flußrichtung der latenten Wärme in Äquatornähe als Folge der Passatzirkulation kommen wir im 4. Kap. zurück.

1.5 Temperaturen der bodennahen Luft

Aus den Energiebilanzen, die wir im vorangegangenen Abschnitt diskutiert haben, folgen im Prinzip die Temperaturen der Erdoberfläche und der bodennahen Luft, allerdings auch wirklich nur im Prinzip. Die tatsächliche Berechnung dieser Temperaturen, vor allem eine nach Regionen differenzierte Berechnung, ist ein extrem schwieriges Unterfangen, nicht zuletzt wegen der großen Zahl möglicher Wechselwirkungen zwischen verschiedenen für die Temperaturen relevanten Größen. Wir beschränken uns deshalb hier darauf, die Temperaturen der bodennahen Luft ohne Versuch einer Begründung wiederzugeben. Im 8. und 10. Kap. werden wir kurz auf einige Modelle zu sprechen kommen.

Abbildung 1.29 zeigt zunächst die über die Breitenkreise gemittelten Werte der Temperaturen der bodennahen Luft, und zwar als Jahresmittel sowie als Monatsmittel für Januar und Juli. Die angegebenen Zahlen sind auf Meereshöhe reduzierte Temperaturen, um eine bessere Vergleichbarkeit zu gewähren; generell nimmt die Temperatur mit der Höhe ab, dieser Zusammenhang wird im nächsten Kapitel besprochen werden. Der Unterschied zwischen den aktuellen und den auf Meereshöhe reduzierten Temperaturen wird besonders in der Antarktis relevant, wo die mittlere Erhebung der Erdoberfläche über das Meeresniveau innerhalb des 80. Breitenkreises etwa 2300 m und zwischen dem 70. und 80. Breitenkreis noch etwa 1400 m beträgt; ansonsten übersteigt die zonal gemittelte Erhebung der Erdoberfläche über die Meeresoberfläche auf dem Rest der Erde nirgendwo die 500-m-Grenze.

Der große Unterschied zwischen Sommer und Winter auf der Nordhalbkugel – im Vergleich zu den Verhältnissen auf der Südhalbkugel – ist eine Folge der hier viel größeren Landmassen (von den hochpolaren Gebieten einmal abgesehen). Die große verfügbare Wärmekapazität der Ozeane, wo größenordnungsmäßig eine Schicht von 100 m Mächtigkeit am Austausch teilnimmt und damit zur Wärmespeicherung beiträgt, wirkt auf Temperaturschwankungen ausgleichend, während über den großen Festlandflächen, wo selbst an langperiodischen Schwankungen nur eine Schicht von der Größenordnung weniger Meter beteiligt ist, Überschüsse und Defizite der Energiebilanz viel stärker zu Buche schlagen. Dort, wo große Festlandkörper zu finden sind, kommt dieser Kontinentaleffekt natürlich auch auf

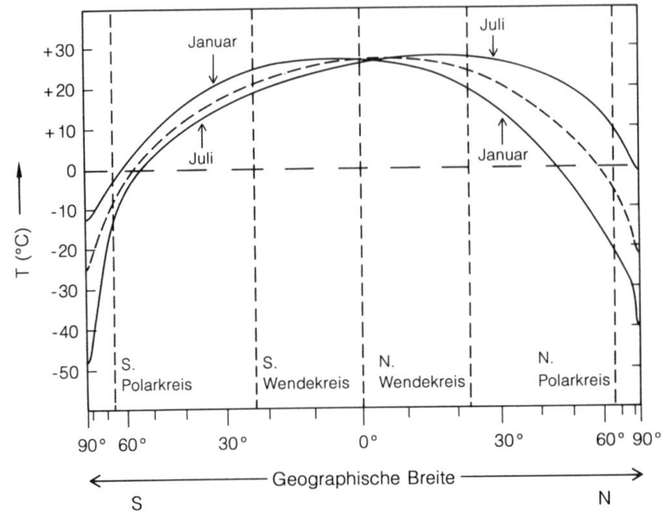

Abb. 1.29. Zonal gemittelte Temperaturen der bodennahen Luft als Funktion der geographischen Breite, auf Meereshöhe reduziert (im wesentlichen nach Sellers 1965, Weischet 1977). *Durchgezogene Kurven:* Januar- und Juli-Mittel; *gestrichelte Kurve:* Jahresmittel

der Südhalbkugel zum Tragen, so z. B. über dem antarktischen Kontinent südlich des 70. Breitengrades oder, eher regional beschränkt, über Australien (siehe hierzu auch Abb. 1.30).

Für die später zu besprechende atmosphärische Dynamik sind weniger die absoluten Werte der Temperatur als mehr die meridionalen Temperaturgradienten von Interesse. Berücksichtigt man, daß ein Breitengrad einer Strecke von 111 km entspricht, so kann man aus Abb. 1.29 ablesen, daß die mittleren Temperaturgradienten von den 30. Breitenkreisen an polwärts bei etwa 5° bis 6° pro 1000 km liegen; auf der Nordhalbkugel beobachten wir etwa 3° bis 6° pro 1000 km im Sommer und etwa 6° bis 10° pro 1000 km im Winter.

In Abb. 1.30 sind die regionalen Temperaturverteilungen im Januar und im Juli skizziert. Die höchsten Sommertemperaturen sind, wie schon angedeutet, in etwa 25° und 30° geographischer Breite über den Kontinenten zu finden, wo maximale Einstrahlung, relative Trockenheit und Kontinentaleffekt zusammenwirken. Ebenso treten die niedrigsten Wintertemperaturen im Inneren der Kontinente auf, wo ebenfalls relative Trockenheit und Kontinentaleffekt zusammentreffen. Interessant ist dabei u. a., daß die extremen winterlichen Kältegrade in Nordost-Sibirien mit Januarmitteln unter −50° C in einer Region auftreten, die besiedelt ist und deren Hochsommertemperaturen durchaus denen gemäßigter Breiten entsprechen.

Weiterhin sei noch auf den Verlauf der Januar-Isothermen beim Übergang vom Nordatlantik auf den europäisch-asiatischen Kontinent aufmerksam gemacht: Wegen des hohen Wärmetransports durch nordwärts gerichtete Meeresströmungen reicht die 0°C-Isotherme über dem Atlantik selbst im Hochwinter bis zum Polarkreis hoch (in dem Abschn. 10.1 werden wir auf diese Meeresströmungen zurückkommen). Beim Übergang auf den Kontinent fällt diese Isotherme fast

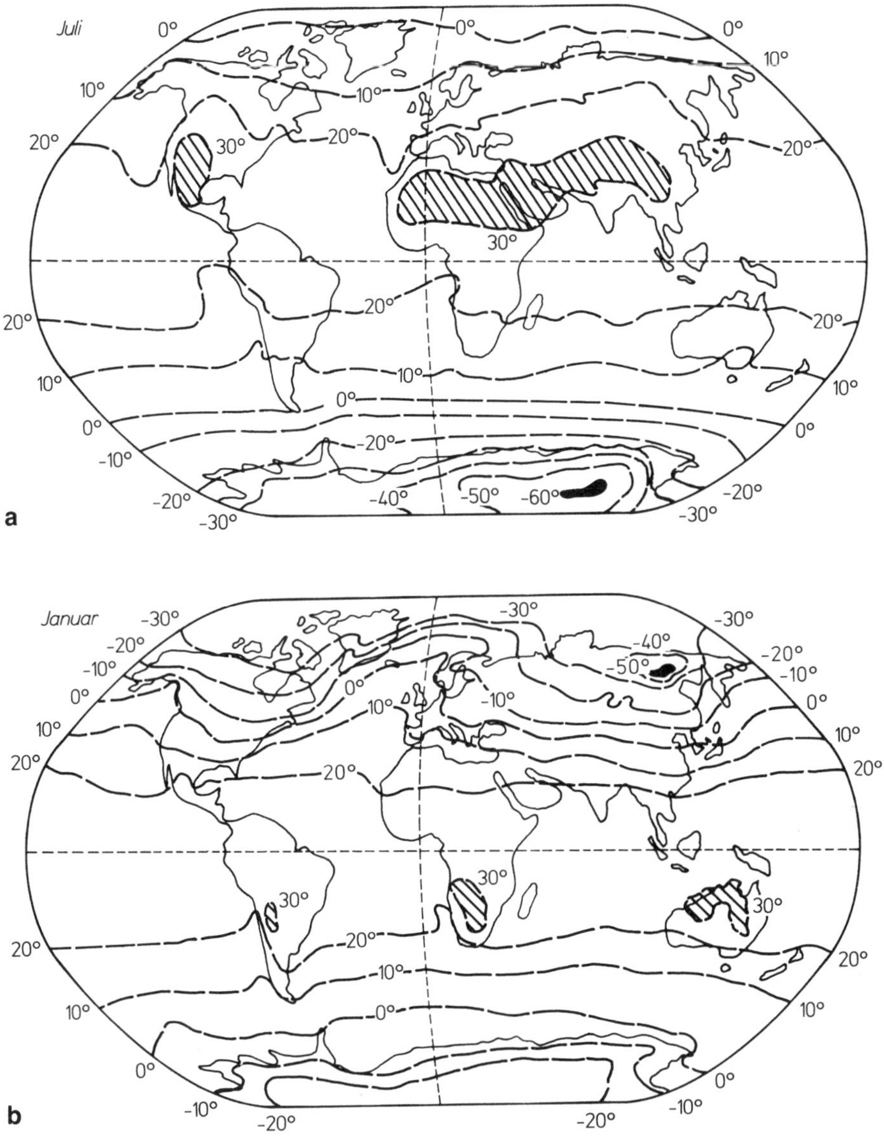

Abb. 1.30 a, b. Januar- (**a**) und Juli-Isothermen (**b**) in Abständen von 10° C. (Nach Blüthgen u. Weischet 1980) Die heißesten Sommergebiete mit Monatsmitteln über 30° C sind *schraffiert*, die kältesten Wintergebiete (mit Monatsmitteln < −50° C in Sibirien und < −60° C in der Antarktis) sind *dunkel ausgefüllt*. Die Temperaturen sind auch hier auf Meereshöhe umgerechnet

schlagartig auf etwa 45° nördlicher Breite herunter, d. h. sie verschiebt sich um etwa 2500 bis 3000 km nach Süden; der sibirische Kältepol mit Januarmitteln unter −50° C liegt etwa auf der gleichen geographischen Breite wie die Januar-0°-Isotherme über dem Atlantik.

Kapitel 2

Die vertikale Struktur der Atmosphäre

Dieses Kapitel befaßt sich – unter einer gewissen Einschränkung der sehr allgemeinen Kapitelüberschrift – mit den hydrostatischen und thermodynamischen Aspekten des Vertikalaufbaus der Atmosphäre. Im einzelnen werden folgende Punkte besprochen:

- Die Druckabnahme mit der Höhe und die damit zusammenhängenden Fragen.
- Die thermodynamischen Gesetzmäßigkeiten der Temperaturabnahme mit der Höhe.
- Der Temperaturverlauf in der realen Atmosphäre.
- Die Stabilität oder Labilität einer Schichtung mit vorgegebenem Temperaturprofil gegenüber Störungen.

2.1 Die Druckabnahme mit der Höhe

Bei der geläufigen Ableitung der sog. barometrischen Höhenformel, die den Luftdruck p als Funktion der Höhe z beschreibt, wird in einer vertikalen Säule die Druckänderung dp betrachtet, die durch die Schwere eines Säulenelementes mit Einheitsquerschnitt und mit der infinitesimalen Höhe dz verursacht wird.

Aus der Skizze in Abb. 2.1 liest man für eine solche Säule unmittelbar die Beziehung

$$dp = -\varrho \cdot g \cdot dz \tag{2.1}$$

ab. Wegen der Zustandsgleichung der idealen Gase, die für ein Mol gerade $p \cdot V = R \cdot T$ lautet, und da die Dichte ϱ sich als Quotient aus der Molmasse M und

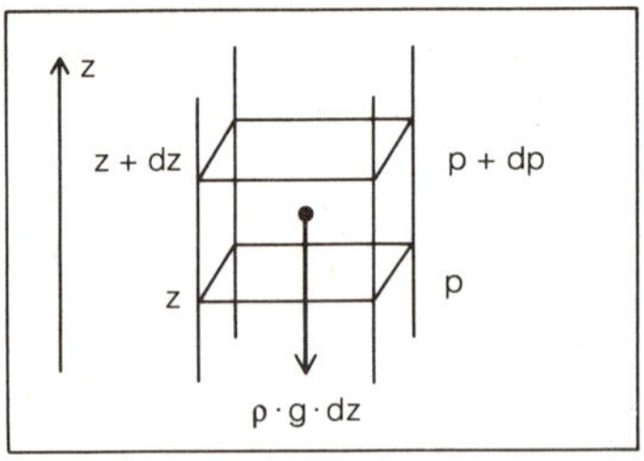

Abb. 2.1. Zur Ableitung der barometrischen Höhenformel; g ist die Schwerebeschleunigung

dem Molvolumen V schreiben läßt, gilt

$$\varrho = \frac{M}{V} = \frac{M \cdot p}{R \cdot T}, \tag{2.2}$$

womit sich für die Druckänderung mit der Höhe sofort

$$dp = -p \cdot \frac{M \cdot g}{R \cdot T} \cdot dz \tag{2.3}$$

ergibt. Dabei bedeuten T die absolute Temperatur und $R = 8{,}315\ \mathrm{Ws/K \cdot mol}$ die universelle Gaskonstante. Die übliche Integration unter Vernachlässigung der Höhenabhängigkeit der Temperatur liefert, mit p_0 als Bodendruck, die bekannte Formel

$$p = p_0 \cdot \exp\left(-\frac{M \cdot g}{R \cdot T} \cdot z\right). \tag{2.4}$$

Dividiert man Zähler und Nenner im Exponenten durch die Loschmidt-Zahl $L = 6{,}023 \cdot 10^{23}\ \mathrm{mol}^{-1}$, so erhält man die äquivalente Formel

$$p = p_0 \cdot \exp\left(-\frac{m \cdot g}{k \cdot T} \cdot z\right) \tag{2.5}$$

mit m als der Masse des einzelnen Moleküls und mit $k = 1{,}38 \cdot 10^{-23}\ \mathrm{Ws/K}$ als der Boltzmann-Konstanten. Um den Höhenverlauf des Druckes in Übereinstimmung mit der realen Atmosphäre richtig zu berechnen, ist für M bzw. für m die mittlere Molmasse der Luft (28,97 g/mol) bzw. die mittlere Masse eines Luftmoleküls einzusetzen; auf die damit verbundene Problematik werden wir weiter unten (s. S. 57) eingehen.

Die korrekte Integration der Höhenformel unter Berücksichtigung der Höhenabhängigkeit der Temperatur liefert

$$\frac{dp}{p} = -\frac{M \cdot g}{R \cdot T(z)} \cdot dz \tag{2.6}$$

$$\int_0^z \frac{dp}{p} = -\frac{M \cdot g}{R} \cdot \int_0^z \frac{dz'}{T(z')} \tag{2.7}$$

oder, mit $\overline{\left(\frac{1}{T}\right)} = \frac{1}{z} \cdot \int_0^z \frac{dz'}{T(z')}$ als dem sog. harmonischen Mittel von T,

$$\ln(p(z)/p_0) = -\frac{M \cdot g}{R} \cdot \overline{\left(\frac{1}{T}\right)} \cdot z \tag{2.8}$$

und schließlich

$$p = p_0 \cdot \exp\left[-\frac{M \cdot g}{R} \cdot \overline{\left(\frac{1}{T}\right)} \cdot z\right]. \tag{2.9}$$

In der Praxis ist der Unterschied zwischen dem harmonischen Mittel der aktuellen atmosphärischen Temperaturen und dem geläufigeren arithmetischen Mittel nicht allzu groß; für viele Rechnungen reicht es aus, letzteres in die oben angeschriebene „einfache“ Höhenformel (s. Gl. 2.4) einzusetzen.

In jedem Fall – dies wollen wir hier schon festhalten – nimmt der Druck um so schneller mit der Höhe ab, je tiefer die jeweiligen Temperaturen sind; im 3. und 4. Kap. wird gezeigt werden, daß dieser Sachverhalt grundlegende Konsequenzen für die atmosphärische Dynamik und die daraus folgende atmosphärische Zirkulation hat.

Der Faktor $(M \cdot g)/(R \cdot T) = (m \cdot g)/(k \cdot T)$ im Exponenten der barometrischen Höhenformel ist offensichtlich das Inverse einer Länge; diese Länge ist die sog. Skalenhöhe („scale height“) der Atmosphäre. Mit $z_0 = (R \cdot T)/(M \cdot g) = (k \cdot T)/(m \cdot g)$ als Skalenhöhe können wir die barometrische Höhenformel also auch in der Form

$$p(z) = p_0 \cdot \exp(-z/z_0) \tag{2.10}$$

schreiben. Für die Atmosphäre als Ganzes ist

$$z_0 \approx 8 \text{ km}$$

ein guter Überschlagswert; dem entspricht eine Halbwertshöhe für den Luftdruck von etwa 5,5 km.

Die primäre Bedeutung von z_0 ist die einer e-Wert-Höhe. Es ist aber noch eine weitere Interpretation möglich, nämlich die als Höhe der sog. isobaren Atmosphäre. Hierzu denken wir uns die gesamte Atmosphäre in eine homogene Schicht mit gleichmäßiger Dichte, einheitlicher Temperatur und konstantem Druck (deshalb die Bezeichnung „isobar“) gepackt. Es sollen überall der Bodendruck p_0 und die Bodentemperatur T_0 herrschen; damit ist auch die Dichte überall gleich der Dichte ϱ_0 am Boden. Wir fragen dann nach der Mächtigkeit bzw. Höhe dieser Schicht. Hierzu berechnen wir mit Hilfe der barometrischen Höhenformel die Gesamtmasse M_0 der Atmosphäre pro Flächeneinheit. Wir erhalten

$$\begin{aligned} M_0 &= \int_0^\infty \varrho(z) \cdot dz = \varrho_0 \cdot \int_0^\infty \exp(-z/z_0) \cdot dz \\ &= \varrho_0 \cdot z_0, \end{aligned} \tag{2.11}$$

d. h. z_0 ist gerade die Höhe der isobaren Atmosphäre mit der Dichte ϱ_0. Die Höhe der so eingeführten isobaren Atmosphäre beträgt also rund 8 km.

Der Vollständigkeit halber sei noch erwähnt, daß der Begriff der Skalenhöhe nicht nur auf die Atmosphäre als Ganzes angewendet wird, sondern auch auf einzelne Bestandteile, vor allem auch auf Spurenstoffe, deren Konzentration mit der Höhe meist viel rascher abnimmt als mit einer e-Wert-Höhe von 8 km, und deren Abnahme mit der Höhe auch nicht unbedingt einem Exponentialgesetz folgen muß. Für die ganz allgemeine Definition einer Skalenhöhe greift man auf die eben angegebene Beziehung

$$\text{Gesamtmenge/Fläche} = \int_0^\infty c(z) \cdot dz = c_0 \cdot z_0 \tag{2.12}$$

zurück – jetzt statt mit der Luftdichte $\varrho(z)$ bzw. ϱ_0 mit der Konzentration $c(z)$ bzw. c_0 der betrachteten Komponente geschrieben – und definiert die Skalenhöhe z_0 über die Beziehung

$$z_0 = \frac{1}{c_0} \cdot \int_0^\infty c(z) \cdot dz. \tag{2.13}$$

Wir kommen jetzt noch einmal auf den oben erwähnten Sachverhalt zurück, daß man die korrekte Höhenverteilung des Druckes erhält, wenn man für die Massen M bzw. m die über alle Bestandteile der Luft anteilig gemittelten Werte einsetzt. Dies ist keineswegs trivial; in gewissem Sinn wird damit die Thermodynamik außer Kraft gesetzt. Um dies zu zeigen, leiten wir die barometrische Höhenformel (s. Gl. 2.10) noch mit Hilfe der Boltzmann-Statistik ab, wobei wir zur Vereinfachung mit einer einheitlichen Temperatur rechnen wollen.

Wir betrachten die Luftmoleküle in einer vertikalen Einheitssäule, die von $z = 0$, vom Boden, bis ins Unendliche reichen soll. N_0 sei die Gesamtzahl dieser Luftmoleküle pro Einheit der Querschnittsfläche der Säule. Jedes Molekül hat im Schwerefeld die potentielle Energie $E = m \cdot g \cdot z$. Im thermischen Gleichgewicht folgen die potentiellen Energien der Moleküle einer Boltzmann-Verteilung, die angibt, welcher Bruchteil $dN(E)$ der Moleküle eine potentielle Energie zwischen einem Wert E und dem zugehörigen Wert $E + dE$ hat. Danach gilt

$$dN(E) = C \cdot \exp\left(-\frac{E}{k \cdot T}\right) \cdot dE. \tag{2.14}$$

Dabei ist k wieder die Boltzmann-Konstante. C ist ein Normierungsfaktor; durch Ausführen der Integration $\int dN = N_0$ kann man C sofort zu

$$C = \frac{N_0}{k \cdot T} \tag{2.15}$$

bestimmen. Wir drücken E jetzt noch durch die Höhe aus,

$$E = m \cdot g \cdot z \tag{2.16}$$

und

$$dE = m \cdot g \cdot dz \tag{2.17}$$

und erhalten

$$\begin{aligned} dN(z) &= N_0 \cdot \frac{m \cdot g}{k \cdot T} \cdot \exp\left(-\frac{m \cdot g}{k \cdot T} \cdot z\right) \cdot dz \\ &= \frac{N_0}{z_0} \cdot \exp\left(-\frac{z}{z_0}\right) \cdot dz. \end{aligned} \tag{2.18}$$

Da $dN(z)/dz$ gerade die Teilchenzahldichte $n(z)$ ist (mit der Dimension Volumen^{-1}; $N(E)$ hat die Dimension Fläche^{-1}) und da, nach der Definition der Skalenhöhe, $n_0 = N_0/z_0$ die Teilchenzahldichte für $z = 0$ darstellt, können wir dafür auch schreiben

$$n(z) = n_0 \cdot \exp\left(-\frac{z}{z_0}\right). \tag{2.19}$$

Bei festgehaltener Temperatur gilt $n(z)/n_0 = p(z)/p_0$; daraus folgt sofort, daß diese aus der Boltzmann-Statistik abgeleitete barometrische Höhenformel mit der üblichen Höhenformel formal identisch ist.

Gedanklich besteht jedoch ein grundlegender Unterschied: In die übliche Formel für die barometrische Höhenverteilung geht integral das Gesamtgewicht der Luftsäule ein, in die mit Hilfe der Boltzmann-Statistik abgeleitete Verteilung dagegen die potentielle Energie bzw. das Gewicht des Einzelmoleküls. Im letzteren Fall hängen Skalenhöhe und Höhenverteilung unmittelbar von der Molekülmasse und damit von der Gasart ab; Gase mit unterschiedlichen Molekülmassen sollten danach unterschiedliche Höhenverteilungen aufweisen. Es müßte eine Entmischung der Bestandteile der Atmosphäre eintreten. So betragen bei 0° C die Skalenhöhen beispielsweise

- für Argon $z_0 = 5980$ m
- für molekularen Sauerstoff $z_0 = 7480$ m
- für molekularen Wasserstoff $z_0 = 119500$ m.

Eine solche Entmischung wird aber unterhalb etwa 80 km Höhe nicht beobachtet. Dies beweist zwingend, daß für die Mischungs- und Transportvorgänge in der Atmosphäre kollektive turbulente Prozesse verantwortlich sind, und daß diesen gegenüber molekular-kinetische Prozesse ganz in den Hintergrund treten. Die molekulare Kinetik spielt erst in sehr großen Höhen, oberhalb etwa 80 km bis 110 km, eine Rolle. Dort wird dann tatsächlich die gaskinetische Entmischung beobachtet, wie sie die Boltzmann-Statistik verlangt. Dieser Sachverhalt schlägt sich auch in der Nomenklatur nieder: Die durchmischte Schicht unterhalb rund 100 km Höhe bezeichnet man als Homosphäre, die sich nach oben anschließende entmischte Schicht als Heterosphäre. Zur Illustration sei noch angegeben, daß die mittleren freien Weglängen der Luftmoleküle zwischen zwei Zusammenstößen in 100 km Höhe bei etwa 15 cm und in 200 km Höhe bei etwa 200 m liegen; im Vergleich dazu beträgt diese mittlere freie Weglänge in Bodennähe etwa 0,06 μm.

2.2 Das vertikale Temperaturprofil der Atmosphäre

Die Temperatur der Luft nimmt vom Boden aus mit zunehmender Höhe annähernd linear ab, bis zu Höhen von etwa 10 km bis 13 km in den höheren und gemäßigten Breiten und von etwa 18 km in den Tropen. Dabei werden in diesen Höhen Temperaturminima von etwa −50° C bis −55° C in mittleren und von ca. −80° C in den tropischen Breiten erreicht. Von dem Einflußbereich der Polarnacht einmal abgesehen, nimmt die Temperatur oberhalb dieser Minima mit wachsender Höhe wieder zu, bis in rund 50 km Höhe Temperaturen knapp unter 0° C erreicht werden. Der Bereich abnehmender Temperatur, zwischen der Erdoberfläche und der Schicht minimaler Temperatur, heißt Troposphäre, der sich daran anschließende Bereich zwischen dem unteren Temperaturminimum und dem oberen Temperaturmaximum wird Stratosphäre genannt.

Pauschal - und mit den Vergröberungen, die pauschalen Aussagen eigen sind - läßt sich der Temperaturverlauf in der Troposphäre, vor allem in deren unteren und mittleren Teilen, durch den Transport fühlbarer und latenter Wärme vom Boden aus in die Höhe und durch die sukzessive Umwandlung dieser thermischen Energie in potentielle Energie erklären. Mit zunehmender Höhe machen sich - ebenfalls pauschal gesprochen - immer stärker Strahlungseinflüsse bemerkbar, bis schließlich in der Stratosphäre die Temperatur fast allein durch das Strahlungsgleichgewicht festgelegt wird.

Wie oben zu Beginn dieses Kapitels angedeutet wurde, werden wir in diesem Abschnitt zunächst die thermodynamischen Grundlagen besprechen und dabei den sog. adiabatischen Temperaturgradienten herleiten, der sich aus der Annahme einer Aufheizung von Luft im Kontakt mit der Erdoberfläche und nachfolgender adiabatischer Abkühlung beim Aufsteigen ergibt. Anschließend werden wir die in der realen Atmosphäre auftretenden Temperaturen und Temperaturgradienten diskutieren.

2.2.1 Der trocken-adiabatische Temperaturgradient; der Begriff der potentiellen Temperatur und deren Zusammenhang mit der Entropie

Zur Einführung des adiabatischen Temperaturgradienten gehen wir von einer einfachen Modellannahme aus: Luft wird am Boden erwärmt; ein Luftpaket steigt auf, ohne durch Strahlung oder Wärmeleitung Energie abzugeben oder aufzunehmen. Wegen der Abnahme des Luftdrucks mit der Höhe expandiert das Luftpaket und leistet dabei Arbeit gegen den aktuellen Luftdruck; da der Vorgang adiabatisch ist, muß das Energieäquivalent zu dieser Arbeit der inneren Energie des Gases entzogen werden: die Luft kühlt ab. Umgekehrt wird natürlich auch beim adiabatischen Absinken eines Luftpaketes potentielle Energie in innere Energie umgewandelt; das Gas wird komprimiert: die Temperatur nimmt zu.

Wir werden mit diesem Modell hier zunächst den sog. trocken-adiabatischen Temperaturgradienten herleiten, d. h. wir werden zunächst keine Effekte berücksichtigen, die mit der Kondensation von Wasserdampf und der Freisetzung von Verdampfungswärme verbunden sind.

Die Überlegungen betreffen primär einzelne Luftpakete. Da aber immer wieder derartige Luftpakete an der Erdoberfläche aufgeheizt werden und aufsteigen, sich insgesamt also eine Konvektion einstellt, wird schließlich die ganze Atmosphäre asymptotisch einen Temperaturverlauf annehmen, der dem adiabatischen Gradienten entspricht.

Zur Berechnung des adiabatischen Temperaturgradienten gehen wir von dem I. Hauptsatz der Thermodynamik, dem Energiesatz, aus; zur Vereinfachung wollen wir uns dabei auf ein Mol Gas bzw. Luft beziehen. Der I. Hauptsatz besagt

$$dU = dQ + dW = dQ - p \cdot dV, \tag{2.20}$$

wobei U die innere Energie, Q die zugeführte Wärmemenge, W die am Gas geleistete Arbeit, p den Druck und V das Volumen bedeuten.

Bei einem idealen Gas ist die innere Energie von dem Volumen unabhängig und nur eine Funktion der Temperatur; mit C_v als spezifischer Molwärme bei konstantem Volumen können wir diese Funktion in der Form

$$dU = C_v \cdot dT \tag{2.21}$$

schreiben. Zusammen ergeben beide Gleichungen

$$dQ = p \cdot dV + C_v \cdot dT. \tag{2.22}$$

Mit Hilfe der Zustandsgleichung eines idealen Gases für ein Mol,

$$p \cdot V = R \cdot T \tag{2.23}$$

bzw. in differentieller Form

$$p \cdot dV + V \cdot dp = R \cdot dT, \tag{2.24}$$

können wir die Energiegleichung (s. Gl. 2.22) umformen in

$$dQ = -V \cdot dp + (R + C_v) \cdot dT = -V \cdot dp + C_p \cdot dT \tag{2.25}$$

(mit C_p als spezifischer Wärme bei konstantem Druck; dabei gilt $C_p = C_v + R$). Über die Zustandsgleichung können wir mit $V = R \cdot T/p$ (wir beziehen uns auf ein Mol!) noch V eliminieren und erhalten schließlich

$$dQ = -\frac{R \cdot T}{p} \cdot dp + C_p \cdot dT. \tag{2.26}$$

Für adiabatische Prozesse gilt nun $dQ = 0$; damit ergibt sich

$$C_p \cdot dT = \frac{R \cdot T}{p} \cdot dp. \tag{2.27}$$

Mit Hilfe der barometrischen Höhenformel (s. Gl. 2.3),

$$\frac{dp}{p} = -\frac{M \cdot g}{R \cdot T} \cdot dz, \tag{2.28}$$

können wir die Druckänderung noch durch die Höhenänderung ausdrücken und erhalten schließlich

$$C_p \cdot dT = -M \cdot g \cdot dz. \tag{2.29}$$

An dieser Form der Energiegleichung sieht man sofort, daß bei adiabatischen Prozessen die Summe aus thermischer und potentieller Energie eine Erhaltungsgröße ist. Löst man die Gleichung noch nach dT/dz auf, so erhält man den gesuchten trocken-adiabatischen Temperaturgradienten zu

$$\frac{dT}{dz} = -\frac{M \cdot g}{C_p}. \tag{2.30}$$

Mit den Zahlenwerten $C_p = 28{,}97$ Joule/K · mol und $M = 28{,}97$ g/mol und $g = 9{,}81\ m/s^2$ ergibt sich für den trockenadiabatischen Temperaturgradienten

$$\frac{dT}{dz} = -0{,}00981\ K/m \approx -1\ K/100\ m. \tag{2.31}$$

Eine äquivalente Schreibweise ist

$$\frac{dT}{dz} = -\frac{g}{c_p}; \tag{2.32}$$

dabei ist $c_p = C_p/M$ die auf die Masseneinheit bezogene spezifische Wärme bei konstantem Druck, mit dem Zahlenwert $c_p = 1{,}00$ Joule/K · g.

Zur Vereinfachung der Ausdruckweise haben sich eigene Symbole für den aktuellen und für den trocken-adiabatischen Temperaturgradienten - genauer für deren negativen Werte - eingebürgert:

$$\gamma = -(dT/dz)_{aktuell} \quad \text{für den aktuellen Gradienten} \tag{2.33}$$

und

$$\Gamma = -(dT/dz)_{adiabatisch} \quad \text{für den adiabatischen Gradienten.} \tag{2.34}$$

Bei adiabatischen Zustandsänderungen wasserdampfhaltiger Luft ändert sich gegenüber den bisherigen Überlegungen nichts Wesentliches, solange keine Kondensation eintritt. Lediglich die Zahlenwerte werden durch die etwas höhere spezifische Wärme des Wasserdampfes geringfügig modifiziert. Grundlegende Änderungen treten erst bei Kondensation von Wasserdampf ein; diese werden wir im nächsten Abschnitt besprechen.

Um die Variation der Zahlenwerte bei wasserdampfhaltiger Luft (ohne Kondensation!) abzuschätzen, müssen wir in dem oben angegebenen Ausdruck für den adiabatischen Temperaturgradienten, $dT/dz = -g/c_p$, die spezifische Wärme c_p durch die gewichteten spezifischen Wärmen des Wasserdampfs, $c_{p,w}$, und der trockenen Luft, $c_{p,l}$, ersetzen. Mit der spezifischen Feuchte s als dem Verhältnis von Masse Wasserdampf zu Masse feuchter Luft,

$$s = \frac{\varrho_w}{\varrho_w + \varrho_l} \tag{2.35}$$

(wobei ϱ_w die Dichte des Wasserdampfs und ϱ_l die Dichte der wasserdampffreien Luft bedeuten), gilt

$$\frac{dT}{dz} = \frac{-g}{c_{p,w} \cdot s + c_{p,l} \cdot (1 - s)}. \tag{2.36}$$

Die spezifische Wärme trockener Luft war zu 1,00 Joule/K · g angegeben, die spezifische Wärme von Wasserdampf beträgt 1,86 Joule/K · g. Ein guter mittlerer

Wert für s ist $s = 0{,}01$. Einsetzen dieser Zahlen zeigt, daß der Betrag der adiabatischen Temperaturänderung unter diesen Bedingungen gerade um 0,86% niedriger ist als der des streng trocken-adiabatischen Gradienten. Solange keine Kondensation eintritt, bleibt der Einfluß der Luftfeuchtigkeit auf die Temperatur also tatsächlich klein.

Wie oben schon angedeutet, können wir den adiabatischen Temperaturgradienten als eine Konsequenz der Umwandlung von thermischer Energie in potentielle Energie beim Aufsteigen eines Luftpakets auffassen; die Summe aus thermischer und potentieller Energie bleibt bei einem adiabatischen Prozeß erhalten. An diesen Sachverhalt anschließend, wollen wir jetzt noch den Begriff der potentiellen Temperatur einführen und den Zusammenhang zwischen der potentiellen Temperatur und der Entropie erläutern.

Die potentielle Temperatur ist – kurz gesagt – ein Maß für die Summe aus potentieller und thermischer Energie und ist eingeführt worden, um die Energieinhalte verschiedener Luftpakete miteinander vergleichen zu können. Sie ist definiert als die Temperatur, die ein Luftpaket annehmen würde, wenn man es trocken-adiabatisch auf den meteorologischen Normaldruck von 1013 hPa brächte. Aus dieser Definition folgt natürlich sofort, daß sich bei einer adiabatischen Verschiebung eines Luftpaketes dessen potentielle Temperatur nicht ändert.

Der Zusammenhang zwischen der potentiellen Temperatur, die üblicherweise mit θ bezeichnet wird, und der aktuellen Temperatur T wird durch die Poisson-Gleichung für adiabatische Zustandsänderungen hergestellt. Nach dieser gilt

$$T^{\varkappa}/p^{\varkappa-1} = \text{const} \tag{2.37}$$

mit $\varkappa = c_p/c_v$, dem Verhältnis der spezifischen Wärmen bei konstantem Druck und bei konstantem Volumen. Mit p_0 als dem Normaldruck, $p_0 = 1013$ hPa, gilt damit auch

$$T^{\varkappa}/p^{\varkappa-1} = \theta^{\varkappa}/p_0^{\varkappa-1}. \tag{2.38}$$

Durch Auflösen nach θ erhalten wir hieraus die Definitionsgleichung der potentiellen Temperatur zu

$$\theta = T \cdot \left(\frac{p_0}{p}\right)^{\frac{\varkappa-1}{\varkappa}}, \tag{2.39}$$

wobei der Zahlenwert für $(\varkappa - 1)/\varkappa$ in Luft bei 0,286 liegt.

Die potentielle Temperatur ist demnach eine eindeutige Funktion der Zustandsvariablen T und p, d. h. selbst eine eindeutige Funktion des Zustandes. Dies erlaubt es, einen Bezug zur Entropie, die ebenfalls eine eindeutige Zustandsfunktion ist, herzustellen und die Kurven bzw. Flächen gleicher potentieller Temperatur mit den Isentropen, den Kurven bzw. Flächen gleicher Entropie, zu identifizieren. Wir werden diesen Zusammenhang ableiten; der mit dem Entropiebegriff weniger vertraute Leser kann aber diese Überlegungen überspringen, da wir im weiteren keinen Gebrauch mehr davon machen werden.

Da θ eine eindeutige Funktion von T und p ist, können wir das vollständige Differential

$$d\theta = \frac{\partial\theta}{\partial T} \cdot dT + \frac{\partial\theta}{\partial p} \cdot dp \tag{2.40}$$

bilden. Zusammen mit der Definitionsgleichung (s. Gl. 2.39) folgt daraus

$$d\theta = \left(\frac{p_0}{p}\right)^{\frac{\varkappa-1}{\varkappa}} \cdot dT - \frac{\varkappa-1}{\varkappa} \cdot T \cdot p^{-1} \cdot \left(\frac{p_0}{p}\right)^{\frac{\varkappa-1}{\varkappa}} \cdot dp \tag{2.41}$$

oder nach Division durch $\theta = T \cdot \left(\frac{p_0}{p}\right)^{\frac{\varkappa-1}{\varkappa}}$

$$\frac{d\theta}{\theta} = \frac{dT}{T} - \frac{\varkappa-1}{\varkappa} \cdot \frac{dp}{p}. \tag{2.42}$$

Wegen $\varkappa = C_p/C_v$, $C_p - C_v = R$ und somit $(\varkappa - 1)/\varkappa = R/C_p$ kann dieser Ausdruck noch umgeformt werden zu

$$\frac{d\theta}{\theta} = \frac{dT}{T} - \frac{R}{C_p} \cdot \frac{dp}{p}. \tag{2.43}$$

Auf der anderen Seite ist die Entropie S, die wir der Einfachheit halber als spezifische Entropie auf ein Mol beziehen wollen, unter der Voraussetzung reversibler Zustandsänderungen über die Beziehung

$$dS = \frac{dQ}{T} \tag{2.44}$$

definiert. Oben (s. Gl. 2.26) hatten wir

$$dQ = C_p \cdot dT - \frac{R \cdot T}{p} \cdot dp \tag{2.45}$$

abgeleitet; durch Einsetzen in die Definitionsgleichung (s. Gl. 2.44) erhalten wir damit für die spezifische Entropie bei reversiblen Zustandsänderungen den Ausdruck

$$dS = \frac{dQ}{T} = C_p \cdot \frac{dT}{T} - R \cdot \frac{dp}{p}. \tag{2.46}$$

Aus dem Vergleich mit dem oben angegebenen Ausdruck für $d\theta/\theta$ (s. Gl. 2.43) folgt dann unmittelbar der Zusammenhang zwischen Entropie und potentieller Temperatur,

$$dS = C_p \cdot \frac{d\theta}{\theta} \tag{2.47}$$

oder in Integralform

$$S_2 - S_1 = C_p \cdot \ln \frac{\theta_2}{\theta_1}. \tag{2.48}$$

Es existiert also eine eindeutige Beziehung zwischen potentieller Temperatur und Entropie; damit ist auch evident, daß „Isentropen" und „Flächen gleicher potentieller Temperatur" synonyme Begriffe sind.

Es sei noch erwähnt, daß in der klassischen meteorologischen Thermodynamik der Nullpunkt der Entropie durch die Konvention festgelegt worden ist, daß für $T = 100$ K und $p = 1000$ hPa die Entropie $S = 0$ sein soll.

Zum Schluß dieses Abschnittes wollen wir noch den für manche Anwendungen benötigten Zusammenhang zwischen dem Gradienten der aktuellen Temperatur, dT/dz, und dem der potentiellen Temperatur, $d\theta/dz$, angeben.

Wir hatten oben (s. Gl. 2.43)

$$\frac{d\theta}{\theta} = \frac{dT}{T} - \frac{R}{C_p} \cdot \frac{dp}{p} \tag{2.49}$$

abgeleitet, was wir wegen

$$\frac{dp}{p} = -\frac{M \cdot g}{R \cdot T} \cdot dz \tag{2.50}$$

umformen können zu

$$\frac{d\theta}{\theta} = \frac{dT}{T} + \frac{M \cdot g}{C_p \cdot T} \cdot dz \tag{2.51}$$

oder

$$\frac{1}{\theta} \cdot \frac{d\theta}{dz} = \frac{1}{T} \cdot \frac{dT}{dz} + \frac{\Gamma}{T}, \tag{2.52}$$

da $M \cdot g/C_p$ ja gerade $\Gamma = -(dT/dz)_{\text{adiabatisch}}$ ist. Nach Multiplikation beider Seiten mit θ erhalten wir dann den gesuchten Zusammenhang zu

$$\frac{d\theta}{dz} = \frac{\theta}{T} \cdot \left(\frac{dT}{dz} + \Gamma\right) = \frac{\theta}{T} \cdot (\Gamma - \gamma). \tag{2.53}$$

2.2.2 Der feucht-adiabatische Temperaturgradient

Im vorangehenden Abschnitt hatten wir gesehen, daß der Gehalt der Luft an Wasserdampf an den Überlegungen zu dem trocken-adiabatischen Temperaturgradienten nichts prinzipiell ändert, solange der Wasserdampfgehalt unter der Sättigungsgrenze bleibt und damit kein Wasser auskondisiert.

Eine wesentliche, fast dramatische Änderung tritt aber ein, sobald, infolge der Abkühlung, beim Aufsteigen der Luft die Sättigungsgrenze erreicht wird und im weiteren Verlauf Flüssig-Wasser auskondensiert. Bei einer solchen Kondensation wird die Verdampfungswärme des Wassers frei; diese beträgt etwa 2500 Joule pro g H_2O. Diese freigesetzte Verdampfungswärme kommt der expandierenden Luft zugute und kompensiert zum Teil den Entzug an innerer Energie. Damit verringert sich die differentielle Temperaturabnahme mit der Höhe; der sog. feucht-adiabatische Temperaturgradient, von dem wir in diesem Falle sprechen, ist prinzipiell kleiner als der trocken-adiabatische.

Abbildung 2.2 zeigt die absolute Feuchte oder Wasserdampfdichte, ϱ_w, bei der gerade die Sättigung erreicht wird, als Funktion der Temperatur. Aus dieser

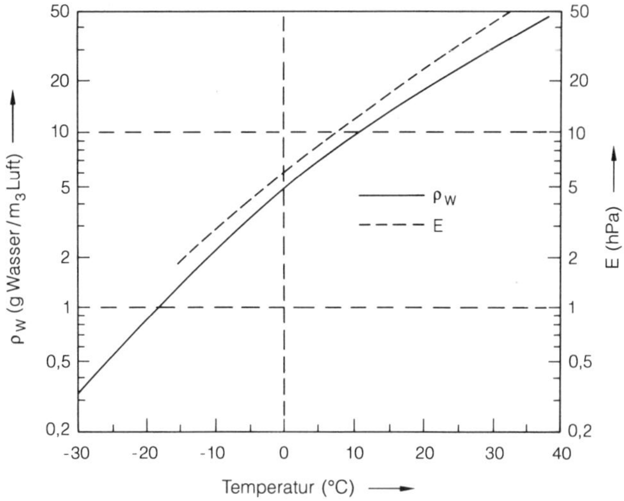

Abb. 2.2. Absolute Feuchte bzw. Wasserdampfdichte ϱ_W bei Sättigung über flüssigem Wasser (*durchgezogene Kurve, linke Ordinate*) als Funktion der Temperatur; *gestrichelt, mit der Ordinate rechts,* ist der zugehörige Wasserdampf-Partialdruck E eingezeichnet. Zu dem Unterschied zwischen dem Sättigungsdruck über flüssigem Wasser und dem über Eis s. Kap. 5

Abbildung kann die Änderung des Wasserdampfgehaltes bei Abkühlung entlang der Sättigungsgrenze und damit die freiwerdende Verdampfungswärme unmittelbar abgelesen werden.

Zur Ableitung des feucht-adiabatischen Temperaturgradienten gehen wir wieder von dem ersten Hauptsatz der Thermodynamik, dem Energiesatz, aus, den wir im vorangehenden Abschnitt in der Form

$$dQ = C_p \cdot dT - \frac{R \cdot T}{p} \cdot dp \tag{2.54}$$

geschrieben hatten. Unter Berücksichtigung der barometrischen Höhenformel (s. Gl. 2.3) wird hieraus

$$dQ = C_p \cdot dT + M \cdot g \cdot dz. \tag{2.55}$$

In dieser Darstellung waren alle Größen auf das Mol als Einheit bezogen; für das jetzt verfolgte Ziel ist es zweckmäßiger, alle Größen auf das Volumen zu beziehen, da die Sättigung der Luft mit Wasserdampf allein eine Frage der absoluten Feuchte, d. h. des Wasserdampfgehaltes pro Volumeneinheit ist. Zu diesem Zweck multiplizieren wir die rechte Seite der Gleichung mit der Zahl der Mole pro Volumeneinheit

$$\frac{n}{V} = \frac{p}{R \cdot T} \tag{2.56}$$

mit dem Verständnis, daß sich dann auch der Energieumsatz dQ auf der linken Seite auf das Volumen beziehen soll:

$$dQ = \frac{C_p \cdot p}{R \cdot T} \cdot dT + \frac{M \cdot g \cdot p}{R \cdot T} \cdot dz. \tag{2.57}$$

Bei der Abkühlung unter Kondensation gesättigten Wasserdampfes gilt jetzt, auf die Volumeneinheit bezogen (mit L als spezifischer Verdampfungswärme),

$$dQ = -L \cdot d\varrho_{w,sat}. \tag{2.58}$$

Dabei soll der Index „sat" bei der absoluten Feuchte ϱ_w das Entlanglaufen an der Sättigungsgrenze während der Abkühlung zum Ausdruck bringen. Das Minuszeichen steht hier, weil während der Kondensation, d. h. bei Abnahme des Wasserdampfgehaltes, das betrachtete Luftquantum Wärmeenergie gewinnt. L bedeutet die Verdampfungswärme pro Masseneinheit Wasser. Es gilt dann

$$-L \cdot d\varrho_{w,sat} = -L \cdot \frac{d\varrho_{w,sat}}{dT} \cdot dT = \frac{C_p \cdot p}{R \cdot T} \cdot dT + \frac{M \cdot p \cdot g}{R \cdot T} \cdot dz \tag{2.59}$$

und weiter

$$-\left(L \cdot \frac{d\varrho_{w,sat}}{dT} + \frac{C_p \cdot p}{R \cdot T}\right) \cdot dT = \frac{M \cdot p \cdot g}{R \cdot T} \cdot dz \tag{2.60}$$

und damit schließlich

$$\frac{dT}{dz} = -\frac{M \cdot p \cdot g}{C_p \cdot p + R \cdot L \cdot T \cdot \frac{d\varrho_{w,sat}}{dT}}. \tag{2.61}$$

$d\varrho_{w,sat}/dT$ ist in dieser Darstellung als Zahlenwert gedacht, der unmittelbar der Abb. 2.2 als Steigung der $\varrho_w(T)$-Kurve entnommen werden kann. In dieser Formel für den feucht-adiabatischen Temperaturgradienten ist der trocken-adiabatische Gradient natürlich als Grenzfall für $d\varrho_{w,sat}/dT = 0$ enthalten.

Abbildung 2.3 zeigt den mit Hilfe des abgeleiteten Ausdrucks gerechneten feucht-adiabatischen Temperaturgradienten als Funktion der Temperatur, mit dem Luftdruck als Kurvenparameter. Der Unterschied zwischen trocken- und feucht-adiabatischem Temperaturgradienten ist ganz allgemein natürlich um so größer, je

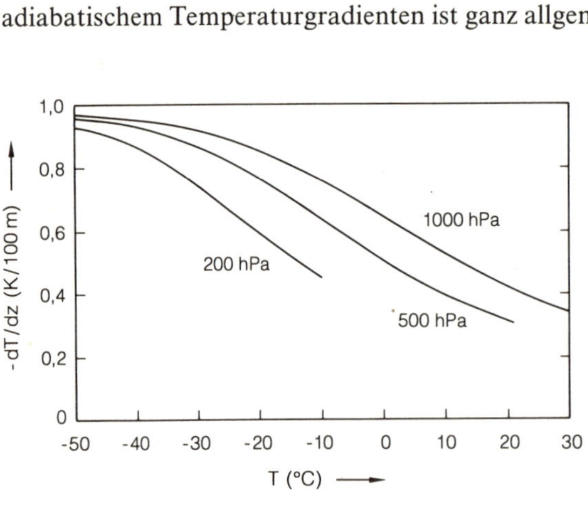

Abb. 2.3. Feucht-adiabatischer Temperaturgradient als Funktion der Temperatur, mit dem Luftdruck als Parameter

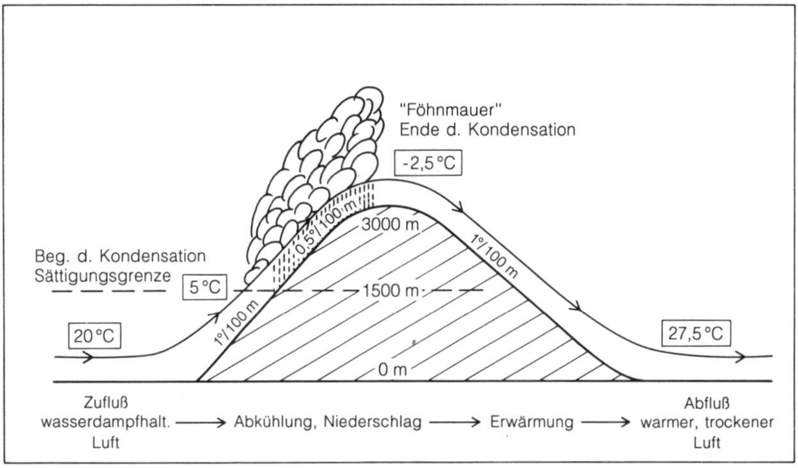

Abb. 2.4. Modell des alpinen Föhns (s. Text)

höher die absolute Feuchte am Sättigungspunkt, oder genauer gesagt, je größer deren Ableitung nach der Temperatur ist. Da diese angenähert exponentiell mit der Temperatur anwächst, wird auch der Unterschied zwischen den beiden Formen des Temperaturgradienten mit steigender Temperatur größer. Ein mittlerer Anhaltswert für den feucht-adiabatischen Temperaturgradienten im Bereich zwischen 0° C und 10° C ist 0,5 K/100 m.

Eine bekannte, fast populäre Folge des Unterschiedes zwischen trocken- und feucht-adiabatischem Gradienten ist der Föhn, ein trockener und warmer Fallwind im Lee alpiner Gebirgsketten (mit Lee wird die windabgewandte Seite, mit Luv die dem Wind zugewandte Seite bezeichnet). Sein Zustandekommen ist in Abb. 2.4 skizziert. In dieser Abbildung wird, von links, feuchte Luft mittlerer Temperatur an den Fuß eines Berges oder einer Gebirgskette herangebracht. Im Luv der Erhebung steigt diese Luft auf und kühlt sich dabei zunächst trocken-adiabatisch mit einer Rate von 1°/100 m, dann aber - nach Erreichen des Kondensationsniveaus - unter Wolken- und Niederschlagsbildung mit der geringeren feucht-adiabatischen Rate von 0,5°/100 m ab. Die Kondensation endet abrupt, sobald der Gipfel der Gebirgskette erreicht ist. Im Lee der Erhebung steigt die Luft dann unter Erwärmung wieder ab. Da diese Erwärmung durchgehend trocken-adiabatisch mit einer Rate von 1°/100 m erfolgt, ist die Temperaturzunahme beim Absteigen im Lee des Berges wesentlich größer als die Temperaturabnahme beim luvseitigen Aufsteigen. Der Wind kommt deshalb als warme und trockene Strömung im Tal an; in dem Modellfall der Abb. 2.4 hat die Temperatur gegenüber der Ausgangssituation um 7,5° zugenommen. Wir werden im Abschn. 2.3.2 noch einmal auf das Föhn-Phänomen und auf die dabei auftretenden, bisweilen sehr heftigen leeseitigen Fallwinde zurückkommen.

2.2.3 Temperaturgradienten in der Nähe der Erdoberfläche

In den beiden vorangehenden Abschnitten wurde modellhaft der vertikale Temperaturgradient besprochen, der sich unter der Annahme einer Aufheizung am Boden und nachfolgender adiabatischer Expansion beim Aufsteigen der Luftquanten einstellt; der Gedanke dabei war, daß dieser Temperaturgradient als Gleichgewichtszustand asymptotisch durch Konvektion hergestellt wird. Dieses Modell reproduziert den tatsächlichen Temperaturverlauf in der Troposphäre als Ganzes recht gut; im Detail können jedoch beträchtliche Abweichungen auftreten.

Nicht zuletzt können sich in Bodennähe die aktuellen Temperaturgradienten ganz erheblich, bis zu Größenordnungen, von den adiabatischen Gradienten unterscheiden. Zum ersten ist die Modellannahme einer Aufheizung von der

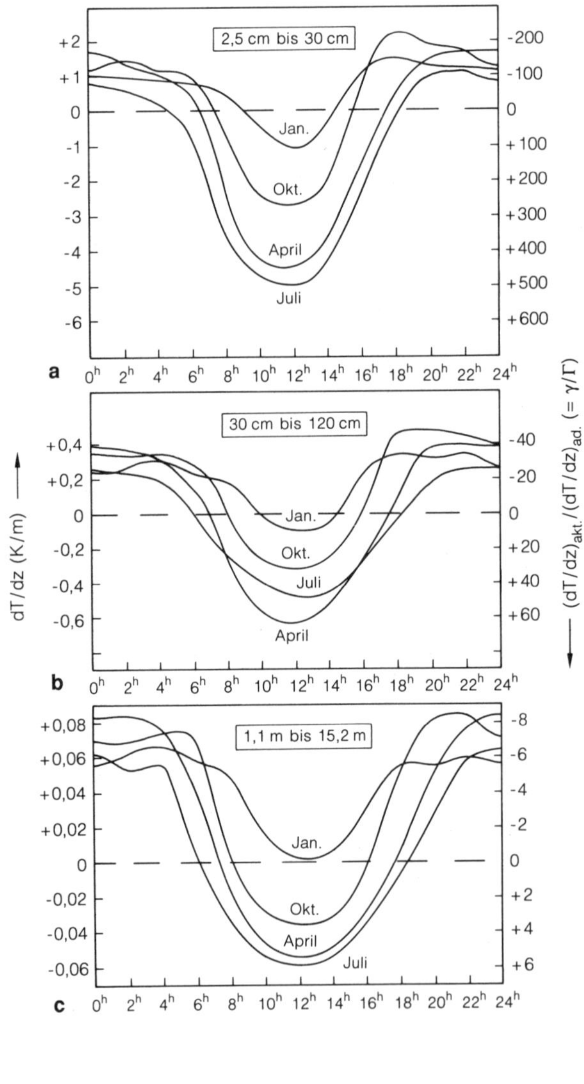

Abb. 2.5a–c. Mittlere Temperaturgradienten in Bodennähe als Funktion der Tageszeit, für drei verschiedene Höhenbereiche (**a–c**). *Linke Skala:* Zahlenwerte (K/m); *rechte Skala:* Verhältnis der aktuellen Gradienten zu dem trocken-adiabatischen Gradienten. (Nach Best 1935; Best et al. 1952)

Erdoberfläche her natürlich nur während der Zeit ausreichender solarer Einstrahlung erfüllt, während zu anderen Zeiten, vor allem während der Nacht, der Boden auch kälter als die darüber liegende Luft sein kann. Zum anderen wird der konvektiv-turbulente Transport mit wachsender Annäherung an die Erdoberfläche immer stärker unterbunden und damit langsamer, so daß bei ausreichender Wärmezufuhr auch stark überadiabatische Gradienten aufrechterhalten werden können. Dieser Effekt kommt daher, daß die Konvektions- oder Turbulenzzellen immer kleiner werden, je geringer der Abstand zum Boden ist (im 6. und 7. Kap. wird darauf noch näher eingegangen). Dementsprechend treten die stärksten Gradienten auch in unmittelbarer Bodennähe auf.

In Abb. 2.5 sind typische Temperaturgradienten als Funktion der Tageszeit für drei verschiedene Höhenbereiche (2,5 cm bis 30 cm, 30 cm bis 1,20 m, und 1,10 m bis 15 m über dem Boden) und für 4 verschiedene Zeiten im Jahr (Januar, April, Juli, und Oktober) aufgezeichnet. Die Kurven stellen langfristige Mittel über alle Wetterlagen dar, sie sind also nicht etwa nur für strahlungsbedingte Lagen gültig. Die Messungen wurden in England über kurzgeschorenem Rasen durchgeführt. Auf der rechten Ordinatenskala sind die gemessenen Temperaturgradienten zu den trocken-adiabatischen Gradienten (1 K pro 100 m) im Bezug gesetzt. Der Vergleich der 3 Teilabbildungen zeigt eindrucksvoll das Anwachsen der Gradienten mit abnehmendem Abstand vom Boden; in der untersten Schicht, einige Zentimeter über dem Boden, werden während der Mittagszeit mittlere Gradienten bis zum 500fachen des adiabatischen Gradienten aufrecht erhalten (einzelne Extremwerte können noch weit darüber liegen).

Generell zeigen die Kurven während der Zeiten überwiegend starker thermischer Abstrahlung vom Boden und damit verbundener Auskühlung der untersten Schichten Temperaturgradientenumkehr (sog. Inversionen), dagegen treten während der Zeiten solarer Einstrahlung in der Regel überadiabatische Gradienten auf. Auffallend ist dabei die Häufung abendlicher Inversionslagen im Oktober; diese entstehen, wenn die Luft als Ganzes noch nicht sehr kalt ist, der Boden aber schon stark auskühlt. Als Folge dieser Inversionslagen treten im Spätherbst häufig Abendnebel auf; im eigentlichen Hochwinter werden solche Nebellagen dann wieder seltener.

2.2.4 Das atmosphärische Temperaturprofil als Ganzes und der damit verbundene „Stockwerk"-Aufbau der Atmosphäre

Wie schon angedeutet, sind in der Troposphäre die trocken- und die feucht-adiabatische Expansion bzw. Kompression beim Aufsteigen bzw. Absinken der Luftpakete die dominierenden Prozesse für die Ausbildung des troposphärischen Temperaturprofils. Daneben kommen aber auch in der Troposphäre radiative Prozesse zum Tragen. So hatten wir anhand von Abb. 1.23 die Strahlungskühlung durch die Abstrahlung der Infrarotstrahlung durch den Wasserdampf kennengelernt, die – grob gesprochen – zu einer Wärmesenke an der „Oberseite der Wasserdampfsphäre" führt. Das Zusammenspiel der durch die Erdoberfläche vorgegebenen Wärmequelle, der Expansion der Luft beim Aufsteigen und der

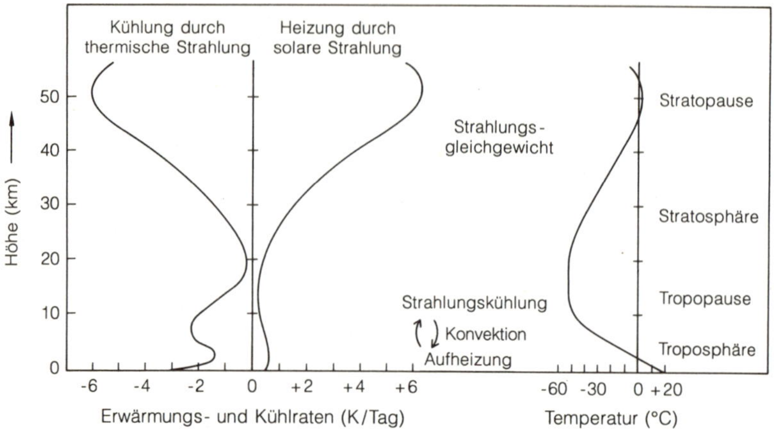

Abb. 2.6. Radiative Erwärmung und Abkühlung in der Atmosphäre (**links**) und Temperaturprofil für Troposphäre und Stratosphäre (**rechts**)

Wärmesenke in der Höhe erzeugt das typische Temperaturprofil der Troposphäre mit einem Temperaturminimum in ca. 17 km bis 18 km Höhe in den Tropen bzw. in ca. 9 km bis 13 km Höhe in den höheren Breiten. Dieses Temperaturminimum wird als Tropopause bezeichnet. Wegen der Konvektion, die mit der Erzeugung dieses Temperaturprofils einhergeht, kann man von einer stetigen, wenn auch in der höheren Troposphäre relativ langsamen Durchmischung der Troposphäre sprechen.

In der Stratosphäre werden die Verhältnisse gerade umgekehrt: Die Strahlungskühlung durch den Wasserdampf in der Hochtroposphäre und in der Tropopause und die Erwärmung durch Absorption solarer Strahlung in der oberen Stratosphäre führen zu einer prinzipiell konvektions- und austauscharmen Schichtung. Im Gegensatz zur Troposphäre wird deshalb das Temperaturprofil der Stratosphäre im wesentlichen durch das Strahlungsgleichgewicht zwischen Erwärmung durch die solare Einstrahlung und Abkühlung durch die Ausstrahlung im thermischen (infraroten) Bereich bestimmt. In Abb. 2.6 sind diese Überlegungen noch einmal zusammengefaßt.

Nach diesen Vorstellungen ist die Obergrenze der Troposphäre – grob gesprochen – durch die Obergrenze der Wasserdampfsphäre, d. h. durch die Lage des Abstrahlungsmaximums bestimmt. Deshalb liegt im allgemeinen die Tropopause um so höher und ist infolgedessen auch um so kälter, je mächtiger die troposphärische Wasserdampfschicht ist. Da weiterhin in der Regel um so mehr Wasserdampf in der Troposphäre zu finden ist, je wärmer die Erdoberfläche ist (s. hierzu Abb. 2.2), liegt in den Tropen die Tropopause um einige Kilometer höher als in den höheren geographischen Breiten und ist dementsprechend auch wesentlich kälter; die Einzelheiten der Tropopausenhöhe sind allerdings erst aus der Dynamik der atmosphärischen Zirkulationen, die im 4. Kap. besprochen werden, verständlich. Aus ähnlichen Gründen ist auch die winterliche Tropopause der gemäßigten und polaren Breiten um rund 2 km niedriger gelegen als die sommerliche. Tendenziell

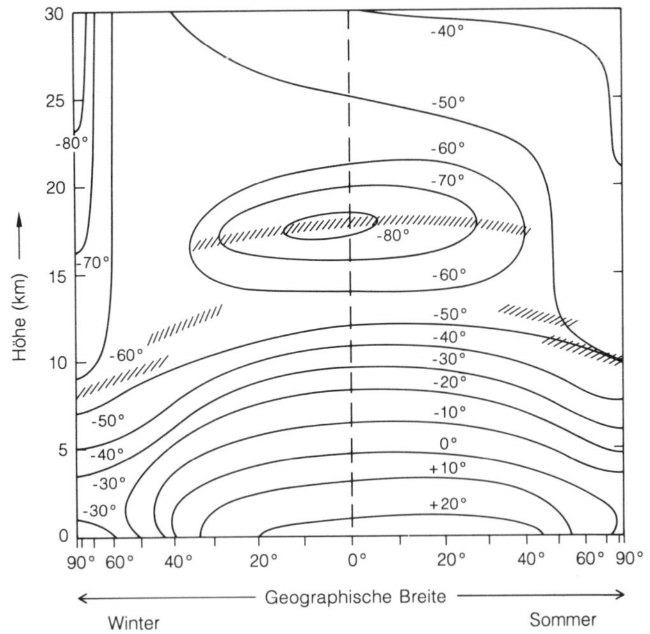

Abb. 2.7. Typische mittlere Temperaturverteilung in einem Meridionalschnitt durch die nördliche Hemisphäre, **links** für den Winter, **rechts** für den Sommer. Die *durchgezogenen Linien* stellen Isothermen im 10°-Abstand dar, die *schräg schraffierten Balken* kennzeichnen die Lage der Tropopause. (Nach Möller 1973)

sind Bodentemperatur und Tropopausentemperatur gegenläufig, da wegen des Einflusses des Wasserdampfs die Tropopausenhöhe mit wachsender Temperatur der Erdoberfläche zunimmt.

Abbildung 2.7 zeigt in einem Meridionalschnitt schematisch die Lage der Tropopause und die Verteilung der Lufttemperaturen in den ersten 30 km der Atmosphäre. Es sei hier schon vorweggenommen, daß die Brüche in der Tropopause mit den Grenzen der großen Zirkulationssysteme (s. Kap. 4) und den dort wehenden Strahlströmen („Jets") zusammenfallen.

Generell kann man aus der Abbildung folgende charakteristische Merkmale der Temperaturverteilung in der Atmosphäre herauslesen:

- Die Temperatur nimmt in der Troposphäre mit der Höhe ab, und zwar mit einer Rate von −0,5 K/100 m bis −1 K/100 m; eine Ausnahme ist in Polnähe zu beobachten, wo über dem sehr kalten Boden eine 2 bis 3 km mächtige Inversion liegen kann.
- In den Tropen nimmt die Temperatur in der Stratosphäre mit der Höhe um knapp 0,5 K pro 100 m zu, während in den gemäßigten und hohen Breiten die untere Stratosphäre, bis zu einer Höhe von ungefähr 25 km, praktisch isotherm bleibt. In der oberen Stratosphäre nimmt die Temperatur mit der Höhe generell zu, von der gleich erwähnten Ausnahme abgesehen.

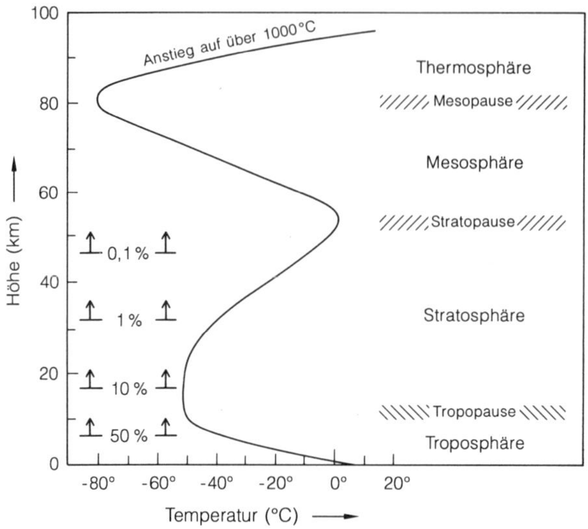

Abb. 2.8. Temperaturprofil und Stockwerkaufbau der Atmosphäre bis etwa 100 km Höhe. Die *links* in die Abb. eingezeichneten Marken geben den prozentualen Anteil der Restmasse oberhalb der jeweiligen Höhe an der Gesamtmasse der Atmosphäre an

- Über der winterlichen Polkappe, während der Polarnacht, nimmt die Temperatur auch in der Stratosphäre noch leicht ab, mit einer unteradiabatischen Rate von 0,1 K bis 0,2 K pro 100 km.

Abschließend zeigt Abb. 2.8 den typischen, durch den Temperaturverlauf vorgegebenen „Stockwerk"-Aufbau der Atmosphäre; die eingezeichnete Temperaturkurve gilt für gemäßigte Breiten.

An die Stratosphäre schließt sich nach oben, getrennt durch die Stratopause, die Mesosphäre an, deren Temperaturverlauf ähnliche Gründe wie derjenige der Troposphäre hat. Oberhalb von etwa 75 km bis 80 km wird die Atmosphäre durch die Absorption von solarem UV-Licht (vor allem durch Sauerstoff) wieder stark erwärmt; die Temperatur steigt, mit tageszeitlichen Schwankungen von mehreren hundert K, auf 1200 K bis 1500 K an. Parallel hierzu nimmt ab etwa 75 km Höhe die Ionendichte, die in der Troposphäre mehrere hundert Ionen pro cm^3 beträgt, rasch zu und erreicht in etwa 250 km Höhe Maximalwerte von etwas über $10^5/cm^3$ bei Nacht bis knapp $10^6/cm^3$ am Tag.

2.3 Schichtungsstabilität

Die Kenntnis des adiabatischen Temperaturgradienten erlaubt eine einfache Abschätzung des Verhaltens eines Luftpaketes bei einer Verschiebung dieses Paketes gegenüber seiner Umgebung und damit eine Beurteilung der thermischen Stabilität eines thermisch geschichteten Luftkörpers, d. h. eines Luftkörpers mit vorgegebenem Temperaturverlauf, gegenüber irgendwelchen Störungen, z. B. durch dynamische Turbulenzen oder durch zufällige minimale Temperaturinhomogenitäten.

Der Grundgedanke dabei ist folgender: Wird ein Luftquantum aus seiner Ruhelage heraus vertikal verschoben, so entspricht seine Temperaturänderung dem adiabatischen Temperaturgradienten. Ist nun der Temperaturverlauf der ruhend gedachten Umgebung so beschaffen, daß das Luftquantum durch positive oder negative Auftriebskräfte wieder in seine Ausgangsposition zurückgetrieben wird, so nennen wir die Temperaturschichtung stabil. Genügt umgekehrt eine kleine Verschiebung aus der Ruhelage zur endgültigen Entfernung des Luftquantums, so liegt entsprechend eine labile Schichtung vor. Zwischen diesen beiden Möglichkeiten liegt die thermisch neutrale Schichtung, bei der das vertikal verschobene Luftquantum in jeder Position in einem indifferenten Gleichgewicht ist, d. h. keine Auftriebskräfte auftreten.

Es liegt auf der Hand, daß dieses Stabilitätsverhalten einen grundlegenden Einfluß auf den vertikalen Austausch von Luftbeimengungen – und damit auch auf die Luftqualität – ausübt. Eine stabile Schichtung wird im Vergleich zum neutralen Fall diesen Austausch behindern, im Extrem unterbinden; thermische Labilität wird dagegen zu einer mehr oder minder starken konvektiven Durchmischung eines Luftkörpers und damit zu einer Intensivierung des Vertikalaustauschs führen.

Wir werden in diesem Abschnitt die Schichtungsstabilität bzw. -labilität als solche besprechen; der eben angedeutete Zusammenhang zwischen thermischer Schichtung und Austauschintensität wird im 7. Kap. im Detail diskutiert werden.

2.3.1 Einige qualitative Überlegungen zur Schichtungsstabilität und zur Bildung von Inversionen

Wir betrachten zunächst den Fall, daß die aktuelle Temperatur der Umgebung sich langsamer mit der Höhe ändert als die Temperatur eines adiabatisch vertikal verschobenen Luftquantums, d. h., daß $\gamma < \Gamma$ ist. Die linke Seite von Abb. 2.9 skizziert diesen Fall. Bei einer Verschiebung des Luftquantums aus der Ruhelage z_0 nach oben bis z_1 nimmt seine Temperatur gegenüber der Umgebung um $\Delta_1 T$ ab; es

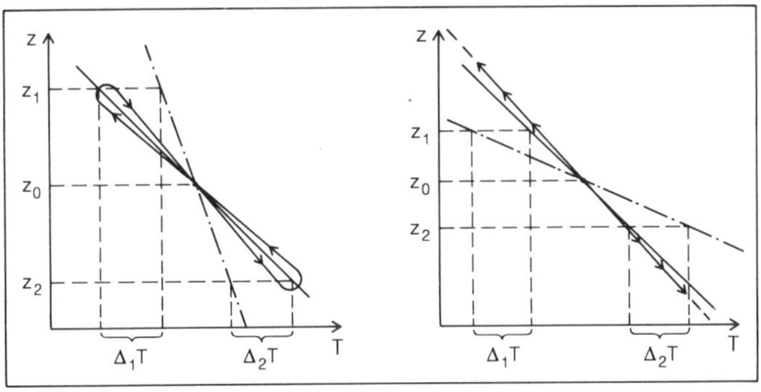

Abb. 2.9. Skizze zur Schichtungsstabilität, **links** für den Fall stabiler Schichtung, **rechts** für labile Schichtung. Die *durchgezogene Linie* stellt die Adiabate dar, auf der das Luftpaket verschoben wird, die *strichpunktierte Gerade* kennzeichnet den Verlauf der Umgebungstemperatur

wird kälter und dichter als die Umgebung und sinkt ab, bis es die Ausgangsposition wieder erreicht hat und dort wieder Umgebungstemperatur angenommen hat. Bei einer Verschiebung nach unten, z. B. bis z_2, wird es um $\Delta_2 T$ wärmer als die Umgebung, die es dort vorfindet; es steigt wieder auf, bis es seine ursprüngliche Ruhelage z_0 wieder erreicht hat. In beiden Fällen sind die Auftriebskräfte rücktreibend, eine Schichtung mit $\gamma < \Gamma$ ist also stabil. Gleichwertig damit ist die Aussage, daß eine Schichtung mit nach oben zunehmender potentieller Temperatur stabil ist.

Als nächstes betrachten wir den Fall, daß $\gamma > \Gamma$ ist, d. h., daß die Temperatur der Umgebung sich schneller mit der Höhe ändert als die Temperatur des auf einer Adiabaten verschobenen Luftquantums; dieser Fall ist in Abb. 2.9 rechts angedeutet. Eine analoge Überlegung wie eben zeigt, daß das Paket in z_1 um $\Delta_1 T$ wärmer ist als seine Umgebung, damit auch weniger dicht ist als diese und durch den Auftrieb weiter steigt. In z_2 ist das Paket um $\Delta_2 T$ kälter und damit dichter als die Umgebung; es sinkt weiter ab. Nach einer beliebig kleinen Auslenkung aus der Ruhelage nach der einen oder anderen Seite entfernt sich das Luftpaket also immer weiter von seinem Ausgangspunkt; eine Schichtung mit $\gamma > \Gamma$ ist labil. In diesem Fall nimmt die potentielle Temperatur mit der Höhe ab.

Als drittes bleibt noch die Bedingung $\gamma = \Gamma$. In diesem Fall nimmt das Paket bei jeder Verschiebung die Temperatur seiner jeweiligen Umgebung an und erfährt keinerlei Auftriebskräfte. Eine Schichtung mit $\gamma = \Gamma$ – oder, was damit gleichbedeutend ist, mit von der Höhe unabhängiger potentieller Temperatur – ist also indifferent oder neutral.

Nach dem Gesagten sind Schichtungen mit $\partial\theta/\partial z > 0$ stabil. Eine besonders hohe Schichtungsstabilität ist zu erwarten, wenn darüber hinaus sogar der normalerweise negative Gradient der aktuellen Temperatur sein Vorzeichen umkehrt und positiv wird, wenn also wärmere Luft über kälterer lagert. In diesem Fall sprechen wir von einer Inversion. Durch Inversionen kann der Austausch fast völlig unterbunden werden.

Diese Behinderung des Austauschs zwischen der unterhalb einer Inversion liegenden Luftschicht und der darüber liegenden freien Atmosphäre hat oft eine starke Anreicherung der von der Erdoberfläche kommenden Spurenstoffen zur Folge, mit allen nachteiligen Konsequenzen für die Luftqualität. Die damit ebenfalls verbundene Anreicherung mit Wasserdampf führt zu einer verstärkten thermischen Abstrahlung und damit zu einer weiteren Abkühlung; dieser Rückkoppelungseffekt verstärkt und stabilisiert die Inversion. Hinzu kommt, daß mit der Anreicherung von Wasserdampf – bei gleichzeitiger Abkühlung – oft die Bildung von Nebelfeldern verbunden ist; hierdurch wird die Reflexion solarer Strahlung erhöht und der genannte Stabilisierungseffekt noch weiter verstärkt.

Im folgenden sind einige typische Beispiele für häufig vorkommende Inversionstypen angeführt; eine der wichtigsten atmosphärischen Inversionsschichten, die Tropopause, wurde schon auf S. 70 besprochen.

Bei Hochdruckwetterlagen sind oft sog. Subsidenz- oder Absink-Inversionen zu beobachten: in Hochdruckgebieten sinkt die Luft relativ großräumig unter adiabatischer Kompression und damit verbundener Erwärmung ab und strömt dann in Bodennähe in die Richtung tieferen Drucks. Bedingt durch diese Dynamik

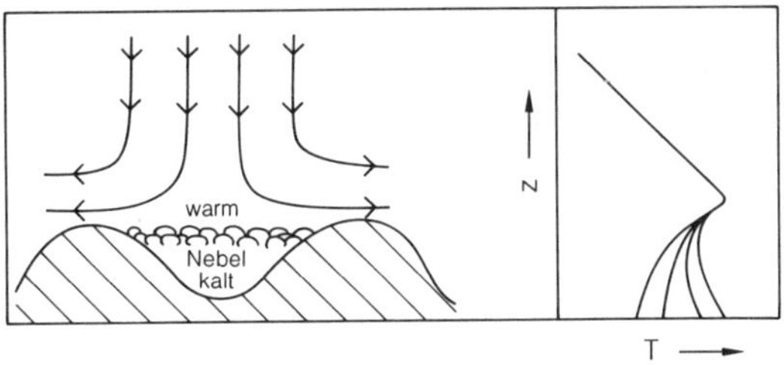

Abb. 2.10. Entstehung von Subsidenzinversionen über Tälern; **links** eine schematische Skizze, **rechts** mögliche Temperaturprofile (T und z in willkürlichen Einheiten)

– die Absinkbewegung ist in der Regel in größerer Höhe stärker ausgeprägt als in Bodennähe, wo der seitliche Abfluß eher zum Tragen kommt – ist in Hochdruckgebieten eine Tendenz zu unteradiabatischen Schichtungen vorhanden. Wie im Abschn. 2.3.3 gezeigt werden wird, kann durch das kollektive Absinken eine solche Tendenz bis zur Bildung einer kräftigen Inversion verstärkt werden. Subsidenzinversionen liegen meist einige hundert Meter, bis zu 1000 m, über dem Boden; sie können gegebenenfalls mit den weiter unten beschriebenen Grundschichtinversionen zusammenfallen.

In besonders ausgeprägter Form tritt diese Inversionsbildung in Erscheinung, wenn der Absinkvorgang nicht bis zum Boden durchgreifen kann, weil die absinkende Luft wegen der topographischen Struktur der Erdoberfläche schon weiter oben seitlich abfließen muß; wie in Abb. 2.10 skizziert ist, kann ein solcher Fall typischerweise über kräftig eingeschnittenen Tälern auftreten. Dann sitzt unter der durch Absinken erwärmten und oft sehr trockenen Luft eine Blase aus kalter, feuchter Luft mit Nebel- und Wolkenbildung. Diese Kaltluftblase kann sich unter Umständen bei schwacher solarer Einstrahlung im Winter oder auch schon im Spätherbst tage-, ja sogar wochenlang halten. Der Temperaturverlauf kann dabei recht unterschiedlich aussehen; in Abb. 2.10 sind einige Möglichkeiten angedeutet.

Eine weitere häufig zu beobachtende Inversion ist die sog. Grundschichtinversion. Diese kann mit der gerade beschriebenen Subsidenzinversion zusammenfallen, ist aber eine allgemeinere Erscheinung. Ihre Lage stimmt ungefähr mit der Obergrenze der Bodenreibungszone (s. Kap. 3), einer etwa 500 m bis 1500 m mächtigen Schicht über dem Boden, überein und hängt auch genetisch mit dieser zusammen. Ihre Ursache ist in erster Linie die Anreicherung von Wasserdampf, Dunst und Staub in der Bodenreibungszone; diese Beimengungen führen zu vermindeter solarer Einstrahlung und erhöhter thermischer Abstrahlung. Hinzu kommt als weiterer genetischer Faktor die nächtliche Auskühlung vom Boden her. Die Grundschichtinversion ist deshalb in der Nacht am besten ausgebildet, doch kann sich auch während des Tages eine Inversion oder – in abgeschwächter Form – ein unteradiabatischer, den Austausch blockierender Temperaturgradient ausbilden. Abbildung 2.11 zeigt schematisch das typische Temperaturprofil einer gut entwickelten Grundschichtinversion.

Meist eher lokale Erscheinungen sind die nächtlichen Bodeninversionen. Bei klarem Wetter kühlt, nach Beendigung der solaren Einstrahlung, der Boden in der Nacht durch thermische Abstrahlung schneller aus als die Luft. Die niedrigere Bodentemperatur teilt sich den untersten Luftschichten mit (s. dazu auch Abschn. 2.2.3), die dann kälter werden als die darüber lagernde Luft. Die Austausch-

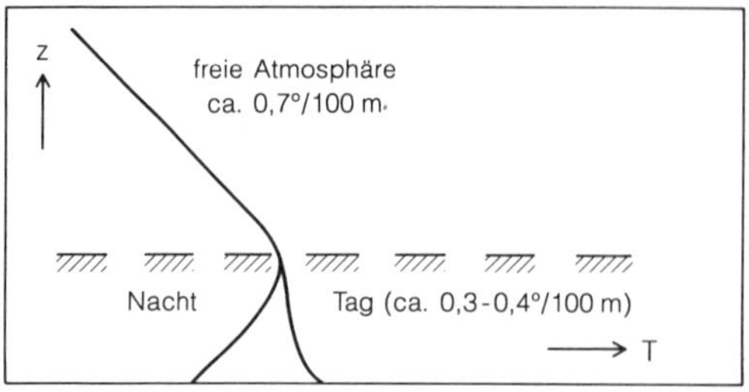

Abb. 2.11. Schematisches Temperaturprofil einer Grundschichtinversion, mit T und z in willkürlichen Einheiten

behinderung kann zu einer Anreicherung von Wasserdampf und damit zu einer Selbstverstärkung der Inversion führen. Bei hinreichend weit fortschreitender Abkühlung kann in den Bodeninversionen Wasser als Bodennebel auskondensieren. Die Mächtigkeit von Bodeninversionen liegt meist in der Größenordnung einiger Meter. Nach Sonnenaufgang lösen sich die nächtlichen Bodeninversionen in der Regel auf, sie können sich aber – besonders bei Nebelbildung – auch bis in die späten Vormittagsstunden halten.

2.3.2 Quantitative Formulierung eines Stabilitätsmaßes; Brunt-Väisälä-Schwingungen und Schwerewellen

Zu quantitativen Formulierung eines Stabilitätsmaßes betrachten wir die Auftriebskraft bzw. die damit verbundene Vertikalbeschleunigung, die ein Luftpaket der Dichte ϱ in einer ruhend gedachten Umgebung der Dichte ϱ^* erfährt; ϱ bzw. ϱ^* sind dabei von z und von T (Temperatur des betrachteten Luftpaketes) bzw. T^* (Temperatur der Umgebung) abhängig. Es gilt, mit g als Erdbeschleunigung, die einfache Bewegungsgleichung (Dichte · Beschleunigung = Kraftdichte)

$$\varrho \cdot \frac{dv_z}{dt} = g \cdot (\varrho^* - \varrho). \tag{2.62}$$

Da keine signifikanten Druckunterschiede zwischen dem Luftpaket und seiner Umgebung zu erwarten sind, können wir die Dichte proportional zu $1/T$ ansetzen und erhalten, nach dv_z/dt aufgelöst,

$$dv_z/dt = g \cdot \frac{1/T^* - 1/T}{1/T} = g \cdot \frac{T - T^*}{T^*}. \tag{2.63}$$

Wir stellen uns jetzt vor, daß das betrachtete Paket durch eine Störung aus seiner Ruhelage, für die $T_0 = T_0^*$ gilt (der Index 0 soll auf die Ausgangs- bzw. Ruhelage hinweisen), ausgelenkt wird; dabei soll sich die Temperatur des ausgelenkten Luftquantums trocken-adiabatisch mit der Höhe ändern (auf die Modifikationen bei feucht-adiabatischem Aufstieg eines Luftpaketes kommen wir später noch zurück). Bei einer Auslenkung aus der Ausgangslage um eine Strecke Δz gilt deshalb für das Luftpaket

$$T(z) = T_0 - \Gamma \cdot \Delta z \tag{2.64}$$

(mit $-\Gamma$ als trocken-adiabatischem Temperaturgradienten). Die Temperatur der Umgebung ändert sich dagegen mit dem aktuell vorliegenden Temperaturgradienten $-\gamma$; es gilt

$$T^*(z) = T_0^* - \gamma \cdot \Delta z = T_0 - \gamma \cdot \Delta z. \tag{2.65}$$

Damit wird

$$T(z) - T^*(z) = (\gamma - \Gamma) \cdot \Delta z, \tag{2.66}$$

und wir erhalten schließlich für die Vertikalbeschleunigung

$$\frac{dv_z}{dt} = g \cdot \frac{\gamma - \Gamma}{T^*} \cdot \Delta z \tag{2.67}$$

oder, wenn wir auf den im Abschn. 2.2.1 abgeleiteten Zusammenhang zwischen dem Gradienten der potentiellen Temperatur und dem der aktuellen Temperatur zurückgreifen (und im weiteren das Symbol * weglassen),

$$\frac{dv_z}{dt} = -\frac{g}{\theta} \cdot \frac{d\theta}{dz} \cdot \Delta z. \tag{2.68}$$

Als Stabilitätsmaß, das mit $-B^2$ bezeichnet sein soll, definieren wir jetzt die auf die Einheit der Auslenkung bezogene Vertikalbeschleunigung:

$$-B^2 = \frac{1}{\Delta z} \cdot \frac{dv_z}{dt} = -\frac{g}{\theta} \cdot \frac{d\theta}{dz}. \tag{2.69}$$

Die Größe $-B^2$ ist negativ für stabile Schichtung, Null für neutrale Schichtung und positiv für labile Schichtung (B selbst wird bei labiler Schichtung imaginär). Negatives Vorzeichen ist gleichbedeutend mit einer zur Ausgangslage zurücktreibenden Beschleunigung; bei stabiler Schichtung stellt die abgeleitete Bewegungsgleichung offensichtlich die Gleichung eines harmonischen Oszillators dar. Multipliziert man diese Bewegungsgleichung noch mit der Dichte ϱ,

$$\varrho \cdot \frac{dv_z}{dt} = -\varrho \cdot B^2 \cdot \Delta z, \tag{2.70}$$

so sieht man, daß $\varrho \cdot B^2$ die Direktionskonstante (d. h. die Proportionalitätskonstante zwischen Auslenkung und rücktreibender Kraft) dieses Oszillators darstellt. Da das Quadrat der Kreisfrequenz eines harmonischen Oszillators durch das Verhältnis von der Direktionskonstanten zur Masse bzw. Dichte beschrieben wird, folgt hieraus, daß B gerade die Kreisfrequenz der bei stabiler Schichtung möglichen internen Schwingung der Atmosphäre ist (bei labiler Schichtung ist die Lösung der Bewegungsgleichung eine ansteigende Exponentialfunktion, da B dann imaginär wird). Die zugehörige Schwingungsfrequenz ν, die sog. Brunt-Väisälä-Frequenz, ist durch

$$\nu = \frac{B}{2 \cdot \pi} = \frac{1}{2 \cdot \pi} \cdot \sqrt{\frac{g}{\theta} \cdot \frac{d\theta}{dz}} \tag{2.71}$$

gegeben. Die Periodendauern $1/\nu$ dieser internen Schwereschwingungen betragen beispielsweise ca. ¼ Std. für $\gamma = 0{,}8$ K/100 m d. h. für eine mäßig stabile Lage, und etwa 5 Min. für eine isotherme Schichtung mit $\gamma = 0$.

Diese Schwingungen geben Anlaß zu internen Schwerewellen in der Atmosphäre. Eine nähere Behandlung dieser Schwerewellen führt an dieser Stelle zu weit, deshalb wollen wir uns auf einige Anmerkungen beschränken.

Schwerewellen treten bevorzugt im Lee von Gebirgszügen auf und können besonders bei Föhnlagen beachtliche Amplituden und Vertikalgeschwindigkeiten aufweisen. In Abb. 2.4 hatten wir den Föhneffekt skizziert. Tendenziell kommt es bei Föhn zur Ausbildung stabiler Schichtungen, da von der Höhe trockene und warme Luft herbeigeführt wird und sich über die meist kältere Bodenluft schichtet; durch die Auslenkung der Strömung an dem Gebirge kann dann eine Schwingung ausgelöst werden, die sich als interne Schwerewelle über weite Strecken fortpflanzt. Dabei kann letztere – vermutlich durch eine resonanzartige Wechselwirkung zwischen der Grundströmung und der Welle – zu sehr großen Amplituden angeregt werden; auf diese Weise sind wahrscheinlich die gelegentlich auftretenden sturmartigen Fallwinde, mit oft verheerenden Wirkungen, im Lee von Gebirgen zu erklären.

Es ist bemerkenswert, daß solche Wellen im Lee großer Gebirgszüge oft noch in sehr großen Höhen, mehrere tausend Meter oberhalb der Gipfelhöhe der Gebirge, und auch in großer Entfernung von der auslösenden Erhebung zu finden sind. Bisweilen sind solche Wellen auch vom Boden her zu beobachten, nämlich dann, wenn die Auslenkung nach oben über die Kondensationsgrenze des Wasserdampfes hinausführt; in den Wellenkämmen bilden sich dann periodisch walzenartige Wolken parallel zu den Gebirgskämmen aus.

2.3.3 Effekte bei konvektiv-turbulenter Durchmischung und bei kollektiver Hebung und Senkung der Luft

In diesem Abschnitt wollen wir diskutieren, wie das Temperaturprofil und damit die Schichtungsstabilität durch vertikale Bewegungen in der Atmosphäre beeinflußt werden können, und zwar einerseits durch konvektiv-turbulente Bewegung und Durchmischung und andererseits durch kollektive Hebung oder Senkung der thermisch geschichteten Luft.

Das Phänomen der Turbulenz wird im 6. Kap. ausführlicher behandelt werden; wir wollen hier nur erwähnen, daß Turbulenz sowohl durch Scherkräfte in einer Strömung als auch durch thermische Auftriebskräfte angestoßen werden kann und daß mit der völlig ungeordneten turbulenten Luftbewegung Mischungseffekte und damit ein Ausgleich von Konzentrationsunterschieden verbunden sind.

Der Einfluß dieser Durchmischung durch Turbulenz und Konvektion auf die Schichtungsstabilität ergibt sich aus dem mit der Durchmischung verbundenen Wärmefluß:

- Bei neutraler Schichtung nimmt ein Luftpaket, das von oben nach unten oder von unten nach oben transportiert wird, in jedem Punkt die Temperatur seiner

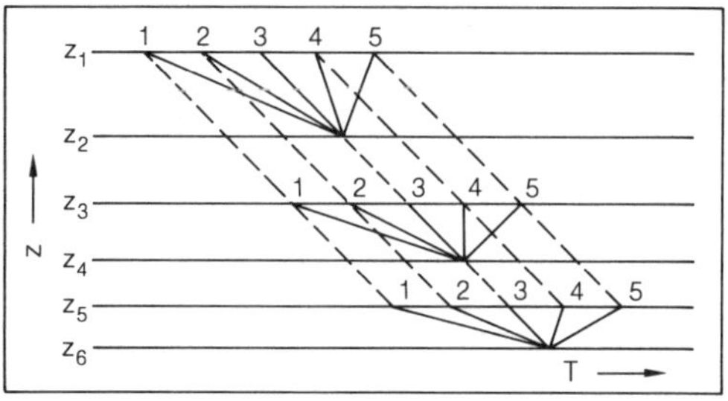

Abb. 2.12. Verstärkung der Nichtadiabasie bei kollektiver Abwärtsbewegung (bzw. Abschwächung der Nichtadiabasie bei kollektiver Aufwärtsbewegung). *Horizontale Linien:* Isobaren als gedachte Schichtbegrenzungen; *gestrichelte Linien:* adiabatischer Temperaturverlauf; *schräge durchgezogene Linien:* Beispiele aktueller Temperaturverläufe (*1* und *2* mit überadiabatischer labiler Schichtung, *3* mit neutraler Schichtung, *4* und *5* mit unteradiabatischer stabiler Schichtung)

Umgebung an; das bedeutet, daß bei neutraler Schichtung kein Energietransport durch turbulente Mischung erfolgt.

- Bei stabiler Schichtung mit unteradiabatischem Temperaturgradienten wird beispielsweise ein aufsteigendes Luftpaket eine niedrigere Temperatur annehmen als seine Umgebung, d. h. einen niedrigeren Energieinhalt haben als das Paket, dessen Platz es eingenommen hat, und das zum Ausgleich nach unten abgesunken ist, wo es wärmer, d. h. energiereicher als seine Umgebung ist. Dies entspricht einem effektiven Energietransport bzw. Wärmefluß von oben nach unten, oder – bei der üblichen Vorzeichenkonvention – einem negativen Wärmefluß.
- Bei labiler Schichtung mit überadiabatischem Temperaturgradienten gilt ganz analog, daß durch die turbulente Durchmischung Wärme von unten nach oben transportiert wird, oder daß – anders ausgedrückt – eine labile Schichtung mit einem positiven vertikalen Wärmefluß gekoppelt ist.

Richtung bzw. Vorzeichen und Stärke des turbulenten Wärmeflusses stellen insofern weitere Kriterien für die Schichtungsstabilität dar. In beiden angeführten Fällen der nichtadiabatischen Schichtung ist der Wärmestrom so gerichtet, daß tendenziell eine neutrale Schichtung mit adiabatischem Temperaturgradienten angestrebt wird. Da die turbulente Durchmischung bei labiler Schichtung wesentlich stärker ist als bei stabiler, kann man davon sprechen, daß labile Schichtungen eine starke Tendenz zur Selbstauflösung zeigen.

Als zweiten Punkt wollen wir den Einfluß kollektiver Hebungen oder – in der Praxis viel wichtiger – kollektiver Senkungen auf die Schichtungsstabilität diskutieren. Hierzu betrachten wir anhand von Abb. 2.12 eine Luftschicht z. B. der Dicke $\Delta z = z_2 - z_1$ mit der Druckdifferenz $\Delta p = p(z_2) - p(z_1)$ zwischen der Oberseite und der Unterseite. Diese Schicht soll zunächst in einer etwas größeren Höhe liegen und dann in einer geordneten Bewegung absinken. Solche Absinkbewegungen (sog. Subsidenzen) sind typischerweise in Hochdruckgebieten zu beobachten.

Bei der Absinkbewegung bleiben die Masse pro Flächeneinheit und damit die Druckdifferenz zwischen Ober- und Unterseite erhalten. Durch die Druckzunahme wird aber die betrachtete Schicht immer dünner, d. h. das zu konstantem Δp gehörige $\Delta z = z_{i+1} - z_i$ wird beim Absinken, bei zunehmendem i entsprechend Abb. 2.12, immer kleiner.

Für eine anfänglich neutrale Schichtung bleibt dies ohne Folgen, sie bleibt neutral. Eine anfänglich stabile oder labile Schichtung wird aber in ihrer Tendenz verstärkt. In Abb. 2.12 ist dieses Verhalten angedeutet: Die zunächst oben liegende Schicht sinkt unter Erhaltung der Druckdifferenz und unter sukzessiver adiabatischer Erwärmung ab; die Anfangs- und Endpunkte der aktuellen Temperaturverläufe in der Schicht bewegen sich dabei auf Adiabaten. Dann ergibt sich durch die mit dem Absinken der druckäquidistanten Schichten verbundene vertikale Stauchung eine Verstärkung der jeweiligen Tendenz. Fall 4 in Abb. 2.12 demonstriert beispielweise, wie aus einer anfangs schwach stabilen Schichtung während des Absinkens eine kräftige Inversion wird; wie schon früher erwähnt, spielt dieser Effekt eine Rolle bei der Ausbildung und Verstärkung von Subsidenzinversionen in Hochdruckgebieten. Insgesamt ist der geschilderte Mechanismus bei stabiler Schichtung wesentlich bedeutsamer als bei labiler, da bei labilen Lagen kollektive Bewegungen thermisch geschichteter Luft nicht sehr wahrscheinlich sind.

2.3.4 Feuchtlabilität und Äquivalenttemperatur

Die bisherigen Stabilitätsüberlegungen – und auch die Einführung der potentiellen Temperatur im vorangegangenen Abschnitt – waren von der Voraussetzung trockener Luft ausgegangen. Es liegt auf der Hand, daß die Freisetzung ursprünglich latenter Energie bei dem feucht-adiabatischen Aufstieg von Luft oberhalb des Sättigungsniveaus Energieinhalt und Temperatur eines Luftpaketes und damit die Schichtungsstabilität nachhaltig ändern. Steigt ein feuchtes Luftpaket in einer neutral oder sogar schwach stabil geschichteten Atmosphäre auf, so wird seine Temperatur nach Überschreiten des Kondensationsniveaus mit weiter zunehmender Höhe wesentlich langsamer abnehmen als es dem Temperaturgradienten seiner Umgebung entspricht; es ist also immer wärmer als diese und wird deshalb immer positive Auftriebskräfte erfahren: Die Schichtung ist bezüglich des feuchten Luftpakets labil, obwohl sie nach den im vorhergehenden Abschnitt angeführten Kriterien bezüglich trockener Luft neutral oder sogar stabil wäre. Eine solche Schichtung heißt feucht-labil. Erst wenn die aktuelle Temperaturabnahme mit der Höhe noch langsamer ist, als es dem feucht-adiabatischen Temperaturgradienten entspricht, wird die Schichtung auch bezüglich des feuchten Luftpaketes stabil.

Abbildung 2.13 soll diese Beziehungen noch etwas verdeutlichen. In diesem (z, T)-Diagramm steige ein Luftpaket von dem Ausgangspunkt (z_0, T_0), der oberhalb des Kondensationsniveaus liegen soll, entlang dem als durchgezogene Linie gezeichneten feucht-adiabatischen Temperaturgradienten auf; der trockenadiabatische Temperaturgradient ist zum Vergleich strichpunktiert eingezeichnet. Entspricht nun der aktuelle Temperaturverlauf der gestrichelten Linie I, so ist das aufsteigende Paket an jedem Punkt, z. B. bei z_1, wärmer als seine Umgebung, die

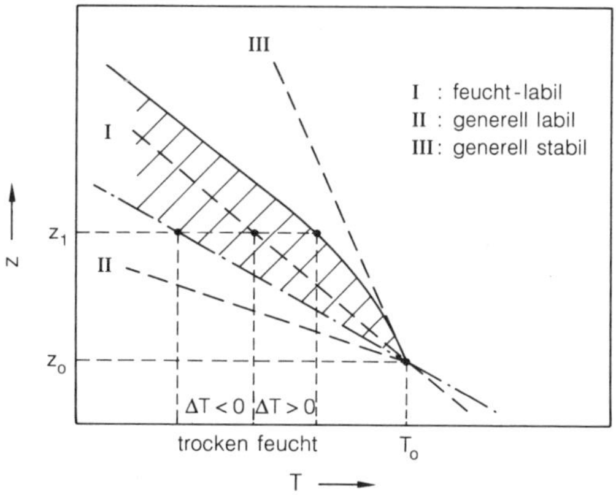

Abb. 2.13. Skizze zur Feuchtlabilität. *Durchgezogene Kurve:* feucht-adiabatischer Temperaturverlauf; *strichpunktiert:* trocken-adiabatischer Temperaturverlauf; *gestrichelt:* drei aktuelle Temperaturschichtungen. Der *Punkt* (z_0, T_0) sei der Ausgangspunkt der Hebung des gedachten Luftquantums. Die *Schraffur* kennzeichnet den feuchtlabilen Bereich

Schichtung entsprechend Linie I ist also feucht-labil, während sie, wie der Vergleich mit der strichpunktierten Linie zeigt, gegenüber einem trocken-adiabatisch aufsteigenden Luftpaket stabil wäre. Zur Vervollständigung des Bildes sind noch die Schichtungslinien II und III eingezeichnet; im Fall II ist die Schichtung generell labil, im Fall III generell stabil.

Effekte dieser Art können beträchtlich werden. Ein quantitatives Maß dafür ist die Äquivalenttemperatur – das ist die Temperatur, die ein Luftpaket annehmen würde, wenn die ganze in ihm gespeicherte latente Wärme in fühlbare Wärme umgesetzt würde – oder, für manche Anwendungen noch besser, die entsprechende äquivalent-potentielle Temperatur.

Die Kondensationsenergie pro Volumeneinheit ist $\varrho_W \cdot L$, wobei ϱ_W die Dichte des Wasserdampfs und L die Kondensationswärme pro Masseneinheit Wasserdampf bedeuten. Division durch $\varrho_L \cdot c_P$, d. i. die Wärmekapazität der Luft pro Volumeneinheit (ϱ_L bedeutet die Dichte der Luft), ergibt die zusätzliche Erwärmung ΔT,

$$\Delta T = \frac{\varrho_W \cdot L}{\varrho_L \cdot c_P} = s \cdot \frac{L}{c_P}, \tag{2.72}$$

wobei s das Mischungsverhältnis von Masse Wasserdampf pro Masseneinheit Luft bedeutet (den Unterschied in den Wärmekapazitäten von trockener und von feuchter Luft können wir hier vernachlässigen). Damit ist die Äquivalenttemperatur T_{ae} zur aktuellen Temperatur T gegeben durch

$$T_{ae} = T + s \cdot \frac{L}{c_P}, \tag{2.73}$$

bzw. die äquivalent-potentielle Temperatur θ_{ae} zur aktuellen potentiellen Temperatur θ durch

$$\theta_{ae} = \theta + s \cdot \frac{L}{c_P}. \tag{2.74}$$

Der Zahlenwert von L beträgt (etwas von der Temperatur abhängig) etwa 2500 Joule/g, der von c_P etwa 1 Joule/g · K. Weiter beträgt beispielsweise bei 15° C und 70% relativer Feuchte $s \approx 12{,}4 \cdot 10^{-3}$; damit ergibt sich unter diesen Bedingungen eine Äquivalenttemperatur von 46°C oder – anders ausgedrückt – ein Überschuß der Äquivalenttemperatur über die aktuelle Temperatur von 31°. Wenn ein Luftpaket sehr hoch, bis in sehr kalte Schichten, aufsteigt, kondensiert fast der ganze Wasserdampf aus; die hohe Temperaturdifferenz wird damit weitgehend aktiviert, wodurch ein Luftpaket in die Lage versetzt werden kann, auch kräftige Inversionsschichten zu durchstoßen.

Kapitel 3

Atmosphärische Dynamik

In diesem Kapitel werden – ohne Anspruch auf Vollständigkeit – die wichtigsten zum Verständnis von Luftbewegungen und Zirkulationen erforderlichen Grundlagen der atmosphärischen Dynamik besprochen. Die Vorgehensweise soll sich dabei an den klassischen Erhaltungssätzen von Impuls, Masse und Wirbelstärke orientieren, ergänzt durch 2 Abschnitte, die sich spezifisch aus dem Aufbau der Atmosphäre ergeben.

In diesem Sinne besprechen wir zunächst – im Abschn. 3.1 – die auf ein Luftvolumen einwirkenden Kräfte und deren Zusammenwirken und leiten hieraus eine allgemeine Bewegungsgleichung ab und diskutieren sie. Daran anschließend behandeln wir kurz die Kontinuitätsgleichung.

Im Abschn. 3.2 kommt dann die sog. Vorticity-Gleichung zur Sprache, die aus der Erhaltung der Wirbelstärke folgt.

Anschließend – in Abschn. 3.3 – setzen wir uns mit den Kräften in Feldern mit horizontalem Temperaturgefälle und den daraus folgenden Luftbewegungen auseinander.

Zum Schluß – im Abschn. 3.4 – werden Aspekte der Bodenreibung diskutiert, soweit sie sich aus den dynamischen Grundgleichungen erschließen lassen, und die Begriffe der Planetaren Grenzschicht, der Ekman-Schicht und der Prandtl-Schicht eingeführt. Eine detaillierte Beschreibung der Dynamik der bodennahen Luftschichten und der diese Dynamik bestimmenden Austauschprozesse folgt später im 7. Kap.

3.1 Kräfte in der Atmosphäre und die allgemeine Bewegungsgleichung

Wie gerade dargelegt, werden wir in diesem Abschnitt die in der Atmosphäre wirksamen Kräfte, d. h. Druckgradientkraft, Coriolis-Kraft, Schwerkraft und Reibungskraft, besprechen und die aus deren Zusammenwirken folgende Bewegungsgleichung aufstellen. Sofern nicht ausdrücklich auf etwas anderes hingewiesen ist, beziehen sich alle Überlegungen auf Kräfte pro Volumeneinheit.

3.1.1 Gradient- und Coriolis-Kraft und der geostrophische Wind

Unter der Wirkung eines Druckgradienten erfährt Luft eine Kraft pro Volumeneinheit von

$$\vec{F}_p = -\operatorname{grad} p \tag{3.1}$$

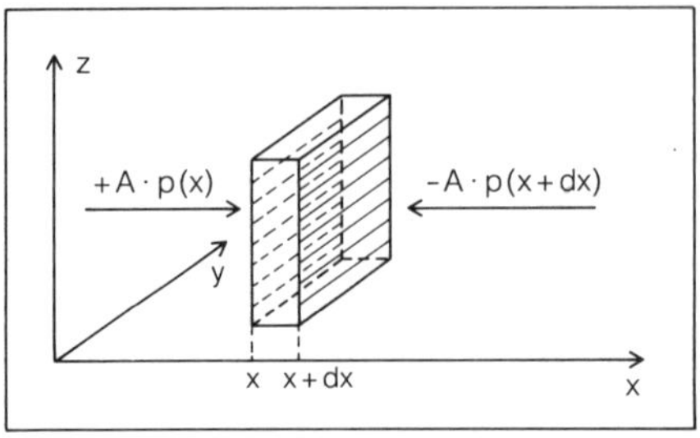

Abb. 3.1. Zur Begründung der Druckgradientkraft auf einen Quader mit der Querschnittsfläche A und der Dicke dx

(p sei der Druck, $\vec{F}_p$ die auf das Volumen bezogene Druckgradientkraft) bzw. eine Beschleunigung von

$$\frac{d\vec{v}}{dt} = -\frac{1}{\varrho} \cdot \text{grad } p. \tag{3.2}$$

Kraft und Beschleunigung sind dem Druckgradienten entgegengerichtet, d. h. sie zeigen zum Gebiet niedrigeren Druckes hin. Zur Ableitung dieser Beziehungen wird, wie in Abb. 3.1 für die x-Komponente illustriert, die Kraft auf einen infinitesimalen Quader der Fläche A und der Dicke dx berechnet.

Die Kraft auf diesen Quader ist durch

$$\begin{aligned} & A \cdot p(x) - A \cdot p(x + dx) \\ & = A \cdot \left[p(x) - (p(x) + \frac{\partial p}{\partial x} \cdot dx) \right] \\ & = -A \cdot \frac{\partial p}{\partial x} \cdot dx \end{aligned} \tag{3.3}$$

gegeben. Da A · dx gerade das Volumen des infinitesimalen Quaders ist, beträgt die Kraft pro Volumeneinheit

$$F_{p,x} = -\frac{\partial p}{\partial x}. \tag{3.4}$$

Zusammen mit den entsprechenden Ausdrücken für die y- und z-Komponenten ergibt sich die oben angegebene Beziehung (s. Gl. 3.1).

Weiterhin erfährt jede Masse, die sich in einem mit der Winkelgeschwindigkeit $\vec{\omega}$ rotierenden Bezugssystem mit einer Geschwindigkeit $\vec{v}$ relativ zu diesem Bezugssystem bewegt, eine Trägheitskraft, die Coriolis-Kraft, die pro Volumeneinheit gegeben ist durch

$$\vec{F}_C = 2 \cdot \varrho \cdot [\vec{v} * \vec{\omega}]. \tag{3.5}$$

Die Erde ist ein solches rotierendes System, deshalb kann die Coriolis-Kraft bei Strömungen in der Atmosphäre (und in gleicher Weise im Ozean) eine wesentliche Rolle spielen. Da die Coriolis-Kraft diese Bedeutung für die atmosphärische Dynamik hat, sie andererseits aber oft als „etwas Seltsames" empfunden wird, werden die Coriolis-Kraft und die eben angegebene Beziehung in der Ergänzung 3.1 etwas eingehender begründet und abgeleitet.

Für atmosphärische Strömungen ist normalerweise nur die Komponente von $\vec{F}_C$ relevant, die parallel zur Erdoberfläche liegt; die zur Erdoberfläche senkrechte Komponente ist gegenüber der Schwerebeschleunigung vernachlässigbar. Weiterhin sind auch nur Kräfte auf horizontale, bodenparallele Strömungen von Interesse; vertikale Strömungen sind zu wenig ausgedehnt und meist auch zu langsam, um die Coriolis-Kraft zur Auswirkung kommen zu lassen (selbst unter völliger Vernachlässigung der Reibung kann die Coriolis-Kraft bei einer vertikalen Strömung, die mit 5 m/s eine Höhendifferenz von 1000 m durchläuft, lediglich einen seitlichen Versatz von größenordnungsmäßig 10 m bewirken, bei 100 m Höhendifferenz wären es sogar nur 10 cm; solche Effekte werden durch die horizontalen Winde und Turbulenzen völlig überdeckt).

Die wirksame horizontale Komponente der Coriolis-Kraft wird damit dem Betrage nach auf

$$F_C = 2 \cdot \varrho \cdot v \cdot \Omega_\perp \tag{3.6}$$

reduziert; dabei sollen v die horizontale Geschwindigkeit und $\Omega_\perp$ die Komponente der Winkelgeschwindigkeit der Erddrehung senkrecht zur Erdoberfläche bedeuten (wir schreiben für die Winkelgeschwindigkeit speziell der Erdrotation Ω bzw. $\vec{\Omega}$ anstelle von ω bzw. $\vec{\omega}$). Da $\Omega_\perp = \Omega \cdot \sin\varphi$ (mit φ als geographischer Breite) ist, ergibt sich für den Betrag der Coriolis-Kraft parallel zur Erdoberfläche

$$\begin{aligned} F_C &= 2 \cdot \varrho \cdot v \cdot \Omega \cdot \sin\varphi \\ &= \varrho \cdot v \cdot f \quad \text{mit } f = 2 \cdot \Omega \cdot \sin\varphi. \end{aligned} \tag{3.7}$$

Die so definierte Größe f wird als Coriolis-Parameter bezeichnet. Natürlich gilt nach wie vor, daß die Coriolis-Kraft senkrecht auf der Richtung der Geschwindigkeit steht. Hierbei ist für einen lokalen Beobachter die Coriolis-Kraft auf der Nordhalbkugel nach rechts und auf der Südhalbkugel nach links gerichtet.

In einem irdischen kartesischen Koordinatensystem, dessen z-Richtung die Vertikale und dessen x- und y-Richtung die beiden horizontalen Koordinaten sind, können wir damit, im Kontext dieses Abschnitts,

$$\vec{\Omega} = (0, 0, \Omega \cdot \sin\varphi) \tag{3.8}$$

setzen. Die Komponentendarstellung der Coriolis-Kraft in einem solchen Koordinatensystem ergibt sich durch Ausführung des Vektorproduktes unmittelbar zu

$$\vec{F}_C = 2 \cdot \varrho \cdot [\vec{v} * \vec{\Omega}_\perp] = (F_{C,x}, F_{C,y}, 0) = (\varrho \cdot f \cdot v_y, -\varrho \cdot f \cdot v_x, 0). \tag{3.9}$$

Als Anhaltspunkt für die Größe der Coriolis-Kraft sei angegeben, daß in 45° geographischer Breite eine Horizontalgeschwindigkeit von 10 m/s fast genau zu einer Coriolis-Beschleunigung von 10^{-3} m/s^2 führt; das ist das 10^{-4}fache der Schwerebeschleunigung.

Wir betrachten jetzt eine Bewegungsform, die nur durch den Druckgradienten und die Coriolis-Kraft bestimmt ist. Wir gehen davon aus, daß die zunächst ruhend gedachte Luft in Richtung des Druckgefälles beschleunigt wird. Sobald eine von Null verschiedene Geschwindigkeit aufgebaut ist, setzt die Coriolis-Kraft ein und lenkt die Strömung nach rechts ab (wir legen jetzt einmal die Verhältnisse auf der

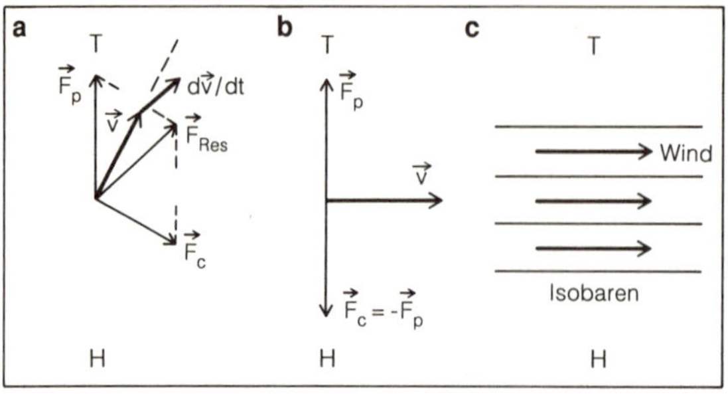

Abb. 3.2a–c. Zur Einstellung des geostrophischen Gleichgewichtes auf der Nordhemisphäre. **a** zeigt ein Zwischenstadium, es liegt noch kein Gleichgewicht vor, die aus der Summe von $\vec{F}_p$ und $\vec{F}_c$ resultierende Kraft $\vec{F}_{Res}$ beschleunigt die Strömung mit Beschleunigungskomponenten in Richtung der Geschwindigkeit (wodurch der Betrag wächst) und senkrecht zur Geschwindigkeit (wodurch die Richtungen von Geschwindigkeit und Coriolis-Kraft weiter in Richtung auf den Gleichgewichtszustand hin gedreht werden). Bei **b** ist das Gleichgewicht erreicht, es ist $\vec{F}_C = -\vec{F}_p$ und $\vec{F}_{Res} = 0$. In **c** ist die resultierende isobarenparallele Windströmung angedeutet (H und T bedeuten Gebiete hohen und tiefen Luftdrucks)

Nordhalbkugel zugrunde); die Geschwindigkeit erhält eine Komponente senkrecht zum Druckgefälle. Die Strömung wird weiter beschleunigt, bis sich ein Gleichgewicht einstellt, d. h. bis Coriolis-Kraft und Druckgradientkraft entgegengesetzt gleich sind. Da die Coriolis-Kraft immer senkrecht auf der Geschwindigkeit steht, muß im Gleichgewicht die Geschwindigkeit auch senkrecht auf der Druckgradientkraft und damit auf dem Druckgradienten stehen. In Abb. 3.2 wird diese Gleichgewichtseinstellung illustriert.

Die sich im Gleichgewicht einstellende Strömungsform wird „geostrophische Bewegung“ oder „geostrophischer Wind“ genannt. Geostrophische Winde laufen parallel zu den Isobaren, den Linien gleichen Druckes; dabei herrscht, in Windrichtung gesehen, auf der Nordhalbkugel rechts Hochdruck und links Tiefdruck, auf der Südhalbkugel kehren sich diese Verhältnisse gerade um. Da geostrophische Winde senkrecht zum Gefälle des Luftdrucks wehen, können sie Druckunterschiede prinzipiell nicht ausgleichen.

Als Gleichung des horizontalen geostrophischen Windes mit dem Geschwindigkeitsvektor $\vec{v}_g = (v_{gx}, v_{gy}, 0)$ erhalten wir wegen $\vec{F}_C + \vec{F}_p = 0$ mit $\vec{\Omega} = (0, 0, \Omega \cdot \sin\varphi) = (0, 0, f/2)$ die Beziehung

$$2 \cdot \varrho \cdot [\vec{v}_g * \vec{\Omega}] - \operatorname{grad} p = 0. \tag{3.10}$$

In Komponenten geschrieben lautet diese Gleichung

$$\varrho \cdot f \cdot v_{gy} - \frac{\partial p}{\partial x} = 0$$

$$-\varrho \cdot f \cdot v_{gx} - \frac{\partial p}{\partial y} = 0 \tag{3.11}$$

oder nach den Geschwindigkeitskomponenten aufgelöst

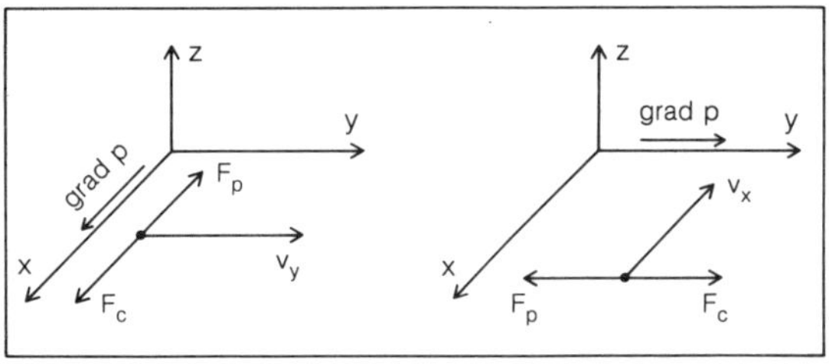

Abb. 3.3. Zur Richtung des geostrophischen Windes

$$v_{gx} = -\frac{1}{\varrho \cdot f} \cdot \frac{\partial p}{\partial y}$$

$$v_{gy} = +\frac{1}{\varrho \cdot f} \cdot \frac{\partial p}{\partial x} . \tag{3.12}$$

Besonders übersichtliche Verhältnisse ergeben sich, wenn wir den Druckgradienten in eine der Koordinatenrichtungen legen. Abbildung 3.3 zeigt dies: Im linken Teil der Zeichnung zeigt grad p in die positive x-Richtung, der Wind weht dann in die positive y-Richtung. Im rechten Teil von Abb. 3.3 weist grad p in die positive y-Richtung, die zugehörige Strömungsrichtung ist die negative x-Richtung.

Das Modell des geostrophischen Windes beschreibt die tatsächlichen mittleren Winde oft verblüffend gut, aber schon allein aus der Tatsache, daß geostrophische Winde keine zeitlichen Änderungen des Druckes an einem gegebenen Ort zulassen, ist klar erkennbar, daß diese Strömungen nur eine Näherung darstellen können. Wichtige Beispiele für nichtgeostrophische oder ageostrophische Winde sind die Strömungen unter dem Einfluß von Reibung, die wir im nächsten Abschnitt besprechen werden. Hier wollen wir noch kurz auf eine andere Form eines ageostrophischen Windes eingehen, nämlich auf einen Wind, bei dem Coriolis- und Druckkraft nicht im Gleichgewicht stehen, ohne daß eine weitere äußere Kraft im Spiel ist.

Hierzu gehen wir davon aus, daß sich unter der Wirkung eines Druckgradienten zunächst ein geostrophischer Wind aufgebaut hat, und fragen, was passiert, wenn dieser Wind dank seiner Massenträgheit in ein Gebiet mit niedrigerem oder höherem Druckgradienten hineinweht. Ist der Druckgradient in der neuen Umgebung kleiner als zuvor, so ist die Coriolis-Kraft größer als die Druckgradientkraft; in der neuen Umgebung ist der Wind „übergeostrophisch". Abbildung 3.4 zeigt modellhaft diesen Fall. Unter der Wirkung der resultierenden Kraft tritt eine Beschleunigung entgegen dem Druckgefälle, zum höheren Druck hin, auf. Mit der Drehung der Windrichtung erhält die resultierende Kraft eine Komponente entgegen der Strömungsrichtung, die Strömung wird gebremst. Übergeostrophische Winde pumpen also auf Kosten ihres Impulses und ihrer kinetischen Energie Luft auf die Seite des hohen Druckes.

Der umgekehrte Fall tritt ein, wenn der Druckgradient in einer neuen Umgebung größer ist als zuvor. In der neuen Umgebung ist der Wind dann „untergeostrophisch"; es stellt sich eine resultierende Kraft mit einer Komponente in Strömungsrichtung ein, der Wind wird unter Ablenkung zur Seite des tieferen Druckes hin beschleunigt.

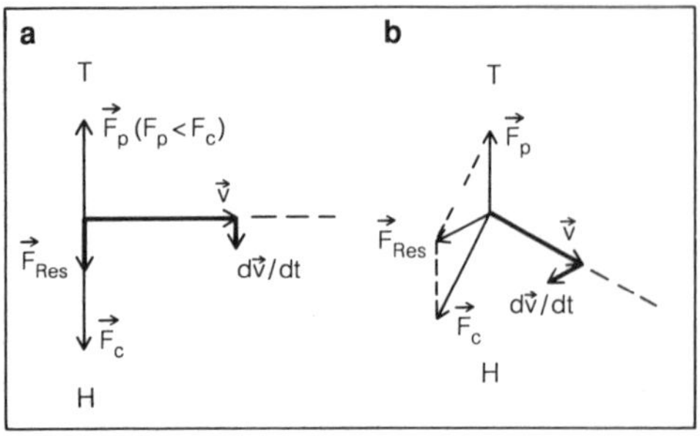

Abb. 3.4a, b. Modell des übergeostrophischen Windes. **a** zeigt den Anfangszustand beim Einlaufen der Strömung in ein Gebiet mit schwächerem Druckgradienten; die resultierende Kraft $\vec{F}_{Res}$ lenkt die Strömung nach rechts, zur Seite des hohen Druckes hin, ab. **b** stellt ein weiter entwickeltes Stadium dar, in dem die Bremsung der Strömung bei gleichzeitigem „Pumpen" in Richtung auf H hin erkennbar ist

3.1.2 Bewegung unter dem Einfluß von Reibungskräften

Reibungskräfte treten in einem Gas, oder allgemeiner in einem fluiden Medium, dann auf, wenn Geschwindigkeitsscherungen vorliegen. Der für die Dynamik der Atmosphäre wohl wichtigste Fall von Reibung ist die Bodenreibung, d. h. die Reibung durch Geschwindigkeitsscherung zwischen den näherungsweise geostrophischen Winden der freien Atmosphäre und der Erdoberfläche, wo die Geschwindigkeit der Strömung Null wird. Wir werden im Abschn. 3.4 auf diese planetare Scherungszone detailliert eingehen. In dem vorliegenden Abschnitt wollen wir, nach einem kurzen Überblick über den Einfluß der Reibung auf das bisher behandelte Zusammenspiel von Gradient- und Coriolis-Kraft, einige allgemeine Gesetzmäßigkeiten der Reibung besprechen.

Um eine qualitative Einsicht in das Zusammenwirken von Druckgradientkraft, Coriolis-Kraft und Reibungskraft zu erhalten, machen wir einen sehr einfachen Ansatz und nehmen eine Reibungskraft an, die der Geschwindigkeit entgegengesetzt proportional ist. Dieser Ansatz muß nicht korrekt sein, er ist aber heuristisch brauchbar. Durch das „Einschalten" dieser Reibung wird die Strömungsgeschwindigkeit und damit die Coriolis-Kraft im Vergleich zu einer geostrophischen Strömung reduziert; der Wind erhält eine Komponente in der Richtung auf das Gebiet tieferen Druckes hin. Im stationären Fall wird sich dann ein Gleichgewicht zwischen der Druckgradientkraft, der Corioliskraft und der Reibungskraft $\vec{F}_R$ einstellen, wie es Abb. 3.5 zeigt.

Der Wind hat jetzt auch im stationären Fall eine Komponente in Richtung des Druckgefälles; dies bedeutet, daß unter dem Einfluß der Reibung, insbesondere der Bodenreibung, Druckgegensätze ausgeglichen werden können.

Je stärker der Einfluß der Bodenreibung ist, oder – anders ausgedrückt – je rauher die Erdoberfläche ist, um so größer wird der Winkel zwischen der Windrichtung in Bodennähe und der geostrophischen Windrichtung. Als Anhaltswerte betragen in mittleren geographischen Breiten diese Winkel

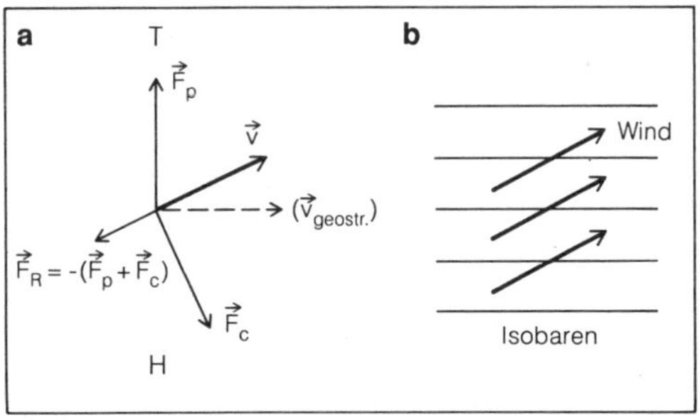

Abb. 3.5a, b. Stationäres Kräftegleichgewicht (**a**) und Strömungsform (**b**) unter dem Einfluß von Reibungskräften, insbesondere von Bodenreibung

- über dem Meer etwa 15° bis 30°,
- über „glattem" Land, wie z. B. Sandböden, etwa 25° bis 40°,
- über „rauher" Erdoberfläche, wie z. B. Wald oder bebautem Land, etwa 35° bis 50°.

Oberhalb der bodennahen Reibungschicht dreht die Windrichtung dann stetig in die Richtung des geostrophischen Windes, wie er in der freien Atmosphäre herrscht. Der Abschn. 3.4 wird Näheres zu dieser sog. Ekman-Spirale bringen.

Wir wollen jetzt versuchen, einen Einblick in die physikalischen Gesetzmäßigkeiten der Reibung zu gewinnen. Prinzipiell beruht Reibung in fluiden Medien auf Impulsaustausch zwischen verschieden schnellen Schichten, also auf durch Geschwindigkeitsgradienten bedingten Scherkräften. Im Fall der Reibung in Luft oder allgemeiner in Gasen kann man davon ausgehen, daß dieser Impulsaustausch durch Diffusion zwischen verschieden schnellen Schichten zustande kommt (im Gegensatz etwa zu Flüssigkeiten, wo zwischenmolekulare Anziehungskräfte zu diesem Austausch beitragen können).

Für die weitere Diskussion und zur Ableitung eines Ausdrucks für die Reibungskraft wollen wir annehmen, daß die Luft mit der Geschwindigkeit $v_x(z)$ in Richtung der x-Koordinate strömt, und daß ein Gradient von $v_x(z)$ in Richtung der z-Koordinate existiert, wie das in Abb. 3.6 skizziert ist. Wir betrachten jetzt zunächst das Zustandekommen von Scherkäften anhand von Abb. 3.6a. Zwei verschieden schnell strömende Schichten, die durch die Koordinaten „z_1" und durch „z_2" charakterisiert sind, sollen sich an einer gedachten (und gestrichelt eingezeichneten) Fläche berühren. Sobald – im elementaren Fall – Luftmoleküle durch diese Fläche hindurchdiffundieren, üben die beiden Schichten Reibung aufeinander aus: Partikel mit der horizontalen (!) Geschwindigkeit $v_x(z_2)$ diffundieren abwärts (in z-Richtung!) in die langsamere, mit $v_x(z_1)$ fließende Schicht, und umgekehrt diffundieren Partikel mit der Horizontalgeschwindigkeit $v_x(z_1)$ aufwärts in die schnellere, mit $v_x(z_2)$ fließende Schicht. Hierdurch wird netto Impuls, genauer die x-Komponente der Impulsdichte, $\varrho \cdot v_x$, abwärts transportiert, mit der Konsequenz, daß die Schicht bei z_1 beschleunigt und die Schicht bei z_2 verzögert wird.

Die hierbei auftretende Schub- und Scherkraft bzw. die damit verbundene Impulsflußdichte bezeichnen wir, auf die Flächeneinheit bezogen, als Schubspannung τ. In dem in Abb. 3.6a skizzierten Fall wollen wir mit der Indizierung τ_{xz} genauer angeben, daß die Strömung mit der Impulsdichte $\varrho \cdot v_x$ in x-Richtung und

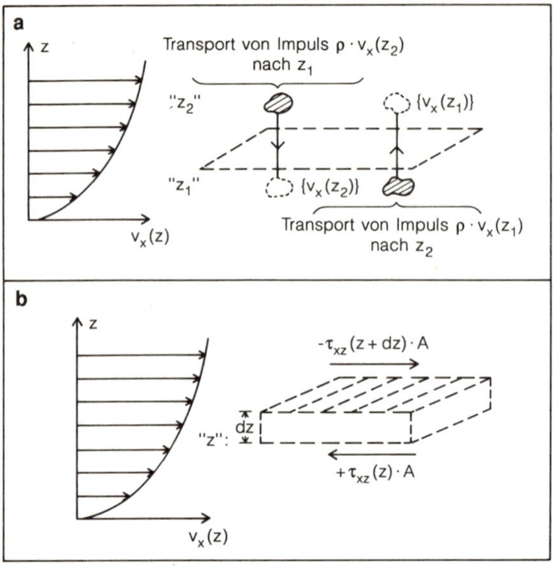

Abb. 3.6. a Erzeugung von Scherkräften (Flächenkräften) durch Impulsaustausch zwischen verschieden schnellen Schichten; **b** Zustandekommen von Volumkräften durch Divergenz des Impulsflusses. Näheres zu beiden Teilen im Text

die Normale der Fläche, an der Reibung ausgeübt wird, in z-Richtung zeigen, oder anders ausgedrückt, daß „x-Impuls" in z-Richtung diffundiert. Das Vorzeichen von τ wählen wir gleich dem Vorzeichen des Impulsdiffusionsstromes. Wird beispielsweise wie im Beispiel der Abb. 3.6a netto Horizontalimpuls abwärts, d. h. in negativer z-Richtung transportiert, so soll τ_{xz} ebenfalls negativ werden.

Unter Zugrundelegung dieser Notation lautet der elementare Newtonsche Ansatz für die Schubspannung, soweit sie durch molekularviskose Reibung, d. h. durch thermische Diffusion von Impuls verursacht wird

$$\begin{aligned}\tau_{xz} &= -\eta \cdot \frac{dv_x}{dz} \\ &= -\nu \cdot \varrho \cdot \frac{dv_x}{dz}. \end{aligned} \tag{3.13}$$

Die hier auftretende Proportionalitätskonstante η heißt dynamische Zähigkeit; ihre Einheit ist $N \cdot s/m^2 = Pa \cdot s$ (eine ältere Einheit ist 1 Poise $= 0{,}1$ Pa · s); für Luft von 20° C liegt η bei etwa $1{,}8 \cdot 10^{-5}$ Pa · s. Die Konstante ν in der zweiten Zeile der Darstellung von τ_{xz}, mit $\nu = \eta/\varrho$ (ϱ soll die Dichte bedeuten), heißt kinematische Zähigkeit. Ihre korrekte Einheit ist m^2/s, gebräuchlicher ist allerdings cm^2/s (früher als „Stokes" bezeichnet); die Größenordnung von ν in Luft ist $0{,}15\ cm^2/s$ bei 20° C.

Die besondere Bedeutung der kinematischen Zähigkeit ν liegt darin, daß wir sie als thermische Diffusionskonstante des Impulses auffassen können. Bei angenommener Konstanz der Dichte können wir schreiben

$$\begin{aligned} j_{px,z} = \tau_{xz} = -\nu \cdot \varrho \cdot \frac{dv_x}{dz} &= -\nu \cdot \frac{d(\varrho \cdot v_x)}{dz} \\ &= -\nu \cdot \frac{dp_x}{dz}. \end{aligned} \tag{3.14}$$

Dabei bedeuten $p_x = \varrho \cdot v_x$ wieder die x-Komponente der Impulsdichte und $j_{px,z}$ die diffusive Flußdichte dieser Impulsdichtenkomponente in z-Richtung. Diese Darstellung ist dem Fickschen Ansatz für die thermische Diffusion einer beliebigen skalaren Beimengung,

$$j_z = -D \cdot \frac{dc}{dz} \tag{3.15}$$

mit c als Konzentration und j_z als diffusive Flußdichte, völlig analog. In Kap. 6 wird ausgeführt werden, daß diese Analogie nicht nur formaler Natur, sondern auch physikalisch begründet ist.

Wir erweitern diesen Ansatz noch, indem wir außer der thermischen Diffusion noch den diffusiven Transport durch turbulente Prozesse (s. auch hierzu Kap. 6) berücksichtigen:

$$\tau_{xz} = -(K + \nu) \cdot \varrho \cdot \frac{dv_x}{dz}. \tag{3.16}$$

Hierbei ist K der Koeffizient der turbulenten Diffusion (anders als ν kann K höhen- und richtungsabhängig sein).

Die uns letztlich interessierende Kraft pro Volumeneinheit erhalten wir jetzt – entsprechend Abb. 3.6b – aus folgender Überlegung: auf ein Volumenelement mit der horizontalen Grundfläche A und der vertikalen Dicke dz wirken von unten die Kraft $+\tau_{xz}(z) \cdot A$ und von oben die Kraft $-\tau_{xz}(z + dz) \cdot A$. Die Vorzeichen müssen so gewählt werden, damit z. B. bei $dv_x/dz > 0$ und damit $\tau_{xz} < 0$ oben eine positive (d. h. in positive x-Richtung zeigende) und unten eine negative Kraft auf das Volumen einwirken. Damit wird die Netto-Kraft auf das Volumenelement

$$\begin{aligned} &-\tau_{xz}(z + dz) \cdot A + \tau_{xz}(z) \cdot A \\ &= -\left(\tau_{xz}(z) + \frac{d\tau_{xz}}{dz} \cdot dz\right) \cdot A + \tau_{xz}(z) \cdot A \\ &= -\frac{d\tau_{xz}}{dz} \cdot A \cdot dz. \end{aligned} \tag{3.17}$$

Nach Division durch das Volumenelement $A \cdot dz$ erhalten wir für die auf die Volumeneinheit bezogene Reibungskraft F_R

$$F_R = -\frac{d\tau_{xz}}{dz} = -\frac{dj_{px,z}}{dz}. \tag{3.18}$$

Ausgeschrieben lautet diese Beziehung

$$F_R = -\frac{d\tau_{xz}}{dz} = +\frac{d}{dz} \cdot \left((K + \nu) \cdot \varrho \cdot \frac{dv_x}{dz}\right). \tag{3.19}$$

Wir haben bisher nur die Reibung betrachtet, die durch vertikale Scherung horizontaler Strömungen verursacht wurde; wir haben – mehr oder minder unausgesprochen – unberücksichtigt gelassen, daß die Schubspannung ihrem Wesen nach ein Tensor ist. In der Tat ist die Erweiterung auf beliebige Strömungsformen und auf beliebig gerichtete Scherkräfte außerordentlich kompliziert und unübersichtlich. Wir wollen deshalb an dieser Stelle auf die Verallgemeinerung verzichten. Da uns in dem hier diskutierten Zusammenhang fast immer nur horizontale Reibungskräfte interessieren, die durch die vertikale Scherung horizontaler Strömungen verursacht werden, wollen wir den Ansatz lediglich durch einen analogen Ausdruck für die y-Richtung ergänzen. In diesem Sinn setzen wir für den Kraftvektor

$$\vec{F}_R = (F_{R,x}, F_{R,y}, 0) = -\frac{d\vec{\tau}}{dz} = -\left(\frac{d\tau_{xz}}{dz}, \frac{d\tau_{yz}}{dz}, 0\right) \tag{3.20}$$

unter der Prämisse, daß wir die Schubspannung als Vektor der Form $\vec{\tau} = (\tau_{xz}, \tau_{yz}, 0)$ schreiben dürfen. Diese Notation ist mathematisch natürlich nicht ganz korrekt, sie ist aber für die meisten Anwendungen ausreichend und auch in sich konsistent.

3.1.3 Der Einfluß der Schwerkraft; das Geopotential

Bei der Behandlung der Gravitationskraft im Schwerefeld der Erde geht man meistens mehr oder weniger stillschweigend von der Vorstellung aus, daß die Schwerebeschleunigung genau in die Senkrechte zeigt, die Schwerkraft also keine Horizontalkomponente hat. Bei größerer Ausdehnung des betrachteten Systems muß man jedoch die Veränderlichkeit der Erdbeschleunigung in Rechnung stellen. Dabei ist insbesondere zu berücksichtigen, daß wegen der Breitenabhängigkeit der Gravitationsbeschleunigung die Flächen gleicher Höhe über dem Meeresspiegel nicht mehr Flächen gleicher potentieller Energie sind (der Meeresspiegel selbst ist natürlich eine Äquipotentialfläche).

Allgemein kann man die Schwerkraft als die Kraft schreiben, die gleich dem negativen Gradienten der potentiellen Energie im Schwerefeld ist; da die potentielle Energie - wenn auch sehr schwach - von den horizontalen Koordinaten abhängig ist, haben dieser Gradient und damit die Schwerkraft eine horizontale Komponente. Für die Belange der atmosphärischen Dynamik reicht es i. allg. aus, die Breitenabhängigkeit der potentiellen Energie zu berücksichtigen. Um diesem Sachverhalt Rechnung zu tragen, führen wir das Potential des Schwerefeldes der Erde, das Geopotential Φ, als Funktion der Höhe z und der geographischen Breite φ mit

$$\Phi(z, \varphi) = \int_0^z g(z', \varphi) \cdot dz' \tag{3.21}$$

ein (wobei die Schwerebeschleunigung g als positive Zahl einzusetzen ist) und schreiben dann für die Kraft im Schwerefeld

$$\vec{F}_G = -\varrho \cdot \text{grad}\,\Phi. \tag{3.22}$$

Die Bezugshöhe $z = 0$ ist dabei durch die Meeresoberfläche gegeben, die - wie erwähnt - per se eine Äquipotentialfläche ist.

Die wichtigsten Ursachen für die Breitenabhängigkeit von g sind die Abplattung der Erde und die breitenabhängige Zentrifugalkraft durch die Erdrotation. Eine empirische Formel für die Abhängigkeit der Schwerebeschleunigung von der Breite φ und der Höhe z (in m) ist

$$g(z, \varphi) = 9{,}806 \cdot (1 - 0{,}0026 \cdot \cos 2\varphi)(1 - 3{,}1 \cdot 10^{-7} \cdot z), \quad (3.23)$$

wobei die z-Abhängigkeit genau genommen nur über dem Ozean korrekt ist.

Nach dem oben Gesagten tritt eine Beschleunigung auch dann auf, wenn eine Isohypsenfläche, d. h. eine Fläche gleicher Höhe, zugleich Isobarenfläche, nicht aber Fläche gleichen Geopotentials ist; umgekehrt tritt keine Beschleunigung auf, wenn die Isobarenfläche zugleich Fläche gleichen Geopotentials ist, d. h. für die effektive Druckgradientkraft ist der Druckunterschied auf einer Äquigeopotentialfläche ausschlaggebend. Es ist deshalb in der dynamischen Meteorologie gebräuchlich, als vertikale Koordinate nicht die geometrische Höhe z zu wählen, sondern eine von der geographischen Breite abhängige geopotentielle Höhe h, die so festgelegt ist, daß gleichen Zahlenwerten von h gleiche Werte des Geopotentials entsprechen. h ist definiert durch

$$\Phi(z, \varphi) = g_0 \cdot h(z, \varphi) \quad (3.24)$$

bzw.

$$h(z, \varphi) = \frac{\Phi(z, \varphi)}{g_0}$$

$$= \frac{1}{g_0} \cdot \int_0^z g(z', \varphi) \cdot dz' \quad (3.25)$$

mit dem festen Zahlenwert $g_0 = 9{,}80\,\mathrm{m/s^2}$. Einheit für h ist der (ortsabhängige) geopotentielle Meter (gpm); diese Einheit ergibt sich aus dem geometrischen Meter (m) angenähert durch Multiplikation mit $g_0/g(z, \varphi)$. Die Flächen gleicher geopotentieller Höhe h werden als geopotentielle Isohypsen bezeichnet.

3.1.4 Die allgemeine (Eulersche) Bewegungsgleichung

Aus der Summe aller bisher diskutierten Kräfte ergibt sich die allgemeine Bewegungsgleichung für ein Luftvolumenelement zu

$$\varrho \cdot \frac{d\vec{v}}{dt} = -\mathrm{grad}\, p - \varrho \cdot \mathrm{grad}\, \Phi + 2 \cdot \varrho \cdot [\vec{v} * \vec{\Omega}] + \vec{F}_R \quad (3.26)$$

oder mit den in den vorhergehenden Abschnitten diskutierten Beschränkungen auf horizontale Scher- und Coriolis-Kräfte

$$\varrho \cdot \frac{d\vec{v}}{dt} = -\mathrm{grad}\, p - \varrho \cdot \mathrm{grad}\, \Phi + \varrho \cdot f \cdot (v_y, -v_x, 0) - \frac{d}{dz}(\tau_{xz}, \tau_{yz}, 0). \quad (3.27)$$

Den Beschleunigungsterm auf der linken Seite der Gleichung kann man weiter aufspalten in eine rein zeitliche Geschwindigkeitsänderung bei festgehaltenem Ort, $\partial\vec{v}/\partial t$, und in eine sog. Feldbeschleunigung, d. h. in einen räumlichen Anteil, der dadurch zustande kommt, daß ein Luftpaket bei seiner Bewegung in dem gegebenen Geschwindigkeitsfeld an einen anderen Ort gelangt, wo die Strömung eine andere Geschwindigkeit hat. Die x-Komponente dieses räumlichen Anteils von $d\vec{v}/dt$ ist z. B.

$$\left(\frac{dv_x}{dt}\right)_{\text{Feld}} = \frac{\partial v_x}{\partial x} \cdot \frac{dx}{dt} + \frac{\partial v_x}{\partial y} \cdot \frac{dy}{dt} + \frac{\partial v_x}{\partial z} \cdot \frac{dz}{dt}$$

$$= \frac{\partial v_x}{\partial x} \cdot v_x + \frac{\partial v_x}{\partial y} \cdot v_y + \frac{\partial v_x}{\partial z} \cdot v_z = (\text{grad } v_x) \cdot \vec{v}. \tag{3.28}$$

Die Feldbeschleunigung läßt sich für die x-Komponente also schreiben als Skalarprodukt aus dem Gradienten von v_x, d. h. dem Vektor, der die Änderung von v_x entlang einem Wegelement beschreibt, und der Geschwindigkeit, mit der dieses Wegelement zurückgelegt wird.

Für alle Komponenten zusammen kann man dies symbolisch in der Form

$$\left(\frac{d\vec{v}}{dt}\right)_{\text{Feld}} = (\vec{v} \cdot \nabla)\vec{v} \tag{3.29}$$

schreiben, wobei der auf $\vec{v}$ wirkende Operator $(\vec{v} \cdot \nabla)$ als formales Skalarprodukt $v_x \cdot \partial/\partial x + v_y \cdot \partial/\partial y + v_z \cdot \partial/\partial z$ zu verstehen ist. Damit wird die Bewegungsgleichung zu

$$\varrho \cdot \frac{\partial \vec{v}}{\partial t} + \varrho \cdot (\vec{v} \cdot \nabla)\vec{v} = -\text{grad } p - \varrho \cdot \text{grad } \Phi + 2 \cdot \varrho \cdot [\vec{v} * \vec{\Omega}] + \vec{F}_R. \tag{3.30}$$

Eine wichtige Eigenschaft dieser als Eulersche Gleichung bekannten Bewegungsgleichung ist ihre Nichtlinearität. Wegen der Feldbeschleunigung, d. h. dem Wesen nach durch das Auftreten von Trägheitskräften, wird diese Gleichung in der Geschwindigkeit quadratisch.

Für manche Anwendungen der Eulerschen Gleichung kann noch eine weitere Formulierung der Feldbeschleunigung nützlich sein. Diese lautet

$$\left(\frac{d\vec{v}}{dt}\right)_{\text{Feld}} = (\vec{v} \cdot \nabla)\vec{v} = \frac{1}{2} \cdot \text{grad } v^2 - [\vec{v} * \text{rot } \vec{v}]. \tag{3.31}$$

Diese Beziehung läßt sich durch eine einfache Erweiterung der oben angegebenen Darstellung (s. Gl. 3.28) mit anschließender geeigneter Zusammenfassung der Terme beweisen; wir wollen dies für die x-Komponente zeigen, der Beweis für die beiden anderen Komponenten verläuft natürlich analog:

$$((\vec{v} \cdot \nabla)\vec{v})_x = v_x \cdot \frac{\partial v_x}{\partial x} + v_y \cdot \frac{\partial v_x}{\partial y} + v_z \cdot \frac{\partial v_x}{\partial z} + v_y \cdot \frac{\partial v_y}{\partial x} - v_y \cdot \frac{\partial v_y}{\partial x}$$

$$+ v_z \cdot \frac{\partial v_z}{\partial x} - v_z \cdot \frac{\partial v_z}{\partial x}$$

$$= v_x \cdot \frac{\partial v_x}{\partial x} + v_y \cdot \frac{\partial v_y}{\partial x} + v_z \cdot \frac{\partial v_z}{\partial x} + v_y \cdot \left(\frac{\partial v_x}{\partial y} - \frac{\partial v_y}{\partial x}\right)$$

$$+ v_z \cdot \left(\frac{\partial v_x}{\partial z} - \frac{\partial v_z}{\partial x}\right)$$

$$= \vec{v} \cdot \frac{\partial \vec{v}}{\partial x} - v_y \cdot \mathrm{rot}_z\,\vec{v} + v_z \cdot \mathrm{rot}_y\,\vec{v} = \frac{1}{2} \cdot \frac{\partial(\vec{v} \cdot \vec{v})}{\partial x} - [\vec{v} * \mathrm{rot}\,\vec{v}]_x$$

$$= \frac{1}{2} \cdot \mathrm{grad}_x\, v^2 - [\vec{v} * \mathrm{rot}\,\vec{v}]_x. \tag{3.32}$$

Die Größenordnung der Feldbeschleunigungen bzw. Trägheitskräfte ergibt sich aus einer einfachen Überlegung: Die Feldbeschleunigung ist von der Größenordnung von $v \cdot |\mathrm{grad}\, v|$, $|\mathrm{grad}\, v|$ ist seinerseits größenordnungsmäßig etwa gleich dem Betrag der Geschwindigkeit dividiert durch eine Strecke l, auf der Betrag oder Richtung (oder beides) der Geschwindigkeit sich wesentlich ändern, oder - allgemeiner ausgedrückt - die für die Änderung der Geschwindigkeit charakteristisch ist (das kann z. B. der Krümmungsradius sein). Damit ergibt sich als Abschätzung der Trägheitskraft

$$F \approx \varrho \cdot |(\vec{v} \cdot \nabla)\vec{v}| \approx \varrho \cdot \frac{v^2}{l}. \tag{3.33}$$

Die in den vorangegangenen Abschnitten behandelten Strömungen sind Sonderfälle der allgemeinen Bewegung. Insbesondere ist der geostrophische Wind ein Spezialfall der allgemeinen Bewegung mit folgenden Bedingungen:

- die Bewegung ist gleichförmig-geradlinig; das bedeutet, daß die linke Seite der Eulerschen Gleichung Null wird,
- es treten keine Reibungskräfte auf,
- die Schwerkraft bleibt unberücksichtigt.

Ein weiterer Spezialfall, auf den wir noch kurz eingehen wollen, ist die sog. Trägheitsbewegung. Dies ist die idealisierte reibungsfreie Bewegung eines Luftpaketes ohne Einwirkung äußerer Kräfte, insbesondere ohne Einwirkung von Druck- und Reibungskräften, jedoch unter der Wirkung einer anfänglich vorgegebenen Geschwindigkeit v_0. Bei Vernachlässigung der Breitenabhängigkeit des Coriolis-Parameters ergibt sich eine Kreisbewegung infolge eines Gleichgewichts zwischen der Trägheitskraft als Zentrifugalkraft und der Coriolis-Kraft als Zentripetalkraft. Der Kreis wird auf der Nordhalbkugel im Uhrzeigersinn, auf der Südhalbkugel entgegengesetzt dazu durchlaufen. Mit R als Radius des Krümmungskreises lautet die Gleichung dieser einfachen Trägheitsbewegung unter Beschränkung auf die Beträge der Vektoren

$$\varrho \cdot \frac{dv}{dt} = \varrho \cdot \frac{v_0^2}{R} = \varrho \cdot f \cdot v_0 \tag{3.34}$$

oder nach R aufgelöst

$$R = \frac{v_0}{f}. \tag{3.35}$$

Der Radius des Trägheitskreises ist ein gewisses Maß für die Dimensionen einer Bewegung, für die die Coriolis-Kraft relevant wird. Bei Strömungsmustern, deren Ausmaße deutlich unter R liegen, kann die Coriolis-Kraft i. allg. vernachlässigt werden.

Bei einer angenommenen Geschwindigkeit der Strömung von $v_0 = 5$ m/s wird R

- ca. 35 km für $\varphi = 90°$ (d. h. an den Polen),
- ca. 45 km für $\varphi = 45°$ (d. i. etwa Norditalien oder Montreal/Canada),
- ca. 130 km für $\varphi = 15°$ (als typisch tropische Breite),
- unendlich für $\varphi = 0°$ (d. h. am Äquator).

Die Umlaufzeit dieser Trägheitsbewegung

$$T_0 = \frac{2 \cdot \pi \cdot R}{v_0} = \frac{2 \cdot \pi}{f} \tag{3.36}$$

beträgt in Polnähe gerade 12 Std., in unseren Breiten etwa 19 Std. und am Äquator unendlich; sie ist offensichtlich von der Geschwindigkeit und von der Größe des Trägheitskreises unabhängig.

3.1.5 Die Kontinuitätsgleichung; Konvergenzen und Divergenzen

Außer der Bewegungsgleichung, die die Erhaltung des Impulses zum Ausdruck bringt, ist zur vollständigen Beschreibung einer Bewegung noch die Kontinuitätsgleichung erforderlich, die aus der Erhaltung der Masse folgt.

Zur Ableitung der Kontinuitätsbedingung betrachten wir ein Luftvolumen V mit der Masse $M = \int \varrho \cdot dV$; da Masse weder erzeugt noch vernichtet wird, ändert sich der Masseninhalt von V nur durch Zufluß oder Abfluß. Die Massenstromdichte $\vec{j}$ durch die Volumenoberfläche ist durch das Produkt aus Massendichte ϱ und Geschwindigkeit $\vec{v}$ gegeben, $\vec{j} = \varrho \cdot \vec{v}$. Damit können wir die Massenbilanz für das betrachtete Volumen in der Form

$$\frac{\partial}{\partial t} \int_{Vol} \varrho \cdot dV = - \oint_{Obfl} \vec{j} \cdot d\vec{o} = - \oint_{Obfl} \varrho \cdot \vec{v} \cdot d\vec{o} \tag{3.37}$$

schreiben, wobei $\vec{j}$ positiv gerechnet werden soll, wenn der Fluß aus dem Volumen herausführt (genauer ausgedrückt, der Vektor der Oberflächennormalen, $\vec{o}$, soll in den Außenraum zeigen). Vertauscht man auf der linken Seite die partielle Ableitung nach der Zeit mit der Integration über das Volumen, und wendet man auf die rechte Seite der Gleichung den Gaußschen Satz an,

$$\oint_{Obfl} \varrho \cdot \vec{v} \cdot d\vec{o} = \int_{Vol} \operatorname{div}(\varrho \cdot \vec{v}) \cdot dV, \tag{3.38}$$

so erhält man

$$\int_{Vol} \frac{\partial \varrho}{\partial t} \cdot dV = - \int_{Vol} \operatorname{div}(\varrho \cdot \vec{v}) \cdot dV \tag{3.39}$$

oder

$$\int_{Vol} \left(\frac{\partial \varrho}{\partial t} + \operatorname{div}(\varrho \cdot \vec{v}) \right) \cdot dV = 0. \tag{3.40}$$

Da diese Beziehung von dem betrachteten Volumen unabhängig sein muß, erhalten wir schließlich die Kontinuitätsgleichung

$$\frac{\partial \varrho}{\partial t} + \operatorname{div}(\varrho \cdot \vec{v}) = \frac{\partial \varrho}{\partial t} + \varrho \cdot \operatorname{div} \vec{v} + \vec{v} \cdot \operatorname{grad} \varrho = 0. \tag{3.41}$$

Für viele, eigentlich für die meisten, dynamischen Anwendungen, soweit sie sich auf horizontale Bewegungen beziehen, ist es möglich, die Luft praktisch als inkompressibel zu betrachten, da die Dichtevariationen sehr klein sind oder räumlich und zeitlich sehr langsam verlaufen. Dann verschwinden alle Ableitungen von ϱ; die Kontinuitätsgleichung wird auf die einfache Beziehung

$$\operatorname{div} \vec{v} = 0 \tag{3.42}$$

reduziert, das Strömungsfeld ist divergenzfrei.

Mit den in der meteorologischen Terminologie üblichen (und im weiteren auch von uns benutzten) Bezeichnungen „Konvergenz" und „Divergenz" sind keine Konvergenzen und Divergenzen im dreidimensionalen Raum, im Sinne von $\operatorname{div} \vec{v} \neq 0$, gemeint, sondern fast immer horizontale Konvergenzen ($\partial v_x/\partial x + \partial v_y/\partial y < 0$) oder horizontale Divergenzen ($\partial v_x/\partial x + \partial v_y/\partial y > 0$), denen implizit eine entsprechende Divergenz ($\partial v_z/\partial z > 0$) oder Konvergenz ($\partial v_z/\partial z < 0$) in vertikaler Richtung gegenübersteht.

Wir werden uns, wie angedeutet, bei der Besprechung der Dynamik und der Zirkulation diesem Sprachgebrauch anschließen, solange keine Gefahr von Mißverständnissen besteht, bei der formalen Darstellung aber bei horizontalen Konvergenzen und Divergenzen den Index H anfügen, also z. B. die Bezeichnung

$$\operatorname{div}_H \vec{v} = (\partial v_x/\partial x + \partial v_y/\partial y) \tag{3.43}$$

einsetzen.

Ergänzung 3.1

Die Coriolis-Kraft

Die Coriolis-Kraft ist eine Trägheitskraft, die ein mit einem gleichförmig rotierenden Bezugssystem wie z. B. der Erde verbundener Beobachter bemerkt, wenn sich eine Masse relativ zu diesem System bewegt. Ein ruhender, besser gesagt, ein sich in einem Inertialsystem befindlicher Beobachter kann diese Kraft dagegen nicht feststellen. Kräfte dieser Art werden deshalb oft als Scheinkräfte bezeichnet, wenn auch diese Bezeichnung nicht unbedingt sehr glücklich ist (in dem rotierenden System ist die Coriolis-Kraft sehr real zu spüren).

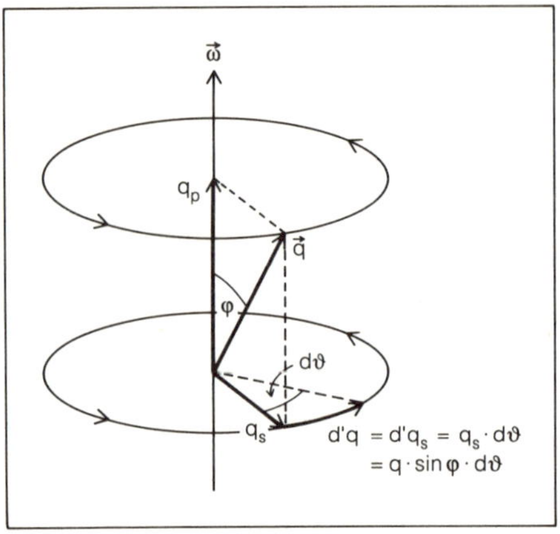

Abb. 3.7. Skizze zu der von einem Inertialsystem aus gesehenen zeitlichen Änderung eines Vektors $\vec{q}$, der sich mit einem mit der Winkelgeschwindigkeit $\vec{\omega}$ rotierenden Bezugssystem mitbewegt

Um die Coriolis-Kraft bzw. die Coriolis-Beschleunigung formal zu beschreiben, untersuchen wir die Transformation der Beschleunigung bei dem Übergang zwischen einem rotierenden Bezugssystem und einem Inertialsystem. Zu diesem Zweck stellen wir die Regel für die Transformation des Operators „Differenzieren nach der Zeit" auf und wenden diese bei der zweimaligen Differentiation des Ortsvektors $\vec{r} = (x, y, z)$ an. Wir schreiben für die Differentiation in dem rotierenden System d/dt, für die in dem Inertialsystem d'/dt.

In Abb. 3.7 ist ein mit der Winkelgeschwindigkeit $\vec{\omega}$ rotierendes Bezugsystem dargestellt. Wir untersuchen die zeitliche Änderung eines mit dem Bezugssystem rotierenden, ansonsten beliebigen Vektors $\vec{q}$. Im ersten Schritt soll $\vec{q}$ relativ zu dem rotierenden System in Ruhe sein. Wir zerlegen $\vec{q}$ in eine Komponente $q_p = q \cdot \cos\varphi$ parallel zu $\vec{\omega}$ und in eine Komponente $q_s = q \cdot \sin\varphi$ senkrecht zu $\vec{\omega}$ (q sei der Betrag von $\vec{q}$, φ sei der Winkel zwischen $\vec{q}$ und $\vec{\omega}$). Aus der Zeichnung kann man dann sofort entnehmen, daß bei einer infinitesimalen Drehung des Systems um einen Winkel $d'\vartheta$

$$d'q_p = 0$$
$$d'q_s = q_s \cdot d'\vartheta = q \cdot \sin\varphi \cdot d'\vartheta \tag{3.44}$$

und weiter wegen $\omega = \dfrac{d'\vartheta}{dt}$

$$\frac{d'q_p}{dt} = 0$$
$$\frac{d'q_s}{dt} = q \cdot \omega \cdot \sin\varphi \tag{3.45}$$

gilt. Da diese zeitliche Ableitung von $\vec{q}$ ersichtlich sowohl auf $\vec{q}$ selbst als auch auf $\vec{\omega}$ senkrecht steht, ist die Definition des Vektorprodukts bezüglich Richtung und Betrag erfüllt. Unter Berücksichtigung der Rechtsschraubenregel für das Vorzeichen können wir schreiben

$$\frac{d'\vec{q}}{dt} = -[\vec{q} * \vec{\omega}]. \tag{3.46}$$

Addieren wir zu diesem durch die Rotation des System bedingten Anteil der zeitlichen Änderung von $\vec{q}$ noch die zeitliche Änderung bezüglich des Systems selbst, so erhalten wir schließlich die gesuchte Transformation für die Differentiation des – als beliebig angenommenen – Vektors $\vec{q}$,

$$\frac{d'\vec{q}}{dt} = \frac{d\vec{q}}{dt} - [\vec{q} * \vec{\omega}]. \tag{3.47}$$

Wie erwähnt, wenden wir diese Beziehung zuerst auf den Ortsvektor $\vec{r}$ an,

$$\frac{d'\vec{r}}{dt} = \frac{d\vec{r}}{dt} - [\vec{r} * \vec{\omega}], \tag{3.48}$$

und im zweiten Schritt auf die so erhaltene Ableitung $\frac{d'\vec{r}}{dt}$,

$$\begin{aligned} \frac{d^{2\prime}\vec{r}}{dt^2} &= \frac{d}{dt}\left(\frac{d'\vec{r}}{dt}\right) - \left[\frac{d'\vec{r}}{dt} * \vec{\omega}\right] \\ &= \frac{d}{dt}\left(\frac{d\vec{r}}{dt} - [\vec{r} * \vec{\omega}]\right) - \left[\left(\frac{d\vec{r}}{dt} - [\vec{r} * \vec{\omega}]\right) * \vec{\omega}\right] \\ &= \frac{d^2\vec{r}}{dt^2} - 2 \cdot \left[\frac{d\vec{r}}{dt} * \vec{\omega}\right] + \left[[\vec{r} * \vec{\omega}] * \vec{\omega}\right]. \end{aligned} \tag{3.49}$$

Da wir uns für die auf der Erde selbst, d. h. für die in dem rotierenden Bezugssystem auftretende Beschleunigung interessieren, lösen wir noch nach dieser auf und erhalten

$$\frac{d^2\vec{r}}{dt^2} = \frac{d^{2\prime}\vec{r}}{dt^2} + 2 \cdot \left[\frac{d\vec{r}}{dt} * \vec{\omega}\right] - \left[[\vec{r} * \vec{\omega}] * \vec{\omega}\right]. \tag{3.50}$$

Der erste Term auf der rechten Seite ist die durch äußere Kräfte verursachte und deshalb auch in dem Inertialsystem zu beobachtende Beschleunigung, der dritte Term, mit dem Betrag $r \cdot \omega^2$, ist die „gewöhnliche“ Zentripetalbeschleunigung, und der mittlere Term, der die Geschwindigkeit relativ zu dem rotierenden System explizit enthält, stellt schließlich die gesuchte Coriolis-Beschleunigung oder, nach Multiplikation mit der Dichte ϱ, die Coriolis-Kraft

$$\vec{F}_C = 2 \cdot \varrho \cdot [\vec{v} * \vec{\omega}] \quad \left(\text{mit } \vec{v} = \frac{d\vec{r}}{dt}\right) \tag{3.51}$$

dar.

3.2 Die Erhaltung der Wirbelstärke („Vorticity")

Neben den allgemeinen Bewegungsgleichungen stellen die Gleichungen zur Darstellung der Erhaltung der Wirbelstärke weitere wichtige dynamische Grundgleichungen dar. In der dynamischen Meteorologie ist es üblich, sich bei der Behandlung dieser Gleichungen auf Wirbel mit senkrechter Achse, d. h. auf Wirbel, Zirkulationen oder Scherungen in den horizontalen Strömungen zu beschränken. Weiterhin hat es sich eingebürgert, für die Wirbelstärke horizontaler Strömungen die englische Bezeichnung „Vorticity" in den deutschen Sprachgebrauch zu übernehmen. Wir werden uns hier diesen Vereinbarungen anschließen.

3.2.1 Vorticity und Vorticity-Gleichung

Das natürliche Maß für die Vorticity horizontaler Strömungen ist die vertikale Komponente, d. h. in unserer Nomenklatur die z-Komponente, des Vektors rot $\vec{v}$, des sog. Rotors von $\vec{v}$. Wenn wir die Vorticity mit ζ bezeichnen, so gilt also

$$\zeta = \mathrm{rot}_z\, \vec{v}. \tag{3.52}$$

Allgemein ist die Rotorkomponente $\mathrm{rot}_n\, \vec{v}$ senkrecht zu einer vorgegebenen Fläche definiert als die auf die Flächeneinheit bezogene Zirkulation Z einer Strömung auf dieser Fläche. Für Z gilt

$$Z = \oint \vec{v} \cdot d\vec{s}, \tag{3.53}$$

d. h. die Zirkulation ist das Integral der Geschwindigkeit $\vec{v}$ über einen geschlossenen Weg $\vec{s}$. Damit wird die Definition von $\mathrm{rot}_n\, \vec{v}$ gegeben durch

$$\mathrm{rot}_n\, \vec{v} = \lim_{A \to 0} \frac{1}{A} \cdot \oint \vec{v} \cdot d\vec{s}, \tag{3.54}$$

wobei A die von dem Weg $\vec{s}$ eingeschlossene Fläche bedeutet. Äquivalent dazu ist die Definition

$$\mathrm{rot}_n\, \vec{v} = \frac{d}{dA} \oint \vec{v} \cdot d\vec{s}. \tag{3.55}$$

Gehen wir von dieser allgemeinen Definition wieder zu horizontalen, in der x-y-Ebene gelegenen Strömungen zurück, so gilt für die Darstellung in rechtwinkligen Koordinaten

$$\zeta = \mathrm{rot}_z\, \vec{v} = \frac{\partial v_y}{\partial x} - \frac{\partial v_x}{\partial y}. \tag{3.56}$$

Diese Beziehung folgt unmittelbar aus Abb. 3.8: Wir bilden die Zirkulation dZ entlang der Umrandung der infinitesimalen, in der x-y-Ebene gelegenen Fläche $dA = dx \cdot dy$,

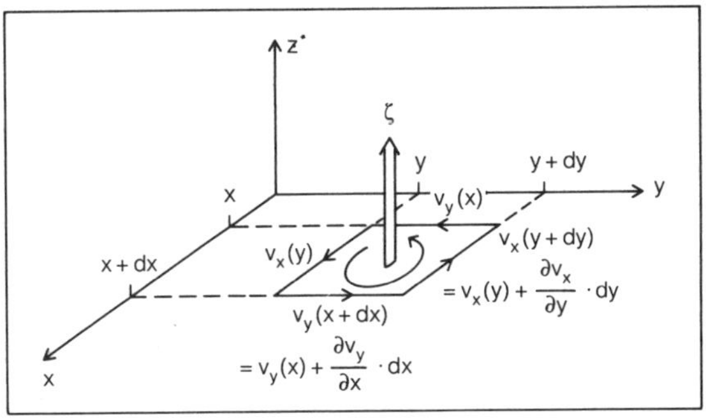

Abb. 3.8. Zur Darstellung von ζ in kartesischen Koordinaten

$$
\begin{aligned}
dZ &= v_x(y)\cdot dx + v_y(x+dx)\cdot dy - v_x(y+dy)\cdot dx - v_y(x)\cdot dy \\
&= v_x(y)\cdot dx + \left[v_y(x) + \frac{\partial v_y}{\partial x}\cdot dx\right]\cdot dy - \left[v_x(y) + \frac{\partial v_x}{\partial y}\cdot dy\right]\cdot dx - v_y(x)\cdot dy \\
&= \left[\frac{\partial v_y}{\partial x} - \frac{\partial v_x}{\partial y}\right]\cdot dx\cdot dy, \qquad (3.57)
\end{aligned}
$$

mit nachfolgender Division durch die Fläche $dA = dx\cdot dy$.

Für das Vorzeichen von ζ (ebenso wie von $\mathrm{rot}_n\vec{v}$) soll, wie in Abb. 3.8 eingezeichnet, die Rechtsschraubenregel gelten: Bei einer Zirkulation bzw. Drehung auf der Erdoberfläche im Uhrzeigersinn weist $\zeta = \mathrm{rot}_z\vec{v}$ in die negative z-Richtung, d.h. in die Erde hinein (entsprechend einem negativen Wert von ζ), bei einer Drehung entgegen dem Uhrzeigersinn aus der Erde heraus (entsprechend einem positiven Wert von ζ).

Vorticity zeigt sich in zwei Formen (und natürlich jeder Kombination davon):

- in gekrümmten Bewegungen,
- in geradlinigen Bewegungen mit horizontaler Windscherung.

Die einfachste Form einer gekrümmten Bewegung ist die starre Rotation, für die bei jedem Radius r gilt

$$v = \omega\cdot r. \qquad (3.58)$$

Die Zirkulation ist in diesem Fall

$$Z = \oint v\cdot ds = v\cdot 2\cdot\pi\cdot r = 2\cdot\pi\cdot\omega\cdot r^2, \qquad (3.59)$$

und die Division durch die zugehörige Fläche $\pi\cdot r^2$ ergibt

$$\zeta = \frac{Z}{\pi\cdot r^2} = 2\cdot\omega; \qquad (3.60)$$

die Vorticity ist in diesem Fall also gerade das Doppelte der Winkelgeschwindigkeit.

Der allgemeine Fall einer gekrümmten Bewegung ist in Abb. 3.9 dargestellt. Die Zirkulation dZ ist in diesem Bild entlang der Berandung des infinitesimalen Flächenstückes $dr\cdot r\cdot d\varphi$ zu nehmen, wobei r der momentane Krümmungsradius der Bewegung ist.

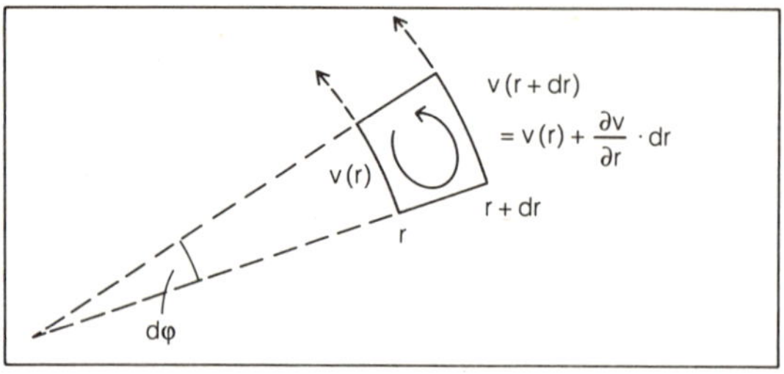

Abb. 3.9. Zur Berechnung der Vorticity einer gekrümmten Strömung

Bei der Berechnung von dZ ist zu berücksichtigen, daß der Krümmungsradius einer Strömung immer senkrecht auf der momentanen Geschwindigkeit steht, daß also die Randstücke der Länge dr in Richtung von r keinen Beitrag liefern. Unter Vernachlässigung von Produkten von drei Differentialen gilt

$$\begin{aligned} dZ &= -v(r) \cdot r \cdot d\varphi + v(r+dr) \cdot (r+dr) \cdot d\varphi \\ &= -v(r) \cdot r \cdot d\varphi + \left[v(r) + \frac{\partial v}{\partial r} \cdot dr \right] \cdot (r+dr) \cdot d\varphi \\ &= v(r) \cdot dr \cdot d\varphi + \frac{\partial v}{\partial r} \cdot r \cdot dr \cdot d\varphi \end{aligned} \tag{3.61}$$

und nach Division durch die infinitesimale Fläche $dA = dr \cdot r \cdot d\varphi$

$$\zeta = \frac{dZ}{dA} = \frac{v(r)}{r} + \frac{\partial v}{\partial r}. \tag{3.62}$$

Der zuvor erwähnte spezielle Fall der starren Rotation, $\zeta = 2 \cdot \omega$, folgt natürlich auch aus dieser allgemeinen Beziehung durch Einsetzen von $v = r \cdot \omega$.

Ist die Strömung stationär, so fallen Stromlinien und Bahnen der Luftteilchen oder der Luftpakete zusammen. In diesem Fall ist für die Anwendung der zuletzt angeschriebenen Beziehung für ζ manchmal eine Formel für den Krümmungsradius nützlich, die hier ohne Begründung angegeben werden soll (der Beweis ist in vielen Lehrbüchern der Analysis und in manchen Darstellungen der theoretischen Physik zu finden): Sind die Koordinaten x und y der Bahnen als Funktion der Weglänge s gegeben, d. h. sind $x = x(s)$ und $y = y(s)$, so gilt für den Krümmungsradius einer Bewegung in der x-y-Ebene

$$r = \left[\left(\frac{\partial^2 x}{\partial s^2} \right)^2 + \left(\frac{\partial^2 y}{\partial s^2} \right)^2 \right]^{-1/2}. \tag{3.63}$$

Die zweite anfangs erwähnte Form von Vorticity, die Scherung einer geradlinigen Strömung, ist in Abb. 3.10 erläutert; sie ergibt sich unmittelbar aus der Formulierung von $\zeta = \text{rot}\, \vec{v}_z$ in kartesischen Koordinaten.

Um nun die Vorticity-Gleichung als Ausdruck der Erhaltung der Wirbelstärke – bezogen auf ein Inertialsystem – formulieren zu können, müssen wir zu der bisher betrachteten, auf die Erdoberfläche bezogenen Wirbelstärke ζ, die im folgenden als relative Vorticity bezeichnet werden soll, noch den von der Erddrehung herrühren-

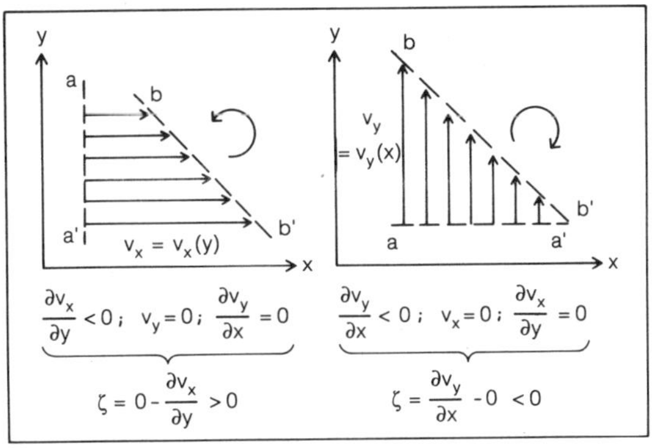

Abb. 3.10. Zur Erklärung der Vorticity durch Geschwindigkeitsscherung einer geradlinigen Strömung. Die *Pfeile* geben die Geschwindigkeitsfelder wieder, die *gestrichelten Linien* sollen Sonden („Meßlatten") darstellen, die mit der Strömung mitschwimmen und dabei gedreht werden. **Links** dreht sich die Meßlatte, die anfangs in der Position *aa'* liegt, im weiteren Verlauf in zyklonaler Richtung (positive Vorticity) in die Position *bb'*; in ähnlicher Weise dreht sich **rechts** die Meßlatte aus der anfänglichen Position *aa'* in antizyklonaler Richtung in die spätere Position *bb'*

den Anteil addieren. Entsprechend dem oben abgeleiteten Ausdruck (s. Gl. 3.60) für eine starre Rotation ist dieser Anteil gerade das zweifache der zur Erdoberfläche senkrechten Komponente der Winkelgeschwindigkeit der Erdrotation, also $2 \cdot \Omega \cdot \sin\varphi$, d. h. die Größe, die wir als Coriolis-Parameter f eingeführt hatten. Die gesamte Wirbelstärke, die sog. absolute Vorticity, beträgt dann

$$\eta = \zeta + f. \tag{3.64}$$

Auf der Nordhalbkugel ist diese Formulierung im Vorzeichen ohne weiteres korrekt, da hier die Erddrehung zyklonal, d. h. gegen den Uhrzeigersinn gerichtet ist; auf der Südhalbkugel muß das Vorzeichen von f wechseln.

Bei Abwesenheit äußerer Kräfte können wir jetzt den Satz von der Erhaltung der Wirbelstärke als Kontinuitätsgleichung formulieren:

$$\frac{\partial\eta}{\partial t} + \mathrm{div_H}\,(\eta \cdot \vec{v}) = \frac{\partial\eta}{\partial t} + \eta \cdot \mathrm{div_H}\,\vec{v} + \vec{v} \cdot \mathrm{grad_H}\,\eta = 0. \tag{3.65}$$

Gleichwertig ist eine zweite Formulierung,

$$\frac{d\eta}{dt} + \eta \cdot \mathrm{div_H}\,\vec{v} = 0, \tag{3.66}$$

wenn man unter der totalen zeitlichen Ableitung von η die Summe aus der rein zeitlichen Ableitung am festgehaltenen Ort und der Änderung der Vorticity entlang der Strömungslinien,

$$\frac{d\eta}{dt} = \frac{\partial\eta}{\partial t} + \frac{\partial\eta}{\partial x} \cdot v_x + \frac{\partial\eta}{\partial y} \cdot v_y = \frac{\partial\eta}{\partial t} + \vec{v} \cdot \mathrm{grad_H}\,\eta \tag{3.67}$$

versteht.

Bei Berücksichtigung von äußeren, in $\vec{F}$ zusammengefaßten Kräften lautet der Satz von der Erhaltung der Vorticity

$$\frac{\partial \eta}{\partial t} + \mathrm{div_H}\,(\eta \cdot \vec{v}) = \frac{1}{\varrho} \cdot \mathrm{rot_z}\,\vec{F}. \tag{3.68}$$

Wir haben in diesem Abschnitt die Vorticity-Gleichung in eher axiomatischer Form als Ausdruck des Postulates der Erhaltung der Wirbelstärke eingeführt. Die strenge, aber formal etwas umständliche Begründung der Vorticity-Gleichung aus der allgemeinen Bewegungsgleichung ist in der Ergänzung 3.2 zu finden.

3.2.2 Potentielle Vorticity

Zu dem Begriff der sog. potentiellen Vorticity gelangt man, kurz gesagt, durch Kombination der Sätze von der Erhaltung der Wirbelstärke und der Erhaltung der Masse. Die Bezeichnung wird in zwei etwas verschiedenen Bedeutungen angewandt: Die erste, eher integrale Definition geht auf Rossby zurück; die zweite, eher differentielle Definition stammt von Ertel. Beiden Definitionen ist gemeinsam, daß sie unter gewissen Bedingungen Erhaltungsgrößen definieren, und daß sie sich auf sog. barotrope Schichtungen beziehen. Der Begriff der Barotropie ist im nächsten Abschnitt erklärt; hier sei vorweggenommen, daß in einer barotrop geschichteten Atmosphäre das horizontale Windfeld in geostrophischer Näherung unabhängig von der Höhe ist.

Um die Rossbysche Definition der potentiellen Vorticity einzuführen, betrachten wir eine bezüglich der Dichte horizontal homogene vertikale Luftsäule mit einer unteren Begrenzung bei $z = z_1$ und einer oberen Begrenzung bei $z = z_2$; die Differenz der Luftdrucke in diesen beiden Höhen sei mit Δp bezeichnet.

Wir führen die Kontinuitätsgleichung

$$\frac{\partial \varrho}{\partial t} + \mathrm{div_H}\,(\varrho \cdot \vec{v}) + \frac{\partial(\varrho \cdot v_z)}{\partial z} = 0 \tag{3.69}$$

ein, die wir wegen der horizontalen Homogenität der Säule auch in der Form

$$\frac{\partial \varrho}{\partial t} + \varrho \cdot \mathrm{div_H}\,\vec{v} + \frac{\partial(\varrho \cdot v_z)}{\partial z} = 0 \tag{3.70}$$

schreiben können. Wir integrieren von z_1 bis z_2, wobei wir von der Voraussetzung Gebrauch machen, daß $\vec{v}_H$ und damit auch $\mathrm{div_H}\,\vec{v}$ höhenunabhängig sein sollen:

$$\int_{z_1}^{z_2} \frac{\partial \varrho}{\partial t} \cdot dz + \mathrm{div_H}\,\vec{v} \int_{z_1}^{z_2} \varrho \cdot dz + \int_{z_1}^{z_2} \frac{\partial(\varrho \cdot v_z)}{\partial z} \cdot dz = 0. \tag{3.71}$$

Integration über z und partielle Ableitung nach der Zeit sind vertauschbar, ferner ist $dp = -g \cdot \varrho \cdot dz$; deshalb gilt mit $\Delta p = p(z_2) - p(z_1) < 0$

$$\frac{\partial}{\partial t} \int_{z_1}^{z_2} \varrho \cdot dz - \mathrm{div_H}\,\vec{v} \cdot \frac{\Delta p}{g} + [(\varrho \cdot v_z)_{z=z_2} - (\varrho \cdot v_z)_{z=z_1}] = 0. \tag{3.72}$$

Der erste und der dritte Term beschreiben die Änderung des Inhaltes der Luftsäule; dabei entspricht der erste Term einer Änderung der Masse pro Säulenquerschnittseinheit bei festgehaltenen Ober- und Untergrenzen der Säule, der dritte dagegen beschreibt die Wirkung einer vertikalen Bewegung der Säulengrenzen. Multiplizieren wir diese Massenänderung noch mit g, gehen wir also zu den entsprechenden Druckänderungen über, so beschreiben der erste und der dritte Term zusammen die totale zeitliche Änderung des Druckunterschiedes zwischen z_2 und z_1, und wir erhalten

$$\frac{d\Delta p}{dt} + \mathrm{div_H}\,\vec{v} \cdot \Delta p = 0 \tag{3.73}$$

oder

$$\mathrm{div_H}\,\vec{v} = -\frac{1}{\Delta p} \cdot \frac{d\Delta p}{dt}. \tag{3.74}$$

Die Gleichung verknüpfen wir mit der Vorticity-Gleichung

$$\frac{d\eta}{dt} + \eta \cdot \mathrm{div_H}\,\vec{v} = 0 \tag{3.75}$$

oder

$$\mathrm{div_H}\,\vec{v} = -\frac{1}{\eta} \cdot \frac{d\eta}{dt} \tag{3.76}$$

zu

$$-\frac{1}{\Delta p} \cdot \frac{d\Delta p}{dt} + \frac{1}{\eta} \cdot \frac{d\eta}{dt} = 0$$

oder, nach Multiplikation mit $\frac{\eta}{\Delta p}$, zu

$$-\frac{1}{(\Delta p)^2} \cdot \frac{d\Delta p}{dt} \cdot \eta + \frac{1}{\Delta p} \cdot \frac{d\eta}{dt} = 0. \tag{3.77}$$

Die linke Seite ist offensichtlich die Ableitung der Funktion

$$Z_R(t) = \frac{\eta}{\Delta p} \tag{3.78}$$

nach der Zeit, d. h.

$$dZ_R(t)/dt = 0 \tag{3.79}$$

oder

$$Z_R(t) = \text{const.} \tag{3.80}$$

Diese Funktion Z_R bezeichnen wir als (Rossbysche) potentielle Vorticity. In einer barotrop geschichteten Atmosphäre ist – nach der Ableitung – Z_R eine Erhaltungsgröße.

Von Z_R gelangt man zu der zweiten Definition der potentiellen Vorticity, Z_E (nach Ertel), wenn man eine thermisch geschichtete Atmosphäre betrachtet, in der nur adiabatische Vorgänge ablaufen sollen.

Den beiden Begrenzungsflächen der oben betrachteten Luftsäule, z_1 und z_2, sollen die potentiellen Temperaturen θ_1 und θ_2 entsprechen, deren Differenz $\Delta\theta = \theta_2 - \theta_1$ bei adiabatischen Hebungen und Senkungen erhalten bleibt. Bei hinreichend kleinen Differenzen zwischen z_1 und z_2 kann man setzen

$$\Delta\theta = \theta_2 - \theta_1 = (z_2 - z_1) \cdot \frac{d\theta}{dz} = \text{const.} \tag{3.81}$$

Andererseits ist $\Delta p \approx -(z_2 - z_1) \cdot g \cdot \varrho$ bzw. $(z_2 - z_1) \approx -\dfrac{\Delta p}{g \cdot \varrho}$, so daß

$$\frac{\Delta p}{g \cdot \varrho} \cdot \frac{d\theta}{dz} = \text{const} \tag{3.82}$$

bzw.

$$\Delta p = \text{const} \cdot \frac{g \cdot \varrho}{d\theta/dz} \tag{3.83}$$

werden. Setzt man nun diesen Ausdruck in die oben abgeleitete Definition der Rossbyschen potentiellen Vorticity (s. Gl. 3.78) ein, so erhält man, wenn man noch die Schwerebeschleunigung g in die Konstante hereinzieht und statt Z_R jetzt Z_E schreibt,

$$Z_E = \frac{\eta}{\varrho} \cdot \frac{d\theta}{dz} = \text{const.} \tag{3.84}$$

Die so definierte Funktion Z_E ist die Ertelsche potentielle Vorticity; nach der Ableitung ist sie unter den angegebenen Voraussetzungen ebenfalls eine Erhaltungsgröße. Wegen $dp = -g \cdot \varrho \cdot dz$ ist eine äquivalente Definition

$$Z_E^* = \eta \cdot \frac{d\theta}{dp} = \text{const}^*. \tag{3.85}$$

In Abb. 3.11 ist als Anwendungsbeispiel eine interessante und für die atmosphärische Dynamik wichtige Folge der Erhaltung der potentiellen Vorticity skizziert. Eine thermisch geschichtete Luftströmung läuft von links gegen ein Hindernis an; dies kann z. B. ein Berg oder im Extrem auch Teil eines Kontinentes sein. Im unteren Teil der Zeichnung (Vertikalschnitt) sind zwei Stromlinien mit den Höhen z_1 und z_2 und mit den potentiellen Temperaturen θ_1 und θ_2 eingezeichnet. Wenn die Stromlinien beim Anströmen an das Hindernis und beim Überströmen vertikal zusammengedrückt werden, ändert sich mit $\Delta z = z_2 - z_1$ auch $d\theta/dz$, da ja bei adiabatischer Hebung bzw. Senkung θ_2 und θ_1 gleichbleiben und somit $|d\theta/dz| \sim 1/\Delta z$ wird. Dann muß sich – bei konstantem Z_E – auch η proportional zu $1/|d\theta/dz|$ ändern.

In dem Modell wird davon ausgegangen, daß die anströmende Luft weitab von dem Hindernis sich geradlinig und scherungsfrei bewegt, d. h. daß $\zeta = 0$ und damit $\eta = f$ sind. Werden jetzt vor und über dem Hindernis die Stromlinien zusammen-

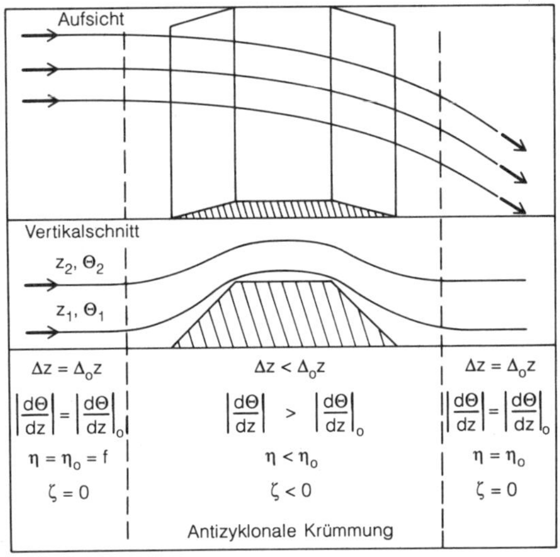

Abb. 3.11. Ablenkung einer horizontalen Strömung beim Überströmen eines Hindernisses infolge der Erhaltung der potentiellen Vorticity; in dem Modellbeispiel ist Konstanz des Coriolis-Parameters f angenommen

gedrückt, so wird Δz kleiner und damit $|d\theta/dz|$ größer; η wird kleiner, und damit wird auch die relative Vorticity kleiner (die Änderung des Coriolis-Parameters f wollen wir der Einfachheit halber vernachlässigen): Die Strömung erfährt eine antizyklonale Krümmung, wie es in der Aufsicht im oberen Teil der Abb. 3.11 dargestellt ist.

Unter Umständen können im Lee des Hindernisses die Strömungslinien über eine kurze Strecke auch einmal so weit auseinanderlaufen, daß $|d\theta/dz|$ kleiner als $|d\theta/dz|_0$ wird, daß sich also kurzfristig eine zyklonale Krümmung einstellt. In der Praxis ist aber der Effekt der antizyklonalen Krümmung durch das Zusammendrücken der Stromlinien über dem Hindernis weit stärker, so daß netto im Lee des Hindernisses eine antizyklonale, nach rechts gerichtete Ablenkung zu beobachten ist. Diese Ablenkung kann Anlaß zur Initialisierung einer Welle geben; einen besonders wichtigen Fall, die Anregung sog. Rossby-Wellen, werden wir in dem Kapitel über die atmosphärischen Zirkulationen aufgreifen.

Der skizzierte Mechanismus und die Richtung der Ablenkung hängen übrigens nicht vom Vorzeichen von $d\theta/dz$ ab. Ebenso erhält man auch für thermisch neutrale Schichtung eine entsprechende Ablenkung; man kann unter Ausnutzung der Rossbyschen potentiellen Vorticity eine analoge Überlegung anstellen (die allerdings nicht so unmittelbar anschaulich ist, da die Änderung von Δp etwas schwieriger zu überblicken ist als die Änderung von $d\theta/dz$; für Details s. z. B. Defant u. Defant 1958).

Ergänzung 3.2

Ableitung der Vorticity-Gleichung aus der allgemeinen Bewegungsgleichung

Wir schreiben die Bewegungsgleichung in der Form

$$\frac{\partial \vec{v}}{\partial t} + \frac{1}{2} \cdot \text{grad } v^2 - [\vec{v} * \text{rot } \vec{v}] - f \cdot (v_y, -v_x, 0) = \frac{1}{\varrho} \cdot \vec{F} \tag{3.86}$$

(s. Abschn. 3.1.4), wobei $\vec{F}$ für die Summe der äußeren Kräfte stehen soll, und bilden von beiden Seiten die Größe rot_z; dabei addieren wir auf der linken Seite noch $\partial f/\partial t = 0$ (der Coriolis-Parameter hängt natürlich nicht explizit von der Zeit ab).

Der erste Term der linken Seite ergibt dann, mit Vertauschen von Orts- und Zeitableitung

$$\text{rot}_z \frac{\partial \vec{v}}{\partial t} + \frac{\partial f}{\partial t} = \frac{\partial\, \text{rot}_z \vec{v}}{\partial t} + \frac{\partial f}{\partial t} = \frac{\partial \zeta}{\partial t} + \frac{\partial f}{\partial t} = \frac{\partial \eta}{\partial t}. \tag{3.87}$$

Der zweite Term oben verschwindet, da der Rotor von einem Gradienten Null ist. Der dritte Term ergibt mit $\text{rot } \vec{v} = (0, 0, \zeta)$

$$\begin{aligned}
\text{rot}_z [\vec{v} * \text{rot } \vec{v}] &= \text{rot}_z [v_y \cdot \zeta, -v_x \cdot \zeta, 0] \\
&= -\frac{\partial (v_x \cdot \zeta)}{\partial x} - \frac{\partial (v_y \cdot \zeta)}{\partial y} \\
&= -\zeta \cdot \frac{\partial v_x}{\partial x} - v_x \cdot \frac{\partial \zeta}{\partial x} - \zeta \cdot \frac{\partial v_y}{\partial y} - v_y \cdot \frac{\partial \zeta}{\partial y} \\
&= -\zeta \cdot \text{div}_H \vec{v} - \vec{v} \cdot \text{grad}_H \zeta.
\end{aligned} \tag{3.88}$$

Für den vierten Term liefert eine ganz analoge Rechnung wie eben

$$\begin{aligned}
\text{rot}_z [f \cdot (v_y, -v_x, 0)] &= -\frac{\partial (f \cdot v_x)}{\partial x} - \frac{\partial (f \cdot v_y)}{\partial y} \\
&= -f \cdot \text{div}_H \vec{v} - \vec{v} \cdot \text{grad}_H f.
\end{aligned} \tag{3.89}$$

Wenn wir jetzt alle Terme vorzeichenrichtig zusammenfassen, erhalten wir

$$\frac{\partial \eta}{\partial t} + \zeta \cdot \text{div}_H \vec{v} + \vec{v} \cdot \text{grad}_H \zeta + f \cdot \text{div}_H \vec{v} + \vec{v} \cdot \text{grad}_H f = \frac{1}{\varrho} \cdot \text{rot}_z \vec{F} \tag{3.90}$$

oder mit $\eta = \zeta + f$

$$\frac{\partial \eta}{\partial t} + \eta \cdot \text{div}_H \vec{v} + \vec{v} \cdot \text{grad}_H \eta = \frac{1}{\varrho} \cdot \text{rot}_z \vec{F}, \tag{3.91}$$

d.h. genau die Vorticity-Gleichung.

3.3 Beschleunigung und Windfelder als Folge horizontaler Temperaturgefälle. Barotrope und barokline Schichtung. Thermischer Wind

Der Zweck dieses Abschnittes ist, eine gewisse Brücke zu schlagen zwischen der in diesem Kapitel behandelten atmosphärischen Dynamik und der im 1. Kap. diskutierten Energetik der Atmosphäre. Wir wollen hier die Entstehung beschleunigender Kräfte als Folge von horizontalen Temperaturunterschieden und die daraus folgenden Windfelder besprechen.

Zur Einführung betrachten wir eine warme und eine kalte Luftmasse, die jeweils entsprechend der barometrischen Höhenformel geschichtet und – wie in Abb. 3.12 gezeigt – durch einen Zwischenbereich, eine sog. Frontalzone getrennt sind. Am Boden sei der Druck überall gleich; wegen

$$dp = -p \cdot \frac{M \cdot g}{R \cdot T} \cdot dz \tag{3.92}$$

(s. Kap. 2) nimmt der Druck in der kalten Luftmasse mit der Höhe schneller ab als in der warmen. In dem Übergangsbereich, in der Frontalzone, sind deshalb die Flächen gleichen Druckes gegenüber den Flächen gleicher Höhe geneigt. Damit bekommt der Druckgradient, der nach seiner Definition auf den Isobaren senkrecht steht, eine horizontale Komponente; es entsteht ein Druckgefälle von warm nach kalt, das – wie in Abb. 3.12 angedeutet ist – mit der Höhe zunimmt. Entsprechend tritt in diesem Bild, bei gleichem Druck an der Erdoberfläche, eine mit der Höhe zunehmende horizontale Windbeschleunigung von der warmen zur kalten Seite auf. Betrachten wir eine Fläche gleicher Höhe, so sehen wir, daß sich bei gleichem Bodendruck in der Höhe über der kalten Seite ein Gebiet relativen Tiefdruckes und über der warmen Seite ein Gebiet relativen Hochdruckes entwickelt.

Sowohl im gefällelosen Warmluft- als auch im gefällelosen Kaltluftgebiet sind die Isobaren, die Flächen gleichen Druckes, auch gleichzeitig Isothermen, Flächen

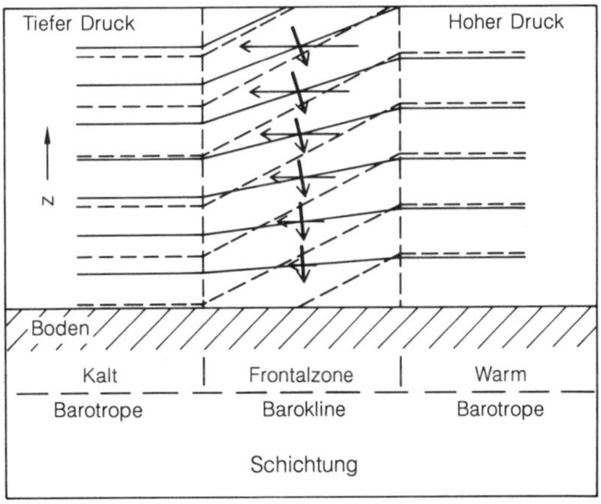

Abb. 3.12. Zur Entstehung horizontaler Beschleunigung durch geneigte Isobaren in einer Frontalzone und zum Begriff der barotropen und baroklinen Schichtung (s. Text). Die *durchgezogenen Linien* stellen die Isobaren, die *gestrichelten* die Isothermen dar. Die *starken Pfeile* symbolisieren die Richtung des Druckgradienten, die *dünnen Pfeile* deuten die horizontalen Kräfte oder Beschleunigungen an

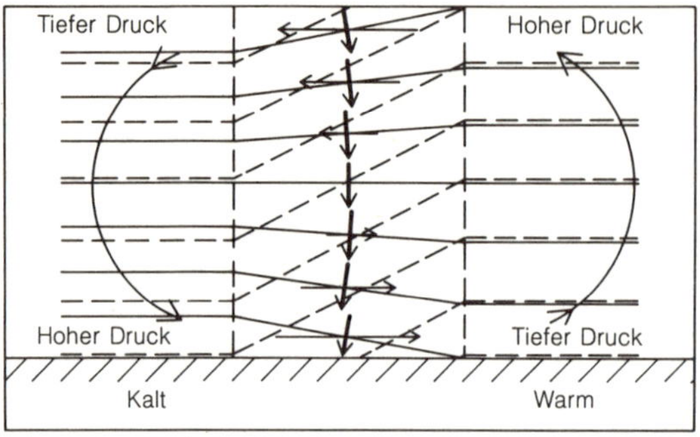

Abb. 3.13. Zur Entstehung einer direkten thermischen Zirkulation; für Details s. Text. (Legende wie für Abb. 3.12)

gleicher Temperatur; gleichwertig ist die Aussage, daß Isobaren und Isothermen parallel verlaufen. Eine solche Schichtung wird „barotrop" genannt. Im Bereich der Frontalzone sind dagegen die Isothermen gegen die Isobaren geneigt, oder anders ausgedrückt, in der Frontalzone schneiden sich Isothermen und Isobaren. Eine solche Schichtung heißt „baroklin". Wir werden sehen, daß eine barokline Schichtung Anlaß zu Zirkulationsbeschleunigungen und zu dynamischen Instabilitäten geben kann.

Abbildung 3.12 ist der Deutlichkeit halber etwas verzerrt gezeichnet; in Wirklichkeit laufen in der Frontalzone die Isothermen noch wesentlich steiler als die Isobaren. Beispielsweise entspricht eine Temperaturdifferenz von 10° zwischen kaltem und warmem Bereich einem Anstieg der Isothermen in der Frontalzone um 1000 m bis 1500 m. Unter der gleichen Bedingung unterscheiden sich die barometrischen Skalenhöhen zwischen kalter und warmer Seite um etwa 3,5%; daraus folgt, daß z. B. in 1 km Höhe die Isobaren in der Frontalzone um etwa 45 m und selbst in 5 km Höhe nur um etwa 200 m ansteigen.

Wir wollen jetzt untersuchen, zu welchen Konsequenzen eine barokline Schichtung in einer Frontalzone nach Art der Abb. 3.12 führt. Wir betrachten dazu zwei Grenzfälle:

- eine (kleinräumige) direkte thermische Zirkulation unter Vernachlässigung der Coriolis-Kraft,
- eine (großräumige) geostrophische Luftbewegung.

Der erste Fall, eine direkte thermische Zirkulation ohne Beeinflussung durch die Coriolis-Kraft, ist in Abb. 3.13 skizziert. Zur Erklärung – oder eher zu einer Plausibilitätsbetrachtung, der eine strengere Begründung folgt – gehen wir von der vorhergehenden Abb. 3.12 aus. Dort ist der Bodendruck zunächst überall gleich; in der Höhe ist dagegen auf einer Fläche konstanter Höhe der Druck auf der warmen Seite hoch, auf der kalten Seite tief. Dies ist natürlich kein stabiler Zustand, ohne Coriolis-Kraft folgt die Strömung dem Druckgefälle; es entsteht eine Höhenströmung von warm nach kalt. Schon aus Kontinuitätsgründen muß auf der warmen Seite Luft aufsteigen, auf der kalten Seite absinken. Der Kreis schließt sich am Boden; dort fließt Luft von der kalten Seite zur warmen, es bildet sich auch am Boden eine Druckdifferenz aus, mit dem höheren Druck auf der kalten und mit dem niedrigeren Druck auf der warmen Seite. Auch wenn keine so modellhafte direkte

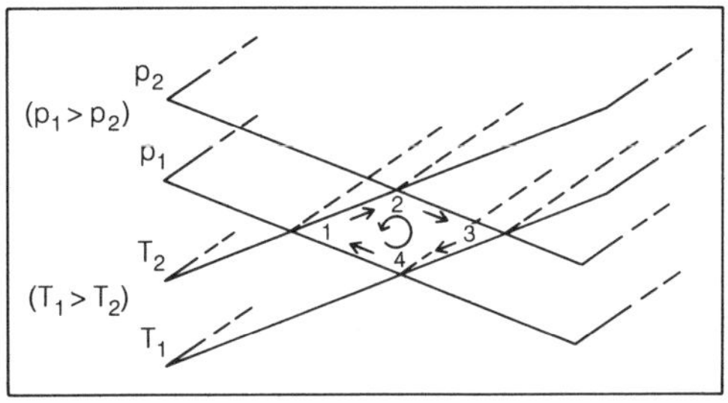

Abb. 3.14. Zur Erklärung der baroklinen Zirkulation: 2 Isothermenflächen (T_1, T_2) und 2 Isobarenflächen (p_1, p_2) schneiden sich; hierbei entstehen gewissermaßen Vierkantrohre, sog. Solenoide, mit einer Raute (mit den Eckpunkten 1, 2, 3, 4) als Querschnittsfläche. Die *geraden Pfeile* an der Umrandung der Raute deuten den Integrationsweg an (s. Text); der *Rundpfeil in der Mitte* symbolisiert die resultierende Zirkulationsbeschleunigung

Zirkulation vorliegt wie eben beschrieben, sind innerhalb einer Region mit starken horizontalen Temperaturunterschieden die Bodendrücke im warmen Bereich tendenziell niedriger als im kalten und entsprechend die Drücke in der Höhe über dem warmen Bereich höher als über dem kalten.

Wir haben damit das Zustandekommen einer Zirkulation bei barokliner Schichtung qualitativ plausibel gemacht; wir wollen jetzt noch quantitativ zeigen, daß in einer baroklin geschichteten Atmosphäre prinzipiell Zirkulationsbeschleunigungen auftreten müssen. Wenn man so will, treten diese Beschleunigungen schon in einem quasi mikroskopischen Maßstab auf; die Zirkulation nach Abb. 3.13 kann man als Summe über diese Beschleunigungen auffassen.

Wir greifen aus der Abb. 3.13 eine Isothermen-Isobaren-Raute heraus; in Abb. 3.14 ist diese skizziert. Es soll gezeigt werden, daß bei dem Umlauf um eine solche Raute eine resultierende Zirkulationsbeschleunigung auftritt.

Im Abschn. 3.2 hatten wir als Zirkulation die Größe

$$Z = \oint \vec{v} \cdot d\vec{s}, \tag{3.93}$$

d. h. das Integral der Geschwindigkeit über einen geschlossenen Weg eingeführt. Als Zirkulationsbeschleunigung erhalten wir demnach

$$\frac{dZ}{dt} = \frac{d}{dt} \oint \vec{v} \cdot d\vec{s}. \tag{3.94}$$

Bei festgehaltenem Integrationsweg bekommen wir durch Vertauschen der Zeitableitung (mit $\vec{a} = d\vec{v}/dt$) und der Ortsintegration ohne weiteres als Zirkulationsbeschleunigung das Integral der normalen Beschleunigung über den geschlossenen Weg,

$$\frac{dZ}{dt} = \oint \vec{a} \cdot d\vec{s}. \tag{3.95}$$

Diese Definition der Zirkulationsbeschleunigung bleibt aber auch bei einem zeitlich variablen Integrationsweg korrekt: Die Differentiation nach der üblichen Produktregel liefert mit

$$\frac{dZ}{dt} = \oint \vec{a} \cdot d\vec{s} + \oint \vec{v} \cdot d\vec{v}$$
$$= \oint \vec{a} \cdot d\vec{s} + 0 \tag{3.96}$$

genau das gleiche Ergebnis, da der zweite Term als geschlossenes Wegintegral über ein vollständiges Differential verschwindet.

Unter diesen Voraussetzungen erhalten wir bei einem vollen Umlauf um eine Raute auf dem Weg $1 \to 2 \to 3 \to 4 \to 1$ (nach Abb. 3.14) die Zirkulationsbeschleunigung

$$\frac{dZ}{dt} = \oint \vec{a} \cdot d\vec{s} = -\oint \frac{1}{\varrho} \cdot \text{grad}\, p \cdot d\vec{s} = -\oint \frac{1}{\varrho} \cdot dp$$
$$= -\left(\int_1^2 \frac{1}{\varrho} \cdot dp + \int_2^3 \frac{1}{\varrho} \cdot dp + \int_3^4 \frac{1}{\varrho} \cdot dp + \int_4^1 \frac{1}{\varrho} \cdot dp \right). \tag{3.97}$$

Das zweite und das vierte Integral verschwinden, da auf den Isobaren $dp = 0$ ist. Das erste und das dritte Integral sind auf den Isothermen zu bilden; ϱ können wir über die Gasgleichung ($\varrho = M \cdot p/R \cdot T$; s. hierzu z. B. Kap. 2) eliminieren, dabei kann wegen der Isothermie T vor das jeweilige Integral gezogen werden. Damit erhalten wir als Zirkulationsbeschleunigung

$$\frac{dZ}{dt} = -\frac{R}{M} \cdot \left(T_2 \cdot \int_{p_1}^{p_2} \frac{dp}{p} + T_1 \cdot \int_{p_2}^{p_1} \frac{dp}{p} \right) \tag{3.98}$$

oder schließlich

$$\frac{dZ}{dt} = +\frac{R}{M} \cdot (T_2 - T_1) \cdot \ln \frac{p_1}{p_2}. \tag{3.99}$$

In dem Beispiel der Abb. 3.14 mit $T_1 > T_2$ und $p_1 > p_2$ ist diese resultierende Zirkulationsbeschleunigung negativ, d. h. entgegen dem Umlaufsinn der Integration gerichtet. Dies ist in Abb. 3.14 angedeutet und entspricht natürlich der pauschaleren Überlegung, wie sie in Abb. 3.13 skizziert war.

Jetzt betrachten wir den zweiten oben genannten Grenzfall, eine geostrophische Bewegung unter dem Einfluß der Coriolis-Kraft. Wir gehen davon aus, daß sich in der Frontalzone nach Abb. 3.12 unter der Wirkung der skizzierten horizontalen Druckkräfte – und unter Vernachlässigung der Bodenreibung – ein geostrophisches Windfeld ausbildet. Der Wind weht dann senkrecht zur Horizontalkomponente des Druckgradienten; unter den Verhältnissen der Abb. 3.12 zeigt die Strömungsrichtung auf der Nordhemisphäre vom Betrachter weg in die Zeichenebene hinein. Da in geostrophischer Näherung kein Druckausgleich stattfindet, bleibt die Konfiguration von Abb. 3.12 erhalten.

Dieser geostrophische Wind als Folge eines horizontalen Temperaturgefälles wird als „Thermischer Wind" bezeichnet. Da die Horizontalkomponente des Druckgradienten mit der Höhe wächst, nimmt auch die Geschwindigkeit des

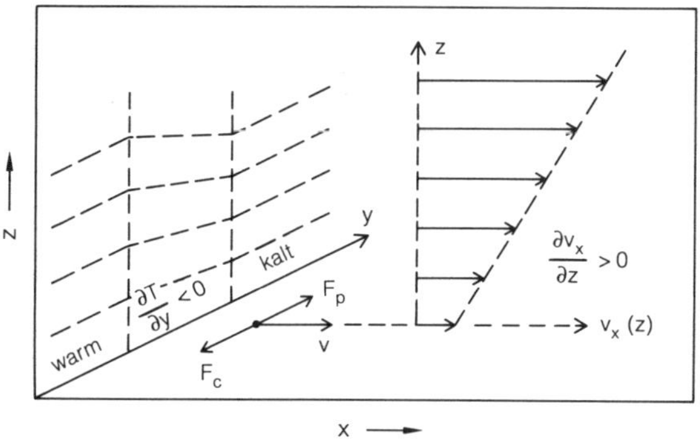

Abb. 3.15. Zur Verdeutlichung des thermischen Windes. Die *gestrichelten Linien* **links** in der y-z-Ebene stellen die Isobaren dar; **rechts**, in der x-z-Ebene, ist symbolisch das Geschwindigkeitsprofil eingezeichnet. Die Zeichnung gilt für die nördliche Hemisphäre

thermischen Windes mit der Höhe zu. Abbildung 3.15 soll die Verhältnisse noch einmal verdeutlichen; in der Zeichnung sind der Temperaturgradient in die y-Richtung und die Strömungsrichtung in die x-Richtung gelegt.

Für die Aufstellung einer Gleichung für den thermischen Wind gehen wir von der barometrischen Höhenformel und von der Gleichung des geostrophischen Windes aus; dabei soll, wie auch in Abb. 3.15, die x-Richtung die Strömungsrichtung sein. Es gelten (s. Gl. 2.1 und Gl. 3.11)

$$\frac{\partial p}{\partial z} = -\varrho \cdot g$$

$$\frac{\partial p}{\partial y} = -f \cdot \varrho \cdot v_x. \tag{3.100}$$

Wir ersetzen ϱ wieder über die allgemeine Gasgleichung, $\varrho = M \cdot p / R \cdot T$, und erhalten

$$\frac{\partial p}{\partial z} = -\frac{M \cdot g \cdot p}{R \cdot T} \tag{3.101}$$

oder

$$\frac{\partial \ln p}{\partial z} = -\frac{M \cdot g}{R \cdot T} \tag{3.102}$$

und

$$\frac{\partial p}{\partial y} = -\frac{M \cdot f \cdot p}{R \cdot T} \cdot v_x \tag{3.103}$$

oder

$$\frac{\partial \ln p}{\partial y} = -\frac{M \cdot f}{R \cdot T} \cdot v_x \tag{3.104}$$

Wir differenzieren Gleichung 3.102 partiell nach y und Gleichung 3.104 nach z, und setzen anschließend beide Ableitungen gleich. Damit erhalten wir die Differentialgleichung des thermischen Windes zu

$$\frac{\partial^2 \ln p}{\partial y \cdot \partial z} = + \frac{M \cdot g}{R \cdot T^2} \cdot \frac{\partial T}{\partial y} = - \frac{M \cdot f}{R} \cdot \frac{\partial (v_x/T)}{\partial z} \tag{3.105}$$

oder

$$\frac{\partial (v_x/T)}{\partial z} = - \frac{g}{f \cdot T^2} \cdot \frac{\partial T}{\partial y}. \tag{3.106}$$

Diese Gleichung verknüpft das horizontale Temperaturgefälle $\partial T/\partial y$ mit der vertikalen Zunahme der Windgeschwindigkeit. Die Gleichung läßt sich ohne großen Fehler noch etwas vereinfachen, wenn wir T durch die über die Höhe gemittelte Temperatur T_m ersetzen. Dann kann $1/T$ vor die Ableitung nach z gezogen werden. Diese ergibt schließlich

$$\frac{\partial v_x}{\partial z} = - \frac{g}{f \cdot T_m} \cdot \frac{\partial T_m}{\partial y} \tag{3.107}$$

oder nach Integration über die Höhe z

$$v_x(z) = v_x(0) - \frac{g}{f \cdot T_m} \cdot \frac{\partial T_m}{\partial y} \cdot z. \tag{3.108}$$

Im 4. Kap. werden wir die Gesetzmäßigkeiten des thermischen Windes zur Erklärung der Windsysteme der gemäßigten Breiten heranziehen; dort werden wir auch Zahlenbeispiele für die eben abgeleiteten Gleichungen anführen.

3.4 Bodenreibung und spezielle Dynamik der bodennahen Luftschichten

Dieser Abschnitt gibt eine erste Übersicht über die Dynamik der unteren, durch die Bodenreibung beeinflußten Luftschichten. Eine detailliertere Behandlung mit der Diskussion der bodennahen Austauschprozesse folgt später in Kap. 7.

Um den Einfluß der Bodenreibung in den unteren Schichten der Troposphäre zu verstehen, gehen wir von folgender Vorstellung aus:

- In der freien, durch den Boden unbeeinflußten Atmosphäre wird eine geostrophische Strömung aufgebaut.
- Als deren Folge bildet sich über der Erdoberfläche eine Grenzschicht aus, d. h. eine reibungsbestimmte Schicht, in der die Strömungsgeschwindigkeit von Null an der Erdoberfläche bis zur Geschwindigkeit des geostrophischen Windfeldes ansteigt, ganz in Analogie zu der Grenzschicht, die sich z. B. an der Außenhaut eines Flugzeugs ausbildet.

Diese Grenzschicht, als „Planetare Grenzschicht“ bezeichnet, ist größenordnungsmäßig etwa 1000 m stark; bei labiler Schichtung mit entsprechend heftigerem Vertikalaustausch wird sie etwas höher, bei stabiler Schichtung etwas niedriger. In der untersten Teilschicht, die unmittelbar an der Erdoberfläche anliegt (oder – wie man gerne sagt – an der Erdoberfläche „haftet“), wird die Dynamik durch die molekulare Viskosität und bei stärker strukturierten Oberflächen auch durch den Staudruck an Strömungshindernissen bestimmt. Die Dicke der molekular-viskosen Unterschicht liegt in der Größenordnung Millimeter. Darüber dominiert der Einfluß der turbulenzbedingten Reibung. Damit ist schon eine erste dynamische Einteilung in einen molekular-viskosen und in einen turbulenten Bereich vorgegeben; wie wir gleich sehen werden, bietet sich für den turbulenten Bereich noch eine weitere Unterteilung in zwei Schichten mit unterschiedlicher dynamischer Charakteristik an, in die sog. Prandtl-Schicht und die sog. Ekman-Schicht.

Um uns ein Bild von der planetaren Grenzschicht oberhalb der molekular-viskosen Schicht zu machen, gehen wir von der Bewegungsgleichung für horizontale stationäre Strömungen, mit $d\vec{v}/dt = 0$ und ohne Berücksichtigung des Geopotentials, aus, mit dem Verständnis, daß $\vec{v} = (v_x, v_y, 0)$ und $\vec{\tau} = (\tau_{xz}, \tau_{yz}, 0)$ sind. Zur Vereinfachung wollen wir annehmen, daß die Druckgradienten nicht höhenabhängig sind, und ferner in der Komponenten-Darstellung der Vektoren nur die x- und die y-Komponente hinschreiben. Für die Strömung mit Reibung folgt dann aus den Überlegungen im Abschn. 3.1

$$-\frac{1}{\varrho}\cdot\left(\frac{\partial p}{\partial x},\frac{\partial p}{\partial y}\right)+f\cdot\left(v_y,-v_x\right)=\frac{1}{\varrho}\cdot\left(\frac{\partial\tau_{xz}}{\partial z},\frac{\partial\tau_{yz}}{\partial z}\right)$$

$$=-\frac{d}{dz}\left[K_z\cdot\left(\frac{\partial v_x}{\partial z},\frac{\partial v_y}{\partial z}\right)\right], \tag{3.109}$$

und für die reibungsfreie geostrophische Strömung gilt

$$-\frac{1}{\varrho}\cdot\left(\frac{\partial p}{\partial x},\frac{\partial p}{\partial y}\right)+f\cdot\left(v_{gy},-v_{gx}\right)=0, \tag{3.110}$$

wobei der Index g wieder auf „geostrophisch" hinweist. Da die Grenzschichtströmung durch das geostrophische Windfeld angetrieben sein soll, ist es naheliegend, die Strömung in der Grenzschicht auf die geostrophische Strömung zu beziehen, d. h. eine Gleichung für die Differenz zwischen geostrophischer und aktueller Strömung aufzustellen. Durch Subtraktion der zweiten von der ersten Gleichung ergibt sich, jetzt gleich komponentenweise nach der Geschwindigkeit aufgelöst,

$$v_x - v_{gx} = \frac{1}{f}\cdot\frac{d}{dz}\left(K_z\cdot\frac{\partial v_y}{\partial z}\right) \tag{3.111}$$

$$v_y - v_{gy} = -\frac{1}{f}\cdot\frac{d}{dz}\left(K_z\cdot\frac{\partial v_x}{\partial z}\right). \tag{3.112}$$

Dies sind die Grundgleichungen der planetaren Grenzschicht. Wir wollen die Diskussion dieser Gleichungen zurückstellen und zunächst einige Überlegungen zur bodennächsten turbulenten Schicht, zur Prandtl-Schicht, anstellen.

Es liegt nahe, anzunehmen, daß die Reibungskräfte eine um so größere Rolle spielen, je näher die Erdoberfläche ist; dies läßt vermuten, daß es möglich sein sollte, eine bodennahe Schicht zu definieren, deren Dynamik ausschließlich durch die

Reibung bestimmt wird, in der also Druck- und Coriolis-Kräfte gegenüber den Reibungskräften nicht mehr ins Gewicht fallen. Im stationären Fall hieße dies, daß über die Dicke Δz dieser ausschließlich reibungsbestimmten Schicht die Änderung von τ oder, anders ausgedrückt, $\Delta z \cdot d\tau/dz$ gegenüber τ vernachlässigbar sein sollte. Tatsächlich hat es sich als sinnvoll herausgestellt, eine solche Schicht, die Prandtl-Schicht, über die Bedingung

$$\tau = \text{const}$$

zu definieren; das bedeutet, daß innerhalb der Prandtl-Schicht mit einer höhenkonstanten Schubspannung gerechnet werden kann.

Die oben angegebene Grundgleichung der planetaren Grenzschicht ermöglicht es abzuschätzen, unter welchen Bedingungen die Annahme $\tau = \text{const}$ sinnvoll ist: In Bodennähe liegt die Schubspannung erfahrungsgemäß in der Größenordnung von 0,1 bis $0{,}3\,\text{N/m}^2$. Für die Änderung mit der Höhe können wir betragsmäßig abschätzen, daß $d\tau/dz \approx \varrho \cdot f \cdot |v - v_g| < \varrho \cdot f \cdot v_g$ ist. Mit $\varrho = 1{,}3\,\text{kg/m}^3$, $f = 10^{-4}\,\text{s}^{-1}$ und $v_g = 10\,\text{m/s}$ erhalten wir

$$\frac{d\tau}{dz} < 1{,}3 \cdot 10^{-3}\,\text{N/m}^3. \tag{3.113}$$

Diese Abschätzung ist eher vorsichtig, da $|v - v_g|$ schon in Bodennähe deutlich kleiner als v_g ist und mit wachsender Höhe rasch weiter abnimmt. $d\tau/dz$ wird also in der Größenordnung von $10^{-3}\,\text{N/m}^3$ oder darunter liegen. Verglichen mit dem Wert für τ selbst bedeutet dies, daß sich τ pro Meter nur um wenige Zehntel Prozent ändert.

Daraus folgt, daß wir die Mächtigkeit der Prandtl-Schicht mit $\tau \approx \text{const}$ zu etwa 50 m, mit einer Variationsbreite zwischen etwa 20 m und 100 m, annehmen können. Um einem nicht selten anzutreffenden Mißverständnis entgegenzuwirken, sei noch einmal wiederholt, daß das Modell einer Schicht mit $\tau = \text{const}$ in Bodennähe möglich ist, weil $\Delta z \cdot d\tau/dz$ klein gegen τ ist, nicht aber, weil dort $d\tau/dz$ selbst besonders klein wäre (aus der Bewegungsgleichung sieht man, daß $d\tau/dz$ in Bodennähe sogar einen Maximalwert erreicht, da dort auch $|\vec{v}_g - \vec{v}|$ maximal ist).

Oberhalb der Prandtl-Schicht, in der Ekman-Schicht, dreht die Windrichtung dann stetig von der Bodenwindrichtung in die Richtung des geostrophischen

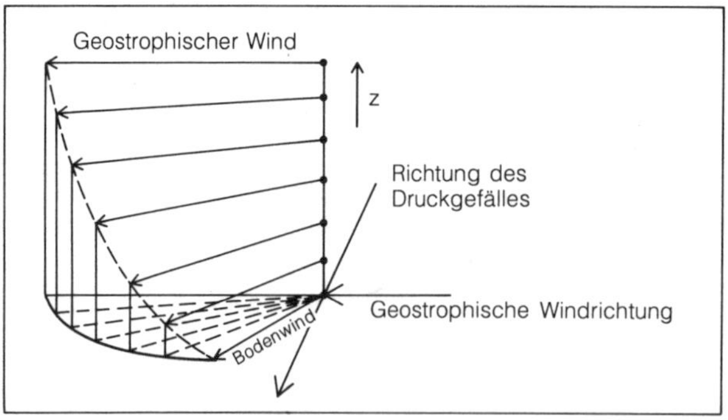

Abb. 3.16. Ekman-Spirale

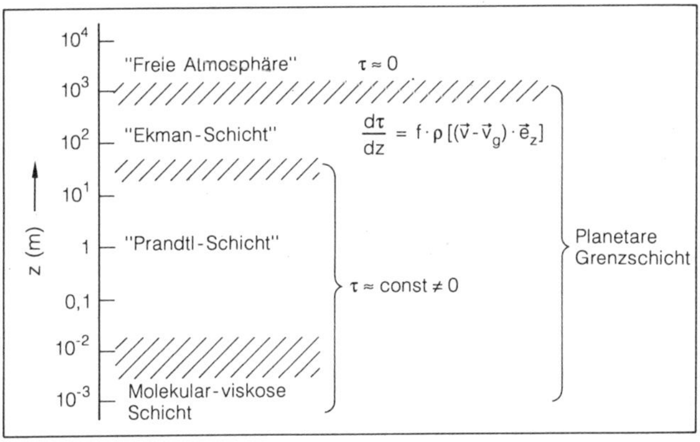

Abb. 3.17. Die dynamische Struktur der planetaren Grenzschicht

Windes der freien Atmosphäre; die Spitze des Windvektorpfeiles beschreibt dabei eine Spirale, die sog. Ekman-Spirale, die in Abb. 3.16 skizziert ist. Die mathematische Beschreibung der Ekman-Spirale ist etwas aufwendig und nur unter spezielleren Annahmen für den turbulenten Diffusionskoeffizienten K_z analytisch möglich; sie ist in der Ergänzung 3.3 zu finden.

Zusammenfassend erhalten wir den in Abb. 3.17 dargestellten Höhenaufbau der planetaren Grenzschicht mit der durch die Dynamik vorgegebenen Unterteilung in die molekular-viskose unterste Schicht, in die durch die Bodenreibung weitgehend allein bestimmte Prandtl-Schicht und in die durch das Zusammenspiel aller Kräfte bedingte Ekman-Schicht.

Ergänzung 3.3

Analytische Lösung der Gleichung der planetaren Grenzschicht

Wie schon im Text zuvor angedeutet, besteht eine prinzipielle Schwierigkeit bei der Behandlung der planetaren Grenzschicht, oder genauer gesagt, der Ekman-Schicht, darin, einen plausiblen Ansatz für K_z zu finden. Für eine erste Übersicht ist es aber ausreichend, K_z als konstanten, von der Höhe unabhängigen Wert einzusetzen; ein guter Mittelwert dafür (s. Kap. 6) ist $K_z = 5 \cdot 10^4\,\mathrm{cm}^2/\mathrm{s}$. Wenn wir mit einem konstanten K_z in die Gleichungen der planetaren Grenzschicht (Gl. 3.111 u. Gl. 3.112) gehen, so vereinfachen sich diese zu

$$v_x - v_{gx} = \frac{K_z}{f} \cdot \frac{d^2 v_y}{dz^2} \tag{3.114}$$

$$v_y - v_{gy} = -\frac{K_z}{f} \cdot \frac{d^2 v_x}{dz^2}. \tag{3.115}$$

Eine relativ einfache analytische Lösung dieser Gleichungen ist im Komplexen möglich. Wir identifizieren die (v_x, v_y)-Ebene mit der Gaußschen Zahlenebene und setzen, mit $i = \sqrt{-1}$,

$$v_x + i \cdot v_y = v \tag{3.116}$$

und

$$v_{gx} + i \cdot v_{gy} = v_g. \tag{3.117}$$

Die Multiplikation der zweiten der oben angegebenen Gleichungen (s. Gl. 3.115) mit i und die nachfolgende Addition beider Gleichungen ergeben

$$\begin{aligned}(v_x + i \cdot v_y) - (v_{gx} + i \cdot v_{gy}) &= \frac{K_z}{f} \cdot \left(\frac{d^2 v_y}{dz^2} - i \cdot \frac{d^2 v_x}{dz^2} \right) \\ &= -i \cdot \frac{K_z}{f} \cdot \left(\frac{d^2 v_x}{dz^2} + i \cdot \frac{d^2 v_y}{dz^2} \right)\end{aligned} \tag{3.118}$$

oder

$$v - v_g = -i \cdot \frac{K_z}{f} \cdot \frac{d^2 v}{dz^2}. \tag{3.119}$$

Nehmen wir jetzt noch zusätzlich an, daß v_g von der Höhe unabhängig ist, und daß damit die Ableitung von $v - v_g$ nach z gleich der Ableitung von v ist, so wird die Gleichung in $v - v_g$ homogen und kann mit einem Exponentialansatz gelöst werden:

$$v - v_g = (v_0 - v_g) \cdot \exp\left(\pm (1 + i) \cdot \sqrt{\frac{f}{2 \cdot K_z}} \cdot z \right), \tag{3.120}$$

wobei v_0 die Geschwindigkeit bei $z = 0$ bedeutet. Da die Differenz zwischen dem aktuellen und dem geostrophischen Wind, $v - v_g$, mit der Höhe z abnehmen muß, ist nur das negative Vorzeichen im Exponenten sinnvoll. Wir erhalten damit

$$v - v_g = (v_0 - v_g) \cdot \exp\left(-\sqrt{\frac{f}{2 \cdot K_z}} \cdot z \right) \cdot \exp\left(-i \cdot \sqrt{\frac{f}{2 \cdot K_z}} \cdot z \right). \tag{3.121}$$

Die Differenz $v - v_g$ beschreibt also eine Exponentialspirale in der komplexen Ebene und ist bei gegebenem v_0 und gegebenem v_g konstruierbar.

Allerdings ist v_0 bei vorgegebenem v_g – oder umgekehrt – nicht mehr frei wählbar, sondern muß einer Randbedingung genügen: Nach der Definition der Prandtl-Schicht mit $\tau = \text{const}$, d. h. Vernachlässigbarkeit aller Kräfte außer der Reibung, muß für $z = 0$ die Schubspannung parallel zur Strömungsrichtung sein. Damit ist auch $d(v - v_g)/dz|_{z=0}$ parallel zu v_0. Andererseits folgt aus der angegebenen Lösung der Gleichung der planetaren Grenzschicht (s. Gl. 3.115)

$$\left. \frac{d(v - v_g)}{dz} \right|_{z=0} = -(1 + i) \cdot \sqrt{\frac{f}{2 \cdot K_z}} \cdot (v_0 - v_g). \tag{3.122}$$

Der Vorfaktor $-(1 + i)$ ist eine komplexe Zahl mit dem Betrag $\sqrt{2}$ und der Phase $5 \cdot \pi/4 = 225°$. Daraus folgt, daß v_0 gegenüber $v_0 - v_g$ um 225° entgegen bzw. um

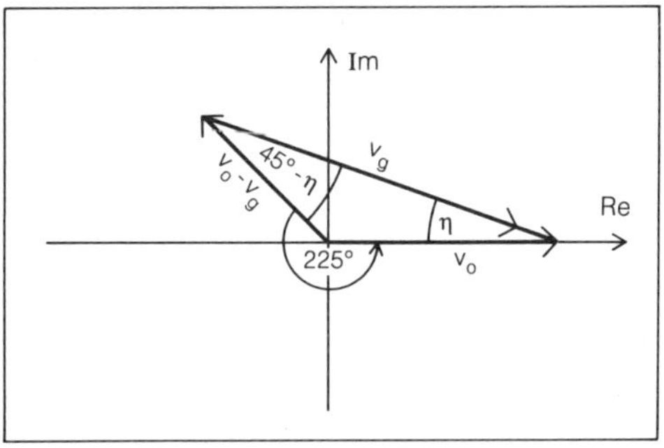

Abb. 3.18. Zur relativen Lage von v_0, $v_0 - v_g$ und v_g

135° im Uhrzeigersinn gedreht sein muß. Abbildung 3.18 soll diese Zusammenhänge verdeutlichen.

Diese zusätzliche Randbedingung beinhaltet:

- Der Winkel η zwischen der geostrophischen und der Boden-Windrichtung darf höchstens 45° werden; dann wird $v_0 = 0$;
- $|v_0|$ kann trivialerweise höchstens gleich $|v_g|$ sein; in diesem Fall muß $\eta = 0$ werden;
- nach dem Sinussatz besteht die Beziehung

$$|v_0| : |v_g| = \sin(45° - \eta) : \sin 135° = \sqrt{2} \cdot \sin(45° - \eta), \tag{3.123}$$

woraus für die Beträge von v_0 und v_g der Zusammenhang

$$|v_0| = |v_g| \cdot \sqrt{2} \cdot \sin(45° - \eta) \tag{3.124}$$

bzw. für die komplexen Größen v_0 und v_g selbst

$$v_0 = e^{i \cdot \eta} \cdot v_g \cdot \sqrt{2} \cdot \sin(45° - \eta) \tag{3.125}$$

folgt.

Mit dieser Relation und der oben angegebenen Lösung der Gleichung für $v - v_g$ (s. Gl. 3.121) ist es jetzt möglich, $v(z)$ eindeutig zu berechnen oder zu konstruieren. In

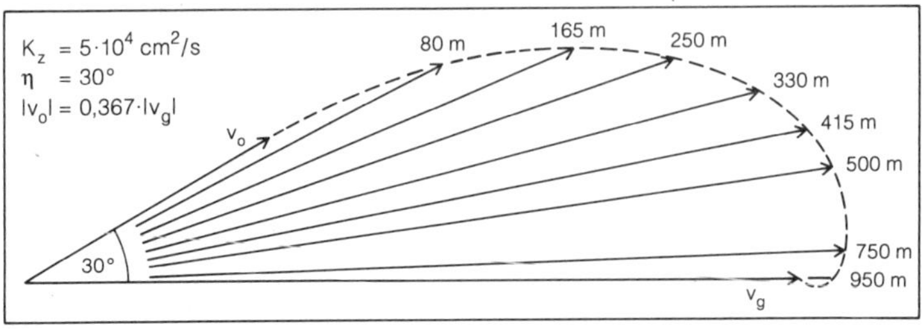

Abb. 3.19. Hodograph einer Ekman-Spirale für die im Text genannten Anfangsbedingungen. An den Enden der v-Vektorpfeile sind die zugehörigen Höhenmeter angeschrieben

Abb. 3.19 ist ein Beispiel für $K_z = 5 \cdot 10^4\,cm^2/s$, $f = 10^{-4}\,s^{-1}$ und für einen Anfangswinkel η zwischen Bodenwind und geostrophischem Wind von 30° durchkonstruiert.

Theoretisch nähert sich die Ekman-Spirale dem geostrophischen Wind asymptotisch; praktisch kann man ansetzen, daß die Ekman-Spirale in die freie Atmosphäre übergeht, sobald $v(z)$ die Richtung von v_g (und angenähert auch den Betrag von v_g) erreicht hat. In dem Beispiel von Abb. 3.19 ist dies bei 950 m der Fall; dieser konstruierte Wert für die Mächtigkeit der Ekman-Schicht stimmt mit den in der realen, angenähert neutral geschichteten Atmosphäre beobachteten Werten (Größenordnung 1 km) überraschend gut überein.

Kapitel 4

Die atmosphärische Zirkulation

In diesem Kapitel sollen die wichtigsten Erscheinungsformen der atmosphärischen Zirkulation beschrieben und qualitativ bis halbquantitativ erklärt werden. Eine vollständige quantitative Behandlung (soweit eine solche überhaupt möglich ist) überschreitet den Rahmen dieses Buches. In diesem Zusammenhang sei auf das zwar schon etwas ältere, aber immer noch aktuelle und gut lesbare Buch von Palmén u. Newton (1969) verwiesen; auch Bücher über die atmosphärische Dynamik (z. B. Gill 1982; Defant u. Defant 1958) enthalten zahlreiche Informationen über die atmosphärischen Zirkulationen.

Wir beginnen mit einer Übersicht über die großräumigen, globalen Zirkulationsformen. In einem darauffolgenden eigenen Abschnitt wird, wegen ihrer besonderen Komplexität und auch wegen ihrer besonderen Wichtigkeit, die Zone der Westwinddrift mit Wellen, Fronten, Zyklonen und Antizyklonen besprochen. Im dritten Abschnitt werden wir dann auf weitere Details der globalen Zirkulation wie z. B. auf tropische und subtropische Winde, auf räumliche und zeitliche Variationen (Einfluß der Jahreszeiten, Monsun, El Niño-Phänomen u. dgl.), oder auf stratosphärische Strömungen eingehen. Einige Anmerkungen zu kleinräumigen Zirkulationen bilden den Schluß dieses Kapitels.

4.1 Globale Zirkulationsmuster

Abbildung 4.1 soll zunächst einen Überblick über die großen atmosphärischen Zirkulationssysteme vermitteln. Das Bild skizziert gewissermaßen den mittleren Normalfall, den wir in diesem Abschnitt besprechen wollen; Details und Variationen werden dann – wie gerade erwähnt – in den folgenden Abschnitten näher behandelt.

Das beherrschende Windsystem der tropischen Breiten beiderseits des Äquators bis zu etwa 30 bis 35° südlicher und nördlicher Breite ist das System der Passate. Diese Winde wehen in der Regel relativ gleichmäßig, auf der Nordhalbkugel aus Nordost, auf der Südhalbkugel aus Südost. In der Äquatorialzone laufen die Passatströmungen zusammen; dieser Konvergenzbereich heißt „Innertropische Konvergenz" (ITC). Die Passate entstehen – grob gesprochen – durch das Aufsteigen erhitzter Luft in der Zone stärkster solarer Einstrahlung; in Bodennähe muß Luft äquatorwärts nachfließen, unter dem Einfluß der Coriolis-Kraft wird diese Strömung nach Westen abgelenkt. Im Sinne der im 3. Kap. besprochenen thermischen Zirkulation ist der Luftdruck innerhalb der ITC relativ niedrig und

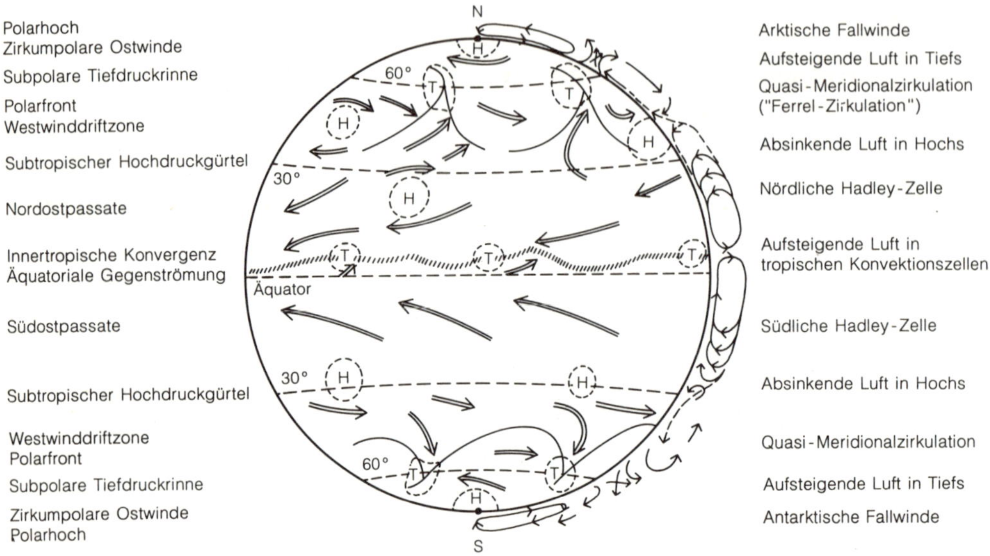

Abb. 4.1. Schema der großräumigen globalen Zirkulationsmuster. *Linke Textspalte:* Wichtigste bodennahe horizontale Winde; *rechte Textspalte:* Meridionale Zirkulation. Für die weiteren Details s. Text

steigt zu den höheren Breiten hin an, wo die Luft wieder absinkt. Zwischen der ITC, die – wie später noch diskutiert werden wird – von dem geographischen Äquator mehr oder minder stark abweicht, und dem Äquator selbst kann wegen der Umkehr der Coriolis-Kraft Westwind als Gegenstömung auftreten; diese Erscheinung ist allerdings fast ausschließlich über Land zu beobachten, wo auch die Variationen der ITC viel ausgeprägter sind als über den großen Meeren.

Die an die Passatzone sich polwärts anschließenden „Roßbreiten" bei etwa 30° bis 35° sind durch häufige Windstille gekennzeichnet („Kalmenzonen"), der Bodenluftdruck ist hoch („subtropischer Hochdruckgürtel"), die Vertikalkomponente der Strömung ist, wie auch in der Passatzone, abwärts gerichtet.

Noch weiter polwärts schließt sich dann die Zone der „Planetaren Westwinddrift" an, die von etwa 35° bis etwa 70° reicht. Hier überwiegen Winde aus westlicher Richtung oder Winde mit westlicher Komponente, doch herrscht keine den Passaten vergleichbare regelmäßige Strömung. Die mittlere Westwinddrift ist von Winden verschiedener Richtung überlagert; typisch für diese Zone sind Wellenbewegungen unterschiedlicher Wellenlänge, das Auftreten von ausgedehnten Fronten, von Zyklonen (Tiefdruckgebieten) und Antizyklonen (Hochdruckgebieten). Diese Erscheinungen werden im nächsten Abschnitt gesondert besprochen.

Prinzipiell läßt sich die Westwinddrift als thermischer Wind verstehen, der durch das Temperaturgefälle zwischen den Tropen und den polaren Breiten angetrieben wird; Abbildung 3.15 liefert hierzu unmittelbar eine Modellvorstellung. Jedoch läßt sich das Geschehen in der Westwinddrift damit allein nicht beschreiben. Erst durch Einbeziehen der vielfältigen Wellenbewegungen und „Störungen" können Zirku-

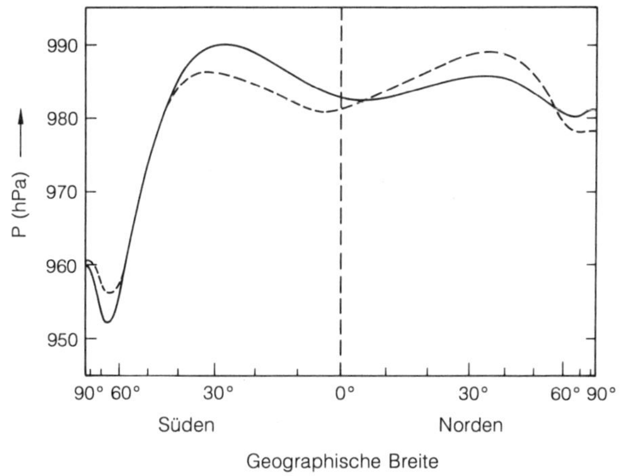

Abb. 4.2. Zonal gemittelter Luftdruck in 250 m Höhe als Funktion der geographischen Breite. (Nach Assur 1949) *Durchgezogene Kurve:* Juli (Nordsommer/Südwinter), *gestrichelte Kurve:* Januar (Südsommer/Nordwinter)

lationsmuster und Luftdruckverteilungen in der Zone der Westwinddrift verstanden werden.

An der Polarfront treffen die kälteren Luftmassen der hohen Breiten mit den wärmeren Luftmassen der gemäßigten Breiten und der Subtropen zusammen. Im Bereich der Polarfront ist der Luftdruck relativ niedrig, zu den Polen hin steigt er dann wieder etwas an. In den hochpolaren Regionen selbst, im Einflußbereich großer Eisflächen, herrschen zirkumpolare Ostwinde vor; diese sind allerdings, im Gegensatz zu den anderen globalen Windsystemen, auf die unteren Luftschichten bis etwa 3 km Höhe beschränkt, außerdem dringen Ausläufer der Westwinddrift bis in hochpolare Breiten vor. Diese hochpolaren, vor allem über der Antarktis gut zu beobachtenden Ostwinde sind ihrem Wesen nach kalte Fallwinde, sog. katabatische Winde, die durch die Auskühlung der Luft über den großen Eisflächen angestoßen und unter dem Einfluß der Coriolis-Kraft nach Westen abgelenkt werden.

Der Name „Polarfront" und weitere Bezeichnungen wie „Polarluft" oder „Tropikluft" sind historischen Ursprungs und können bisweilen zu Mißverständnissen führen. Die Polarfront darf man sich nicht als eine gleichmäßige, in einem polnahen Bereich die Erde umspannende Front vorstellen; sie ist ein unregelmäßiges, stark strukturiertes Gebilde, das einerseits bis in sehr hohe Breiten reichen kann, das andererseits oft auch weit äquatorwärts vorstößt. Ebenso ist unter Polarluft nicht allgemein arktische oder antarktische Luft zu verstehen; sie ist – grob gesprochen – Luft aus relativ hohen Breiten, polwärts von der Polarfront, und häufig maritimen Ursprungs (und deshalb keineswegs unbedingt sehr kalt), im Gegensatz zur „Arktikluft" bzw. „Antarktikluft", die von den Eis- und Schneeflächen kommt und normalerweise wirklich sehr kalt ist. Dementsprechend ist auch „Tropikluft" ein Sammelbegriff für Luft aus niedrigen, meist subtropischen Breiten und von der heißen Äquatorialluft zu unterscheiden.

Um die ganzen Verhältnisse noch etwas zu verdeutlichen, zeigt Abb. 4.2 noch die breitenabhängige Verteilung des mittleren Luftdruckes in Bodennähe. In der Abbildung sind die Luftdruckminima der subpolaren Tiefdruckrinnen und die Maxima der subtropischen Hochdruckgürtel, ebenso das relative Minimum der ITC und die relativen Maxima der Polarhochs zu erkennen. Die Abbildung zeigt auch, daß auf der Südhalbkugel – bedingt durch die riesigen kalten Inlandeismassen der Antarktis – die Luftdruckunterschiede zwischen Subtropenhoch und Subpolartief etwa dreimal so groß sind wie auf der Nordhalbkugel. Ähnliches gilt für das antarktische Polarhoch im Vergleich zu seinem arktischen Gegenstück.

Auf der rechten Seite von Abb. 4.1 ist versucht, die meridional-vertikale Komponente der globalen Zirkulation zu skizzieren. In der Zone der Passatwinde, zwischen innertropischer Konvergenz und subtropischem Hochdruckgürtel, tritt die sog. Hadley-Zirkulation auf, die durch aufsteigende Luft in der ITC, polwärts strömende Luft in der Höhe, absinkende Luft in den Subtropen und in der Passatzone und schließlich durch die zum Äquator weisendc Meridionalkomponente der Passate in der Nähe der Erdoberfläche gekennzeichnet ist (so erscheint das Bild zumindest im Jahresmittel; wir werden sehen, daß diese Zirkulationsform während des Hochsommers über den großen Landmassen mehr oder weniger unterdrückt ist).

Eine direkte Entsprechung zu dieser tropischen Hadley-Zelle ist im Bereich der Westwinddrift nicht zu finden. Die oft diskutierte „Ferrel-Zirkulation" oder sogar „Ferrel-Zelle" ist nicht als solche existent, sondern nur als Mittel über viele Einzelprozesse zu verstehen. Tendenziell entstehen Tiefdruckgebiete eher in der Nähe der Polarfront oder tendieren dazu, polwärts zu driften, während Hochdruckgebiete eher in der Nähe des Subtropengürtels entstehen oder dazu neigen, dorthin zu driften. In Tiefdruckgebieten steigt die Luft auf, in Hochdruckgebieten sinkt sie ab; horizontale Strömungen sorgen für den Ausgleich. Im raumzeitlichen Mittel können diese Strömungen zu einem hypothetischen Zirkulationsmuster, eben zu der Ferrel-Zirkulation, zusammengefaßt werden, dessen Charakteristika absinkende Luft auf der Subtropenseite, polwärts strömende Luft in Bodennähe, aufsteigende Luft auf der Subpolarseite und schließlich äquatorwärts fließende Luft in der Höhe sind, das aber als reale, permanente Zirkulationsform nicht existiert.

Zur Ergänzung zeigt Abb. 4.3 in leicht idealisierter Form die Verteilung der mittleren zonalen, breitenkreisparallelen Windgeschwindigkeiten in einem Meridionalschnitt durch die Atmosphäre. Die aktuellen Windgeschwindigkeiten können Maxima aufweisen, die weit über diese gemittelten Geschwindigkeiten hinausgehen. Insbesondere treten im Bereich der Tropopausenbrüche räumlich eng begrenzte, zeitlich sehr variable Bänder mit sehr hohen Windgeschwindigkeiten (in der Größenordnung bis zu 100 m/s) auf; das sind der Subtropenjet im Bruchbereich zwischen der Tropopause der Tropen und der Tropopause der gemäßigten Breiten, und der Polarjet im Einflußbereich der Polarfront. Diese Jets tragen zwar zu den beiden Maxima bei, die in Abb. 4.3 in ca. 10 km Höhe zu sehen sind, erscheinen aber wegen ihrer hohen Variabilität nicht unmittelbar in der gemittelten Windgeschwindigkeitsverteilung.

Über den großen Ozeanen wie über den großen Kontinenten sind im einzelnen gewisse Abweichungen von dem global gemittelten Bild der Abb. 4.3 zu beobachten: Über den großen äquatorialen Landflächen, vor allem über Zentralafrika, treten auf der Sommerseite zwischen dem Äquator und etwa 10° geographischer Breite und bis in etwa 3 km bis 4 km Höhe Westwinde, die schon erwähnte äquatoriale Gegenströmung, auf. Über den großen Wasserflächen (Zentralatlantik, Pazifik)

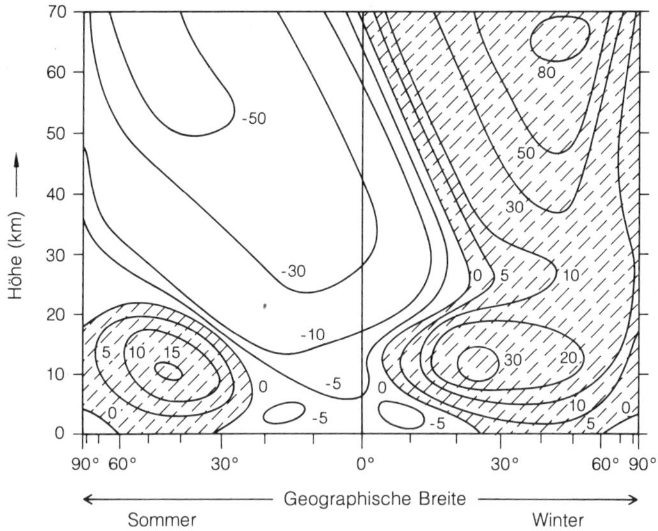

Abb. 4.3. Meridionalschnitt durch die Atmosphäre mit Isolinien der mittleren zonalen Windgeschwindigkeiten (*m/s*), *positiv* für Westwinde und *negativ* für Ostwinde; Westwinde sind zusätzlich *schraffiert*

stoßen die tropischen und subtropischen Ostpassate oft nicht so weit in die Höhe vor, so daß sich in etwa 8 km bis 15 km Höhe eine Art durchgehender „Westwindbrücke“ zwischen den beiden Hemisphären ausbilden kann.

4.2 Die Zone der Westwinddrift

Wie in der vorhergehenden Übersicht schon angedeutet, ist die Westwinddrift in idealisierter Form als thermischer Wind in dem Übergangsbereich zwischen den warmen subtropischen und den kalten subpolaren Breiten zu erklären; die Zone der Westwinddrift ist als großräumige Frontalzone aufzufassen. Während in den Tropen, zwischen den beiden Subtropengürteln, die Temperaturänderung mit der Breite relativ gering ist, finden wir polwärts von den Subtropengürteln relativ große horizontale Temperaturgefälle in der Größenordnung von - im Mittel - etwa 3 K bis 10 K pro 1000 km (s. Abschn. 1.5). Setzen wir diese mittleren Temperaturgradienten in die Gleichung des thermischen Windes (Abschn. 3.3) ein, so erhalten wir, mit $f = 10^{-4} s^{-1}$, vertikale Anstiege der Windgeschwindigkeit von 1 bis 3 m/s pro 1000 m Höhendifferenz. Ein Vergleich mit Abb. 4.3 zeigt, daß diese Rechnung die tatsächlichen mittleren Windgeschwindigkeiten gut wiedergibt.

Im vorhergehenden Abschnitt wurde aber auch schon angedeutet, daß diese idealisierte Betrachtungsweise den tatsächlichen Verhältnissen nur sehr unzureichend gerecht wird. Schon die tägliche Beobachtung des Wetters in unseren Breiten zeigt, daß zwar Winde mit westlicher Komponente recht häufig sind, daß aber alle anderen Windrichtungen ebenfalls vorkommen, ja daß bei manchen Wetterlagen sogar lange anhaltende Ostwinde wehen können. Ebenso wechseln Lagen mit sehr geringen horizontalen Druck- und Temperaturunterschieden mit Frontlagen ab, in denen sehr abrupte Änderungen von Druck und Temperatur zu beobachten sind.

Wir wollen bei dem Versuch, ein qualitatives bis halbquantitatives Bild der Westwinddrift zu zeichnen, diese Variabilität in den Vordergrund stellen. Zunächst sollen die Störungen der Westwinddrift in der idealisierten Form großräumiger Wellen diskutiert werden. Im nächsten Schritt soll dann der Begriff der Front besprochen werden, und dabei die Polarfront etwas stärker herausgestellt werden, die die Dynamik der Westwinddriftzone wesentlich mitbestimmt. Im letzten Abschnitt sollen schließlich die Tief- und Hochdruckgebiete behandelt werden.

4.2.1 Barotrope und barokline Wellen

Eine Welle ist – ganz allgemein gesprochen – die räumliche Fortpflanzung einer Störung in einem schwingungsfähigen Medium. Es ist selbstverständlich, daß in einem so komplexen strömenden Medium, wie es die Atmosphäre darstellt, Störungen vielfältiger Art und damit auch ebenso vielfältige Wellenformen auftreten. Eine systematische Behandlung der atmosphärischen Wellen, die halbwegs dem Anspruch auf Vollständigkeit gerecht werden könnte, würde den vorliegenden Rahmen bei weitem sprengen. Hier sollen deshalb nur die Wellen betrachtet werden, die für die großräumige Struktur der Westwinddrift relevant sind; aber auch dabei müssen wir uns auf die einfachsten Grundlagen und modellhaften Vorstellungen beschränken.

Betrachtet man eine polzentrierte Wetterkarte (Abb. 4.4 zeigt ein schematisches Beispiel), so fällt auf, daß die Polarfront und mit ihr weite Teile der Westwinddriftzone ein globales Wellenmuster aufweisen mit etwa 3 bis 5 Wellen pro Erdumkreisung. Dabei sind einige wichtige Eigenschaften dieser Welle zu beobachten:

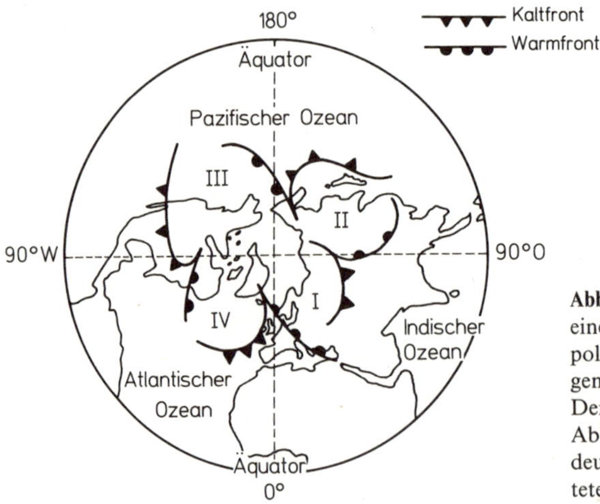

Abb. 4.4. Schematische Darstellung einer erdumspannenden, zirkumpolaren Viererwelle, sichtbar gemacht am Verlauf der Polarfront. Der Nordpol liegt im Zentrum der Abbildung; die römischen Ziffern deuten die 4 äquatorwärts gerichteten Halbwellen („Tröge") an

- zumindest tendenziell setzt die Wellenbildung bevorzugt immer wieder an den gleichen Stellen auf der Erde ein;
- die Wellen sind weit davon entfernt, gleichmäßige Wellen, etwa im Sinn einer Sinuswelle, zu sein; die Polarfront ist oft unterbrochen, sie weist Ausbrüche äquatorwärts und singularitätenartige Spitzen polwärts auf;
- die Lage und die Wanderungsgeschwindigkeiten der großen Wellen, und auch die Wanderungsgeschwindigkeiten der Tief- und Hochdruckgebiete sind in allen Höhen durch die Troposphäre hindurch annähernd die gleichen, ganz im Gegensatz zur Windgeschwindigkeit selbst, die wegen der baroklinen Struktur der Westwinddriftzone und besonders der Polarfront mit der Höhe zunimmt.

Die letztgenannte Tatsache legt den Schluß nahe, daß Struktur und Geschwindigkeit der großen Wellen durch eine mittlere troposphärische Strömung bestimmt werden. Diese mittlere Geschwindigkeit wird in der Regel durch die Strömung, in etwa 5 bis 6 km Höhe, bei ca. 600 hPa bis 500 hPa repräsentiert. In dieser Höhe ist die Strömung annähernd divergenzfrei; dieses Höhenniveau wird bisweilen als quasi-barotrop bezeichnet, da die unter der Voraussetzung der Barotropie und Divergenzfreiheit zu berechnenden Wellenstrukturen in dieser Höhe weitgehend realisiert sind. Oberhalb und unterhalb dieser quasi-barotropen Schicht machen sich bei barokliner Schichtung Kon- und Divergenzen bemerkbar, die ausschlaggebend für die ganze Zyklonendynamik sind.

In diesem Sinne werden wir im folgenden zuerst die barotropen Wellen (Rossby-Wellen) unter der Voraussetzung von Höhenunabhängigkeit und Divergenzfreiheit besprechen, und dann im zweiten Schritt die Dynamik barokliner Wellen und die dabei auftretenden Konvergenzen und Divergenzen behandeln.

Wir betrachten die Westwinddrift zunächst modellhaft als einen barotropen, bezüglich der Höhe homogenen geostrophischen Grundstrom, in dem „Störungen" als Ablenkungen senkrecht zu dem Grundstrom auftreten können (die Richtung des Grundstroms sei die x-Richtung, von Westen nach Osten positiv; die meridionale Richtung sei, polwärts positiv, die y-Richtung). Eine Ursache für das Entstehen solcher Störungen sind z. B. Ablenkungen durch die Erhebungen der Kontinente; wir haben bei der Besprechung der potentiellen Vorticity (Abschn. 3.2) einen Mechanismus dafür angedeutet. Damit wird auch einsichtig, daß die Wellenbildung bevorzugt an bestimmten geographischen Orten einsetzt.

Die Strömung sei, wie schon erwähnt, divergenzfrei. Mit den angegebenen Koordinatenrichtungen folgt hieraus für die Vorticity-Gleichung

$$\frac{d\eta}{dt} = \frac{d\zeta}{dt} + \frac{df}{dt} = \frac{d\zeta}{dt} + v_y \cdot \frac{df}{dy} = 0. \tag{4.1}$$

Die rechte Seite kann so geschrieben werden, weil der Coriolis-Parameter f nur von der y-Koordinate abhängt. Es ist (mit R als dem Erdradius und mit φ als geographischer Breite)

$$\frac{df}{dy} = \frac{df}{d\varphi} \cdot \frac{d\varphi}{dy} = 2 \cdot \Omega \cdot \cos\varphi \cdot \frac{1}{R}. \tag{4.2}$$

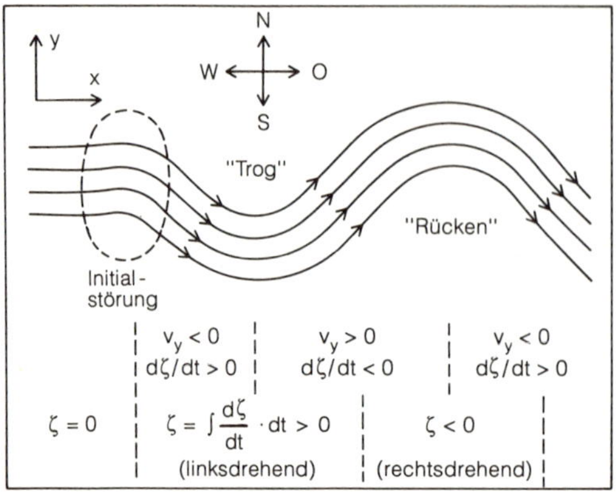

Abb. 4.5. Zur Entstehung der Rossby-Wellen (s. Text)

Damit erhalten wir

$$\frac{d\zeta}{dt} + v_y \cdot \frac{2 \cdot \Omega \cdot \cos\varphi}{R} = 0 \tag{4.3}$$

oder, wenn wir noch – wie üblich –

$$\beta = \frac{df}{dy} = \frac{2 \cdot \Omega \cdot \cos\varphi}{R} \tag{4.4}$$

schreiben,

$$\frac{d\zeta}{dt} = -\beta \cdot v_y. \tag{4.5}$$

Wie in Abb. 4.5 schematisch dargestellt, muß bei einer äquatorwärts gerichteten Strömung (v_y negativ) ζ zunehmen, d. h. es tritt eine Krümmung entgegen dem Uhrzeigersinn auf, die die Strömung zurücktreibt. Nach Erreichen der tiefsten Stelle des „Troges" nimmt ζ wieder ab, bleibt aber positiv bis zum Nulldurchgang. Dann kehren sich die Verhältnisse um: Wenn die Strömung den polarwärts gerichteten Teil der Welle durchläuft, ist ζ negativ, es tritt eine Krümmung im Uhrzeigersinn auf, die die Strömung ebenfalls wieder zurücktreibt: es bildet sich ein „Rücken" aus.

Zur Ableitung der Dispersionsrelation der Rossby-Wellen, d. h. des Zusammenhangs zwischen der Ausbreitungsgeschwindigkeit c und der Wellenlänge λ, machen wir die vereinfachende Annahme, daß die Strömungsgeschwindigkeiten nicht von y abhängen sollen, d. h., daß gelte

$$\frac{\partial v_x}{\partial y} = 0, \quad \frac{\partial v_y}{dy} = 0. \tag{4.6}$$

Mit genau der gleichen Argumentation wie bei der Ableitung der allgemeinen Bewegungsgleichung (Abschn. 3.1.4) können wir für die totale Ableitung von ζ nach der Zeit setzen

$$\frac{d\zeta}{dt} = \frac{\partial\zeta}{\partial t} + v_x \cdot \frac{\partial\zeta}{\partial x} + v_y \cdot \frac{\partial\zeta}{\partial y}. \tag{4.7}$$

ζ war definiert durch $\zeta = \partial v_y/\partial x - \partial v_x/\partial y$; nach der Voraussetzung oben ist aber $\partial v_x/\partial y = 0$, d. h. es wird $\zeta = \partial v_y/\partial x$. Wegen der gleichen Voraussetzung verschwindet aber auch $\partial\zeta/\partial y$, d. h. wegen

$$\frac{\partial\zeta}{\partial y} = \frac{\partial^2 v_y}{\partial x \cdot \partial y} = \frac{\partial^2 v_y}{\partial y \cdot \partial x} = 0. \tag{4.8}$$

Wir erhalten also

$$\frac{d\zeta}{dt} = \frac{\partial\zeta}{\partial t} + v_x \cdot \frac{\partial\zeta}{\partial x} = \frac{\partial^2 v_y}{\partial x \cdot \partial t} + v_x \cdot \frac{\partial^2 v_y}{\partial x^2}. \tag{4.9}$$

Andererseits hatten wir oben

$$\frac{d\zeta}{dt} = -\beta \cdot v_y \tag{4.10}$$

abgeleitet. Der Vergleich der beiden Gleichungen liefert

$$\frac{\partial^2 v_y}{\partial x \cdot \partial t} + v_0 \cdot \frac{\partial^2 v_y}{\partial x^2} = -\beta \cdot v_y \tag{4.11}$$

(wobei noch $v_x \approx v_0$ gesetzt ist, die Geschwindigkeit in x-Richtung ist näherungsweise gleich der Geschwindigkeit v_0 des Grundstroms).

Mit dem Ansatz $v_y = a \cdot \sin(\omega \cdot t - k \cdot x)$, wobei $k = 2 \cdot \pi/\lambda$ ist, erhalten wir, nach Ausführung der zweimaligen Differentiation und anschließender Division durch v_y, schließlich die gesuchte Dispersionsrelation

$$k \cdot \omega - v_0 \cdot k^2 = -\beta \tag{4.12}$$

oder, nach Division durch k^2 und unter Berücksichtigung der Tatsache, daß die Phasengeschwindigkeit c der Wellen durch $c = \omega/k$ gegeben ist,

$$c = v_0 - \frac{\beta}{k^2} = v_0 - \frac{\beta \cdot \lambda^2}{4 \cdot \pi^2}. \tag{4.13}$$

Für die großräumige Struktur der Westwinddrift sind vor allem die annähernd stationären Wellen ausschlaggebend, die sich nach einem Hindernis bilden (man kann sich das durch Vergleich mit den ebenfalls stationären Wellen veranschaulichen, die sich in einer Wasserströmung nach einem Hindernis bilden, z. B. in einem Bach im Lee eines großen Steines). Für diese Wellen ist $c = 0$, wir erhalten dann für die Wellenlänge λ_s

$$0 = v_0 - \beta \cdot \frac{\lambda_s^2}{4 \cdot \pi^2} \tag{4.14}$$

oder

$$\lambda_s = 2 \cdot \pi \cdot \sqrt{\frac{v_0}{\beta}} = 2 \cdot \pi \cdot \sqrt{\frac{v_0 \cdot R}{2 \cdot \Omega \cdot \cos\varphi}}. \tag{4.15}$$

Einsetzen von Zahlenwerten ergibt beispielsweise $\lambda_s = 7190$ km für eine geographische Breite von 60° bei einer Geschwindigkeit des zonalen Grundstroms von 15 m/s.

Die Wellenlängen der angenähert stationären Rossby-Wellen betragen also in höheren Breiten viele tausend Kilometer. Auf einen Breitenkreis kommen deshalb nur sehr wenige Wellen, ganz entsprechend der Darstellung in Abb. 4.4 (bei $\varphi = 60°$ ist der Erdumfang entlang eines Breitenkreises gerade 20000 km).

Wie schon erwähnt, spiegeln die quasi-barotropen Rossby-Wellen angenähert „mittlere" troposphärische Verhältnisse wider und beeinflussen die großräumige, globale Struktur der Westwinddriftzone. Barotrope Wellen sind stabil, auch bei großen Amplituden wirken ausreichende rücktreibende Kräfte; Instabilitäten und Singularitäten wie die Entstehung von Zyklonen können in dem barotropen Modell nicht erklärt werden. Wir wollen deshalb jetzt die Dynamik barokliner Wellen betrachten, letztlich mit dem Ziel, die Entstehung von Zyklonen an Fronten zu verstehen.

Zu diesem Zweck werden wir versuchen, den Zusammenhang zwischen der Geometrie und der Dynamik dieser Wellen einerseits und den daraus folgenden Konvergenzen und Divergenzen andererseits aufzufinden. Bei der Behandlung barotroper Wellen waren wir von der Voraussetzung der Divergenzfreiheit der Strömung ausgegangen. Diese Voraussetzung ist, wie erwähnt, nur in einer mittleren Schicht der Troposphäre, etwa bei 5 bis 6 km Höhe, annähernd erfüllt, während in den darüber und darunter liegenden Schichten Kon- und Divergenzen zu erwarten sind.

Die mathematische Behandlung selbst ist kompliziert und aufwendig; sie wird deshalb getrennt in der Ergänzung 4.1 (s. S. 140) durchgeführt. Wir wollen hier die wichtigsten Ergebnisse wiedergeben:

In dem polarwärts gerichteten Zweig einer baroklinen Welle tritt in der oberen Troposphäre, in ca. 8 km bis 11 km Höhe, eine sehr starke horizontale Divergenz der Strömung auf, der eine vergleichsweise schwache Konvergenz in Bodennähe gegenübersteht. Die Folgen davon sind Druckabfall und aufwärts gerichtete Vertikalbewegung. Im äquatorwärts gerichteten Zweig der Welle kehren sich die Verhältnisse gerade um. Durch die Dynamik der baroklinen Welle werden starke Konvergenzen in der Höhe ausgelöst, mit denen schwache Divergenzen in Bodennähe korrespondieren. Die Konsequenzen sind entsprechend Druckanstieg und Absinken der Luft. Im übernächsten Abschnitt, der sich mit der Genese von Zyklonen und Antizyklonen befaßt, werden wir sehen, daß diese Mechanismen zu einer Instabilität der baroklinen Welle führen.

Hier, an dieser Stelle, wollen wir noch festhalten, daß die Dynamik der baroklinen Wellen (und damit auch die Zyklogenese) entscheidend von der Strömung in der oberen Troposphäre bestimmt werden. Die stärksten Effekte sind dort zu erwarten, wo in der Höhe die größten Windgeschwindigkeiten auftreten.

4.2.2 Fronten

Lagern oder bewegen sich Luftmassen unterschiedlicher Temperatur in einer gewissen Nachbarschaft, so bildet sich eine Frontalzone aus, entsprechend dem Schema von Abb. 3.12. Ist der Übergangsbereich zwischen den beiden Luftmassen relativ schmal, so erhalten wir eine Front, d. h. eine relativ dünne Zone mit

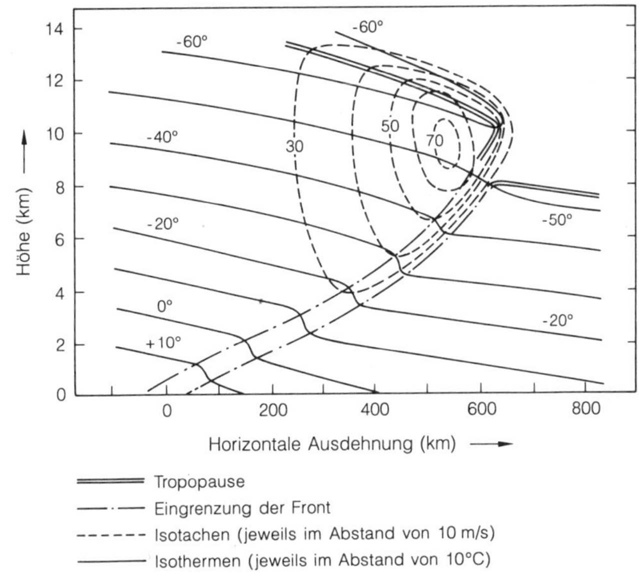

Abb. 4.6. Schematischer Querschnitt durch die Polarfront und durch den Subpolarjet

ausgeprägtem horizontalem Temperaturgradienten und entsprechend mit hoher Baroklinität. Die horizontale Mächtigkeit einer großen Front, wie z. B. der Polarfront, liegt in der Größenordnung von einigen zehn Kilometern (um Mißverständnissen vorzubeugen: Diese Angabe bezieht sich auf die „Dicke“ der Front in einer bestimmten Höhe, nicht auf ihre horizontale Ausdehnung insgesamt, die einige hundert Kilometer betragen kann!). Zonen dieser Art entstehen bevorzugt, wenn die beiden beteiligten Luftmassen sich aufeinander zubewegen und dabei seitlich ausweichen müssen.

Der große horizontale Temperaturgradient in der Front kann nach dem Gesetz des thermischen Windes zu sehr hohen Windgeschwindigkeiten in der Höhe führen. Im Bereich der Polarfront bilden diese Maxima des thermischen Windes die subpolaren Strahlströme (Subpolarjets). In Abb. 4.6, die einen schematischen Querschnitt durch die Polarfront darstellt, sind in diesem Gebiet die Isotachen, d. h. Linien gleicher Geschwindigkeit eingezeichnet. Für das in der Abbildung eingezeichnete Windmaximum von etwa 75 m/s in 10 km Höhe ist nach der Gleichung des thermischen Windes ein mittlerer horizontaler Temperaturgradient von etwa 2,5 K auf 100 km erforderlich.

Fronten sind in der Regel keineswegs Gebilde in der Art einer vertikalen Wand, sondern weisen eine beträchtliche horizontale Ausdehnung auf; sie sind eher Flächen, die nur sehr schwach gegen die Horizontale geneigt sind. In Abb. 4.6 ist angedeutet, daß die Polarfront in der Höhe mehrere hundert Kilometer gegenüber der Frontlage am Boden polwärts verschoben sein kann. Dieser Sachverhalt ist keineswegs erstaunlich: An sich sind zwei ruhende Luftmassen mit unterschiedlicher potentieller Temperatur nur dann in einem stationären Gleichgewicht, wenn die Luft mit höherer potentieller Temperatur mit waagrechter Trennfläche über der Luft mit niedrigerer Temperatur lagert. Es ist eine Folge der Relativbewegung zwischen den Luftmassen, daß Trennflächen mit von Null verschiedener Neigung überhaupt möglich sind.

Für eine stationäre, im Gleichgewicht befindliche Front, in der nur geostrophische Winde auftreten, ist der Neigungswinkel α gegenüber der Horizontalen gegeben durch

$$\operatorname{tg} \alpha = \frac{f}{g} \cdot \frac{T_k \cdot v_w - T_w \cdot v_k}{T_w - T_k}, \tag{4.16}$$

wobei die Indices w und k bei den Temperaturen T bzw. den Geschwindigkeiten v die „warme“ bzw. die „kalte“ Luftmasse bezeichnen; f ist der Coriolis-Parameter, g die Schwerebeschleunigung. Da $\Delta T = T_w - T_k$ meist klein gegenüber der mittleren Temperatur T ist (z.B. $\Delta T \approx 10\,K$ gegenüber $T \approx 300\,K$), kann man mit $\Delta v = v_w - v_k$ die Gleichung auch schreiben

$$\operatorname{tg} \alpha = \frac{f}{g} \cdot T \cdot \frac{\Delta v}{\Delta T} \tag{4.17}$$

(diese Gleichung ist als Formel von Margules bekannt).

Die angegebene Beziehung läßt sich aus folgender Überlegung ableiten: Gleichgewicht an der Front herrscht dann, wenn auf beiden Seiten überall der gleiche Druck herrscht. Wenn wir von einem beliebigen Punkt P der Frontfläche aus (s. Abb. 4.7) ein infinitesimales Wegstück $\vec{ds} = (0, dy, dz)$ auf der Front selbst weitergehen, so muß auch die Druckänderung dp auf der kalten und der warmen Seite gleich sein, d. h. es muß gelten

$$dp = (\operatorname{grad} p)_w \cdot \vec{ds} = (\operatorname{grad} p)_k \cdot \vec{ds} \quad \text{mit} \quad \operatorname{grad} p = \left(0, \frac{\partial p}{\partial y}, \frac{\partial p}{\partial z}\right), \tag{4.18}$$

oder

$$\left(\frac{\partial p}{\partial y}\right)_w \cdot dy + \left(\frac{\partial p}{\partial z}\right)_w \cdot dz = \left(\frac{\partial p}{\partial y}\right)_k \cdot dy + \left(\frac{\partial p}{\partial z}\right)_k \cdot dz. \tag{4.19}$$

Hieraus folgt unmittelbar

$$\operatorname{tg} \alpha = \frac{dz}{dy} = \frac{\left(\frac{\partial p}{\partial y}\right)_w - \left(\frac{\partial p}{\partial y}\right)_k}{\left(\frac{\partial p}{\partial z}\right)_k - \left(\frac{\partial p}{\partial z}\right)_w}. \tag{4.20}$$

Die barometrische Höhenformel liefert

$$\frac{\partial p}{\partial z} = -g \cdot \varrho, \tag{4.21}$$

und die Gleichung des geostrophischen Windes liefert

$$\frac{\partial p}{\partial y} = -f \cdot \varrho \cdot v_x. \tag{4.22}$$

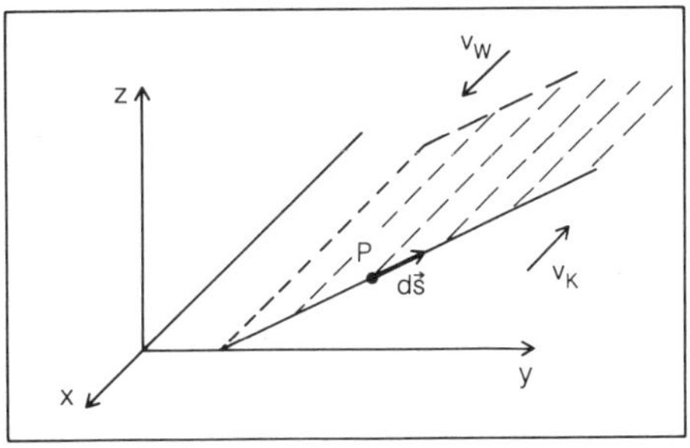

Abb. 4.7. Zur Ableitung der Margules-Formel (s. Text)

Setzt man diese beiden Beziehungen in die Gleichung oben (s. Gl. 4.20) ein, so erhält man

$$\operatorname{tg}\alpha = \frac{f}{g} \cdot \frac{(\varrho \cdot v_x)_w - (\varrho \cdot v_x)_k}{\varrho_k - \varrho_w}. \tag{4.23}$$

Ersetzt man noch ϱ mit Hilfe der Gasgleichung durch die Temperatur T, wobei $\varrho \sim 1/T$ ist, so erhält man schließlich die oben angegebene Margules-Formel (s. Gl. 4.16 bzw. 4.17).

Geht man von den Bezeichnungen der Abb. 4.7 aus, so liegt α zwischen 0° und 90°, tg α ist also stets positiv. Da $\Delta T = T_w - T_k$ trivialerweise positiv ist, muß auch $\Delta v = v_w - v_k$ positiv sein, d. h. die Geschwindigkeiten müssen sich relativ zueinander so verhalten wie sie in Abb. 4.7 eingezeichnet sind (auf die absoluten Geschwindigkeiten kommt es dabei nicht an). Das bedeutet, daß die Windscherung in einer geostrophischen Front zyklonal ist, oder – was dasselbe aussagt – daß die relative Vorticity positiv ist.

Die bisher beschriebene ideal geostrophische Front, charakterisiert durch die frontparallele Strömung, kommt allerdings in der Natur nur ausnahmsweise vor. In der Regel treten Strömungen mit Komponenten senkrecht zur Frontfläche auf; die Front wandert. Zusätzlich macht sich die Bodenreibung bemerkbar.

Stößt kalte Luft gegen einen wärmeren Luftkörper vor, so spricht man von einer Kaltfront; schreitet umgekehrt wärmere Luft auf einen kälteren Luftkörper zu, so spricht man von einer Warmfront. In Abb. 4.8 ist versucht, die charakteristischen Merkmale beider Fronttypen in Schnitten parallel zur Grundströmung darzustellen. Da die troposphärischen Windgeschwindigkeiten in der Regel mit der Höhe ansteigen, drängt sich die Kaltfront in der Höhe stärker vor als unten. Wegen der damit verbundenen tendenziellen Labilität wird der Vertikalaustausch in der Front, vor allem in deren Spitze, sehr intensiv; es wird in beträchtlichem Maße Horizontalimpuls aus der Höhe zum Boden hin transportiert. Dies hat zwei unmittelbare Konsequenzen: Zum einen wird die Front als Ganzes relativ schnell. Zum anderen wird die Bodenreibung sehr wirksam. Beide Effekte zusammen haben zur Folge, daß sich die Kaltfront in Bodennähe stark aufsteilt; sie kann in ihrem unteren Teil tatsächlich auch als eine einige hundert Meter hohe, fast senkrechte Wand auftreten, oder sich sogar „überschlagen“. Die für eine Kaltfront typischen Niederschläge sind konvektive Schauer; in der Regel hören diese nach dem Durchgang der Front rasch auf.

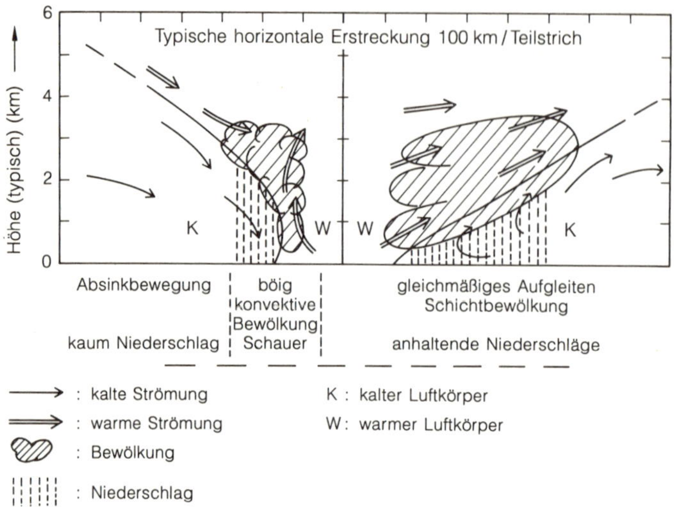

Abb. 4.8. Typische Strukturen von Kaltfronten (**links**) und Warmfronten (**rechts**); die mittlere Grundströmung läuft *von links nach rechts.* Die angeschriebenen horizontalen und vertikalen Ausmaße sind nur als ungefähre Anhaltswerte zu verstehen

Beim Voranschreiten einer Warmfront tritt dagegen eine großflächige Aufgleitbewegung auf; der warme Luftkörper schiebt sich über den kalten. In dieser Konstellation bleiben der Vertikalaustausch und damit der vertikale Fluß von Horizontalimpuls viel schwächer als in einer Kaltfront; eine Warmfront bewegt sich deshalb deutlich langsamer als eine vergleichbare Kaltfront. Die aufsteigende Luftbewegung erstreckt sich über eine relativ große Fläche; die resultierende Schichtbewölkung mit lang anhaltenden, gleichförmigen Niederschlägen ist für eine Warmfront typisch.

4.2.3 Zyklonen und Antizyklonen in der Westwinddriftzone

In dem Abschn. 4.2.1 hatten wir Wellen besprochen, die für die großräumige Struktur der Westwinddriftzone und für das Auftreten von Strömungen in dem von Westen kommenden Grundstrom verantwortlich sind. Vor allem die langwelligen quasi-barotropen Wellen, die sog. Rossby-Wellen, sind für die globale Struktur dieser Zone bestimmend. Da die Initialstörungen für diese Wellen in der Regel von bestimmten geographischen Gegebenheiten ausgehen, findet man die charakteristischen Wellenauslenkungen auch immer wieder in den gleichen geographischen Regionen. Die von den Rossby-Wellen vorgezeichnete Struktur der Westwinddrift und der Polarfront bewirkt, daß Zyklonen oder ganze Zyklonenfamilien immer wieder an den gleichen Stellen entstehen; bekannte Gebiete dieser Art sind der Nordatlantik um Island oder der Nordpazifik um die Aleuten-Gruppe.

Eine modellmäßig streng barotrope Rossby-Welle könnte für sich allein allerdings keine Zyklone erzeugen, da sie in dem Sinne „stabil" ist, daß keine

Selbstverstärkungsmechanismen wirksam sind, die zu Singularitäten in der Welle führen könnten. Zum Entstehen einer Zyklone ist erforderlich, daß in der Wellenbewegung eine Instabilität auftritt, d. h. daß eine durch eine Initialstörung verursachte Auslenkung weiter verstärkt wird. Solche Selbstverstärkungseffekte sind an barokline Schichtungen gekoppelt.

Wir wollen hier das Zustandekommen einer solchen sog. baroklinen Instabilität qualitativ plausibel machen und die Entwicklung einer Störung zu einer Zyklone diskutieren. Für eine quantitative Behandlung sei auf eine grundlegende Arbeit zur Instabilität zyklonenerzeugender Wellen von Charney (1974) verwiesen, teilweise auch auf die anfangs des 4. Kap. erwähnten Bücher.

Bei der Diskussion der baroklinen Wellen war gezeigt worden, daß im polwärts gerichteten Zweig dieser Wellen eine starke Divergenz der Höhenströmung auftritt, der eine (schwächere) Konvergenz in Bodennähe gegenübersteht. Die Folge ist eine aufwärts gerichtete Vertikalbewegung und – wegen der dominierenden Höhendivergenz – ein Abfall des Luftdrucks in diesem Bereich; es bildet sich ein – wenn man will – „embryonales" Tief, ein relatives Luftdruckminimum, aus. Der absinkende Luftdruck gibt – in geostrophischer Näherung – Anlaß zu einer Umströmung des Minimums in zyklonaler, dem Uhrzeigersinn entgegengesetzter Richtung (die Druckgradientkraft zeigt in Bewegungsrichtung nach links, die Coriolis-Kraft nach rechts). Ein entsprechender Vorgang mit umgekehrtem Vorzeichen läuft auf dem äquatorwärts gerichteten Zweig der Welle ab: Eine starke Konvergenz der Höhenströmung und eine (schwächere) Divergenz in Bodennähe führen zu einer Absinkbewegung der Luft und zu einem Luftdruckanstieg; das relative Luftdruckmaximum wird antizyklonal, im Uhrzeigersinn, umströmt. Im Bezugssystem der Welle bildet sich eine Strömungsform aus, wie sie im oberen Teil von Abb. 4.9 gestrichelt eingezeichnet ist: In der polwärts gerichteten Halbwelle (dem „Rücken") ist die resultierende zusätzliche Strömung ebenfalls polwärts gerichtet, im Bereich

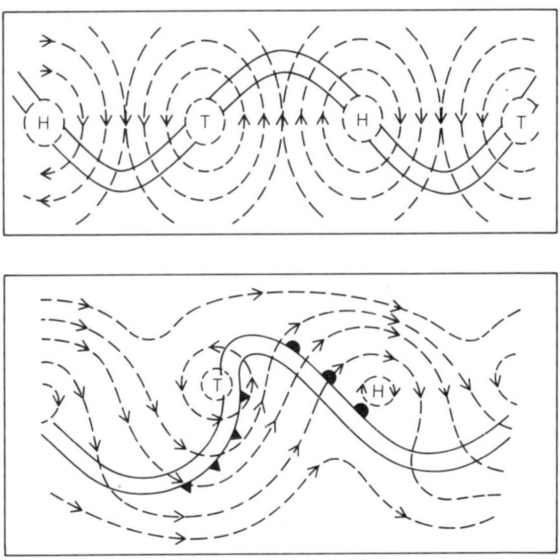

Abb. 4.9. Schematischer modellhafter Verlauf von Strömung (*gestrichelt*) und Wellenfront (*durchgezogene Doppellinie*) in einer baroklinen Welle. **Oben**: Im Bezugssystem der Welle; **unten**: Im ortsfesten System unter zusätzlicher Berücksichtigung der von links nach rechts fließenden Grundströmung. *Frontsymbole: Dreiecke:* Kaltfront; *Halbkreise:* Warmfront

der äquatorwärts gerichteten Halbwelle (dem „Trog“) tritt eine zusätzliche äquatorwärts gerichtete Strömung auf. Diese Strömungen, die von den baroklinen Kon- und Divergenzen induziert worden sind, lassen die Amplitude der Welle anwachsen, die Welle wird verstärkt. Damit nimmt aber auch, entsprechend den in der Ergänzung 4.1 abgeleiteten Gleichungen, die Intensität der horizontalen Divergenzen und Konvergenzen weiter zu, die ihrerseits wieder eine Verstärkung der Luftdruckdifferenzen zur Folge hat. So entsteht ein Rückkopplungsmechanismus, der die Welle instabil werden läßt und zum Aufbau großer Luftdruckunterschiede führt.

Im unteren Teil von Abb. 4.9 sind nun Strömungsmuster und Frontverlauf gezeigt, wie sie durch eine Überlagerung der im oberen Teil der Abbildung skizzierten, durch die barokline Dynamik bedingten Strömungsform und der Grundströmung entstehen. Diese Darstellung zeigt – wiewohl noch rein schematisch, modellmäßig und zweidimensional – schon wesentliche Grundzüge eines realen Zyklonensystems und läßt verstehen, wie es in einer baroklinen Welle zur Ablösung separater Wirbel und geschlossener Isobaren kommt. Wenn wir die gezeigte Wellenfront als (nordhemisphärische) Polarfront interpretieren, so sehen wir in der Skizze schon den für ein entstehendes Tiefdruckgebiet charakteristischen nach Norden vorstoßenden Warmluftkeil mit Winden aus südlicher bis südwestlicher Richtung. In der Abbildung sind auch die wichtigsten Frontstrukturen angedeutet: In Zugrichtung der Zyklone vor dem Warmluftkeil, d. h. östlich davon, eine Warmfront, hinter dem Warmluftkeil eine Kaltfront mit Winden aus westlicher bis nördlicher Richtung. Die Abbildung deutet auch schon leicht die Asymmetrie zwischen den dynamisch wesentlich aktiveren Tiefdruckgebieten und den vergleichsweise passiveren Hochdruckgebieten an.

Selbstverständlich ist eine reale Zyklone – im Gegensatz zu dem skizzierten Schema – ein äußerst komplexes, dreidimensionales Gebilde, bei dem signifikante Unterschiede der Strömungsmuster in den unteren und den höheren atmosphärischen Schichten festzustellen sind, und innerhalb dessen in komplizierter Weise aufwärts und abwärts gerichtete Luftbewegungen auftreten. Dabei ist wichtig, daß die aus den üblichen Wetterkarten bekannten und in Abb. 4.9 skizzierten Wirbel, d. h. geschlossene Isobaren mit annähernd wirbelförmigen, in Bodennähe noch zusätzlich durch die Reibung beeinflußten Winden, weitgehend auf die untere Troposphäre beschränkt sind, während in der Höhenströmung die ursprüngliche Wellenform im wesentlichen erhalten bleibt. Auch nimmt die Schärfe der Fronten mit der Höhe ab. Wie schon diskutiert, ist die Front in der Höhe gegenüber der Bodenfront weit nach Norden verschoben; in der Regel eilen auch die Phasen der Wellen in der Höhe gegenüber denen der Bodenwellen etwas voraus, so daß das Maximum der Divergenz in der Höhe angenähert über dem maximalen Ausschlag („Rücken“) der Bodenwelle auftritt. Wenn wir hier und im folgenden ohne weitere Angaben von der unteren Troposphäre oder von Bodennähe sprechen, so sind damit übrigens Höhen bis etwa 2–3 km gemeint, die Angabe „in der Höhe“ meint den Bereich etwa zwischen 7 und 10 km.

Abb. 4.10 zeigt jetzt schematisch, in drei typischen, wenn auch sehr vereinfachten „Momentaufnahmen“, die Entstehungsgeschichte einer Zyklone. Die obere Reihe gibt die Aufsicht von oben wieder, mit der Lage der Fronten in Bodennähe und in

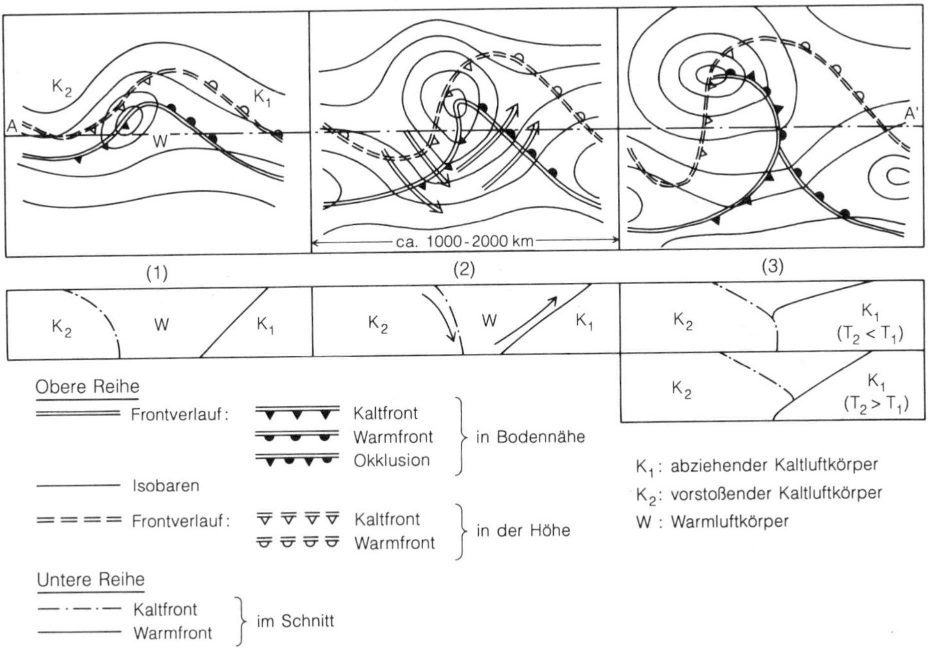

Abb. 4.10. 3 Stadien der Zyklogenese (s. Text). *Obere Reihe:* Aufsicht; *untere Reihe:* Längsschnitt entlang der *strichpunktierten Gerade AA'*. Die Richtung der Grundströmung ist von links nach rechts: **1** Anfangsphase, **2** Höhepunkt, **3** vollentwickelte Zyklone

der Höhe (typisch ca. 8 km), sowie einigen Isobaren in Bodennähe (die letzteren sollen nur die Situation skizzieren, die gezeichnete Dichte der Linien ist kein Maß für den aktuellen Druckgradienten). In der unteren Reihe sind die dazugehörigen Vertikalschnitte entlang der strichpunktierten Schnittlinie AA' zu sehen.

(1) zeigt die Anfangsphase: Durch eine Initialstörung entsteht eine Welle mit einem Warmluftvorstoß nach Norden und einem Kaltluftvorstoß nach Süden. Unter der Wirkung der baroklin bedingten Divergenz im polwärts gerichteten Zweig der Höhenströmung steigt die Luft im Warmluftsektor auf, der Bodendruck sinkt, die Amplitude der Welle wird in der zuvor beschriebenen Weise verstärkt.

Bei (2) ist die Zyklone im Höhepunkt ihrer Entwicklung. Wie schon erwähnt, ist die Wanderungsgeschwindigkeit einer Kaltfront wegen des intensiveren Impulsaustauschs größer als die einer Warmfront. Hierdurch wird der Warmluftkeil immer stärker eingeengt, bis er schließlich von der Erdoberfläche abgelöst wird und zu einer sog. Okklusion (s. weiter unten) entartet. Die tatsächliche dreidimensionale Luftbewegung ist extrem kompliziert und kaum bildlich darzustellen. Die schematischen Strömungspfeile sollen aber auf einen besonders wichtigen Sachverhalt hinweisen: Im Kaltluftvorstoß ist in der Regel eine aus nordwestlicher Richtung kommende, tendenziell absinkende Strömung zu beobachten, der eine aufsteigende Strömung aus südlicher bis südwestlicher Richtung gegenübersteht. Die Kaltluft wird dabei durch Wärmeaufnahme vom Boden und durch Vermischung langsam erwärmt, während umgekehrt die Warmluft Energie abgibt. So bewirkt ein

Zyklonensystem einen diffusionsartigen meridionalen Energieaustausch und netto einen polwärts gerichteten Energiestrom. Ebenso werden auch andere Beimengungen diffusionsartig transportiert.

In Analogie zu Abb. 4.8 ist die Aufgleitbewegung an der Warmfront über eine große Fläche ausgedehnt; an der Vorderseite eines Tiefs befindet sich das eigentliche Schlechtwettergebiet mit lang anhaltenden Niederschlägen. Auf der Rückseite ist das Wettergeschehen wechselhaft, mit böigen Winden und schauerartigen Niederschlägen, aber auch mit zwischenzeitlichen Aufheiterungen. Nach dem Durchgang der Kaltfront wird das Wetter wieder freundlicher; es setzen sich dann allmählich die Konvergenzen in der Höhenströmung durch, verbunden mit Absinken der Luft und Auflösen der Wolken.

Teil (3) von Abb. 4.10 zeigt die vollentwickelte Zyklone: Die schnellere Kaltfront hat die Warmfront eingeholt, die beiden Kaltluftsektoren haben sich am Boden vereinigt, die Warmluft ist vom Boden abgehoben worden. Dieser Vorgang und ebenso das dabei entstehende Gebilde werden als „Okklusion" bezeichnet. Im unteren Teil der Abbildung sind übereinander zwei Prototypen von Okklusionen gezeichnet. Die obere Konstellation tritt eher im Sommer auf. Der abziehende Kaltluftkörper (K_1) ist dabei wärmer als der vorstoßende (K_2); damit hat die Okklusion in Bodennähe den Charakter einer Kaltfront. Diese Situation kann z. B. eintreten, wenn sich K_1 über Land schon etwas erwärmt hat, während K_2 aus kühler maritimer Luft besteht. Im Winter tritt eher der unten gezeigte Fall ein: Der erste, abziehende Luftkörper ist sehr kalt, etwa weil er über dem winterkalten Kontinent ausgekühlt wurde; K_2 dagegen, der vorstoßende Luftkörper, ist vergleichsweise wärmer, z. B. wegen seines maritimen Ursprungs, und gleitet auf K_1 auf; der Durchzug der Okklusion hat den Charakter einer (schwachen) Warmfront. Die Zeit vom Auftreten einer ersten Wellenstörung bis zur voll entwickelten Okklusion beträgt typisch 1 bis etwas über 2 Tage; die Dimensionen einer voll entwickelten Polarfrontzyklone liegen in der Größenordnung von 1000 bis 3000 km.

Wir haben bisher die dynamische Seite der Zyklogenese in den Vordergrund gestellt; nur so lassen sich die Entstehung eines großen Tiefdruckgebietes aus der Instabilität einer baroklinen Welle erklären und das Mißverständnis vermeiden, die großen Zyklonen verdankten ihre Existenz in erster Linie thermischen Auftriebskräften. Selbstverständlich spielt aber bei der Zyklogenese auch die Thermik eine Rolle. Schon das Nebeneinander von warmer und kalter Luft an einer Front oder in einer noch nicht zu weit entwickelten Okklusion stellt einen Vorrat an thermischer bzw. potentieller Energie dar, der zumindest im Rahmen der durch die Frontdynamik (wie sie zum Beispiel in der Margules-Formels (s. Gl. 4.17) zum Ausdruck kommt) gesteckten Grenzen zur Verstärkung des Auftriebs und der dynamischen Instabilität beitragen kann. In noch viel stärkerem Maße (und ohne prinzipbedingte Einschränkung) gilt dies für die latente Wärme, die durch die Kondensation von Wasserdampf in Gebieten mit aufwärts gerichteter Luftbewegung frei wird. In der Tat gibt es in kleinem, eher lokalem Maßstab Zyklonen, etwa in der Form gewittriger Hitzetiefs, die durch thermische Auftriebskräfte und durch die Freisetzung latenter Energie initiiert werden; diese sind aber den kleinräumigen Zirkulationen zuzuordnen und nicht der Gegenstand dieses Abschnitts.

Zum Schluß dieses Abschnitts wollen wir noch kurz auf die Bildung von Antizyklonen, Hochdruckgebieten, eingehen. Versucht man, die Entstehung von Antizyklonen zu erklären, so lassen sich zunächst ähnliche dynamische Argumente wie bei der Zyklogenese heranziehen: Im äquatorwärts gerichteten Teil einer Welle tritt in der Höhe eine kräftige Konvergenz, in der unteren Atmosphäre eine schwache Divergenz auf. In der Folge sinkt die Luft ab, getrieben vor allem von der Konvergenz der Höhenströmung, der Bodendruck steigt an. Das sich so bildende Hoch wird, in geostrophischer Näherung, antizyklonal, im Uhrzeigersinn umströmt; in Bodennähe, unter dem Einfluß der Bodenreibung, strömt die Luft aus dem Hoch aus. Hochdruckgebiete dieser Art werden also bevorzugt in den äquatorwärts gerichteten Kaltluftvorstößen innerhalb der planetaren Wellen auftreten. Allerdings bringt dieses Bild noch nicht zum Ausdruck, daß die Antizyklonen viel passivere, wesentlich weniger Eigendynamik entfaltende Gebilde sind als die Zyklonen. Dies hängt ganz wesentlich damit zusammen, daß die Frontgebilde, die für die Zyklonendynamik so wesentlich sind, jetzt viel weniger in Erscheinung treten; in Hochdruckgebieten besteht eher eine Tendenz zur Auflösung von Fronten, da in der bodennahen Divergenz der Strömung gegensätzliche Luftmassen auseinander geführt werden.

Ein zweiter Mechanismus zur Bildung von Hochdruckgebieten wird bei den subtropischen Hochdruckzellen wirksam: Dieser Typ tritt auf, wenn in der Scherungszone zwischen den westwärts strömenden Passaten und den nach Osten fließenden Winden der Westwinddriftzone ein antizyklonaler Wirbel angetrieben wird. Unter der Wirkung der Coriolis-Kraft wird Luft – und wieder in erster Linie in den höheren Schichten der Atmosphäre – in das Innere dieses Wirbels gepumpt, bis die nach außen weisende Druckgradientkraft und die entgegen gerichtete Coriolis-Kraft sich etwa die Waage halten. Das bekannte Azorenhoch ist ein typischer Vertreter der auf diese Weise entstehenden Antizyklonen.

Natürlich kommen Misch- und Zwischenformen dieser beiden Typen der Antizyklogenese vor. So kann z. B. ein weitreichender Kaltluftvorstoß bis zu den Subtropen vordringen und dort die Erzeugung einer Antizyklone in der planetaren Scherungszone noch verstärken, oder ein vorhandenes und sich schon wieder abschwächendes Hoch regenerieren. Auch die Hochdruckgebiete über dem winterlichen Zentralasien können oft als Mischtypen angesehen werden.

Im Gegensatz zu Zyklonen, deren Lebensdauer durch ihre eigene Dynamik auf einige Tage beschränkt ist, können Hochdruckgebiete, vor allem winterliche Hochdruckgebiete, sich oft wochenlang halten.

Die Witterung in Hochdruckgebieten kann unterschiedlich sein. Die Absinkbewegung führt zur Erwärmung der Luft, zur Reduzierung der relativen Feuchte und zur Auflösung von Wolken. Tendenziell ist in Hochdruckgebieten schönes, trockenes Wetter zu erwarten. In höheren Lagen, vor allem auf Bergen, ist Hockdruckwetter auch meist durch Wolkenfreiheit und gute Sicht gekennzeichnet. Andererseits greifen aber die Absinkbewegung und die damit verbundene Erwärmung nicht immer bis zum Boden durch, so daß sich in Bodennähe und insbesondere in Tallagen Subsidenzinversionen (s. Abschn. 2.3.1) ausbilden können; ist die Luft noch zusätzlich relativ feucht, so können an der Inversionsgrenze Wolkenfelder entstehen und sich halten, verbunden mit Nebel und feucht-kalter

Witterung unterhalb dieser Wolken. Es hängt dann von der Intensität der Sonnenstahlung, von der Geländestruktur, von der Stärke der Winde und von der Luftfeuchte ab, ob solche Subsidenzinversionen rasch aufgelöst werden oder sich lange halten können.

Ergänzung 4.1

Konvergenzen und Divergenzen in baroklinen Wellen

Zur Ableitung des Zusammenhangs zwischen Geometrie und Dynamik der baroklinen Wellen einerseits und der horizontalen Konvergenzen und Divergenzen der Strömung andererseits müssen wir von der vollständigen Vorticity-Gleichung

$$\frac{\partial \eta}{\partial t} + \vec{v} \cdot \nabla_H \eta + \eta \cdot \nabla_H \vec{v} = 0 \qquad (4.24)$$

ausgehen.

Mit Hilfe dieser Gleichung wird im ersten Schritt der Zusammenhang zwischen der Strömungsdivergenz einerseits und der räumlichen Änderung der Vorticity andererseits hergestellt. Im zweiten Schritt wird diese räumliche Änderung der Vorticity selbst berechnet; beide Schritte zusammen ergeben dann die gesuchte Abhängigkeit der horizontalen Konvergenzen und Divergenzen von der Struktur der baroklinen Wellen.

Wie bei der Behandlung der barotropen Wellen setzten wir wieder alle Ableitungen nach y gleich Null; damit reduzieren sich in der Vorticity-Gleichung das erste Skalarprodukt zu $v_x \cdot \partial\eta/\partial x$ und die Divergenz der Geschwindigkeit zu $\partial v_x/\partial x$, und wir erhalten

$$\frac{\partial \eta}{\partial t} + v_x \cdot \frac{\partial \eta}{\partial x} + \eta \cdot \frac{\partial v_x}{\partial x} = 0. \qquad (4.25)$$

Für eine stationäre Welle mit $c = 0$ verschwindet $\partial\eta/\partial t$, die zeitliche Ableitung an einem festen Punkt. Bei einer nicht stationären Welle sieht ein ortsfester Beobachter, an dem die Welle vorbeiläuft, dagegen gerade diejenige zeitliche Ableitung, die der Advektion von Vorticity durch die Welle entspricht, d. h. $\partial\eta/\partial t = -c \cdot \partial\eta/\partial x$ (mit negativem Vorzeichen, weil positive Divergenz der Vernichtung von Vorticity entspricht). Wir erhalten also

$$(v_x - c) \cdot \frac{\partial \eta}{\partial x} + \eta \cdot \frac{\partial v_x}{\partial x} = 0 \qquad (4.26)$$

oder, nach der gesuchten Strömungsdivergenz aufgelöst

$$\frac{\partial v_x}{\partial x} = -(v_x - c) \cdot \frac{\partial \eta/\partial x}{\eta}. \qquad (4.27)$$

η muß jetzt aus der Strömungsform berechnet werden. Hierzu gehen wir von einer harmonischen Welle der Form $y = A \cdot \sin(k \cdot x)$ aus. Die Vorticity ist gegeben durch

(Ableitungen nach y werden gleich Null gesetzt)

$$\eta = f + \zeta = f + \frac{\partial v_y}{\partial x}$$
$$= f + \frac{\partial}{\partial x}\left(\frac{dy}{dt}\right) = f + \frac{\partial}{\partial x}\left(\frac{\partial y}{\partial x} \cdot \frac{dx}{dt}\right)$$
$$= f + \frac{\partial^2 y}{\partial x^2} \cdot \frac{dx}{dt} + \frac{\partial y}{\partial x} \cdot \frac{\partial}{\partial x}\left(\frac{dx}{dt}\right). \quad (4.28)$$

Wir dürfen an dieser Stelle für dx/dt allerdings nicht einfach die Strömungsgeschwindigkeit v_x einsetzen, sondern müssen berücksichtigen, daß zur dynamisch wirksamen Krümmung nur die Relativgeschwindigkeit zwischen der Strömung (Geschwindigkeit v_x) und der Welle (Phasengeschwindigkeit c) beiträgt. Man kann sich das am besten veranschaulichen, wenn man zwei Grenzfälle betrachtet: Bei einer stationären Welle ($c = 0$) durchläuft die Strömung das geometrische Wellenmuster gerade mit der Strömungsgeschwindigkeit v_x; die dynamisch relevante tatsächliche Bahnkrümmung des strömenden Mediums ist gleich der geometrischen Krümmung der Welle. Im zweiten, fiktiven Grenzfall $v_x = c$ läuft das ganze Wellenmuster starr mit der Strömung mit, die geometrische Krümmung der Welle trägt nichts zur dynamisch wirksamen Krümmung der tatsächlichen Strömung bei. Wir müssen also für dx/dt die Relativgeschwindigkeit $(v_x - c)$ einsetzen und erhalten wegen $\partial c/\partial x = 0$

$$\eta = f + (v_x - c) \cdot \frac{\partial^2 y}{\partial x^2} + \frac{\partial v_x}{\partial x} \cdot \frac{\partial y}{\partial x}. \quad (4.29)$$

Für den Coriolis-Parameter setzen wir noch $f = \bar{f} + \beta \cdot A \cdot \sin(k \cdot x)$, wobei $\bar{f}$ den Coriolis-Parameter auf der Höhe der Mitte (Grundlinie) der Welle und $\beta = df/dy$ bedeuten. Gehen wir jetzt mit dem oben angegebenen harmonischen Ansatz für y in diese Gleichung, so erhalten wir

$$\eta = -(v_x - c) \cdot k^2 \cdot A \cdot \sin(k \cdot x) + \frac{\partial v_x}{\partial x} \cdot k \cdot A \cdot \cos(k \cdot x) + \bar{f} + \beta \cdot A \cdot \sin(k \cdot x). \quad (4.30)$$

Wir wollen jetzt den mittleren Gradienten der Vorticity zwischen einem unteren Umkehrpunkt der Welle („Trogminimum", dort sei $\eta = \eta_T$) und einem oberen Umkehrpunkt („Rückenmaximum", η_R) berechnen (bzw. auch zwischen einem oberen und einem unteren Umkehrpunkt). Da $\cos(k \cdot x)$ an den Umkehrpunkten verschwindet, sind

$$\eta_T = (v_x - c) \cdot k^2 \cdot A + \bar{f} - \beta \cdot A \quad (4.31)$$

$$\eta_R = -(v_x - c) \cdot k^2 \cdot A + \bar{f} + \beta \cdot A \quad (4.32)$$

und weiter der mittlere Gradient zwischen η_T und η_R

$$\left(\frac{\partial \eta}{\partial x}\right)_{T \to R} = \frac{\eta_R - \eta_T}{\lambda/2} = -\frac{4 \cdot A}{\lambda} \cdot [(v_x - c) \cdot k^2 - \beta]. \quad (4.33)$$

Um nun zu der gesuchten entsprechenden Strömungsdivergenz zu kommen, gehen wir auf den oben abgeleiteten Zusammenhang (s. Gl. 4.27) zwischen Strömungsdivergenz und Vorticitygradienten zurück; für die mittlere Vorticity setzen wir noch $\bar{\eta} = \bar{f}$ und erhalten damit für die Divergenz der Strömung zwischen einem Trogminimum und einem Rückenmaximum

$$\left(\frac{\partial v_x}{\partial x}\right)_{T \to R} = -(v_x - c) \cdot \frac{(\partial\eta/\partial x)_{T \to R}}{\bar{\eta}} = \frac{4 \cdot A \cdot (v_x - c)}{\lambda \cdot \bar{f}} \cdot [(v_x - c) \cdot k^2 - \beta]. \tag{4.34}$$

Ganz analog ergibt sich für die mittlere Divergenz der Strömung zwischen einem Rücken und einem Trog

$$\left(\frac{\partial v_x}{\partial x}\right)_{R \to T} = -\frac{4 \cdot A \cdot (v_x - c)}{\lambda \cdot \bar{f}} \cdot [(v_x - c) \cdot k^2 - \beta]. \tag{4.35}$$

Wenn wir in diesen Gleichungen die linke Seite, d. h. die Divergenz der Strömung gleich Null setzen, so muß die eckige Klammer auf der rechten Seite ebenfalls gleich Null werden, und wir erhalten genau wieder die schon oben abgeleitete Dispersionsrelation (s. Gl. 4.12 bzw. 4.13) für eine divergenzfreie, barotrope Welle.

Wir können jetzt weiter argumentieren, daß die Wanderungsgeschwindigkeit der Welle als Ganzes durch die Verhältnisse im äquivalent-barotropen divergenzfreien Niveau um etwa 500 hPa gegeben ist. Die Windgeschwindigkeit in dieser Höhe sei v_0, und es gilt, daß $c = v_0 - \beta/k^2$ ist. Diese Beziehung setzen wir in die für die Divergenz der Strömung abgeleiteten Gleichungen (s. Gl. 4.34 bzw. 4.35) ein und erhalten

$$\begin{aligned}\left(\frac{\partial v_x}{\partial x}\right)_{T \to R} &= +\frac{4 \cdot A \cdot (v_x - c)}{\lambda \cdot \bar{f}} \cdot \left[\left(v_x - v_0 + \frac{\beta}{k^2}\right) \cdot k^2 - \beta\right] \\ &= +\frac{4 \cdot A \cdot (v_x - c)}{\lambda \cdot \bar{f}} \cdot (v_x - v_0) \cdot k^2 \\ &= +\frac{16 \cdot \pi^2 \cdot A \cdot (v_x - c)}{\lambda^3 \cdot \bar{f}} \cdot (v_x - v_0)\end{aligned} \tag{4.36}$$

sowie

$$\begin{aligned}\left(\frac{\partial v_x}{\partial x}\right)_{R \to T} &= -\frac{4 \cdot A \cdot (v_x - c)}{\lambda \cdot \bar{f}} \cdot (v_x - v_0) \cdot k^2 \\ &= -\frac{16 \cdot \pi^2 \cdot A \cdot (v_x - c)}{\lambda^3 \cdot \bar{f}} \cdot (v_x - v_0).\end{aligned} \tag{4.37}$$

Damit haben wir den gewünschten Zusammenhang zwischen der Struktur der baroklinen Wellen und der horizontalen Divergenz bzw. Konvergenz der Strömung gefunden.

Die Ausbreitungsgeschwindigkeiten c der dynamisch relevanten, für die Zyklogenese wirksamen Wellen liegt in der Größenordnung von 1 m/s oder sogar darunter (man kann das anhand der Zuggeschwindigkeit der Zyklonen und

Antizyklonen abschätzen). Die tatsächlichen Windgeschwindigkeiten v_x liegen in allen Höhen - von den ersten Metern über dem Boden vielleicht abgesehen - wesentlich darüber. Wir können deshalb für die weitere Anwendung der Gleichungen c gegenüber v_x vernachlässigen.

Die Gleichungen zeigen für den polwärts gerichteten Teil der Strömung (T → R) horizontale Divergenz ($\partial v_x/\partial x > 0$, wenn v_x größer ist als v_0, das heißt in der Höhe, oberhalb der äquivalent-barotropen Schicht, und horizontale Konvergenz ($\partial v_x/\partial x < 0$) für $v_x < v_0$, also in der unteren Troposphäre, unterhalb der äquivalent-barotropen Schicht. Für den äquatorwärts gerichteten Teil der Strömung (R → T) kehren sich diese Verhältnisse um: horizontale Konvergenz für $v_x > v_0$, also in der Höhe, und horizontale Divergenz in der unteren Troposphäre.

Die Gleichungen zeigen weiterhin, daß die Dynamik der Wellen ganz entscheidend von der Strömung in der Höhe bestimmt wird. Nehmen wir für ein Rechenbeispiel an, daß die Windgeschwindigkeiten in Bodennähe 5 m/s, im äquivalent-barotropen Niveau 10 m/s und in der Höhe 20 m/s betragen, so ist die Konvergenz bzw. die Divergenz in der Höhe achtmal so stark wie die korrespondierende Divergenz bzw. Konvergenz in Bodennähe. Noch eindrucksvoller zeigt sich der überwältigende Einfluß der Höhenströmung im Bereich des Subpolarjets: Rechnen wir, bei sonst gleichen Zahlen wie eben, mit einer Höhenströmung von 60 m/s (s. Abb. 4.6), so wird rechnerisch die Divergenz/Konvergenz in der Höhe sogar 120mal so stark wie die Konvergenz/Divergenz in Bodennähe. Wenn diese Rechenbeispiele auch etwas zu stark simplifizieren, so zeigen sie doch ganz deutlich, daß die Dynamik der baroklinen Wellen und damit die Zyklogenese entscheidend von der Strömung in der oberen Troposphäre bestimmt werden, und daß die stärksten Effekte im Einflußbereich des Subpolarjets zu erwarten sind.

4.3 Weitere Details der globalen Zirkulation

Nach der vorangegangenen relativ breit angelegten Diskussion der Zirkulation der gemäßigten Breiten werden wir in diesem Abschnitt zunächst in vergleichsweise knapper Form die mittlere Zirkulation der tropischen und subtropischen Breiten besprechen. Anschließend werden die räumlichen (z. B. durch die Verteilung der Land- und Wasserflächen bedingten) und die zeitlichen (z. B. durch den Wechsel der Jahreszeiten hervorgerufenen) Modifikationen der mittleren Zirkulationsmuster behandelt. In Abschn. 4.3.3 soll dann eine im ersten Anschein sehr speziell anmutende raumzeitliche Anomalie zur Sprache kommen, nämlich das im äquatorialen pazifischen Raum angesiedelte El Niño- oder ENSO-Phänomen. Die Rechtfertigung dafür gibt die Vermutung, daß dieses Phänomen weit über seinen unmittelbaren Wirkungsraum hinaus das globale Wettersystem beeinflußt, ja daß das Verständnis dieses Phänomens vielleicht sogar Einsichten in unser gesamtes Klimasystem ermöglicht. Der letzte Teil dieses Abschnitts befaßt sich in sehr kurzer Form mit den stratosphärischen Strömungen und mit dem Austausch von

Spurenstoffen zwischen der Stratosphäre und der Troposphäre (die Physik der Stratosphäre ist an sich nicht Gegenstand dieses Buches, einige Grundlagen sind aber zum Verständnis des Verhaltens von Spurenstoffen erforderlich, die entweder, wie das Ozon, in der Stratosphäre erzeugt werden oder wie Vulkanstaub in die Stratosphäre injiziert werden).

4.3.1 Passate, Hadley-Zelle und Subtropenjet

Der in Abschn. 4.2 beschriebene Mechanismus der Westwinddrift als thermischer Wind ist an die Existenz der Coriolis-Kraft und an wirksame horizontale Temperaturgradienten gebunden. Wie aus Abb. 1.29 hervorgeht, sind in den Tropen und Subtropen die Temperaturgradienten deutlich kleiner als in den höheren Breiten, und die Coriolis-Kraft nimmt zum Äquator hin ab. Damit kann sich in den Tropen eine direkte Zirkulationsform durchsetzen mit aufsteigender Luft in der heißen Äquatorialzone oder, genauer gesagt, im Breitengürtel mit der höchsten solaren Einstrahlung und mit absinkender Luft in den Subtropen. Die hieraus resultierende bodennahe Strömung zur innertropischen Konvergenzzone wird durch die restliche Coriolis-Kraft abgelenkt; so kommen die zumindest über dem Meer recht gleichmäßig wehenden Nordostpassate auf der Nordhalbkugel und die Südostpassate auf der Südhalbkugel zustande. Natürlich ist diese Erklärung recht qualitativ, aber eine geschlossene theoretisch-physikalische Begründung dafür, daß gerade in einer Breite von 30° bis 35° die eine Zirkulationsform die andere ablöst, ist nicht bekannt. Lediglich numerische Simulationen in allgemeinen Zirkulationsmodellen sind in der Lage, die Breiten dieses Übergangs einigermaßen richtig zu prognostizieren.

Die räumliche Verteilung der Bezirke mit Auf- bzw. Abwärtsbewegung und auch die Geschwindigkeiten der auf- und absteigenden Luft sind recht asymmetrisch. Über große Gebiete herrscht eine absinkende, ziemlich gleichmäßige und relativ langsame Bewegung vor (s. hierzu Abb. 4.11); man findet deshalb in der Passatzone ausgedehnte Absinkinversionen, deren Höhe äquatorwärts langsam zunimmt. Die aufsteigende Bewegung konzentriert sich dagegen auf heftige konvektive, oft gewittrige Ereignisse mit relativ geringer horizontaler Ausdehnung (Größenordnung 100 km), aber mit hoher Vertikalgeschwindigkeit (sog. „hot towers"). Die hohe Anfangsfeuchte der aufsteigenden tropischen Luft und der damit gekoppelte große Gehalt an latenter Wärme bedingen eine hohe Äquivalenttemperatur und erlauben, daß die tropischen Konvektionszellen durch die Tropopause hindurch in die Stratosphäre vorstoßen.

Der obere, polwärts gerichtete Zweig der Hadley-Zirkulation tritt weniger ausgeprägt in Erscheinung als die bodennahe Strömung zur ITC hin (und weniger ausgeprägt, als es nach Abb. 4.11 den Anschein hat). Dies hängt damit zusammen, daß die polwärts gerichteten Strömungsgeschwindigkeiten kleiner sind als die bodennahen äquatorwärts gerichteten und weiterhin damit, daß der obere polwärts gerichtete Zweig mit einer sehr starken nach Osten fließenden Strömung gekoppelt ist, die die Meridionalströmung eher als Mittel über Fluktuationen dieser Westwinde denn als eigenständige Strömungsform erscheinen läßt.

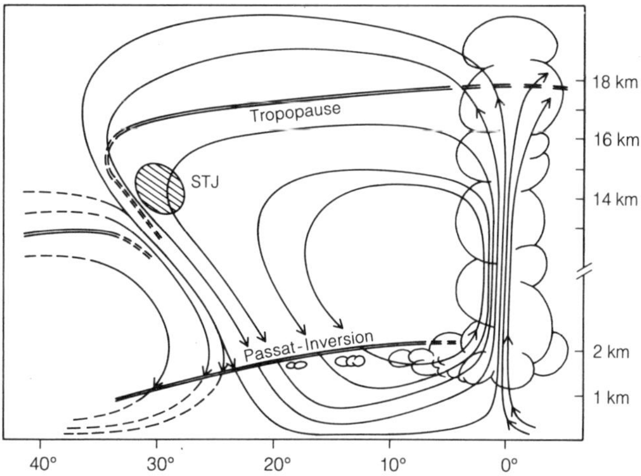

Abb. 4.11. Schematischer Querschnitt durch die Hadley-Zelle. *Rechts* die auf meist eng umgrenztem Raum aufsteigende heiße Luft über der ITC („hot towers"), die dank ihrer hohen Äquivalenttemperatur bis in die Stratosphäre vorstoßen kann, *links* der Anschluß an die mittlere Zirkulation der höheren Breite, *in der Mitte* die großräumig absinkende Luft der Passatzone. *Schraffiert* das zonale Windmaximum des Subtropenjets (STJ). Die Zeichnung ist nicht maßstäblich; s. hierzu die Skala rechts

Eine einfache Überlegung auf der Basis des Drehimpulssatzes zeigt, daß die in dieser ostwärts gerichteten Höhenströmung auftretenden Windgeschwindigkeiten sehr hohe Werte annehmen können. Wenn L den Drehimpuls pro Masseneinheit und J das Trägheitsmoment pro Masseneinheit bedeuten, beides auf die Erdachse bezogen, ferner Ω die Winkelgeschwindigkeit der Erddrehung und ω die Winkelgeschwindigkeit der Luft relativ zur Erde (ebenfalls bezüglich der Erdachse), so gilt

$$L = J(\Omega + \omega) = \text{const.} \tag{4.38}$$

Mit v als zonaler Geschwindigkeit der Luft relativ zur Erde, φ als geographischer Breite und R als Erdradius gilt, wegen $J = (R \cdot \cos\varphi)^2$ (das Trägheitsmoment einer Masse ist dem Quadrat ihres Abstandes von der Drehachse proportional) und wegen $\omega = v/(R \cdot \cos\varphi)$ weiter

$$L = (R \cdot \cos\varphi)^2 \cdot [\Omega + v/(R \cdot \cos\varphi)] = \text{const.} \tag{4.39}$$

Starten wir jetzt mit einer Strömung, die am Äquator ($\varphi = 0$) noch keine zonale Komponente aufweisen soll ($v = 0$), in Richtung auf höhere Breiten, so folgt aus der Konstanz des Drehimpulses

$$R^2 \cdot \Omega = R^2 \cdot \cos^2\varphi \cdot [\Omega + v/(R \cdot \cos\varphi)] \tag{4.40}$$

oder aufgelöst nach v

$$v = \frac{R \cdot \Omega \cdot (1 - \cos^2\varphi)}{\cos\varphi} = R \cdot \Omega \cdot \sin\varphi \cdot \mathrm{tg}\,\varphi. \tag{4.41}$$

Mit $R \cdot \Omega = 40000$ km/Tag ≈ 450 m/s ergibt sich bei $\varphi = 30°$ eine ostwärts gerichtete Strömungskomponente von etwa $v = 130$ m/s. Im Mittel sind die tatsächlich auftretenden Geschwindigkeiten nicht ganz so hoch; sie liegen im Winter bei etwa 50 m/s, im Nordsommer bei etwa 20 m/s und im Südsommer bei etwa 35 m/s. In der Spitze treten allerdings dort, wo diese Strömung mit den Ausläufern der Westwinddrift zusammentrifft, tatsächlich Windgeschwindigkeiten von 100 m/s und mehr auf. Diese schnellen, meist sehr unregelmäßigen Ströme werden als Subtropenjets bezeichnet; in Abb. 4.11 ist das Gebiet maximaler Windgeschwindigkeit schraffiert eingezeichnet.

Subtropenjets sind also eine unmittelbare dynamische Folge der Drehimpulserhaltung, im Gegensatz zu den Subpolarjets, die Maxima des thermischen Windes sind und ihre Existenz den großen horizontalen Temperaturgradienten im Bereich der Polarfront verdanken.

4.3.2 Zeitliche und räumliche Variationen der Strömungsmuster

Im Gegensatz zu dem bisher beschriebenen globalen, weitgehend symmetrischen Zirkulationsschema treten signifikante Unterschiede zwischen der Nord- und Südhalbkugel auf, ferner verlagern sich die Zirkulationsmuster im Rhythmus der Jahreszeiten, und schließlich übt die Verteilung der Ozeane und Kontinente einen starken Einfluß auf die aktuelle Zirkulation aus.

Der meridionale Energieaustausch ist im Mittel auf der Nordhalbkugel größer als auf der Südhalbkugel, da die auf der Nordhemisphäre konzentrierten Landmassen den Austausch durch regionale Störungen und durch die durch die Bodenreibung verursachten stärkeren Abweichungen von dem geostrophischen Wind begünstigen. Weiter ist die Strahlungsbilanz der Antarktis stärker negativ als die der Arktis. Beide Effekte führen dazu, daß die Temperatur- und Druckgegensätze auf der Südhalbkugel größer werden als auf der Nordhalbkugel; damit werden auch die Windgeschwindigkeiten wesentlich höher (hierzu trägt natürlich auch bei, daß die zonalen Winde zwischen etwa 45° und 70° nicht durch Landoberflächen und -erhebungen behindert werden). Zur Illustration dieses Gegensatzes zwischen Nord- und Südhemisphäre sei noch einmal auf Abb. 4.2 zurückverwiesen, die den mittleren Luftdruck als Funktion der geographischen Breite zeigte (s. auch Abb. 4.13 weiter unten).

Die Süd-Nord-Asymmetrie hat auch zur Folge, daß die ITC im Mittel um 5° nördlicher liegt als der geographische Äquator. Abgesehen davon zeigt die ITC auch eine ausgeprägte Abhängigkeit von der Jahreszeit. Der Zenitstand der Sonne variiert ja im Verlauf eines Jahres von 23° Nord (nördliche Sommersonnenwende) bis 23° Süd (nördliche Wintersonnenwende). Mit dieser Wanderung des Zenitstandes der Sonne ist eine Verlagerung der ITC und des ganzen Zirkulationssystems verbunden. Der Einfluß der unterschiedlichen Einstrahlung, bedingt durch den variierenden Sonnenstand, ist um so größer, je stärker die Temperatur der Erdoberfläche auf eine temporäre Änderung der Einstrahlung reagiert und je höher der Anteil der Abgabe der eingestrahlten Energie in Form von fühlbarer Wärme ist. Hier treffen zwei Effekte zusammen, die beide eine stärkere Verlagerung der ITC über den großen Landmassen als über den Ozeanen zur Folge haben. Die wirksame Wärmekapazität der Ozeane ist ungleich größer als die der Kontinente; die am schnellen Austausch der Wärme beteiligte Deckschicht des Meeres ist größenordnungsmäßig etwa 75 m stark, während die Eindringtiefe der jahreszeitlichen Temperaturschwankungen in die feste Erde nur von der Größenordnung Meter oder sogar darunter ist. Damit ist klar, daß die Oberflächentemperatur viel weniger auf Änderungen der Einstrahlung reagiert als der feste Erdboden. Weiterhin beträgt – wie in Abschn. 1.4.1 besprochen – über dem Ozean der Anteil der fühlbaren Wärme nur etwa 11%, während über Land fühlbare und latente Wärme von gleicher Größenordnung sind. Alles in allem ist deshalb der Einfluß der jahreszeitlichen Änderung des Sonnenstandes über den Kontinenten sehr viel größer als über den Ozeanen.

Über den Ozeanen weicht deshalb die aktuelle Lage der ITC nur um etwa ±5° von der mittleren Lage bei 5° N ab, während unter dem Einfluß großer Landmassen Abweichungen um bis zu ±25° zu beobachten sind, was immerhin einer jahreszeitbedingten Verlagerung der ITC um insgesamt etwa 5000 km entspricht.

An dieser Stelle ist es vielleicht von Interesse, darauf hinzuweisen, daß die troposphärische Witterung auf die astronomisch vorgegebenen Änderungen der Einstrahlung i. allg. erst mit einer Verzögerung von ungefähr einem Monat reagiert. So liegt zum Beispiel die wärmste Zeit des Sommers nicht etwa um den 21. Juni, dem Zeitpunkt der Sommersonnenwende, herum, sondern eher Ende Juli bis Anfang August. Ähnliches gilt für die kalte Jahreszeit; die kältesten Tage sind erst einige Wochen nach der Wintersonnenwende zu erwarten. Genau so folgt auch die ITC dem Sonnenstand mit etwa vierwöchiger Verzögerung; die stärksten Auslenkungen sind Ende Juli bis Anfang August zu beobachten.

In Abb. 4.12 sind die großräumigen oberflächennahen Windsysteme sowie der Verlauf der innertropischen Konvergenz im Nordsommer und im Nordwinter wiedergegeben; Abbildung 4.13 zeigt analog die mittlere Luftdruckverteilung auf der Erde im Juli und im Januar. Die relative Konstanz der ITC über den Ozeanen und die starke Verschiebung der Zirkulationsmuster über den großen Landmassen von Asien, Afrika und Südamerika sind deutlich zu erkennen. Ein besonders eindrucksvolles Beispiel für den Einfluß der Kontinente sind die bekannten südasiatischen Monsune. Unter der Einwirkung der großen Landmassen Südasiens, über denen im Sommer die Luft erhitzt wird, verlagert sich die sommerliche ITC bis 25° N und sogar noch darüber hinaus; umgekehrt führt die Erhitzung der Luft über Australien im Südsommer zu einer Auslenkung der ITC bis etwa 20° S. Mit dieser Verlagerung der ITC ist ein jahreszeitlicher Wechsel der Hauptwindrichtung verbunden. In Abb. 4.12 sind die Sommermonsune aus südwestlicher Richtung und die Wintermonsune aus nordöstlicher Richtung zwischen dem indischen Subkontinent und dem Horn von Afrika besonders gut zu erkennen: Die ITC wird im nördlichen Hochsommer bis zum Himalaja-Anstieg nach Norden ausgelenkt; die südliche Passatströmung greift weit auf die Nordhalbkugel über und wird dort von der Coriolis-Kraft statt nach Westen nach Osten abgelenkt.

Abbildung 4.12 läßt auch erkennen, daß die „idealen" globalen Zirkulationsformen auf der Südhalbkugel viel besser realisiert sind als auf der Nordhalbkugel, wo

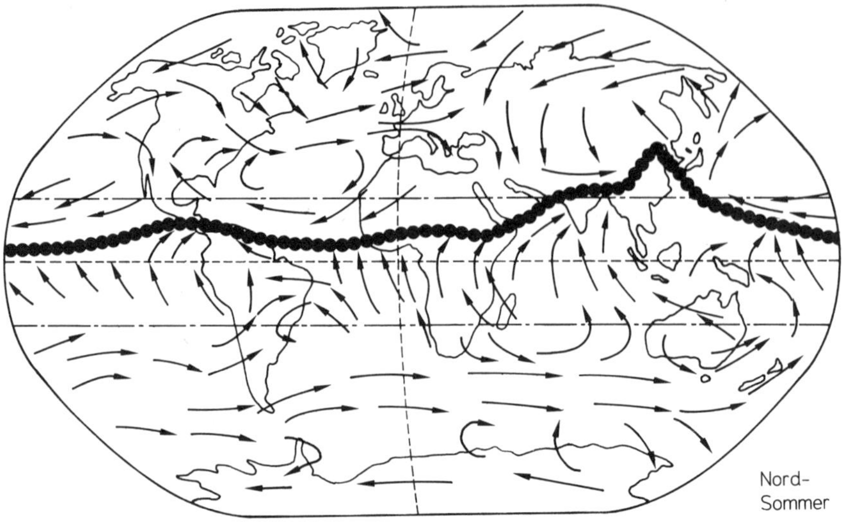

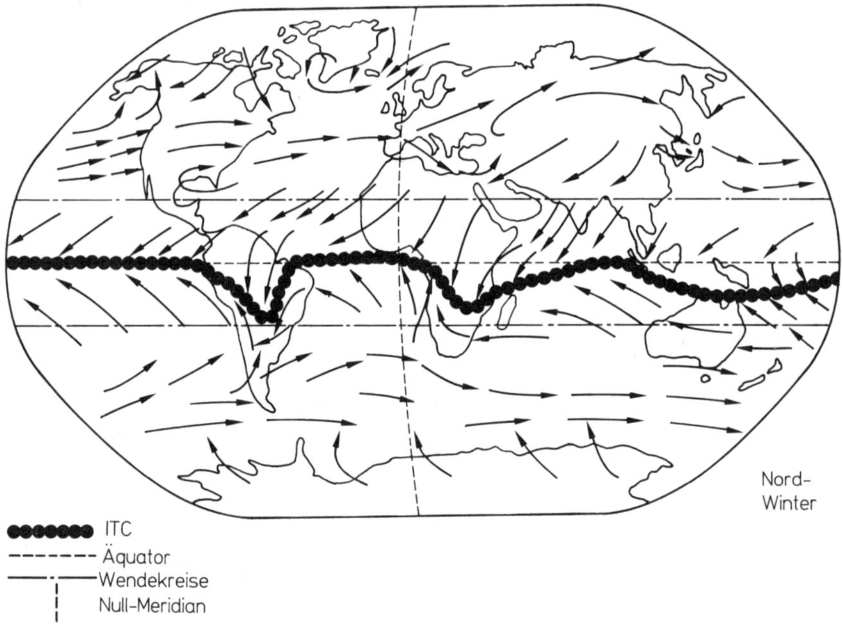

Abb. 4.12. Vorherrschende oberflächennahe Winde und Lage der ITC im Norsommer (**oben**) und im Nordwinter (**unten**). (Nach Lamb 1972 und Gross 1972)

sich der Einfluß der Kontinente mit großen Heiz- und Kühlflächen und stärkerer Bodenreibung bemerkbar macht.

Alles in allem stellen sich während der extremen Jahreszeiten Zirkulationsformen ein, bei denen die Hadley-Zellen der Sommerseite stark reduziert sind und die

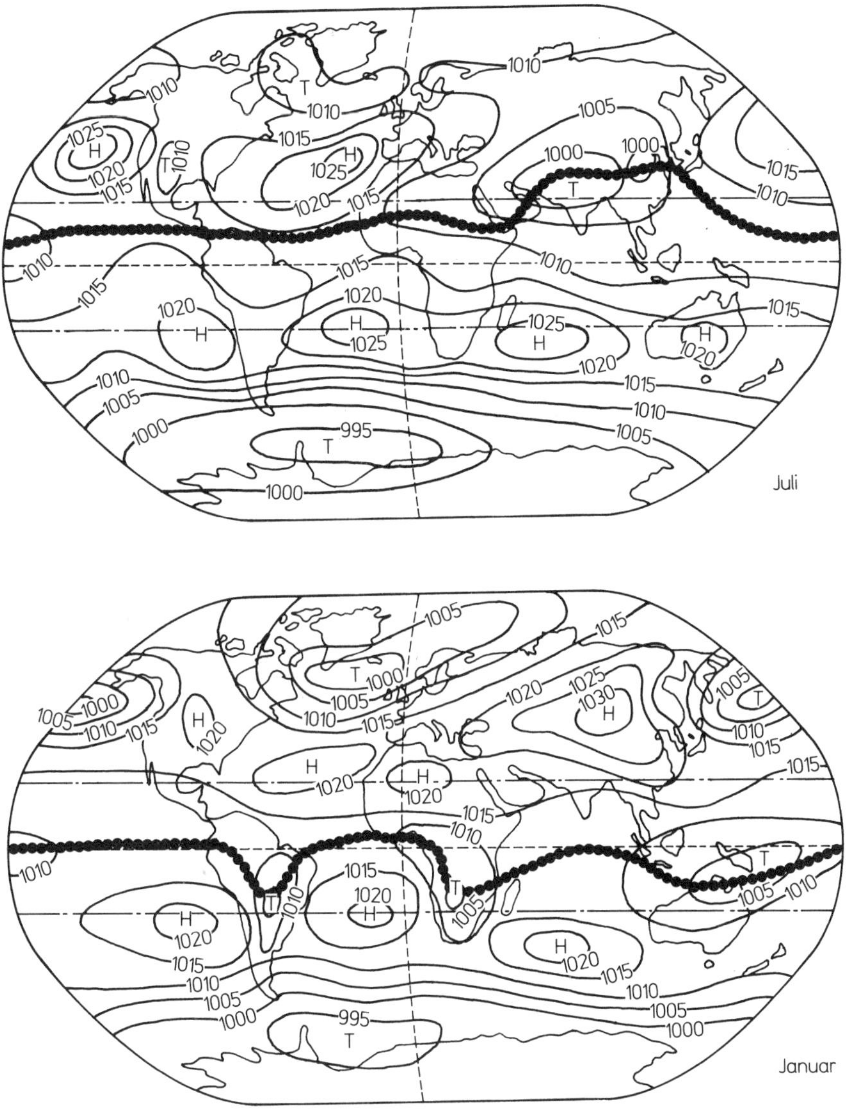

Abb. 4.13. Mittlere Luftdruckverteilung im Juli (**oben**) und im Januar (**unten**), nach mehreren Quellen. Die *durchgezogenen Linien* stellen Isobaren im Abstand von 5 hPa dar

Hadley-Zellen der Winterseite weit auf die Sommerhalbkugel übergreifen; in Abb. 4.14 ist dieses Übergreifen als globales Mittel am Beispiel des Südsommers dargestellt. In der großen „Rolle" der nördlichen Winterzirkulation (oben in Abb. 4.14) werden etwa $400 \cdot 10^{18}$ g/Monat umgesetzt, in der kleinen Rolle der südlichen Sommerzirkulation dagegen nur etwa 10 bis $15 \cdot 10^{18}$ g/Monat. Die entsprechenden Werte während der Übergangszeit (unten in Abb. 4.14) liegen bei

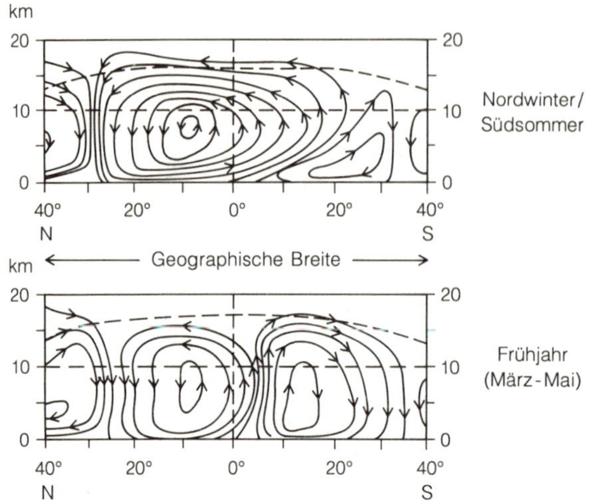

Abb. 4.14. Zirkulationsmuster der Hadley-Zelle während des Nordwinters/Südsommers (**oben**) und während der Übergangszeit (**unten**). (Nach Louis, zit. bei Reiter 1975)

etwa 100 bis $150 \cdot 10^{18}$ g/Monat, die Vergleichswerte für die Meridionalzirkulation in dem Gebiet der Westwinddrift bei etwa 20 bis $50 \cdot 10^{18}$ g/Monat (alle Zahlenwerte nach Reiter 1975). Die Gesamtmasse der Atmosphäre – als Bezugsgröße – beträgt etwa $5200 \cdot 10^{18}$ g.

Jahreszeitliche Wechsel der Zirkulationsmuster sind auch zum großen Teil für den an sich recht langsamen Interhemisphärenaustausch zwischen Nord- und Südhalbkugel verantwortlich. Zum Teil sind dies monsunartige Wechsel der Meridionalzirkulaton in der Stratosphäre, durch die nach Reiter (1975) pro Jahr etwa 15% der Stratosphärenmasse ausgetauscht werden, zum Teil sind es die geschilderten Verlagerungen der ITC in der Troposphäre, wodurch Luft, die z. B. im Frühjahr dem nördlichen Zirkulationssystem angehört, im nördlichen Hochsommer in das südliche Zirkulationssystem einbezogen wird. Auch hierzu trägt – selbst im globalen Mittel gesehen – der beschriebene Zirkulationswechsel über Südasien, Indonesien und Australien einen sehr großen Anteil bei, da dort eben die stärkste Nord-Süd-Asymmetrie in der Verteilung der Land- und Wasseroberflächen besteht.

4.3.3 El Niño/Southern Oscillations („ENSO")

Die Bezeichnung „El Niño" bedeutet „Christkind" und wurde von den Anchovis-Fischern der äquatorialen südamerikanischen Pazifik-Küste (d. i. die Küste von Equador und Nordperu) geprägt. Ursprünglich war damit die Erscheinung gemeint, daß das normalerweise kalte, nährstoff- und fischreiche Wasser vor der Küste in manchen Jahren, häufig (nicht immer) um die Weihnachtszeit, durch warmes, nährstoffarmes Wasser verdrängt wird, mit entsprechend nachteiligen Folgen für die Fischerei. In der Regel stellen sich nach einem solchen Ereignis nach einigen Wochen wieder „normale" Bedingungen mit kaltem Meerwasser vor der Küste ein.

In einzelnen Jahren können aber die El Niño-Ereignisse dramatische, ja katastrophale Stärke erreichen und sich über viele Monate hinziehen, so zum

Beispiel 1982/83, dem stärksten El Niño unseres Jahrhunderts, oder 10 Jahre zuvor, 1972/73, als fast der ganze Anchovis-Bestand vor der südamerikanischen Westküste zugrunde ging. Es ist nun zumindest in der wissenschaftlichen Sprechweise üblich geworden, unter einem El Niño- oder ENSO-Ereignis nicht das fast normale Ansteigen der Wassertemperatur um die Weihnachtszeit mit nachfolgender relativ rascher Wiederabkühlung zu verstehen, sondern eben ein anormales, herausragendes Ereignis. Solche Ereignisse treten in Intervallen von etwa 3 bis 10 Jahren, aber ohne erkennbare Regelmäßigkeit auf.

Wie wir sehen werden, ist das ENSO-Phänomen ein exzellentes Beispiel für eine weitreichende Wechselwirkung zwischen dem tropischen Windsystem und den ozeanischen Strömungen. Im Normalfall weht über dem äquatorialen Pazifik ein kräftiger Südostpassat. Damit sind relativ hohe Luftdrucke über dem Ostpazifik vor der südamerikanischen Westküste, etwa zwischen 80° und 110° westlicher Länge und ein ausgeprägtes Tiefdruckgebiet über der „Inselbrücke" zwischen Indochina und Australien, bei etwa 110° bis 150° östlicher Länge verbunden. Durch die Südostpassate werden Meeresströmungen angetrieben, deren wichtigste Merkmale der relativ kalte, von höheren südlichen Breiten zum Äquator fließende Humboldt-Strom vor der amerikanischen Westküste und die westwärts gerichtete äquatoriale Strömung sind. Das Wasser wird von der amerikanischen Küste weggetrieben und staut sich vor der indonesisch-australischen Inselbrücke. Dieser Zustand ist im oberen Teil von Abb. 4.15 dargestellt. Die Amplitude dieses Staus ist an der Meeresoberfläche auf den ersten Blick sehr klein, im Mittel etwa 30 cm bis 50 cm (über eine Strecke von rund 12000 km, d. h. mehr als 1/4 des Erdumfangs!). Dieser Stau spiegelt sich aber in der Meeresschichtung wider: Die Übergangsschicht zwischen dem warmen Oberflächenwasser und dem kalten ozeanischen Tiefenwasser, die sog. Thermokline, wird im Westen, vor Indonesien/Australien, auf etwa 200 m Tiefe heruntergedrückt, während sie im Osten, vor Südamerika, auf weniger als 50 m Tiefe angehoben wird. Die Neigung des internen Dichtesprungs (einen solchen stellt die Thermokline dar) ist um rund 3 Größenordnungen stärker als die Neigung der Wasseroberfläche; dieser Unterschied ist auf die entsprechend geringeren internen Dichteunterschiede, verglichen mit dem Dichtesprung an der Oberfläche, zurückzuführen. Die geringe Tiefe der Thermokline vor Südamerika ermöglicht das Aufsteigen („Upwelling") von kaltem Wasser in Küstennähe, mit den schon erwähnten positiven Folgen für die Fischerei.

Auf der Westseite dieses Systems kommt das Wasser, das ja mehr als 10000 km in der Äquatorzone zurückgelegt hat und dabei aufgeheizt worden ist, mit hoher Oberflächentemperatur, bis über 30° C, an. Die Folge davon sind hohe Verdunstungsraten, mit der weiteren Konsequenz der Freisetzung riesiger Mengen latenter Wärme in den indonesischen Tiefdruckgebieten. Die indonesische Inselbrücke gilt als das Gebiet der Erde mit den höchsten atmosphärischen Energieumsätzen.

Zwischen dem ostpazifischen Hoch und dem indonesischen Tief bildet sich eine gewisse longitudinale Zirkulation („Walker-Zirkulation") aus, mit einer bodennahen nach Westen gerichteten Passatströmung, aufsteigender Luft in den indonesischen Tiefs, einem Rückfluß von Westen nach Osten in der Höhe und großflächig absinkender Luft über dem Ostpazifik.

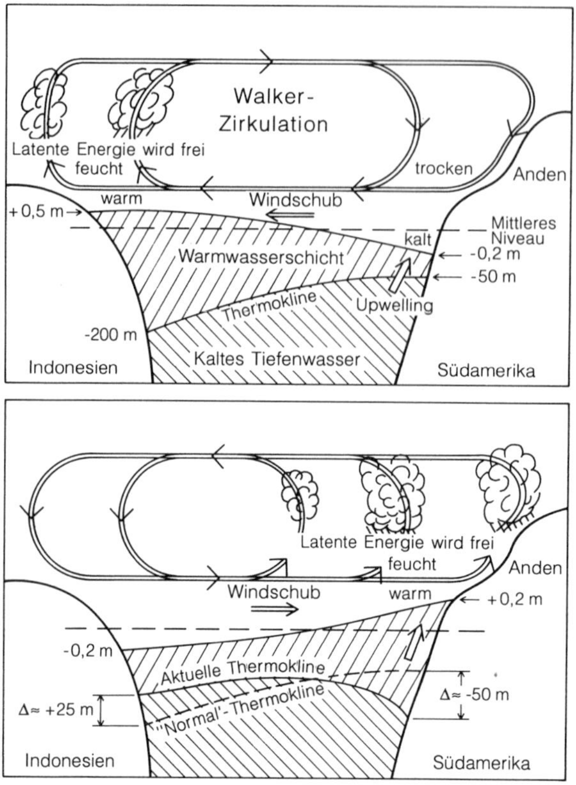

Abb. 4.15. Schematische, idealisierte Darstellung des ENSO-Phänomens. **Oben**: Normale Walker-Zirkulation mit oberflächennahen Südostpassaten und Absenkung der Thermokline im Westpazifik. **Unten**: Höhepunkt einer El Niño-Entwicklung: Absenkung der Thermokline im Ostpazifik, Umkehrung der Walker-Zirkulation, Niederschläge im Ostpazifik

Um nun die Abweichung von diesem „Normal"-Zustand und damit das El Niño-Phänomen zu erklären, müssen wir auf die sog. „Southern Oscillations" zurückgreifen. Walker (1923, 1924) hat bei dem Versuch, das gelegentliche Ausbleiben des indischen Monsunregens zu verstehen, eine Art „Luftdruckschaukel" zwischen dem äquatorialen Mittel- und Ostpazifik und der indonesischen Inselbrücke entdeckt und hierfür den Ausdruck „Southern Oscillations" geprägt: Stieg der Luftdruck über Indonesien, so sank er über dem Ostpazifik und umgekehrt (ein Maß hierfür ist der Walker-Index oder Southern-Oscillation-Index; dieser wird aus der Abweichung der Differenz der Luftdrucke über den Oster-Inseln und der Station Darwin in Nordaustralien vom langjährigen Mittel gebildet, mit positivem Vorzeichen, wenn der Druck im Osten über und im Westen unter dem Mittelwert liegt). Walker (1923, 1924) konnte beobachten, daß die Dürren in Indien signifikant mit negativen Southern Oscillation Indices korreliert sind; dies war ein erster Hinweis auf die erst viel später registrierten globalen Konsequenzen des ENSO-Phänomens.

In der Zeit etwa um den September herum tritt nun häufig (aber keineswegs zwingend!) der Effekt auf, daß der Walker-Index negativ wird, und daß im Zusammenhang damit die Passatwinde deutlich schwächer werden, ja daß in Einzelfällen die äquatoriale Passatzirkulation zusammenbricht. Dann verringert sich der nach Westen gerichtete Windschub auf die Ozeanoberfläche, das im Westen gestaute Wasser „schwappt“ in einer Art Welle oder Eigenschwingung (einer sog. Kelvin-Welle) zurück. An der Wasseroberfläche bleibt die Amplitude dieser Welle wieder klein, d. h. im Dezimeterbereich, die Amplitude der internen Welle an der Temperatur- und Dichtesprungschicht beträgt dagegen 20 m bis 40 m, beim Auflaufen auf die südamerikanische Küste sogar noch deutlich mehr. Dieser Fall ist im unteren Teil der Abb. 4.15 skizziert. Die Welle benötigt zur Überquerung des Pazifiks einige Monate und trifft etwa um die Jahreswende an der amerikanischen Westküste ein. Dort wird durch die Absenkung der Thermokline das Upwelling des kalten Wassers unterbunden, ein El Niño-Ereignis kann eintreten.

Das Zurückschwappen des Wassers in Form einer Kelvin-Welle ist auch der Grund dafür, daß das ENSO-Phänomen auf die Äquatorzone beschränkt ist. Kelvin-Wellen können sich nur ausbilden, wenn der Einfluß der Coriolis-Kraft klein bleibt. Wegen der riesigen Ausdehnung der El Niño-Welle ist diese Bedingung nur in unmittelbarer Nähe des Äquators erfüllt (in kleineren Dimensionen, wie z.B. in Binnenseen, können Kelvin-Wellen auch in höheren und hohen Breiten auftreten).

Im Regelfall kehren die Druck- und Strömungsverhältnisse innerhalb kurzer Zeit, innerhalb einiger Wochen, wieder zum „Normal“-Zustand zurück. Ein El Niño-Ereignis im engeren, dramatischen Sinn tritt ein, wenn eine - an sich prinzipiell immer vorhandene - positive Rückkopplung stark genug wird, um die normale Passatzirkulation zum Zusammenbrechen zu bringen: Wegen der nach Osten laufenden Kelvin-Welle und der damit verbundenen Absenkung der Thermokline kann das Wasser des Mittel- und Ostpazifiks deutlich wärmer werden. In der Folge wird auch über dem Ostpazifik und an der südamerikanischen Westküste in großem Umfang latente Wärme in aufsteigenden Luftströmungen freigesetzt. Im Extrem kann die Walker-Zirkulation umgekehrt werden, oberflächennahe Winde wehen dann von Westen nach Osten. Es liegt auf der Hand, daß hierdurch die nach Osten laufenden Wellen verstärkt werden: dadurch wird aber wieder die Freisetzung latenter Wärme im Osten begünstigt, und so fort; der Prozeß ist positiv rückgekoppelt und verstärkt sich selbst. Diese Situation (s. auch den unteren Teil von Abb. 4.15) ist durch im Vergleich zum langjährigen Mittel ungewöhnliche Trockenheit in Indonesien und durch zum Teil katastrophale, mit großen Überschwemmungen verbundene Regenfälle im östlichen Pazifik und an der südamerikanischen Küste gekennzeichnet.

Der hier dargestellte Mechanismus, der auf Ideen von Wyrtki (1975, 1982) zurückgeht, beschreibt wohl das ENSO-Phänomen als solches qualitativ recht gut. Bis jetzt steht aber noch eine Erklärung dafür aus, warum ein ENSO-Phänomen überhaupt auftritt (oder auch, wenn man so will, warum es nicht regelmäßig auftritt), und welche Prozesse Auslöser dafür sein könnten. Zufällige Fluktuationen in der Ost-West-Position der indonesischen Tiefs wurden ebenso als Ursache vermutet wie tropische Wirbelstürme (Ramage 1986) oder Schwankungen in der Intensität der Wechselwirkung zwischen Wind und Meeresoberfläche (Cane et al. 1986). Sicher ist, das ENSO ein Beispiel dafür ist, daß relativ unscheinbare Einflüsse in einem nichtlinearen System große Effekte auslösen können; dies könnte das ENSO-Phänomen auch vom Standpunkt der Klimaforschung her interessant werden lassen.

Ein weiterer besonders interessanter Punkt ist die Frage nach den Fernwirkungen („Teleconnections") eines El Niño-Ereignisses. Es liegt auf der Hand, daß eine „Wetterschaukel" der beschriebenen Art, die sich über 1/4 bis 1/3 des Erdumfanges erstreckt, nicht ohne Folgen für die restliche Atmosphäre bleibt. Wirkungen dieser Art wurden auch zweifelsfrei beobachtet, es war aber auch hier bisher noch nicht möglich, zu einer Systematik und noch weniger zu einer durchgehenden Kausalkette zu gelangen. Stellvertretend seien deshalb hier nur einige wenige Beispiele angeführt. Auf den schon von Walker (1923, 1924) entdeckten Zusammenhang zwischen dem Ausbleiben des indischen Monsuns und den damit verbundenen Dürrekatastrophen einerseits und stark negativen Southern-Oscillation-Indices, also typischen El Niño-Bedingungen andererseits haben wir schon weiter oben hingewiesen. Im Jahre 1983, in der Folge des stärksten El Niño-Ereignisses in neuerer Zeit, wurden nicht nur in der El Niño-Zone selbst extrem hohe Temperaturen an der Ozeanoberfläche und wolkenbruchartige Niederschläge auf der Ostseite der „Schaukel" beobachtet, sondern auch extreme Dürre in der Sahel-Zone und in Teilen von Australien, und auf der anderen Seite extreme Regenfälle im Westen der USA. Als Beispiel für eine gelungene Analyse einer ENSO-Fernwirkung sei zum Schluß eine Studie von Kruse u. von Storch (1986) erwähnt: Während des El Niños von 1982/83 trat eine Anomalie in der Luftdruckverteilung der gemäßigten Breiten auf mit über dem Durchschnitt liegendem Druckanstieg bei etwa 0° geographischer Länge (d. i. der Greenwich-Meridian) und einem korrespondierenden Druckabfall bei etwa 160° West. Kruse u. von Storch (1986) konnten zunächst mit einer sorgfältigen statistischen Analyse nachweisen, daß die Druckanomalie wirklich signifikant war und deutlich außerhalb des Zufallbereichs lag; sie konnten darüber hinaus zeigen, daß sich mit einem globalen Zirkulationsmodell, dem das ENSO-Ereignis als Zusatzbedingung aufgeprägt wurde, die Druckanomalie tatsächlich reproduzieren läßt. Dies heißt, daß nicht nur die Korrelation zwischen dem ENSO-Ereignis und der Druckanomalie, sondern auch ein kausaler Zusammenhang aufgezeigt werden konnten.

4.3.4 Einige Charakteristika der stratosphärischen Zirkulation und des Austauschs zwischen Stratosphäre und Troposphäre

Die wichtigsten Merkmale des stratosphärischen Windsystems sind aus Abb. 4.3 in dem Abschn. 4.1 zu entnehmen, die in einem Meridionalschnitt die mittleren zonalen Windgeschwindigkeiten zeigt. Wie dort zu sehen ist, liegen die Geschwindigkeitsmaxima der troposphärischen Winde knapp unterhalb der Tropopause. In der Tropopause und in der unteren Stratosphäre nehmen die Windgeschwindigkeiten mit zunehmender Höhe zunächst wieder ab. Erst in den höheren Schichten der Stratosphäre steigen sie dann wieder an und erreichen jenseits der Stratopause, in der Mesosphäre, wieder Maxima mit Geschwindigkeiten, die im sog. Polarnachtjet bis zu 350 km/h gehen können (s. in Abb. 4.3 oben rechts).

Die mittleren stratosphärischen Strömungen lassen sich qualitativ als thermische Winde verstehen: Die äquatoriale Tropopause und die untere tropische Stratosphäre sind sehr kalt (s. Abb. 2.7); dagegen ist auf der jeweiligen Sommerhalbkugel bedingt durch die starke solare Einstrahlung die polare Stratosphäre relativ warm. Der polwärts gerichtete Temperaturanstieg führt zu einer kräftigen westwärts gerichteten Strömung, zu einem Ostwind. Deshalb wird im Höhenprofil im Sommer die troposphärische Westwinddrift nach oben durch stratosphärische Ostwinde abgelöst, die Sommerpole werden in riesigen antizyklonalen Wirbeln umströmt. Auf der jeweiligen Winterhalbkugel ist dagegen wegen der dann sehr geringen oder verschwindenden solaren Einstrahlung die polare Stratosphäre über große Höhenbereiche kälter als die tropische; der resultierende thermische Wind ist deshalb wie in der Troposphäre ein Westwind. Im Höhenprofil setzt sich deshalb im Winter die troposphärische Westwinddrift in die Stratosphäre hinein fort (wenn auch mit einem Zwischenminimum der Windgeschwindigkeit in etwa 20 bis 25 km Höhe), die großen zirkumpolaren stratosphärischen Wirbel strömen im Winter in zyklonaler Richtung.

Die sommerlichen Ostwinde bilden dabei eine recht gleichmäßige zonale Strömung. Im Vergleich dazu weisen die winterlichen Westwinde eine unregelmäßige Struktur mit Wellenbewegungen, Instabilitäten und deutlichen Meridionalkomponenten auf, ähnlich der troposphärischen Westwinddrift. Auffallend ist auch die Erscheinung, daß im Spätwinter schnelle dynamische Erwärmungen der Stratosphäre auftreten, die bis zu 30° innerhalb eines Tages und mehr als 50° über mehrere Tage ausmachen können. Aus dieser Struktur der Strömungsmuster folgt, daß die sommerliche Stratosphäre kaum Austausch in meridionaler Richtung aufweist, während dieser im Winter sehr intensiv werden kann. Dies ist z. B. von Bedeutung für die Verteilung von Ozon, das in der tropischen Stratosphäre gebildet und im Winter zu höheren Breiten transportiert wird. Im Sommer kommt dieser Austausch zum Erliegen, was sich in deutlich niedrigeren Konzentrationen im Herbst, verglichen mit dem Frühling, widerspiegelt (s. Abb. 1.6).

Allerdings sind insgesamt starke Unterschiede zwischen den beiden Hemisphären zu beobachten: Der antarktische stratosphärische Winterwirbel („Polare Vortex") umfließt den Pol recht gleichmäßig; erst mit Beginn des Frühjahrs treten Erwärmungen auf, die schließlich zum Zusammenbruch der polaren stratosphärischen Vortex führen. Dagegen ist der arktische Zirkumpolarwirbel viel unregelmäßiger und weist auch eher meridionale Komponenten auf; auch tritt die dynamische Erwärmung häufig schon während des Spätwinters auf. Die Folge ist, daß der Austausch zwischen der antarktischen und der übrigen Stratosphäre im Hochwinter praktisch unterbunden wird und erst im antarktischen Frühjahr einsetzt, während über der Arktis dieser Austausch auch während des Winters nie ganz zum Erliegen kommt. Dies hat zum Beispiel ganz deutliche Konsequenzen für das stratosphärische Ozon über den Polen; wir werden im 8. Kap., bei der Diskussion des sog. Ozonloches, darauf zurückkommen.

Stratosphäre und Troposphäre stellen, wenn man so will, zwei getrennte Reservoire für Luftbeimengungen dar. Die Tropopause wird üblicherweise – auch wir haben in Abschn. 2.3.1 so argumentiert – als eine trennende Inversionsschicht angesehen, die den Austausch zwischen Stratosphäre und Troposphäre unterbindet. Im Prinzip ist diese Vorstellung auch richtig: Wo diese Inversionsschicht sich ungestört ausbilden kann, ist der unmittelbare Austausch auch weitgehend unterdrückt. Es darf aber nicht der Eindruck entstehen, als existiere zwischen diesen beiden atmosphärischen Reservoirs keinerlei Vermischung. In der Tat wird das Äquivalent der Stratosphärenmasse, ca. 200 g/cm^2, in etwa 1 bis 2 Jahren einmal mit der Troposphäre ausgetauscht; die längere Zeitangabe gilt dabei eher für die tropische Statosphäre, die kürzere für die Statosphäre höherer Breiten.

Die wichtigsten Mechanismen für den Stratosphären-Troposphären-Austausch sind das jahreszeitliche Heben und Senken der Tropopause (s. Abschn. 2.2.4), die Intrusion stratosphärischer Luft in die Troposphäre im Einflußbereich der Jetstreams und schließlich die Zirkulation der Hadley-Zelle. Durch das Zusammenwirken dieser Prozesse werden pro Jahr größenordnungsmäßig 60 bis 75% der Stratosphärenmasse ausgetauscht. Dagegen machen der diffusive Transport durch die Tropopauseninversion und kleinere lokale Hebungen und Senkungen der Inversionshöhe wahrscheinlich nur wenige Prozent ($<5\%$) pro Jahr aus (alle Zahlenangaben gehen auf Reiter (1975) zurück).

Von den drei genannten wichtigsten Mechanismen trägt der erste am wenigsten zur Vermischung bei: Durch die winterliche Absenkung und sommerliche Anhebung der Tropopauseninversion werden nur etwa 10% der Stratosphärenmasse im Lauf eines Jahres ausgetauscht. Die beiden anderen Prozesse, die Hadley-Zirkulation und der Austausch durch jetbedingte Tropopausenbrüche (der Übergang zwischen diesen beiden Mechanismen ist fließend), stellen die effektivsten Prozesse dar, durch sie werden pro Jahr etwa 50–60% der Stratosphärenmasse ausgetauscht.

Der Beitrag der Hadley-Zirkulation wird durch Abb. 4.11 in Abschn. 4.3.1 verdeutlicht: Die „hot towers" stoßen dank ihrer hohen Äquivalenttemperatur bis in die Stratosphäre vor; die Hadley-Zirkulation verläuft partiell durch die Stratosphäre. Wenn auch dabei die Luft zum großen Teil durch die Tropopausenbrüche der Subtropenjets wieder in die Troposphäre zurückfließt, so wird doch durch turbulente Diffusion und Durchmischung ein kräftiger Austausch zwischen Stratosphären- und Troposphärenluft wirksam.

Subtropenjets bewirken aus dynamischen Gründen einen sehr effektiven Austausch, der in Abb. 4.16 illustriert ist. In dieser Zeichnung ist, in Anlehnung an eine Fallstudie von Shapiro (1980), ein Vertikalschnitt durch einen Jet wiedergegeben. Der Schnitt zeigt das mit dem Jet verbundene, faltenartig tiefe Eindringen der Stratosphäre in die Trophosphäre hinein. In dieser – wenn man es so ausdrücken will – Tropopausenfalte werden entlang den Isentropen (Flächen gleicher potentieller Temperatur) stratosphärische Luft und die darin enthaltenen Beimengungen in die Troposphäre eingeleitet und durch turbulente Diffusion dort verteilt. Die dynamische Deutung dieses Prozesses ist kompliziert und formal aufwendig; es sei deshalb an dieser Stelle darauf verzichtet und statt dessen auf Shapiro (1981) verwiesen, der eine detaillierte Analyse solcher Vorgänge erstellt hat.

Wie oben schon erwähnt, werden pro Jahr etwa 2/3 bis 3/4 der Stratosphärenmasse mit der Troposphäre ausgetauscht. Dies entspricht einer mittleren Verweilzeit der Luft und ihrer Beimengungen in der Stratosphäre von 15 bis 18 Monaten.

Der beschriebene Austausch ist jahreszeitlich stark moduliert; das Maximum des Zuflusses stratosphärischer Luft in die Troposphäre ist im Frühjahr zu beobachten, im Hochsommer kommt der Austausch fast zum Erliegen. Für diese Modulation können in erster Linie drei Ursachen angeführt werden:

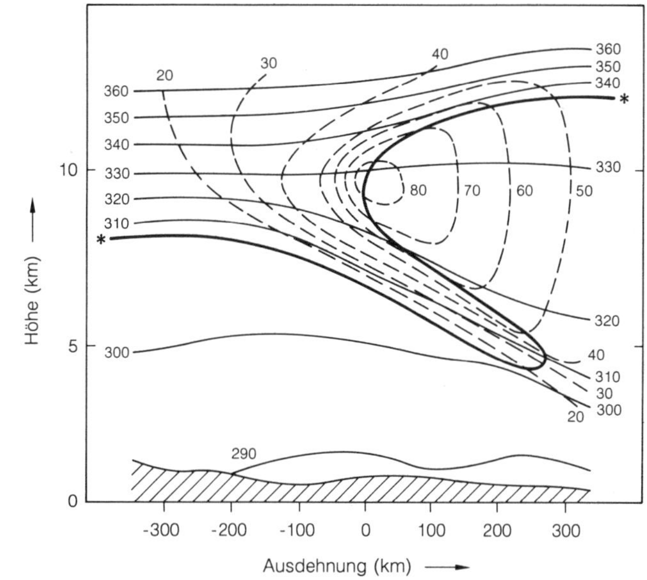

Abb. 4.16. Vertikalschnitt durch einen Jet zur Beschreibung des dort auftretenden Austauschs von stratosphärischer und troposphärischer Luft. (Nach einer Untersuchung von Shapiro 1980) Die *durchgezogenen Kurven* stellen Linien bzw. Flächen gleicher potentieller Temperatur (Einheit Kelvin), die *gestrichelten Kurven* Linien bzw. Flächen gleicher Geschwindigkeit (Isotachen, Einheit m/s) dar. Die *dicke durchgezogene Kurve* (∗—∗) entspricht der „gefalteten“ Tropopause bzw. der ungefähren Grenze der unmittelbaren Intrusion stratosphärischer Luft

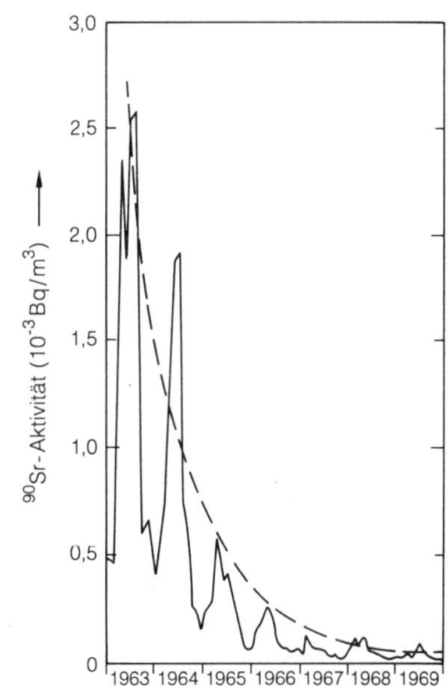

Abb. 4.17. ^{90}Sr-Aktivität der bodennahen Luft in den Jahren 1963 bis 1969. (Nach Messungen in Heidelberg; Schieron u. Schumann 1973, persönliche Mitteilung)

- die erwähnten Instabilitäten der Stratosphäre im Spätwinter (s. Abschn. 4.3.4),
- der jahreszeitliche monsunartige Wechsel der Hadley-Zirkulation (Abschn. 4.3.2),
- der Anstieg der Tropopause im Frühjahr und das entsprechende Absinken im Herbst.

Sowohl die angeführte mittlere Verweilzeit von 15 bis 18 Monaten als auch die jahreszeitliche Modulation des Austauschs sind sehr gut in dem Verhalten von Spurenstoffen wiederzuerkennen, die primär in der Stratosphäre gespeichert worden sind und von dort in die Troposphäre und zum Boden gelangen. Ein typisches Beispiel hierfür sind langlebige Spaltprodukte aus Kernwaffentests, die bis 1962 in die Stratosphäre injiziert worden sind und die dann, nach dem Teststopp, von der Stratosphäre wieder abgegeben worden sind. Abbildung 4.17 zeigt den zeitlichen Verlauf der ^{90}Sr-Aktivität in bodennaher Luft; die Konzentration in Bodennähe ist gegenüber dem Zufluß aus der Stratosphäre um rund einen Monat phasenverschoben, spiegelt aber ansonsten den Zufluß sehr genau wider. Die eingezeichnete gestrichelte Linie entspricht einer mittleren stratosphären Verweilzeit von etwa 17 Monaten.

4.4 Einige Anmerkungen zu kleinräumigen thermischen Zirkulationen

Unter einer kleinräumigen Zirkulation sei eine Zirkulationsform verstanden, deren Ausdehnung zu gering ist, um die Coriolis-Kraft stärker wirksam werden zu lassen. Das Prinzip der thermischen Anregung einer solchen Zirkulation haben wir im Abschn. 3.3 schon erörtert: In einem Gebiet mit barokliner Schichtung steigt die Luft auf der warmen Seite auf und sinkt auf der kalten Seite ab. Auf der kalten Seite ist der Bodendruck hoch, der Druck in der Höhe, an der Oberseite des Zirkulationssystems, dagegen – relativ gesehen – niedrig. Umgekehrt ist der Bodendruck auf der warmen Seite niedrig, der Druck in der Höhe dagegen hoch.

Ein typischer Vertreter einer solchen Zirkulationsform ist das Landwind-Seewind-System bei Strahlungswetter (d. h. bei einer Schönwetterlage ohne allzu starke großräumige Windströmungen). Während des Tages, zu Zeiten der Einstrahlung von der Sonne, ist das Land normalerweise wärmer als das Wasser, das wegen seiner hohen Wärmekapazität nur sehr träge auf die Variation der Einstrahlung reagiert; während der Nacht kühlt das Land durch Abstrahlung thermischer Strahlung stark aus und wird kälter als das Wasser. Als Folge tritt in Bodennähe (das sind etwa 1 bis 2 km Höhe) tagsüber, vor allem am Mittag und Nachmittag, Seewind auf, dem in größerer Höhe (typisch 3 bis 5 km) ein allerdings deutlich schwächer ausgeprägter seewärts gerichteter Wind entspricht. In den frühen Vormittagsstunden herrscht meist Windstille; der (z. B. für Segler und Surfer interessante) Seewind setzt erfahrungsgemäß zwischen etwa 11 Uhr morgens und 14 Uhr mittags ein. Über Land, im aufsteigenden Zweig der Zirkulation, ist dabei oft kräftige Wolkenbildung zu sehen, während der Himmel über der See klar bleibt.

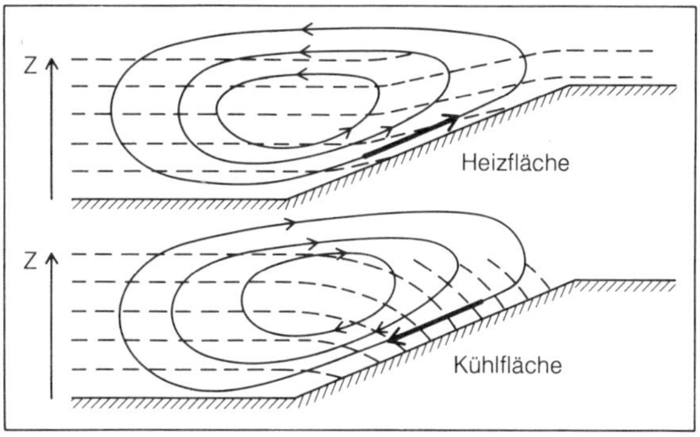

Abb. 4.18 a, b. Zur Entstehung der Talwinde am Tage (**a**) bzw. der Bergwinde in der Nacht (**b**). *Gestrichelte Linien:* Isothermen. Bezüglich der *geschlossen gezeichneten Strömungslinien* s. Text

Ähnlich, wenn auch komplizierter, ist das System der Berg- und Talwinde im Gebirge. Tendenziell weht an den Tagen, an denen sich überhaupt ein eigenes Talwindsystem ausbilden kann (d. h vor allem wieder bei Strahlungswetter), der Wind am Tage tal- bzw. hangaufwärts, während der Nacht dagegen tal- bzw. hangabwärts. Die Ursache dafür ist die starke Erwärmung der Luft am Tage über dem Boden der hochgelegenen Talsohle bzw. des Hanges im Vergleich zur Luft in gleicher absoluter Höhe in der Ebene oder über tiefer gelegenen Tallagen. Abbildung 4.18 a skizziert diesen Fall. Umgekehrt kühlt in der Nacht der Boden durch thermische Abstrahlung aus; diese Abkühlung teilt sich den Luftschichten in Bodennähe mit, diese werden kälter als die Luft in gleicher absoluter Höhe über dem tieferen Teil des Tales bzw. über der Ebene (Abb. 4.18 b). In beiden Fällen führen die stark geneigten Isothermen zu barokliner Schichtung und damit zur Zirkulation.

Das Berg- und Talwindsystem ist allerdings meistens nicht in der beschriebenen einfachen Form zu finden, sondern wird durch Hangwinde an den Seiten der Täler verwickelter. So steigt z. B. an den sonnenbeschienenen Talflanken warme Luft aufwärts, an den im Schatten liegenden Hängen bilden sich dagegen Fallwinde aus. Die Wechselwirkung von Berg- und Talwinden und von den Winden an den Talflanken führt dazu, daß die Zirkulationssysteme kaum in der einfachen Weise, wie sie in Abb. 4.18 angedeutet ist, geschlossen sind. Gelegentlich kann auch ein kräftiger talaufwärts gerichteter Wind über einen Sattel am Talende übergreifen und jenseits des Sattels, im gegenüberliegenden Tal als Bergwind mit „falscher" Richtung auftreten. Ein prominentes Beispiel dafür ist der „Maloja-Wind" im oberen Inntal (Oberengadin), der bei schönem Wetter am späten Vormittag als Bergwind talabwärts zu wehen beginnt und der von den talaufwärts strömenden Winden aus dem Bergell auf der anderen Seite des Maloja-Passes angetrieben wird.

Weitere Varianten der direkten thermischen Zirkulation sind z. B. die kalten Fallwinde (katabatische Winde), die in einer Mächtigkeit von einigen zehn bis etwa hundert Metern von größeren Gletscherflächen herabströmen, oder die schon erwähnten kleinen lokalen Hitzetiefs über heißen Bodenflächen.

Kapitel 5

Niederschlag, Wasserkreislauf, Klimazonen

Die Atmosphäre enthält etwa $13 \cdot 10^{15}$ kg oder – als Flüssigwasseräquivalent ausgedrückt – etwa $13 \cdot 10^{12}\,m^3$ Wasser, zum weitaus größten Teil in Form von Wasserdampf. Dividiert man die letzte Zahl durch die Größe der Erdoberfläche, $510 \cdot 10^6\,km^2$, so erhält man eine mittlere äquivalente Wassersäulenhöhe von 25 bis 26 mm. So wenig dies scheinen mag (als Vergleich: die mittlere Ozeantiefe beträgt etwa 3800 m, das Gesamtvolumen der Weltmeere etwa $1{,}35 \cdot 10^{18}\,m^3$), so wichtig ist die Rolle, die das Wasser im atmosphärischen Geschehen spielt. Ermöglicht wird diese Rolle erst durch die auf der Erde als einzigem Planeten des Sonnensystems realisierte Koexistenz aller 3 Aggregatzustände des Wassers.

Die mittlere Verdunstungs- bzw. Niederschlagsrate beträgt etwa 1000 bis 1100 mm pro Jahr. Bezogen auf die mittlere Säulenhöhe von 25 bis 26 mm bedeutet dies, daß der atmosphärische Wasserdampf pro Jahr etwa vierzigmal umgesetzt wird, oder anders ausgedrückt, daß die mittlere Verweilzeit des Wassers in der Atmosphäre knapp 10 Tage beträgt.

Diese wenigen Zahlen sollen hier nur zur Einführung dienen, auf Details werden wir später zurückkommen. Zunächst werden in diesem Kapitel die mikrophysikalischen Aspekte des Wasserhaushaltes, Kondensation und Niederschlag, besprochen werden. Darin schließt sich die Diskussion des Wasserhaushaltes im Großen und der damit verbundenen klimatischen Aspekte an. Weiter enthält dieses Kapitel zwei Abschnitte mit zunächst recht speziell anmutenden, für Umwelt- und Klimaforschung aber sehr wichtigen Themen, die Auswaschwirksamkeit des Niederschlags für atmosphärische Spurenstoffe und die Hydrometerologie der schweren Wasserisotope HDO und $H_2{}^{18}O$.

5.1 Mikrophysik der Kondensation und der Niederschlagsbildung

Die erste Voraussetzung für die Bildung von Wolken oder von Nebel, d. h. für die Kondensation des atmosphärischen Wasserdampfs zu kleinen Tröpfchen oder zu kleinen Eispartikeln ist das Zustandekommen einer gewissen Mindestübersättigung dieses Dampfes. In gelegentlichen Fällen kann dies durch Zufuhr von zusätzlichem Wasserdampf geschehen; ein Beispiel dafür sind die Nebel, die in kalter Luft über warmem Wasser auftreten. In der überwiegenden Zahl der Fälle wird die Übersättigung aber durch Abkühlung bei etwa gleichbleibendem Wassergehalt der Luft herbeigeführt. In einer etwas groben Unterteilung lassen sich zwei Ursachen für eine Abkühlung angeben: Der eine Mechanismus ist die isobare Abkühlung ohne nennenswerte Höhenänderung des sich abkühlenden Luftpaketes; dies ist der typische Vorgang bei der Nebelbildung, z. B. durch Strahlungskühlung oder durch die Abkühlung über einer kalten Bodenfläche. Der andere, letztlich wichtigere Prozeß ist die adiabatische Abkühlung beim Aufsteigen feuchter Luft, deren Wasserdampf dann ab einer gewissen Höhe übersättigt wird und auskondensiert. Dies führt zur Bildung von Wolken, oft mit sehr scharf definierter Untergrenze. Die verschiedenen Wolkenformen werden wesentlich durch die verschiedenartigen Aufsteigemechanismen beeinflußt; so entstehen z. B. Schichtwolken (Stratusbewölkung) beim Aufgleiten einer warmen Luftmasse über einer kalten, oder Haufenwolken (Cumulusbewölkung) beim konvektiven Aufsteigen der Luft, etwa an warmen Sommertagen.

Ist Übersättigung erreicht, so kann Kondensation eintreten. Wenn wir im Moment einmal von den speziellen atmosphärischen Gegebenheiten absehen, so müssen wir 2 Arten von Kondensation betrachten:

- Die sog. homogene Kondensation oder Nukleation, bei der durch statistisches Zusammentreffen von Dampfmolekülen in einem zuvor rein gasförmigen Medium ein neues Tröpfchen, d. h. ein neues luftgetragenes Teilchen entsteht. Hierzu sind hohe Übersättigungen bis zu mehreren hundert Prozent erforderlich.
- Die sog. heterogene Kondensation an einem schon vorhandenen Partikel, einem sog. Kondensationskern oder -keim. Liegen nicht zu kleine Kondensationskeime vor (etwa mit Lineardimensionen oberhalb 0,1 μm), so kann für diese Art der Tropfenbildung eine Übersättigung von wenigen zehntel Prozent ausreichen.

Wir wollen hier eine relativ breite Behandlung der homogenen Kondensation an den Anfang stellen, da hierdurch die thermodynamischen und kinetischen Grundlagen für alle Kondensationsprozesse bereitgestellt werden (der gleiche Problemkreis taucht z. B. auch bei der Entstehung von Aerosolteilchen auf). Im 2. Unterabschnitt soll dann die heterogene Kondensation besprochen werden; in der realen Atmosphäre ist diese allein für die Entstehung der Wolken und des Regens verantwortlich, da die stets vorhandenen Aerosolpartikel schon bei niedriger Wasserdampfübersättigung eine heterogene Kondensation einleiten.

Wolkentröpfchen wachsen durch Kondensation relativ rasch bis zu Radien in der Größenordnung von etwa 10 μm; ein weiteres Wachstum allein durch Kondensation von Flüssigwasser wäre aber zu langsam, um zu niederschlagsfähigen Regentropfen zu gelangen. Hierfür müssen andere Prozesse verantwortlich sein; mit diesen werden wir uns im letzten Teil dieses Abschnitts beschäftigen.

Die ganzen Prozesse der Niederschlagsbildung sind allerdings so komplex, daß es im Rahmen dieser Einführung nicht möglich ist, sie in allen Details umfassend und vollständig darzustellen. Der an weiteren Einzelheiten interessierte Leser sei deshalb auf das umfangreiche Standardwerk von Pruppacher u. Klett (1978) oder auf das knappere, aber dennoch sehr gut lesbare Buch von Rogers u. Yau (1989) verwiesen.

5.1.1 Die homogene Kondensation

Das prinzipielle Problem bei jeglicher Kondensation von kleinen Tröpfchen oder allgemeiner von kleinen Partikeln aus der Dampfphase heraus liegt darin, daß mit abnehmendem Krümmungsradius des Tropfens der Dampfdruck, der für ein Gleichgewicht zwischen flüssiger und gasförmiger Phase erforderlich ist, immer größer werden muß; dies ist bedingt durch den zunehmenden Einfluß der (positiven) Oberflächenenergie, der die (negative) Bindungsenergie immer kleiner werden läßt (das Verhältnis von Oberfläche zu Radius nimmt umgekehrt proportional zum Radius zu). Auf andere Weise ausgedrückt heißt dies, daß die für die Existenz eines kleinen Tröpfchens erforderliche Übersättigung um so höher wird, und zwar sehr schnell höher wird, je kleiner der Tropfenradius wird. Wir wollen zunächst die Thermodynamik dieses Gleichgewichtes untersuchen; dies führt zu der bekannten Formel von Thomson (später Lord Kelvin) für den Zusammenhang zwischen Krümmungsradius und Gleichgewichtsdampfdruck. Daran anschließend wollen wir die Kinetik der Tropfenbildung bei der homogenen Kondensation besprechen; dies führt zu einem Ausdruck für die Rate der Tröpfchenbildung und wird die Notwendigkeit hoher Übersättigungen verständlich machen.

Ein thermodynamischer Prozeß in der Natur läuft spontan ab, wenn die freie Enthalpie $G = U + p \cdot V - T \cdot S$ des Systems (auch Gibbssche freie Energie genannt) bei diesem Prozeß abnimmt, d. h. wenn $dG < 0$ ist. Dabei bedeuten U die innere Energie und S die Entropie. Ein Gleichgewichtszustand wird durch ein Extremum der freien Enthalpie G gekennzeichnet. Diese Sachverhalte folgen unmittelbar aus den beiden thermodynamischen Hauptsätzen,

dem Energiesatz:

$$dQ = dU + p \cdot dV \quad (\text{für } p = \text{const}) \tag{5.1}$$

und dem Entropiesatz:

$$\left.\frac{dQ}{T}\right|_{\text{irreversibel}} < \left.\frac{dQ}{T}\right|_{\text{reversibel}} = dS. \tag{5.2}$$

dQ ist dabei der differentielle Wärmeenergieumsatz (positiv gerechnet, wenn die Energie dem System zugeführt wird). Die den linken Teil von Gl. 5.2 bildende Ungleichung läßt sich aus dem Vergleich eines unvollkommenen Kreisprozesses mit einem Carnot-Prozeß ableiten und ist in fast allen Lehrbüchern der Physik zu finden; die Gleichung, die den rechten Teil von Gl. 5.2 bildet, ist die thermodynamische Definition der Entropie. Spontane Prozesse können wir mit irreversiblen Prozessen gleichsetzen. Aus beiden Sätzen zusammen folgt deshalb unmittelbar

$$\left.\frac{dU + p \cdot dV}{T}\right|_{\text{irreversibel}} < dS \tag{5.3}$$

bzw. nach Multiplikation mit T

$$dU + p \cdot dV - T \cdot dS|_{\text{irreversibel}} < 0, \tag{5.4}$$

was nach der Definition von G gleichbedeutend ist mit $dG < 0$.

Die Änderung von G bei der Kondensation eines Dampfes zu einem Tröpfchen, ΔG, läßt sich in einen Volumenanteil und einen Oberflächenanteil zerlegen:

$$\Delta G_{\text{Dampf} \to \text{Tröpfchen}} = n \cdot (\mu_{\text{Fl}} - \mu_{\text{Dampf}}) + \sigma \cdot A. \tag{5.5}$$

Dabei bedeuten n die Zahl der im entstehenden Tröpfchen gerade kondensierenden Moleküle, μ_{Fl} die freie Enthalpie eines Moleküls in der unendlich ausgedehnten homogenen Flüssigkeit (auch als chemisches Potential in der flüssigen Phase bezeichnet), μ_{Dampf} die freie Enthalpie (oder das chemische Potential) eines Moleküls in der unendlich ausgedehnten homogenen Gasphase, σ die Oberflächenspannung und A die Oberfläche des sich bildenden Tropfens.

Um die Änderung des Volumanteils der freien Enthalpie pro Molekül, d. h. des chemischen Potentials, zu erhalten, denken wir uns die Kondensation aufgeteilt in die Kompression des Dampfes auf das Flüssigkeitsvolumen und in den eigentlichen Phasenübergang. Dabei wollen wir zwei Näherungen machen: Die Flüssigkeit selbst sei inkompressibel, und der Dampf verhalte sich während der Kompression wie ein ideales Gas. Wegen $T = \text{const}$ bleibt dann die innere Energie des Dampfes während der Kompression konstant; da die Kompression ein reversibler Vorgang ist, ändert sich auch S nicht, und es bleibt nur die Volumenarbeit, deren Anteil wir berechnen können. Es ist

$$d\mu_{\text{Dampf}} = -p \cdot dv_0 \tag{5.6}$$

wobei v_0 das Äquivalentvolumen eines einzelnen Moleküls in einem idealen Gas ist; dabei gilt $v_0 = \text{Molvolumen/Loschmidtzahl} = (R \cdot T)/(L \cdot p) = k \cdot T/p$ oder $p = k \cdot T/v_0$. Wir erhalten also

$$d\mu_{\text{Dampf}} = -k \cdot T \cdot dv_0/v_0. \tag{5.7}$$

Bei konstanter Temperatur ist $p \cdot v_0 = \text{const}$; hieraus folgt unmittelbar, daß $dv_0/v_0 = -dp/p$ ist; somit ergibt sich

$$d\mu_{\text{Dampf}} = +k \cdot T \cdot dp/p \tag{5.8}$$

oder nach Integration

$$\mu_{\text{Dampf}} = +k \cdot T \cdot (\ln p + \ln c_1). \tag{5.9}$$

Dabei sei p im Moment einmal als Zahl, nicht als dimensionsbehaftete Größe aufgefaßt (damit ln p einen Sinn gibt); die Integrationskonstante c_1 bzw. $k \cdot T \cdot \ln c_1$ ist eine Funktion der Temperatur, aber nicht des Druckes.

Wenden wir die gleiche Argumentation auf die flüssige Phase an, so erhalten wir wegen der Inkompressibilität der Flüssigkeit keine Kompressionsarbeit; das chemische Potential ist eine (unbekannte) reine Temperaturfunktion, für die wir formal

$$\mu_{\text{Fl}} = k \cdot T \cdot \ln c_2 \tag{5.10}$$

schreiben können. Damit erhalten wir schließlich für den Volumenanteil bei der Kondensation

$$\mu_{Fl} - \mu_{Dampf} = -k \cdot T \cdot (\ln p - \ln c_2 + \ln c_1), \tag{5.11}$$

was wir noch zusammenfassen können zu

$$\mu_{Fl} - \mu_{Dampf} = -k \cdot T \cdot \ln (p/p_0), \tag{5.12}$$

wobei sich p_0 zu

$$p_0 = (c_2/c_1) \tag{5.13}$$

ergibt. Wenn wir auch über die Temperaturfunktionen c_1 und c_2 im einzelnen nichts wissen, so können wir doch über p_0 eine Aussage machen: Bei Gleichgewicht zwischen der flüssigen Phase und dem Dampf, beide unendlich ausgedehnt und mit ebener Grenzfläche gedacht, muß die Differenz der freien Enthalpie verschwinden, d. h. es muß $\mu_{Fl} - \mu_{Dampf} = 0$ sein. Dann muß auch $\ln(p/p_0) = 0$ sein, oder $p = p_0$. Dies bedeutet aber, daß p_0 gerade der Sättigungsdampfdruck ist. Bezeichnen wir noch das Verhältnis $S = p/p_0$ als Sättigungsverhältnis oder kurz als „Sättigung" (nicht zu verwechseln mit der Entropie), so ist

$$\mu_{Fl} - \mu_{Dampf} = -k \cdot T \cdot \ln S \tag{5.14}$$

und schließlich

$$\Delta G_{Dampf \to Tröpfchen} = -n \cdot k \cdot T \cdot \ln S + \sigma \cdot A. \tag{5.15}$$

Der Volumenanteil von ΔG, die Differenz der chemischen Potentiale, ist also negativ bei Übersättigung, gerade Null im Gleichgewicht und positiv bei Untersättigung; der Oberflächenanteil ist immer positiv. Da die Oberfläche zu $n^{2/3}$ proportional ist, können wir ΔG als Funktion von n, der Zahl der Moleküle in dem sich bildenden, „embryonalen", Tröpfchen, in der Form

$$\Delta G_{Dampf \to Tröpfchen} = -n \cdot k \cdot T \cdot \ln S + \text{const} \cdot n^{2/3} \cdot \sigma \tag{5.16}$$

schreiben. Abbildung 5.1 zeigt den sich hieraus ergebenden Verlauf von ΔG als Funktion von n.

Die Überlagerung des positiven Oberflächenanteils mit dem bei Übersättigung negativen Volumenanteil ergibt einen Sattelpunkt, ein Maximum ΔG^* bei einer kritischen Molekülzahl n^*. ΔG^* und n^* hängen sehr empfindlich von dem Grad der Übersättigung ab; um dies zu illustrieren, sind in der Abbildung n^* und ΔG^* für zwei sich nur wenig unterscheidende Übersättigungen eingezeichnet.

Die Berechnung von ΔG^* und n^* bzw. dem dieser Molekülzahl entsprechenden Tröpfchenradius r^* ergibt die Gleichgewichtsbedingung zwischen einer bestimmten Übersättigung und der entsprechenden Tropfengröße. Es ist

$$n = \frac{\text{Tröpfchenmasse}}{\text{Molekülmasse}} = \frac{\frac{4\pi}{3} \cdot r^3 \cdot \varrho_{Fl}}{\frac{M}{L}} = \frac{4\pi \cdot r^3 \cdot \varrho_{Fl} \cdot L}{3M}, \tag{5.17}$$

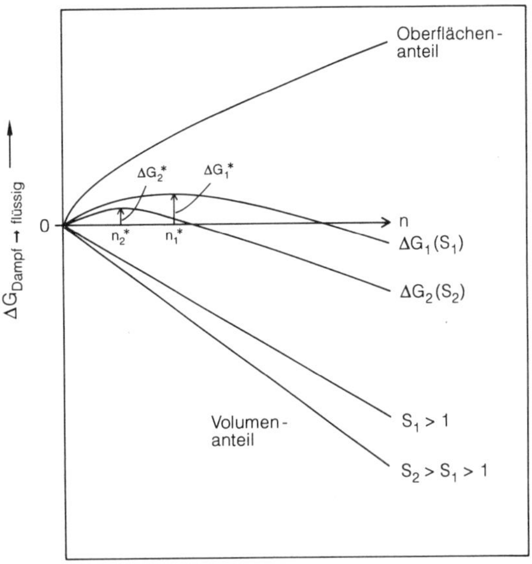

Abb. 5.1. Schematische Darstellung der Abhängigkeit von ΔG von der Zahl *n* der in einem Tröpfchen kondensierenden Moleküle

wobei ϱ_{Fl} die Dichte der Tröpfchenflüssigkeit, M die Molmasse und L die Loschmidt-Zahl bedeuten. Mit diesem Ausdruck für n, eingesetzt in die oben angeschriebene Formel (s. Gl. 5.16), erhalten wir ΔG als Funktion des Tröpfchenradius r (mit $R = k \cdot L$)

$$\Delta G = -\frac{4\pi \cdot r^3 \cdot \varrho_{Fl}}{3\,M} \cdot R \cdot T \cdot \ln S + 4\pi \cdot r^2 \cdot \sigma. \tag{5.18}$$

Die Lage des Sattelpunktes ΔG^* und damit die gesuchte Gleichgewichtsbedingung ergibt sich aus

$$\left.\frac{d\Delta G}{dr}\right|_{r=r^*} = 0 \tag{5.19}$$

zu

$$-\frac{4\pi \cdot r^{*2} \cdot \varrho_{Fl}}{M} \cdot R \cdot T \cdot \ln S^* + 8\pi \cdot r^* \cdot \sigma = 0, \tag{5.20}$$

oder – nach r* bzw. nach S* aufgelöst – zu

$$r^* = \frac{2 \cdot \sigma \cdot M}{\varrho_{Fl} \cdot R \cdot T \cdot \ln S^*} \tag{5.21}$$

bzw. zu

$$S^* = \exp\left(\frac{2 \cdot \sigma \cdot M}{\varrho_{Fl} \cdot R \cdot T \cdot r^*}\right). \tag{5.22}$$

Dies sind genau die beiden Darstellungen der Formel von Thomson (Lord Kelvin), die den Zusammenhang zwischen dem Radius eines Tropfens und der dafür im

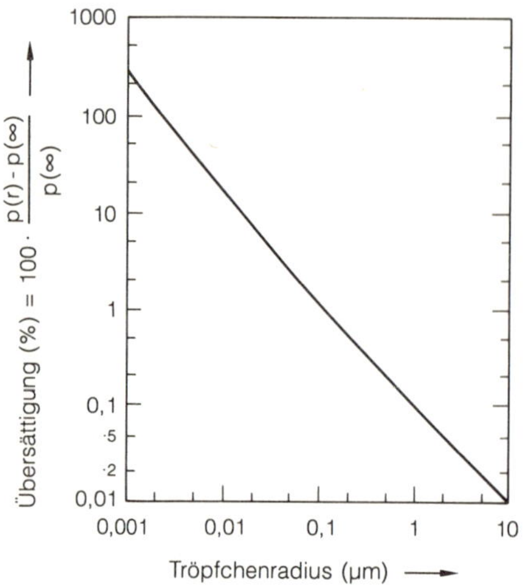

Abb. 5.2. Für das Gleichgewicht über der Oberfläche kleiner Tröpfchen notwendige Wasserdampfübersättigung, in %, als Funktion des Tröpfchenradius, dargestellt als Abweichung von 100%

Gleichgewicht notwendigen Übersättigung bzw. Dampfdruckerhöhung vermitteln. In Abb. 5.2 ist dieses Gleichgewicht zwischen Übersättigung und Tropfenradius für einen in der Atmosphäre wichtigen Radiusbereich wiedergegeben; aufgetragen ist nicht S selbst, sondern die prozentuale Abweichung $100 \cdot (S - 1)$ in logarithmischer Darstellung.

Klammert man in der oben abgeleiteten Formel (Gl. 5.18) für ΔG den Faktor r^2 aus und setzt für das verbleibende r den eben erhaltenen Ausdruck für r^* ein, so erhält man den einfachen Zusammenhang

$$\Delta G^* = \frac{1}{3} \cdot 4\pi \cdot r^{*2} \cdot \sigma = \frac{1}{3} \cdot A^* \cdot \sigma, \tag{5.23}$$

d.h. die Höhe des Sattelpunktes der freien Enthalpie beträgt gerade $1/3$ der Oberflächenenergie an dem kritischen Punkt $r = r^*$.

Wir haben mit den bisherigen Überlegungen die Begründung dafür erhalten, daß der Gleichgewichtsdampfdruck über einer gekrümmten Oberfläche größer ist als über einer ebenen Fläche, genauer, daß die für das Gleichgewicht notwendige Übersättigung mit $\exp(1/r)$ ansteigt. Damit wird schon qualitativ einsichtig, daß bei einer homogenen Kondensation, bei der sicher nur sehr kleine Tröpfchen entstehen können, eine sehr hohe Übersättigung erforderlich ist (eine strengere Begründung folgt gleich). Damit wird aber auch evident, daß in Gegenwart von benetzbaren Kondensationskeimen, die einen vergleichsweise großen Anfangsradius bereitstellen, die notwendige Übersättigung (s. Abb. 5.2) viel kleiner ist, daß also schon aus diesem Grund die heterogene Kondensation bei sehr kleinen Übersättigungen ablaufen kann.

Ein weiteres Ergebnis der Überlegungen ist, daß zur Erzeugung eines Tröpfchens aus der Gasphase heraus eine positive Schwellen- oder Aktivierungsenergie ΔG^* bereitgestellt werden muß, daß – anders ausgedrückt – ein entstehendes Tröpfchen über diese, vom Grad der Übersättigung abhängende, Energieschwelle „springen" muß. Die Nukleationsrate, d.h. die Wahrscheinlichkeit dafür, daß ein solches

Ereignis eintritt, hängt dann sicher irgendwie von der Wahrscheinlichkeit ab, mit der ein „embryonales" Tröpfchen in der Umgebung des kritischen Punktes $r = r^*$ zu finden ist und weiter von der Wahrscheinlichkeit, daß weitere Moleküle aus dem Dampf auf ein solches embryonales Tröpfchen auftreffen.

Der einfachste Ansatz für die Nukleationsrate ergibt sich aus folgender Überlegung, die auf Vollmer u. Weber (1926) zurückgeht: Nimmt man an, daß sich in einem System aus Molekülen und statistisch entstehenden Molekülaggregaten auf irgend eine Weise ein thermodynamisches Gleichgewicht eingestellt hat, so beschreibt die Boltzmann-Statistik die Wahrscheinlichkeit dafür, daß in diesem System gerade z_n Aggregate mit n Molekülen zu finden sind; danach ist

$$z_n = N \cdot \exp\left[-\Delta G(n)/k \cdot T\right]. \tag{5.24}$$

Speziell wird man gerade

$$z^* = N \cdot \exp\left[-\Delta G^*/k \cdot T\right] \tag{5.25}$$

Aggregate mit der kritischen Molekülzahl n^* am Sattelpunkt finden. N ist dabei die Dichte der monomeren Moleküle (eigentlich müßte man die Gesamtzahl der Zustände über die thermodynamische Zustandssumme berechnen; da aber die Zahl der monomeren Moleküle weit überwiegt, kann man N einfach mit dieser Zahl identifizieren).

Argumentiert man nun weiter, daß ein „embryonales" Tröpfchen, das sich gerade an der kritischen Stelle mit $n = n^*$ befindet, die Schwelle dann überspringen wird, wenn ein weiteres Molekül aus dem Dampf auf das Embryo auftrifft, so erhält man für die Nukleationsrate J

$$J = \beta_{n^*} \cdot z^* \tag{5.26}$$

mit der Auftreffrate β_{n^*}. Die Auftreffrate β_n ist allgemein gegeben durch das Produkt aus der Auftreffrate pro Flächeneinheit, $N \cdot v_{\text{thermisch}}/4$, und der Oberfläche des Aggregates, $4\pi \cdot r(n)^2$. Mit $v_{\text{thermisch}} = (8 \cdot k \cdot T/\pi \cdot m)^{1/2}$ erhält man an der Stelle $n = n^*$ bzw. $r = r^*$

$$J = N \cdot \left(\frac{k \cdot T}{2 \cdot \pi \cdot m}\right)^{1/2} \cdot 4 \cdot \pi \cdot r^{*2} \cdot N \cdot \exp\left(-\Delta G^*/k \cdot T\right) \tag{5.27}$$

oder, wenn man über $p = N \cdot k \cdot T$ den Druck des Dampfes einführt und für r^* noch den oben errechneten Ausdruck (s. Gl. 5.21) einsetzt,

$$J = \frac{p^2}{k^2 \cdot T^2} \cdot \left(\frac{k \cdot T}{2 \cdot \pi \cdot m}\right)^{1/2} \cdot 4 \cdot \pi \cdot \left(\frac{2 \cdot \sigma \cdot m}{\varrho_{Fl} \cdot k \cdot T \cdot \ln S}\right)^2 \cdot \exp\left(-\Delta G^*/k \cdot T\right). \tag{5.28}$$

Dieser Ausdruck für J nach Vollmer u. Weber (1926) wird in der Literatur in dieser oder ähnlicher Form oft angeführt und kann zumindest für erste, oft ausreichende Abschätzungen herangezogen werden.

Bei genauerer Betrachtung gibt dieser Ansatz aber in mehrfacher Hinsicht Anlaß zu Kritik; diese Kritik wurde am übersichtlichsten von Zeldovich (1942) formuliert, dem wir uns hier anschließen wollen. Die Übergangsenthalpie ΔG nimmt jenseits

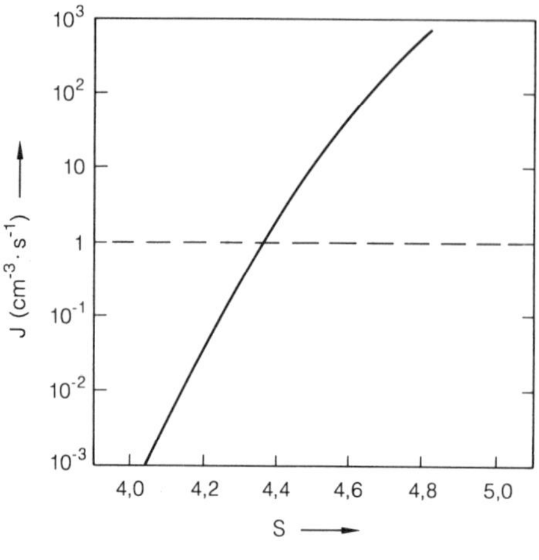

Abb. 5.3. Rate der homogenen Kondensation (Nukleation) in reinem Wasserdampf von 0°C als Funktion der Übersättigung

des Maximums ΔG^*, im Bereich der größeren Tröpfchen mit mehr als n^* Molekülen, rasch ab und wird schnell negativ. Im thermodynamischen Gleichgewicht müßte dann die Zahl der Tröpfchen z_n mit $n > n^*$ wegen der Proportionalität zu $\exp(-\Delta G^*/k \cdot T)$ sehr schnell zunehmen, d.h. die Verteilung z_n hätte ein scharfes Minimum am kritischen Punkt n^*, aber die Zahl der großen Tröpfchen wäre beliebig hoch. Eine solche Verteilung kann nicht realistisch sein. Ein weiterer Einwand läuft darauf hinaus, daß im thermodynamischen Gleichgewicht die Rate der Bildung von Teilchen mit größerem n, die dem Einfangen weiterer Dampfmoleküle entspricht, genau so groß sein muß wie die Rate der Bildung von kleineren Teilchen, die dem Abdampfen von Molekülen entspricht. Damit wäre die Nettonukleationsrate Null, es würden keine neuen Teilchen gebildet. Die Annahme einer thermodynamischen Gleichgewichtsverteilung führt also zu offensichtlichen Widersprüchen.

Die von Zeldovich (1942) unter Berücksichtigung dieser Kritik erarbeitete Ableitung der Nukleationsrate ist als Ergänzung 5.1 diesem Abschnitt angefügt; hier sei nur das Ergebnis mitgeteilt. Zeldovich findet

$$J = \frac{p^2}{k^2 \cdot T^2} \cdot \frac{1}{\varrho_{Fl}} \cdot \left(\frac{2 \cdot m \cdot \sigma}{\pi}\right)^{1/2} \cdot \exp(-\Delta G^*/k \cdot T). \tag{5.29}$$

Die Gültigkeit dieses Ausdrucks wurde in vielen Experimenten bestätigt.

Abbildung 5.3 zeigt als Beispiel für die Abhängigkeit der Nukleationsrate von dem Übersättigungsgrad die Nukleationsrate in Wasserdampf von 0°C (nach Hidy u. Brock 1970). Die Abbildung zeigt den extrem steilen Anstieg (man beachte die Maßstäbe): Eine Zunahme von J um 4 Zehnerpotenzen geht mit einer Zunahme von S um nur 10% einher. Man kann ohne weiteres davon sprechen, daß beim Erreichen einer „kritischen" Übersättigung, die hier bei etwa $S = 4{,}4$ liegt, „schlagartig" oder „spontan" die homogene Kondensation einsetzt. Tatsächlich wird oft $J = 1\,cm^{-3} \cdot s^{-1}$ als Kriterium für das Einsetzen spontaner Kondensation gewählt. Abbildung 5.4 zeigt noch – bei Anwendung dieses Kriteriums – die für das

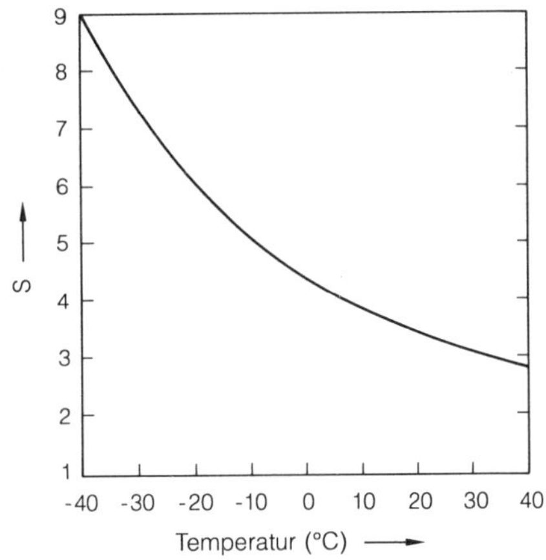

Abb. 5.4. Zusammenhang zwischen der Temperatur und der für das Einsetzen homogener Kondensation erforderlichen Übersättigung

Eintreten homogener Kondensation notwendige Übersättigung als Funktion der Temperatur.

Das weitere Wachstum der Tröpfchen, die die kritische Schwelle ΔG^* übersprungen haben, wird zunächst durch die Kinetik der Kondensation, d. h. in erster Näherung durch einen Ausdruck der Form $dn/dt = \beta_n \cdot N$ bestimmt. Mit weiterem Wachstum und damit weiterem Bedarf an Dampfmolekülen wird aber schnell die Geschwindigkeit, mit der diese Dampfmoleküle durch Diffusion herantransportiert werden können, der limitierende Faktor (Näheres hierzu in Abschn. 5.1.3).

5.1.2 Heterogene Kondensation

In dem vorangehenden Abschnitt hatten wir die Thomson-Formel als Gleichgewichtsbedingung für die Koexistenz zwischen Wasserdampf und einer gekrümmten Flüssigwasseroberfläche abgeleitet. In Abb. 5.2 war die für das Gleichgewicht zwischen Dampf und Tropfen notwendige Übersättigung als Funktion des Tropfenradius wiedergegeben. Das Ergebnis war – kurz zusammengefaßt –, daß sehr kleine Tröpfchen nur in Dampf existieren können, der um mehrere hundert Prozent übersättigt ist, daß aber größere Tropfen bei Dampfdrücken stabil sind, die nur wenige zehntel Prozent über dem Dampfdruck einer ebenen, unendlich ausgedehnten Wasseroberfläche liegen.

Im Fall der heterogenen Kondensation stellt nun ein Kondensationskern (d. h. ein zumindest benetzbares Aerosolpartikel ausreichender Größe) einen gewissen Anfangsradius für den sich bildenden Wolken- oder Nebeltropfen bereit: Dank der polaren Eigenschaften der Wassermoleküle werden die Partikel fast spontan mit einer Wasserhaut überzogen; der Kondensationskern liefert dann eine feuchte Oberfläche mit hinreichend geringer Oberflächenkrümmung, so daß die für eine Kondensation notwendige Übersättigung klein bleiben kann. Nach Abb. 5.2 kann z. B. ein benetzbares Teilchen mit 1 μm Radius schon bei 0,1% Übersättigung einen Tropfenkeim darstellen.

Bei nicht vollständig benetzbaren Partikeln sind die Verhältnisse ein wenig ungünstiger, da dann durch den von Null verschiedenen Kontaktwinkel zwischen Teilchenoberfläche und Flüssigkeit ein effektiver Krümmungsradius wirksam wird, der etwas kleiner als der Partikelradius ist. So beträgt z. B. die für das Einsetzen von Kondensation notwendige Übersättigung über einem Teilchen mit 1 μm Radius bei vollständiger Benetzbarkeit (Kontaktwinkel 0°) etwa 0,1%, bei einem Kontaktwinkel von 5° etwa 0,6% und bei einem Winkel von 12° schon etwa 3%. Dies ändert aber prinzipiell nichts daran, daß Aerosolpartikel mit Lineardimensionen in der Größenordnung von Mikrometern schon bei Übersättigungen in der Größenordnung von zehntel Prozent bis Prozent als Kondensationskeime wirksam werden können; wir werden gleich sehen, daß bei löslichen Aerosolteilchen die Verhältnisse noch günstiger liegen.

Für einfache Abschätzungen bei niedrigen Übersättigungen ist es übrigens zweckmäßig, die Thomson-Formel in der Form

$$\ln \frac{p(r)}{p_0} = \frac{\text{const}}{r} \quad \left(\text{mit const} = \frac{2 \cdot \sigma \cdot M}{\varrho_{Fl} \cdot R \cdot T}\right) \tag{5.30}$$

zu schreiben und für kleine Übersättigungen $\Delta p = p(r) - p_0$ die linke Seite in

$$\ln \frac{p_0 + \Delta p}{p_0} = \ln \left(1 + \frac{\Delta p}{p_0}\right) \approx \frac{\Delta p}{p_0} \tag{5.31}$$

zu entwickeln, was schließlich

$$\frac{\Delta p}{p_0} = \text{const} \cdot \frac{1}{r} \tag{5.32}$$

ergibt.

Bisher sind wir davon ausgegangen, daß die zur Verfügung stehenden Aerosolpartikel zwar benetzbar sind (von öligen oder fettigen Partikeln einmal abgesehen, sind sie das fast alle), aber nicht löslich. Sind die Aerosolteilchen aber zusätzlich noch ganz oder auch nur teilweise löslich, so wird die heterogene Kondensation noch weiter erleichtert, weil die gelöste Substanz den Gleichgewichtsdampfdruck erniedrigt.

Diese Dampfdruckerniedrigung wird durch das Raoultsche Gesetz beschrieben, nach dem die Absenkung Δp des Dampfdruckes

$$\Delta p = \frac{\varrho_{Dampf}}{\varrho_{Fl}} \cdot R \cdot T \cdot n_L \tag{5.33}$$

beträgt. Dabei bedeuten ϱ_{Fl} und ϱ_{Dampf} die Dichten der Tröpfchenflüssigkeit und des Dampfes und n_L die Zahl der Mole der gelösten Substanz pro Volumeneinheit der Lösungsflüssigkeit (die Begründung ist in fast jedem Lehrbuch der Physik zu finden). Der Effekt kann beachtlich sein: Beispielsweise beträgt der Dampfdruck bei 0°C über einer gesättigten Lösung von NaCl nur 76,3% des Dampfdrucks von reinem Wasser, über einer gesättigten $MgCl_2$-Lösung bei der gleichen Temperatur sogar nur 35%.

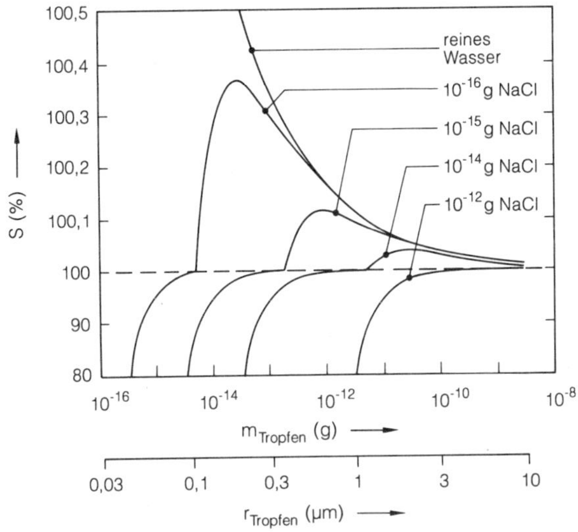

Abb. 5.5. Gleichgewichtssättigung (in %) über reinem Wasser und über Tröpfchen einer NaCl-Lösung als Funktion der Tropfenmasse bzw. des Tropfenradius, bei 20°C. Man achte auf den Wechsel des Maßstabs oberhalb und unterhalb 100% Sättigung

Die Wassermenge in einem Tropfen ist dem Tropfenvolumen und damit der dritten Potenz des Tropfenradius r proportional. Für eine vorgegebene Menge löslicher Substanz wird damit n_L proportional zu $1/r^3$. Wir können deshalb für die relative Dampfdruckerniedrigung $\Delta p/p_0$ durch im Tröpfchen gelöste Substanzen

$$\frac{\Delta p}{p_0} = -\frac{\text{const}}{r^3} \tag{5.34}$$

schreiben; die Dampfdruckerniedrigung wird sich also vor allem bei sehr kleinen Tröpfchen bemerkbar machen.

Die Dampfdruckerhöhung durch die Krümmung der Oberfläche, $\Delta p \sim 1/r$, und die Dampfdruckerniedrigung durch die gelöste Substanz, $\Delta p \sim -1/r^3$, überlagern sich; der prinzipielle Verlauf des Dampfdruckes bzw. der Gleichgewichtssättigung läßt sich in der Form

$$\Delta p/p_0 = S - 1 = \text{const}_1 \cdot 1/r - \text{const}_2 \cdot 1/r^3 \tag{5.35}$$

darstellen.

In Abb. 5.5 ist dieser Verlauf für Tröpfchen aus Kochsalzlösung im Vergleich zu reinen Wassertröpfchen gezeigt. Aus dieser Abbildung lassen sich verschiedene Sachverhalte ablesen:

Durch lösliche Kerne oder lösliche Substanzen in einem Kern wird die für die Bildung von Wolken- oder Nebeltropfen notwendige Übersättigung herabgesetzt oder verschwindet sogar ganz.

Wenn lösliche Kerne vorhanden sind, binden diese schon bei Untersättigung (relative Feuchten unter 100%) Wasser und bilden stabile Lösungströpfchen oder zumindest nasse Kerne. Diese wachsen dann zwar nicht weiter, weil auf den linken Ästen der Kurven dp/dr positiv ist, also für größere Teilchen höhere Sättigungen notwendig wären, aber es stellt sich an jedem Punkt der Kurven ein stabiles Gleichgewicht ein. Eine Folge davon ist unter anderem, daß lösliche Aerosolteil-

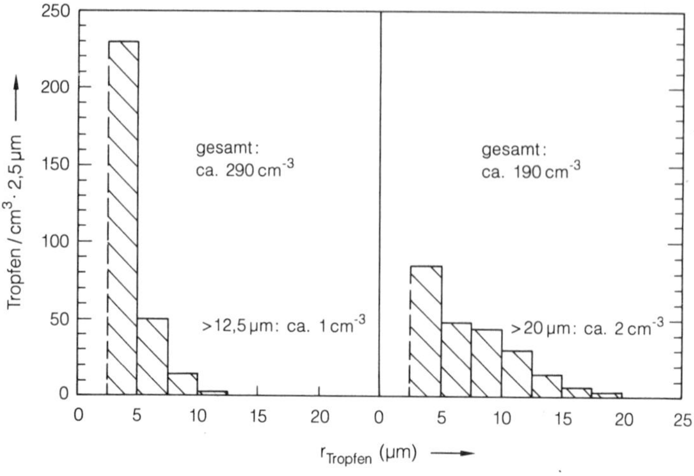

Abb. 5.6. Mittlere Tropfengrößenspektren links für Schönwetter-Cumuli, rechts für Cumulus-Wolken, die gerade zu regnen beginnen. (Nach Battan u. Reitan 1957). Die Gesamtflüssigwassergehalte der Wolken lagen **links** bei 0,15 bis 0,2 g/m³, **rechts** bei 0,8 bis 1,0 g/m³

chen bei hohen, aber doch unter der Sättigung liegenden Feuchten durch Wasseraufnahme merklich anwachsen können, mit der Konsequenz deutlich größerer optischer Streuquerschnitte; feuchte, aber noch ungesättigte Luft wirkt dann dunstig.

Die Reduzierung der notwendigen Übersättigung durch lösliche Substanzen hat zur Folge, daß in der Natur schon relativ kleine Aerosolpartikel mit Radien herunter bis etwa 0,1 µm als Kondensationskeime wirksam werden, wenn sie ganz oder teilweise löslich sind. Unlösliche Partikel kommen dagegen meist erst zum Zuge, wenn sie Radien in der Größenordnung von 1 µm oder darüber aufweisen. In der Regel kann man damit rechnen, daß in kontinentaler Umgebung einige hundert Partikel pro cm^3 diese Bedingung erfüllen; über dem Meer liegt diese Zahl bei etwa 50 bis etwas über 100. Diese Häufigkeiten spiegeln sich in den typischen Tropfenkonzentrationen in maritimen und kontinentalen Wolken wider.

Als Beispiel zeigt Abb. 5.6 zwei gemittelte Wolkentropfen-Größenspektren, zusammen mit den totalen Tropfenkonzentrationen, einmal für Schönwetter-Cumuluswolken, zum anderen für regnende Cumuluswolken.

5.1.3 Die weitere Entwicklung des Niederschlags

Wie aus Abb. 5.6 hervorgeht, werden durch die Kondensation primär Tröpfchen mit Radien in der Größenordnung von 5 bis 10 µm gebildet; die Tropfenkonzentrationen liegen typischerweise bei wenigen hundert Tröpfchen pro cm^3. Lediglich in gewissen Ausnahmefällen, wie z. B. in voll entwickelten Gewitterwolken, in denen die Wasserdampfdiffusion durch heftige Konvektion beschleunigt werden kann, oder in Wolken über dem Ozean, wo dem Wasserdampf große, hygroskopische, aber nicht sehr zahlreiche Seesalzpartikel angeboten werden, sind Radien in der Größenordnung von 20 µm mit typischen zugehörigen Tröpfchenkonzentrationen zwischen 50 und 100 pro cm^3 zu finden. Pauschal beträgt der Gehalt einer Wolke an flüssigem Wasser im Stadium des Ausregnens etwa 1 g bis 2 g Flüssigwasser pro m^3, in konvektiven Wolken vielleicht noch ein wenig mehr.

Wenn man das Wachstum eines einzelnen Tropfens in einer Modellumgebung mit unbegrenztem Wasserdampfnachschub betrachtet, so wird die Wachstumsgeschwindigkeit durch die Rate der Diffusion von Wasserdampf zu den Tropfen hin und durch die Schnelligkeit der Abfuhr der freigewordenen latenten Wärme vom Tropfen weg limitiert. Beide Transportprozesse sind langsam; so ist zum Beispiel der für die Diffusionsgeschwindigkeit maßgebliche Konzentrationsgradient des Wasserdampfs nur durch die minimale Übersättigung von wenigen zehntel Prozent oder noch darunter gegeben. Wir wollen hier auf die Behandlung der recht komplizierten Theorie des diffusiven Tropfenwachstums verzichten und nur wenige beispielhafte Ergebnisse referieren (der interessierte Leser sei z. B. auf die sehr klare Darstellung bei Mason 1971 verwiesen).

Bei einer Temperatur um 0°C, einer Wolkenhöhe von etwa 1 km und einer Übersättigung von 0,1% benötigt ein Tropfen mit einem anfänglichen Radius von 5 µm etwa 8 bis 15 min (je nach seinem Gehalt an Kondensationskernmaterial), um auf einen Radius von 10 µm anzuwachsen. Das weitere diffusive Wachstum durch Kondensation bis zu einem Radius von 20 µm nimmt weitere 30 bis 50 min in Anspruch, und die Zeiten für eine weitere Vergrößerung des Tropfenradius, z. B. auf 35 µm, bemessen sich schon nach Stunden.

In der realen Atmosphäre sind die Bedingungen für das Tropfenwachstum eher noch ungünstiger, da der Verbrauch an Wasserdampf bei der Kondensation bzw. dem Wachstum eines Ensembles von Tröpfchen, wie es in einer Wolke vorliegt, die aktuelle Übersättigung sehr schnell reduziert. Ob eine ausreichende Übersättigung aufrechterhalten werden kann oder nicht, ist letztlich eine Frage der Schnelligkeit, mit der die Wolkenluft gegebenenfalls weiter abkühlt.

Andererseits können nur größere Tropfen aus einer Wolke zur Erdoberfläche fallen, da nur diese eine Chance haben, die untersättigte Zone unterhalb der Wolke zu durchqueren, ohne zu verdampfen. So kann z. B. ein Tröpfchen mit 10 µm Radius in Luft mit 90% relativer Feuchte nur eine Strecke in der Größenordnung eines Millimeters zurücklegen, bevor es verdampft. Bei einem Tröpfchen mit 100 µm Radius beträgt diese Strecke schon viele Zentimeter bis wenige Meter, bei einem Tropfen mit 0,5 mm Radius liegen die Fallstrecken schon im Kilometer-Bereich. Tatsächlich haben Regentropfen typischerweise Radien in der Größenordnung mehrerer Zehntel Millimeter bis wenige Millimeter. Abbildung 5.7 zeigt eine für Mitteleuropa typische Verteilung der Regentropfenradien.

Das Wachstum der Wolkentropfen bis zur Größe der Regentropfen ist somit ein zentrales Problem der Niederschlagsbildung. Wir wollen hier die beiden wichtigsten Mechanismen für die Bildung von Niederschlag betrachten:

- Die Koaleszenz in der flüssigen Phase, d. h. die Koagulation kleinerer Tropfen zu größeren,

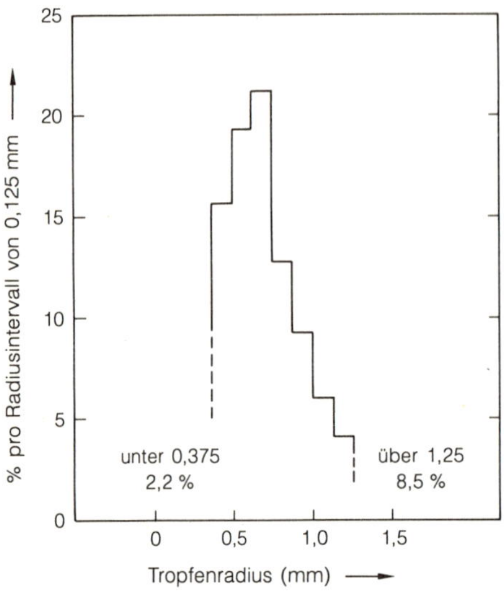

Abb. 5.7. Mittlere Verteilung der Regentropfenradien in Bodennähe, nach Messungen in Karlsruhe. (Diem 1968)

- die Regenbildung über die Eisphase, in der älteren Literatur oft als Bergeron-Findeisen-Prozeß bezeichnet.

Die Niederschlagsbildung durch Koaleszenz kann man sich etwa folgendermaßen vorstellen: In dem Spektrum der Wolkentröpfchen sind Tropfen unterschiedlicher Größe und damit unterschiedlicher Fallgeschwindigkeit enthalten. Die größeren und schnelleren Tröpfchen können die kleineren einfangen und auf diese Weise selbst anwachsen.

Um die bei der Koaleszenz auftretenden Fragen auch quantitativ etwas besser in den Griff zu bekommen, machen wir ein einfaches Modell (ähnliche Überlegungen treten übrigens auch bei der Behandlung des Auswaschens von Aerosolen durch den Niederschlag auf): Ein Tropfen mit dem Radius R fällt mit der Geschwindigkeit W durch ein Wolkenvolumen, in dem kleinere Tröpfchen mit einem einheitlichen Radius r enthalten sind; die Fallgeschwindigkeit dieser Tröpfchen sei w. Rein geometrisch fängt der fallende Tropfen alle kleineren Tröpfchen ein, die in einem vertikalen Schlauch mit dem Radius $(R+r)$ bzw. der Fläche $\pi \cdot (R+r)^2$ enthalten sind. Aus aerodynamischen Gründen kann aber der tatsächliche Einfangsquerschnitt kleiner sein als der rein geometrische Querschnitt. Man kann sich vorstellen, daß im Zuge der Relativbewegung zwischen Luft und fallendem Tropfen die Stromfäden dem fallenden Tropfen ausweichen und sich hinter dem Tropfen wieder schließen. Wären nun die einzufangenden kleinen Tröpfchen trägheitslos, so würden sie dank der viskosen Reibung zwischen Luft und Tröpfchen den Stromfäden folgen; ein Einfang wäre so ausgeschlossen.

Je massereicher und damit träger nun ein Tröpfchen ist, um so weniger folgt es der Strömung der Luft, die Chance für einen Einfang wächst. Wir wollen diesem Sachverhalt durch die Einführung eines Einfangwirkungsgrades ε Rechnung tragen, der das Verhältnis des effektiven Einfangsquerschnittes zu dem geometrischen

Tabelle 5.1. Einfangwirkungsgrade als Funktion der Radien R des einfangenden und r des eingefangenen Tropfens

R =	10 µm	20 µm	50 µm	100 µm	250 µm	500 µm
r =						
5 µm	0,04	0,05	0,19	0,48 (0,49)	0,57 (0,63)	0,56 (0,65)
10 µm	–	0,17	0,53 (0,58)	0,70 (0,81)	0,67 (0,87)	0,61 (0,88)
20 µm	–	–	0,58 (0,75)	0,65 (0,94)	0,57 (0,95)	0,48 (0,96)
30 µm	–	–	0,58 (0,88)	0,51 (0,97)	0,49 (0,97)	0,49 (0,97)

(In Klammern: Kollisionswirkungsgrade für starre Kugeln).

Querschnitt $\pi \cdot (R + r)^2$ darstellt. Außer dem eben angedeuteten rein hydrodynamischen Effekt geht in diesen Koaleszenzwirkungsgrad zumindest bei großen einfangenden Tropfen noch ein, daß diese sich bei streifender Berührung mit den kleinen Tröpfchen etwas deformieren und so die kleinen Tröpfchen quasi abprallen lassen können (s. hierzu z. B. Beard u. Ochs 1984, die zwischen dem Kollisionswirkungsgrad starrer Kugel und dem Einfangwirkungsgrad deformierbarer Tropfen unterscheiden); bei großen Tropfen können die Unterschiede bis zu 50% ausmachen, während sie bei kleinen einfangenden Tropfen zu vernachlässigen sind. In der Tabelle 5.1 sind einige Werte für den Einfangswirkungsgrad zusammengestellt und mit dem theoretischen Kollisionswirkungsgrad verglichen (nach Daten von Klett u. Davis 1973 und Beard u. Ochs 1984).

Sind L ($\approx 1\,g/m^3$) der spezifische Flüssigwassergehalt der regnenden Wolke, $\pi \cdot (R + r)^2$ der geometrische Querschnitt des von dem fallenden Tropfen erfaßten Schlauches, und $(W - w)$ die Geschwindigkeit, mit der der große Tropfen die kleinen Tröpfchen einholt, so ist die Rate des Massenzuwachses des fallenden Tropfens durch (mit M als Tropfenmasse)

$$\frac{dM}{dt} = L \cdot \varepsilon \cdot \pi \cdot (R + r)^2 \cdot (W - w) \tag{5.36}$$

gegeben. Da ferner

$$M = \varrho_W \cdot \frac{4 \cdot \pi}{3} \cdot R^3 \tag{5.37}$$

und damit

$$\frac{dR}{dt} = \frac{dM}{dt} \cdot \frac{dR}{dM} = \frac{dM}{dt} \cdot \frac{1}{\varrho_W \cdot 4 \cdot \pi \cdot R^2} \tag{5.38}$$

gilt, erhalten wir für die Geschwindigkeit des Tropfenwachstums

$$\frac{dR}{dt} = \frac{\varepsilon \cdot L}{4 \cdot \varrho_W} \cdot \left(\frac{R + r}{R}\right)^2 \cdot (W - w). \tag{5.39}$$

Die Fallgeschwindigkeit von Tropfen wird bis zu einem Radius von etwa 30 μm bis 40 μm durch das Gleichgewicht zwischen der Schwerkraft und der Stokesschen Reibungskraft ($= 6 \cdot \pi \cdot \eta \cdot R \cdot W$, mit η als der im 3. Kap. schon eingeführten dynamischen Zähigkeit der Luft) beschrieben. Für $R = 10$ μm erhält man beispielsweise eine Fallgeschwindigkeit von $W = 1{,}2$ cm/s, für $R = 30$ μm eine solche von $W = 11$ cm/s (im Gültigkeitsbereich des Stokesschen Gesetzes wächst die Fallgeschwindigkeit proportional zu R^2). Für größere Tropfen ist das Stokessche Gesetz nicht mehr anwendbar, da dessen Voraussetzung, eine laminar-viskose Strömung um den Tropfen herum, nicht mehr erfüllt ist. Nach experimentellen Daten von Gunn u. Kinzer (1949) und nach mit diesen übereinstimmenden halbempirisch gewonnenen Formeln von Beard (1976) erreichen in Bodennähe Tropfen mit 100 μm Radius eine Geschwindigkeit von 72 cm/s, solche von 250 μm Radius eine Geschwindigkeit von 2 m/s und solche von 500 μm Radius eine Geschwindigkeit von 4 m/s; die höchsten überhaupt beobachteten bodennahen Geschwindigkeiten lagen bei 8 m/s bis 9 m/s, die von Tropfen mit Radien oberhalb von 1,5 mm erreicht wurden. Bei strenger Gültigkeit des Stokesschen Gesetzes hängt die Fallgeschwindigkeit nicht von dem Luftdruck ab, bei großen Tropfen nimmt dagegen die Geschwindigkeit bei fallendem Druck etwa proportional zum Kehrwert der Quadratwurzel aus dem Druck zu.

Mit diesen Werten für die Fallgeschwindigkeiten und den Zahlenwerten für ε aus der Tabelle 5.1 können wir jetzt anhand der Gleichung für dR/dt die Schnelligkeit des Tropfenwachstums durch Koaleszenz abschätzen: Betrachten wir z. B. einen Tropfen mit 100 μm Radius, der durch ein Ensemble von Tröpfchen mit 10 μm Radius fällt, so erhalten wir eine Wachstumsrate von 0,13 μm/s, oder anders ausgedrückt, der Tropfen wächst in rund einer Minute um 10% an. Führen wir die gleiche Rechnung für einen kleineren einfangenden Tropfen von 20 μm Radius durch, so ist dR/dt nur noch etwa $3 \cdot 10^{-3}$ μm/s; der Tropfen benötigt etwa 10 min für eine Radiuszunahme von 10%. Dieses Ergebnis ist insofern überraschend, als einerseits Cumulus-Wolken schon ¼ Std. nach ihrer Entstehung regnen können, andererseits Tropfen mit Radien oberhalb von 20 μm, d. h. Tropfen, die durch Koaleszenz schnell genug wachsen könnten, in den Spektren der Wolkentropfengrößen kaum vertreten sind. Diese Diskrepanz beschreibt ein bis heute noch nicht ganz befriedigend gelöstes Problem der Wolkenphysik, nämlich die Frage, wie die Tröpfchen die Lücke im Größenspektrum zwischen – sagen wir – etwa 20 μm und 50 μm überwinden können. Wir wollen auf die Lösungsansätze hier nicht näher eingehen; das Problem wird aber vielleicht dadurch etwas relativiert, daß nur ein Regentropfen auf einige 10^4 Wolkentröpfchen entfällt.

Alles in allem ist die Flüssigwasserkoaleszenz kein sehr wirkungsvoller, oder besser ausgedrückt, kein sehr schneller Prozeß; vor allem verläuft die Anfangsphase sehr langsam. Die Größe der letztendlich entstehenden Regentropfen und die Ergiebigkeit der Niederschläge hängen natürlich ganz entscheidend von dem effektiven Fallweg ab und damit einmal von der Mächtigkeit der Wolke unterhalb der Gefriergrenze, zum anderen von den in der Wolke herrschenden Aufwinden. Bei großer Mächtigkeit der Wolken unterhalb der Gefriergrenze, wie sie z. B. in den Tropen wegen der dort hoch liegenden 0°C-Höhe zu finden sein kann, gefördert noch durch heftige konvektive Aufwinde, wie sie in Gewittern auftreten, kann die Koaleszenz zu sehr großtropfigen und auch sehr ergiebigen Regen führen. In den gemäßigten Breiten dagegen, in denen die Mächtigkeit der Wolken unterhalb der Gefriergrenze meist gering ist, führt der Koaleszenzprozeß eher zu kleintropfigen, wenig ergiebigen Niederschlägen.

Die Bildung großer Regentropfen läuft in höheren Breiten meistens ganz oder teilweise über die Eisphase, in der wesentlich wirksamere Sammelprozesse als die Koaleszenz zum Tragen kommen. Alles in allem sind allerdings die Vorgänge bei der Bildung von Eispartikeln in Wolken schlechter bekannt als die bei der Kondensation von Dampf zu flüssigen Tröpfchen. Schon die Frage, ob Eiskristalle in Regenwolken weitgehend durch Gefrieren unterkühlter flüssiger Tröpfchen oder durch Bildung direkt aus der Dampfphase entstehen, wird kontrovers beantwortet (allerdings ist die experimentelle Überprüfung auch nicht ganz einfach).

Zur Einleitung des Gefrierens unterkühlter Wassertröpfchen sind, ähnlich wie bei der heterogenen Kondensation, Gefrierkerne erforderlich; völlig kernfreies Wasser kann bis etwa −40°C unterkühlen, ohne zu gefrieren. Ähnliches gilt natürlich auch für die Sublimation direkt aus der Dampfphase. Die Anforderungen an die Gefrier- und Sublimationskerne, die wir unter dem Begriff Eiskeime zusammenfassen wollen, sind zum Teil denen an Kondensationskerne ähnlich, zum Teil aber auch von ganz anderer Art:

- sie müssen, in Analogie zu den Kondensationskernen, eine gewisse Anfangsgröße zur Verfügung stellen, um den Anteil der aufzubringenden Oberflächenenergie klein zu halten;
- sie müssen gewisse chemisch-kristallographische Bedingungen erfüllen, um als Kristallisationskeime für Wassereis dienen zu können;
- sie dürfen nicht löslich sein, oder doch nur wenig lösliche Beimengungen enthalten, da gelöste Substanzen die Gefriertemperatur herabsetzen, und da außerdem natürlich nur eine feste Substanz die genannten Anforderungen an die Kristallstruktur erfüllen kann.

Nur wenige Partikel sind deshalb als Eiskeime geeignet; ihre Zahl liegt um mehrere Größenordnungen unter der Zahl der wirksamen Kondensationskerne. Die Fähigkeit eines Partikels, als Eiskeim wirken zu können, hängt in hohem Maße von der Temperatur ab. Abbildung 5.8 verdeutlicht diesen Zusammenhang und gibt Hinweise auf die absolute Zahl wirksamer Eiskeime.

Der generelle Verlauf von Abb. 5.8 läßt sich dahingehend interpretieren, daß die Anforderungen an die Ähnlichkeit der Struktur von Eiskristall und Eiskeim mit abnehmender Temperatur immer geringer werden, oder umgekehrt, daß ein Mineral bei um so höherer Temperatur als Eiskeim wirksam werden kann, je näher seine Struktur an der des Eises liegt. Ein herausragender Vertreter solcher Substanzen ist das Silberjodid, AgJ, das z. B. zur Einleitung künstlicher Niederschläge eingesetzt wird; seine Gitterkonstanten betragen 0,458 nm und 0,749 nm, die

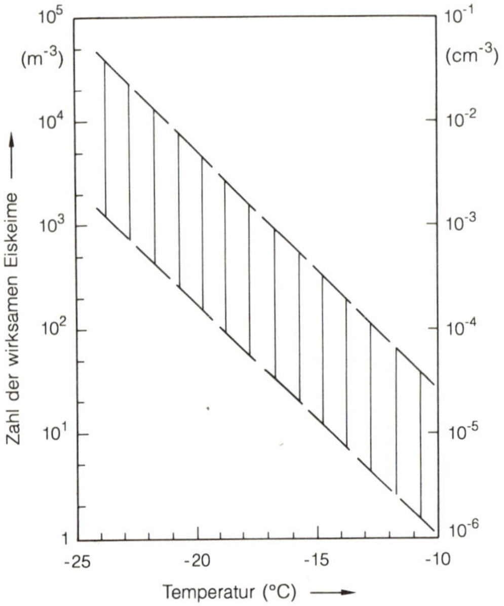

Abb. 5.8. Zahl der wirksamen Eiskeime als Funktion der Temperatur; das Diagramm ist aus vielen Quellen zusammengestellt, der *schraffierte Bereich* gibt die Streubreite der Literaturwerte wieder

des Wassereises selbst - im Vergleich dazu - 0,452 nm und 0,736 nm. Ein in der Natur relativ häufig vorkommendes Mineral, das ebenfalls gute Voraussetzungen als Eiskeim mitbringt, ist das Kaolinit, ein Aluminiumsilikat. Die Gitterkonstanten von Kaolinit sind 0,516 nm und 0,735 nm; das Mineral wird bei etwa −8° bis −10°C wirksam.

Sekundär können weitere Keime durch das Auseinanderbrechen bereits gebildeter Eiskörner entstehen; Eis selbst ist natürlich das ideale Material für Eiskeime. Diese sekundäre Eiskeimbildung ist als solche gesichert, es ist aber wenig darüber bekannt, unter welchen Umständen sie zu einer wirklich wirksamen Vermehrung von Eiskeimen führt.

Im großen und ganzen gefrieren die ersten Wolkentröpfchen bei Temperaturen von etwa −12° bis −15°C; in wärmeren Wolken kommen kaum Eispartikel der ersten Generation vor. Sind nun die ersten Eiskristalle entstanden, so liegt in der Wolke ein Gemisch von Eiskristallen, unterkühlten flüssigen Tröpfchen und Wasserdampf vor. Der Gleichgewichtswasserdampfdruck ist, wegen der höheren Bindungsenergie im Eiskristall, über Eis wesentlich niedriger als über flüssigem Wasser. In Abb. 5.9 sind die Sättigungsdampfdrucke über flüssigem Wasser und über Eis einander gegenübergestellt. Dieser Unterschied der Dampfdrucke hat zur Folge, daß Wolkenluft, die gegenüber flüssigem Wasser gerade wasserdampfgesättigt oder allenfalls minimal übersättigt ist, über Eis sehr stark übersättigt ist, z. B. um 16% bei −15°C und um 47% bei −40°C.

Infolge dieser hohen Übersättigung wächst der Eiskristall zunächst sehr schnell durch Andiffundieren von weiterem Wasserdampf. Der für die Diffusionsgeschwindigkeit maßgebende Konzentrationsgradient ist ja über Eis 2 bis 3 Größenordnungen größer als über Wasser (20 bis 30% Übersättigung über Eis stehen zehntel

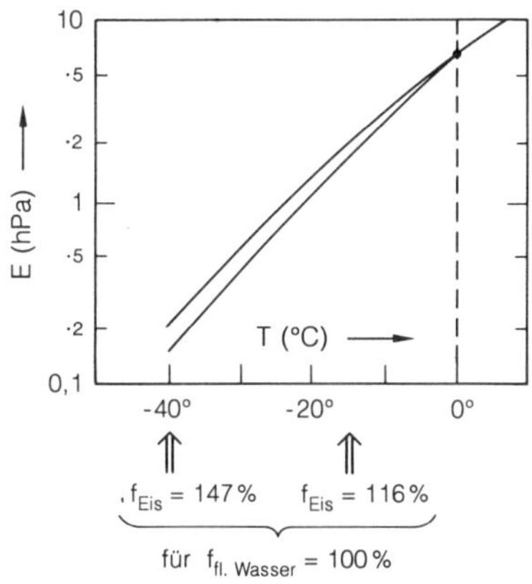

Abb. 5.9. Sättigungsdampfdruck E von Wasserdampf über Eis (*unterer Ast der Kurve*) und über Flüssigwasser (*oberer Ast*) als Funktion der Temperatur; für 2 Temperaturen, −15° und −40°, sind die relativen Feuchten f über Eis bei gleichzeitig 100% relativer Feuchte über Wasser angegeben

Prozent oder weniger über Wasser gegenüber). Bei −15 °C können die Eiskristalle durch diffusive Anlagerung von Wasser innerhalb weniger Minuten zu Eisnadeln oder Schneekristallen mit Größen von 100 bis 150 µm anwachsen.

Eis- oder Schneekristalle dieser Größe sind schon recht schwer und haben deshalb schon merkliche Fallgeschwindigkeiten. Damit ist einerseits möglich, daß die durch Kondensation entstandenen Eisteilchen selbst schon Niederschlagspartikel bilden und als feine Eiskristalle oder – nach dem Schmelzen in tieferen Schichten der Atmosphäre – als Nieseltröpfchen zum Boden fallen; bei der reinen Flüssigwasser-Kondensation wäre ein solcher Prozeß ja nicht denkbar. Andererseits ermöglicht die relativ hohe Fallgeschwindigkeit auch weitere Mechanismen für das Wachstum eines Eiskristalls durch Koagulation mit einem zweiten eingefangenen Eispartikel oder mit eingefangenen Flüssigwassertröpfchen.

Der Prozeß des Einfanges von flüssigen Wassertröpfchen durch Eiskristalle wird Akkretion genannt. Dieser Mechanismus führt zu graupelartigem Schnee und – im Extrem – zu großen Hagelkörnern. Die Wahrscheinlichkeit des Einfangens wird durch ähnliche Überlegungen beschrieben, wie wir sie bei der Behandlung der Flüssigwasserkoaleszenz kennengelernt haben, mit der zusätzlichen Komplikation, daß die geometrische Gestalt der Eisteilchen viel schwerer in den Griff zu bekommen ist als die der Wassertröpfchen und mit der Vereinfachung, daß beim Aufeinandertreffen eines Eispartikels und eines Wassertröpfchens Kollisions- und Einfangwahrscheinlichkeit wohl gleich sind, da ein unterkühltes Tröpfchen sofort festfriert, sobald es mit einer Eisoberfläche in Berührung kommt.

Alles in allem ist die Akkretion sicher ein sehr effektiver Prozeß, sobald die Größe des einfangenden Teilchens – sagen wir – etwa 100 µm erreicht hat. Der bevorzugte Temperaturbereich für die Akkretion liegt bei etwa −12° bis −15 °C, da bei diesen Temperaturen einerseits bereits hinreichend große Eiskristalle entstehen können und andererseits der Gehalt der Wolke an unterkühlten Tröpfchen noch relativ hoch ist; sie kann im Prinzip aber auch bei allen anderen Temperaturen ablaufen, bei denen Eispartikel und unterkühlte Tröpfchen nebeneinander existieren.

Der andere erwähnte Prozeß, das Einfangen von Eispartikeln durch andere Eispartikel, wird als Aggregation bezeichnet. Dieser Mechanismus führt z. B. zu großen Schneeflocken. Über seine Effizienz lassen sich nur schwer quantitative Aussagen machen, da einerseits die rein aerodynamische Kollisionswahrscheinlichkeit wegen der komplexen Struktur der Eisteilchen nicht leicht in den Griff zu bekommen ist, und andererseits die Wahrscheinlichkeit des Haftens nach einem Treffer, die sicher von der Struktur der Teilchen und von der Temperatur abhängt, deutlich unter 100% liegen kann, aber kaum zu berechnen oder zu messen ist.

Wenn die durch Akkretion oder Aggregation hinreichend groß gewordenen Eisteilchen zur Erdoberfläche fallen, so hängt es natürlich von der atmosphärischen Temperaturverteilung, aber auch von der Größe und der Struktur der Teilchen ab, ob sie während des Fallens schmelzen und als Regentropfen auf der Erde ankommen oder ob sie als Eispartikel oder als Schneekristalle zum Boden fallen. Systematische Aussagen hierzu lassen sich aber kaum machen.

Ergänzung 5.1

Die Rate der homogenen Nukleation nach dem Ansatz von Zeldovich

Im Haupttext war ausgeführt worden, daß die Annahme einer thermodynamischen Gleichgewichtsverteilung zwischen monomeren Wassermolekülen und Aggregaten aus mehreren oder vielen Wassermolekülen zu Widersprüchen führt. Eine realistische Verteilung, die wir im Gegensatz zur Gleichgewichtsverteilung z_n (s. Haupttext) mit $\tilde{z}_n$ bezeichnen wollen, sollte sich ergeben, wenn die großen Tröpfchen aus der Verteilung weggenommen würden, wenn also ein Nettofluß $J = J_{\rightarrow} - J_{\leftarrow} > 0$ postuliert wird. Dabei bedeuten n die Zahl der Wassermoleküle in einem Aggregat, $J_{\rightarrow}$ die Rate der Bildung von Tröpfchen oder Aggregaten mit größerem n aus Aggregaten mit kleinerem n durch Ankondensation weiterer Dampfmoleküle, $J_{\leftarrow}$ die Rate der Bildung von Aggregaten mit kleinerem n aus Aggregaten mit größerem n durch Abdampfen von Wassermolekülen. Für $n < n^*$ werden sich die beiden Verteilungen z_n und $\tilde{z}_n$ praktisch nicht unterscheiden, insbesondere ist sicher $z_1 = \tilde{z}_1 = N$, die Zahl der monomeren Wassermoleküle; oberhalb des kritischen Punktes n^* wird $\tilde{z}_n$ aber abfallen und für hinreichend große n verschwinden.

Oben haben wir mit β_n die Wahrscheinlichkeit dafür angegeben, daß pro Zeiteinheit ein Dampfmolekül auf ein Tröpfchen trifft, das aus n Molekülen besteht; mit γ_n wollen wir die Wahrscheinlichkeit dafür bezeichnen, daß pro Zeiteinheit ein Molekül von einem Tröpfchen aus n Molekülen wieder abdampft. Dann gilt für eine Gleichgewichtsverteilung

$$\beta_n \cdot z_n - \gamma_{n+1} \cdot z_{n+1} = 0, \tag{5.40}$$

für die angenommene realistische Verteilung dagegen

$$J = \beta_n \cdot \tilde{z}_n - \gamma_{n+1} \cdot \tilde{z}_{n+1} > 0. \tag{5.41}$$

Die Verteilung $\tilde{z}_n$ ist unbekannt; es genügt aber zu wissen, daß – wie schon erwähnt – $\tilde{z}_1/z_1 = 1$ ist und daß für sehr große n (sagen wir, für $n = \nu$ mit $\nu \gg n^*$) $\tilde{z}_\nu = 0$ wird. Lösen wir zunächst die erste der beiden Gleichungen nach γ_{n+1} auf und setzen das Ergebnis in die zweite Gleichung ein, so erhalten wir

$$J = \beta_n \cdot \tilde{z}_n - \frac{\beta_n \cdot z_n}{z_{n+1}} \cdot \tilde{z}_{n+1} = \beta_n \cdot z_n \cdot \left(\frac{\tilde{z}_n}{z_n} - \frac{\tilde{z}_{n+1}}{z_{n+1}} \right) \tag{5.42}$$

oder

$$\frac{J}{\beta_n \cdot z_n} = \left(\frac{\tilde{z}_n}{z_n} - \frac{\tilde{z}_{n+1}}{z_{n+1}} \right). \tag{5.43}$$

Jetzt läßt sich die unbekannte Verteilung $\tilde{z}_n$ durch eine einfache Summierung eliminieren (mit der Definition von ν von oben):

$$\sum_{n=1}^{\nu} \frac{J}{\beta_n \cdot z_n} = \sum_{n=1}^{\nu} \left(\frac{\tilde{z}_n}{z_n} - \frac{\tilde{z}_{n+1}}{z_{n+1}} \right) = \frac{\tilde{z}_1}{z_1} - \frac{\tilde{z}_\nu}{z_\nu} = 1 - 0 \tag{5.44}$$

oder

$$J = \frac{1}{\sum_{n=1}^{\nu} \frac{1}{\beta_n \cdot z_n}}. \tag{5.45}$$

Wenn wir jetzt auf die Definition von z_n zurückgreifen, sehen wir, daß z_n nur in unmittelbarer Umgebung von z^* sehr klein ist, d. h., daß nur die Summanden in unmittelbarer Umgebung von $n = n^*$ nennenswert zur Summe im Nenner beitragen. Da β_n sich mit n nur sehr langsam ändert, können wir deshalb ohne großen Fehler alle β_n durch β_{n^*} ersetzen und β_{n^*} dann vor die Summe ziehen. Wir erhalten

$$J = \frac{\beta_{n^*}}{\sum \frac{1}{z_n}} = \frac{N \cdot \beta_{n^*}}{\sum e^{\Delta G(n)/k \cdot T}}. \tag{5.46}$$

Die weitere Auswertung wird vereinfacht, wenn wir die Größe $x = n - n^*$ als kontinuierliche Variable auffassen und die Summe durch ein Integral ersetzen. Dabei kann, unter Berücksichtigung der eben erwähnten Tatsache, daß nur die nahe Umgebung von $n = n^*$, d. h. von $x = 0$, einen wesentlichen Beitrag zur Summe bzw. zum Integral liefert, $\Delta G(n)$ in eine Taylor-Reihe um $n = n^*$ entwickelt werden. Das Integral können wir dann von $-\infty$ bis $+\infty$ laufen lassen. Für die beiden ersten Glieder der Taylor-Reihe erhalten wir

$$\begin{aligned} \Delta G(n) &= \Delta G(n^*) + \frac{1}{2} \left. \frac{d^2 \Delta G(n)}{dn^2} \right|_{n=n^*} \cdot (n - n^*)^2 \\ &= \Delta G^* + \frac{1}{2} \left. \frac{d^2 \Delta G(x)}{dx^2} \right|_{x=0} \cdot x^2; \end{aligned} \tag{5.47}$$

daraus folgt für die Nukleationsrate:

$$J = N \cdot \beta_{n^*} \cdot \exp(-\Delta G^*/k \cdot T) \cdot \frac{1}{\int_{-\infty}^{+\infty} \exp\left(\frac{1}{2 \cdot k \cdot T} \cdot \left. \frac{d^2 \Delta G(x)}{dx^2} \right|_{x=0} \cdot x^2 \right) \cdot dx}. \tag{5.48}$$

In dieser Darstellung sieht man sofort, daß die Terme vor dem Bruchstrich mit dem im Haupttext abgeleiteten einfachen Ausdruck für J von Vollmer u. Weber (1926) (s. Gl. 5.28) identisch sind; der Bruch rechts ist offensichtlich eine Korrektur hierzu und ist als Zeldovich-Faktor in die Literatur eingegangen. Das Integral läßt sich leicht auswerten, wenn man auf die Definition von ΔG zurückgeht (die zweite Ableitung liefert gerade $\sigma \cdot d^2A/dx^2$) und einschlägigen Integraltafeln entnimmt, daß

$$\int_{-\infty}^{+\infty} \exp(-a^2 \cdot x^2) \cdot dx = \frac{1}{a} \cdot \sqrt{\pi}. \qquad (5.49)$$

Man erhält schließlich (mit den Bezeichnungen aus dem Haupttext)

$$J = \frac{p^2}{k^2 \cdot T^2} \cdot \frac{1}{\varrho_{Fl}} \cdot \left(\frac{2 \cdot m \cdot \sigma}{\pi}\right)^{1/2} \cdot \exp(-\Delta G^*/k \cdot T). \qquad (5.50)$$

5.2 Der globale Wasserkreislauf; Niederschlags- und Klimazonen

In diesem Abschnitt wollen wir, ausgehend von einer kurzen Diskussion der Verdunstung, den atmosphärischen Wasserkreislauf betrachten und dann, in einer gewissen räumlichen Differenzierung, zu den Niederschlags- und Klimazonen der Erde kommen.

Zuvor sollen die wichtigsten Bezeichnungen und Begriffe, die im Zusammenhang mit dem Wasserdampf der Atmosphäre stehen, zusammengestellt werden. Es sind dies:

ϱ_w absolute Feuchte; das ist die Dichte bzw. Konzentration des Wasserdampfes, gerechnet als Masse Wasser pro Volumeneinheit Luft;

s spezifische Feuchte; das ist die Masse Wasser pro Masseneinheit feuchter Luft;

s* Mischungsverhältnis; das ist die Masse Wasser pro Masseneinheit trockener Luft; es ist $s = s^*/(1 + s^*)$ bzw. $s^* = s/(1 - s)$;

e aktueller Wasserdampfdruck bzw. Wasserdampfpartialdruck;

E Sättigungsdampfdruck, d. h. der bei einer gegebenen Temperatur maximal mögliche Dampfdruck;

f relative Feuchte; das ist das Verhältnis von der aktuellen absoluten Feuchte zur absoluten Feuchte bei Sättigung bzw. das damit identische Verhältnis e/E; f wird meist als Prozentsatz angegeben, d. h. $f = 100 \cdot e/E$ (%); davon abgesehen ist f gleichbedeutend mit dem im vorangehenden Abschnitt benutzten Übersättigungsverhältnis S;

T_d Taupunktstemperatur, oder – kurz – Taupunkt (englisch „dew point"; deshalb der Index d); das ist diejenige Temperatur, bei der für eine gegebene absolute Feuchte gerade Sättigung eintritt; der Zusammenhang zwischen absoluter Feuchte bei Sättigung und Temperatur war in Abb. 2.2 wiedergegeben worden.

Betrachtet man Wasserdampf näherungsweise als ideales Gas, so kann der Zusammenhang zwischen e und ϱ_w über die allgemeine Gasgleichung hergestellt werden. Es ist

$$e = (n_w/V) \cdot R \cdot T, \tag{5.51}$$

wobei n_w/V die Zahl der Mole Wasserdampf pro Volumeneinheit bedeutet. Andererseits ist, mit $M_w = 18{,}02\,g/mol$ als Molekulargewicht des Wassers,

$$\varrho_w = M_w \cdot (n_w/V), \tag{5.52}$$

was zusammen

$$e = \varrho_w \cdot R \cdot T/M_w \tag{5.53}$$

ergibt. Setzt man Zahlenwerte ein, so erhält man das Verhältnis $e(hPa)/\varrho(g/m^3)$ beispielsweise zu 1,12 bei −30°C, zu 1,26 bei 0°C und zu 1,35 bei +20°C.

5.2.1 Der Kreislauf von Verdunstung und Niederschlag

Der Kreislauf des Wassers in der Atmosphäre wird von Verdunstung und Niederschlag bestimmt. In gewissem Sinn ist dabei die Verdunstung der primäre, für die Größe des Umsatzes ausschlaggebende Prozeß; durch die Verdunstung werden Energiehaushalt und Wasserhaushalt miteinander verknüpft (es sei hier noch einmal an die im 1. Kap. angesprochene Rolle der Verdunstung bzw. der latenten Wärme für den Energiehaushalt erinnert).

Die Verdunstungsrate hängt von einer Reihe von Einflußgrößen ab, wie Energiebilanz, Verfügbarkeit von Wasser, Intensität des bodennahen Austauschs, Art der Oberfläche, Bewuchs u.a.. Die folgende Übersicht gibt einige typische Werte für die Verdunstung:

– In Mitteleuropa:	
Unbewachsener Ackerboden	ca. 180 mm/Jahr
Rasen	ca. 350 mm/Jahr
Sumpfige Wiese	ca. 700 mm/Jahr
Offene Wasseroberfläche	ca. 500– 600 mm/Jahr
– In Nordafrika:	
Bewässerte Baumwollfelder	ca. 3000–4000 mm/Jahr
Offene Wasseroberfläche	ca. 1000 mm/Jahr
– Globales Mittel:	ca. 1000 mm/Jahr.

Diese Werte sollen einen ersten Eindruck von der Größenordnung der Verdunstung vermitteln und außerdem auch den starken Einfluß der Pflanzen auf die Gesamtverdunstung demonstrieren. Einige allgemeine Umsatzgrößen waren schon zu Beginn dieses Kapitels erwähnt worden.

Die Verdunstung von Boden- oder Wasseroberflächen aus bezeichnet man als Evaporation, die von Pflanzen aus als Transpiration. Für beide zusammen wurde der Ausdruck „Evapotranspiration" geprägt. Weiterhin wird der tatsächlichen, der aktuellen Verdunstung noch die sog. potentielle Verdunstung gegenübergestellt;

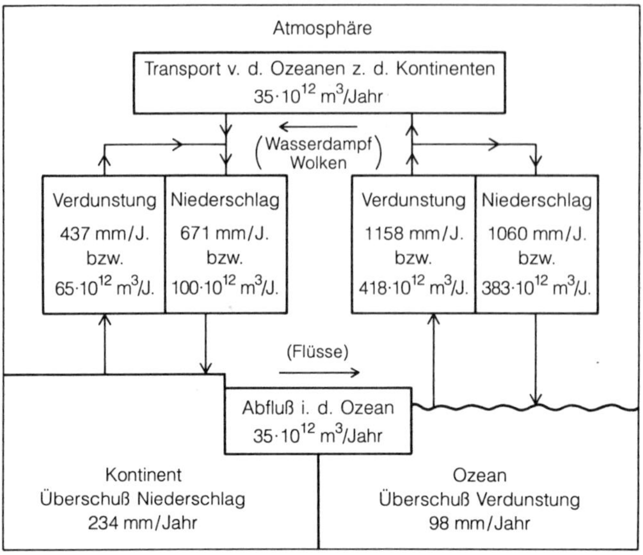

Abb. 5.10. Flüsse im globalen atmosphärischen Wasserkreislauf

dies ist die Verdunstung, die sich einstellt, wenn der Wassernachschub keinerlei Beschränkung unterliegt, wie es beispielsweise auf einer Wasseroberfläche der Fall ist.

Da es nicht ganz einfach ist, die Verdunstung direkt zu bestimmen, gibt es zahlreiche Versuche, Verdunstungsraten mittels mehr oder minder handlicher Formeln mit dem Energieumsatz und mit mikrometeorologischen Größen zu verknüpfen. Die bekanntesten sind von (in alphabetischer Reihenfolge und ohne Anspruch auf Vollständigkeit) Haude (1954), Penman (1948), Sverdrup (1936), Thornthwaite u. Holzman (1942), und Thornthwaite u. Mather (1955) veröffentlicht worden. Zwei dieser Ansätze, der von Sverdrup (1936) und der von Thornthwaite u. Holzman (1942) sind in der Ergänzung 5.2 detaillierter dargestellt; wir haben diese beiden herausgegriffen, weil sie einerseits häufig benutzt werden und andererseits direkt auf physikalischen Ansätzen beruhen.

Schon am Anfang des vorliegenden Kapitels hatten wir die mittlere globale Verdunstungsrate und die ihr entsprechende Niederschlagsrate von etwa 1000 mm pro Jahr dem mittleren Wasserdampfgehalt der Atmosphäre von rund 25 mm Wasseräquivalent gegenübergestellt und daraus auf eine mittlere Verweilzeit des Wasserdampfes in der Atmosphäre von etwa 10 Tagen geschlossen. Abbildung 5.10 zeigt nun allgemein die globalen Flüsse des Wassers im atmosphärischen Kreislauf. Da in vielen Gegenden der Erde die Dichte der Meßstellen gering ist und oft langjährige Meßreihen überhaupt fehlen, sind diese globalen Werte mit gewissen Unsicherheiten behaftet und schwanken von Autor zu Autor (die Zahlen der Abb. 5.10 sind zu einem großen Teil der Darstellung von Möller 1973 entnommen; außerdem sei in diesem Zusammenhang auf die sehr umfassende Darstellung von Baumgartner u. Reichel 1975 verwiesen). Zur Umrechnung sei noch erwähnt, daß

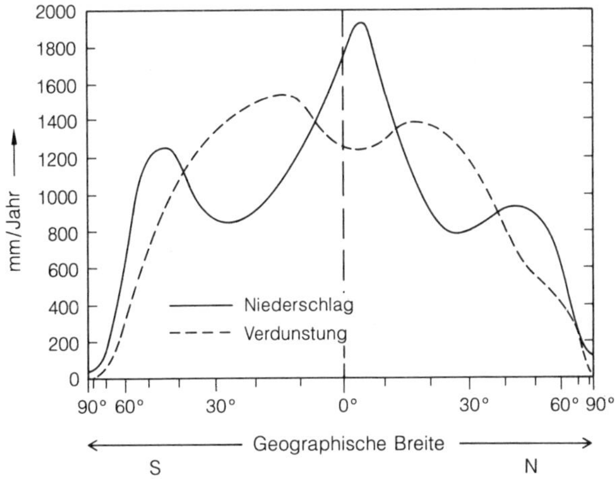

Abb. 5.11. Breitenkreismittel der jährlichen Verdunstungs- und Niederschlagsraten. (Nach Sellers 1965)

die Landoberfläche der Erde $149 \cdot 10^6\,km^2$ beträgt, die Wasseroberfläche $361 \cdot 10^6\,km^2$ und die Gesamtoberfläche $510 \cdot 10^6\,km^2$.

Abbildung 5.11 stellt diesen globalen Werten zonal gemittelte, meridionale Verteilungen von Verdunstung und Niederschlag gegenüber. Die Verteilung der Verdunstung wird primär von der effektiven Einstrahlung und von der Verfügbarkeit von Wasser, d. h. auch von der Verteilung der Wasser- und Landoberflächen bestimmt. Die effektive Einstrahlung, die im Kap. 1 ausführlich behandelt worden ist, hängt wesentlich von der geographischen Breite, der Bodenalbedo und dem Bedeckungsgrad ab. Diese Einflußgrößen spiegeln sich in der Verteilung der Verdunstung wider; so nimmt die Verdunstung von den Polargebieten zu den Subtropen kräftig zu, erreicht ihr Maximum im Bereich der Passate und nimmt zum Äquator hin wieder etwas ab, die absolut höchsten Verdunstungswerte treten über den Ozeanen in den sommerlichen Subtropen auf. Dazu ist allerdings anzumerken, daß die Verdunstungsraten in Abb. 5.11 insgesamt von der Verdunstung über den Ozeanen dominiert werden. Zeichnete man dagegen die Verdunstungsraten über dem Festland allein auf, so würden diese fast genau, wenn auch mit geringerer Amplitude, die Niederschlagsraten widerspiegeln.

Die Niederschlagsintensität wird durch den Gehalt an niederschlagsfähigem Wasserdampf in der Luft und durch die Auf- und Abwindsysteme bestimmt. So sind auf der Erde 3 ausgeprägte Feuchtegürtel zu beobachten, das sind die Bereiche der ITC und die beiden Westwinddriftzonen, denen 4 ebenso ausgeprägte Trockengebiete, die beiden Passatgürtel und die beiden Polargebiete, gegenüberstehen. In der Niederschlagskurve von Abb. 5.11 sind diese Zonen klar zu sehen; sie werden uns bei der Besprechung der Klimagürtel wieder begegnen.

Abbildung 5.12 zeigt die zonalen Mittelwerte für den Gehalt der Atmosphäre an niederschlagsfähigem Wasserdampf und für den Bedeckungsgrad. Das globale Mittel des Wasserdampfgehaltes beträgt – wie schon erwähnt – etwa 25 bis 26 mm Flüssigwasseräquivalent, das globale Mittel des Bedeckungsgrades liegt bei etwa 52–54%.

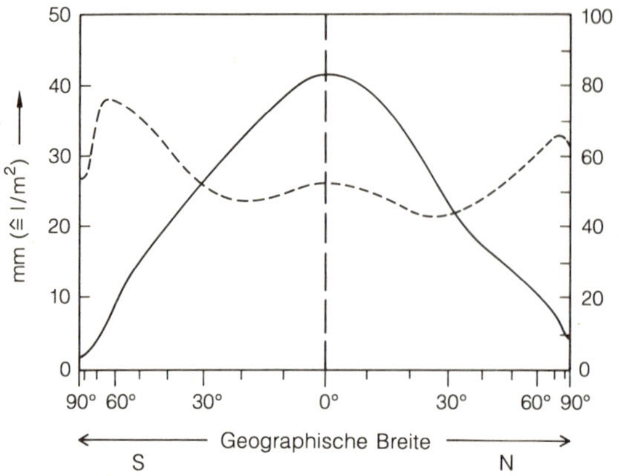

Abb. 5.12. Breitenkreismittel des Gehaltes der Atmosphäre an Wasserdampf, als Flüssigwasseräquivalent, und des Wolkenbedeckungsgrades. (Nach Sellers 1965) *Durchgezogene Linie:* Wassergehalt (linke Skala), *gestrichelte Linie:* Bedeckung (rechte Skala)

Die Differenzen zwischen Verdunstung und Niederschlag, wie sie in Abb. 5.11 ausgewiesen sind, müssen durch meridionalen Wasserdampftransport ausgeglichen werden. Wasserdampf wird aus den Gebieten mit großem Verdunstungsüberschuß zwischen etwa 10° und 35° geographischer Breite sowohl polwärts als auch zur ITC hin transportiert; wie in Abb. 1.28 dargelegt, ist damit ein erheblicher Transport latenter Energie verbunden. Auch der in Mitteleuropa fallende Niederschlag stammt zu einem großen Teil aus den subtropischen Regionen des Atlantiks und des Golfs von Mexico.

5.2.2 Klimazonen und regionale Verteilung von Niederschlag und Verdunstung

Der Begriff „Klima“ ist nur schwer eindeutig zu definieren, obwohl – oder vielleicht auch weil – jedermann eine bestimmte Vorstellung damit verbindet. Wir wollen hier unter Klima die Summe des Witterungsgeschehens, des Wetters und seiner Änderungen, verstehen; bestimmt wird das Klima in diesem Sinn wohl in erster Linie durch den Verlauf der Temperatur und – subjektiv vielleicht noch wichtiger – durch Feuchte und Niederschlag und deren zeitlichen Wechsel. Unter diesem Gesichtspunkt sollen auch die Klimazonen betrachten werden.

Die Temperaturverteilung auf der Erde wurde schon im 1. Kap. eingehend besprochen, wir wollen hier – im Umfeld dieses Kapitels – die Niederschlagsverhältnisse in den Vordergrund stellen. Generell gilt für den Niederschlag, daß in aufsteigender und sich dabei abkühlender Luft nach Überschreitung der Sättigungsgrenze Kondensation und Niederschlagsbildung auftreten, während in absinkender, sich erwärmender Luft die relative Luftfeuchte gering ist und es praktisch nicht zu Niederschlägen kommt. Damit wird schon evident, daß die im 4. Kap. diskutierten globalen Zirkulationsmuster ganz entscheidend die Klimazonen der Erde bestimmen. So treten zum Beispiel im Bereich der ITC hohe Luftfeuchten und häufige, starke Niederschläge auf, wir finden dort die typischen tropischen Regenwälder. Umgekehrt sind die subtropischen Hochdruckgürtel mit dem absteigenden Zweig der Hadley-Zirkulation trocken und regenarm; dort liegen die meisten großen

Tabelle 5.2. Klimazonen nach physikalischen Kriterien

Äquatoriale Regenzone: 5° S–10° N	Ganzjährig unter dem Einfluß der äquatorialen Tiefdruckrinne; regenreich, oft hohe Luftfeuchtigkeit; Beispiel: Tropische Regenwälder
Tropische Sommerregenzone: 10°–20° N 5°–20° S	Im Sommer im Bereich der ITC, dabei feucht und regenreich; im Winter im Bereich der subtropischen Hochdruckgürtel, dabei niederschlagsarm und meist heiter; Beispiel: Südasien
Subtropische Trockenzone: 20°–32° N 20°–30° S	Ganzjährig im Bereich der subtropischen Hochdruckgürtel; sehr trocken, Niederschläge allenfalls sporadisch; Beispiel: Sahara
Subtropische Winterregenzone: 32°–40° N 30°–35° S	Im Sommer im Bereich der subtropischen Hochdruckgürtel, heiter und trocken; im Winter dauernder oder zeitweiliger Einfluß der Westwinddrift, dabei ergiebige Niederschläge; Beispiel: Mittelmeer
Gemäßigte Zone: 40°–60° N 35°–55° S	Ganzjährig im Einflußbereich der Westwinddrift; wechselnd bewölkt und recht niederschlagsreich; Beispiel: Mitteleuropa
Subpolare Zone: 60°–80° N 55°–70° S	Ganzjährig im Bereich der subpolaren Tiefdruckrinne, häufige Niederschläge; Beispiel: Island
Hochpolare Zone: 80°–90° N 70°–90° S	Ganzjährig im Bereich der polaren Hochdruckkalotten; niederschlagsarm, z. T. wüstenartig; Beispiele: Arktis und Antarktis

Wüstengebiete der Erde. Berücksichtigt man noch, daß die Lage der ITC und der Zirkulationsgürtel von der Jahreszeit abhängen können – dies gilt vor allem über den großen Landflächen –, so kommt man auf die in der Tabelle 5.2 aufgeführten Klimazonen, deren Einteilung auf eher physikalischen Kriterien beruht, und die im wesentlichen auf Flohn zurückgehen (s. z. B. Flohn 1974). Für ganz andere Einteilungen, die eher von phänomenologischen Kriterien oder von Auswirkungen des jeweiligen Klimas ausgehen, sei zum Beispiel auf die große Klimageographie von Blüthgen und Weischet (1980) verwiesen.

Für die verschiedenen Klimazonen ergeben sich – wenn man einigermaßen charakteristische Stationen heranzieht – sehr typische Niederschlagsmuster. In Abb. 5.13 sind einige dieser Niederschlagsmuster in Form mittlerer monatlicher Niederschlagsmengen zusammengestellt.

Der Verlauf des Niederschlags bei der zentralafrikanischen, fast am Äquator gelegenen Station von Kisangani ist typisch für die äquatoriale Regenzone. Neben der hohen Gesamtniederschlagsmenge sind die beiden Maxima im Frühjahr und im Herbst charakteristisch; diese Maxima treten auf, wenn die ITC über die Station hinwegwandert.

Die Stationen von Bombay (Küstennähe, 18° N) und Cherrapunji (Gebirge, 26° N) sind typisch für die tropische Sommerregenzone und die Monsunregen; die Kurve von Cherrapunji zeigt zudem das Zusammenwirken von tropischem Sommermonsunregen und Aufgleitlagen am Rand von Gebirgen, das zu den höchsten überhaupt auf der Erde gemessenen Niederschlagsintensitäten führt.

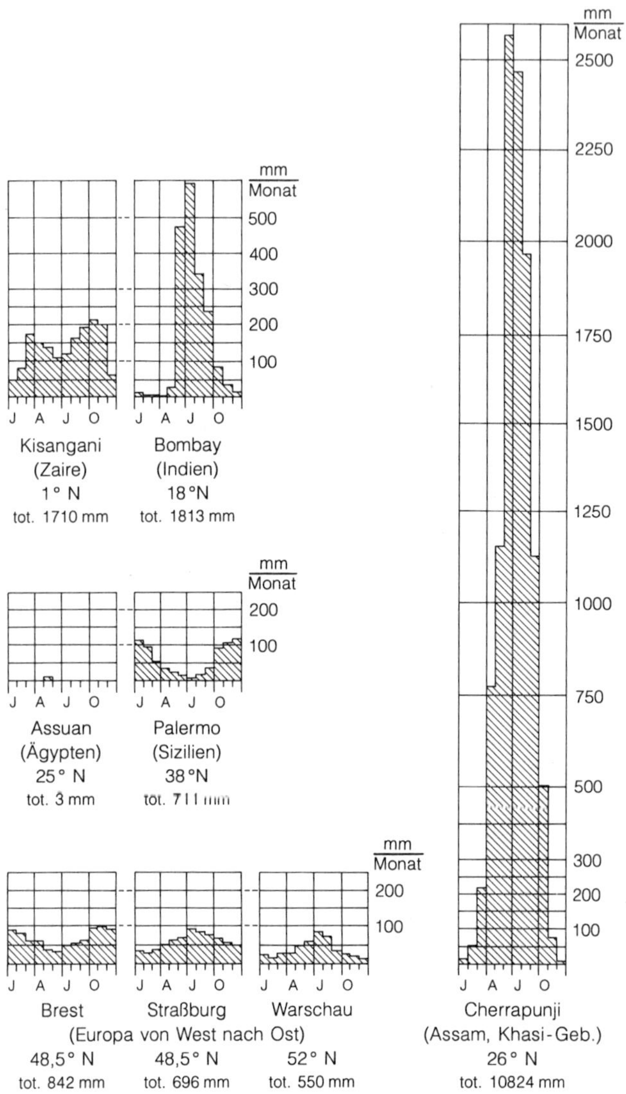

Abb. 5.13. Niederschlagsmuster verschiedener Klimazonen; für Details s. Text

Assuan (25° N) ist charakteristisch für die subtropische Trockenzone. Der Vergleich der fast identischen geographischen Breiten von Assuan und von Cherrapunji demonstriert noch einmal den schon im 4. Kap. erwähnten Sachverhalt, daß die sommerliche ITC über Südasien außerordentlich weit nach Norden auswandert.

Die Niederschlagsverteilung von Palermo (38° N) kennzeichnet die subtropische Winterregenzone; im Sommer herrscht an der Station Subtropenklima, im Winter dagegen steht Palermo unter dem Einfluß feuchter, vom Atlantik kommender Westwindströmungen.

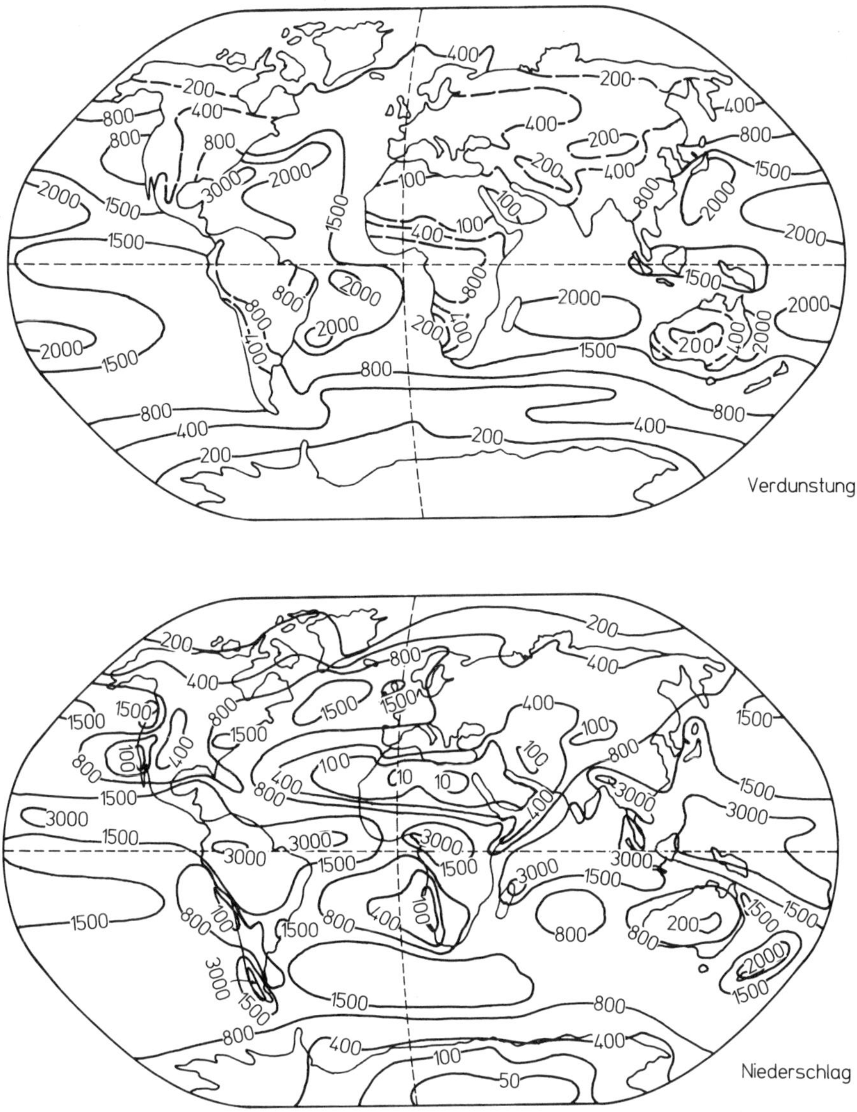

Abb. 5.14. Verteilung von Verdunstung (**oben**) und Niederschlag (**unten**) auf der Erde (Quelle der Daten: Atlas of the World Water Balance; Unesco Press, Paris 1975). Die Bilder zeigen Isolinien (mm/Jahr, entspr. $l/m^2 \cdot$ Jahr) der Verdunstungs- bzw. Niederschlagsraten; die Verdunstungsraten über Land sind *gestrichelt* eingezeichnet

Die drei Kurven von Brest (französische Atlantikküste), von Straßburg und von Warschau (etwa 1300 km von der Atlantikküste entfernt) zeigen die Niederschlagsmuster der gemäßigten Zone, unter dem Einfluß zunehmender Entfernung vom Meer. Mit wachsendem Abstand vom Atlantik beobachten wir eine Abnahme der Niederschlagsmenge, da die verfügbare niederschlagsfähige Wassermenge durch sukzessives Ausregnen abnimmt; außerdem zeigt sich bei den kontinentalen Stationen ein deutliches Sommermaximum, das durch die stärkere thermische Konvektion über den erhitzten Landflächen bedingt ist.

Ergänzend zu den Breitenkreismitteln von Verdunstung und Niederschlag aus Abb. 5.11 zeigt Abb. 5.14 noch die regional differenzierte Verteilung dieser Größen. Diese Bilder sind vom klimatologischen Standpunkt her insofern interessant, als sie in gewissem Maße die Unterstrukturierung der großen Klimazonen durch Kontinente, Gebirge und Land-Wasser-Verteilung zeigen; dazu kann ein – aus der Abbildung nicht unmittelbar abzulesender – Einfluß unterschiedlicher Wassertemperaturen an der Ozeanoberfläche kommen.

Etwas pauschal ausgedrückt ist der Niederschlag im Luv der großen Landflächen und, noch ausgeprägter, im Luv der Gebirge wesentlich intensiver als im Lee. So findet man selbst in den an sich trockenen Passatzonen an den Ostseiten der Kontinente noch merkliche Niederschläge, während an den Westseiten bei gleicher geographischer Breite oft extreme Wüstengebiete zu finden sind. Am stärksten sind diese Effekte dort ausgebildet, wo die Strömung über dem Land hohe Gebirge überwinden muß, wie z. B. die Cordilleren in Südamerika, und wo zusätzliche kalte Meeresoberflächen eine stabile Luftschichtung begünstigen und Auftriebskräfte unterdrücken. Umgekehrt finden wir an den Westküsten im Bereich der Westwinddrift sehr hohe Niederschlagsmengen; auch hier wird dieser Luveffekt durch Gebirge noch verstärkt. Beispielhaft sind die Erscheinungen an den Westküsten von Amerika zu beobachten, wo im Bereich der Westwinddrift (Canada, nördliche USA, südliches Chile) die Niederschläge 3000 mm im Jahr erreichen, während in den Passatgebieten (Mexico, nördliches Chile, Peru) die Niederschlagsintensität 100 mm/Jahr unterschreitet. So gilt zum Beispiel die Atacama-Wüste an der chilenischen Westküste als das trockenste Gebiet der Erde. Dagegen fallen in den gleichen Breiten der Passatzone an der Ostküste des amerikanischen Kontinents noch durchaus merkliche Niederschläge.

Ergänzung 5.2

Formeln zur Bestimmung der Verdunstungsrate

Wir wollen hier zwei viel benutzte und noch recht übersichtliche Ansätze zur Bestimmung der direkt sehr schwer meßbaren Verdunstungsraten anhand relativ leicht zu messender Größen herausgreifen.

Eine der möglichen und bei entsprechenden Voraussetzungen auch zuverlässigen Methoden beruht darauf, die Verdunstungsrate ER aus der Nettoenergiezufuhr zur Erdoberfläche, ΔQ, dem Gradienten der potentiellen Temperatur, θ, und dem Gradienten des Wasserdampfdrucks, e, zu berechnen (Sverdrup 1936). Mit der Verdunstungswärme L und dem vertikalen Strom fühlbarer Wärme H gilt das Energiegleichgewicht

$$L \cdot ER + H = \Delta Q, \qquad (5.54)$$

oder hieraus

$$ER = \frac{\Delta Q}{L \cdot \left(1 + \frac{H}{L \cdot ER}\right)} = \frac{\Delta Q}{L \cdot (1+\beta)}. \tag{5.55}$$

Dabei stellt $\beta = H/(L \cdot ER)$ das Verhältnis der vertikalen Flüsse fühlbarer und latenter Wärme dar. Wenn man jetzt die Unterschiede der Dichten und der spezifischen Wärmen von feuchter und trockener Luft vernachlässigt, kann man folgendermaßen weiter argumentieren:

$$H = -K_H \cdot c_p \cdot \varrho \cdot \frac{d\theta}{dz} \tag{5.56}$$

$$L \cdot ER = -K_W \cdot L \cdot \varrho \cdot \frac{ds}{dz}$$

$$= -K_W \cdot L \cdot \varrho \cdot \frac{M_W}{M_L \cdot p} \cdot \frac{de}{dz} \quad \left(\text{da } s \approx \frac{\varrho_W}{\varrho_L} \approx \frac{e}{p} \cdot \frac{M_W}{M_L}\right) \tag{5.57}$$

$$\beta = \frac{H}{L \cdot ER} = \frac{c_p \cdot M_L \cdot K_H}{L \cdot M_W \cdot K_W} \cdot \frac{d\theta/dz}{de/dz} \cdot p. \tag{5.58}$$

Dabei sind p der Luftdruck, ϱ_L die Dichte der Luft, $s \approx \varrho_W/\varrho_L$ die spezifische Feuchte und K_H bzw. K_W die turbulenten Diffusionskoeffizienten für Wärme bzw. für Wasserdampf (der Begriff des turbulenten Diffusionskoeffizienten war im 3. Kap. eingeführt worden; eine eingehendere Behandlung folgt in den Kap. 6 und 7). Die turbulenten Diffusionskoeffizienten für Wärme und für Wasserdampf sind etwa gleich (beides sind skalare Beimengungen) und lassen sich wegkürzen. Die Gradienten sind im einfachsten Fall durch die Bestimmung von θ und e in zwei Höhen, z_1 und z_2, zu erhalten. Es ergibt sich schießlich

$$\beta = p \cdot \frac{c_p \cdot M_L}{L \cdot M_W} \cdot \frac{\theta(z_2) - \theta(z_1)}{e(z_2) - e(z_1)} \tag{5.59}$$

oder mit eingesetzten Zahlenwerten für c_p, L, M_L und M_W

$$\beta = 6{,}43 \cdot 10^{-3} \cdot p \cdot \frac{\theta(z_2) - \theta(z_1)}{e(z_2) - e(z_1)}, \tag{5.60}$$

wobei θ in Kelvin, p und e in der gleichen Einheit (z. B. hPa) gerechnet werden müssen. Setzt man jetzt noch β in den oben abgeleiteten Ausdruck für ER ein, so erhält man die Verdunstungsrate aus der Bestimmung von Temperatur und Wasserdampfgehalt in zwei Höhen.

Die Anwendbarkeit und Genauigkeit der Methode hängen natürlich davon ab, wie genau die i. allg. recht kleinen Differenzen, die in die Formel eingehen, gemessen werden können. Außerdem setzt die Methode eine gute horizontale Homogenität voraus, da in dem Ansatz keine horizontale Advektion berücksichtigt ist. Wenn die notwendigen Voraussetzungen erfüllt sind, ist das Verfahren sehr genau.

Die zweite zu besprechende Methode, der Ansatz von Thornthwaite u. Holzman (1942), geht von der Beziehung zwischen dem Wasserdampffluß ER und dem vertikalen Gradienten der spezifischen Feuchte

$$ER = -K_W \cdot \varrho \cdot \frac{ds}{dz} \tag{5.61}$$

aus und berechnet – unter der Annahme neutraler Schichtung – den Diffusionskoeffizienten $K_W = \alpha \cdot K$ aus dem Windprofil. K ist dabei der turbulente Diffusionskoeffizient für Impuls; α ist das Verhältnis zwischen dem turbulenten Diffusionskoeffizienten für skalare Beimengungen und dem für Impuls (nur dieser läßt sich aus dem Windprofil bestimmen), das in Kap. 7 angesprochen werden wird und bei eins oder etwas darüber liegt.

Im 3. Kap. war die reibungsbedingte Schubspannung eingeführt worden, die wir hier – unter Weglassen der Indices und unter Vernachlässigung der molekularen Reibung gegenüber der turbulenten – in der Form

$$\tau = -\varrho \cdot K \cdot \frac{dv}{dz} = -\varrho \cdot u_*^2 \tag{5.62}$$

schreiben wollen. Dabei ist u_* eine Parametrisierungsgröße für die Schubspannung, die sog. Schubspannungsgeschwindigkeit, die im 7. Kap. näher behandelt werden wird; hier soll sie einfach über die Gleichung 5.62 definiert werden. Es gilt dann weiter

$$K = \frac{u_*^2}{dv/dz}. \tag{5.63}$$

Damit ergibt sich die Verdunstungsrate zu

$$ER = -\alpha \cdot \varrho \cdot u_*^2 \cdot \frac{ds/dz}{dv/dz} \tag{5.64}$$

oder, wenn wir wieder von Messungen von s und v (d. i. die mittlere horizontale Windgeschwindigkeit) in zwei Höhen z_1 und z_2 ausgehen,

$$ER = -\alpha \cdot \varrho \cdot u_*^2 \cdot \frac{s(z_2) - s(z_1)}{v(z_2) - v(z_1)}. \tag{5.65}$$

Der Zusammenhang zwischen der Schubspannungsgeschwindigkeit und dem Vertikalprofil der mittleren Windgeschwindigkeit wird durch die Gleichungen

$$\frac{dv}{dz} = \frac{u_*}{\varkappa} \cdot \frac{1}{z} \tag{5.66}$$

(mit $\varkappa \approx 0{,}4$) bzw.

$$v(z_2) - v(z_1) = \frac{u_*}{\varkappa} \cdot \ln(z_2/z_1) \tag{5.67}$$

(die Begründung folgt im 7. Kap.) oder

$$u_* = \varkappa \cdot \frac{v(z_2) - v(z_1)}{\ln(z_2/z_1)} \tag{5.68}$$

gegeben. Setzt man dies in den Ausdruck für ER ein, so erhält man

$$ER = -\alpha \cdot \varrho \cdot \varkappa^2 \cdot \frac{[s(z_2) - s(z_1)] \cdot [v(z_2) - v(z_1)]}{[\ln(z_2/z_1)]^2} . \tag{5.69}$$

In dieser Form beschreibt der Ansatz von Thornthwaite u. Holzman die Verdunstungsrate bei neutraler Schichtung sehr gut (allerdings wieder unter der Voraussetzung horizontaler Homogenität). Eine Erweiterung auf nichtneutrale Schichtung ist im Prinzip durch Einführung einer Korrekturfunktion für das Windprofil, die ebenfalls in Kap. 7 behandelt werden wird, möglich, doch werden die Ausdrücke durch die dann auftretenden Integrale über diese Korrekturfunktion recht unhandlich, so daß wir diesen Weg hier nicht weiter verfolgen wollen.

5.3 Auswaschen atmosphärischer Spurenstoffe durch den Niederschlag

Das Auswaschen von Spurenstoffen aus der Atmosphäre, in einem sehr allgemeinen Sinn verstanden, hat zwei Aspekte, die Reinigung der Atmosphäre von Beimengungen und die Chemie des Regenwassers selbst. Es sei hier vorweggenommen, daß der Niederschlag sehr effektive Mechanismen für die Reinigung der Atmosphäre von Aerosolteilchen bereithält, daß aber sein Einfluß auf den atmosphärischen Spurengashaushalt gering ist, von wenigen Ausnahmen einmal abgesehen. Umgekehrt steht aber der Einfluß der Spurengase auf die Chemie des Niederschlagswassers dem der Aerosole nicht nach.

Wir werden im Abschn. 5.3.1 die Inkorporierung von Aerosolpartikeln in das Wolken- und Niederschlagswasser behandeln und dann in Abschn. 5.3.2 in vereinfachter und etwas idealisierter Form (die Chemie des Regenwassers ist sehr komplex) auf das Auswaschen von Spurengasen zu sprechen kommen.

Zuvor wollen wir zur Quantifizierung der Auswasch- und Reinigungswirksamkeit des Regens eine vom praktischen Standpunkt her sehr zweckmäßige Kenngröße einführen, nämlich das Verhältnis $Z = c_R/c_L$ zwischen der Konzentration eines Spurenstoffes im Niederschlag, c_R, zu dessen Konzentration in der Luft, c_L. Formal ist diese Größe Z dimensionslos, da sie Masse pro Volumen Niederschlag dividiert durch die Masse pro Volumen Luft wiedergibt, für die Praxis ist aber sehr vorteilhaft, Z in der Form

$$Z = \frac{\text{Masse/l Regen}}{\text{Masse/m}^3\text{ Luft}} \quad \text{mit der Dimension } [Z] = \text{m}^3/\text{l} \tag{5.70}$$

zu verwenden. Hierbei wird die anschauliche Bedeutung von Z sofort offenbar: 1 l Regenwasser enthält gerade die Spurenstoffe aus Z m³ Luft, oder anders ausgedrückt, 1 l Regenwasser wäscht gerade das Äquivalent von $Z\,m^3$ Luft aus. Multipliziert man Z noch mit der Niederschlagsintensität I (z. B. Liter Regen pro Quadratmeter und Tag), so erhält man mit $Z \cdot I$ gerade die Höhe derjenigen Luftsäule, die pro Zeiteinheit, z. B. pro Tag, ausgewaschen wird. Ein Beispiel soll dies verdeutlichen: Wenn z. B. $Z = 500\,m^3/l$ (ein für Aerosole typischer Wert) und $I = 2\,mm/d = 2\,l/m^2 \cdot d$ (ein für Mitteleuropa typischer Wert) sind, so ergibt das Produkt

$$h/t = Z \cdot I = 500\,m^3/l \cdot 2\,l/m^2 \cdot d = 1000\,m/d, \tag{5.71}$$

d. h. in einem Tag wird das Äquivalent einer Luftsäule von 1000 m Höhe ausgewaschen. Setzt man diesen Wert noch in Bezug zur Skalenhöhe des jeweiligen Spurenstoffs oder mit der vom Niederschlag überhaupt erfaßten Höhe der Atmosphäre, so erhält man unmittelbar ein Maß für die Lebensdauer des Spurenstoffs in der Atmosphäre, soweit diese durch den Niederschlag bestimmt ist. Rechnen wir – um das Beispiel weiterzuführen – einmal mit einer Höhe von 4000 m, so erhalten wir eine mittlere atmosphärische Lebensdauer der Aerosolpartikel von 4 Tagen. Dieser Wert entspricht tatsächlich sehr gut der Lebensdauer dieser Teilchen in dem Größenbereich zwischen etwa 0,01 µm und 10 µm, in dem das Auswaschen durch den Niederschlag für die Lebensdauer bestimmend ist (bei sehr kleinen bzw. sehr großen Partikeln dominieren andere Prozesse wie Koagulation bzw. Sedimentation, die zu einer Verkürzung der Lebensdauern der Teilchen in der Atmosphäre führen).

5.3.1 Auswaschen von Aerosolpartikeln

Bei der Behandlung der für Aerosole wirksamen Auswaschprozesse hat es sich als zweckmäßig erwiesen, die Prozesse innerhalb der Wolke, vor Bildung fallender Regentropfen, den sog. „rain-out“, und die Auswaschprozesse durch fallende Regentropfen selbst, den sog. „wash-out“, getrennt zu betrachten. In der neueren Literatur sind diese Bezeichnungen allerdings nicht mehr ganz eindeutig, da der Ausdruck „wash-out“ mittlerweile oft als Oberbegriff gebraucht wird.

Bei den Mechanismen des rain-out, die in der Wolke vor der eigentlichen Niederschlagsbildung wirksam werden, kann man 3 Gruppen unterscheiden:

- der Verbrauch der Teilchen als Kondensationskerne,
- die Diffusion („Brownsche Bewegung“) von Partikeln auf schon gebildete Wolkentröpfchen zu,
- sog. phoretische Effekte, die Mitnahme von Teilchen durch den sog. Stefan-Flow, einen Wasserdampf-Luft-Strom, der auf ein kondensierendes Wolkentröpfchen zuströmt.

Im Abschn. 5.1 hatten wir die Bildung von Wolkentröpfchen durch heterogene Kondensation diskutiert. Danach erhält eine Wolke etwa 100 bis 300 Wolkentröpfchen pro Kubikzentimeter. Dies ist auch etwa die Zahl der Aerosolpartikel mit Radien über 0,1 µm, das heißt, fast alle Partikel mit Radien über 0,1 µm werden auch tatsächlich als Kondensationskerne verbraucht, von den völlig unlöslichen Teilchen einmal abgesehen. Vergleicht man dies mit der Größenverteilung der Aerosole, so sieht man, daß der ganz überwiegende Teil der in einem normalen atmosphärischen Aerosol enthaltenen Masse bei dem Prozeß der Kondensation in die Wolkentröpfchen eingebracht wird.

Die partielle Konzentration eines Spurenstoffs im Regenwasser, die sich durch den Verbrauch von Aerosolmasse als Kondensationskerne ergibt, $c_{R,c}$ (der Index c steht für Kondensation), läßt sich in der Form

$$c_{R,c} = \frac{c_L}{L} \cdot \varepsilon_c \tag{5.72}$$

darstellen. Dabei bedeuten c_L die Konzentration in der Luft, L den Flüssigwassergehalt der Wolke und ε_c den partiellen Auswaschwirkungsgrad, d. h. den für die Kondensation verbrauchten relativen Anteil an der gesamten auf die Volumeneinheit Luft bezogenen Aerosolmasse. Wie schon erwähnt, liegt L bei etwa $2\,cm^3$ Wasser pro m^3 Wolkenluft; ε_c liegt für Teilchen mit Ausdehnungen über 0,1 µm zwischen 0,5 und 1 (in der Regel näher bei 1). Hieraus ergibt sich ungefähr

$$Z_c = \frac{c_{R,c}}{c_L} = \frac{\varepsilon_c}{L} \approx \frac{0{,}8}{2\,cm^3/m^3} = 0{,}4\ m^3/cm^3 = 400\ m^3/l \tag{5.73}$$

mit einer Streubreite von etwa 250 bis $1000\,m^3/l$.

Die Anlagerung durch Diffusion von Teilchen auf Wolkentröpfchen wird nur bei kleinen Partikeln mit Radien deutlich unter 0,1 µm wirksam. Analog zu dem oben stehenden Ansatz ist der Beitrag der Partikeldiffusion zum rain-out gegeben durch

$$c_{R,d} = \frac{c_L}{L} \cdot \varepsilon_d \cdot (1 - \varepsilon_c) \tag{5.74}$$

bzw.

$$Z_d = \frac{\varepsilon_d \cdot (1 - \varepsilon_c)}{L}, \tag{5.75}$$

wobei der Index d für Diffusion steht. Der partielle Auswaschwirkungsgrad ε_d ist sehr stark von der Größe der Teilchen abhängig; für Teilchen mit etwa 0,01 µm Radius liegt er in der Größenordnung von 0,1. Die Partikeldiffusion als rain-out-Prozeß trägt nur wenige Prozent zur Spurenstoffkonzentration im Regenwasser bei, für quantitative Angaben siehe Abb. 5.16. Die phoretischen Effekte tragen vermutlich nochmals um eine Größenordnung weniger zum rain-out bei als die Diffusion (nach Goldsmith et al. 1961).

Das bisher beschriebene Modell des rain-out geht auf Junge (1963, 1975) zurück; Engelmann (1970) hat ein ähnliches Modell entwickelt, das aber zusätzlich noch das mehrfache Wiederverdampfen und Kondensieren des Wolkenwassers berücksichtigt, jedoch unterscheidet sich dieses Modell in seinen Ergebnissen nicht von dem Modell von Junge. In der bisherigen Darstellung ist ein weiterer möglicher Effekt, die Erhöhung der Anlagerungsrate von Partikeln an Tröpfchen durch elektrostatische Kräfte, noch nicht berücksichtigt; siehe hierzu z. B. Wang et al. (1978), die eine signifikante Erhöhung der Anlagerungswahrscheinlichkeit gerade in dem kritischen

Bereich zwischen 0,01 µm und 0,1 µm Teilchenradius finden, in dem weder die diffusive Anlagerung noch der Verbrauch von Teilchen als Kondensationskerne sehr effektive Prozesse sind.

Die Bedeutung des „wash-out“ durch fallende Regentropfen für die Gesamtauswaschrate und für die Chemie des Regenwassers ist etwas umstritten. Bei Spurenstoffen, deren Konzentration nur wenig höhenabhängig ist, ist der Anteil des durch den fallenden Regen unterhalb der Wolken ausgewaschenen Materials an der Gesamtkonzentration i. allg. nicht sehr hoch, in der Regel nur wenige Prozent. Dagegen nimmt dieser Anteil deutlich zu, wenn die Konzentration eines Spurenstoffes unterhalb der Wolke, in der Fallstrecke des Regens, hoch ist im Vergleich zur Konzentration in der Wolkenluft; eine solche Konstellation kann in der Nähe von Spurenstoffquellen leicht auftreten. Auch kann der Anteil des wash-out bei sehr großen Teilchen (mit Ausmaßen oberhalb von 10 µm) zunehmen, weil für diese die Auswaschwirksamkeit besonders hoch ist.

Ganz allgemein hängt die Wahrscheinlichkeit für „wash-out“ (im älteren, spezielleren Sinn) sehr empfindlich von der Größe eines Partikels ab. Um ein etwas quantitativeres Bild dafür zu entwickeln, machen wir die plausible Annahme, daß die durch wash-out unterhalb der Wolke in dem Niederschlagswasser entstehende Konzentration der Spurenstoffkonzentration in der Luft und der Fallhöhe proportional ist, daß wir also schreiben können:

$$dc_{R,w} = -\sigma \cdot c_L \cdot dz \tag{5.76}$$

mit $c_{R,w}$ als der partiellen Konzentration im Regenwasser durch wash-out (darauf bezieht sich der Index w), σ als Proportionalitätsfaktor und z als vertikaler Koordinate. Dann ist, mit H als gesamter Fallhöhe zwischen Wolkenunterseite und Erdoberfläche,

$$c_{R,w} = \int_H^0 dc_{R,c} = -\sigma \cdot \int_H^0 c_L \cdot dz = \sigma \cdot \overline{c_L} \cdot H, \tag{5.77}$$

da

$$\overline{c_L} = \frac{1}{H} \cdot \int_0^H c_L \cdot dz \tag{5.78}$$

die über die Fallhöhe H gemittelte Konzentration in der Luft ist. σ hat offensichtlich die Dimension Querschnitt/Volumen und stellt den formalen Querschnitt einer Luftsäule dar, aus der eine Volumeneinheit Regen alle Partikel auswäscht, oder anders ausgedrückt, die Summe aller Wirkungsquerschnitte der Tropfen aus einer Volumeneinheit Regen. σ ist normalerweise kleiner als der entsprechende geometrische Querschnitt; wir bezeichnen das Verhältnis zwischen dem auf eine Volumeneinheit Niederschlag bezogenen Wirkungsquerschnitt σ und dem analogen geometrischen Querschnitt als wash-out-Wirksamkeit (oder wash-out-efficiency) ε mit $\varepsilon \leqq 1$.

Bei einer Abschätzung von ε ist zu berücksichtigen, daß sehr unterschiedliche Mechanismen zum wash-out beitragen können: Größere Partikel können direkt von fallenden Tropfen eingefangen werden. Die Überlegungen zur Abschätzung der Einfangwahrscheinlichkeit sind ganz analog zu denen, die wir bei der Behandlung

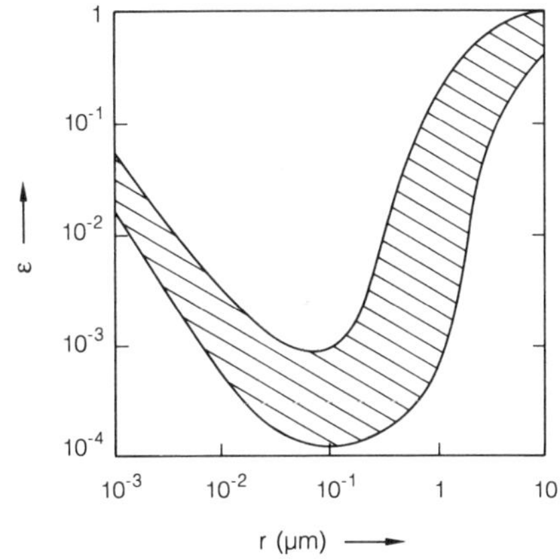

Abb. 5.15. Wash-out-Wirkungsgrad ε (zur Definition s. Text) als Funktion des Radius des auszuwaschenden Aerosolpartikels, für Regentropfenradien oberhalb 250 μm. Die *Schraffur* gibt die Bandbreite der experimentellen und theoretischen Daten verschiedener Autoren wieder

der Koaleszenz im Abschn. 5.1 diskutiert hatten. Mit abnehmendem Partikelradius werden die aerodynamischen Einflüsse immer größer, so daß ein direkter Einfang kleinerer Teilchen, mit Radien unterhalb von ein oder einigen zehntel Mikrometer, als Inkorporationsprozeß ausscheidet. Für ganz kleine Teilchen stellt die thermische Diffusion der Partikel auf den Tropfen zu einen möglichen Mechanismus der Inkorporation dar; wegen der Kleinheit der Diffusionskoeffizienten ist dieser Prozeß allerdings nicht sehr wirksam und für Teilchen mit Größen oberhalb 0,1 μm völlig zu vernachlässigen. Im Größenbereich um 0,1 μm und etwas größer sind weder der direkte Einfang noch die diffusive Anlagerung von nennenswerter Wirksamkeit; der auf diesen beiden Prozessen beruhende wash-out-Wirkungsgrad geht auf etwa 10^{-4} zurück. In diesem Größenbereich können allenfalls Mechanismen wirksam werden, die sonst für die Abscheidung von Partikeln auf Tropfen nur eine untergeordnete Rolle spielen. Hier ist z. B. die Erhöhung der Einfangwahrscheinlichkeit durch elektrostatische Kräfte zu nennen (s. hierfür Wang et al. 1978). Ein weiterer in diesem Größenbereich relevanter, für die Zone unterhalb der Wolke spezifischer Effekt wird durch die dort herrschende Untersättigung des Wasserdampfes und die daraus folgende teilweise Verdampfung der Regentropfen verursacht. Durch das Verdampfen eines Teiles des Wassers kühlen sich die Tropfen gegenüber ihrer Umgebung ab; hierdurch werden sog. thermophoretische Kräfte wirksam, die einen zusätzlichen Strom von Aerosolteilchen aus der wärmeren Umgebung auf die kälteren Tropfen hin zur Folge haben (zum Mechanismus der Thermophorese, einem Sonderfall der Thermodiffusion, s. Ergänzung 6.1 im 6. Kap.). Nach Wang et al. (1978) wird z. B. für ein Aerosolteilchen mit 0,1 μm Radius bei 50% relativer Feuchte die Auswaschwirksamkeit um rund eine Größenordnung auf etwa 10^{-3} und bei 95% relativer Feuchte immerhin noch um rund einen Faktor 2 erhöht.

Abbildung 5.15 stellt die bekannten Informationen über die wash-out-Wirksamkeit ε als Funktion des Partialradius zusammen (vor allem nach Zimin 1962; Beard u. Grover 1974; Wang et al. 1978). Die Kurven gelten für Tropfenradien oberhalb etwa 250 μm, wobei theoretische und experimentelle Daten auf einen gewissen Abfall des Wirkungsgrades mit wachsender Tropfengröße hinweisen.

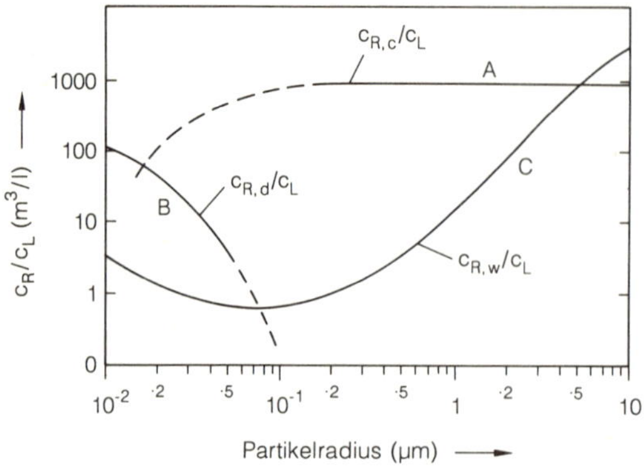

Abb. 5.16. $Z = c_R/c_L$ als Funktion des Partikelradius. (Nach Rechnungen von Junge 1975) *Kurve A:* Verbrauch der Partikel als Kondensationskerne (mit $\varepsilon_c = 0{,}8$, $L = 2\,cm^3/m^3$); *Kurve B:* Anlagerung an die Wolkentröpfchen durch Diffusion (mit 200 Tropfen pro cm^3 Wolkenluft, Tropfenradius 10 µm, Wolkenlebensdauer 30 min); *Kurve C:* Wash-out (mit Fallhöhe 1 km, Regenintensität 10 mm/h mittlerer Tropfenradius 0,2 mm; ohne Berücksichtigung elektrostatischer und thermophoretischer Kräfte)

Tabelle 5.3. Experimentelle Werte für $Z = c_R/c_L$

Versuchsbedingung	Z (m^3/l)	Referenz
Regen, 0,1 mm/Tag	960	Hinzpeter (1958)
Regen, 1 mm/Tag	545	
Regen, 10 mm/Tag	310	
Schnee, 0,15 mm/Tag[a]	850	
Schnee, 1 mm/Tag[a]	475	
Schnee, 10 mm/Tag[a]	220	
Mittel über 9 Jahre Niederschl.	460– 850	Peirson u. Cambray (1965)
„Starke“ Niederschläge (Summe von 254 mm in 3 Monaten)	150– 450	Van der Westhuizen (1969)
„Schwache“ Niederschläge (Summe von 25 mm in 3 Monaten)	450–1900	

[a] Flüssigwasseräquivalent.

Abbildung 5.16 zeigt noch einmal zusammenfassend die Bedeutung der verschiedenen diskutierten Prozesse für den Spurenstoffgehalt des Niederschlags (nach Rechnungen von Junge 1975); die Kurven A und B beziehen sich auf rain-out-Prozesse, Kurve C auf den wash-out. Die Tabelle 5.3 gibt einige Meßwerte für das Verhältnis $Z = c_R/c_L$ in Form integraler Werte über alle Prozesse, alle Tropfen- und alle Partikelradien; die Messungen wurden mit radioaktivem fall-out als Leitsubstanz durchgeführt. Peirson et al. (1973) berichten von ähnlichen Messungen anhand von Spurenmetallen als Leitsubstanzen; sie geben für insgesamt 23 Elemente Z-Werte zwischen 290 und 2250 m^3/l an. Weitere Daten sind in einer

Zusammenfassung von McMahon u. Denison (1979) zu finden. Alles in allem wird man damit rechnen können, daß bei durchschnittlichen Niederschlagsverhältnissen die Menge von Spurenstoffen aus Aerosolen in 1 l Regenwasser im Mittel der Menge aus $300\,m^3$ bis $1000\,m^3$ Luft entspricht.

Es liegt auf der Hand, daß die in Wolken- und Niederschlagswasser inkorporierten Aerosolpartikel die chemische Zuammensetzung dieses Wassers prägen. Die Variationsbreite der Zusammensetzung ist außerordentlich groß, ebenso wie die der Aerosole, so daß sich kaum allgemeingültige Aussagen über die chemische Zusammensetzung des Regenwassers machen lassen. Ein erster Anhaltspunkt ist, daß in 1 l Regenwasser ca. 10 bis 100 mg Aerosolmasse inkorporiert sind; die mengenmäßig wichtigsten Bestandteile sind Ruße, Silikate, Sulfate, Nitrate, Chloride, Kalzium, Natrium, Eisen, Aluminium, Ammonium und daneben freie Säure in Form hydratisierter Wasserstoffionen.

5.3.2 Auswaschen von Gasen durch den Niederschlag

Wie schon angedeutet, ist der Einfluß des Niederschlags auf den Haushalt der meisten Spurengase gering; Ausnahmen bilden allenfalls Gase mit extrem hoher Löslichkeit wie das Wasserstoffperoxid oder unter besonderen Bedingungen auch sehr reaktive Spurengase wie das Schwefeldioxid. Wir wollen dies an einigen Beispielen illustrieren.

Der Transfer von Spurengasen durch eine Luft-Wasser-Grenze wird im 7. Kap. behandelt; die dort angestellten Überlegungen gelten sinngemäß auch für den Übergang aus der Luft in einen Tropfen, mit der zusätzlichen Komplikation durch die gekrümmten Flüssigkeitsoberflächen. Wir wollen aber hier auf den Diffusionsvorgang selbst nicht näher eingehen, sondern annehmen, daß zwischen der Flüssigkeit und der Luft ein Lösungsgleichgewicht besteht. Bei Wolkentröpfchen ist diese Annahme immer gerechtfertigt; die typischen Zeiten für die Einstellung des Gleichgewichtes liegen weit unter einer Sekunde. Für größere Regentropfen können die Einstellzeiten in der Größenordnung mehrerer Sekunden, bei extrem großen Tropfen auch bis zu einer Minute liegen (s. z. B. Schwartz 1986). Der Vergleich mit den in dem Abschn. 5.1 angegebenen Fallgeschwindigkeiten zeigt, daß bei einer einigermaßen homogenen Konzentration des Gases innerhalb der Fallstrecke dennoch die Annahme eines Gleichgewichtes recht gut erfüllt ist; bei stark höhenabhängigen Gaskonzentrationen und großen Tropfen ist dies allerdings nicht mehr unbedingt zu erwarten.

Im Gleichgewicht gilt für das Verhältnis der Konzentrationen eines Gases in der Luft, c_L, und im Regen- bzw. Wolkenwasser, c_R, die Beziehung

$$c_R/c_L = \alpha \quad \text{bzw.} \quad c_R = \alpha \cdot c_L \tag{5.79}$$

mit der Ostwaldschen Löslichkeit α. In der Tabelle 5.4 sind einige Werte für die Ostwaldsche Löslichkeit aufgelistet. Die Zahlen beschreiben die rein physikalische Löslichkeit; durch chemische Reaktionen, wie z. B. Dissoziation, können sich andere effektive Löslichkeiten einstellen. Die Werte für Meerwasser sind hier schon im Hinblick auf die Diskussion des Gasaustausches im Kap. 7 mit aufgenommen.

Tabelle 5.4. Ostwaldsche Löslichkeiten α in Wasser

Gase	in Süßwasser		in Meerwasser[a]	
	bei 0°C	bei 20°C	bei 0°C	bei 20°C
N_2	0,0235	0,0155	0,018	0,012
O_2	0,0489	0,0310	0,0377	0,0245
Ar	0,0573	0,0367	0,039	0,0245
CO_2	1,71	0,878	0,86	0,45
CO	0,0354	0,0232	0,028	0,019
Kr	0,1105	0,0625	0,071	0,045
Rn	0,509	0,242		
SO_2	79,8	39,4		
H_2S	4,67	2,58		

[a] mit ca. 34 bis 35‰ Salzgehalt.

Bei Gasen, die im Wasser nicht weiter reagieren, ist α ganz offensichtlich mit der oben eingeführten Kenngröße Z identisch. Bei Aerosolen hatten wir typische Werte für Z von 500000 (dimensionslos geschrieben) oder $500\,m^3/l$ gefunden, für ein Spurengas mit $\alpha = 1$ wäre der entsprechende Wert gerade $0{,}001\,m^3/l$. Wenn wir das Zahlenbeispiel vom Anfang des Abschnitts 5.3 weiterführen und diesen Wert noch mit der mittleren Niederschlagsintensität multiplizieren, so ergibt sich, daß pro Tag gerade eine Luftsäule von etwa 2 mm (!) Höhe ausgewaschen wird, verschwindend wenig also im Vergleich mit der vom Niederschlag überhaupt erfaßten Höhe von einigen tausend Metern (oder anders ausgedrückt: Die Lebensdauer dieses Spurengases mit $\alpha = 1$ gegenüber Auswaschen läge bei etwa einer Million Tage). Führen wir die gleiche Zahlenspielerei dagegen für Schwefeldioxid mit einer angenommenen effektiven Löslichkeit von $5{,}7 \cdot 10^4$ durch (eine Modellrechnung zur Begründung dieses Zahlenwertes folgt gleich), so erhalten wir $Z \approx 57\,m^3/l$ und, nach Multiplikation mit der mittleren Niederschlagsintensität, eine äquivalente Höhe der pro Tag ausgewaschenen Luftsäule von etwa 115 m. Setzt man diesen Wert noch in Relation zu der mittleren Skalenhöhe des SO_2 von 1000 bis 1500 m, so erhält man eine mittlere Lebensdauer des Schwefeldioxids gegenüber Auswaschen durch den Niederschlag in der Größenordnung von 1 bis 2 Wochen. Diese beiden Beispiele mögen zur Illustration der Rolle genügen, die der Niederschlag für den Haushalt der Spurengase spielt.

Ungleich wichtiger als der Einfluß des Auswaschens von Spurengasen auf deren atmosphärische Konzentration ist der Einfluß dieser Spurengase – und hier speziell der chemisch reaktiven Gase – auf die chemische Zusammensetzung des Niederschlags. Wir wollen dies an zwei Modellbeispielen belegen, ohne in die sehr komplexe Chemie des Niederschlags einzusteigen, die den Rahmen dieses Buches sprengen würde. Die vereinfachende Modellannahme besteht darin, daß wir jeweils nur eine einzelne Beimengung in Rechnung stellen, die Reaktionen mit anderen Beimengungen, oder auch deren Einfluß auf Azidität oder Alkalität der Flüssigkeit, nicht berücksichtigen. Weiterhin wollen wir wieder von der Voraussetzung eines Lösungsgleichgewichtes ausgehen.

Betrachten wir zunächst eine ideale Reinluftatmosphäre; in einer solchen ist das Kohlendioxid das einzige reaktive Spurengas. Für dieses gilt zunächst das Lösungsgleichgewicht

$$\alpha = \frac{[CO_2]_R}{[CO_2]_L} \quad \text{mit } \alpha = 1{,}0 \text{ (bei 15°C).} \tag{5.80}$$

Dabei soll das Symbol [ ] die Konzentration, gerechnet in Mol pro Liter, bedeuten. Das gelöste CO_2 bzw. die damit im Gleichgewicht stehende Kohlensäure dissoziiert weiter zu Hydrogenkarbonat,

$$CO_2 + H_2O \rightleftharpoons H_2CO_3 \rightleftharpoons H^+ + HCO_3^- \tag{5.81}$$

mit der Dissoziationskonstanten

$$k = \frac{[H^+]\cdot[HCO_3^-]}{[CO_2]_R} = 3{,}8 \cdot 10^{-7}\,\text{mol} \cdot \text{l}^{-1} \quad \text{(bei 15°C).} \tag{5.82}$$

Die weitere Dissoziation des Hydrogenkarbonats zum Karbonat spielt hier keine Rolle, da dieses Gleichgewicht unter den hier angenommenen Bedingungen ganz auf der Seite des Hydrogenkarbonats liegt (Näheres hierzu im 8. Kap. bei der Behandlung der Kohlendioxidchemie im Meer). Wir erhalten also

$$[H^+] \cdot [HCO_3^-] = k \cdot \alpha \cdot [CO_2]_L \tag{5.83}$$

oder, da in diesem Fall $[H^+] = [HCO_3^-]$ ist,

$$[H^+] = [HCO_3^-] = \sqrt{k \cdot \alpha \cdot [CO_2]_L}\,. \tag{5.84}$$

Die gegenwärtige Konzentration von CO_2 in der Luft beträgt 14,6 µmol/l (bei 1013 hPa); setzen wir noch die Zahlenwerte für α und k ein, so erhalten wir

$$[H^+] = 2{,}36 \cdot 10^{-6}\,\text{mol/l} \tag{5.85}$$

oder einen p_H-Wert

$$p_H = \log([H^+]^{-1}) = 5{,}62 \quad \text{(bei 15°C).} \tag{5.86}$$

Dies ist die Azidität von Regenwasser, falls dessen Säuregehalt nur durch das Gleichgewicht zum atmosphärischen Kohlendioxid bestimmt ist. Allerdings kann dieser Fall nur in extremen Reinluftgebieten realisiert sein; schon sehr geringe Mengen anderer reaktiver Spurenstoffe wie Schwefeldioxid oder Ammoniak können den p_H-Wert (und damit auch die Lage der Gleichgewichte) grundlegend ändern.

An dem Beispiel des Kohlendioxids und seiner Dissoziationsprodukte können wir auch die Erhöhung der effektiven gegenüber der rein physikalischen Löslichkeit beobachten (jedenfalls im Prinzip, der Effekt ist hier sehr klein). Die rein physikalische Löslichkeit ist $\alpha = 1{,}0$, die effektive Löslichkeit unter Einbeziehung der Dissoziationsprodukte ist

$$\text{effektive Löslichkeit} = \frac{[CO_2]_R + [HCO_3^-]}{[CO_2]_L} = \frac{(14{,}7 + 2{,}36)\,\mu\text{mol/l}}{14{,}7\,\mu\text{mol/l}} = 1{,}16. \tag{5.87}$$

In diesem Fall wird die tatsächliche Löslichkeit nur um 16% erhöht; wir werden aber später, im 8. Kap., sehen, daß diese Erhöhung unter den anders gearteten Bedingungen des Meerwassers (höhere Alkalinität) fast zwei Größenordnungen ausmacht.

Wir wollen jetzt die gleiche Rechnung noch für die Lösung von Schwefeldioxid im Niederschlagswasser durchführen. Diese Substanz ist von besonderem Interesse, da sie zu einem ganz erheblichen, sogar wohl überwiegenden Teil für den berüchtigten „sauren Regen" verantwortlich ist. Wir gehen von einer Konzentration von 10 ppb oder 0,423 nmol/l aus, wie sie in schwach belasteten Regionen zu finden ist; die Zahlenwerte gelten wieder für eine Temperatur von 15 °C. Schwefeldioxid bildet in Wasser schweflige Säure, die gemäß

$$SO_2 + H_2O \rightleftharpoons H_2SO_3 \rightleftharpoons H^+ + HSO_3^- \tag{5.88}$$

zu Hydrogensulfit dissoziiert. Die (physikalische) Löslichkeit beträgt

$$\alpha = \frac{[SO_2]_L}{[SO_2]_R} = 45, \tag{5.89}$$

die Dissoziationskonstante ist

$$k = \frac{[H^+] \cdot [HSO_3^-]}{[SO_2]_R} = 2{,}7 \cdot 10^{-2}\ \mathrm{mol} \cdot \mathrm{l}^{-1}, \tag{5.90}$$

und wir erhalten

$$[H^+] = [HSO_3^-] = \sqrt{\alpha \cdot k \cdot [SO_2]_L} = 2{,}39 \cdot 10^{-5}\ \mathrm{mol} \cdot \mathrm{l}^{-1} \tag{5.91}$$

und entsprechend als p_H-Wert

$$p_H = \log([H^+]^{-1}) = 4{,}65. \tag{5.92}$$

Eine analoge Rechnung für eine angenommene SO_2-Konzentration von 200 ppb, wie sie in industriell belasteten Regionen gemessen wird, ergibt einen p_H-Wert von 4,0. Die Erhöhung der effektiven Löslichkeit ist im Fall des SO_2 sehr groß; für die zuerst angenommene Konzentration von 0,423 nmol/l beträgt die effektive Löslichkeit

$$\frac{\alpha \cdot [SO_2]_L + [HSO_3^-]}{[SO_2]_L} = \frac{45 \cdot 0{,}423\ \mathrm{nmol/l} + 23900\ \mathrm{nmol/l}}{0{,}423\ \mathrm{nmol/l}} = 5{,}7 \cdot 10^4, \tag{5.93}$$

also rund drei Größenordnungen mehr als die rein physikalische Löslichkeit von 45.

Mit diesen Rechnungen haben wir ein erstes Modell für die Azidität des sauren Regens erhalten. Da sich die mitteleuropäischen Schwefeldioxidkonzentrationen etwa in dem Bereich der Rechenbeispiele bewegen (mit Extremen zwischen etwa 1 ppb und 500 ppb), da andererseits das Schwefeldioxid sehr wahrscheinlich die dominante Ausgangssubstanz für die Säurebildung ist, können wir in guter Näherung erwarten, daß auch der Niederschlag sich etwa in dem Bereich um $p_H = 4$ bewegt. Die tatsächliche Säurekonzentration wird zwar nicht primär durch die dissoziierte schweflige Säure bestimmt, sondern durch deren Oxidationsprodukt, die Schwefelsäure H_2SO_4, die in der ersten Stufe vollständig dissoziiert ist; da aber

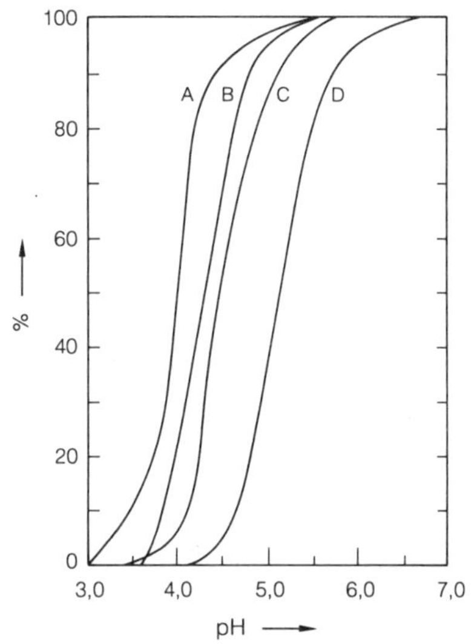

Abb. 5.17. Integrale Häufigkeiten der p_H-Werte von Niederschlägen. (Nach Georgii 1982 und Perseke 1982) *A:* Östliches Niedersachsen (diese Region steht bei vorherrschenden Westwinden unter dem Einfluß des Ruhrgebietes); *B:* Frankfurt/Main; *C:* Nordfinnland; *D:* Irische Atlantikküste

die Reaktionskette, die zur Schwefelsäurebildung in der flüssigen Phase führt, über das Hydrogensulfit läuft, wird bei einer weiteren Erhöhung der Säurekonzentration das Dissoziationsgleichgewicht auf die Seite des undissozierten Produkts gedrängt, damit die weitere Lösung von SO_2 unterbunden und so die weitere Produktion von Schwefelsäure gestoppt. Dies bleibt auch dann richtig, wenn der eigentliche Oxidationsprozeß selbst nicht p_H-abhängig ist. Der wahrscheinlich wichtigste Mechanismus zur Erzeugung von Schwefelsäure in Regenwasser ist die Oxidation des Hydrogensulfits durch gelöstes Wasserstoffperoxid nach der Reaktionsgleichung

$$HSO_3^- + H_2O_2 \rightarrow HSO_4^- + H_2O; \tag{5.94}$$

dieser Prozeß ist selbst tatsächlich nur sehr wenig p_H-abhängig, jedenfalls im Bereich der im Niederschlag auftretenden Säurewerte; aus den angeführten Gründen ändert dies aber nichts an unserer Überlegung.

Abbildung 5.17 zeigt einige Häufigkeitsverteilungen der p_HWerte von Niederschlägen an Orten mit unterschiedlicher Belastung; aus den Kurven für die stärker anthropogen belasteten Orte, vor allem aus den Kurven A und B, geht hervor, daß die Maxima der Häufigkeitsverteilung tatsächlich bei etwa $p_H = 4$ liegen; das einfache Modell reproduziert die realen Säurekonzentrationen verblüffend gut.

Dieses Ergebnis soll natürlich nicht zu dem Schluß verführen, daß andere Beimengungen nicht zum sauren Regen beitragen könnten. So spielt auch die Absorption von Stickoxiden und die Bildung von Salpetersäure eine sicher nicht zu vernachlässigende Rolle. Ein wahrscheinlicher Mechanismus hierfür ist Lösung von N_2O_5, das in der Gasphase gebildet wurde, im Niederschlag; das Distickstoffpentoxid hydrolysiert dann in Wasser zu Salpetersäure gemäß

$$N_2O_5 + H_2O \rightarrow 2\,HNO_3 \rightarrow 2\,H^+ + 2\,NO_3^-; \tag{5.95}$$

wir wollen an dieser Stelle aber nicht näher darauf eingehen, sondern auf Heikes u. Thompson (1983) und Richards (1983) verweisen.

Es sei noch angemerkt, daß höhere Säurekonzentrationen im Regen dadurch zustande kommen können, daß schwefel- oder salpetersäurehaltige Aerosolpartikel im Wasser inkorporiert werden. In ergiebigen Regenfällen spielt dieser Anteil wohl kaum eine große Rolle, doch können auf diese Weise sehr hohe Säurekonzentrationen in Nebel oder in Schwachniederschlägen erzeugt werden.

5.4 Grundlagen der Hydrometeorologie mit stabilen Isotopen

In natürlichem Wasser kommen neben den „normalen" Wassermolekülen, $H_2{}^{16}O$, auch die isotopisch schwereren Moleküle $H_2{}^{18}O$ und HDO vor; die Isotope ^{18}O und D sind stabil. Das Verhältnis der Häufigkeiten der Molekülarten beträgt ca. $[H_2{}^{16}O]:[H_2{}^{18}O]:[HDO] \approx 10^6:2000:320$; das Atomzahlverhältnis $[H]:[D]$ ist entsprechend etwa $10^6:160$. Da die genannten verschiedenen Wasserspezies etwas verschiedene Dampfdrucke und etwas verschiedene Diffusionsgeschwindigkeiten haben, können bei der Verdampfung und bei der Kondensation Verschiebungen in den Verhältnissen der Isotopenhäufigkeiten eintreten; z. B. werden bei der Verdunstung aus einem hinreichend großen Wasserreservoir die schwereren Moleküle im Dampf abgereichert, der Wasserdampf ist isotopisch etwas leichter als das Ausgangswasser. Der Grad der Verschiebung der Isotopenhäufigkeiten kann von verschiedenen Parametern wie Temperatur, Luftfeuchte etc. und nicht zuletzt von der Vorgeschichte abhängen. Die Effekte erlauben deshalb in gewissem Maße Rückschlüsse auf die meteorologische oder klimatische Situation bei der Bildung von Luftwasserdampf und Niederschlag. Damit ermöglicht die Untersuchung der Isotopenverhältnisse, zumindest unter günstigen Umständen, Aussagen über Details des atmosphärischen Wasserkreislaufs und Aussagen über das Klima der Vorzeit, das Paläoklima, und über die Klimageschichte (z. B. anhand von fossilen Grundwässern oder anhand von Gletscherbohrkernen).

Dies ist der Grund, dem Verhalten der stabilen Isotope D und ^{18}O in dem atmosphärischen Wasserkreislauf einen eigenen Abschnitt in diesem Buch zu widmen. Wir werden zuerst die isotopische Fraktionierung des Wassers bei der Verdunstung behandeln, anschließend einige einfache, aber typische Änderungen des Isotopengehaltes bei der Kondensation des Wasserdampfes zu Wolken oder Niederschlag besprechen und zum Schluß einen kurzen Überblick über die real auftretenden Verschiebungen der Isotopenverhältnisse und die daraus zu ziehenden Schlüsse geben.

5.4.1 Isotopentrennung bei der Verdunstung

An den Anfang dieses Abschnitts wollen wir einige Bemerkungen über gebräuchliche Definitionen und Bezeichnungen stellen. Die Isotopenverhältnisse in einer Wasserprobe sollen mit $R_D = [HDO]:[H_2O]$ bzw. mit $R_{^{18}O} = [H_2{}^{18}O]:[H_2O]$

bezeichnet werden; die eckigen Klammern symbolisieren die Konzentrationen. Wegen der Kleinheit der Zahlen und auch aus meßtechnischen Gründen ist es üblich, nicht die absoluten Massen- bzw. Zahlenverhältnisse der isotopisch verschiedenen Wassermoleküle zu betrachten, sondern die relativen Abweichungen von einem Standard. Als international vereinbarter Standard wird ein mittleres Ozeanwasser definiert, unter der Bezeichnung „SMOW" (standard mean ocean water). Das als Standard benutzte SMOW (sog. Wiener IAEA-Standard) hat die Isotopenverhältnisse $R_{^{18}O} = 2000{,}5 \cdot 10^{-6}$ und $R_D = 155{,}76 \cdot 10^{-6}$ (auf Atomzahlen bezogen) bzw. $R_D = 311{,}52 \cdot 10^{-6}$ (auf Molekülzahlen bezogen). Als relative Abweichung in Promille werden dann die sog. δ-Werte (gesprochen δD bzw. $\delta^{18}O$) definiert mit

$$\delta = 1000 \cdot \frac{R_{Probe} - R_{Standard}}{R_{Standard}} = 1000 \cdot \left(\frac{R_{Probe}}{R_{Standard}} - 1 \right) \quad (‰). \tag{5.96}$$

Positive δ-Werte entsprechen in dieser Definition einem Wasser, das isotopisch schwerer ist als das Standardwasser, negative δ-Werte einem isotopisch leichteren Wasser.

Zur Isotopenfraktionierung zwischen der flüssigen Phase und der Gasphase bei der Verdunstung tragen zwei Prozesse bei:

- die Gleichgewichtstrennung,
- die kinetische Trennung.

Bei der Besprechung dieser beiden Trennmechanismen wollen wir voraussetzen, daß die isotopische Zusammensetzung des Wasserkörpers, aus dem verdampft oder verdunstet wird, sich durch die Verdampfung nicht merklich ändert. Ein ideales Beispiel hierfür ist die Verdunstung über dem Ozean. Verdampft – als Gegenbeispiel – ein Wasserkörper vollständig, so tritt natürlich keine Verschiebung der Isotopenverhältnisse ein, da alle Moleküle des ursprünglichen Wasserkörpers in die Gasphase übertreten.

Zur Beschreibung der Gleichgewichtstrennung stellen wir uns ein abgeschlossenes System aus flüssigem Wasser und damit im Gleichgewicht stehendem Wasserdampf vor, ein System also, aus dem keine der beiden Phasen entfernt wird. Der Einbau schwerer Isotope in ein Wassermolekül führt zu einer Veränderung der Lage und der Besetzungswahrscheinlichkeiten der Quantenniveaus in den zwischenmolekularen Potentialen derart, daß der Dampfdruck der isotopisch schwereren Moleküle etwas geringer ist als der der leichteren. Zur Beschreibung der Abreicherung der schwereren Moleküle im Dampf gegenüber der flüssigen Phase definieren wir einen Gleichgewichtstrennfaktor α_e:

$$\begin{aligned} \alpha_e(HDO) &= \frac{R_D(\text{flüssig})}{R_D(\text{Dampf})} = \frac{[HDO]_{\text{flüssig}}/[H_2O]_{\text{flüssig}}}{p(HDO)/p(H_2O)} \\ &= \frac{p(H_2O)/[H_2O]_{\text{flüssig}}}{p(HDO)/[HDO]_{\text{flüssig}}} = \frac{p_0(H_2O)}{p_0(HDO]} \quad (> 1) \end{aligned} \tag{5.97}$$

bzw.

$$\alpha_e(H_2{}^{18}O) = \frac{R_{^{18}O}(\text{flüssig})}{R_{^{18}O}(\text{Dampf})} = \frac{p_0(H_2O)}{p_0(H_2{}^{18}O)} \quad (> 1), \tag{5.98}$$

wobei p für die Partialdrücke über natürlichem Wasser und p_0 für die Sättigungsdampfdrücke über einem H_2O, reinem HDO, bzw. reinem $H_2{}^{18}O$ stehen. Weiterhin führen wir über

$$\varepsilon_e = \alpha_e - 1 \tag{5.99}$$

noch die sog. Gleichgewichtstrennung ε_e ein.

Die α_e und damit die ε_e sind temperaturabhängig, sie sind bei niedrigeren Temperaturen größer als bei höheren. Nach Majoube (1971) kann man die Temperaturabhängigkeit der α_e durch folgende Beziehungen darstellen (wobei T die absolute Temperatur bedeutet):

$$\ln \alpha_e(\text{HDO}) = \frac{24844}{T^2} - \frac{76{,}248}{T} + 0{,}052612 \tag{5.100}$$

$$\ln \alpha_e(H_2{}^{18}O) = \frac{1137}{T^2} - \frac{0{,}4156}{T} + 0{,}0020667. \tag{5.101}$$

Aus den Gleichgewichtstrennfaktoren ergeben sich über

$$\delta_e = \left(\frac{R(\text{Dampf})}{R(\text{flüssig})} - 1\right) \cdot 1000 = \left(\frac{1}{\alpha_e} - 1\right) \cdot 1000 = -\frac{\varepsilon_e}{1+\varepsilon_e} \cdot 1000 \quad (‰) \tag{5.102}$$

die δ-Werte für die Gleichgewichtstrennung. Um normierte Werte angeben zu können, bezieht man sich dabei wieder auf SMOW als flüssige Phase. In der Tabelle 5.5 sind einige Werte für α_e und für die daraus errechneten δ_e-Werte wiedergegeben; die Verläufe der δ_e-Werte sind in Abb. 5.18 nochmals veranschaulicht. Die Werte gelten für reines flüssiges Wasser (nicht für Eis); die Angaben für Temperaturen unter 0°C sind etwas unsicher, da sie sich experimentell nur schwer verifizieren

Tabelle 5.5. Gleichgewichtstrennfaktoren und δ-Werte

Temperatur (°C)	α_e(HDO)	δ_eD (‰)	$\alpha_e(H_2{}^{18}O)$	$\delta_e{}^{18}O$ (‰)	$\delta_eD/\delta_e{}^{18}O$
-20	1,14920	-129,83	1,01413	-13,93	9,320
-10	1,12932	-114,51	1,01285	-12,69	9,024
0	1,11231	-100,97	1,01172	-11,58	8,719
10	1,09767	- 88,98	1,01070	-10,59	8,402
20	1,08502	- 78,36	1,00979	- 9,70	8,078
30	1,07403	- 68,93	1,00897	- 8,89	7,754
40	1,06446	- 60,55	1,00823	- 8,17	7,411
50	1,05608	- 53,10	1,00756	- 7,51	7,071

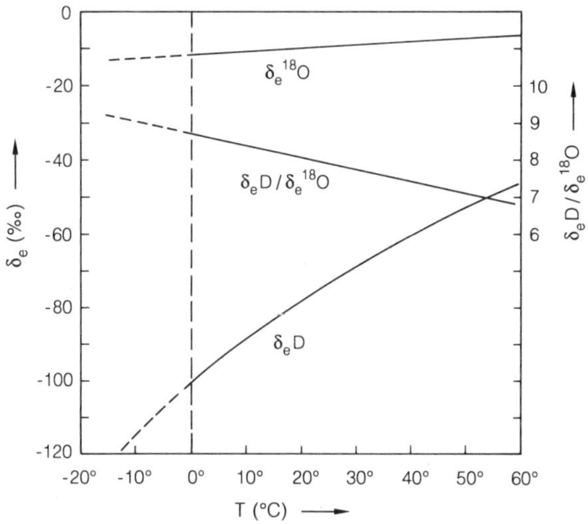

Abb. 5.18. $\delta_e D$- und $\delta_e{}^{18}O$-Werte (*linke Ordinatenskala*) und das Verhältnis $\delta_e D/\delta_e{}^{18}O$ (*rechte Ordinatenskala*) als Funktion der Temperatur

lassen. Für Meerwasser sind nach Stewart u. Friedman (1975) die α_e(HDO)-Werte um etwa 1,6‰ höher als für Süßwasser.

Der zweite wichtige Mechanismus der Isotopenfraktionierung ist die kinetische Trennung. Zu deren Beschreibung gehen wir von der bisherigen Voraussetzung eines Gleichgewichtes zwischen flüssiger Phase und Dampfphase ab und nehmen an, daß der Wasserdampf aus dem Gleichgewicht entfernt wird. In diesem Fall muß die Feuchte im Dampfraum kleiner sein als die Sättigungsfeuchte; es tritt ein Nettostrom von Wassermolekülen aus der flüssigen in die gasförmige Phase auf. Dabei müssen die Moleküle durch die laminar-viskose Grenzschicht zwischen der Wasseroberfläche und der turbulent durchmischten Atmosphäre (s. Abschn. 3.4) hindurch diffundieren. Ist nun der Transferwiderstand für die verschiedenen Molekülsorten verschieden, da die molekularen Diffusionskoeffizienten etwas verschieden sind, so tritt die kinetische Trennung als weitere Isotopentrennung ein. Da die Diffusionskoeffizienten für die schwereren Moleküle etwas kleiner sind als für $H_2{}^{16}O$, wird der Transferwiderstand für die isotopisch schwereren Wasserarten größer: es tritt eine weitere Abreicherung der schweren Moleküle ein.

Das Konzept des Transferwiderstandes wird im 7. Kap. entwickelt werden; hier sei nur vorweggenommen, daß der Kehrwert des Transferwiderstandes R_s bei der Diffusion einer Beimengung durch eine Schicht hindurch die Flußdichte j dieser Beimengung mit der Differenz der Konzentrationen auf beiden Seiten der Schicht, $c_2 - c_1$, verknüpft,

$$j = \frac{c_2 - c_1}{R_s}, \qquad (5.103)$$

und daß dieser Transferwiderstand in der laminaren Schicht in charakteristischer Weise von dem Verhältnis zwischen der kinematischen Zähigkeit ν und der molekularen Diffusionskonstanten D der Beimengung zusammenhängt,

$$R_s \sim \left(\frac{\nu}{D}\right)^n, \tag{5.104}$$

wobei n zwischen ½ und ⅔ liegt (die Verwendung des Buchstabens „R" für den Transferwiderstand – in Analogie zum elektrischen Widerstand – darf nicht zu einer Verwechslung mit der Verwendung von R – von „ratio" – für die Bezeichnung des Isotopenverhältnisses führen!).

Wir bezeichnen den kinetischen Trennfaktor mit α_k und setzen die Trennfläche zwischen Flüssigkeit und Dampfphase bei $z=0$ (dort herrscht Sättigungsfeuchte) und die Obergrenze der laminaren Schicht bei $z=z_l$ (dort wird in der Regel der Wasserdampf untersättigt sein) an, d. h., wir setzen

$$\alpha_k = \frac{R(\text{Dampf}, z=0)}{R(\text{Dampf}, z=z_l)}. \tag{5.105}$$

Wir können dann den Gesamttrennfaktor α wegen

$$\alpha = \frac{R(\text{flüssig})}{R(\text{Dampf}, z=z_l)} = \frac{R(\text{flüssig})}{R(\text{Dampf}, z=0)} \cdot \frac{R(\text{Dampf}, z=0)}{R(\text{Dampf}, z=z_l)} = \alpha_e \cdot \alpha_k \tag{5.106}$$

als Produkt aus dem Gleichgewichtstrennfaktor und dem kinetischen Trennfaktor schreiben.

Wir wollen jetzt den kinetischen Trennfaktor α_k aus der relativen Feuchte und den Diffusionseigenschaften der verschiedenen Komponenten näherungsweise berechnen. Für α_k gilt (mit E als dem Sättigungspartialdruck der jeweiligen Spezies über dem Gemisch, e als dem aktuellen Partialdruck und $f=e/E$ als relativer Feuchte)

$$\alpha_k(HDO) = \frac{[HDO]_{z=0}/[H_2O]_{z=0}}{[HDO]_{z=z_l}/[H_2O]_{z=z_l}} = \frac{E_{HDO}/E_{H_2O}}{e_{HDO}(z_l)/e_{H_2O}(z_l)} = \frac{f_{H_2O}(z_l)}{f_{HDO}(z_l)} \tag{5.107}$$

und analog für $\alpha_k(H_2{}^{18}O)$. Die relative Feuchte der schwereren Spezies können wir mit folgender Überlegung eliminieren (wobei wir weiter bei HDO als Beispiel bleiben und bei den relativen Feuchten die Höhenangabe z_l weglassen wollen): Außerhalb der laminar-viskosen Schicht, im turbulent durchmischten Gebiet, sind die Transportgeschwindigkeiten für alle Spezies gleich und damit die Flußdichten j den Konzentrationen proportional. Damit gilt, unter Verwendung des gerade eben abgeleiteten Ausdrucks für a_k (s. Gl. 5.107),

$$\frac{j_{H_2O}}{j_{HDO}} = \frac{[H_2O]_{z=z_l}}{[HDO]_{z=z_l}} = \frac{f_{H_2O}\cdot[H_2O]_{z=0}}{f_{HDO}\cdot[HDO]_{z=0}} = \alpha_k \cdot \frac{[H_2O]_{z=0}}{[HDO]_{z=0}}. \tag{5.108}$$

Aus Kontinuitätsgründen müssen die Flußdichten in der laminar-viskosen Schicht gleich den Flußdichten im turbulent durchmischten Gebiet sein. Für die Flußdichten in der laminar-viskosen Schicht können wir ansetzen:

$$j_{H_2O} = \frac{([H_2O]_{z=0} - [H_2O]_{z=z_l})}{R_s(H_2O)} = \frac{[H_2O]_{z=0}\cdot(1-f_{H_2O})}{R_s(H_2O)} \tag{5.109}$$

und entsprechend

$$j_{HDO} = \frac{[HDO]_{z=0} \cdot (1 - f_{HDO})}{R_s(HDO)}. \tag{5.110}$$

Dabei bedeuten $R_s(H_2O)$ bzw. $R_s(HDO)$ die Transferwiderstände für den diffusiven Transport der entsprechenden Dampfspezies durch die laminar-viskose Schicht hindurch. Wegen der oben abgeleiteten Beziehung $f_{HDO} = f_{H_2O}/\alpha_k$ können wir f_{HDO} ersetzen und weiter schreiben

$$\frac{j_{H_2O}}{j_{HDO}} = \alpha_k \cdot \frac{[H_2O]_{z=0}}{[HDO]_{z=0}} = \frac{R_s(HDO) \cdot [H_2O]_{z=0} \cdot (1 - f_{H_2O})}{R_s(H_2O) \cdot [HDO]_{z=0} \cdot (1 - f_{H_2O}/\alpha_k]} \tag{5.111}$$

und erhalten durch Auflösen nach α_k

$$\alpha_k = f_{H_2O} + (1 - f_{H_2O}) \cdot \frac{R_s(HDO)}{R_s(H_2O)}. \tag{5.112}$$

Wegen des zuvor erwähnten Zusammenhangs von R_s mit dem Verhältnis von v zu D können wir diesen Ausdruck umformen zu

$$\alpha_k = f_{H_2O} + (1 - f_{H_2O}) \cdot \left(\frac{D_{H_2O}}{D_{HDO}}\right)^n. \tag{5.113}$$

Da die Diffusionskonstanten der verschiedenen Wasserspezies nur wenig voneinander abweichen, können wir für das Verhältnis der Diffusionskonstanten näherungsweise

$$D_{H_2O}/D_{HDO} \approx 1 + \varepsilon_D \tag{5.114}$$

setzen. Da ε_D eine kleine Zahl ist, können wir weiterhin

$$(1 + \varepsilon_D)^n \approx 1 + n \cdot \varepsilon_D \tag{5.115}$$

schreiben und erhalten schließlich

$$\alpha_k = 1 + n \cdot \varepsilon_D \cdot (1 - f_{H_2O}). \tag{5.116}$$

Die kinetische Trennung ist also eine lineare Funktion des Feuchtedefizits $(1 - f)$. Selbstverständlich gilt für $H_2{}^{18}O$ eine ganz analoge Überlegung.

Nach Merlivat (1978) liegen die ε_D-Werte für eine Temperatur von 21 °C

- bei $\varepsilon_D \approx 0{,}0251$ für HDO,
- bei $\varepsilon_D \approx 0{,}0285$ für $H_2{}^{18}O$.

Setzen wir beispielsweise für das relative Feuchtedefizit $1 - f = 0{,}5$ und für $n = 0{,}6$, so erhalten wir

- $\alpha_k \approx 1{,}0075$ für HDO,
- $\alpha_k \approx 1{,}0085$ für $H_2{}^{18}O$.

Die kinetischen Effekte liegen also in der Größenordnung von 10 Promille.

5.4.2 Einfache Kondensationsmodelle

Die isotopische Fraktionierung bei der Kondensation von Wolkentröpfchen und bei der Bildung von Niederschlag ist wesentlich schwieriger zu beschreiben als die Fraktionierung bei der Verdunstung, da die oben gemachte Voraussetzung, daß der Vorrat der abgebenden Phase - in diesem Fall jetzt der atmosphärische Wasserdampf - beliebig groß ist, bei der Kondensation sicher nicht mehr zutrifft. Das hat zur Folge, daß sich die isotopischen Konzentrationen während der Kondensation und während des Ausregnens sowohl in der flüssigen Phase als auch in der Dampfphase fortwährend ändern. Da im Moment der Kondensation Gleichgewichtstrennung auftritt, ist das Kondensat isotopisch schwerer als der Dampf; dieser wird deshalb mit fortschreitender Kondensation und Niederschlagsbildung immer weiter an den schweren Isotopen abgereichert. Damit wird aber auch das weitere Kondensat, das aus diesem Dampf entsteht, immer leichter.

Um eine Einsicht in den verwickelten Prozeß der dabei auftretenden Fraktionierung zu bekommen, wollen wir zwei Grenzfälle betrachten:

- Das Kondensat bleibt im System; ein Beispiel dafür ist die Bildung einer Wolke, bevor Niederschlag einsetzt; dabei ist vorauszusetzen, daß das Wolkenvolumen nicht mit seiner Umgebung im Austausch steht.
- Das Kondensat wird nach der Kondensation sofort aus dem System weggenommen (sog. Rayleigh-Kondensation); die Rayleigh-Kondensation in ihrer idealen Form ist zwar in der Natur kaum anzutreffen, doch kann man modellmäßig eine regnende Wolke damit einigermaßen beschreiben.

Im ersten Fall ist die auftretende Fraktionierung aus einer einfachen Bilanzrechnung zu ersehen: Wenn wir mit n_v und n_l die Zahl der Mole in der Dampfphase („vapour") und in der flüssigen Phase („liquid") und speziell mit $n_{v,0}$ die Zahl der Mole in der Dampfphase vor Beginn der Kondensation bezeichnen, ferner mit R_v, R_l und $R_{v,0}$ die entsprechenden Isotopenverhältnisse, so gilt

$$n_v + n_l = n_{v,0} \tag{5.117}$$

und

$$R_v \cdot n_v + R_l \cdot n_l = R_{v,0} \cdot n_{v,0}. \tag{5.118}$$

Setzen wir noch $V = n_v/n_{v,0}$ (d.h. V ist der in der Dampfphase verbleibende Bruchteil der ursprünglichen Wasserdampfmenge), so erhalten wir nach Division der 2. Gleichung durch $n_{v,0}$ für das Isotopenverhältnis R_v des verbleibenden Dampfes die Gleichung

$$R_v \cdot V + R_l \cdot (1 - V) = R_v \cdot V + \alpha_e \cdot R_v \cdot (1 - V) = R_{v,0} \tag{5.119}$$

oder, nach R_v aufgelöst,

$$R_v = R_{v,0} \cdot \frac{1}{\alpha_e + V \cdot (1 - \alpha_e)}, \tag{5.120}$$

und weiter mit $\varepsilon_e = \alpha_e - 1$

$$R_v = R_{v,0} \cdot \frac{1}{1 + \varepsilon_e \cdot (1 - V)}. \tag{5.121}$$

Durch Multiplikation mit α_e erhalten wir hieraus noch das Isotopenverhältnis des jeweiligen Kondensats,

$$R_l = R_{v,0} \cdot \frac{\alpha_e}{1 + \varepsilon_e \cdot (1 - V)}. \tag{5.122}$$

Dividieren wir beide Seiten noch durch den Bezugsstandard SMOW, so erhalten wir für die δ-Werte

$$\frac{\delta_v}{1000} = \frac{R_v}{R_{SMOW}} - 1 = \frac{R_{v,0}}{R_{SMOW}} \cdot \frac{1}{1 + \varepsilon_e \cdot (1 - V)} - 1 \tag{5.123}$$

oder

$$\frac{\delta_v}{1000} = \left(\frac{\delta_{v,0}}{1000} + 1\right) \cdot \frac{1}{1 + \varepsilon_e \cdot (1 - V)} - 1 \tag{5.124}$$

und analog

$$\frac{\delta_l}{1000} = \left(\frac{\delta_{v,0}}{1000} + 1\right) \cdot \frac{\alpha_e}{1 + \varepsilon_e \cdot (1 - V)} - 1. \tag{5.125}$$

Die δ-Werte sind dabei in Konsistenz mit der weiter oben eingeführten Definition in Promillezahlen notiert; deshalb erscheint jeweils die Zahl 1000 im Nenner. Um den qualitativen Verlauf noch etwas besser zu übersehen, berücksichtigen wir, daß ε und δ/1000 kleine Zahlen sind; dann können wir angenähert $1/[1 + \varepsilon_e \cdot (1 - V)] \approx 1 - \varepsilon_e \cdot (1 - V)$ und $\varepsilon \cdot \delta/1000 \approx 0$ setzen und erhalten

$$\frac{\delta_v}{1000} \approx \left(\frac{\delta_{v,0}}{1000} + 1\right) \cdot [1 - \varepsilon_e \cdot (1 - V)] - 1 \tag{5.126}$$

oder

$$\delta_v \approx \delta_{v,0} - 1000 \cdot \varepsilon_e \cdot (1 - V). \tag{5.127}$$

Der Isotopengehalt nimmt also angenähert linear mit der Menge des gebildeten Kondensates ab.

Für den zweiten oben erwähnten Fall, für die Rayleigh-Kondensation, können wir keine so einfache Bilanzüberlegung mehr anstellen, da das System aus Dampf und Kondensat nicht mehr abgeschlossen ist. Wir können aber die differentielle Beziehung

$$d(R_v \cdot n_v + R_l \cdot n_l) = -R_l \cdot dn_r = -\alpha_e \cdot R_v \cdot dn_r \tag{5.128}$$

ansetzen. Dabei bedeutet n_r die Zahl der ausgeregneten, d. h. aus dem System aus Dampf und verbleibendem Kondensat weggenommenen Mole. Links steht die Änderung des Isotopengehaltes des verbleibenden Systems, rechts die durch

Ausregnen weggenommene Isotopenmenge. Bezeichnen wir noch mit $n = n_v + n_l$ die Gesamtwassermenge in dem verbleibenden System, so ist natürlich $dn = -dn_r$. Die Ausführung der Differentiation unter Benutzung von $R_l = \alpha_e \cdot R_v$ ergibt

$$R_v \cdot dn_v + n_v \cdot dR_v + \alpha_e \cdot R_v \cdot dn_l + \alpha_e \cdot n_l \cdot dR_v = \alpha_e \cdot R_v \cdot dn. \qquad (5.129)$$

Da in einer regnenden Wolke der Flüssigwassergehalt recht konstant ist, können wir angenähert $n_l = \text{const}$ bzw. $dn_l = 0$ setzen. Nach Umordnung erhalten wir

$$R_v \cdot (1 - \alpha_e) \cdot dn = -(n_v + \alpha_e \cdot n_l) \cdot dR_v \qquad (5.130)$$

oder mit $1 - \alpha_e = -\varepsilon_e$

$$R_v \cdot \varepsilon_e \cdot dn = (n_v + \alpha_e \cdot n_l) \cdot dR_v. \qquad (5.131)$$

Um diese Gleichung auf einfache Weise integrieren zu können, machen wir auf der rechten Seite noch die Näherung $\alpha_e \approx 1$ und schreiben, mit $n_v + n_l = n$,

$$\frac{dR_v}{R_v} = \varepsilon_e \cdot \frac{dn}{n}. \qquad (5.132)$$

Wir erweitern noch links mit $R_{v,0}$ und rechts mit $n_{v,0}$ zu

$$\frac{d(R_v/R_{v,0})}{R_v/R_{v,0}} = \frac{d(n/n_{v,0})}{n/n_{v,0}} \cdot \varepsilon_e \qquad (5.133)$$

und integrieren zu

$$\ln(R_v/R_{v,0}) = \varepsilon_e \cdot \ln(n/n_{v,0}) \qquad (5.134)$$

oder

$$R_v = R_{v,0} \cdot (n/n_{v,0})^{\varepsilon_e}, \qquad (5.135)$$

woraus sich auch noch

$$R_l = \alpha_e \cdot R_v = \alpha_e \cdot R_{v,0} \cdot (n/n_{v,0})^{\varepsilon_e} \qquad (5.136)$$

ergibt.

Im Falle der Rayleigh-Kondensation nimmt der Isotopengehalt des Dampfes und des Kondensates mit einer Potenzfunktion des Restwassergehaltes der regnenden Wolke ab.

Angenäherte, für schnelle Abschätzungen geeignete δ-Werte des Restwassergehaltes bzw. des Restdampfes ergeben sich aus

$$\begin{aligned} \ln(R_v/R_{v,0}) &= \ln\left(\frac{R_v/R_{SMOW}}{R_{v,0}/R_{SMOW}}\right) = \ln\left(\frac{\delta_v/1000+1}{\delta_{v,0}/1000+1}\right) \\ &= \ln(\delta_v/1000+1) - \ln(\delta_{v,0}/1000+1) \\ &\approx \delta_v/1000 - \delta_{v,0}/1000 \\ &\approx \varepsilon_e \cdot \ln(n/n_{v,0}) = -\varepsilon_e \cdot \ln(n_{v,0}/n) \end{aligned} \qquad (5.137)$$

zu

$$\delta_v \approx \delta_{v,0} - 1000 \cdot \varepsilon_e \cdot \ln(n_{v,0}/n) \quad (‰). \qquad (5.138)$$

Wir wollen die bisher betrachteten Zusammenhänge durch ein Zahlenbeispiel veranschaulichen, das die sukzessive Abnahme der schweren Isotope bei fortschreitendem Ausregnen beschreibt. Zunächst möge Wasser aus einem Ozean, dessen Isotopenkonzentration SMOW entspricht, bei 20°C verdunsten. Hierbei tritt bei deuteriertem Wasser, für das wir das Beispiel durchrechnen wollen, eine Gleichgewichtstrennung von $\delta_e \approx -78‰$ auf. Hinzu kommt eine kinetische Trennung, für deren Abschätzung wir mit einer relativen Feuchte von 70% und einem Exponenten bei der Abhängigkeit der Transfergeschwindigkeit von der Diffusionskonstanten von 0,6 rechnen wollen. Dann wird $\varepsilon_k \approx 0{,}0251 \cdot (1-0{,}7) \cdot 0{,}6 \approx 0{,}0045$; angenähert wird dann $\delta_k \approx -1000 \cdot \varepsilon_k \approx -4{,}5‰$. Damit erhalten wir schließlich bei der Verdunstung für den Wasserdampf ein $\delta_0 = \delta_e + \delta_k$ von etwa $-82{,}5‰$. Bei 20°C und 70% relativer Feuchte befinden sich jetzt etwa 14 g Wasserdampf/m^3 in der Luft.

Jetzt nehmen wir an, daß der Dampf von seiner Quelle getrennt wird, z. B. weil er von der Küste weg landeinwärts transportiert wird. Dabei sollen Abkühlung und Kondensation einsetzen und soweit gehen, bis die entstehende Wolke gerade zu regnen beginnt; dies wird passieren, wenn sich gerade etwa 2 g/m^3 in der flüssigen Phase und noch 12 g/m^3 in der Dampfphase befinden; dies entspricht $V = 0{,}86$ in unserem Ansatz für die Gleichgewichtskondensation, die zugehörige Lufttemperatur liegt bei 12°C. Bei dieser Temperatur ist $\varepsilon_e \approx 0{,}095$, und wir erhalten für den Wasserdampf ein $\delta_1 \approx \delta_0 - \varepsilon_e \cdot (1-V) \cdot 1000$ von etwa $-82{,}5‰ - 13‰ = -95{,}5‰$. Bis zu diesem Punkt konnten wir mit einem abgeschlossenen System rechnen. Der sich gerade bildende Niederschlag steht mit dem Dampf im Gleichgewicht; nach der oben abgeleiteten Formel für die Gleichgewichtstrennung ist $\delta_{1,\text{Niederschlag}} = \delta_1 - \delta_e = \delta_1 + 1000 \cdot \varepsilon_e/(\varepsilon_e + 1) \approx -95{,}5‰ + 87‰ = -8{,}5‰$.

Bei der weiteren Niederschlagsbildung – sagen wir: noch weiter landeinwärts – rechnen wir mit Rayleigh-Kondensation. Die Abkühlung und die Niederschlagsbildung sollen jetzt so weit gehen, daß insgesamt 10 g/m^3 ausregnen und neben 2 g/m^3 Flüssigwasser noch 2 g/m^3 Dampf in der Luft sind; die zugehörige Temperatur beträgt jetzt -10°C. Der entsprechende δ_e-Wert ist 129‰, das Verhältnis $n_{v,0}/n$ beträgt $14/4 = 3{,}5$. Wir erhalten damit jetzt für die Dampfphase $\delta_2 = -95{,}5‰ - (\ln 3{,}5) \cdot 129‰ \approx -256‰$. Der Niederschlag steht wieder mit der Dampfphase im Gleichgewicht; nach der schon oben verwendeten Formel ist jetzt $\delta_{2,\text{Niederschlag}} = \delta_2 - \delta_e \approx -256‰ + 129‰ = -127‰$. Der Niederschlag ist auf dem Weg der Wolke über das Land isotopisch wesentlich leichter geworden.

5.4.3 Stabile Isotope in der Natur

Das zuvor abgehandelte Zahlenbeispiel zeigte modellhaft, wie die schweren Isotope in Wasserdampf und Niederschlag während des Ausregnens sukzessive immer weiter abgereichert werden. In Quellnähe, die wir mit der Küste identifizieren können, hatten wir im Niederschlag ein δD von ca. $-8‰$ erhalten; nachdem landeinwärts etwa 70% des ursprünglich vorhandenen Wasserdampfs ausgeregnet waren, fanden wir im Niederschlag ein δD von ca. $-130‰$. Qualitativ haben wir damit eine Vorstellung von dem sog. Isotopen-Kontinentaleffekt erworben, wie

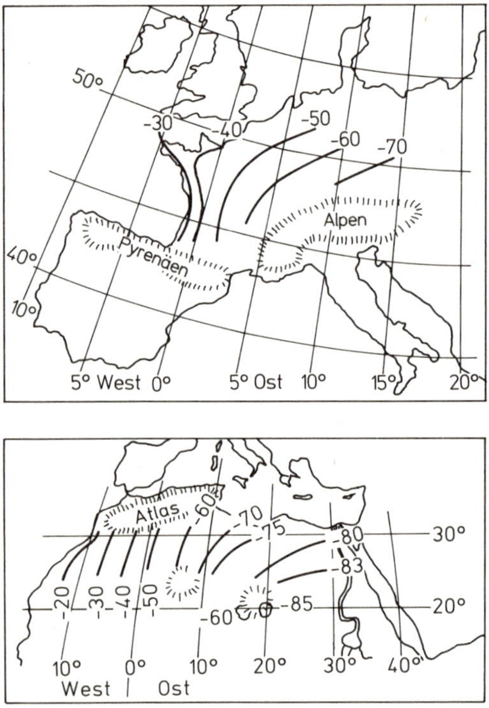

Abb. 5.19. Isotopische Zusammensetzung mitteleuropäischer und nordafrikanischer Grundwässer. (Nach Sonntag et al. 1979) **Oben:** Isolinien der heutigen δD-Werte in Europa. **Unten:** Fossile δD-Werte in der Sahara

diese typische Abreicherung der schweren Isotope vom Ozean weg in die Kontinente hinein genannt wird. Das Zahlenbeispiel kann natürlich nicht den Anspruch erheben, ein im quantitativen Sinne realistisches Modell für diese Abreicherung zu sein. Abgesehen von den Näherungen, die wir schon bei der Durchführung der Rechnung gemacht haben, und ganz abgesehen von der Tatsache, daß die Niederschlagsbildung kein einfacher Zweistufenprozeß und auch kein echter Rayleigh-Prozeß ist, muß ein realistisches Modell natürlich in Rechnung stellen, daß eine Luftmasse auf ihrem Weg von der Wasserdampfquelle zum Ort des Ausregnens kein quellenfreies System ist, sondern durch Verdunstung vom Boden her immer wieder von neuem mit Wasserdampf alimentiert wird. Qualitativ zeigt das einfache Kondensationsmodell in dem vorhergehenden Abschnitt die Gründe für die Abreicherung der schweren Isotope mit wachsender Entfernung von der Küste recht gut auf. Ein realistisches Modell, das die Verdunstung über Land mit einbezieht, haben z. B. Sonntag et al. (1983) aufgestellt.

Abbildung 5.19 zeigt – nach Sonntag et al. (1979) – im oberen Teil Isolinien der δD-Werte von europäischen Grundwässern. Die Werte entsprechen genau dem erwarteten Verlauf; die Grundwässer, die natürlich den Isotopengehalt der Niederschläge widerspiegeln, werden von der Atlantikküste bis nach Osteuropa isotopisch immer leichter. Der untere Teil des Bildes zeigt eine interessante Anwendung der Isotopenmethode auf paläoklimatische Fragestellungen. Die Sahara liegt heute in der Passatzone; Niederschläge treten kaum auf. Die

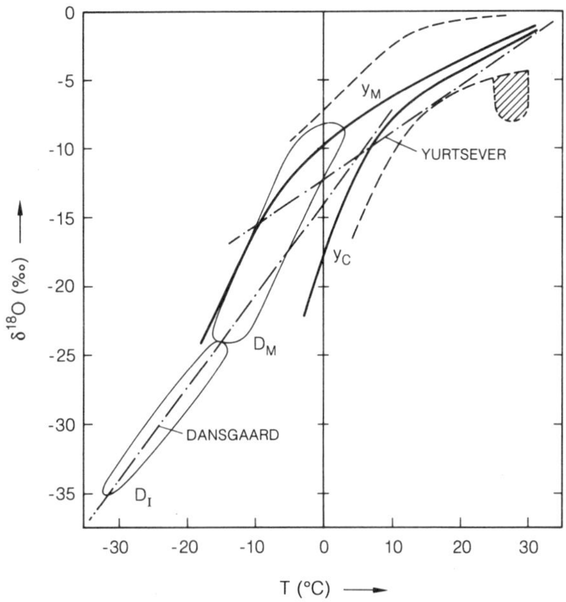

Abb. 5.20. Mittlere $\delta^{18}O$-Werte im Niederschlag in Abhängigkeit von der am Niederschlagsort herrschenden Temperatur. Die Details sind im Text erklärt

Grundwässer unter der Sahara stammen aus der Periode der letzten Kaltzeit, ca. 20000 Jahre vor heute. Erstaunlicherweise zeigen diese fossilen Grundwässer unter der Sahara genau den gleichen Kontinentaleffekt wie die modernen europäischen Grundwässer, ein eindeutiges Indiz dafür, daß während dieser Kaltzeit die Zirkulationsgürtel zumindest zeitweise äquatorwärts verlagert waren, und daß die Sahara in den Perioden, in denen überhaupt Niederschläge fielen, im Einflußbereich der Westwinddrift lag, vielleicht ähnlich wie heute die Mittelmeergebiete.

Vom klimatologischen Standpunkt her ist besonders die Frage nach dem Zusammenhang zwischen den Isotopenhäufigkeiten im Niederschlag und der bei dessen Bildung herrschenden Temperatur von vorrangigem Interesse. Eine Sichtung von umfangreichem Datenmaterial (Yurtsever u. Gat 1981) zeigt, daß die gemittelten Variationen in den Isotopenverhältnissen in erster Linie durch die Variationen der Temperatur zustandekommen, und daß dem gegenüber andere Einflußgrößen wenig ins Gewicht fallen. Es sei aber betont, daß diese Aussage in keiner Weise für Einzelniederschläge gilt, deren isotopische Zusammensetzung außer von der Temperatur auch von anderen aktuellen meterologischen Gegebenheiten abhängt. Beispielsweise sind Niederschläge aus polaren Luftmassen isotopisch wesentlich leichter als Niederschläge aus subtropischen Luftmassen, auch bei gleicher Temperatur am Niederschlagsort. Für Mittelungszeiten in der Größenordnung eines Monats heben sich diese anderen Einflußgrößen aber praktisch soweit heraus, daß nur die Temperatur als bestimmende Größe bleibt.

Wir wollen den Zusammenhang zwischen Temperatur und Isotopenhäufigkeit anhand von Abb. 5.20 diskutieren, in der Monatsmittel von $\delta^{18}O$-Werten gegen die Temperatur am Niederschlagsort aufgetragen sind. Die beiden durchgezogenen Kurven im oberen Teil des Bildes stellen Regressionskurven für das von Yurtsever u.

Gat (1981) gesichtete Datenmaterial dar, die obere bzw. linke Kurve (Y_M) bezieht sich dabei auf maritime Stationen, die untere bzw. rechte Kurve (Y_C) auf kontinentale Stationen. Der Streubereich des Datenmaterials wird durch die beiden gestrichelten Kurven eingegrenzt. Das schraffierte Gebiet oben rechts repräsentiert Daten von tropischen und subtropischen Stationen mit sehr hoher Niederschlagsintensität (Monatsniederschläge über 140 mm); der Effekt, daß besonders ergiebige Niederschläge isotopisch etwas leichter sind als schwächere Niederschläge, ist als „amount effect" bekannt. Die beiden mit D_M und D_I markierten Gebiete umfassen Daten von arktischen und subarktischen Stationen (nach Dansgaard et al. 1973); dabei erfaßt D_M Werte von maritimen und küstennahen Stationen, während D_I Ergebnisse von Stationen auf dem grönländischen Inlandeis wiedergibt.

Die Darstellung zeigt, daß pauschal eine sehr starke Abhängigkeit der δ-Werte von der Temperatur gegeben ist; die Kurven werden dabei um so steiler, d. h. die Abhängigkeit von der Temperatur wird um so stärker, je niedriger diese ist. Die Darstellung zeigt aber auch, daß diese Abhängigkeit des Isotopengehaltes von der Temperatur den Charakter einer Korrelation, nicht den eines funktionalen Zusammenhanges hat, daß es – anders ausgedrückt – keine eindeutige, allgemein gültige Eichung des „^{18}O-Thermometers" gibt. Einigermaßen eindeutige funktionale Zusammenhänge können, wenn überhaupt, nur für geographisch eng abgegrenzte Gebiete, vielleicht nur für eine bestimmte Station, und aus den oben angegebenen Gründen auch nur für zeitliche Mittelwerte Gültigkeit haben. Dennoch geben einige Autoren Regressionsgeraden für den Zusammenhang zwischen den δ-Werten der Niederschläge und den Temperaturen am Niederschlagsort an. Aus dem eben Gesagten geht hervor, daß solche Regressionsgeraden nur Anhaltswerte liefern, keineswegs aber eindeutige Gültigkeit im Sinne einer Thermometereichung beanspruchen können.

Die beiden bekanntesten Regressionsgeraden sind in Abb. 5.20 strichpunktiert eingezeichnet („Yurtsever" u. „Dansgaard"). Es sind dies die Gerade nach Dansgaard (1964),

$$\delta^{18}O = -13{,}6 + 0{,}7 \cdot T \quad (°C), \tag{5.139}$$

die aus grönländischen und nordatlantischen Isotopendaten mit dem Ziel der Interpretation von Eisbohrkernen aus Grönland abgeleitet wurde, und die Gerade von Yurtsever u. Gat (1981),

$$\delta^{18}O = -12 + 0{,}34 \cdot T \quad (°C), \tag{5.140}$$

die auf dem schon erwähnten globalen Datenmaterial beruht und die vor allem zur Interpretation von Daten aus gemäßigten und wärmeren Breiten herangezogen werden kann.

Abbildung 5.21 zeigt noch eine klassisch gewordene paläoklimatisch bedingte Variation des Isotopengehaltes im Niederschlag. In dem Bild sind die δ^{18}O-Werte, die aus einem Bohrkern durch das grönländische Inlandeis gewonnen worden sind, gegen das rekonstruierte Alter des Eises aufgetragen (nach Johnsen et al. 1972). Die gestrichelte Linie zeigt als Referenz den mittleren heutigen δ^{18}O-Wert im lokalen Niederschlag. Die starke Abreicherung der schweren Isotope während der letzten Kaltzeit (Würm-Eiszeit) und die höheren Gehalte während der Zwischeneiszeiten

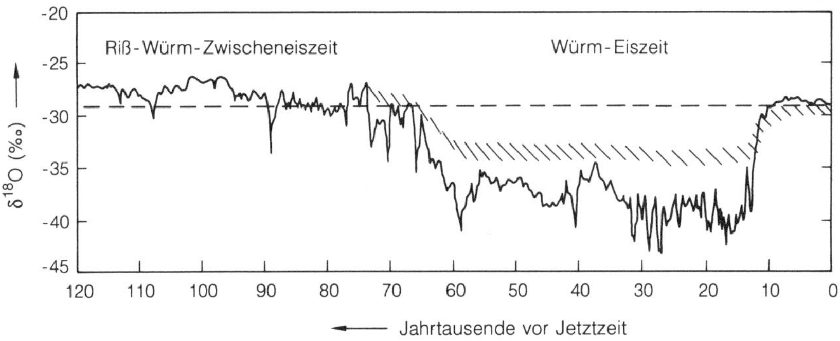

Abb. 5.21. $\delta^{18}O$-Werte in einem Eisbohrkern aus dem grönländischen Inlandeis (Station Camp Century); die *gestrichelte Linie* entspricht der isotopischen Zusammensetzung rezenter, d. h. heutiger Niederschläge am Ort der Station, die *Schraffur* gibt die geschätzte Basislinie unter Berücksichtigung der größeren Höhe des Inlandeises während der Kaltzeiten wieder

sind deutlich zu erkennen. Besonders bemerkenswert sind die sehr schnellen Schwankungen und Einbrüche; sie zeigen, daß unter Umständen sehr drastische Klimaänderungen innerhalb sehr kurzer Zeiten, etwa innerhalb einiger hundert Jahre, aufgetreten sind und, falls eine Extrapolation erlaubt ist, vielleicht auch in Zukunft auftreten können. Bei der quantitativen Interpretation der Kurve ist zu berücksichtigen, daß Niederschläge isotopisch um so leichter werden, je höher der Ort des Niederschlags ist (dieser Effekt ist eine Folge der Temperaturabnahme mit der Höhe und macht für $\delta^{18}O$ etwa 0,2 bis 0,5‰ pro 100 m aus). Da während anhaltender Kaltzeiten das Inlandeis mächtiger wird, führt dieser Höheneffekt zu einer Verschiebung der Null-Linie; die hieraus folgende abgeschätzte Null-Linie ist in Abb. 5.21 als Schraffur eingezeichnet.

Es sollen jetzt noch einige Anmerkungen zum Zusammenhang zwischen den δD- und den $\delta^{18}O$-Werten folgen. In fast allen Ausdrücken, die in den vorhergehenden Abschnitten angegeben worden sind, hängen die δ-Werte bzw. deren Änderungen praktisch linear von der Gleichgewichtstrennung ab; eine Ausnahme macht nur die Änderung der δ-Werte bei der kinetischen Trennung während der Verdunstung. Trägt man die δD-Werte des Niederschlags gegen die $\delta^{18}O$-Werte auf, so ist deshalb angenähert eine Gerade mit der Steigung $\delta_e D/\delta_e{}^{18}O$ zu erwarten; die Gerade sollte nicht genau durch den Nullpunkt gehen, der Achsenabschnitt wird durch die kinetische Trennung bei der Verdunstung bestimmt und sollte deshalb von der Luftfeuchte bzw. dem Feuchtedefizit während der Verdunstung abhängen. Tatsächlich entsprechen die gemessenen δ-Werte sehr gut dieser Vorstellung; die meisten experimentell bestimmten δ-Werte liegen in guter Näherung auf einer Geraden der Form

$$\delta D = 8 \cdot \delta^{18}O + 10 \quad (‰). \tag{5.141}$$

Nach Craig (1961) wird diese Gerade als „meteoric water line" (MWL) bezeichnet. Die Steigung der MWL und ähnlicher funktionaler Beziehungen zwischen δD und $\delta^{18}O$ sind generell etwas geringer als die Gleichgewichtsverhältnisse; dies ist vermutlich auf die Dynamik der Wolken während der Niederschlagsbildung zurückzuführen. Das konstante Glied von 10‰, der sog. Deuterium-Exzeß, entspricht dem mittleren Feuchtedefizit über dem Meer von etwa 20 bis 25%; Wasser aus sehr feuchten Gebieten oder aus sehr feuchten Klimaperioden sollte einen geringeren Deuterium-Exzeß aufweisen. Außerdem sollten Niederschläge aus sehr warmen Regionen eine schwächere Steigung der $\delta D/\delta^{18}O$-Geraden als 8 zeigen, da das $\delta_e D/\delta_e{}^{18}O$-Verhältnis mit wachsender Temperatur abnimmt (s. Abb. 5.18). Effekte dieser Art treten auch tatsächlich auf: So finden beispielsweise Yurtsever u. Gat (1981) für den Niederschlag auf 15 tropischen Inselstationen eine Beziehung der Form $\delta D = 6{,}17 \cdot \delta^{18}O + 4$, was unseren Vorstellungen zumindest qualitativ gut entspricht. Ähnlich interpretieren Sonntag et al. (1979) den gegenüber jetzigen Werten geringeren Deuterium-Exzeß in fossilen Sahara-Grundwässern dahingehend, daß das atmosphärische Feuchtedefizit während der Bildungsphase des Grundwassers in der letzten Eiszeit geringer gewesen sein müsse als heute.

Kapitel 6

Diffusion und Turbulenz

In den vorangegangenen Kapiteln haben wir Mechanismen besprochen, die zumindest vom gedanklichen Prinzip her zu geordneten Bewegungen, Strömungen und Zirkulationen geführt haben. Neben diesen Vorgängen spielen aber stochastische, diffusionsartige Prozesse eine große Rolle für die atmosphärische Dynamik und für den Transport atmosphärischer Beimengungen. Dabei ist zwischen molekularen, gaskinetischen Mechanismen, wie molekularer Viskosität oder molekularer Diffusion, einerseits und Prozessen, die mit der turbulenten Bewegung der Luft zusammenhängen, andererseits zu unterscheiden. Darüber hinaus wirft das Auftreten von Turbulenz die Frage nach den prinzipiellen Grenzen der deterministischen Betrachtungsweise auf.

Der Begriff Diffusion soll sehr weitgehend verstanden werden und sowohl auf den Transport skalarer Beimengungen wie Wärme oder stofflicher Beimengungen als auch auf den Transport von Impuls angewandt werden; schon im 3. Kapitel wurde ja das Zustandekommen von Reibung durch die Diffusion von Impuls erklärt.

Im Normalfall ist der turbulente Transport von Impuls und von skalaren Beimengungen der gegenüber der molekularen Diffusion viel effektivere Prozeß, so daß letztere meist außer acht gelassen werden kann. Eine Ausnahme ist der Transport an der Grenze zwischen zwei Medien, wie z. B. am Erdboden oder an der Grenze zwischen Luft und Wasser. Hier wird der molekulare Transport relevant, da Turbulenzen durch solche Grenzen nicht hindurchgreifen können, und die Größe der turbulenten Wirbel mit der Annäherung an die Grenzfläche gegen Null geht. In Abschn. 3.4 wurde schon angedeutet, daß die Dicke der Grenzschicht, in der die viskose Reibung für die Dynamik ausschlaggebend wird, in Luft in der Größenordnung von Millimetern liegt. Weiterhin ist die viskose Reibung für die Dissipation der turbulenten Energie verantwortlich. Für die relevanten Dimensionen gilt hier Ähnliches wie zuvor gesagt: Nur in den sehr kleinen Wirbeln in der Größenordnung von Millimetern wird die turbulente Energie verbraucht und in thermische Energie umgewandelt, während in den größeren Wirbeln die Energie nur von Wirbel zu Wirbel weitergereicht wird.

Entsprechend dieser Sachlage wird in diesem Kapitel das größere Gewicht auf der Behandlung turbulenter Transport- und Austauschprozesse liegen; diese werden von dem Abschn. 6.2 an zur Sprache kommen. Zuvor, im Abschn. 6.1, sollen aber die Gesetzmäßigkeiten der molekularen Diffusion diskutiert werden; dies dient nicht zuletzt dazu, in den ganzen Problemkreis einzuführen und gewissermaßen den Idealtyp der Diffusion zu behandeln. Davon ausgehend soll im weiteren auch herausgestellt werden, wo Gemeinsamkeiten zwischen der geläufigeren molekularen Diffusion und der turbulenten Diffusion bestehen und wo wichtige Unterschiede auftreten.

Dabei werden zunächst, in Abschn. 6.2 und 6.3, die Grundlagen für die Beschreibung der Turbulenz angesprochen, dann, in Abschn. 6.4, die Theorie der turbulenten Diffusion bzw. des turbulenten Transportes diskutiert, und schließlich, in Abschn. 6.5, das Prinzip der empirischen Bestimmung der Diffusionsparameter behandelt, das die Grundlage für die technische Ausbreitungsrechnung liefert.

6.1 Molekulare Diffusion

Die molekulare Diffusion „lebt" von der Wärmebewegung der Moleküle: Nach dem Gleichverteilungssatz der Thermodynamik hat jedes Molekül eines Gases eine mittlere kinetische Energie (Translationsenergie) von $\overline{E_{kin}} = \langle E_{kin} \rangle = 3/2 \cdot k \cdot T$, wobei $k = 1{,}38 \cdot 10^{-23}$ Joule/K die Boltzmann-Konstante und T die absolute Temperatur bedeuten. In dieser Darstellung sollen, wie auch im weiteren Text, die Überstreichung ($\overline{}$) das Zeitmittel und die spitzen Klammern ($\langle\ \rangle$) das Scharmittel, d. h. das Mittel über alle Teilchen oder über alle betrachteten Luftpakete usw., symbolisieren.

Wegen $E_{kin} = 1/2 \cdot m \cdot v^2$ ergibt sich für die quadratisch gemittelte Geschwindigkeit der thermischen Bewegung

$$\sqrt{\overline{v^2}} = \sqrt{\langle v^2 \rangle} = \sqrt{\frac{3 \cdot k \cdot T}{m}} \approx 1{,}73 \cdot \sqrt{\frac{k \cdot T}{m}}. \tag{6.1}$$

Die so definierte quadratisch gemittelte Geschwindigkeit beträgt bei Zimmertemperatur beispielsweise 500 m/s bis 600 m/s für Sauerstoff und Stickstoff und ca. 1700 m/s für Wasserstoff. Die über die Maxwellsche Geschwindigkeitsverteilung linear gemittelte Geschwindigkeit, genauer der linear gemittelte Betrag der Geschwindigkeit, ist um etwa 8% kleiner, er beträgt

$$\overline{|v|} = \langle |v| \rangle = \sqrt{\frac{8 \cdot k \cdot T}{\pi \cdot m}} \approx 1{,}60 \cdot \sqrt{\frac{k \cdot T}{m}}. \tag{6.2}$$

Die Moleküle fliegen mit dieser mittleren thermischen Geschwindigkeit, bis sie auf ein anderes Molekül treffen und dort in einem elastischen Stoß gestreut werden. Die Zeit zwischen zwei Stößen beträgt unter Normalbedingungen etwa 10^{-10} s; entsprechend liegt die mittlere freie Weglänge zwischen zwei Stößen bei 0,06 µm. Bei dieser Streuung ist wesentlich, daß die Richtungen vor und nach der Streuung praktisch unkorreliert sind; das Molekül kann sich gewissermaßen „frei entscheiden", in welche Richtung es fliegen will, und hat nach dem Stoß keine Erinnerung an die Vorgeschichte. Es wird sich zeigen, daß dies ein wichtiger Unterschied gegenüber der später zu besprechenden turbulenten Diffusion ist.

Um den Diffusionsprozeß als stochastischen Vorgang zu verstehen, wollen wir zunächst in einem einfachen Modell die Zufallsbewegung eines Moleküls bzw. eines

Molekülensembles untersuchen. Daran schließt sich die Besprechung der diffusiven Flüsse im engeren Sinn an; dabei soll auch der Zusammenhang zwischen der statistischen Betrachtungsweise einerseits und der Behandlung der Diffusion durch die Ficksche Diffusionsgleichung, die ja der Kontinuumsmechanik zuzuordnen ist, andererseits herausgearbeitet werden.

6.1.1 Ein- und dreidimensionale Zufallsbewegung als Idealtyp einer Diffusion

Wir beginnen damit, in einem eindimensionalen Modell den Weg eines Moleküls zu verfolgen, das z. B. zum Zeitpunkt Null an einer bestimmten Stelle, z. B. am Koordinatenursprung, zu einer eindimensionalen Zufallsbewegung startet; genauer ausgedrückt, wir wollen die Wahrscheinlichkeit dafür untersuchen, daß sich das Teilchen nach einer gewissen Zeit um eine bestimmte Strecke von seinem Ausgangspunkt entfernt hat. Im zweiten Schritt identifizieren wir diese Wahrscheinlichkeit mit der Verteilungsfunktion für ein Ensemble von Molekülen.

Wir gehen von einem regelmäßigen eindimensionalen linearen Gitter von Streuzentren aus; diese stellen wir uns zunächst als ortsfest vor. Das Molekül soll, im Koordinatenursprung ($m = 0$) startend, jeweils um einen Gitterpunktabstand in freier Entscheidung nach links oder rechts springen; die Wahrscheinlichkeiten dafür, daß es bei einem einzelnen Sprung nach links oder nach rechts springt, sollen gleich, d. h. jeweils 1/2 sein. Hierbei ist m die Koordinatenvariable für die Entfernung vom Ursprung, d. h. m steht für die Zahl der Gitterpunkte bzw. für die Zahl der Einzelsprungweiten vom Ursprung aus. Weiterhin sei N die Gesamtzahl der Sprünge, n die Zahl der Sprünge nach rechts und entsprechend $N - n$ die Zahl der Sprünge nach links. Die Entfernung vom Ausgangspunkt nach N Schritten ist also $m = n - (N - n) = 2 \cdot n - N$ Schritte.

Für ein einzelnes Molekül läßt sich nun eine Wahrscheinlichkeit $P_N(m)$ dafür berechnen, daß es nach N Sprüngen gerade m Sprungweiten vom Ausgangspunkt entfernt ist. Das Ergebnis läßt sich dann auf ein Ensemble von sehr vielen Molekülen übertragen, die alle unabhängig voneinander am Ursprung freigesetzt werden und jeweils N Sprünge ausführen. Dann gibt $P_N(m)$ nämlich unmittelbar die Verteilungsfunktion an, d. h. von k insgesamt freigesetzten Molekülen werden im statistischen Mittel gerade $k \cdot P_N(m)$ Moleküle an der Stelle m zu finden sein.

Eine besonders wichtige Größe dieser Verteilung, die Varianz $\sigma_m^2 = \langle m^2 \rangle$ der Teilchenposition bezüglich des Ausgangspunktes bzw. der quadratisch gemittelte Abstand $\sigma_m = \sqrt{\langle m^2 \rangle}$ vom Ursprung, läßt sich leicht unmittelbar errechnen, auch ohne Kenntnis der Verteilungsfunktion selbst:

Jedes Molekül führt N unabhängige Schritte aus; sein Abstand vom Ursprung nach N Schritten läßt sich dann schreiben als

$$m = \sum_{i=1}^{N} s_i, \tag{6.3}$$

wobei s_i (s steht für „signum") die Richtung des i.ten Schrittes angibt, d. h. $s_i = 1$ bedeutet einen Schritt nach rechts, $s_i = -1$ einen Schritt nach links. Quadrierung und Mittelbildung ergeben

$$\begin{aligned}\langle m^2\rangle &= \left\langle\left(\sum_{i=1}^{N} s_i\right)^2\right\rangle = \left\langle \sum_{i=1}^{N} s_i^2 + \sum_{i=1}^{N}\left(s_i \cdot \sum_{\substack{j=1\\ j\neq i}}^{N} s_j\right)\right\rangle \\ &= N + \sum_{i=1}^{N}\left\langle s_i \cdot \sum_{\substack{j=1\\ j\neq i}}^{N} s_j\right\rangle \\ &= N. \end{aligned} \tag{6.4}$$

Die zweite und dritte Zeile folgen aus der ersten, weil für alle i $s_i^2 = 1$ gilt, und weil s_i und s_j für $i \neq j$ nicht korreliert sind, d. h. weil es zu jedem beliebigen s_i im Mittel gleich viel positive wie negative s_j gibt. Damit erhält man

$$\sigma_m = \sqrt{\langle m^2\rangle} = \sqrt{N}. \tag{6.5}$$

Dieses Ergebnis ist sehr wichtig: Bei einer Zufallsbewegung der beschriebenen Art, bei der beide Richtungen für die einzelnen Sprünge gleich wahrscheinlich sind, und die deshalb als Modell für die molekulare Diffusion dienen kann, nimmt der quadratisch gemittelte Abstand aller Moleküle von der Stelle der Freisetzung mit der Wurzel aus der Anzahl der Sprünge zu.

Das Modell ging bis jetzt von fest vorgegebenen Streuzentren aus. Tatsächlich sind aber die Moleküle selbst die Streuzentren. Das bedeutet, daß in einen einzelnen Stoß 2 Moleküle involviert sind, daß also innerhalb einer Stoßperiode τ 2 Moleküle gestoßen werden. Die tatsächliche Stoßzahl für jedes Molekül beträgt also nicht, wie bei einem festen Gitter, $N = t/\tau$ (mit t als der Zeit), sondern $N = 2 \cdot t/\tau$. Damit wird

$$\sigma_m = \sqrt{2 \cdot \frac{t}{\tau}} \tag{6.6}$$

bzw.

$$\sigma_m^2 = \langle m^2\rangle = 2 \cdot \frac{t}{\tau}. \tag{6.7}$$

Wir wollen diese Betrachtung jetzt von dem eindimensionalen Modellgas auf ein dreidimensionales physikalisches Gas übertragen und die örtlichen Varianzen $\sigma_x^2 = \langle (x - x_0)^2\rangle$, $\sigma_y^2 = \langle (y - y_0)^2\rangle$ und $\sigma_z^2 = \langle (z - z_0)^2\rangle$ bestimmen; x_0, y_0, z_0 seien die Koordinaten des Ausgangspunktes. Zwischen zwei Stößen legt ein Gasmolekül in x-Richtung gerade die Strecke $v_x \cdot \tau$ (mit v_x als der x-Komponente der thermischen Geschwindigkeit) und in y- und z-Richtung entsprechend die Strecken $v_y \cdot \tau$ bzw. $v_z \cdot \tau$ zurück. Damit werden

$$\begin{aligned}\sigma_x^2 &= v_x^2 \cdot \tau^2 \cdot \sigma_m^2 = 2 \cdot v_x^2 \cdot \tau^2 \cdot \frac{t}{\tau} \\ &= 2 \cdot v_x^2 \cdot \tau \cdot t \end{aligned} \tag{6.8}$$

und entsprechend für die anderen Raumrichtungen

$$\sigma_y^2 = 2 \cdot v_y^2 \cdot \tau \cdot t \tag{6.9}$$

und

$$\sigma_z^2 = 2 \cdot v_z^2 \cdot \tau \cdot t. \tag{6.10}$$

In einem Gas im Gleichgewicht gilt natürlich $v_x^2 = v_y^2 = v_z^2$. Damit erhalten wir für die mittlere dreidimensionale thermische Geschwindigkeit v nach dem Satz des Pythagoras $v^2 = v_x^2 + v_y^2 + v_z^2 = 3 \cdot v_x^2 = 3 \cdot v_y^2 = 3 \cdot v_z^2$; damit wird

$$\sigma_x^2 = \sigma_y^2 = \sigma_z^2 = \frac{2}{3} \cdot v^2 \cdot \tau \cdot t. \tag{6.11}$$

Die zwischen zwei Stößen ohne Rücksicht auf die Richtung zurückgelegte Wegstrecke können wir mit der mittleren freien Weglänge l identifizieren. Da $l = v \cdot \tau$ ist, erhalten wir schließlich

$$\sigma_x^2 = \sigma_y^2 = \sigma_z^2 = \frac{2}{3} \cdot v \cdot l \cdot t \tag{6.12}$$

bzw.

$$\sigma_x = \sigma_y = \sigma_z = \sqrt{\frac{2}{3} \cdot v \cdot l \cdot t}\,. \tag{6.13}$$

Wir werden gleich noch sehen, daß dieses Ergebnis allgemein gilt, nicht nur für den hier diskutierten Fall der Freisetzung der Moleküle aus einer punktförmigen Quelle.

Setzen wir – um ein Zahlenbeispiel zu erhalten – für v die mittlere Geschwindigkeit von Luftmolekülen von etwa 600 m/s und für l die mittlere freie Weglänge von 0,06 µm ein, so erhalten wir nach 1 Sekunde $\sigma_x = \sigma_y = \sigma_z \approx 0{,}52$ cm. Der gemessene Wert beträgt etwa 0,6 cm; das ganz einfache statistische Modell liefert ein verblüffend gutes Ergebnis.

Wie gerade erwähnt, gelten die erhaltenen Ausdrücke für σ_x, σ_y und σ_z nicht nur für den hier diskutierten speziellen Fall. Wir wollen noch eine Ableitung besprechen, die das gleiche Ergebnis in allgemeinerer Form liefert und die später auf einfache Weise eine Übertragung auf turbulente Bewegungen zuläßt und zu dem für die Theorie der turbulenten Diffusion zentralen Theorem von Taylor führt (dieses Theorem selbst wird in dem Abschn. 6.4 besprochen werden).

Hierzu betrachten wir die zeitliche Entwicklung von σ_x^2:

$$\frac{d\sigma_x^2}{dt} = \frac{d}{dt}\langle (x - x_0)^2 \rangle = \left\langle 2 \cdot (x - x_0) \cdot \frac{dx}{dt} \right\rangle = \langle 2 \cdot (x - x_0) \cdot v_x \rangle. \tag{6.14}$$

Für v_x ist die Geschwindigkeit zum gegenwärtigen Zeitpunkt t, d. h. $v_x(t)$, einzusetzen; $x - x_0$ ist dagegen das Ergebnis der zurückliegenden („historischen“) Geschwindigkeiten $v_x(t')$ zwischen den Zeitpunkten $t' = 0$ und $t' = t$, d. h.

$$x - x_0 = \int_0^t v_x(t') \cdot dt'. \tag{6.15}$$

Diesen Ausdruck setzen wir oben (Gl. 6.14) ein. Da die gegenwärtige Geschwindigkeit nicht von der „historischen" Zeit t' abhängt, können wir in den weiteren Schritten $v_x(t)$ unter das Integral ziehen und dann die Integration über die Zeit mit der Scharmittelbildung vertauschen. Wir erhalten

$$\begin{aligned}\frac{d\sigma_x^2}{dt} = \langle 2\cdot(x-x_0)\cdot v_x(t)\rangle &= 2\cdot\left\langle v_x(t)\cdot\int_0^t v_x(t')\cdot dt'\right\rangle \\ &= 2\cdot\left\langle\int_0^t v_x(t)\cdot v_x(t')\cdot dt'\right\rangle \\ &= 2\cdot\int_0^t \langle v_x(t)\cdot v_x(t')\rangle\cdot dt'. \end{aligned} \tag{6.16}$$

Der Integrand beschreibt offensichtlich die Korrelation zwischen den gegenwärtigen gemittelten Geschwindigkeiten und den entsprechenden Geschwindigkeiten in der Vergangenheit. Diese Geschwindigkeiten sind für die Zeit seit dem letzten zurückliegenden Stoß trivialerweise voll korreliert; der Integrand ist zwischen $t'=t-\tau$ und $t'=t$ gerade $v_x^2(t)$. Dagegen haben die Moleküle bei dem letzten Stoß die Erinnerung an die davorliegenden Geschwindigkeiten verloren, die Geschwindigkeiten für $t'<t-\tau$ und die gegenwärtigen Geschwindigkeiten sind vollständig unkorreliert, der Integrand ist für $t'<t-\tau$ Null. Damit erhalten wir für die Integration nach t'

$$\frac{d\sigma_x^2}{dt} = 2\cdot\int_{t-\tau}^{t} v_x^2(t)\cdot dt' = 2\cdot v_x^2\cdot\tau \tag{6.17}$$

($v_x(t)$ hängt nicht von t' ab!), bzw. mit der Argumentation von oben (s. Gl. 6.12)

$$\frac{d\sigma_x^2}{dt} = \frac{2}{3}\cdot v\cdot l, \tag{6.18}$$

und weiter durch Integration nach t

$$\sigma_x^2 = 2\cdot v_x^2\cdot\tau\cdot t \tag{6.19}$$

oder

$$\sigma_x^2 = \frac{2}{3}\cdot v^2\cdot\tau\cdot t = \frac{2}{3}\cdot v\cdot l\cdot t. \tag{6.20}$$

Wir haben also mit dieser Betrachtung der Geschwindigkeitskorrelationen genau das gleiche Ergebnis wie zuvor erhalten.

Die Berechnung der oben eingeführten Wahrscheinlichkeitsverteilung $P_N(m)$ selbst ist etwas umständlich. Deshalb soll hier nur kurz der Gedankengang skizziert, die einzelnen Rechenschritte aber weggelassen werden. Wir gehen wieder von dem Modell des eindimensionalen linearen Gitters aus. Die Wahrscheinlichkeit $P_N(n)$, daß nach insgesamt N Schritten gerade n Schritte nach rechts und damit $N-n$ Schritte nach links ausgeführt worden sind, ist gleich dem Produkt aus der Wahrscheinlichkeit dafür, daß eine bestimmte einzelne Schrittkombination wirklich auftritt (diese Wahrscheinlichkeit ist für alle Schrittkombinationen gleich und beträgt gerade $1/2^N$) und der Zahl $Z_N(n)$ der unterscheidbaren Kombinationen aus N Schritten, die als Ergebnis gerade n Schritte nach rechts haben, d. h. also der Zahl der Realisationsmöglichkeiten für n Schritte nach rechts. Dabei folgt die Zahl $1/2^N$ für die Wahrscheinlichkeit für eine bestimmte einzelne Kombination aus der Überlegung, daß ein Molekül bei jedem Schritt zwei gleichberechtigte Entscheidungsalternativen, nämlich rechts und links, hat, daß damit bei N Schritten gerade 2^N Kombinationen möglich sind; da alle Kombinationen gleich wahrscheinlich sind, ist damit die Wahrscheinlichkeit für eine bestimmte Kombination gerade $1/2^N$.

Die Zahl $Z_N(n)$ der unterscheidbaren Schrittfolgen mit n Schritten nach rechts ist

$$Z_N(n) = \frac{N!}{n! \cdot (N-n)!}. \tag{6.21}$$

Damit ergibt sich für die Wahrscheinlichkeit $P_N(n)$ dafür, daß von N Schritten gerade n nach rechts ausgeführt werden

$$P_N(n) = \left(\frac{1}{2}\right)^N \cdot \frac{N!}{n! \cdot (N-n)!}. \tag{6.22}$$

Wenn von insgesamt N Schritten n nach rechts und entsprechend $N-n$ nach links ausgeführt worden sind, so ist der resultierende Abstand m vom Ausgangspunkt durch $m = n - (N-n) = 2 \cdot n - N$ gegeben; hieraus folgt $n = (N+m)/2$ und $N - n = (N-m)/2$. Setzen wir diese Beziehungen in den Ausdruck für $P_N(n)$ ein, so erhalten wir die gesuchte Wahrscheinlichkeit $P_N(m)$ dafür, daß ein Molekül nach N Schritten gerade m Schrittweiten vom Ursprung entfernt ist. Es ist

$$P_N(m) = \left(\frac{1}{2}\right)^N \cdot \frac{N!}{\left(\frac{N+m}{2}\right)! \cdot \left(\frac{N-m}{2}\right)!}. \tag{6.23}$$

In Abb. 6.1 sind einige Beispiele für diese Wahrscheinlichkeitsverteilung aufgezeichnet.

Bei sehr großen Stoßzahlen N ergibt die Anwendung der Stirlingschen Näherung auf die abgeleitete Formel für $P_N(m)$ eine Gaußsche Normalverteilung:

$$P_N(m) = \frac{1}{\sqrt{2 \cdot \pi \cdot N}} \cdot \exp\left(-\frac{m^2}{2 \cdot N}\right) \tag{6.24}$$

oder, wegen $\sigma_m^2 = N$

$$P_N(m) = \frac{1}{\sqrt{2 \cdot \pi} \cdot \sigma_m} \cdot \exp\left(-\frac{m^2}{2 \cdot \sigma_m^2}\right). \tag{6.25}$$

Wir wollen dieses Resultat wieder auf ein dreidimensionales Gas übertragen und nutzen hierzu die Beziehungen

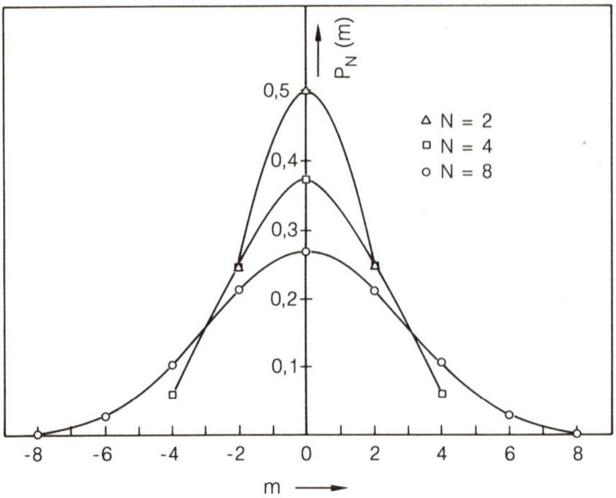

Abb. 6.1. Wahrscheinlichkeitsverteilungen $P_N(m)$ für N = 2, 4 und 8; die Verteilungen sind ihrer Natur nach diskret, die *eingezeichneten Kurven* dienen nur zur Verdeutlichung

$$N = 2 \cdot t/\tau$$
$$x = v_x \cdot \tau \cdot m$$
$$y = v_y \cdot \tau \cdot m$$
$$z = v_z \cdot \tau \cdot m$$

und weiter die auf S. 223 angegebenen Ausdrücke für σ_x, σ_y und σ_z aus. Bei der Umrechnung von Verteilungsfunktionen ist noch zu berücksichtigen, daß

$$P_N(x) = P_N(m) \cdot \frac{dm}{dx} \quad \text{mit} \quad \frac{dm}{dx} = \frac{1}{v_x \cdot \tau} \tag{6.26}$$

und entsprechende Beziehungen für y und z gelten müssen. Schreiben wir nach der Substitution $N = 2 \cdot t/\tau$ noch $P_t(x)$ anstelle von $P_N(x)$, so erhalten wir

$$P_t(x) = \frac{1}{\sqrt{2 \cdot \pi} \cdot \sqrt{2 \cdot v_x^2 \cdot \tau \cdot t}} \cdot \exp\left(-\frac{x^2}{4 \cdot v_x^2 \cdot \tau \cdot t}\right) \tag{6.27}$$

oder mit der gleichen Argumentation bezüglich v und l wie oben (s. Gl. 6.11 u. 6.12)

$$\begin{aligned} P_t(x) &= \frac{1}{\sqrt{2 \cdot \pi} \cdot \sqrt{\frac{2}{3} \cdot v^2 \cdot \tau \cdot t}} \cdot \exp\left(-\frac{x^2}{2 \cdot \frac{2}{3} \cdot v^2 \cdot \tau \cdot t}\right) \\ &= \frac{1}{\sqrt{2 \cdot \pi} \cdot \sqrt{\frac{2}{3} \cdot v \cdot l \cdot t}} \cdot \exp\left(-\frac{x^2}{2 \cdot \frac{2}{3} \cdot v \cdot l \cdot t}\right) \\ &= \frac{1}{\sqrt{2 \cdot \pi} \cdot \sigma_x} \cdot \exp\left(-\frac{x^2}{2 \cdot \sigma_x^2}\right). \end{aligned} \tag{6.28}$$

Entsprechende Beziehungen gelten natürlich für die y- und z-Koordinaten.

Übertragen wir dieses Ergebnis, das seiner Herleitung nach eine Wahrscheinlichkeitsverteilung für den Ort eines einzelnen Moleküls darstellt, in der schon oben diskutierten Sichtweise auf ein Ensemble von sehr vielen Molekülen, so erhalten wir, nach Multiplikation mit der Gesamtmenge, eine Anzahl- oder eine Konzentrationsverteilung der am Ursprung freigesetzten Beimengung. Bedeutet beispielsweise C_0 die Gesamtmasse der freigesetzten Moleküle, so gibt

$$c(x, t) = \frac{C_0}{\sqrt{2 \cdot \pi} \cdot \sigma_x} \cdot \exp\left(-\frac{x^2}{2 \cdot \sigma_x^2}\right) \quad \text{mit } \sigma_x^2 = \frac{2}{3} \cdot v \cdot l \cdot t \tag{6.29}$$

die Konzentration an der Stelle x zur Zeit t an.

Der so erhaltenen Wahrscheinlichkeits- bzw. Verteilungsfunktion haftet allerdings ein gewisser Mangel an: Die Gaußsche Normalverteilung liefert für jede endliche Zeit t an jedem endlichen Ort x eine von Null verschiedene Wahrscheinlichkeit bzw. von Null verschiedene Konzentration. Dies steht mit der Erfahrung und auch mit der Vorstellung einer expandierenden Beimengungswolke mit definierter Front im Widerspruch. Es hat sich deshalb eingebürgert, etwas willkürlich einen Abstand von 2σ oder auch $2{,}15\,\sigma$ (was gerade einer Wahrscheinlichkeit bzw. einer Konzentration von 10% des Maximalwertes entspricht) als den Ort der Front der Beimengung anzusehen.

Die Diffusion führt offensichtlich zu einer mit der Zeit immer breiter und flacher werdenden Verteilung, oder anders ausgedrückt, die Diffusion strebt eine gleichmäßige Verteilung der Beimengung an. Damit ist zwingend ein diffusiver Fluß verbunden, der vom Ort höherer Konzentration zum Ort niedrigerer Konzentration führt. Wir werden uns im nächsten Abschnitt eingehend mit diffusiven Flüssen dieser Art befassen.

Zuvor wollen wir noch einen Ausdruck für die dreidimensionale isotrope Verteilung bei Freisetzung aus einer Punktquelle suchen. Da die Bewegungen in den drei Raumrichtungen voneinander unabhängig sind, und da die Verteilungsfunktionen Wahrscheinlichkeiten darstellen, ist die dreidimensionale Verteilungsfunktion gerade das Produkt der drei eindimensionalen Verteilungen (wir schreiben jetzt für $\sigma_x = \sigma_y = \sigma_z$ der Einfachheit halber σ):

$$P_t(x, y, z) = \frac{1}{(2 \cdot \pi)^{3/2} \cdot \sigma^3} \cdot \exp\left(-\frac{x^2 + y^2 + z^2}{2 \cdot \sigma^2}\right) \tag{6.30}$$

oder auch, mit $r^2 = x^2 + y^2 + z^2$,

$$P_t(r) = \frac{1}{(2 \cdot \pi)^{3/2} \cdot \sigma^3} \cdot \exp\left(-\frac{r^2}{2 \cdot \sigma^2}\right). \tag{6.31}$$

6.1.2 Diffusive Flüsse skalarer und vektorieller Beimengungen

Wir wollen den diffusiven Fluß einer skalaren Beimengung in einem möglichst einfachen Modell darstellen. Hierzu gehen wir von dem Bild aus, daß Moleküle mit einer bestimmten kennzeichnenden Eigenschaft (z. B. der Eigenschaft „schwarz“)

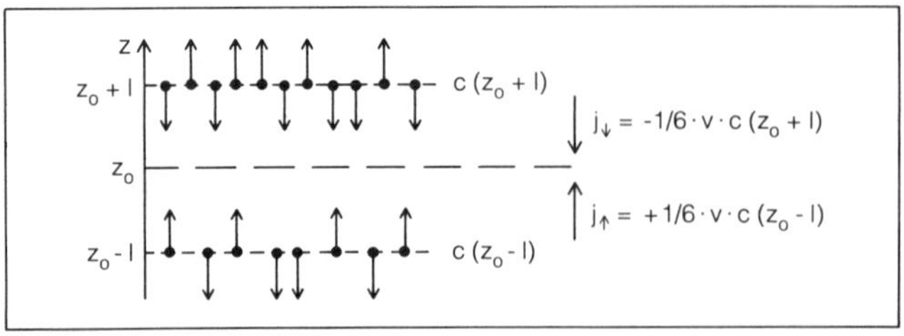

Abb. 6.2. Zur Berechnung des diffusiven Flusses einer skalaren Beimengung

ungleichmäßig in einem Trägergas verteilt sind. Die Moleküle dieses Trägergases sollen die gleichen dynamischen Eigenschaften haben wie die Moleküle der Beimengung, es soll ihnen lediglich das Kennzeichen „schwarz" fehlen (bei einer solchen Konstellation spricht man von „Selbstdiffusion" der dynamisch einheitlichen Moleküle). Bei ungleichmäßiger Verteilung der „schwarzen" Moleküle existiert ein Konzentrationsgefälle dieser Spezies, als dessen Folge sich, im Mittel der thermischen Bewegung, ein Nettofluß der „schwarzen" Moleküle einstellt, der in Richtung dieses Konzentrationsgefälles, d. h. entgegen dem Gradienten, zeigt. Wie dies im vorangehenden Abschnitt schon angedeutet war, streben die markierten Moleküle eine Gleichverteilung an.

Um diesen Fluß zu berechnen, betrachten wir die in Abb. 6.2 dargestellte Situation: In z-Richtung bestehe ein Konzentrationsgradient der markierten Moleküle, die hier als Kugeln gezeichnet sind (die Trägergasmoleküle sind in der Abbildung weggelassen); in jeder Ebene senkrecht zur z-Richtung sei die Verteilung homogen. Wir untersuchen den Nettofluß durch die Ebene mit $z=z_0$. Moleküle, die diese Ebene von oben oder unten erreichen, haben im Mittel, entsprechend der Definition der mittleren freien Weglänge l, in den Ebenen $z=z_0+l$ oder $z=z_0-l$ ihren letzten Stoß mit einem anderen Molekül erlitten; wir können also davon ausgehen, daß sie die Eigenschaften mitbringen, die diesen Ebenen entsprechen. Die Konzentrationen der markierten Moleküle in den genannten Ebenen sind durch $c(z_0+l)$ bzw. $c(z_0-l)$ gegeben. Aus der elementaren kinetischen Theorie der Gase übernehmen wir die Vorstellung, daß sich in jeder der drei Raumrichtungen gerade ein Drittel aller Moleküle mit der thermischen Geschwindigkeit v bewegt; insbesondere soll dies für die z-Richtung gelten. Davon fliegt wieder jeweils die eine Hälfte, insgesamt also ein Sechstel, nach oben, in die positive z-Richtung, die andere Hälfte, also wieder ein Sechstel aller Moleküle, nach unten, in die negative z-Richtung.

Die Dichte des abwärts gerichteten Flusses aus der Ebene $z=z_0+l$ durch die Bezugsebene $z=z_0$ beträgt demnach

$$j_\downarrow = -\frac{1}{6} \cdot v \cdot c(z_0+l) \tag{6.32}$$

(da eine Flußdichte ja gerade das Produkt aus Konzentration und Geschwindigkeit ist). Das negative Vorzeichen ist gewählt, weil der Fluß in die negative z-Richtung weist. Ganz entsprechend ist die Dichte des aufwärts gerichteten Flusses aus der

Ebene $z = z_0 - l$ durch die Bezugsebene

$$j_\uparrow = +\frac{1}{6} \cdot v \cdot c(z_0 - l). \tag{6.33}$$

Die Nettoflußdichte an der Stelle $z = z_0$ ist also durch

$$j_z = j_\downarrow + j_\uparrow = \frac{1}{6} \cdot v \cdot [-c(z_0 + l) + c(z_0 - l)] \tag{6.34}$$

gegeben. Nun sind die Konzentrationen der markierten Moleküle sicher gewissen Schwankungen unterworfen, im Mittel können wir aber

$$c(z_0 + l) = c(z_0) + l \cdot \frac{dc}{dz} \tag{6.35}$$

und

$$c(z_0 - l) = c(z_0) - l \cdot \frac{dc}{dz} \tag{6.36}$$

setzen. Damit ergibt sich für die gesuchten Nettoflußdichte

$$\begin{aligned} j_z &= \frac{1}{6} \cdot v \cdot \left[-n(z_0) - l \cdot \frac{dc}{dz} + n(z_0) - l \cdot \frac{dc}{dz} \right] \\ &= \frac{1}{6} \cdot v \cdot \left[-2 \cdot l \cdot \frac{dc}{dz} \right] \end{aligned} \tag{6.37}$$

oder

$$j_z = -\frac{1}{3} \cdot v \cdot l \frac{dc}{dz}. \tag{6.38}$$

Dies ist gewissermaßen die Grundgleichung der molekularen Diffusion. Das Modell liefert also eine direkte Proportionalität zwischen der Flußdichte und dem Gradienten der Konzentration. Dies entspricht genau dem geläufigen empirischen Fickschen Ansatz, dem sog. 1. Fickschen Gesetz. Dieses erhalten wir unmittelbar, wenn wir

$$D = \frac{1}{3} \cdot v \cdot l \tag{6.39}$$

und damit

$$j_z = -D \cdot \frac{dc}{dz} \tag{6.40}$$

setzen; das so definierte D ist offensichtlich die Diffusionskonstante des Fickschen Gesetzes. Auf drei Dimensionen erweitert lautet diese Grundgleichung (bei gleicher Bedeutung von D)

$$\vec{j} = -D \cdot \operatorname{grad} c. \tag{6.41}$$

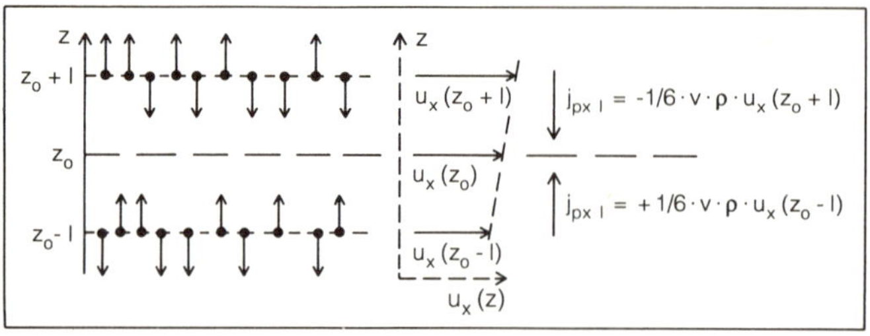

Abb. 6.3. Zur Berechnung des diffusiven Impulsflusses bzw. der molekular-viskosen Reibung in einem idealen Gas

Wir sind bisher stillschweigend davon ausgegangen, daß die thermische Geschwindigkeit überall die gleiche ist. Dies ist nicht trivial; in einem Gas mit einem Temperaturgradienten weist natürlich auch die thermische Geschwindigkeit einen Gradienten auf, ebenso auch die Dichte bei konstantem Druck. In der Ergänzung 6.1 wird auf den Fall eines Temperaturgradienten im Gas und die hieraus folgende Thermodiffusion noch eingegangen.

In einem ganz analogen Bild wie zuvor kann man auch die molekulare viskose Reibung in einem Gas beschreiben und gaskinetisch als Impulsdiffusion verstehen (s. hierzu auch Abschn. 3.1.2). Voraussetzung ist dabei, daß das Gas als ideal betrachtet werden kann; dies heißt hier vor allem, daß Anziehungskräfte zwischen den Molekülen keine Rolle spielen.

Das Modell ist in Abb. 6.3 skizziert: An die Stelle eines Anstiegs der Konzentration markierter Moleküle – wie im Bild zuvor – tritt jetzt ein Anstieg der x-Komponente u_x der mittleren Strömungsgeschwindigkeit, oder in anderen Worten, ein Anstieg der Beimengung x-Impuls mit der Dichte $p_x = \varrho \cdot u_x = n \cdot m_0 \cdot u_x$; dabei sollen n die Anzahldichte der Moleküle, m_0 die Masse eines Moleküls und $\varrho = n \cdot m_0$ die Massendichte bedeuten.

Wir betrachten wieder die Nettoflußdichte von p_x in der Bezugsebene $z = z_0$; diese ist – wie oben – gegeben durch die Differenz der Impulsdichten, welche die mit der thermischen Geschwindigkeit v in z-Richtung fliegenden Moleküle aus den Ebenen $z = z_0 - l$ bzw. $z = z_0 + l$ mitbringen, jeweils multipliziert mit v. Im Mittel fliegen dabei wieder ein Sechstel aller Moleküle in die positive und ein weiteres Sechstel in die negative z-Richtung.

Dementsprechend beträgt die Dichte des abwärts gerichteten Flusses von $p_x = \varrho \cdot u_x$ in der Bezugsebene

$$j_{px\downarrow} = -\frac{1}{6} \cdot v \cdot \varrho \cdot u_x(z_0 + l) \tag{6.42}$$

und die entsprechende Dichte des aufwärts gerichteten Flusses

$$j_{px\uparrow} = \frac{1}{6} \cdot v \cdot \varrho \cdot u_x(z_0 - l). \tag{6.43}$$

Die Nettoimpulsflußdichte j_{px}, die gleich der im Abschn. 3.1.2 eingeführten Schubspannung τ_{xz} ist, ergibt sich damit zu

$$j_{px} = \tau_{xz} = \frac{1}{6} \cdot v \cdot \varrho \cdot [u_x(z_0 - l) - u_x(z_o + l)]$$

$$= \frac{1}{6} \cdot v \cdot \varrho \cdot \left[u_x(z_0) - l \cdot \frac{du_x}{dz} - u_x(z_0) - l \cdot \frac{du_x}{dz} \right]$$

$$= -\frac{1}{3} \cdot v \cdot l \cdot \varrho \cdot \frac{du_x}{dz}. \tag{6.44}$$

Wie ein Vergleich mit den im Abschn. 3.1.2 eingeführten Bezeichnungen und Größen zeigt, läßt sich dieses Ergebnis auf unterschiedliche Weise interpretieren: Einmal kann man die dynamische Zähigkeit η über

$$\eta = \frac{1}{3} \cdot \varrho \cdot v \cdot l \tag{6.45}$$

molekularkinetisch deuten. Zum anderen erweist sich die kinematische Zähigkeit ν wegen

$$j_{px} = \tau_{xz} = -\nu \cdot \varrho \cdot \frac{du_x}{dz} = -\nu \cdot \frac{dp_x}{dz} \tag{6.46}$$

mit

$$\nu = \frac{1}{3} \cdot v \cdot l$$

unmittelbar als Diffusionskonstante für den diffusiven Transport von Impuls, wobei offensichtlich – zumindest im Rahmen dieses einfachen Modells – kein prinzipieller Unterschied zwischen der Stoffdiffusionskonstanten D und der Impulsdiffusionskonstanten ν besteht.

In ganz analoger Weise läßt sich auch die molekulare Wärmeleitung behandeln, wenn man als Beimengung den Wärmeinhalt des Gases pro Volumeneinheit in der Form $q = c_p \cdot \varrho \cdot T$ ansetzt. Die Wärmeleitzahl λ, die über die Gleichung

$$H = -\lambda \cdot \operatorname{grad} T \tag{6.47}$$

mit H als Wärmeflußdichte definiert ist, ergibt sich zu

$$\lambda = -\frac{1}{3} \cdot v \cdot l \cdot c_p \cdot \varrho. \tag{6.48}$$

Das direkte Analogon zur Diffusionskonstanten und zur kinematischen Zähigkeit ist die Wärmediffusionskonstante oder „Temperaturleitfähigkeit" χ (der Grund für die letztere Bezeichnung wird im nächsten Abschnitt klar werden), die über

$$H = -\chi \cdot \operatorname{grad} q = -\chi \cdot c_p \cdot \varrho \cdot \operatorname{grad} T \tag{6.49}$$

definiert ist und die über

$$\chi = \frac{\lambda}{c_p \cdot \varrho} \tag{6.50}$$

mit der Wärmeleitzahl λ zusammenhängt.

Im Rahmen unseres Modells sind die Diffusionskonstanten für stoffliche Beimengungen, für Impuls und für Wärme gleich, d. h. es ist

$$D = \nu = \chi = \frac{1}{3} \cdot v \cdot l. \tag{6.51}$$

In der Praxis unterscheiden sich die effektiven Diffusionskonstanten ein wenig; so betragen beispielsweise für Luft bei 20 °C

- die Selbstdiffusionskonstante $D \approx 0{,}19\,\mathrm{cm^2/s}$,
- die kinematische Zähigkeit $\nu \approx 0{,}15\,\mathrm{cm^2/s}$,
- die Temperaturleitfähigkeit $\chi \approx 0{,}21\,\mathrm{cm^2/s}$.

Zur Kennzeichnung des Verhältnisses der Impulsdiffusionskonstanten (= kinematische Zähigkeit) zu der Diffusionskonstanten einer skalaren Beimengung dient die sog. Schmidt-Zahl Sc, die durch

$$Sc = \frac{\nu}{D} \tag{6.52}$$

definiert ist. Für die Diffusion von Wärme und der meisten Gase in Luft liegt Sc knapp unter 1; zum Beispiel sind in Luft als Trägergas

- $Sc \approx 0{,}71$ für Wärme,
- $Sc \approx 0{,}45$ für Wasserdampf,
- $Sc \approx 0{,}79$ für die Selbstdiffusion von Luft,
- $Sc \approx 0{,}85$ für Kohlendioxid.

Dagegen kann die Schmidt-Zahl für die Diffusion von Aerosolteilchen wegen deren großer Masse und damit kleiner Diffusionskonstanten sehr groß werden.

Wir wollen jetzt noch den Zusammenhang zwischen den diffusiven Flüssen und der im Abschn. 6.1.1 besprochenen mittleren quadratischen Verschiebung $\sigma^2 = \sigma_x^2 = \sigma_y^2 = \sigma_z^2$ herstellen. Dort hatten wir abgeleitet

$$\frac{d\sigma_x^2}{dt} = 2 \cdot v_x^2 \cdot \tau = \frac{2}{3} \cdot v^2 \cdot \tau = \frac{2}{3} \cdot v \cdot l. \tag{6.53}$$

Vergleicht man diesen Ausdruck mit dem oben (s. Gl. 6.51) abgeleiteten Ausdruck für D, so verifiziert man sofort die Beziehungen

$$\frac{d\sigma^2}{dt} = 2 \cdot D \tag{6.54}$$

und

$$\sigma^2 = 2 \cdot D \cdot t. \tag{6.55}$$

6.1.3 Die Diffusionsgleichung

Als Abschluß der Behandlung der molekularen Diffusionsprozesse wollen wir noch kurz die Ficksche Diffusionsgleichung und deren Varianten wie z. B. die Wärmeleitungsgleichung, besprechen.

Der Ficksche Gradientansatz für die Diffusion, oft auch als I. Ficksches Gesetz bezeichnet, lautet in seiner dreidimensionalen Form (s. Gl. 6.41)

$$\vec{j} = -D \cdot \operatorname{grad} c \tag{6.56}$$

mit $\vec{j}$ als Dichte des Diffusionsstromes und c als der Dichte bzw. Konzentration der jeweiligen Beimengung. Zur Ableitung der Diffusionsgleichung, oft auch als II. Ficksches Gesetz bezeichnet, betrachten wir ein abgeschlossenes Volumen mit dem Gesamtinhalt $C_0 = \int c \cdot dV$ (dV steht für das Volumenelement). Wenn wir Erzeugung oder Vernichtung der Beimengung innerhalb des Volumens ausschließen, so muß die Änderung des Volumeninhaltes gleich dem Nettozufluß bzw. -abfluß sein, d. h. es gilt

$$\frac{\partial C_0}{\partial t} = \frac{\partial}{\partial t} \int_{\text{Vol}} c \cdot dV = -\oint_{\text{Obfl}} \vec{j} \cdot d\vec{o} \tag{6.57}$$

mit $\vec{j}$ als der Dichte des aus dem Volumen V herausführenden Flusses (deshalb das Minuszeichen) und mit $d\vec{o}$ als Oberflächenelement. Der Satz von Gauß besagt, daß das Oberflächenintegral über die Flußdichte gleich dem Volumenintegral über die Divergenz der Flußdichte ist:

$$\oint_{\text{Obfl}} \vec{j} \cdot d\vec{o} = \int_{\text{Vol}} \operatorname{div} \vec{j} \cdot dV. \tag{6.58}$$

Vertauschen wir oben (Gl. 6.57) noch die zeitliche Ableitung mit der räumlichen Integration, so erhalten wir

$$\frac{\partial C_0}{\partial t} = \frac{\partial}{\partial t} \int_{\text{Vol}} c \cdot dV = \int_{\text{Vol}} \frac{\partial c}{\partial t} \cdot dV = -\int_{\text{Vol}} \operatorname{div} \vec{j} \cdot dV \tag{6.59}$$

oder, da die Beziehung für jedes Volumen gelten muß,

$$\frac{\partial c}{\partial t} = -\operatorname{div} \vec{j}. \tag{6.60}$$

Kombinieren wir diese Gleichung mit dem oben stehenden Gradientansatz für die diffusive Flußdichte (s. Gl. 6.56), so erhalten wir schließlich die Diffusionsgleichung

$$\frac{\partial c}{\partial t} = \operatorname{div} (D \cdot \operatorname{grad} c). \tag{6.61}$$

Ist die Diffusionskonstante D unabhängig vom Ort (was bei der molekularen Diffusion normalerweise der Fall ist), so folgt hieraus die geläufige Form der Fickschen Diffusionsgleichung:

$$\frac{\partial c}{\partial t} = D \cdot \text{div grad } c = D \cdot \Delta c \qquad (6.62)$$

mit dem Laplace-Operator $\Delta = \left(\frac{\partial^2}{\partial x^2} + \frac{\partial^2}{\partial y^2} + \frac{\partial^2}{\partial z^2} \right)$.

Diese Gleichung wird normalerweise als Diffusionsgleichung für eine stoffliche Beimengung verstanden; sie kann aber ohne weiteres auch auf andere Beimengungen angewendet werden, der innere Zusammenhang zwischen Diffusionsgleichung, Wärmeleitungsgleichung oder der Gleichung für die Reibungskraft tritt dann offen zutage. Wählt man als Beimengung etwa die Wärme mit der „Konzentration" $c = c_p \cdot \varrho \cdot T$, so erhält man

$$c_p \cdot \varrho \cdot \frac{\partial T}{\partial t} = D \cdot c_p \cdot \varrho \cdot \Delta T. \qquad (6.63)$$

Schreibt man statt D noch χ und kürzt durch $c_p \cdot \varrho$, so ergibt sich

$$\frac{\partial T}{\partial t} = \chi \cdot \Delta T. \qquad (6.64)$$

Aus dieser Gleichung ersieht man den Grund für die im vorangehenden Abschnitt angeführte Bezeichnung „Temperaturleitfähigkeit" für χ.

Wendet man die vertikale Komponente der Diffusionsgleichung auf den Horizontalimpuls mit der Dichte $p_x = \varrho \cdot v_x$ an und schreibt noch ν anstelle von D, so erhält man mit

$$\varrho \cdot \frac{\partial v_x}{\partial t} = \varrho \cdot \nu \cdot \frac{\partial^2 v_x}{\partial z^2} = \eta \cdot \frac{\partial^2 v_x}{\partial z^2} \qquad (6.65)$$

die schon früher abgeleitete Gleichung für die Reibungskraft (s. Abschn. 3.1.2).

Zu den Lösungen der Diffusionsgleichung und der Wärmeleitungsgleichung existiert eine umfangreiche Literatur; es sei z. B. auf Jost (1960) und auf Carslaw u. Jaeger (1959) hingewiesen.

Ergänzung 6.1

Molekularer Transport im Feld eines Temperaturgradienten; Grundlagen der Thermodiffusion und der Thermophorese

Wir interessieren uns jetzt noch für den Fall, daß die Bestandteile eines Gases überall den gleichen (Partial-) Druck haben, daß aber dem Gas ein Temperaturgradient aufgeprägt ist. Damit wird, neben anderem, auch die Dichte ortsabhängig, da diese bei gegebenem Druck proportional zu $1/T$ ist. Diese Ortsabhängigkeit gibt Anlaß zu einem Diffusionsstrom. Berücksichtigt man diesen Sachverhalt bei der im Abschn. 6.1.2 diskutierten Ableitung des Ausdrucks für die diffusive Flußdichte (s. Gl. 6.38), so tritt – in einer ersten linearen Näherung und unter Vernachlässigung der Ortsabhängigkeit von l – an die Stelle des oben abgeleiteten Ausdrucks (mit n als Anzahl-Dichte)

$$j_z = -\frac{1}{3} \cdot v \cdot l \cdot \frac{dn}{dz} \tag{6.66}$$

jetzt die Beziehung

$$j_z = -\frac{1}{3} \cdot l \cdot \frac{d(v \cdot n)}{dz}. \tag{6.67}$$

Für die hier auftretenden Faktoren gilt

$$v = \sqrt{\frac{8 \cdot k \cdot T}{\pi \cdot m}},$$

$$n = \frac{p}{k \cdot T},$$

$$l = \frac{1}{\sqrt{2} \cdot n \cdot \sigma} = \frac{k \cdot T}{\sqrt{2} \cdot p \cdot \sigma}.$$

Hierbei bedeuten m die Masse eines Moleküls, p den (Partial-) Druck und σ den Wirkungsquerschnitt beim Stoß der Moleküle. Die Beziehung zwischen der Anzahldichte und dem Druck folgt unmittelbar aus der allgemeinen Gasgleichung. Für ein Mol lautet diese $p \cdot V = R \cdot T$ mit V als Molvolumen; beziehen wir diese Gleichung auf das von einem Molekül eingenommene Volumen $V_0 = V/L$ mit der Loschmidt-Zahl L, so erhalten wir $p \cdot V_0 = k \cdot T$ (wegen $k = R/L$); V_0 ist aber gerade der Kehrwert der Anzahldichte, $V_0 = 1/n$, woraus sofort die angegebene Beziehung folgt. Der Zusammenhang zwischen dem Stoßquerschnitt und der mittleren freien Weglänge der Luftmoleküle ist in vielen Lehrbüchern der Statistischen Mechanik zu finden, z. B. in sehr klarer Form in dem Band „Statistische Physik“ des Berkeley Physik Kurses. Mit den angegebenen Beziehungen wird

$$j_z = -\frac{1}{3} \cdot \frac{k \cdot T}{\sqrt{2} \cdot p \cdot \sigma} \cdot \frac{d}{dz} \left(\sqrt{\frac{8 \cdot k \cdot T}{\pi \cdot m}} \cdot \frac{p}{k \cdot T} \right)$$

$$= -\frac{T}{3 \cdot \sigma} \cdot \sqrt{\frac{4 \cdot k}{\pi \cdot m}} \cdot \frac{d}{dz} \sqrt{\frac{1}{T}} \tag{6.68}$$

oder nach Ausführung der Differentiation

$$j_z = +\frac{1}{6 \cdot \sigma \cdot T} \cdot \sqrt{\frac{4 \cdot k \cdot T}{\pi \cdot m}} \cdot \frac{dT}{dz}. \tag{6.69}$$

Wir erhalten also allein durch die Existenz eines Temperaturgradienten einen diffusiven Fluß aller Bestandteile in Richtung auf die wärmere Seite und eine Massenabhängigkeit der Geschwindigkeit des Diffusionsstromes proportional zu $1/\sqrt{m}$; die leichteren Bestandteile diffundieren dabei schneller zur warmen Seite als die schwereren.

Setzen wir wieder v und l ein und berücksichtigen noch, daß $D = v \cdot l/3$ ist, so erhalten wir schließlich für die Thermodiffusionsstromdichte den einfachen Ausdruck

$$j_z = \frac{1}{2} \cdot n \cdot D \cdot \frac{1}{T} \cdot \frac{dT}{dz}. \tag{6.70}$$

Da im Gleichgewicht die Menge und damit der Druck auf der wärmeren Seite nicht dauernd ansteigen können, muß der – immer zur wärmeren Seite gerichtete – Diffusionstrom durch eine mittlere Strömung kompensiert werden, die von der wärmeren zur kälteren Seite gerichtet ist. Während dabei der diffusive Strom wie gezeigt massenselektiv ist, gilt dies nicht für die zurückgerichtete mittlere Strömung. Per Saldo driftet deshalb in einem Gemisch von z. B. zwei Gasen mit verschiedenem Molekulargewicht die leichtere Komponente bevorzugt zur wärmeren Seite, die schwerere Komponente dagegen zur kälteren Seite. Auf diesem Effekt beruht die bekannte Isotopentrennung durch Thermodiffusion.

Diese einfache Ableitung der Thermodiffusion unterdrückt gewisse Feinheiten in der Wechselwirkung der Gasmoleküle untereinander, sie trifft aber qualitativ das Wesentliche und liefert auch quantitativ Ergebnisse in der richtigen Größenordnung.

Die Durchrechnung eines Beispiels ist bei mehrkomponentigen Gemischen zwar nicht schwierig, aber etwas mühsam, weswegen wir hier darauf verzichten wollen. Bei einem Gas, das nur aus einer Komponente besteht, kann man die zur kälteren Seite gerichtete Driftgeschwindigkeit v_{Drift} dagegen sofort angeben. Da

$$j_{Drift} = v_{Drift} \cdot n = -j_z \tag{6.71}$$

oder

$$v_{Drift} = -\frac{j_z}{n} \tag{6.72}$$

sein muß, ergibt sich v_{Drift} aus dem oben angegebenen Ausdruck für j_z zu

$$v_{Drift} = -\frac{1}{2} \cdot D \cdot \frac{1}{T} \cdot \frac{dT}{dz}. \tag{6.73}$$

Dieser Fall ist im Kontext dieses Buches von Interesse, weil er eine erste Erklärung für die Thermophorese von Aerosolteilchen liefert, die im Zusammenhang mit der Ausscheidung von Partikeln durch den Niederschlag (Abschn. 5.3) schon erwähnt worden war. Gemessen an der thermischen Bewegung der Moleküle des Trägergases ist die eigene Diffusion der Aerosole praktisch vernachlässigbar (z. B. beträgt die Diffusionskonstante von Partikeln mit 0,1 µm Radius nur $2 \cdot 10^{-6}\,cm^2/s$). Deshalb driften die Aerosolteilchen in einem Temperaturgefälle mit dem Trägergas, ziemlich genau mit v_{Drift}, zur kälteren Seite hin. Dieses einfache Modell der Thermophorese unterdrückt zwar die Details des Impulsübertrags von dem Trägergas auf die Partikel, liefert aber, bis auf Zahlenfaktoren von der Größenordnung 1, für sehr kleine Aerosolteilchen zutreffende Ergebnisse; sehr kleine Teilchen in diesem Sinn sind Partikel, die selbst nicht das Temperatur- und Molekulargeschwindigkeitsfeld

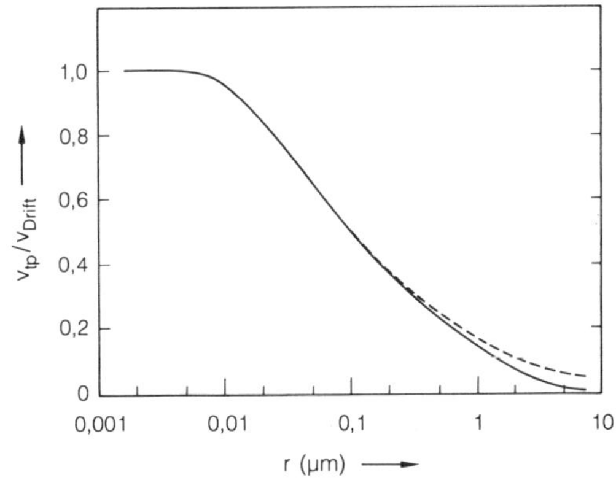

Abb. 6.4. Verhältnis der effektiven Thermophoresegeschwindigkeit v_{tp} zu der im Text eingeführten gaskinetischen Driftgeschwindigkeit v_{Drift} als Funktion des Partikelradius. Die *durchgezogene Kurve* gilt für ein Verhältnis der Wärmeleitfähigkeiten von Partikelmaterial und Trägergas von 100 : 1, die *gestrichelte Kurve* für ein solches von 30 : 1

des Trägergases beeinflussen (das Kriterium dafür ist im Prinzip das Verhältnis der Partikelgröße zur freien Weglänge der Gasmoleküle). Für größere Partikel müssen Korrekturen angebracht werden, die außer von der Partikelgröße noch von dem Verhältnis der Wärmeleitfähigkeiten von Partikelmaterial und Trägergas abhängen. In Abb. 6.4 ist der Verlauf dieser Korrekturfunktion nach einer über große Bereiche der kritischen Größen brauchbaren halbempirischen Formel von Brock (1962) wiedergegeben. Eine detaillierte Diskussion ist bei Waldmann u. Schmitt (1966) zu finden.

Die Thermophorese von Aerosolteilchen ist auch im Alltag zu beobachten; zum Beispiel scheidet sich an Außenwänden eines Zimmers Staub oder Zigarettenrauch schneller an kälteren als an wärmeren Stellen ab, so daß nach einiger Zeit die Strukturen der verschieden gut wärmeleitenden Materialien der Wand (Stein, Mörtel, u. a.) sichtbar werden können, auch wenn sie an sich hinter Verputz oder hinter einer Tapete verborgen sind.

Zahlenmäßig ist die Thermophorese an sich ein sehr kleiner Effekt. Beispielsweise beträgt die thermophoretische Geschwindigkeit von Partikeln im Radiusbereich um 0,1 µm in einem Temperaturgradienten von 10 K/mm lediglich etwa 0,010 cm/s bis 0,015 cm/s. Dennoch kann die Thermophorese relevant werden, wenn die Aerosolteilchen einerseits zu groß sind, als daß diffusive Transportmechanismen wirksam werden könnten, andererseits aber zu klein, um Massen- oder Trägheitseffekte zum Tragen kommen zu lassen. Wie, als Beispiel, Abb. 5.15 zeigt, liegt dieser Übergangsbereich gerade bei Partikelgrößen um 0,1 µm herum.

Ergänzung 6.2

Die Temperaturabhängigkeit der Diffusionskonstanten

Die im Haupttext definierten und begründeten Diffusionskonstanten für skalare und vektorielle Beimengungen weisen durchweg eine starke Abhängigkeit von der Temperatur auf. So betragen beispielsweise die kinematische Zähigkeit

$\nu = 0{,}132\ \mathrm{cm^2/s}$ bei $0\,°C$
$\nu = 0{,}150\ \mathrm{cm^2/s}$ bei $20\,°C$
$\nu = 0{,}177\ \mathrm{cm^2/s}$ bei $50\,°C$

und die Temperaturleitfähigkeit

$\chi = 0{,}186\ \mathrm{cm^2/s}$ bei $0\,°C$
$\chi = 0{,}209\ \mathrm{cm^2/s}$ bei $20\,°C$
$\chi = 0{,}241\ \mathrm{cm^2/s}$ bei $40\,°C$.

Dieser starke Anstieg der Diffusionskonstanten mit der Temperatur hat zunächst zwei auf der Hand liegende Gründe, nämlich erstens die Zunahme der thermischen Geschwindigkeit proportional zu $T^{1/2}$, zweitens die Zunahme der mittleren freien Weglänge l, die durch die Änderung der Dichte proportional zu T^{-1} verursacht wird. Da die freie Weglänge der Dichte umgekehrt proportional ist, wächst sie bei konstantem Druck proportional zu T an. Zusammen ergibt sich für die Diffusionskonstanten eine Proportionalität

$$D \sim v \cdot l \sim T^{1/2} \cdot T = T^{3/2}. \tag{6.74}$$

Prüft man aber diese Gesetzmäßigkeit nach, z. B. an den Werten für die kinematische Zähigkeit,

$\nu(20°)/\nu(0°) = 1{,}136$ $T^{3/2}$-Verhältnis $= 1{,}11$
$\nu(50°)/\nu(0°) = 1{,}340$ $T^{3/2}$-Verhältnis $= 1{,}29$,

so stellt man fest, daß der tatsächliche Anstieg der Diffusionskonstanten mit der Temperatur deutlich größer (um etwa 1% auf 10°) ist als es der einfachen $T^{3/2}$-Gesetzmäßigkeit entspräche.

Die Ursache dieses zusätzlichen Zuwachses ist die Abnahme des effektiven Stoßwirkungsquerschnittes bei zunehmender Geschwindigkeit der Moleküle und die damit verbundene Zunahme der freien Weglänge (für den Zusammenhang zwischen Stoßquerschnitt und freier Weglänge s. Ergänzung 6.1).

6.2 Grundlagen der Turbulenz

Unter Turbulenz versteht man eine zeitlich und räumlich nichtstationäre, zufällig und gewissermaßen „chaotisch" wirkende Strömungs- und Bewegungsform, die sich einstellt, wenn Effekte der Massenträgheit, die durch zufällige Störungen angestoßen werden, nicht mehr durch die molekulare Viskosität des bewegten Mediums gedämpft werden können. In der Atmosphäre ist die turbulente Strömung die normalerweise vorliegende Strömungsform; die turbulente Bewegung kann dabei einer mittleren Grundströmung überlagert sein.

Turbulenzen können durch Windscherung, durch Konvektion, d. h. durch thermische Auftriebs- bzw. Abtriebskräfte, und in gewissem Sinn auch durch

Zirkulationen angestoßen werden. Die Turbulenzelemente stellt man sich dabei gerne als Wirbel vor, man darf dabei aber nicht vergessen, daß diese „Wirbel" räumlich und zeitlich nichtstationäre und fast immer sehr unregelmäßige Gebilde sind. Stationäre Wirbel stellen eine periodische Strömungsform dar und sind von der Turbulenz wohl unterscheidbar.

Die Größe der Turbulenzelemente in der Atmosphäre erstreckt sich von nahezu planetaren Dimensionen bis hinunter in den Millimeterbereich. Die Untergrenze des Größenspektrums der Wirbel oder – besser – der Turbulenzelemente ist durch die Dämpfung der Massenkräfte und die damit verbundene Energiedissipation infolge der molekularen Reibung der Luft bestimmt; nur durch molekulare Reibung kann die in der turbulenten Bewegung steckende kinetische Energie vernichtet, d. h. in Wärmeenergie umgewandelt werden.

Ein bekanntes formales Kriterium für die Beantwortung der Frage, ob die viskosen Kräfte turbulente Bewegungen zu dämpfen vermögen oder nicht, ist die Reynolds-Zahl Re, die Massenkräfte und molekularviskose Kräfte miteinander vergleicht. Wir wollen hier das Reynolds-Kriterium aus der Navier-Stokes-Strömungsgleichung heraus begründen.

Die Navier-Stokes-Gleichung ist die Grundgleichung für die Strömung eines viskosen Mediums. Sie ist in ihrer Begründung und ihrer Struktur mit der im Abschn. 3.1.4 abgeleiteten Bewegungsgleichung weitestgehend identisch, sie ist insbesondere in der gleichen Weise bezüglich der Geschwindigkeit nichtlinear. Sie lautet in ihrer einfachsten Form für nicht kompressible Medien (diese Näherung ist zulässig, solange die auftretenden Geschwindigkeiten klein gegenüber der Schallgeschwindigkeit sind):

$$\varrho \cdot \frac{\partial \vec{v}}{\partial t} + \varrho \cdot (\vec{v} \cdot \operatorname{grad})\vec{v} = -\operatorname{grad} p + \varrho \cdot \vec{g} + \nu \cdot \varrho \cdot \Delta\vec{v}. \tag{6.75}$$

Der Trägheitsterm der Feldbeschleunigung (s. Abschn. 3.1.4) auf der linken Seite der Gleichung, der ein Maß für die Massenkräfte darstellt, ist von der Größenordnung $\varrho \cdot v^2/l$, wobei l die Strecke ist, auf der sich die Geschwindigkeit in charakteristischer Weise ändert (d. h. wir setzen für die erste Ableitung der Geschwindigkeit nach dem Ort näherungsweise v/l). Der letzte Term auf der rechten Seite, der die viskose Reibungskraft beschreibt, ist von der Größenordnung $\nu \cdot \varrho \cdot v/l^2$; dabei ist, unter Benutzung der eben eingeführten charakteristischen Länge l, die 2. Ableitung der Geschwindigkeit nach dem Ort durch v/l^2 approximiert. Jetzt können wir die Reynolds-Zahl Re als Quotient aus Massenkraft und viskoser Kraft definieren und erhalten

$$\mathrm{Re} = \frac{\varrho \cdot v^2/l}{\nu \cdot \varrho \cdot v/l^2} \tag{6.76}$$

oder

$$\mathrm{Re} = \frac{v \cdot l}{\nu}. \tag{6.77}$$

Kritische Reynolds-Zahlen für das Einsetzen von Turbulenz liegen – im einzelnen von dem jeweiligen Problem abhängend – in der Größenordnung von tausend bis einigen tausend, in sehr speziellen Fällen auch noch darüber. Diese Zahlen ermöglichen eine grobe Abschätzung der Dimensionen der Turbulenzelemente, unterhalb deren die Dämpfung der Turbulenz durch die molekulare Reibung und damit die Dissipation der turbulenten kinetischen Energie relevant wird. Wir identifizieren hierzu die charakteristische Länge l mit der Größe der Turbulenzelemente und lösen den für Re angegebenen Ausdruck nach l auf; wir erhalten $l = Re \cdot \nu / v$. Einsetzen von typischen Zahlenwerten, z. B. $Re = 1500$, $v = 5$ m/s, $\nu = 0{,}15$ cm^2/s, ergibt charakteristische Längen von wenigen Millimetern. Diese Abschätzung ist natürlich sehr grob, sie zeigt aber, daß Energiedissipation und damit Dämpfung der Turbulenz erst bei sehr kleinen Wirbeln bzw. Turbulenzelementen zu erwarten ist.

Diese Überlegung deutet auch darauf hin, daß die kinetische Energie der turbulenten Bewegung einen gewissen typischen „Lebenslauf“ aufweist: Die Turbulenzenergie entsteht primär eher in den großen Wirbeln oder Turbulenzelementen, sei es auf Kosten der kinetischen Energie der mittleren Strömung im Fall der Scherungsturbulenz, sei es auf Kosten der thermischen bzw. potentiellen Energie der Luft im Falle der konvektiven Turbulenz. Die Energie verteilt sich dann in einer Art Kaskade auf sukzessive immer kleiner werdende Wirbel; sind die Wirbel bzw. Turbulenzelemente dann sehr klein geworden, so wird die kinetische Energie durch viskose Reibung vernichtet. In dem Zwischenbereich zwischen den großen Turbulenzelementen, in denen die turbulente Energie entsteht, und den kleinen Elementen, in denen die Energie verschwindet, wird Energie weder erzeugt noch dissipiert. Für diesen Zwischenbereich, den sog. „inertial subrange“, hat Kolmogorow (1941) in seiner „Theorie der universellen Gleichheit“ allein aus ähnlichkeitstheoretischen Überlegungen und Dimensionsbetrachtungen eine Reihe von spezifischen Eigenschaften abgeleitet; wir werden darauf noch einmal zurückkommen.

Wir wollen jetzt in kurzer Form einen Ansatz zur mathematisch-physikalischen Erklärung der Turbulenz skizzieren. Lange Zeit galt die Turbulenz als unverstanden. Erst im Lauf der letzten Jahre wurde die Theorie nichtlinearer Differentialgleichungen wie der Navier-Stokes-Gleichung soweit entwickelt, daß sich jetzt eine Erklärung der Turbulenz abzeichnet. Wir wollen hier die wichtigsten physikalischen Grundgedanken dieser Ansätze wiedergeben, ohne auf Details des mathematischen Formalismus einzugehen (es gibt hierzu inzwischen zahlreiche Publikationen; für eine kurze, gut lesbare Übersicht sei auf Mayer 1982 verwiesen, ein ebenfalls gut lesbares Buch über den Themenkreis hat Schuster 1984 geschrieben).

Falls diese Ansätze wirklich eine zutreffende Beschreibung der atmosphärischen Bewegung liefern – und es spricht eigentlich alles dafür, daß dem so ist –, so hätte dies sehr weitreichende Konsequenzen für die Physik der Atmosphäre und auch für die praktische Meterologie. Der Grund dafür ist, daß die Bestimmbarkeit atmosphärischer Bewegungen und damit ihre prinzipielle Vorausberechenbarkeit in Frage gestellt sind.

Die Navier-Stokes-Gleichungen sind natürlich wie alle Gleichungen der klassischen Physik vom Prinzip her deterministisch, d. h. bei ganz exakter Kenntnis der Anfangsbedingungen ist die Strömung definiert und berechenbar. Die tatsächliche Erfahrung widerspricht aber dieser Vorausberechenbarkeit. Wenn in einem Strömungsexperiment die Anfangsbedingungen immer wieder genau reproduziert wer-

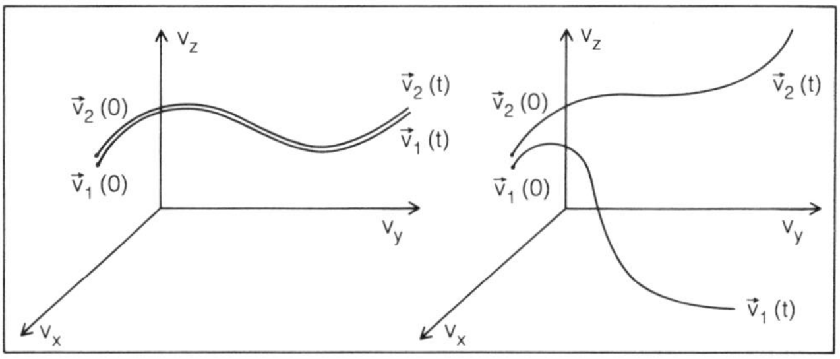

Abb. 6.5. Zur Stabilität der Lösungen der Navier-Stokes-Gleichung bezüglich ihrer Anfangsbedingungen. **Links:** „Stabile" Lösung, benachbarte Anfangswerte führen zu benachbarten Bahnen im Geschwindigkeitsraum. **Rechts:** „Instabile" Lösung; benachbarte Anfangwerte führen zu völlig verschiedenen Bahnen

den, so gut dies eben möglich ist, so wird sich doch, zumindest oberhalb einer gewissen kritischen Reynolds-Zahl, immer wieder eine andere, nicht vorhersagbare, instationäre und „chaotische" Strömungsform einstellen.

Diese Diskrepanz kann durch die Betrachtung der sog. Stabilität bzw. Nichtstabilität der Lösungen nichtlinearer Gleichungen in Bezug auf die Anfangsbedingungen aufgelöst werden. Abbildung 6.5 zeigt in den beiden Teilbildern jeweils einen dreidimensionalen Geschwindigkeitsraum; ein Punkt in diesem Raum repräsentiert die Geschwindigkeit $\vec{v}(t)$, die eine Strömung an einem gegebenen Ort als Funktion der Zeit hat (genau genommen müßte dieser Geschwindigkeitsraum unendlichdimensional sein, da der Strömung in jedem Ortspunkt ein Tripel v_x, v_y, v_z zuzuweisen wäre; für die Diskussion ist dies aber nicht wesentlich). In beiden Teilbildern sind jeweils zwei Kurvenzüge zu sehen, die zu etwas verschiedenen Anfangswerten der Geschwindigkeit $\vec{v}_1(0)$ und $\vec{v}_2(0)$ gehören und die die Lösungskurven der Bewegungsgleichung mit etwas verschiedenen Anfangsbedingungen darstellen sollen. Der Unterschied der Anfangswerte kann beliebig klein werden, es muß nur eben $\vec{v}_1(0) \neq \vec{v}_2(0)$ sein.

Der linke Kurvenzug repräsentiert jetzt eine bezüglich der Anfangsbedingungen stabile Lösung der Bewegungsgleichung: Sind am Anfang oder auch zu einem beliebigen Zeitpunkt $\vec{v}_1$ und $\vec{v}_2$ benachbart, so bleiben sie dies auch oder gehen irgendwann sogar ineinander über; man denke z. B. daran, daß ein anfänglicher kleiner Unterschied von $\vec{v}_1$ und $\vec{v}_2$, der durch eine Störung in der Strömung verursacht worden ist, durch viskose Reibung gedämpft wird. Der rechte Teil der Abbildung repräsentiert eine bezüglich der Anfangsbedingungen nichtstabile Lösung der Bewegungsgleichung: $\vec{v}_1$ und $\vec{v}_2$ sind zwar am Anfang, bei $t=0$, benachbart, sie entfernen sich aber im Lauf der Zeit, eventuell sogar sehr schnell, unbegrenzt voneinander. Eine beliebig kleine Störung am Anfang hat zur Folge, daß die gestörte Lösung der Bewegungsgleichung von der ungestörten völlig verschieden ist. Auf den Ortsraum übertragen bedeuten diese Verhaltensmuster, daß im stabilen Fall benachbarte Stromfäden benachbart bleiben, im nichtstabilen Fall sich aber beliebig voneinander entfernen können.

Das Lösungsverhalten der Navier-Stokes-Gleichung wurde unter diesem Gesichtspunkt in den letzten Jahren, basierend auf grundlegenden Arbeiten von Ruelle

u. Takens (1971), eingehend untersucht. Die Ergebnisse lassen sich kurz so zusammenfassen: Unterhalb einer ersten kritischen Reynolds-Zahl sind die Lösungen stabil und beschreiben eine laminare Strömung. Oberhalb dieser ersten kritischen Reynolds-Zahl stellen sich periodische, aber bezüglich der Anfangswerte noch stabile Lösungen ein; beim Überschreiten einer weiteren kritischen Reynolds-Zahl werden diese Lösungen biperiodisch, bleiben aber noch in dem angegebenen Sinn stabil. Man kann sich die zugehörige Strömungsform als geordnete zellenartige periodische Wirbel vorstellen (das bekannteste Beispiel hierfür sind die Bénard-Konvektionszellen). Beim Überschreiten einer dritten kritischen Reynolds-Zahl werden die Lösungen dann schlagartig instabil: es setzt Turbulenz ein. Interessanterweise konnten die verschiedenen Stadien, die sich aus dieser Analyse der Navier-Stokes-Gleichung ergaben, experimentell überzeugend reproduziert werden (s. hierzu z. B. Dubois u. Bergé 1978; Gollup u. Benson 1980 oder auch den erwähnten Aufsatz von Mayer 1982). Eine etwas anders geartete Analyse des Verhaltens nichtlinearer Gleichungen, auf die wir hier aber nicht näher eingehen wollen, hat Feigenbaum (1979) gegeben; auch darin wird gezeigt, daß oberhalb einer kritischen Reynolds-Zahl die Lösungen instabil werden, daß also eine chaotische Bewegung einsetzt.

Die beschriebenen Lösungseigenschaften nichtlinearer Bewegungsgleichungen, die natürlich auch auf die in Abschn. 3.1.4 diskutierte Gleichung zutreffen, haben sehr weitreichende Konsequenzen. In der Natur lassen sich Anfangswerte nie völlig exakt angeben. Im Falle stabilen Lösungsverhaltens hat diese Einschränkung keine allzu großen Konsequenzen; bei im Rahmen des Möglichen genauer Kenntnis der Anfangsbedingungen einer Bewegung läßt diese sich prinzipiell weiter vorausberechnen, die zu erwartenden Fehler der Vorausberechnung lassen sich aus den Fehlern der Anfangsbedingungen abschätzen. Die Bewegung ist also in einem etwas erweiterten Sinn determiniert. Im nichtstabilen Fall läßt sich dagegen selbst bei (im Rahmen des Möglichen!) genauester Kenntnis der Anfangsbedingungen keine oder höchstens eine kurzfristige Prognose über die weitere Bewegung aufstellen. Die Bewegung erscheint völlig zufällig, sie wird chaotisch, und dies trotz des deterministischen Charakters der Bewegungsgleichungen. Dieses Verhalten stellt natürlich die Vorausberechenbarkeit atmosphärischer Strömungen über längere Fristen prinzipiell in Frage.

6.3 Die Beschreibung der turbulenten Bewegung

Turbulenz ist im Gegensatz zu einer geordneten Strömung durch statistische Schwankungen der Strömungsgeschwindigkeit in Stärke und Richtung gekennzeichnet. Es ist deshalb naheliegend, diese Fluktuationen der Strömungsgeschwindigkeit und deren zeitliches Verhalten zur Charakterisierung der Turbulenz heranzuziehen.

Die Fluktuationen $\vec{v}'(t)$ der Strömungsgeschwindigkeit $\vec{v}(t)$ sind als die Abweichungen vom zeitlichen Mittel definiert:

$$\vec{v}'(t) = \vec{v}(t) - \overline{\vec{v}(t)} = \vec{v}(t) - \frac{1}{T} \cdot \int_0^T \vec{v}(t') \cdot dt'. \tag{6.78}$$

T ist dabei die Mittelungszeit; es liegt auf der Hand, daß die Begriffe „Fluktuation" und „mittlere Strömung" sehr empfindlich von der Mittelungszeit und damit von dem jeweils behandelten Problem abhängen können (man denke, als Extremfall, z. B. an die wechselnden Nord- und Südströmungen in Zyklonen und Antizyklonen, die je nach Betrachtungsweise als gerichtete Strömungen oder als Fluktuationen empfunden werden können). Prinzipiell folgt aus der Definition der Fluktuation, daß das zeitliche Mittel über die Fluktuationen verschwinden muß.

Die turbulenten Geschwindigkeitsfluktuationen v'(t) (oder – wie wir der Einfachheit halber oft sagen – die turbulente Geschwindigkeit) werden durch die auftretenden Amplituden und durch das zeitliche Verhalten charakterisiert. Dabei bieten sich zwei, voneinander natürlich nicht unabhängige, Wege an, das zeitliche Verhalten zu beschreiben; das sind

- die Analyse der Frequenzspektren der Funktion v'(t),
- die Korrelationen der turbulenten Geschwindigkeit zu sich selbst zu verschiedenen Zeiten, die sog. Autokorrelationen, als Maß für das Beharrungsvermögen der Strömung oder für ihr Erinnerungsvermögen an ihre Vorgeschichte.

Wir werden zunächst den Begriff des Energiedichtespektrums einführen (im Englischen als „power spectrum" bezeichnet, eine Ausdrucksweise, die auch oft in den deutschen Sprachgebrauch übernommen wird), dann die Autokorrelationen und ihren Bezug zu den Frequenzspektren behandeln, und zum Schluß Amplituden und Frequenzen der horizontalen und vertikalen Fluktuationen besprechen.

6.3.1 Energiedichtespektren („power spectra")

Energiedichtespektren beschreiben die Verteilung der kinetischen Energie der turbulenten Bewegung auf die in dieser Bewegung enthaltenen Frequenzen oder Perioden. Der eine Weg, diese Spektren zu erhalten, führt über die Anwendung der Fourier-Analyse auf die Zeitfunktion v'(t). Diesen Weg wollen wir hier zunächst einschlagen. Einen zweiten Weg werden wir bei der Besprechung der Autokorrelationen kennenlernen.

Die Fourier-Transformation der Geschwindigkeitsfluktuation v'(t) liefert

$$v'(t) = \int_{-\infty}^{+\infty} \int_{-\infty}^{+\infty} v'(t') \cdot e^{-i \cdot 2 \cdot \pi \cdot \nu \cdot t'} \cdot e^{+i \cdot 2 \cdot \pi \cdot \nu \cdot t} \cdot dt' \cdot d\nu. \tag{6.79}$$

In zwei symmetrische Einzelgleichungen aufgespalten lauten die Fourier-Transformationen

$$v'(t) = \int_{-\infty}^{+\infty} F(\nu) \cdot e^{+i \cdot 2 \cdot \pi \cdot \nu \cdot t} \cdot d\nu \tag{6.80}$$

$$F(\nu) = \int_{-\infty}^{+\infty} v'(t) \cdot e^{-i \cdot 2 \cdot \pi \cdot \nu \cdot t} \cdot dt, \tag{6.81}$$

d. h. $v'(t)$ und $F(\nu)$ sind zueinander Fourier-Transformierte. Die angegebenen Entwicklungen gelten nur unter der Voraussetzung, daß $v'(t)$ absolut bzw. quadratisch integrabel ist, d. h., daß

$$\int_{-\infty}^{+\infty} |v'(t)| \cdot dt \tag{6.82}$$

bzw.

$$\int_{-\infty}^{+\infty} v'^2(t) \cdot dt \tag{6.83}$$

endlich bleiben. Diese Voraussetzung ist, streng genommen, in der Natur natürlich nicht erfüllt, da $|v'(t)|$ bzw. $v'^2(t)$ auch für beliebig lange Zeiten nicht verschwinden. Eine Möglichkeit, diese Schwierigkeit zu umgehen, liegt in der Festsetzung, daß $v'(t)$ nur innerhalb der endlichen Meßzeit T von 0 verschieden sein soll, außerhalb dieser Meßzeit aber verschwindet. Man erreicht damit, daß die beiden Integrale konvergieren, verschenkt damit aber unter Umständen einen Teil des Spektrums auf der Seite der niedrigen Frequenzen.

Nun ist es das Ziel, die Spektralanalyse nicht auf die Größe $v'(t)$ anzuwenden, sondern auf die Größe $v'^2(t)$. Man erhält damit die gewünschte Aussage darüber, welchen Anteil die einzelnen Frequenzen zur gesamten turbulenten Energie beisteuern, d. h. man erhält die Energiedichtespektren. Die mittlere Gesamtenergiedichte pro Masseneinheit ist durch $1/2 \cdot \overline{v'^2}$ gegeben; der Bequemlichkeit halber läßt man den Faktor 1/2 in der Regel weg und setzt $E = \overline{v'^2}$; E hat z. B. die Einheit $\text{Joule/kg} = m^2/s^2$. Wir definieren eine spektrale Verteilungsfunktion $f(\nu)$, die angibt, welcher Anteil dE an der Gesamtenergiedichte auf das Frequenzband zwischen ν und $\nu + d\nu$ fällt:

$$dE = \overline{v'^2} \cdot f(\nu) \cdot d\nu \tag{6.84}$$

bzw.

$$f(\nu) = \frac{1}{\overline{v'^2}} \cdot \frac{dE}{d\nu} \tag{6.85}$$

mit

$$\int_0^{\infty} f(\nu) \cdot d\nu = 1 \quad \left(\text{wegen} \int_0^{\infty} \frac{dE}{d\nu} \cdot d\nu = E = \overline{v'^2} \right).$$

Jetzt wollen wir den Zusammenhang zwischen dem Energiedichtespektrum $dE/d\nu = f(\nu) \cdot \overline{v'^2}$ bzw. $f(\nu)$ selbst und der Fourier-Entwicklung von $v'(t)$ suchen. Da wir zu einer Aussage über den Zusammenhang zwischen $v'^2(t)$ und $f(\nu)$ gelangen wollen, multiplizieren wir die oben angegebene Fourier-Entwicklung von $v'(t)$ (s. Gl. 6.80) nochmals mit $v'(t)$ und integrieren über die Zeit t; wir erhalten eine integrale

Beziehung, die als Parseval-Gleichung bekannt ist:

$$\int_{-\infty}^{+\infty} v'(t) \cdot v'(t) \cdot dt = \int_{-\infty}^{+\infty} v'(t) \cdot \int_{-\infty}^{+\infty} F(\nu) \cdot e^{i \cdot 2 \cdot \pi \cdot \nu \cdot t} \cdot d\nu \cdot dt$$

$$= \int_{-\infty}^{+\infty} F(\nu) \cdot \int_{-\infty}^{+\infty} v'(t) \cdot e^{i \cdot 2 \cdot \pi \cdot \nu \cdot t} \cdot dt \cdot d\nu$$

$$= \int_{\infty}^{+\infty} F(\nu) \cdot F^*(\nu) \cdot d\nu \tag{6.86}$$

oder

$$\int_{-\infty}^{+\infty} v'^2(t) \cdot dt = \int_{-\infty}^{+\infty} |F(\nu)|^2 \cdot d\nu, \tag{6.87}$$

da das Integral $\int v'(t) \cdot e^{i \cdot 2 \cdot \pi \cdot \nu \cdot t} \cdot dt = F^*(\nu)$ gerade das Konjugiertkomplexe zu $F(\nu)$ darstellt. Da die Integranden rechts und links jetzt reelle, gerade Funktionen sind, können wir die so gewonnene Parseval-Gleichung auch schreiben:

$$\int_{0}^{\infty} v'^2(t) \cdot dt = \int_{0}^{\infty} |F(\nu)|^2 \cdot d\nu. \tag{6.88}$$

Links steht die über die Zeit integrierte Gesamtenergiedichte; wie oben dargelegt, muß dieses Integral existieren und endlich sein. Damit können wir aber diese Gleichung dahingehend interpretieren, daß $|F(\nu)|^2 \cdot d\nu$ gerade den Anteil des Frequenzbandes zwischen ν und $\nu + d\nu$ an der über die Zeit integrierten Gesamtenergiedichte beschreibt, d. h., daß gilt

$$|F(\nu)|^2 \cdot d\nu = \int_{0}^{\infty} v'^2(t) \cdot dt \cdot f(\nu) \cdot d\nu. \tag{6.89}$$

Um diesen Zusammenhang etwas handlicher darstellen zu können, gehen wir zu der oben vorausgesetzten endlichen Meß- und Mittelungszeit T über und berücksichtigen, daß

$$\overline{v'^2(t)} = \frac{1}{T} \cdot \int_{0}^{T} v'^2(t) \cdot dt \tag{6.90}$$

ist. Dann können wir noch beide Seiten der Gleichung 6.89 durch T dividieren und erhalten

$$f(\nu) = \frac{|F(\nu)|^2}{T \cdot \overline{v'^2}} \tag{6.91}$$

und

$$\frac{dE}{d\nu} = \frac{|F(\nu)|^2}{T}. \tag{6.92}$$

Damit haben wir die Bestimmung der Energiedichtespektralfunktion auf die Fourier-Analyse der Geschwindigkeit zurückgeführt.

Es sei noch angemerkt, daß bei graphischen Darstellungen der Energiedichtespektren mit logarithmischer Abszisse der Funktionswert $f(\nu)$ bzw. $dE/d\nu$ üblicherweise mit ν multipliziert wird; wegen $d\nu = \nu \cdot d\ln\nu$ entsprechen dann gleiche Flächen unter dem Kurvenzug auch gleichen Energieanteilen. $\nu \cdot dE/d\nu$ hat die Einheit $m^2/s^2 = $ Joule/kg, $\nu \cdot f(\nu)$ ist dimensionslos.

6.3.2 Autokorrelationen

Bei der statistischen Behandlung der molekularen Diffusion konnten wir davon ausgehen, daß ein Molekül bei einem Stoß seine Vorgeschichte im wesentlichen vergißt; die Geschwindigkeiten eines Moleküls zu verschiedenen Zeiten sind also unkorreliert, wenn die betrachteten Zeitintervalle nur größer als die Zeit zwischen zwei Stößen sind. Für die turbulente Bewegung kann diese Annahme nicht oder nur unter sehr einschneidenden Einschränkungen gemacht werden: Jedes Luftpaket hat ein gewisses Beharrungsvermögen, es vergißt seine Vorgeschichte nur langsam. Dieser Sachverhalt wird durch die Autokorrelationsfunktionen beschrieben; diese sind ein Maß dafür, wie stark die Geschwindigkeiten zu einem Zeitpunkt t mit den Geschwindigkeiten zu einem früheren Zeitpunkt $t-\tau$ oder zu einem späteren Zeitpunkt $t+\tau$ korreliert sind.

Je nach dem Standpunkt des Beobachters sind dabei zwei Betrachtungsweisen möglich:

- Lagrangesche Betrachtungsweise: Der Beobachter bewegt sich mit dem betrachteten Luftpaket mit, die Windgeschwindigkeiten, deren Korrelationen untersucht werden, beziehen sich auf ein und dasselbe Luftpaket. Bei der Festlegung der entsprechenden Lagrangeschen Autokorrelationsfunktion wird dann über alle Luftpakete gemittelt (diese Mittelung sei durch $\langle\ \rangle$ angedeutet), nicht etwa über die Zeit. Die Lagrangesche Autokorrelationsfunktions $R_L(\tau)$ ist definiert durch

$$R_L(\tau) = \frac{\langle v'(t) \cdot v'(t+\tau)\rangle}{\langle v'^2(t)\rangle} = \frac{\langle v'(t) \cdot v'(t-\tau)\rangle}{\langle v'^2(t)\rangle}. \tag{6.93}$$

- Eulersche Betrachtungsweise: Der Beobachter ist ortsfest; es werden die zeitlichen Korrelationen der Geschwindigkeit betrachtet, die an einem festen Ort gemessen wird. Bei der Festlegung der Eulerschen Autokorrelationsfunktion $R_E(\tau)$ wird dementsprechend über die Zeit gemittelt. R_E ist definiert durch

$$R_E(\tau) = \frac{\overline{v'(t) \cdot v'(t+\tau)}}{\overline{v'^2(t)}} = \frac{\overline{v'(t) \cdot v'(t-\tau)}}{\overline{v'^2(t)}}. \tag{6.94}$$

Die Eulersche Autokorrelationsfunktion hat den großen Vorteil, daß sie im Gegensatz zur Lagrangeschen Autokorrelationsfunktion einfach meßbar ist. Der aktuelle Verlauf von R_E hängt im Einzelfall natürlich von vielen Parametern wie Windgeschwindigkeit, Temperaturschichtung, Mittelungszeit etc. ab; einen Begriff von der Größenordnung unter mittleren Verhältnissen gibt Abb. 6.6. Generell kann man sagen, daß die Autokorrelationsfunktion für die Vertikalkomponente am

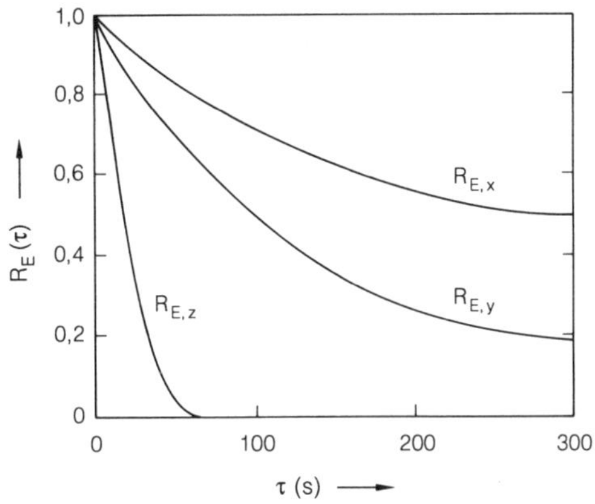

Abb. 6.6. Typischer Verlauf der Eulerschen Autokorrelationsfunktion bei mittleren Verhältnissen (neutrale bis schwach labile Schichtung, Windgeschwindigkeit 5 m/s, Meßhöhe ca. 100 m, Mittelungszeit etwa 1 Std.), für die Fluktuationskomponenten horizontal in Richtung des mittleren Windes (x), horizontal senkrecht zur mittleren Windrichtung (y) und in vertikaler Richtung (z)

schnellsten und für die Komponente in Richtung des mittleren Windes am langsamsten abnimmt.

Im Gegensatz zur Eulerschen Autokorrelationsfunktion läßt sich die Lagrangesche Funktion nur schwer messen, da der Beobachter ja mit den einzelnen Luftpaketen mitfliegen und deren Geschichte verfolgen müßte. Mit Hilfe empirisch gewonnener Umrechnungsfaktoren lassen sich die Lagrange-Funktionen allerdings aus den leicht meßbaren Euler-Funktionen mit hinreichender Genauigkeit abschätzen. In erster Näherung ergeben sich die Lagrange-Funktionen aus den Euler-Funktionen durch eine lineare Zeitdehnung; dies ist plausibel, da die Korrelationen zwischen den Geschwindigkeiten ein und desselben Luftpaketes langsamer abnehmen als die Korrelationen zwischen den Windgeschwindigkeiten an einem festen Ort. Im Mittel liefert eine Zeitdehnung um einen Faktor 4 die besten Ergebnisse, doch kann dieser Faktor Werte zwischen etwa 1,5 und 8 annehmen (s. z. B. Pasquill u. Smith 1983 und die dort referierten Arbeiten).

Es liegt auf der Hand, daß die Autokorrelationsfunktionen in einem engen Zusammenhang mit den zuvor diskutierten Frequenzspektren der turbulenten Bewegung stehen müssen. Wir wollen jetzt diesen auch für die praktische Analyse der Turbulenz wichtigen Zusammenhang zwischen der Eulerschen Autokorrelationsfunktion, die ja der Messung leicht zugänglich ist, und dem Energiedichtespektrum $dE/d\nu$ bzw. $f(\nu)$ herstellen.

Hierzu multiplizieren wir die Fourier-Entwicklung von $v'(t)$ mit $v'(t+\tau)$ und integrieren über t; weiter berücksichtigen wir, daß die Fourier-Entwicklung von $v'(t+\tau)$ als Funktion von t bis auf die Verschiebung um τ mit der Entwicklung von $v'(t)$ identisch ist, d. h. daß gilt

$$v'(t+\tau) = \int_{-\infty}^{+\infty} F(\nu) \cdot e^{i \cdot 2 \cdot \pi \cdot \nu \cdot (t+\tau)} \cdot d\nu. \tag{6.95}$$

sowie

$$F(\nu) = \int_{-\infty}^{+\infty} v'(t+\tau) \cdot e^{-i \cdot 2 \cdot \pi \cdot \nu \cdot (t+\tau)} \cdot dt. \tag{6.96}$$

Unter Berücksichtigung dieser Beziehungen erhalten wir

$$\int_{-\infty}^{+\infty} v'(t+\tau) \cdot v'(t) \cdot dt$$

$$= \int_{t=-\infty}^{+\infty} v'(t+\tau) \cdot \int_{\nu=-\infty}^{+\infty} F(\nu) \cdot e^{i \cdot 2 \cdot \pi \cdot \nu \cdot t} \cdot d\nu \cdot dt$$

$$= \int_{\nu=-\infty}^{+\infty} F(\nu) \cdot \int_{\nu=-\infty}^{+\infty} v'(t+\tau) \cdot e^{i \cdot 2 \cdot \pi \cdot \nu \cdot t} \cdot dt \cdot d\nu$$

$$= \int_{\nu=-\infty}^{+\infty} F(\nu) \cdot e^{-i \cdot 2 \cdot \pi \cdot \nu \cdot \tau} \cdot \int_{t=-\infty}^{+\infty} v'(t+\tau) \cdot e^{i \cdot 2 \cdot \pi \cdot \nu \cdot (t+\tau)} \cdot dt \cdot d\nu$$

$$= \int_{-\infty}^{+\infty} F(\nu) \cdot e^{-i \cdot 2 \cdot \pi \cdot \nu \cdot \tau} \cdot F^*(\nu) \cdot d\nu$$

$$= \int_{-\infty}^{+\infty} |F(\nu)|^2 \cdot e^{-i \cdot 2 \cdot \pi \cdot \nu \cdot \tau} \cdot d\nu. \qquad (6.97)$$

Diese Beziehung stellt ihrem Wesen nach eine Variante der Parseval-Gleichung dar. Wir gehen damit in die Eulersche Autokorrelationsfunktion und berücksichtigen bei deren Definition, daß eine Mittelung über die Zeit einer Integration über die Zeit mit nachfolgender Division durch die Mittelungszeit äquivalent ist. Wir erhalten

$$R_E(\tau) = \frac{\overline{v'(t) \cdot v'(t+\tau)}}{\overline{v'^2(t)^2}} = \frac{\int_{-\infty}^{+\infty} v'(t) \cdot v'(t+\tau) \cdot dt}{\int_{-\infty}^{+\infty} v'^2(t) \cdot dt}$$

$$= \frac{\int_{-\infty}^{+\infty} |F(\nu)|^2 \cdot \exp(-i \cdot 2 \cdot \pi \cdot \nu \cdot \tau) \cdot d\nu}{\int_{-\infty}^{+\infty} v'^2(t) \cdot dt}. \qquad (6.98)$$

Setzt man in diesenAusdruck noch den weiter oben abgeleiteten Zusammenhang zwischen $f(\nu)$ und $|F(\nu)|^2$ (s. Gl. 6.89),

$$|F(\nu)|^2 \cdot d\nu = \int_{-\infty}^{+\infty} v'^2(t) \cdot dt \cdot f(\nu) \cdot d\nu \qquad (6.99)$$

ein, so erhält man

$$R_E(\tau) = \int_{-\infty}^{+\infty} f(\nu) \cdot e^{-i \cdot 2 \cdot \pi \cdot \nu \cdot \tau} \cdot d\nu. \qquad (6.100)$$

Die Eulersche Autokorrelationsfunktion $R_E(\tau)$ ist also die Fourier-Transformierte zu der (relativen) Energiedichtespektralfunktion $f(\nu)$. Wegen der allgemeinen

Eigenschaften der Fourier-Transformation gilt dann entsprechend auch die reziproke Transformation

$$f(\nu) = \int_{-\infty}^{+\infty} R_E(\tau) \cdot e^{+i \cdot 2 \cdot \pi \cdot \nu \cdot \tau} \cdot d\tau; \tag{6.101}$$

relative spektrale Energiedichte und Eulersche Autokorrelationsfunktion sind zueinander Fourier-Transformierte.

Der einfacheren Darstellbarkeit wegen haben wir bisher alle Beziehungen mit Hilfe komplexer e-Funktionen abgeleitet. Da $R_E(\tau)$ eine reelle und gerade Funktion von τ ist, können wir auch

$$R_E(\tau) = 2 \cdot \int_0^{\infty} f(\nu) \cdot \cos(2 \cdot \pi \cdot \nu \cdot \tau) \cdot d\nu \tag{6.102}$$

und

$$f(\nu) = 2 \cdot \int_0^{\infty} R_E(\tau) \cdot \cos(2 \cdot \pi \cdot \nu \cdot \tau) \cdot d\tau \tag{6.103}$$

schreiben und erhalten damit eine für die praktische Anwendung meist günstigere Form.

6.3.3 Größenordnung der horizontalen und vertikalen Fluktuationen

Die Amplituden der horizontalen Geschwindigkeitsfluktuationen streuen über einen weiten Bereich und sind kaum in allgemeiner Form anzugeben. Dies hängt schon mit der Breite des räumlichen Skalenbereichs zusammen, der sich von der Größenordnung Millimeter bis zu planetaren Dimensionen erstreckt. In globaler Sicht sind bereits die zyklonalen und antizyklonalen Wirbel als Fluktuationen anzusehen. Wenn bei diesen die Genese auch anders gelagert ist als bei den turbulenten Fluktuationen im herkömmlichen Sinn, so sind sie in ihren Konsequenzen doch durchaus vergleichbar. Ganz ausgeprägt gilt dies für den diffusionsartigen Transport durch die großräumigen Wirbel, ebenso für den oben erwähnten Energietransfer von großen auf immer kleinere Wirbel. Die Größenordnung der Fluktuationsgeschwindigkeiten in diesen planetaren Wirbeln liegt bei einigen Metern pro Sekunde, typisch bei etwa 5 m/s. Die Ausdehnung der Wirbel und die später noch zu definierenden Mischungsweglängen für den diffusiven Transport liegen in der Größenordnung von etwa 1000 km.

Im lokalen bis regionalen Skalenbereich zeigen sich die Geschwindigkeitsfluktuationen teils als Schwankungen der Windgeschwindigkeit, teils als Schwankungen der Windrichtungen. Um dies etwas zu ordnen, wollen wir die Schwankungen der Windrichtung als Geschwindigkeitsfluktuationen v'_y senkrecht zur Hauptwindrichtung (die die x-Richtung sein soll) interpretieren. Die Schwankungen der Richtung liegen, als einfache Standardabweichung gerechnet, bei neutraler bis schwach labiler Temperaturschichtung bei etwa 4° bis 8°; diese Winkelabweichung ist von der Windgeschwindigkeit ziemlich unabhängig; sie nimmt mit wachsender Schich-

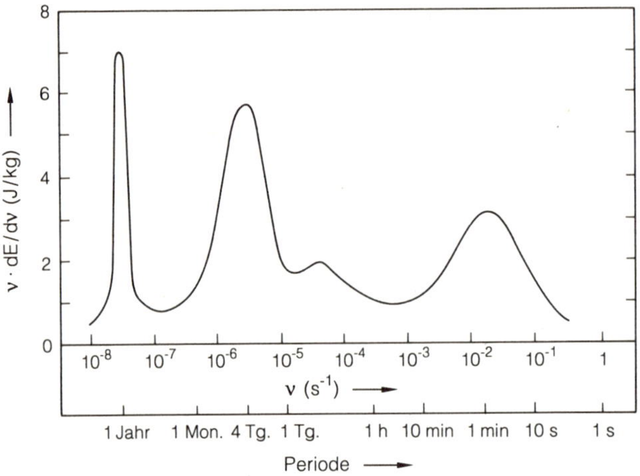

Abb. 6.7. Typisches Energiedichtespektrum der horizontalen Fluktuationen. (Nach Lumley u. Panofsky, 1964, abgeändert)

tungslabilität etwas zu. Bei stabiler Schichtung hängen die mittleren Winkelabweichungen eher etwas von der Windgeschwindigkeit ab und variieren von etwa 2° bei 8 m/s bis etwa 10° bei 2 m/s mittlerer Windgeschwindigkeit (alle Angaben nach Pasquill u. Smith 1983 und nach Pasquill 1974). Umgerechnet in Geschwindigkeitsfluktuationen quer zur Hauptwindrichtung entsprechen 4° Winkelabweichung etwa einem Verhältnis $v'_y/\bar{v}_x \approx 0{,}08$ von der Fluktuation v'_y zur mittleren Geschwindigkeit $\bar{v}_x$ in Hauptwindrichtung, 10° Winkelabweichung entsprechen etwa $v'_y/\bar{v}_x \approx 0{,}20$.

Die Fluktuationen v'_x in der Hauptwindrichtung liegen etwa in der gleichen Größenordnung wie die v'_y. Beispielsweise wurden über London, bei relativ starkem Wind in 50 m Höhe $v'_x/\bar{v}_x \approx 0{,}15$ bis 0,30 und in 200 m Höhe $v'_x/\bar{v}_x \approx 0{,}07$ bis 0,18 gemessen (nach Pasquill 1974).

Natürlich können diese Zahlen nur Anhaltspunkte geben, für eine erste Abschätzung ist aber die Annahme, daß im lokalen bis regionalen Skalenbereich die Fluktuationen in x- und y-Richtung in der Größenordnung von 10% der mittleren Windgeschwindigkeit liegen, sicher eine brauchbare Approximation.

Abbildung 6.7 zeigt ein typisches Ergebnis der spektralen Analyse der in den Fluktuationsbewegungen enthaltenen kinetischen Energie. Das breite Maximum um Periodendauern von ungefähr einer Minute hat seine Ursache in den kleinräumigen, durch Windscherung und Konvektion bedingten Windfluktuationen; die Periode von etwa 4 Tagen entspricht den zyklonal-antizyklonalen Fluktuationen. Die aktuellen Turbulenzspektren sind natürlich von den jeweiligen Bedingungen wie Windgeschwindigkeit, thermische Schichtung oder Höhe über dem Boden abhängig; die Abb. 6.7 spiegelt aber die typischen Verhältnisse sehr gut wider.

Die Amplituden der vertikalen Fluktuationen liegen in der gleichen Größenordnung wie die der kleinräumigen horizontalen Fluktuationen. Sie betragen bei angenähert neutraler Schichtung ungefähr 10% der mittleren horizontalen Windgeschwindigkeit (als 1 · σ-Standardabweichung gerechnet); sie nehmen mit zunehmender Stabilität der Schichtung etwas ab und steigen umgekehrt mit wachsender Labilität etwas an. Als Anhaltspunkt sei hier angegeben, daß nach Pasquill u. Smith (1983) die Amplituden der vertikalen Fluktuationen bei einer Änderung der im 7. Kap. zu diskutierenden Richardson-Zahl von −0,2 (entsprechend einer mäßig labilen Schichtung) auf +0,05 (entsprechend einer schwach stabilen Schichtung) auf etwa 1/3 zurückgehen (an dieser Stelle sei nur erwähnt, daß die Richardson-Zahl Ri mit dem im 2. Kap. eingeführten Schichtungsstabilitätsmaß B^2 über die Beziehung $Ri = B^2/(dv_x/dz)^2$, mit dv_x/dz als dem vertikalen Profil der horizontalen Windgeschwindigkeit, zusammenhängt).

Die Frequenzspektren der vertikalen Fluktuationen lassen sich in einer recht einheitlichen Form darstellen, wenn zwei Sachverhalte in Rechnung gestellt werden:

- Es ist plausibel, daß die vertikalen Fluktuationen von dem mittleren horizontalen Wind an dem Beobachtungsort gewissermaßen vorbeigeführt werden; die Schnelligkeit der Richtungswechsel wird dann der mittleren horizontalen Windgeschwindigkeit $\bar{v}_x$ proportional (diese Hypothese der „eingefrorenen Bewegung" oder „eingefrorenen Turbulenz", die auf Taylor (1938) zurückgeht, bricht bei sehr kleinen Windgeschwindigkeiten natürlich zusammen). Es ist deshalb sinnvoll, die tatsächlich beobachteten Frequenzen auf $\bar{v}_x$ zu normieren.
- Große Wirbel oder besser große Turbulenzelemente können sich um so eher ausbilden, je größer der Abstand vom Boden ist; je näher man an die Erdoberfläche kommt, um so wichtiger wird umgekehrt der Beitrag der kleinen Wirbel und damit der hohen Frequenzen. Es ist deshalb naheliegend, die tatsächlichen Frequenzen auch auf 1/z zu normieren, wobei z die Höhe über der Erdoberfläche sein soll.

Zusammen ergibt dies die normierte dimensionslose Frequenz $\tilde{\nu} = \nu \cdot z/\bar{v}_x$. Eine Sichtung der verfügbaren Daten über vertikale Fluktuationsfrequenzen z. B. durch Panofsky u. McCormick (1960) hat bestätigt, daß diese Normierung tatsächlich sinnvoll ist und eine universelle Darstellung von Spektren von sehr verschiedener Herkunft ermöglicht. Abbildung 6.8 zeigt das so normierte Spektrum für drei verschiedene Stabilitätslagen, die wieder durch die eben erwähnte Richardson-Zahl Ri charakterisiert sind. Die Lage dieser Spektren zueinander wird durch die Überlegung verständlich, daß bei labiler Schichtung und dem damit verbundenen Auftreten von Konvektion die Turbulenzelemente deutlich größer werden als bei neutraler Schichtung und damit rein scherungsbedingter Turbulenz; mit größer werdenden Turbulenzelementen werden aber auch die Fluktuationsperioden größer bzw. die Frequenzen kleiner. Umgekehrt werden bei stabiler Schichtung die Turbulenzelemente kleiner und die Fluktuationsperioden entsprechend kürzer.

Im Abschn. 6.2 hatten wir kurz den Begriff des inertial subrange andiskutiert und die Hypothese von Kolmogorow (1941) der sog. universellen Gleichheit der Turbulenzstrukturen in diesem Gebiet erwähnt. Dieser Bereich sollte natürlich auch eine Entsprechung in den Frequenzspektren finden. Die zugehörigen Frequenzen liegen ebenfalls in einem Zwischengebiet zwischen den niedrigen Frequenzen der

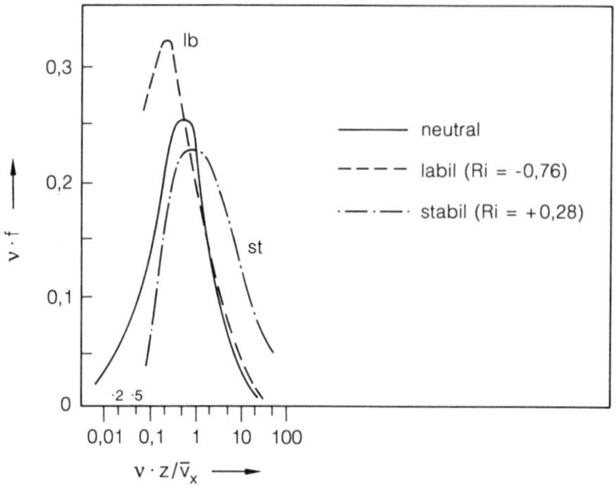

Abb. 6.8. Universelle Darstellung der Energiedichtespektren der vertikalen turbulenten Fluktuationen. (Nach Gurvich 1960, abgeändert)

relativ großen, oft anisotropen Turbulenzelemente, in denen die turbulente Energie erzeugt wird, und den hohen Frequenzen der kleinen Wirbel, in denen die Energie wieder dissipiert wird. Kolmogorov (1941) hat aufgrund von Dimensionsüberlegungen gefolgert, daß die Energiespektren in dem inertial subrange einem Gesetz der Form

$$\frac{dE}{d\nu} \sim \nu^{-5/3} \tag{6.104}$$

gehorchen sollten. Wegen der in diesem Bereich postulierten lokalen Isotropie der Turbulenz sollte dieses Gesetz in gleicher Weise für horizontale wie für vertikale Fluktuationen gelten. Das Gesetz und seine Folgerungen sind nicht ganz unumstritten, doch sprechen empirische Befunde für eine recht weitgehende Gültigkeit. Wir wollen diese Gedanken hier allerdings nicht weiterverfolgen, sondern nur darauf hinweisen; für eine detaillierte Diskussion sei auf Lumley u. Panofsky (1964) und auf Pasquill u. Smith (1983) verwiesen.

6.4 Turbulente Diffusion

Die Durchmischung der Luft, die mit der turbulenten Bewegung verbunden ist, führt zu einem Beimengungstransport entgegen dem Gradienten der Beimengungskonzentration. Dieser Transportprozeß ist der molekularen Diffusion nicht unähnlich, weist aber doch viele Besonderheiten auf, die in diesem Abschnitt herausgearbeitet werden sollen.

Ein erster Unterschied liegt schon – jedenfalls in der ganz überwiegenden Zahl der Fälle – in der Größenordnung: Turbulente Diffusion ist in der Regel der viel effizientere Transportmechanismus als die molekulare Diffusion.

Ein anderer Unterschied besteht darin, daß im Fall der molekularen Bewegung die mittlere Stoßzeit und damit zusammenhängend die mittlere freie Weglänge, die wir auch als Mischungslänge interpretieren können, wohl definierte Größen sind. Wegen des breiten Spektrums möglicher Perioden bzw. Frequenzen ist eine analoge Mischungslänge bei der turbulenten Bewegung nicht ohne weiteres festzulegen. Die Anschauung legt zwar nahe, die Wirbelgrößen „irgendwie" mit der Mischungslänge zu identifizieren, aber dabei bleibt zumindest die Frage offen, welche Wirbel in dem breiten Wirbelspektrum die für den Transport relevanten sind. Insofern ist der Begriff der Mischungslänge bei der turbulenten Diffusion eher eine Hilfsvorstellung. Wir werden allerdings sehen, daß die Betrachtung der Autokorrelationen der turbulenten Geschwindigkeiten eine Möglichkeit liefert, eine Mischungslänge einigermaßen exakt zu definieren, und dann auch den turbulenten Diffusionskoeffizienten als Produkt aus Mischungslänge und Geschwindigkeit zu verstehen.

An dieser Stelle sei auch darauf hingewiesen, daß turbulente Diffusion i. allg. richtungsabhängig ist, daß so z. B. Mischungslängen und Geschwindigkeiten für die horizontale und die vertikale Diffusion verschieden sein können.

Wegen des Beharrungsvermögens der turbulenten Bewegung, wie es durch die über einen längeren Zeitraum nicht verschwindenden Korrelationen beschrieben wird, ist die turbulente Diffusion oft von dem zeitlichen Entwicklungszustand des Diffusionsproblems abhängig, was sich z. B. in zeitabhängigen Diffusionskoeffizienten äußern kann. Auch dies ist ein wichtiger Unterschied gegenüber der molekularen Diffusion.

Dieser Sachverhalt kommt ganz wesentlich bei einem für die turbulente Durchmischung spezifischen Problem zum Tragen, bei dem Problem der „freien" Beimengungswolke. Eine Analogie soll diesen Punkt verdeutlichen: Gibt man in ein Glas Wasser einen Tropfen Tinte und beginnt zu rühren, so wird der Tropfen am Anfang in erster Linie als Ganzes von der Strömung mitgenommen werden, selbst aber zunächst nur sehr langsam auseinander diffundieren, da anfangs nur die sehr kleinen, wenig effektiven Wirbel zu einer Verdünnung der Tinte entgegen dem Konzentrationsgradienten beitragen werden. Erst wenn der Tropfen allmählich etwas größer geworden ist, tragen auch größere Wirbel zur Durchmischung – und nicht nur zum Transport der Wolke als Ganzem – bei; erst wenn dieser Zustand erreicht ist, wird die Rührbewegung ein wirksamer Mischungsprozeß, die Durchmischung macht dann rasch weitere Fortschritte. Anders ausgedrückt: Wirbelgrößen oder – wenn man so will – Mischungslängen, die deutlich größer sind als die Ausdehnung einer Beimengungswolke, tragen nicht zur Durchmischung bzw. zur Diffusion im Sinne eines Transportes entgegen dem Konzentrationsgradienten bei, sondern führen die Beimengungswolke als Ganzes mit.

Bei der Behandlung der turbulenten Diffusion werden wir eine ähnliche Reihenfolge wie bei der Besprechung der molekularen Diffusion wählen: Zunächst soll wieder die aus dem Diffusionsprozeß resultierende mittlere Verschiebung, d. h. Größen der Art $\sigma_x^2 = \langle (x - x_0)^2 \rangle$ und entsprechend σ_y^2 und σ_z^2, untersucht werden. Dann werden wir Ausdrücke für die turbulent-diffusiven Flüsse suchen und eine turbulente Transportgleichung aufstellen. Im letzten Unterabschnitt werden wir noch das gerade erwähnte Problem der freien Beimengungswolke diskutieren.

6.4.1 Quadratisch gemittelte Verschiebung und das Theorem von Taylor

Man könnte daran denken, die quadratisch gemittelte Entfernung vom Ursprung, σ bzw. σ_x, σ_y und σ_z, in Analogie zur molekularen Diffusion auch bei der turbulenten Diffusion in der Form $\sigma_x^2 = 2 \cdot \langle v'_x \cdot l_x \rangle \cdot t$ und in analogen Ausdrücken für σ_y^2 und σ_z^2 anzusetzen. Wir werden später, bei der Besprechung eines Gradientansatzes für die turbulente Diffusion, davon auch Gebrauch machen. Prinzipiell und ohne weitere Prämissen ist dieser Ansatz aber unbefriedigend, da er von der physikalisch zunächst nicht hinreichend exakt definierten mittleren Mischungslänge l und von der im Falle der turbulenten Bewegung ja nicht gegebenen reinen Zufallsbewegung ausgeht und die endliche Korrelation der Fluktuationsgeschwindigkeiten zu verschiedenen Zeitpunkten nicht berücksichtigt.

Wir werden deshalb unter Benutzung der im vorhergehenden Abschnitt eingeführten Autokorrelationsfunktionen einen Ausdruck für die mittleren Quadrate der Entfernung vom Ursprung, das sog. Theorem von Taylor, ableiten und diskutieren. Das Ergebnis erlaubt es dann auch, die Grenzen für den gerade zur Diskussion gestellten Ansatz für σ und damit auch die Grenzen für den später zu besprechenden Gradientansatz (s. Abschn. 6.4.3) abzuschätzen und einen etwas tiefer gehenden Begriff von der Mischungslänge zu erarbeiten.

Das Taylorsche Theorem liefert einen Zusammenhang zwischen der mittleren quadratischen Verschiebung und der Lagrangeschen Korrelationsfunktion. Die Argumentation beruht auf einer Erweiterung der im Abschn. 6.1 erarbeiteten Ableitung der Beziehung $d\sigma^2/dt = 2/3 \cdot v^2 \cdot \tau$:

Zur Ableitung des Taylorschen Theorems gehen wir davon aus, daß $\overline{v_x} = \langle v_x \rangle = 0$ ist, und damit $dx/dt = v = v'$ wird (wir wollen hier exemplarisch die Beziehung für die x-Richtung begründen). Dies stellt keine Einschränkung der Allgemeinheit dar; ein endliches $\bar{v}$ bzw. $\langle v \rangle$ bedeutet lediglich eine Koordinatentransformation. Es gilt:

$$\frac{d}{dt}\sigma_x^2(t) = \frac{d}{dt}\langle x^2(t) \rangle = 2 \cdot \left\langle x(t) \cdot \frac{dx(t)}{dt} \right\rangle = 2 \cdot \langle x(t) \cdot v'(t) \rangle \tag{6.105}$$

(da die Mittelung über alle Luftpakete und nicht über die Zeit geht, dürfen Mittelbildung und Differentiation miteinander vertauscht werden).

Mit

$$x(t) = \int_0^t v'_x(t') \cdot dt'$$

wird dies zu

$$\frac{d}{dt}\sigma_x^2(t) = 2 \cdot \left\langle v'_x(t) \cdot \int_0^t v'_x(t') \cdot dt' \right\rangle; \tag{6.106}$$

dabei ist t die „Jetztzeit“, t′ ist die laufende Zeit von t = 0 bis zur Jetztzeit. Da bei festgehaltener oberer Integrationsgrenze t die Größe $v'_x(t)$ eine Konstante ist, kann $v'_x(t)$ unter das Integral genommen werden:

$$\frac{d}{dt}\sigma_x^2(t) = 2 \cdot \int_0^t \langle v'_x(t) \cdot v'_x(t') \rangle \cdot dt' = 2 \cdot \overline{v_x'^2(t)} \cdot \int_0^t \frac{\langle v'_x(t) \cdot v'_x(t') \rangle}{\langle v_x'^2(t) \rangle} \cdot dt'. \tag{6.107}$$

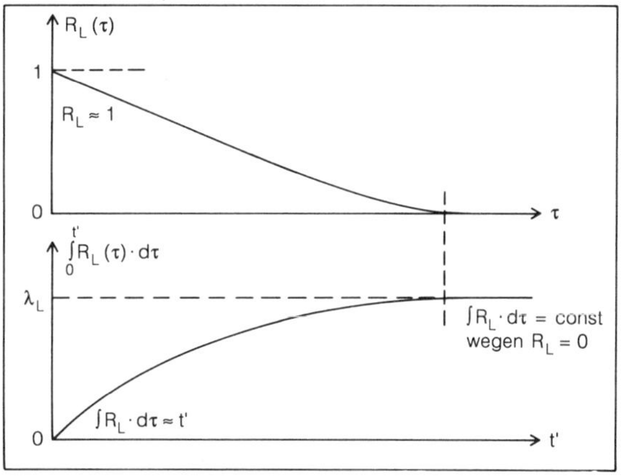

Abb. 6.9. Zur Diskussion des Theorems von Taylor. *Oben:* Typischer Verlauf der Lagrangeschen Autokorrelationsfunktion in willkürlichen Einheiten als Funktion von τ. *Unten:* Verlauf des „inneren" Integrals des Taylorschen Theorems

Die letzte Umformung in Gl. 6.107 ist zulässig, da $\langle v_x'^2(t)\rangle = \overline{v_x'^2(t)} = \text{const}$ ist. Mit $t' = t - \tau$ und entsprechend $dt' = -d\tau$ ergibt sich schließlich

$$\frac{d}{dt}\sigma_x^2(t) = 2\cdot\overline{v_x'^2(t)}\cdot\left[-\int_{\tau=t}^{\tau=0}\frac{\langle v_x'(t)\cdot v_x'(t-\tau)\rangle}{\langle v_x'^2(t)\rangle}\cdot d\tau\right] \tag{6.108}$$

$$= 2\cdot\overline{v_x'^2(t)}\cdot\int_{\tau=0}^{\tau=t}\frac{\langle v_x'(t)\cdot v_x'(t-\tau)\rangle}{\langle v_x'^2(t)\rangle}\cdot d\tau = 2\cdot\overline{v_x'^2(t)}\cdot\int_0^t R_{L,x}(\tau)\cdot d\tau.$$

Die Transformation der Integrationsgrenzen folgt daraus, daß $\tau = t$ mit $t' = 0$ und $\tau = 0$ mit $t' = t$ gleichbedeutend ist; τ ist gewissermaßen die Differenz zwischen der Jetztzeit t und der in der Vergangenheit laufenden Zeit t′.

Durch Integration erhalten wir dann das Taylorsche Theorem:

$$\sigma_x^2(t) = 2\cdot\overline{v_x'^2(t)}\cdot\int_0^t\int_0^{t'} R_{L,x}(\tau)\cdot d\tau\cdot dt'. \tag{6.109}$$

Analoge Beziehungen ergeben sich natürlich für σ_y^2 und für σ_z^2.

Zur Veranschaulichung und Diskussion des Taylorschen Theorems ist in Abb. 6.9 oben ein typischer Zeitverlauf der Lagrangeschen Korrelationsfunktion und unten der Verlauf des inneren Integrals $\int R_L(\tau)\cdot d\tau$ als Funktion von t′ aufgetragen. Da R_L (wir lassen im folgenden den Index x der Einfachheit halber weg) zunächst ≈ 1 ist, steigt dieses Integral anfangs linear an und hat den Wert t′. Im weiteren Verlauf trägt dann die Korrelationsfunktion immer weniger zum Integral bei; wenn R_L schließlich auf Null abgefallen ist, hat das Integral einen konstanten Wert, die sog. Lagrangesche Skalenzeit, λ_L, angenommen. λ_L ist um so größer, je langsamer R_L abnimmt, je größer also die Tendenz eines Luftpaketes ist, seine Geschwindigkeit beizubehalten.

Für den Verlauf der mittleren quadratischen Verschiebung folgt hieraus:

- Für sehr kurze Diffusionszeiten ($t \ll \lambda_L$):

$$\sigma^2(t) = 2\cdot\overline{v'^2}\cdot\int_0^t t'\cdot dt' = \overline{v'^2}\cdot t^2 \tag{6.110}$$

bzw.

$$\sigma(t) = \sqrt{\overline{v'^2}} \cdot t; \tag{6.111}$$

für sehr kurze Zeiten ist also σ der Diffusionszeit proportional.

- Für lange Diffusionszeiten ($t \gg \lambda_L$):

$$\sigma^2(t) = 2 \cdot \overline{v'^2} \cdot \int_0^t \lambda_L \cdot dt' = 2 \cdot \overline{v'^2} \cdot \lambda_L \cdot t \tag{6.112}$$

bzw.

$$\sigma(t) = \sqrt{2 \cdot \overline{v'^2} \cdot \lambda_L \cdot t}; \tag{6.113}$$

für lange Zeiten ist σ also der Wurzel aus der Diffusionszeit proportional, ähnlich wie es bei der molekularen Diffusion der Fall ist.

Für das Auseinanderdiffundieren z. B. einer Rauchfahne aus einem Kamin bedeutet bei mittleren Turbulenzverhältnissen „kurz" einige Sekunden bis etwa eine Minute, „lang" etwa 1/4 bis 1/2 Stunde oder sogar noch länger (s. dazu auch den Verlauf der Korrelationsfunktionen in Abb. 6.6).

Bevor wir die Folgerungen des Taylorschen Theorems weiter diskutieren, soll noch in Abb. 6.10 an dem Beispiel einer Rauchfahne der Unterschied zwischen molekularer Diffusion (bzw. der molekularen Diffusion äquivalenter Fickscher Diffusion) und (kurzzeitiger) turbulenter Diffusion und die Bedeutung der Aussagen über σ illustriert werden. Man beachte dabei, daß für die Diffusion senkrecht zur mittleren Windrichtung, d. h. in y- und z-Richtung die x-Achse wegen $t = x/\bar{v}_x$ die Bedeutung der Zeitachse annimmt.

Wird eine Rauchfahne durch molekulare bzw. Ficksche Diffusion quer zur Hauptwindrichtung verbreitert, so ergibt sich – unter der Voraussetzung konstanter mittlerer Windgeschwindigkeit – als Form der Fahne wegen $\sigma_y \sim \sqrt{t}$ eine liegende Parabel, wie sie im linken Teil von Abb. 6.10 skizziert ist. Wird die Fahne dagegen von der Turbulenz erfaßt und durch turbulente Diffusion verbreitert, so gilt zunächst $\sigma_y \sim t$; dies darf aber nicht dahingehend mißverstanden werden, daß die

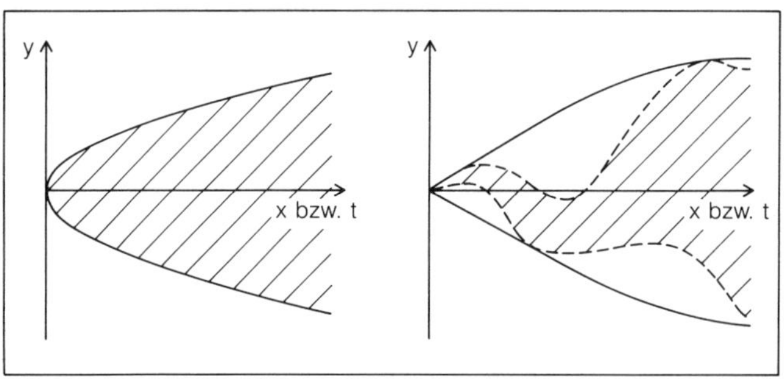

Abb. 6.10. Schematische Gegenüberstellung von molekularer Diffusion bzw. zeitunabhängiger Fickscher Diffusion (*links*) und kurzzeitiger turbulenter Diffusion (*rechts*). Die Skalierung der Achsen ist völlig willkürlich; die beiden Zeichnungen brauchen sich im Maßstab nicht zu entsprechen

Fahne einen linearen Kegel gleichmäßig – oder in einer Gauß-Verteilung – erfüllt. Die aus der Quelle auftretende Beimengung wird zwar diffusionsartig verbreitert, sie wird aber auch von den Turbulenzen einmal nach der einen und einmal nach der anderen Seite mitgenommen, so daß die Fahne in einer Momentaufnahme etwa die Gestalt hat, wie sie in Abb. 6.10 rechts schraffiert gezeichnet ist. Erst im zeitlichen Mittel – oder auch im gedanklichen Mittel über viele Rauchfahnen – erfüllt die Fahne einen Raum, wie er durch die durchgezogene Umrandung angedeutet ist.

Wir wollen jetzt eine Analogie zur molekularen Diffusion herstellen, die auch die Möglichkeit einer brauchbaren Definition der Mischungslänge eröffnet. Wir formen den für hinreichend lange Diffusionszeiten geltenden Ausdruck für die mittlere quadratische Verschiebung noch etwas um:

$$\begin{aligned}\sigma^2(t) = 2 \cdot \overline{v'^2} \cdot \lambda_L \cdot t &= 2 \cdot \langle v'^2 \rangle \cdot \lambda_L \cdot t \\ &= 2 \cdot \langle v' \cdot v' \cdot \lambda_L \rangle \cdot t \\ &= 2 \cdot \langle v' \cdot l' \rangle \cdot t; \end{aligned} \tag{6.114}$$

d. h. wir schreiben l' anstelle $v' \cdot \lambda_L$ und interpretieren l' als Mischungslänge (da λ_L eine Konstante ist, darf man sie unter die Mittelbildung ziehen). Damit haben wir den zu Beginn dieses Abschnitts zur Diskussion gestellten Ansatz in Analogie zur molekularen Diffusion erhalten, jetzt aber mit einer präziseren begrifflichen Fassung der Mischungslänge.

Nach dieser Diskussion des Taylorschen Theorems können wir jetzt abschätzen, wo Analogie zwischen molekularer und turbulenter Diffusion gegeben ist, und wo wesentliche Unterschiede bestehen: Behandeln wir Probleme, deren charakteristische Zeiten groß gegen die Lagrangesche Skalenzeit λ_L sind, so können wir die Ansätze und die Formalismen der molekularen bzw. Fickschen Diffusion auf die turbulente Diffusion übertragen: insbesondere ist dies i. allg. bei stationären, nicht zeitabhängigen Diffusionsproblemen der Fall. Bei Diffusionsproblemen mit kürzeren charakteristischen Zeiten dagegen müssen wir die spezifischen Eigenschaften der turbulenten Diffusion in Rechnung stellen, der Ficksche Ansatz ist dann nicht oder doch nur unter Inkaufnahme großer Fehler möglich; an die Stelle der Fickschen Diffusion tritt dann gegebenenfalls die sog. Nicht-Ficksche Diffusion mit zeitlich variablen Diffusionskoeffizienten. Wir werden bei der Behandlung des Gradientansatzes für die turbulente Diffusion im übernächsten Unterabschnitt darauf zurückkommen.

6.4.2 Das Konzept der korrelierten Fluktuationen als allgemeiner Ansatz für turbulent-diffusive Flüsse und die hieraus folgende Transportgleichung

Wie schon mehrfach angedeutet, hat die Turbulenz in gleicher Weise wie die Molekularbewegung das Bestreben, Konzentrationsunterschiede auszugleichen. Das bedeutet, daß mit der turbulenten Durchmischung ein Fluß skalarer und vektorieller Beimengungen entgegen dem Konzentrationsgradienten verbunden ist. Wir werden in diesem Abschnitt einen allgemein gültigen Ausdruck für den turbulenten Fluß ableiten, der nur von den zumindest prinzipiell unmittelbar meßbaren Fluktuationen der Windgeschwindigkeit und den Fluktuationen der Konzentration der Beimengung Gebrauch macht und auf Modellannahmen verzichtet. Dabei wird sich zeigen, daß die Nettoflußdichte einer Beimengung davon abhängt, wie weit die Fluktuationen von Geschwindigkeit und Beimengungskonzentration miteinander korreliert sind.

Wir betrachten zunächst die Flußdichte einer skalaren Beimengung mit der Konzentration c. Wir machen wieder von der allgemein gültigen Beziehung Gebrauch, daß die Flußdichte j immer als Produkt aus der Konzentration c und der Flußgeschwindigkeit v geschrieben werden kann, d. h., daß $j = c \cdot v$ ist (wir schreiben der Einfachheit halber die Beziehung hier mit skalaren Größen; natürlich kann die Gleichung auch als Vektorgleichung geschrieben werden).

Um den turbulenten Anteil an der Flußdichte zu erhalten, spalten wir c und v in Mittelwerte und Fluktuationen auf,

$$c = \bar{c} + c' \tag{6.115}$$

und

$$v = \bar{v} + v', \tag{6.116}$$

und erhalten als Momentanwert der Flußdichte

$$j = (\bar{c} + c')(\bar{v} + v') = \bar{c} \cdot \bar{v} + \bar{c} \cdot v' + c' \cdot \bar{v} + c' \cdot v'. \tag{6.117}$$

Wir interessieren uns naturgemäß für den mittleren Fluß und bilden deshalb das Zeitmittel von j. Bei der zeitlichen Mittelung, die ja im Prinzip eine Integration über die Mittelungszeit ist, gilt die Summenregel (Summation und Integration können vertauscht werden); zeitlich konstante Größen können aus der Mittelbildung herausgezogen werden, woraus auch folgt, daß eine zwei- oder mehrmalige Mittelung nichts Neues bringt. Berücksichtigen wir dies, so erhalten wir

$$\begin{aligned} \bar{j} &= \overline{\bar{c} \cdot \bar{v}} + \overline{\bar{c} \cdot v'} + \overline{c' \cdot \bar{v}} + \overline{c' \cdot v'} = \bar{c} \cdot \bar{v} + \bar{c} \cdot \overline{v'} + \overline{c'} \cdot \bar{v} + \overline{v' \cdot c'} \\ &= \bar{c} \cdot \bar{v} + \overline{c' \cdot v'}. \end{aligned} \tag{6.118}$$

Der zweite und der dritte Term auf der rechten Seite der ersten Zeile verschwinden, weil jeweils schon $\overline{c'} = 0$ und $\overline{v'} = 0$ sind. Der erste Term beschreibt den advektiven Transport durch die mittlere Strömung, der letzte Term beschreibt schließlich den Transport durch die Turbulenz. Damit haben wir den gesuchten Ausdruck für die turbulente Diffusionstromdichte erhalten, es gilt

$$j(\text{turbulent}) = \overline{c' \cdot v'}. \tag{6.119}$$

Hier erscheint das zeitliche Mittel über ein Produkt aus Fluktuationen, deren Zeitmittel einzeln verschwinden. Dieses Produkt ist unmittelbar ein Maß für die Korrelation zwischen den Fluktuationen von c und v; wenn diese Fluktuationen nicht korreliert sind, verschwindet das Zeitmittel von $v' \cdot c'$. Bis auf Normierungsfaktoren ist das Produkt $\overline{c' \cdot v'}$ mit der Eulerschen Korrelationsfunktion für c' und v' identisch; im Hinblick darauf bezeichnet man dieses Produkt als Covarianz $Co = \overline{c' \cdot v'}$ zwischen c' und v'. Wir sprechen von „Korrelierten Fluktuationen“ oder „eddy correlations“.

Die Messung der Fluktuationen und die Bestimmung der Korrelationen zwischen ihnen gibt ein Mittel an die Hand, turbulente Flußdichten absolut zu bestimmen, ohne auf Modellvorstellungen oder auf Korrekturen etwa wegen der Temperaturschichtung der Luft zurückgreifen zu müssen. Dieser prinzipielle Vorzug der Methode der korrelierten Fluktuationen darf natürlich nicht darüber hinwegtäuschen, daß die Realisierung unter Umständen große meßtechnische Probleme aufwerfen kann. Die Bestimmung der meist doch recht schnellen Fluktuationen ist bei Geschwindigkeiten noch relativ einfach durchzuführen (z. B. mit Hilfe von Doppler-Anemometern), auch schnelle Temperaturmessungen sind noch einigermaßen unproblematisch; bei manchen Spurenstoffen kann es aber sehr schwierig, wenn nicht sogar unmöglich werden, die Konzentrationen mit der nötigen zeitlichen Auflösung zu messen (man denke z. B. an Spurenstoffe, deren Konzentration mit konventionellen chemischen Methoden bestimmt werden muß).

Analog zu dem Vorgehen in Abschn. 6.1 können wir jetzt eine allgemeine Transportgleichung ableiten: Der soeben aufgestellte Ausdruck für die Flußdichte $\vec{j}$ (jetzt als Vektor geschrieben) beinhaltet sowohl den advektiven Fluß $\bar{c} \cdot \vec{\bar{v}}$ als auch den turbulenten Fluß $\overline{c' \cdot \vec{v}'}$. Diese Flüsse ergänzen wir noch mit dem Ausdruck für die Flußdichte durch die molekulare Diffusion $-D \cdot \operatorname{grad} \bar{c}$ und erhalten so

$$\vec{j} = \bar{c} \cdot \vec{\bar{v}} + \overline{c' \cdot \vec{v}'} - D \cdot \operatorname{grad} \bar{c}. \tag{6.120}$$

Die zeitliche Änderung der Konzentration an einem bestimmten Ort ergibt sich wieder aus der negativen Divergenz der Flußdichte. Damit erhält man als allgemeine Transportgleichung

$$\frac{\partial \bar{c}}{\partial t} = -\operatorname{div}(\bar{c} \cdot \vec{\bar{v}}) - \operatorname{div}(\overline{c' \cdot \vec{v}}) + D \cdot \Delta \bar{c}, \tag{6.121}$$

wobei mit Δ der Laplace-Operator bezeichnet ist.

Den turbulenten Fluß von Impuls, d. h. die Schubspannung durch turbulente Reibung, erhalten wir mit genau der gleichen Argumentation wie den Fluß einer skalaren Beimengung. Um Schwierigkeiten mit der Tensor-Notation für die Schubspannung zu vermeiden, betrachten wir den speziellen, aber für die Dynamik der unteren Atmosphäre besonders wichtigen Fall des vertikalen Flusses der Dichte von Horizontalimpuls, oder anders ausgedrückt, die Schubspannung an einer horizontalen Fläche, die durch einen vertikalen Gradienten der mittleren horizontalen Windgeschwindigkeit entsteht (s. auch Kap. 3). Es ist

$$j_{px,z} = (\varrho \cdot v_x) \cdot v_z \tag{6.122}$$

die momentane vertikale Flußdichte von Horizontalimpuls, geschrieben als Produkt aus der Dichte des Horizontalimpulses (in der Klammer) und der vertikalen Flußgeschwindigkeit. Um den Mittelwert der Impulsflußdichte und damit die Schubspannung zu bekommen, spalten wir v_x und v_z wieder in Mittelwerte und Fluktuationen auf

$$v_x = \overline{v_x} + v'_x \quad \text{und} \quad v_z = \overline{v_z} + v'_z, \tag{6.123}$$

und erhalten durch Mittelung

$$\begin{aligned}\tau_{xz} = \overline{j_{px,z}} &= \varrho \cdot \overline{(\overline{v_x} + v'_x) \cdot (\overline{v_z} + v'_z)} \\ &= \varrho \cdot (\overline{v_x} \cdot \overline{v_z} + \overline{v_x} \cdot \overline{v'_z} + \overline{v'_x} \cdot \overline{v_z} + \overline{v'_x \cdot v'_z}) \\ &= \varrho \cdot (\overline{v_x} \cdot \overline{v_z} + \overline{v'_x \cdot v'_z}). \end{aligned} \tag{6.124}$$

Der erste Term ist der Beitrag der mittleren Strömung; er interessiert hier weiter nicht und verschwindet normalerweise, da im allgemeinen die mittlere Vertikalgeschwindigkeit $\overline{v_z} = 0$ ist. Der zweite und der dritte Term in der vorletzten Zeile sind einzeln gleich Null, da die Mittelwerte über die Fluktuationen der Geschwindigkeiten einzeln verschwinden. Der vierte Term in der vorletzten Zeile schließlich ist der Beitrag der Turbulenz zur Reibung, d. h. die gesuchte turbulente Schubspannung

$$\tau_{xz} = j_{px,z}(\text{turbulent}) = \varrho \cdot \overline{(v'_x \cdot v'_z)}. \tag{6.125}$$

In dieser Form wird die turbulenzbedingte Schubspannung oft als Reynolds-Spannung oder als „Reynolds stress" bezeichnet.

Für viele Anwendungen ist es zweckmäßig, die turbulente Schubspannung τ mit einer Größe u_* zu parametrisieren, die über

$$|\tau| = \varrho \cdot u_*^2 \tag{6.126}$$

bzw.

$$u_* = \sqrt{\frac{|\tau|}{\varrho}} \tag{6.127}$$

definiert ist. Diese Größe u_* hat die Dimension einer Geschwindigkeit und wird „Schubspannungsgeschwindigkeit" genannt. Für den hier diskutierten Fall gilt damit

$$u_* = \sqrt{|\overline{v'_x \cdot v'_z}|}. \tag{6.128}$$

Dieser Zusammenhang legt die Vermutung nahe, daß bei der kleinräumigen, einigermaßen isotropen Turbulenz u_* von der gleichen Größenordnung wie die turbulenten Geschwindigkeitsfluktuationen sein wird, wenn auch u_* wegen der unvollständigen Korrelationen zwischen den Fluktuationen etwas kleiner als diese sein sollte. Tatsächlich kann man bei Fluktuationsgeschwindigkeiten zwischen etwa 0,5 und 1 m/s mit Schubspannungsgeschwindigkeiten in der Größenordnung von 0,2 bis 0,5 m/s rechnen.

In Analogie zu den bisher behandelten Fällen, den diffusiven Flüssen materieller Beimengungen und den diffusiven Flüssen von Impuls, läßt sich die wichtige vertikale Wärmeflußdichte H_z zu

$$H_z = \varrho \cdot c_p \cdot \overline{\theta' \cdot v'_z} \tag{6.129}$$

mit c_p als spezifischer Wärme und θ als potentieller Temperatur angeben (zur Definition der potentiellen Temperatur s. Abschn. 2.2).

Wir wollen zum Schluß noch kurz, d. h. ohne näher auf den Formalismus einzugehen, am Beispiel des Impulsflusses besprechen, welche Fluktuationsfre-

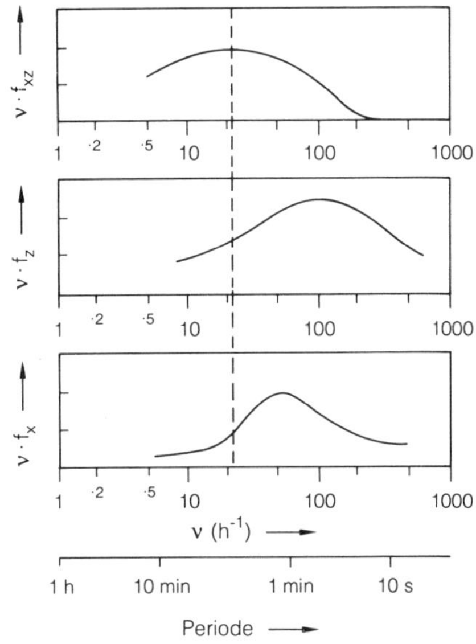

Abb. 6.11. Vergleich zwischen dem Korrelationsspektrum $f_{xz}(\nu)$ für die Korrelation zwischen v'_x und v'_z (*oben*) und den Einzelspektren für v'_x (*unten*) und v'_z (*Mitte*). (*Oben* und *Mitte* nach Lumley u. Panofsky 1964; die *untere Kurve* ist ein Ausschnitt aus Abb. 6.7)

quenzen schwerpunktmäßig zu den Korrelationen und damit zu den diffusiven Flüssen beitragen. Diese Frage ist nicht zuletzt vom Standpunkt der Meßtechnik her interessant, da Messungen von Konzentrationen und – in geringerem Maß – auch von Geschwindigkeiten um so schwieriger werden, je höher die geforderte zeitliche Auflösung ist.

Ähnlich wie wir das Energiedichtespektrum durch eine Frequenzanalyse des Quadrates der Fluktuationsgeschwindigkeit v'^2 erhielten, können wir auch die Covarianz $Co_{xz} = \overline{v'_x \cdot v'_z}$ zwischen v'_x und v'_z einer Frequenzanalyse unterziehen. Wir definieren hierzu wieder eine Verteilungsfunktion $f_{xz}(\nu)$, die angibt welcher Anteil dCo_{xz} an der gesamten Covarianz auf das Frequenzband zwischen ν und $\nu + d\nu$ fällt,

$$dCo_{xz} = \overline{v'_x \cdot v'_z} \cdot f_{xz}(\nu) \cdot d\nu, \tag{6.130}$$

wobei auch hier

$$\int_0^\infty f_{xz}(\nu) \cdot d\nu = 1 \tag{6.131}$$

gilt. Bei Analysen dieser Art stellt sich heraus, daß an der Covarianz schwerpunktsmäßig niedrigere Frequenzen beteiligt sind als an den Energiedichtespektren. Dieser Sachverhalt kann natürlich eine wichtige meßtechnische Erleichterung bei der Bestimmung diffusiver Flüsse mit der Methode der korrelierten Fluktuationen darstellen.

Abbildung 6.11 soll als Illustration dienen. Die obere Kurve zeigt ein Covarianzspektrum, die mittlere Kurve das zugehörige Spektrum der vertikalen Fluktuationen und die untere Kurve ein typisches Spektrum der horizontalen Fluktuationen (das allerdings einer anderen Messung entnommen ist).

6.4.3 Der Gradientansatz für die turbulente Diffusion

Als zweiten Ansatz für den turbulent-diffusiven Fluß von Beimengungen wollen wir einen Gradientansatz – in Analogie zum Fickschen Ansatz bei der molekularen Diffusion – diskutieren. Dieser Ansatz stellt zwar in gewissem Sinn nur ein Modell dar und gilt – zumindest ohne weitere Zusatzannahmen wie der Zeitabhängigkeit der Diffusionskoeffizienten – nur mit den schon oben erwähnten Einschränkungen (z. B. nur für lange Zeiten oder für zeitunabhängige Probleme); er hat aber sehr große Vorteile für die rechnerische Behandlung von Diffusionsproblemen, da der ganze analytische und numerische Formalismus und der große Lösungsvorrat der Fickschen Diffusion übernommen werden kann; auch erlaubt er oft einfache und prägnante Formulierungen von Diffusionsvorgängen (wir werden z. B. im 7. Kap. trotz aller Einwände selbst sehr viel Gebrauch von dem Gradientansatz machen).

Wir gehen wieder von der Annahme aus, daß die Dichte des turbulenten Flusses dem Gradienten der Konzentration der skalaren oder vektoriellen Beimengung proportional ist. Wir bezeichnen den Proportionalitätsfaktor K als turbulenten Diffusionskoeffizienten oder – nicht ganz korrekt – als turbulente Diffusionskonstante. Da die turbulente Diffusion i. allg. nicht isotrop sein muß, schreiben wir (mit c als Symbol für die Konzentration der Beimengung):

$$j_x = -K_x \cdot \frac{\partial c}{\partial x} \tag{6.132}$$

$$j_y = -K_y \cdot \frac{\partial c}{\partial y} \tag{6.133}$$

$$j_z = -K_z \cdot \frac{\partial c}{\partial z}. \tag{6.134}$$

Wir wollen jetzt versuchen, für die turbulenten Diffusionskoeffizienten, die hier ja nur als Proportionalitätsfaktoren eingeführt sind, eine adäquate physikalische Beschreibung und Begründung zu finden, die auch die weiter oben dargelegte Zeitabhängigkeit eines Diffusionsproblems in Rechnung stellt. Wir werden dabei so vorgehen, daß wir zunächst nach einem allgemeinen Zusammenhang zwischen der Varianz σ^2 und dem Diffusionskoeffizienten suchen und im zweiten Schritt darauf das Taylorsche Theorem anwenden.

Bei der Behandlung der molekularen Diffusion hatten wir für den Zusammenhang zwischen der Varianz σ^2 und dem Diffusionskoeffizienten D die Beziehung

$$\frac{d\sigma^2}{dt} = 2 \cdot D \tag{6.135}$$

bzw.

$$\sigma^2 = 2 \cdot D \cdot t \tag{6.136}$$

gefunden, die bei bekannter Varianz natürlich auch umgekehrt zur Berechnung von D herangezogen werden kann. Wir wollen diese Beziehung verallgemeinern und auf die turbulente Diffusion anwenden. Wir betrachten die Diffusion in x-Richtung und lassen zur einfacheren Darstellung den Index x weg, solange keine Gefahr von Mißverständnissen aufkommt (schreiben also z. B. σ statt σ_x etc.). Wir gehen von

$$\sigma^2 = \langle x^2 \rangle \tag{6.137}$$

aus, wobei noch einmal klargestellt werden soll, daß x die Entfernung eines Luftpaketes oder eines Anteils der Beimengung in einem Luftpaket von dem Ursprung und $\langle\ \rangle$ die Mittelung über alle Luftpakete und damit über alle Beimengungsanteile bedeuten. Für die Zeitabhängigkeit der Varianz gilt

$$\frac{d\sigma^2}{dt} = \frac{d}{dt}\langle x^2 \rangle = \left\langle \frac{dx^2}{dt} \right\rangle = 2 \cdot \left\langle x \cdot \frac{dx}{dt} \right\rangle = 2 \cdot \langle x \cdot v \rangle. \tag{6.138}$$

Die Mittelung schreiben wir um:

$$\frac{d\sigma^2}{dt} = \frac{2}{C_0} \cdot \int_{-\infty}^{\infty} x \cdot v(x) \cdot c(x) \cdot dx, \tag{6.139}$$

wobei c(x) die „eindimensionale" Konzentration (d. h. Menge pro Strecke) der Beimengung in dem sich bei x befindlichen Luftpaket ist und C_0 die Gesamtmenge der Beimengung bedeutet. Jetzt stellt aber $v(x) \cdot c(x)$, d. h. das Produkt aus Geschwindigkeit und Konzentration, gerade die diffusionsbedingte Flußdichte am Ort x dar; hierfür können wir auch

$$v(x) \cdot c(x) = j_x = -K \cdot \frac{dc(x)}{dx} \tag{6.140}$$

schreiben und erhalten

$$\frac{d\sigma^2}{dt} = -\frac{2}{C_0} \cdot \int_{-\infty}^{\infty} x \cdot K \cdot \frac{dc(x)}{dx} \cdot dx. \tag{6.141}$$

Wir nehmen jetzt an, daß der Diffusionskoeffizient unabhängig vom Ort ist (was nicht Unabhängigkeit von der Zeit beinhaltet!) und vor das Integral gezogen werden kann. Auf den verbleibenden Integranden wenden wir die Kettenregel an,

$$\frac{d(x \cdot c)}{dx} = c + x \cdot \frac{dc}{dx}, \tag{6.142}$$

und erhalten

$$\frac{d\sigma^2}{dt} = -\frac{2 \cdot K}{C_0} \cdot \left[\int_{-\infty}^{\infty} \frac{d(x \cdot c)}{dx} \cdot dx - \int_{-\infty}^{\infty} c \cdot dx \right]. \tag{6.143}$$

Das 1. Integral wird Null, wenn wir annehmen, daß sich die gesamte Beimengung im Endlichen befindet, da dann $x \cdot c$ an den Integrationsgrenzen verschwindet. Das 2. Integral entspricht aber gerade der gesamten Beimengung C_0. Damit haben wir die gewünschte allgemeine Beziehung zwischen dem mittleren quadratischen Abstand vom Ursprung und dem Diffusionskoeffizienten erhalten:

$$\frac{d\sigma^2}{dt} = 2 \cdot K. \tag{6.144}$$

Dieser Zusammenhang liefert umgekehrt Bestimmungsgleichungen für die turbulenten Diffusionskoeffizienten (jetzt wieder komponentenweise geschrieben):

$$K_x = \frac{1}{2} \cdot \frac{d\sigma_x^2}{dt} \tag{6.145}$$

$$K_y = \frac{1}{2} \cdot \frac{d\sigma_y^2}{dt} \tag{6.146}$$

$$K_z = \frac{1}{2} \cdot \frac{d\sigma_z^2}{dt}. \tag{6.147}$$

Wendet man jetzt hierauf das Theorem von Taylor an, so erhält man schließlich

$$K_x(t) = \overline{v_x'^2} \cdot \int_0^t R_{L,x}(\tau) \cdot d\tau \tag{6.148}$$

sowie entsprechende Beziehungen für die y- und die z-Komponenten. Damit haben wir eine physikalische Interpretation des turbulenten Diffusionskoeffizienten in dem Sinne erreicht, daß der Diffusionskoeffizient auf die Turbulenzstrukturen zurückgeführt ist, soweit diese durch die Lagrangesche Autokorrelation beschrieben werden.

Für kurze Diffusionszeiten erhalten wir die schon erwähnte Nicht-Ficksche Diffusion. Für sehr kurze Zeiten, solange $R_L \approx 1$ ist, gilt dann beispielsweise

$$K_x(t) \approx \overline{v_x'^2} \cdot t, \tag{6.149}$$

d. h. der turbulente Diffusionskoeffizient steigt linear mit der Zeit an.

Für hinreichend lange Diffusionszeiten liefert die Ausführung des Integrals gerade die Lagrangesche Skalenzeit $\lambda_{L,x}$, und wir können schreiben

$$K_x = \overline{v_x'^2} \cdot \lambda_{L,x} \tag{6.150}$$

oder mit der gleichen Argumentation wie bei der Diskussion des Taylorschen Theorems (s. S. 257)

$$K_x = \overline{v_x' \cdot v_x' \cdot \lambda_{L,x}} = \overline{v_x' \cdot l_x'}. \tag{6.151}$$

Gleiche Überlegungen gelten natürlich für die anderen Raumrichtungen.

Von der etwas anders gelagerten Mittelbildung einmal abgesehen haben wir damit für hinreichend große Zeiten eine formale Analogie zur molekularen Diffusion gefunden, bei der die turbulente Fluktuationsgeschwindigkeit das Analogon zur thermischen Geschwindigkeit und der als Produkt aus turbulenter Geschwindigkeit und Lagrangescher Skalenzeit definierte Mischungsweg l' das Analogon zur mittleren freien Weglänge der Moleküle sind. Diese Argumentation soll allerdings nicht darüber hinwegtäuschen, daß der Begriff des Mischungsweges sich zwar in der Anwendung bewährt hat, aber doch nicht die gleiche physikalische Faßbarkeit hat wie die freie Weglänge der Moleküle.

Ähnlich wie im Fall der molekularen Diffusion wollen wir dieser zwar in sich schlüssigen, aber doch etwas formalen Ableitung noch eine etwas anschaulichere

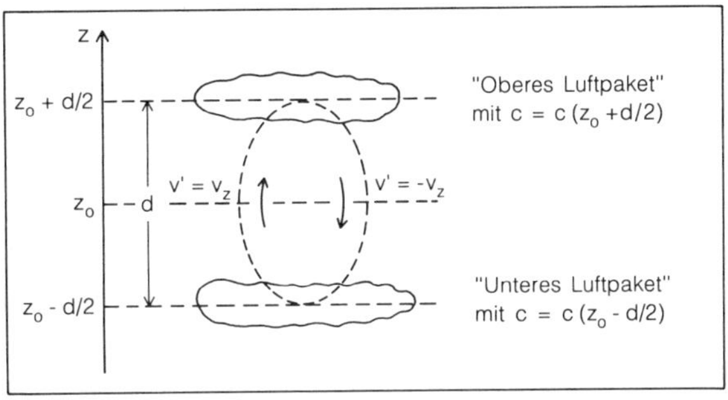

Abb. 6.12. Plausibilitätsbetrachtung zum Gradientansatz und zum Konzept des Prandtlschen Mischungsweges

Plausibilitätsbetrachtung gegenüber stellen, über die Prandtl ursprünglich das Konzept des Mischungsweges eingeführt hat. Dazu gehen wir von dem in Abschn. 6.4.2 über den Begriff der korrelierten Fluktuationen abgeleiteten Ausdruck für die Flußdichte einer skalaren Beimengung,

$$j_z = \overline{v'_z \cdot c'} \tag{6.152}$$

aus und versuchen, anhand von Abb. 6.12 einen Gradientansatz für j_z zu erhalten.

In Abb. 6.12 sind zwei Luftpakete oder Beimengungswolken dargestellt, die den Abstand d voneinander haben sollen; zwischen diesen Luftpaketen soll ein Wirbel oder ein Turbulenzelement, dessen vertikale Ausdehnung gerade dem Abstand d der beiden Wolken entspricht, Luft austauschen. Wir interessieren uns dann für die Nettoflußdichte durch die Bezugsebene bei $z = z_0$. Das Turbulenzelement transportiert im linken Zweig der Abbildung Luft mit der Beimengungskonzentration $c(z_0 - d/2)$ nach oben; die Bezugsebene „sieht" also eine „Fluktuation" gegenüber dem Mittelwert $c(z_0)$ von der Größe $c' = c(z_0 - d/2) - c(z_0)$. Umgekehrt wird im rechten Zweig der Abbildung Luft mit der Beimengungskonzentration $c(z_0 + d/2)$ abwärts durch die Ebene $z = z_0$ transportiert. In dieser Ebene tritt rechts also eine „Fluktuation" $c' = c(z_0 + d/2) - c(z_0)$ auf. Die Rolle der Geschwindigkeitsfluktuationen v' übernehmen die Geschwindigkeiten v_z im aufwärts gerichteten Zweig bzw. $-v_z$ im abwärts gerichteten Zweig des Wirbels. Da die „Fluktuationen" voll korreliert sind, können wir einfach die Produkte bilden und diese addieren. Die Nettoflußdichte ist dann gegeben durch

$$\begin{aligned} j_z &= (v' \cdot c')_\uparrow + (v' \cdot c')_\downarrow \\ &= v_z \cdot \left[c\left(z_0 - \frac{d}{2}\right) - c(z_0)\right] + (-v_z) \cdot \left[c\left(z_0 + \frac{d}{2}\right) - c(z_0)\right] \\ &= v_z \cdot \left[c\left(z_0 - \frac{d}{2}\right) - c\left(z_0 + \frac{d}{2}\right)\right]. \end{aligned} \tag{6.153}$$

Für die Änderung von c(z) machen wir wieder die lineare Näherung

$$c\left(z_0 \pm \frac{d}{2}\right) = c(z_0) \pm \frac{d}{2} \cdot \frac{dc}{dz} \tag{6.154}$$

und erhalten

$$j_z = - v_z \cdot d \cdot \frac{dc}{dz} \tag{6.155}$$

oder, mit $K_z = v_z \cdot d$,

$$j_z = - K_z \cdot \frac{dc}{dz} . \tag{6.156}$$

Wir haben auch auf diese Weise eine formale Analogie zur gaskinetischen Interpretation des Fickschen Diffusionsansatzes erhalten. Man muß sich dabei aber im klaren sein, daß in diesem Modell nur eine einheitliche Wirbelgröße mit dem Durchmesser d vorkommt, die Tatsache eines breiten Wirbelspektrums also nicht berücksichtigt ist. Es liegt aber natürlich auf der Hand, diese zunächst noch etwas unklare und artifizielle Wirbelgröße mit dem oben mit Hilfe des Autokorrelationsansatzes eingeführten Mischungsweg zu identifizieren.

Ebenso wie für stoffliche Beimengungen lassen sich Gradientansätze für die Impulsflußdichte, d. h. für die Schubspannung, und für die Wärmeflußdichte, d. h. für die turbulente Wärmeleitung, formulieren.

Setzen wir beispielsweise die Dichte des Horizontalimpulses, $\varrho \cdot v_x$, in die Rechnung oben ein, so erhalten wir die Schubspannung

$$\begin{aligned} \tau_{xz} = j_{px,z} &= - \overline{v_z' \cdot l_z'} \cdot \varrho \cdot \frac{dv_x}{dz} \\ &= - K_z \cdot \varrho \cdot \frac{dv_x}{dz} = - A \cdot \frac{dv_x}{dz} . \end{aligned} \tag{6.157}$$

Die Größe $A = \varrho \cdot K_z$, die der dynamischen Viskosität η bei der molekularen Reibung entspricht, wird als Austauschkoeffizient bezeichnet.

Setzen wir statt c die Dichte der Wärmeenergie, $c_p \cdot \varrho \cdot \theta$, ein, so erhalten wir den vertikalen Wärmefluß H zu

$$H = - c_p \cdot \varrho \cdot \overline{v_z' \cdot l_z'} \cdot \frac{d\theta}{dz} = - c_p \cdot \varrho \cdot K_z \cdot \frac{d\theta}{dz} . \tag{6.158}$$

Formal sind die hier angeführten turbulenten Diffusionskoeffizienten für stoffliche Beimengungen, für Wärme und für Impuls gleich. Real können kleine Unterschiede auftreten, auf die wir im 7. Kap. zurückkommen werden; die Verhältnisse zwischen den Koeffizienten für skalare Beimengungen und für Impuls sind aber von der Größenordnung eins.

Die aktuellen vertikalen Diffusionskoeffizienten nehmen vom Boden, wo sie praktisch Null sind, bis zur Obergrenze der Prandtl-Schicht bei angenähert neutraler Temperaturschichtung etwa linear bis im Mittel ca. $10^5\,cm^2/s$ zu; kurzfristig können allerdings Schwankungen um bis zu einer Größenordnung nach beiden Seiten auftreten (Diffusionskoeffizienten und Gradienten in der Prandtl-Schicht bei nichtneutraler Temperaturschichtung werden im 7. Kap. behandelt). Oberhalb der Prandtl-Schicht nehmen sie wieder ein wenig ab. Ein guter Mittelwert für die untere Troposphäre bis etwa 2 km Höhe ist $5 \cdot 10^4\,cm^2/s$. Oberhalb der

Bodenreibungszone ist erstaunlich wenig über die vertikalen Diffusionskoeffizienten bekannt; die experimentellen Daten sind widersprüchlich. Als Mittelwert kristallisiert sich für die Troposphäre oberhalb von etwa 2 km Höhe ein mittlerer vertikaler Diffusionskoeffizient von 1 bis $2 \cdot 10^5\,cm^2/s$ heraus.

Für die stratosphärischen vertikalen Diffusionskoeffizienten geben Davidson, Friend u. Seitz (1965) etwa 1 bis $2 \cdot 10^3\,cm^2/s$ an; lediglich in der unteren polaren Stratosphäre finden sie Werte, die um bis zu einer Größenordnung darüber liegen können. Hidalgo u. Crutzen (1977) finden für die vertikalen Diffusionskoeffizienten in der tropischen Tropopause Werte um $1{,}2 \cdot 10^3\,cm^2/s$ und in der tropischen Stratosphäre Werte zwischen 3 und $8 \cdot 10^3\,cm^2/s$; für die höheren Breiten geben sie 4 bis $8 \cdot 10^3\,cm^2/s$ in der Tropopause und 1 bis $3 \cdot 10^4\,cm^2/s$ in der Stratosphäre an.

Die Größenordnungen der aktuellen horizontalen Diffusionskoeffizienten, die sich ebenfalls aus Ausbreitungsexperimenten abschätzen lassen (s. z. B. Pasquill u. Smith 1983), liegen im lokalen Bereich (Transport über einige hundert Meter) bei 10^4 bis $10^5\,cm^2/s$, im regionalen Bereich (Transportwege um 100 km) bei 10^7 bis $10^8\,cm^2/s$, und im globalen Bereich, bei Transportwegen von 1000 km und darüber, bei etwa $10^{10}\,cm^2/s$. Die großräumigen lateralen Diffusionskoeffizienten in der Stratosphäre sind von der gleichen Größenordnung wie in der Troposphäre, d. h. ebenfalls um $10^{10}\,cm^2/s$.

Mit dem in diesem Abschnitt diskutierten Gradientenansatz kann man nun eine der Fickschen Gleichung analoge Diffusionsgleichung in der Form

$$\frac{\partial c}{\partial t} = \frac{\partial}{\partial x}\left(K_x \cdot \frac{\partial c}{\partial x}\right) + \frac{\partial}{\partial y}\left(K_y \cdot \frac{\partial c}{\partial y}\right) + \frac{\partial}{\partial z}\left(K_z \cdot \frac{\partial c}{\partial z}\right) \tag{6.159}$$

aufstellen; in dieser Möglichkeit liegt ja eben der große Vorteil des Gradientenansatzes. Ebenso kann man damit die in dem vorangegangenen Abschnitt besprochene Transportgleichung (s. Gl. 6.121) in der Form

$$\begin{aligned}\frac{\partial c}{\partial t} = {} & \frac{\partial}{\partial x}\left[-c \cdot \overline{v_x} + (K_x + D) \cdot \frac{\partial c}{\partial x}\right] \\ & + \frac{\partial}{\partial y}\left[-c \cdot \overline{v_y} + (K_y + D) \cdot \frac{\partial c}{\partial y}\right] \\ & + \frac{\partial}{\partial z}\left[-c \cdot \overline{v_z} + (K_z + D) \cdot \frac{\partial c}{\partial z}\right]\end{aligned} \tag{6.160}$$

schreiben.

Für die Lösungen der Diffusionsgleichung sei auf die Anmerkungen im Abschn. 6.1 verwiesen. Wir wollen hier nur auf zwei spezielle, in der Anwendung besonders wichtige Lösungen eingehen; auf die zweite werden wir auch im Abschn. 6.5 wieder zurückkommen.

Die erste ist die sog. Quell-Lösung der Diffusionsgleichung, die das Auseinanderdiffundieren einer am Ursprung einmalig, z. B. in einer Explosion, freigesetzten Beimengung beschreibt und die in ihrem Zustandekommen und in ihrer Struktur der am Ende des Abschn. 6.1.1 diskutierten Konzentrationsverteilung entspricht.

Unter Vernachlässigung von D gegenüber K lautet diese Lösung

$$c(x, y, z, t) = \frac{C_0}{(2 \cdot \pi)^{3/2} \cdot \sigma_x \cdot \sigma_y \cdot \sigma_z} \cdot \exp\left[-\left(\frac{x^2}{2 \cdot \sigma_x^2} + \frac{y^2}{2 \cdot \sigma_y^2} + \frac{z^2}{2 \cdot \sigma_z^2}\right)\right]$$

$$= \frac{C_0}{(2 \cdot \pi)^{3/2} \cdot (2 \cdot K_x \cdot t \cdot 2 \cdot K_y \cdot t \cdot 2 \cdot K_z \cdot t)^{1/2}} \cdot \exp\left[-\left(\frac{x^2}{4 \cdot K_x \cdot t} + \frac{y^2}{4 \cdot K_y \cdot t} + \frac{z^2}{4 \cdot K_z \cdot t}\right)\right]. \quad (6.161)$$

Dabei bedeutet C_0 die Gesamtmenge der freigesetzten Beimengung. Wird die Beimengung nicht im Ursprung, sondern an einem Ort mit den Koordinaten (x_0, y_0, z_0) freigesetzt, so ist in der Exponentialfunktion statt x etc. entsprechend $x - x_0$ etc. einzusetzen; wird die ganze Wolke noch von einem mittleren Wind weggetragen, so ist statt x etc. entsprechend $(x - x_0 - v_x \cdot t)$ etc. zu schreiben. Es sei aber ausdrücklich noch einmal daran erinnert, daß diese und auch die folgende Lösung nur gültig sind, solange die K-Koeffizienten als nicht zeitabhängig anzusehen sind.

Die zweite Lösung, die noch angegeben werden soll, betrifft den Fall der kontinuierlichen Freisetzung einer Beimengung z. B. aus einem Kamin unter Berücksichtigung eines Windes in x-Richtung, d. h. die Lösung, die eine Rauchfahne aus einem Schornstein oder ähnliches beschreibt. In diesem Fall kann man davon ausgehen, daß die Diffusion in der Hauptwindrichtung, d. h. in der x-Richtung, wegen der sich dann nur sehr langsam ändernden Konzentration in erster Näherung zu vernachlässigen ist. Die Diffusionsgleichung ist dann auf die zweidimensionale Diffusion in y- und z-Richtung reduziert. Die formale Lösung, mit noch offener Bedeutung der Integrationskonstanten const, lautet:

$$c(y, z, t) = \frac{\text{const}}{2 \cdot \pi \cdot \sigma_y \cdot \sigma_z} \cdot \exp\left[-\left(\frac{y^2}{2 \cdot \sigma_y^2} + \frac{z^2}{2 \cdot \sigma_z^2}\right)\right]. \quad (6.162)$$

Nun wird die in y- und z-Richtung diffundierende Wolke, die man sich als Scheibe mit einer Dicke, die gerade der Einheitslänge in x-Richtung entspricht, vorstellen kann, mit der Geschwindigkeit v_x in x-Richtung transportiert. Die Zeit t ist damit keine freie Variable mehr, sondern durch die Entfernung der Wolke vom Ursprung bestimmt; es ist $t = x/v_x$. Damit werden auch σ_y und σ_z Funktionen von x. Die Integrationskonstante const ist dann nicht mehr wie oben C_0 die gesamte freigesetzte Menge, sondern der pro Längeneinheit der x-Richtung in der Scheibe enthaltene Anteil der freigesetzten Beimengung; dieser hängt mit der Emissionsrate E über die Beziehung $\text{const} = E/v_x$ zusammen. Damit erhalten wir

$$c(x, y, z) = \frac{E}{2 \cdot \pi \cdot v_x \cdot \sigma_y(x) \cdot \sigma_z(x)} \cdot \exp\left[-\left(\frac{y^2}{2 \cdot \sigma_y^2(x)} + \frac{z^2}{2 \cdot \sigma_z^2(x)}\right)\right]. \quad (6.163)$$

Von dieser Darstellung werden wir im Abschn. 6.5 Gebrauch machen, wenn wir die empirische Bestimmung der σ besprechen. Wenn wir jetzt noch statt der σ die entsprechenden K-Koeffizienten einsetzen, so erhalten wir, wieder unter Berücksichtigung von $t = x/v_x$,

$$c(x, y, z) = \frac{E}{2 \cdot \pi \cdot v_x \cdot (2 \cdot K_y \cdot t \cdot 2 \cdot K_z \cdot t)^{1/2}} \cdot \exp\left[-\left(\frac{y^2}{4 \cdot K_y \cdot t} + \frac{z^2}{4 \cdot K_z \cdot t}\right)\right]$$

$$= \frac{E}{4 \cdot \pi \cdot x \cdot K_y^{1/2} \cdot K_z^{1/2}} \cdot \exp\left[-\left(\frac{y^2 \cdot v_x}{4 \cdot K_y \cdot x} + \frac{z^2 \cdot v_x}{4 \cdot K_z \cdot x}\right)\right]. \tag{6.164}$$

6.4.4 Die frei diffundierende Beimengungswolke und die $K \sim \sigma^{4/3}$-Beziehung

Zu Beginn des Abschn. 6.4 hatten wir – am Beispiel eines Tintentropfens in einem Glas Wasser – das für die turbulente Diffusion spezifische Problem der „frei diffundierenden", d. h. der von der Quelle losgelösten, durch turbulente Diffusion expandierenden Beimengungswolke angeschnitten. Die Diffusion war dadurch charakterisiert, daß Wirbel, die deutlich größer sind als die Wolke selbst, nicht zur Expansion beitragen, sondern die Wolke als Ganzes wegführen. Auf der anderen Seite ist zu erwarten, daß kleine Wirbel wegen ihrer geringen Effektivität auch keine wesentlichen Beiträge liefern. Dies bedeutet, daß nur ein relativ schmales Band aus dem Spektrum der Wirbel die diffusive Expansion bewirkt, wobei die Lage dieses Bandes innerhalb des Spektrums sicher sehr empfindlich von dem Entwicklungszustand und damit von der Größe der Beimengungswolke abhängt. Dieser Zusammenhang sollte sich beispielsweise in der Abhängigkeit der Größe der Beimengungswolke von der Zeit widerspiegeln, oder auch in der Abhängigkeit des effektiven turbulenten Diffusionskoeffizienten von der Ausdehnung der Beimengungswolke.

Schon Richardson (1926) hat auf eine Abhängigkeit der Art $K \sim \sigma^{4/3}$ über einen sehr großen Skalenbereich hingewiesen (K ist der turbulente Diffusionskoeffizient, unter σ sei jetzt die quadratisch gemittelte Entfernung von dem Zentrum der Beimengungswolke verstanden; die Ausdehnung der ganzen Wolke beträgt dann rund 4σ). Allerdings waren seine Daten noch relativ ungenau; die heute verfügbaren Daten zeigen aber, daß dieses $K \sim \sigma^{4/3}$-„Gesetz" abschnittweise sehr gut erfüllt ist. In Abb. 6.13 sind die heute bekannten Meßwerte für den lateralen Diffusionskoeffizienten in Abhängigkeit von der Ausdehnung der Beimengungswolke zusammengestellt. Es ist deutlich erkennbar, daß die angegebene Beziehung bis zu Ausdehnungen in der Größenordnung von 10 m gut erfüllt ist (Gerade I), daß dann offensichtlich ein Sprung um knapp eine Größenordnung auftritt, und daß dann, ab Ausdehnungen der Beimengungswolke von wenigen hundert Metern, das $K \sim \sigma^{4/3}$-Gesetz über einen sehr großen Skalenbereich wieder recht gut erfüllt ist (Gerade II).

Die Beziehung $K \sim \sigma^{4/3}$ ist der Zeitabhängigkeit $\sigma^2 \sim t^3$ äquivalent: Aus

$$\sigma^2 \sim t^3 \tag{6.165}$$

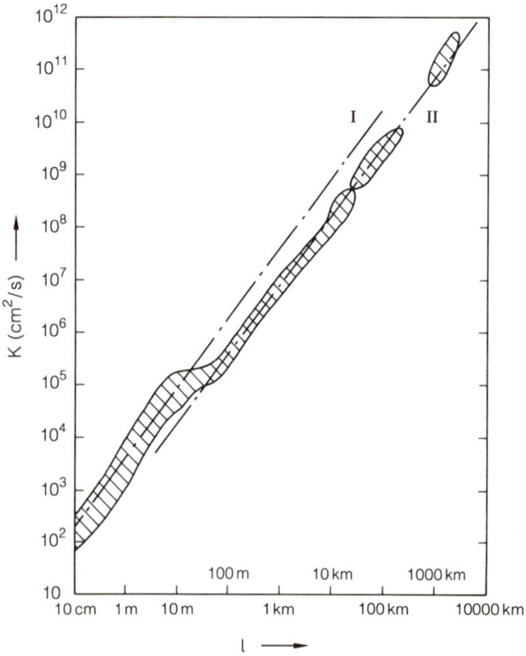

Abb. 6.13. Bereiche der empirischen Werte des horizontalen Diffusionskoeffizienten *K* in Abhängigkeit von der Ausdehnung *l* ($\approx 4 \cdot \sigma$) einer frei diffundierenden Beimengungswolke; die Werte sind einer Zusammenstellung von Fiedler (1982) entnommen. Die *beiden strichpunktierten Geraden* I und II entsprechen jeweils der Beziehung $K \sim l^{4/3}$

folgt nämlich

$$\frac{d\sigma^2}{dt} = 2 \cdot K \sim t^2, \tag{6.166}$$

was wegen

$$t^2 \sim (\sigma^2)^{2/3} \tag{6.167}$$

gleichbedeutend mit

$$K \sim \sigma^{4/3} \tag{6.168}$$

ist. Auch die Beziehung $\sigma^2 \sim t^3$ konnte experimentell verifiziert werden. Die schraffierte Fläche in Abb. 6.14 gibt als Beispiel Meßwerte für die Expansion von Rauchwolken nach einer Zusammenstellung von Gifford (1957a, b) wieder; man sieht, daß sich nach einer anfänglichen $\sigma \sim t$-Abhängigkeit, wie sie nach dem Taylorschen Theorem auch zu erwarten ist, ab etwa 10 s Diffusionszeit eine deutliche $\sigma \sim t^{3/2}$-Abhängigkeit einstellt (der noch langsamere Anstieg von σ zu Beginn der Expansion wird durch die endliche Ausdehnung der Rauchwolken am Anfang der Experimente vorgetäuscht).

Die turbulent-diffusive Expansion einer freien Beimengungswolke gehorcht also ganz anderen Gesetzmäßigkeiten als die Diffusion von Beimengungen in Bezug auf einen vorgegebenen Quellpunkt. Dies gilt natürlich nur solange, bis die Ausdehnung der expandierenden Wolke kleiner ist als die größten auftretenden Turbulenzelemente; wird deren Größe erreicht, so kann der effektive Diffusionskoeffizient

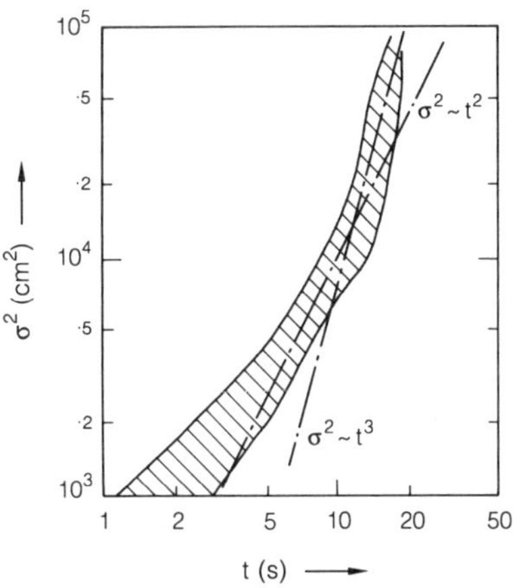

Abb. 6.14. Wachstum frei diffundierender Rauchwolken in Abhängigkeit von der Zeit; aufgetragen ist das Quadrat des mittleren Abstandes der Beimengung vom Mittelpunkt der Wolke, σ^2, als Funktion der Zeit t (für Details s. Text)

nicht mehr weiter ansteigen, die weitere Diffusion entspricht dann der „normalen" Fickschen Diffusion mit konstantem Diffusionskoeffizienten und der daraus resultierenden $\sigma \sim t^{1/2}$-Abhängigkeit.

Es ist sehr schwer, eine völlig schlüssige Theorie der $K \sim \sigma^{4/3}$-Beziehung zu entwickeln. Dies liegt nicht zuletzt an dem riesigen Skalenbereich von rund 10 Zehnerpotenzen von K und der damit verbundenen Uneinheitlichkeit der Turbulenz und der Turbulenzspektren, wie sie z. B. in Abb. 6.7 zum Ausdruck kommt. Die Forderung, einen Mechanismus zur Erklärung einer Beziehung zu finden, die über zehn oder – bei strengeren Maßstäben – zumindest sieben Größenordnungen von K gilt, ist schwer zu erfüllen. Bei Pasquill u. Smith (1983) ist eine Diskussion der bisherigen theoretischen Ansätze zu finden.

Wir versuchen hier, in der Ergänzung 6.3, ein eigenes Modell für die Erklärung der $K \sim \sigma^{4/3}$-Beziehung aufzustellen, das soweit wie möglich auf physikalisch unmittelbar einsichtige Vorstellungen zurückgreift, das allerdings nur für die abfallenden Teile der Turbulenzspektren, angenähert also für den „inertial subrange" (s. Abschn. 6.2) anwendbar ist.

Ergänzung 6.3

Versuch einer Theorie der $K \sim \sigma^{4/3}$-Beziehung

Das hier vorgestellte Modell stellt einen Versuch dar, die $K \sim \sigma^{4/3}$-Beziehung auf möglichst einfache Weise, unter Bezug auf die physikalischen Eigenschaften der Turbulenz, zu erklären. Um dieses Ziel zu erreichen und um eine einigermaßen durchsichtige Darstellung zu erhalten, müssen einige Näherungen eingeführt werden, die die Schlußfolge vielleicht etwas spekulativ erscheinen lassen; insofern weicht das Vorgehen in diesem Abschnitt etwas von der sonst in diesem Buch geübten Praxis ab.

Die Schlußweise ist folgende: das Taylorsche Theorem, das die Entwicklung von $\sigma^2(t)$ beschreibt, wird auf ein Koordinatensystem bezogen, das sich mit dem

Schwerpunkt der Beimengungswolke mitbewegt. Weiter wird ausgenutzt, daß Energiedichtespektren und Autokorrelationsfunktionen Fourier-Transformierte sind; dies erlaubt, das Taylorsche Theorem durch Ausdrücke der Energiedichtespektren darzustellen und den im Haupttext dargelegten Sachverhalt, daß nur ein schmales, von dem Entwicklungszustand abhängendes Frequenzband zur Verbreiterung der Wolke beiträgt, in das Modell einzubringen. Es ergibt sich schließlich eine Darstellung von $d\sigma^2/dt$ als Produkt aus der Zeit und einem Integral über das Energiedichtespektrum, die bei geeigneten Annahmen über dieses Spektrum unmittelbar die $\sigma^2 \sim t^3$- und die $K \sim \sigma^{4/3}$-Beziehung liefert.

Bezeichnen wir jetzt mit $\delta v'$ die turbulente Geschwindigkeit eines Luftpaketes relativ zum Schwerpunkt der Beimengungswolke und mit σ^2 die Varianz der Entfernungen von diesem Schwerpunkt, so können wir das Taylorsche Theorem in der Form

$$\frac{d\sigma^2}{dt} = 2 \cdot \overline{\delta v'^2} \cdot \int_0^t R_L(\tau) \cdot d\tau \tag{6.169}$$

schreiben. Für kleine Zeiten, solange noch angenähert $R_L(\tau) = 1$ gilt, folgt hieraus natürlich wieder $\sigma^2 \sim t^2$, wie es ja auch experimentellen Befunden entspricht. Für größere Zeiten greifen wir, wie schon erwähnt, auf die Fourier-Transformation der Autokorrelationsfunktion zurück. Mit dem im Abschn. 6.3 erwähnten Befund, daß die Langrange-Korrelation aus der Euler-Korrelation durch eine Streckung der Zeitskala um einen Faktor β hervorgeht, daß also

$$\frac{d\sigma^2}{dt} = 2 \cdot \beta \cdot \overline{\delta v'^2} \cdot \int_0^{t/\beta} R_E(\tau) \cdot d\tau \tag{6.170}$$

gilt, ergibt die Fourier-Transformation

$$\frac{d\sigma^2}{dt} = 4 \cdot \beta \cdot \overline{\delta v'^2} \cdot \int_0^{t/\beta} \int_{\nu_{min}}^{\infty} f(\nu) \cdot \cos(2 \cdot \pi \cdot \nu \cdot \tau) \cdot d\nu \cdot d\tau. \tag{6.171}$$

Diese Darstellung berücksichtigt durch die Einführung von ν_{min}, daß erst Frequenzen oberhalb einer unteren Grenzfrequenz zu der diffusiven Verbreitung der Wolken beitragen. Über ν_{min} machen wir folgende Annahme: $1/2 \cdot T_{max} \cdot \delta v'$ mit $T_{max} = 1/\nu_{min}$ soll die Ausdehnung der größten an der Expansion beteiligten Wirbel beschreiben (dem liegt die Vorstellung zugrunde, daß das Produkt aus Windgeschwindigkeit und Zeit in einer Halbperiode gerade den Weg zum Durchlaufen eines Wirbels darstellt). Diese maximale Wirbelgröße identifizieren wir mit der ungefähr durch $4 \cdot \sigma$ gegebenen Ausdehnung der Beimengungswolke; daraus folgt $\nu_{min} \approx |\delta v'|/(8 \cdot \sigma)$; in dieser Überlegung kommt es letzten Endes auf die genauen Zahlenwerte gar nicht sehr an; wichtig ist die Proportionalität $\nu_{min} \sim \delta v'/\sigma$.

Jetzt schreiben wir für das relative Energiespektrum noch

$$f(\nu) = f_0 \cdot \nu^{-m} \quad \text{mit } m > 1. \tag{6.172}$$

Physikalisch bedeutet dies, daß das Modell auf die mit wachsendem ν abfallenden Teile des Spektrums zwischen den großen Wirbeln, in denen turbulente Energie primär erzeugt wird, und den kleinen Wirbeln, in denen die Energie wieder dissipiert wird, beschränkt ist. Mit diesen Annahmen erhalten wir

$$\frac{d\sigma^2}{dt} = 4 \cdot \beta \cdot f_0 \cdot \overline{\delta v'^2} \cdot \int_0^{t/\beta} \int_{\nu_{min}}^{\infty} \nu^{-m} \cdot \cos(2 \cdot \pi \cdot \nu \cdot \tau) \cdot d\nu \cdot d\tau. \tag{6.173}$$

Nach Vertauschen der inneren und äußeren Integration können wir die Integration über τ ausführen; dies ergibt

$$\frac{d\sigma^2}{dt} = 4 \cdot \beta \cdot f_0 \cdot \overline{\delta v'^2} \cdot \int_{\nu_{min}}^{\infty} \nu^{-m} \cdot \frac{\sin(2 \cdot \pi \cdot \nu \cdot t/\beta)}{2 \cdot \pi \cdot \nu} \cdot d\nu. \tag{6.174}$$

Zur qualitativen Diskussion erweitern wir den Integranden noch mit t/β zu

$$\frac{d\sigma^2}{dt} = 4 \cdot f_0 \cdot \overline{\delta v'^2} \cdot t \cdot \int_{\nu_{min}}^{\infty} \nu^{-m} \cdot \frac{\sin(2 \cdot \pi \cdot \nu \cdot t/\beta)}{2 \cdot \pi \cdot \nu \cdot t/\beta} \cdot d\nu. \tag{6.175}$$

In dieser Form stellt sich der Integrand als Energiedichtespektrum dar, gefiltert mit der Funktion $\sin x/x$, die ein scharfes Tiefpaßfilter darstellt.

Wir können die Durchlaßkurve dieses Filters dadurch annähern, daß die Frequenzen im Spektrum, die $x \leqq \pi/2$ oder $\nu \leqq \beta/(4 \cdot t)$ entsprechen, voll durchgelassen und Frequenzen darüber vollständig abgeschnitten werden, daß also $\sin x/x$ durch ein Rechteck mit der Grundlinie $\pi/2$ und mit der Höhe 1 approximiert wird. Unter dieser Annahme reduziert sich die Integration auf das Intervall zwischen $\nu_{min} \approx |\delta v'|/(8 \cdot \sigma)$ und $\nu_{max} \approx \beta/(4 \cdot t)$. Wir erhalten schließlich

$$\frac{d\sigma^2}{dt} = 4 \cdot f_0 \cdot \overline{\delta v'^2} \cdot t \cdot \int_{\nu_{min}}^{\nu_{max}} \nu^{-m} \cdot d\nu$$

$$= 4 \cdot (1 - m) \cdot f_0 \cdot \overline{\delta v'^2} \cdot t \cdot (\nu_{max}^{-m+1} - \nu_{min}^{-m+1}). \tag{6.176}$$

Da wir davon ausgehen können, daß m deutlich größer ist als 1 (wir werden weiter unten $m = 5/3$ setzen), ist der erste Term in der Klammer sicher merklich kleiner als der zweite, so daß wir ihn im Rahmen unserer Abschätzung vernachlässigen können. Ein Zahlenbeispiel soll die verschiedenen Näherungen etwas illustrieren. Betrachten wir etwa eine Beimengungswolke, die (bei $\delta v' \approx 1$ m/s) nach 10 s eine Ausdehnung hat, die etwa $\sigma = 3$ m entspricht. Dann sind $\nu_{min} \approx (1\,\text{m/s})/(24\,\text{m}) \approx 0{,}04\,\text{s}^{-1}$ und (unter der Annahme von $\beta = 4$) $\nu_{max} \approx 0{,}1\,\text{s}^{-1}$. Nach 30 s wird sich dann eine Wolke ausgebildet haben, deren Ausdehnung etwa $\sigma = 15$ m entspricht; damit werden $\nu_{min} \approx 0{,}008\,\text{s}^{-1}$ und $\nu_{min} \approx 0{,}04\,\text{s}^{-1}$. Dieses Ergebnis entspricht der Erwartung, daß nur ein relativ schmales Frequenzband oberhalb der durch die Ausdehnung der Wolke vorgegebenen Mindestfrequenz zur Diffusion beiträgt. Das Zahlenbeispiel belegt auch, daß für $m = 5/3$ der erste Term in der Gleichung 6.176 nur etwa 20 bis 25% des zweiten ausmacht und deshalb vernachlässigt werden kann. Wir erhalten somit

$$\frac{d\sigma^2}{dt} = 4 \cdot (m - 1) \cdot f_0 \cdot \overline{\delta v'^2} \cdot t \cdot \nu_{min}^{-m+1}. \tag{6.177}$$

Jetzt berücksichtigen wir, daß $\nu_{min} \sim 1/\sigma$ ist. Der Einfachheit halber schreiben wir die ganze Beziehung als Proportionalität. Damit ergibt sich

$$\begin{aligned}\frac{d\sigma^2}{dt} &= \text{const} \cdot t \cdot \sigma^{m-1} \\ &= \text{const} \cdot t \cdot (\sigma^2)^{(m-1)/2}. \end{aligned} \tag{6.178}$$

Diese Differentialgleichung für σ^2 kann durch Separation der Variablen gelöst werden,

$$(\sigma^2)^{(1-m)/2} \cdot \frac{d\sigma^2}{dt} = \text{const} \cdot t \tag{6.179}$$

und nach Integration über t

$$\frac{2}{3-m} \cdot (\sigma^2)^{(3-m)/2} = \frac{1}{2} \cdot \text{const} \cdot t^2 \tag{6.180}$$

oder, mit einer anderen Proportionalitätskonstanten const*,

$$\sigma^2 = \text{const}^* \cdot t^{4/(3-m)}. \tag{6.181}$$

Nach der im Abschn. 6.2 und bei der Diskussion der Spektren im vorangehenden Abschnitt erwähnten Hypothese von Kolmogorov (1941) gilt in dem „inertial subrange", dem intermediären Spektralbereich zwischen den großen Wirbeln, in denen turbulente Energie erzeugt wird, und den kleinen, Turbulenzenergie dissipierenden Wirbeln, eine Spektralverteilung mit $m = 5/3$. Wenn wir diesen Wert hier übernehmen, so erhalten wir mit

$$\sigma^2 = \text{const}^* \cdot t^3 \tag{6.182}$$

unmittelbar das gewünschte Ergebnis, nämlich eine Begründung für die im Haupttext dargelegten empirischen Befunde und insbesondere für das mit der $\sigma^2 \sim t^3$-Beziehung äquivalente $K \sim \sigma^{4/3}$-Gesetz. Die Beschränkung der Anwendbarkeit des Modells auf die Bereiche des Energiedichtespektrums, die wenigstens angenähert mit $f(\nu) \sim \nu^{-5/3}$ abfallen, macht die in Abb. 6.13 zu beobachtenden Sprünge in der $K \sim \sigma^{4/3}$-Beziehung an den Stellen mit grundlegend anderem Verlauf des Energiedichtespektrums zumindest qualitativ verständlich.

6.5 Empirische Bestimmung der Diffusionsparameter

Eine Ergänzung oder – wenn man will – eine Alternative zu den bisher diskutierten Ansätzen besteht darin, aus repräsentativen Ausbreitungsexperimenten bei bekannten und standardisierten meteorologischen Bedingungen die wichtigsten Parameter der turbulenten Diffusion, die quadratisch gemittelten Verschiebungen σ, experi-

Tabelle 6.1. Pasquillsche Ausbreitungsklassen

Windgeschwindigkeit in 10 m Höhe (m/s)	am Tage: solare Einstrahlung			während der Nacht: Bedeckungsgrad	
	stark	mittel	schwach	$\geqq 4/8$ [a]	$\leqq 3/8$
<2	A	A–B	B	–	–
2–3	A–B	B	C	E	F
3–5	B	B–C	C	D	E
5–6	C	C–D	D	D	D
>6	C	D	D	D	D

[a] jedoch nicht bei vollständiger Bedeckung (8/8); bei dieser soll immer Klasse D genommen werden, unabhängig von der Tageszeit und von der Windgeschwindigkeit.

mentell zu bestimmen und den so gewonnenen Werten dann eine mehr oder minder universelle Gültigkeit zuzusprechen.

Bei der Anwendung dieser Methode wird in der Regel – und oft stillschweigend – davon ausgegangen, daß die Diffusion wenigstens angenähert zu einer Normalverteilung führt. Wie wir gesehen hatten, ist diese Voraussetzung allerdings erst für Zeiten, die größer als die Lagrangesche Skalenzeit sind, ausreichend erfüllt. Als formale Grundlage dient die Lösung der Diffusionsgleichung, wie sie am Ende des Abschn. 6.4.3 diskutiert worden ist: Die Diffusion in der Hauptwindrichtung wird vernachlässigt, die als Diffusionsparameter eingesetzten Standardabweichungen σ_y und σ_z werden als Funktionen des Abstandes x von der Quelle in der Hauptwindrichtung aufgefaßt.

Der wohl bekannteste Ansatz in dieser Richtung stammt von Pasquill (1961), der ein einfaches, wenn auch etwas subjektives Schema zur Bestimmung der meteorologischen Ausbreitungsklassen und die dazugehörigen σ-Werte angegeben hat. Die Pasquillsche Methode soll hier als erstes Beispiel dargestellt werden.

Pasquill (1961) gibt sechs Ausbreitungsklassen, A bis F, an, die sich anhand der Tabelle 6.1 bestimmen lassen. Aus dem Diagramm in Abb. 6.15 können dann die zu der jeweiligen Ausbreitungsklasse gehörenden σ_z-Werte in Abhängigkeit von der Entfernung von der Quelle abgelesen werden (in der Arbeit von Pasquill 1961 ist die Höhe der Ausbreitungsfront angegeben; diese ist in Abb. 6.15 nach der Beziehung $\sigma_z = \text{Höhe}/2{,}15$ in Standardabweichungen der Normalverteilung umgerechnet).

In der Einteilung von Pasquill (1961) entspricht die Klasse D dem von Auftriebsbzw. Abtriebskräften unbeeinflußten Austausch; die Klassen C, B und A stehen für immer stärker werdende Konvektion, während bei E und noch mehr bei F die Dämpfung des Austauschs durch die thermische Stabilität der Schichtung zum Tragen kommt (s. Tabelle 6.1 und Abb. 6.15).

Die Diagramme von Abb. 6.15 sind anwendbar, bis die Beimengung die Höhe der Grundschichtinversion erreicht hat. Klug (1969) gibt in einer vergleichbaren Arbeit für die verschiedenen Ausbreitungsklassen Mächtigkeiten der Mischungs-

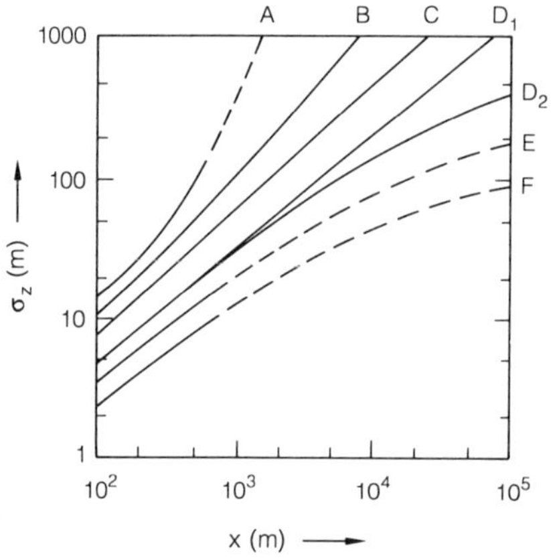

Abb. 6.15. Vertikale Standardabweichung σ_z als Funktion des Abstandes von der Quelle, in Abhängigkeit von der Ausbreitungsklasse. *Kurve D_1* soll benutzt werden, soweit der Temperaturgradient trocken-adiabatisch ist; wird mit zunehmender Höhe die Schichtung unteradiabatisch, so soll auf D_2 (eventuell in der Ordinate versetzt) weitergegangen werden

Tabelle 6.2. Mächtigkeit der Mischungsschicht in Abhängigkeit von den Pasquillschen Ausbreitungsklassen

Ausbreitungsklasse	Mächtigkeit (*m*)
A und B	ca. 1500
C	ca. 1200
D	ca. 1000
E	ca. 500
F	ca. 200

schicht unterhalb der Grundschichtinversion an (diese sind in Tabelle 6.2 wiedergegeben) und empfiehlt, σ_z als konstant anzusehen, sobald die Grundschichtinversion erreicht ist.

Die horizontalen Ausbreitungsparameter quer zur Windrichtung, σ_y, sind bei Pasquill (1961) nicht direkt angegeben, lassen sich aber aus den Angaben über die Öffnungswinkel von Beimengungsfahnen errechnen. Sie sind in Abb. 6.16 zusammengestellt.

Ähnliche Arbeiten wie die von Pasquill (1961) wurden in der Folgezeit von einer Reihe weiterer Autoren vorgestellt, z. T. mit differenzierterer und leichter objektivierbarer Erfassung der meteorologischen Situation und sonstiger für die Ausbreitung relevanter Parameter, wie z. B. der Bodenrauhigkeit oder der Emissionshöhe der Quelle. Ohne jeden Anspruch auf Vollständigkeit sei hier auf Arbeiten von Turner (1964), Smith u. Singer (1966), Klug (1969), Manier (1975), Vogt (1976, 1977) und Nester u. Thomas (1979) verwiesen. Die fünf letztgenannten Arbeiten sind stärker als die von Pasquill an mitteleuropäischen Landschaftsverhältnissen orientiert und werden in Deutschland bevorzugt benutzt.

Die Arbeiten von Vogt (1976, 1977) in Jülich und von Nester u. Thomas (1979) in Karlsruhe dienten in vereinheitlichter Form auch als Grundlagen für die Richtlinien, die das deutsche Bundesjustizministerium für den Stör- und Katastrophenfall

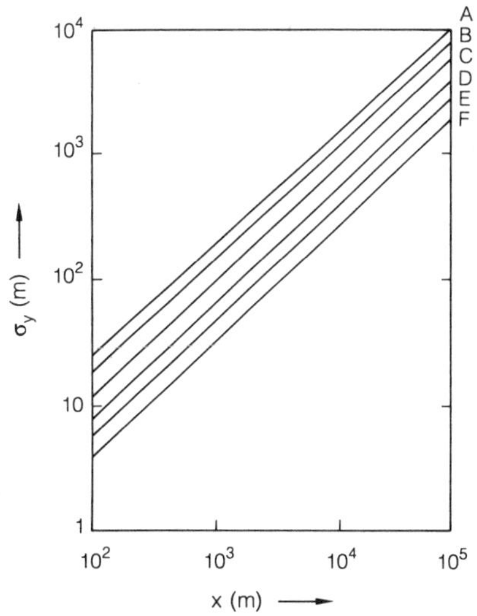

Abb. 6.16. Standardabweichungen senkrecht zur Hauptwindrichtung, σ_y, in Abhängigkeit von der Entfernung *x* von der Quelle und von den Pasquillschen Ausbreitungsparametern

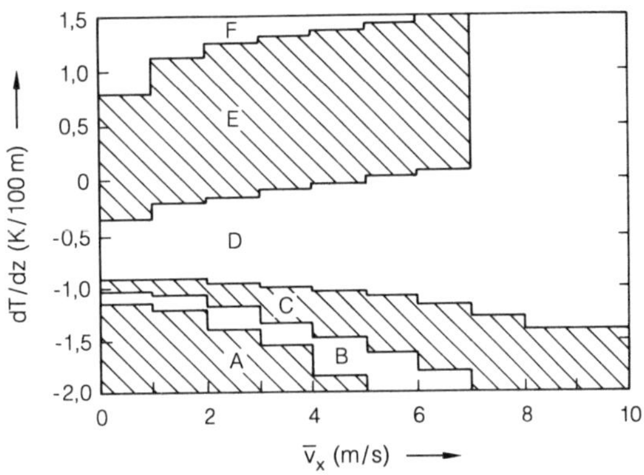

Abb. 6.17. Anwendbarkeitsbereiche der Ausbreitungsklassen *A* bis *F* mit horizontaler Windgeschwindigkeit $\overline{v_x}$ und vertikalem Temperaturgradienten dT/dz als klassifizierenden Parametern. (Nach Nester 1980)

herausgegeben hat (BMJ 1983). Wir wollen diesen Ansatz wegen seiner guten Objektivierbarkeit hier als zweites Beispiel besprechen (s. hierzu außer den genannten Arbeiten auch Nester 1980).

Die Autoren gehen im Prinzip von den Pasquillschen Ausbreitungsklassen (Tabelle 6.1) aus; Klasse D gilt wieder bei neutraler Schichtung, C bis A stehen für zunehmende Labilität, E und F für zunehmende Stabilität der thermischen Schichtung. Im Gegensatz zu Pasquill (1961) geben die Autoren besser objektivierbare Kriterien an, die in den Abb. 6.17 und 6.18 dargestellt sind. Die Zuordnung der Ausbreitungsparameter zu den einzelnen Klassen wird primär nach der Intensität der vertikalen Windfluktuationen bei den Ausbreitungsexperimenten vorgenommen; diese Fluktuationen werden dann mit den in den beiden Abbildungen angegebenen Parametersätzen korreliert. Die Geltungsbereiche der verschiedenen Klassen sind in Abb. 6.17 in Abhängigkeit von dem vertikalen Temperaturgradienten und der Windgeschwindigkeit und in Abb. 6.18 in Abhängigkeit von der

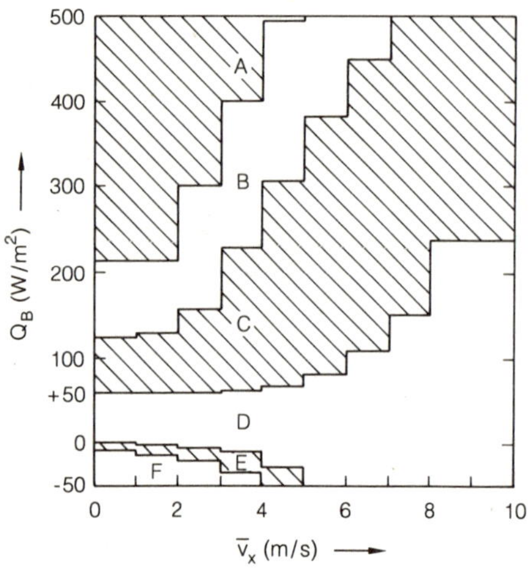

Abb. 6.18. Anwendbarkeitsbereiche der Ausbreitungsklassen A bis F mit horizontaler Windgeschwindigkeit $\overline{v_x}$ und Strahlungsbilanz Q_B der Erdoberfläche als klassifizierenden Parametern. (Nach Nester 1980)

Tabelle 6.3. Ausbreitungsparameter für drei Quellhöhen. (Nach BMJ 1983)

Ausbreitungsklasse		σ_{0y}	s_y	σ_{0z}	s_z
Quellhöhe 50 m	A	1,503	0,833	0,151	1,219
	B	0,876	0,823	0,127	1,108
	C	0,659	0,807	0,165	0,996
	D	0,640	0,784	0,215	0,885
	E	0,801	0,754	0,264	0,774
	F	1,294	0,718	0,241	0,662
Quellhöhe 100 m	A	0,170	1,296	0,051	1,317
	B	0,324	1,025	0,070	1,151
	C	0,468	0,866	0,137	0,985
	D	0,504	0,818	0,265	0,818
	E	0,411	0,882	0,487	0,652
	F	0,253	1,057	0,717	0,486
Quellhöhe 180 m	A	0,671	0,903	0,0245	1,50
	B	0,415	0,903	0,033	1,32
	C	0,232	0,903	0,104	0,997
	D	0,208	0,903	0,307	0,734
	E	0,345	0,903	0,546	0,557
	F	0,671	0,903	0,484	0,500

Strahlungsbilanz der Erdoberfläche (s. hierzu Abschn. 1.4.1) und der Windgeschwindigkeit wiedergegeben. Für Windgeschwindigkeit über 10 m/s ist immer die Ausbreitungsklasse D zu wählen.

Die zugehörigen Ausbreitungsparameter $\sigma_y(x)$ und $\sigma_z(x)$, die die gleiche Bedeutung wie oben haben, werden in parametrisierter Form,

$$\sigma_y(x) = \sigma_{0y} \cdot x^{s_y} \qquad (6.183)$$

bzw.

$$\sigma_z(x) = \sigma_{0z} \cdot x^{s_z} \tag{6.184}$$

angegeben; in der Tabelle 6.3 sind diese Größen aufgelistet, wobei die Entfernungen x von der Quelle ebenso wie die Größen σ_{0y} und σ_{0z} in Metern zu rechnen sind.

Kapitel 7

Dynamik der bodennahen Luftschichten; Diffusion und Austausch in Bodennähe

Unter bodennahen Luftschichten sind pauschal diejenigen Schichten der Atmosphäre zu verstehen, deren Dynamik durch die Bodenreibung, d. h. durch den Impulsaustausch mit dem Boden, bestimmt oder zumindest mitbestimmt wird. Das sind die laminar-viskose Unterschicht, die Prandtl-Schicht und – in abnehmendem Maße – die Ekman-Schicht (s. Abschn. 3.4 und speziell Abb. 3.17).

In diesem Kapitel werden die Prandtl-Schicht und der Übergang der Prandtl-Schicht zur Erdoberfläche im Vordergrund stehen. Die Prandtl-Schicht ist erstens in gewissem Sinne unmittelbarer Lebensraum; in ihr sind Messungen von Geschwindigkeits-, Temperatur- oder Konzentrationsprofilen und die Messung turbulenter Flüsse vergleichsweise einfach durchzuführen (etwa mit Hilfe von Masten oder Türmen). Zweitens ist sie aber auch vom theoretischen Standpunkt leichter erfaßbar als die höheren Schichten, da die im 3. Kap. diskutierte Bedingung des konstanten Impulsflusses und meist auch angenähert konstanter Flüsse skalarer Beimengungen leichter überschaubare, von wenigen Parametern abhängige Verhältnisse schafft.

Im 1. Abschn. wird zunächst die Dynamik der thermisch neutral geschichteten Prandtl-Schicht behandelt; im 2. Abschn. werden dann die Einflüsse von Auftriebskraften bei nichtneutraler Schichtung besprochen. Der 3. Abschn. beschäftigt sich mit dem Transport skalarer Beimengungen durch die laminare Unterschicht und durch den Übergangsbereich zwischen der voll turbulenten Prandtl-Schicht und der laminaren Schicht. Zum Schluß werden dann noch – in sehr kurzer Form – einige zusätzliche Fakten und Überlegungen zur Ekman-Schicht und zu deren Anbindung an die Prandtl-Schicht dargestellt.

7.1 Austausch und Dynamik in der Prandtl-Schicht bei neutraler Temperaturschichtung

Nach der Definition der Prandtl-Schicht sind die Schubspannung τ_{xz} und die ihr äquivalente Schubspannungsgeschwindigkeit $u_* = \sqrt{|\tau_{xz}/\varrho|}$ innerhalb dieser Schicht von der Höhe unabhängig und können in diesem Sinne als Konstanten angesehen werden. Bei thermisch neutraler Schichtung ($d\theta/dz = 0$) treten zudem keine konvektionserzeugenden Auftriebskräfte auf; Turbulenz und Austausch werden nur durch Scherkräfte initiiert. Diese Voraussetzungen erlauben eine relativ einfache und auch in der Praxis leicht verwertbare Theorie der Prandtl-Schicht. Wir wollen hier allerdings noch einmal ausdrücklich betonen, daß die Definitionsgleichung $\tau = \text{const}$ eine Modellannahme ist und verweisen deshalb noch einmal auf die Diskussion in dem Abschn. 3.4. Wir werden im weiteren den Index xz bei der Schubspannung weglassen, wenn keine Mißverständnisse auftreten können; außerdem werden wir konsistenterweise $u_*^2 \cdot \varrho = -\tau$ setzen, da τ wegen des normalerweise abwärts gerichteten Impulsflusses als negative Größe aufzufassen ist, während u_* und ϱ positive Zahlen sind.

Wir werden zunächst das aus den angeführten Bedingungen folgende sog. logarithmische Windprofil und einige Konsequenzen daraus ableiten und den Anschluß an die molekular-viskose Unterschicht diskutieren; anschließend werden wir den Einfluß unterschiedlicher und wechselnder Bodenreibung besprechen.

7.1.1 Das logarithmische Windprofil

Unter den genannten Voraussetzungen können das durch die Scherkräfte bedingte vertikale Profil der mittleren Windgeschwindigkeit v_x und der vertikale turbulente Diffusionskoeffizient K aus ganz einfachen Dimensionsbetrachtungen abgeleitet werden (wir werden auch bei dem vertikalen Diffusionskoeffizienten den Index z gelegentlich weglassen, wenn Mißverständnisse nicht zu befürchten sind): Unter der Annahme, daß der Impulstransport durch die molekulare Viskosität nichts zur Dynamik beiträgt, kann der Verlauf des Windprofils, parametrisiert durch dv_x/dz, in einer thermisch neutralen Schichtung überhaupt nur von zwei Größen abhängen:

- von der Schubspannung τ bzw. von der Schubspannunggeschwindigkeit u_*,
- von der Höhe z über dem Boden.

Nun gibt es genau eine Möglichkeit, u_* und z so zu kombinieren, daß sich die Dimension von dv_x/dz ergibt, nämlich in dem Ausdruck u_*/z. Wir setzen also an:

$$\frac{dv_x}{dz} = \frac{1}{\varkappa} \cdot \frac{u_*}{z} \tag{7.1}$$

mit $1/\varkappa$ als Proportionalitätskonstanter.

Hieraus ergibt sich durch Integration ein logarithmisches vertikales Windprofil der Form

$$v_x(z) = \frac{u_*}{\varkappa} \cdot \ln \frac{z}{C} \tag{7.2}$$

mit C als Integrationskonstanter, die experimentell bestimmt werden muß (s. weiter unten). Dieses logarithmische Windprofil ist oberhalb eines Übergangsbereichs zwischen der laminaren und der rein turbulenten Schicht experimentell sehr gut bestätigt. Die Konstante $\varkappa$, die sog. von Kármán-Konstante, erwies sich als universell mit dem Wert

$$\varkappa = 0{,}4 \tag{7.3}$$

(mit einer gewissen Variationsbreite bei verschiedenen Autoren zwischen 0,35 und 0,40). Eine unmittelbare Folge dieser Gesetzmäßigkeit ist, daß die Schubspannung bzw. die Schubspannungsgeschwindigkeit bei neutraler Schichtung allein aus einer Messung des Windgeschwindigkeitsprofils bestimmt werden kann.

Setzen wir noch einerseits

$$\tau = -\varrho \cdot u_*^2 \tag{7.4}$$

und andererseits

$$\tau = -\varrho \cdot K \cdot \frac{dv_x}{dz} = -\varrho \cdot K \cdot \frac{u_*}{\varkappa} \cdot \frac{1}{z}, \tag{7.5}$$

so erhalten wir durch Gleichsetzen und Auflösen nach K sofort

$$K = \varkappa \cdot u_* \cdot z. \tag{7.6}$$

Auch diese Beziehung ist im rein turbulent bestimmten Teil der Prandtl-Schicht experimentell sehr gut bestätigt.

Wir wollen die vielleicht als sehr formal empfundene Begründung des logarithmischen Windprofils mit Hilfe des Prandtlschen Mischungswegkonzeptes noch etwas plausibler machen: Im Abschn. 6.4.3 hatten wir den Zusammenhang

$$\tau = -\varrho \cdot \overline{v'_z \cdot l'_z} \cdot \frac{dv_x}{dz} \tag{7.7}$$

mit l'_z als Mischungslänge abgeleitet. Da v_x schon die mittlere Geschwindigkeit ist, können wir deren Ableitung dv_x/dz in die Mittelbildung mit einbeziehen und

$$\tau = -\overline{\varrho \cdot v'_z \cdot l'_z \cdot \frac{dv_x}{dz}} \tag{7.8}$$

schreiben. Da andererseits nach dem Konzept der korrelierten Fluktuationen (Abschn. 6.4.2) $\tau = \varrho \cdot \overline{v'_z \cdot v'_x}$ gilt, können wir eine Analogie der Art

$$v'_x = -l'_z \cdot \frac{dv_x}{dz} \tag{7.9}$$

herstellen und diese dahingehend interpretieren, daß ein Luftpaket durch einen Wirbel gerade über die vertikale Strecke l'_z transportiert wird und am Ankunftsort eine Geschwindigkeitsdifferenz gegenüber der dortigen Strömung $l'_z \cdot dv_x/dz$ aufweist, dort also eine beschleunigende oder verzögernde Kraft ausübt. Prandtl hat diese Vorstellung durch die Hypothese isotroper Turbulenz erweitert, d. h. durch die Annahme, daß in den durch Windscherung erzeugten Turbulenzen v'_x und v'_z betragsmäßig etwa gleich sind. Diese Annahme ist für kleinräumige Turbulenz empirisch recht gut belegt. Mit

$$|v'_x| \approx |v'_z| \approx \left| l'_z \cdot \frac{dv_x}{dz} \right| \tag{7.10}$$

wird dann die Schubspannung zu

$$\tau = -\varrho \cdot \overline{l'^2_z \cdot \left(\frac{dv_x}{dz}\right)^2} = -\varrho \cdot \overline{l'^2_z} \cdot \left(\frac{dv_x}{dz}\right)^2. \tag{7.11}$$

Diese Darstellung besagt, daß die Schubspannung dem Quadrat der Mischungslänge und dem Quadrat der vertikalen Windscherung proportional ist, oder – umgekehrt argumentiert – daß bei konstanter Schubspannung der vertikale Gradient der Windgeschwindigkeit der Mischungslänge umgekehrt proportional ist.

Es ist eine plausible Annahme, daß die Größe der Turbulenzelemente und damit l'_z nur von der Höhe über dem Boden abhängen, und daß diese Abhängigkeit im Fall der Mischungslänge eine einfache Proportionalität mit der Proportionalitätskonstanten $\varkappa$ ist, d. h., daß

$$\overline{l_z'^2} = \varkappa^2 \cdot z^2. \tag{7.12}$$

Da weiterhin

$$\tau = -\varrho \cdot u_*^2 \tag{7.13}$$

ist, folgt hieraus unmittelbar

$$\left(\frac{dv_x}{dz}\right)^2 = \frac{u_*^2}{\varkappa^2 \cdot z^2} \tag{7.14}$$

bzw.

$$\frac{dv_x}{dz} = \frac{u_*}{\varkappa \cdot z}, \tag{7.15}$$

also genau der gleiche Ausdruck wie oben (s. Gl. 7.1).

Man kann dieses Ergebnis dahingehend zusammenfassen, daß mit zunehmendem Abstand von der Erdoberfläche wegen der wachsenden Größe der Turbulenzelemente und der damit wachsenden Mischungslänge die Intensität des Austausches linear mit der Höhe zunimmt und deshalb bei konstantem Impulsfluß der Geschwindigkeitsgradient umgekehrt proportional zur Höhe abnehmen muß.

Die weitere Behandlung des Problems und insbesondere die Bestimmung der Proportionalitätskonstanten C hängen von der Bodenbeschaffenheit und der damit verbundenen Art des Impulsübertrags aus der Strömung auf den Boden ab. Wir wollen dabei zwei Grenzfälle unterscheiden:

- Aerodynamisch glatte Oberfläche: Der Impuls wird durch molekulare Reibung in der dem Boden direkt benachbarten viskosen Schicht auf die Erdoberfläche übertragen, mit der Vorstellung, daß die unterste am Boden anliegende Schicht dort „haftet", d. h. die Geschwindigkeit Null hat.
- Aerodynamisch rauhe Oberfläche: Der Impuls wird zusätzlich durch Staudruck und Wirbelbildung an den Unebenheiten des Bodens übertragen.

Die Beantwortung der Frage, ob in einem gegebenen Fall eine glatte oder eine rauhe Struktur gegeben ist, sei zunächst, bis zur Einführung des sog. Rauhigkeitsparameters, zurückgestellt.

Bei aerodynamisch glatter Oberfläche ist die Integrationskonstante C durch $C \approx \nu/(9 \cdot u_*)$ gegeben. Hieraus folgt für das Geschwindigkeitsprofil in dem durch

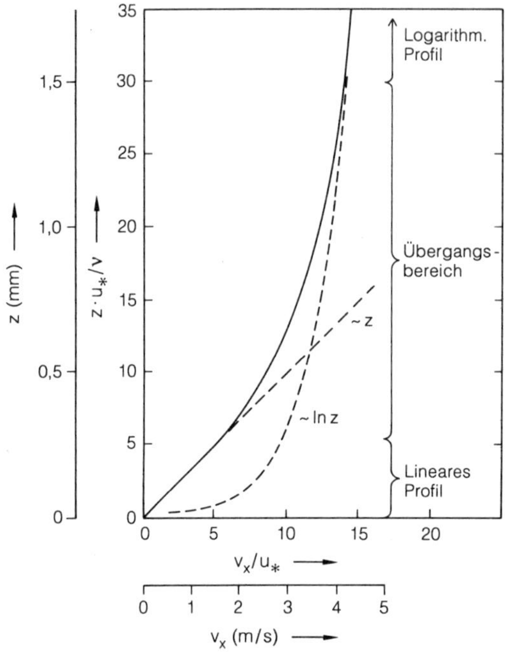

Abb. 7.1. Windprofil über glatten Bodenoberflächen; zur Wahl der Koordinaten s. Text

rein turbulenten Austausch bestimmten Bereich

$$\frac{v_x}{u_*} = \frac{1}{\varkappa} \cdot \ln \frac{9 \cdot u_* \cdot z}{\nu} = \frac{1}{\varkappa} \cdot \ln \frac{u_* \cdot z}{\nu} + 5{,}5. \tag{7.16}$$

Unmittelbar über der Erdoberfläche geht dieses durch den turbulenten Austausch bedingte Profil in ein durch den molekular-viskosen Impulstransport bestimmtes Profil über, das wegen

$$\tau = -\varrho \cdot \nu \cdot \frac{dv_x}{dz} \tag{7.17}$$

bzw.

$$\frac{dv_x}{dz} = -\frac{1}{\nu} \cdot \frac{\tau}{\varrho} = \frac{1}{\nu} \cdot u_*^2 \tag{7.18}$$

mit $\tau = \text{const}$ bzw. $u_* = \text{const}$ linear ist:

$$\frac{v_x}{u_*} = \frac{u_*}{\nu} \cdot z. \tag{7.19}$$

Zwischen den beiden genannten Bereichen, dem laminaren und dem turbulenten Bereich, liegt ein Übergangsgebiet. Abbildung 7.1 zeigt das sich letztlich ergebende Geschwindigkeitsprofil. Darin ist die dimensionslose Geschwindigkeit v_x/u_* als Funktion der dimensionslos gemachten Höhe, $z \cdot (u_*/\nu)$, aufgetragen. Bei Verwendung dieser in der Aerodynamik üblichen dimensionslosen Koordinaten ist das Geschwindigkeitsprofil für alle aerodynamisch glatten Oberflächen universell.

Zur Veranschaulichung sind in der Abbildung jedoch für eine spezielle Schubspannungsgeschwindigkeit ($u_* = 30$ cm/s) und für $\nu = 0{,}15\ \mathrm{cm}^2/\mathrm{s}$ noch metrische Koordinaten eingezeichnet. Diese sollen vor allem verdeutlichen, daß die stärkste Änderung der Windgeschwindigkeit über glatten Böden in den untersten Millimetern bis allenfalls Zentimetern über dem Boden zu finden ist.

Der Schnittpunkt $z = z_l$ zwischen der rein linearen und der rein logarithmischen Darstellung des Geschwindigkeitsprofils liegt etwa bei

$$z_l \cdot u_*/\nu = 11 \tag{7.20}$$

bzw.

$$z_l = 11 \cdot \nu/u_*. \tag{7.21}$$

In erster Näherung kann man die Höhe $z = z_l$ mit der Obergrenze der laminarviskosen Schicht identifizieren; für viele Überlegungen und Rechnungen reicht es in der Tat aus, von einer viskosen Schicht bis zu dieser Höhe und einer sich daran übergangslos anschließenden turbulenten Schicht auszugehen. In der Realität existiert aber natürlich ein Übergangsbereich, in dem turbulente und molekulare Prozesse mit vergleichbaren Beiträgen zusammen für den Impulstransport wirksam werden. Diesen Übergangsbereich kann man an der Abweichung des tatsächlichen universellen Windprofils von den beiden Grenzfällen erkennen; er erstreckt sich etwa von $z = 5 \cdot \nu/u_*$ bis $z = 30 \cdot \nu/u_*$.

Die oben angegebene Beziehung für den vertikalen turbulenten Diffusionskoeffizienten, $K_z = \varkappa \cdot u_* \cdot z$, ist ebenfalls oberhalb etwa $z = 30 \cdot \nu/u_*$ korrekt. Unterhalb dieser Grenze macht sich die Dämpfung der Turbulenz durch viskose Reibung erst langsam und dann immer stärker bemerkbar, bis unterhalb von $z = 5 \cdot \nu/u_*$ der turbulente Transport nichts mehr zur Dynamik beiträgt. Allerdings können die Restturbulenzen, die auch unterhalb dieser Grenze noch auftreten, für den Transport passiver Beimengungen relevant werden, falls deren thermische Diffusionskonstanten klein sind (dieser Sachverhalt wird in Abschn. 7.3 besprochen).

Es erhebt sich damit das Problem, einen vernünftigen Ansatz für $K_z(z)$ in dem Übergangsbereich und – wegen des möglichen Beitrags zum Transport skalarer Beimengungen – in unmittelbarer Bodennähe zu finden.

Um zu einem solchen Ansatz für K_z zu kommen, gehen wir von der in Abschn. 6.4.3 begründeten Beziehung $K_z = \overline{v'_z \cdot l'_z}$ aus. Für l'_z nehmen wir dabei wieder Proportionalität zu z an. Einen Ansatz für v'_z erhalten wir aus folgender Überlegung: direkt an der Grenzfläche, d. h. für $z = 0$, verschwinden sowohl die tangentialen Geschwindigkeitskomponenten v_x und v_y als auch die Normalkomponente v_z. Dies gilt insbesondere für die turbulenzbedingten Fluktuationen, d. h.

$$v'_x(0) = v'_y(0) = v'_z(0) = 0. \tag{7.22}$$

Da für $z = 0$ alle Geschwindigkeiten durchweg Null sind, verschwinden auch alle tangentialen Ableitungen, d. h. Ableitungen nach x und y. Andererseits lautet – bei Vernachlässigung von Dichteänderungen – die Kontinuitätsbedingung für die

Strömung

$$\operatorname{div}\vec{v} = \frac{\partial v_x}{\partial x} + \frac{\partial v_y}{\partial y} + \frac{\partial v_z}{\partial z} = 0. \tag{7.23}$$

Aus dem Verschwinden der Ableitungen nach x und nach y folgt, zusammen mit $v'_z = v_z$ (wegen $\overline{v_z} = 0$)

$$\left.\frac{\partial v'_z}{\partial z}\right|_{z=0} = 0. \tag{7.24}$$

Die einfachste Möglichkeit, diese differentielle Randbedingung zu erfüllen, liegt in dem Ansatz

$$v'_z \sim z^2. \tag{7.25}$$

Höhere Potenzen von z wären nach dieser Argumentation natürlich möglich, können jedoch aufgrund experimenteller Daten ausgeschlossen werden; für eine Diskussion siehe z. B. Monin u. Yaglom (1973). Zusammen mit $l'_z \sim z$ liefert dieser Ansatz

$$K_z \sim z^3. \tag{7.26}$$

Aus der einfachsten denkbaren Randbedingung, $K_z(z_l) = \nu$, folgt dann

$$K_z(z) = \nu \cdot \left(\frac{z}{z_l}\right)^3 \tag{7.27}$$

Dieser Ansatz hat sich im Rahmen der möglichen Genauigkeit experimenteller Überprüfung bis etwa $z = 5 \cdot \nu/u_*$ bestens bewährt. Er liefert aber natürlich keine brauchbare Aussage für den Übergangsbereich $5 \cdot \nu/u_* \leqslant z \leqslant 30 \cdot \nu/u_*$. Zur Vermeidung dieser Unzulänglichkeit hat Reichardt (1951) eine Interpolationsformel für $K_z(z)$ über aerodynamisch glatten Oberflächen angegeben, die für kleine z die gewünschte z^3-Abhängigkeit liefert und für große z in die Beziehung $K_z = \varkappa \cdot u_* \cdot z$ übergeht. Nach dieser Interpolationsformel gilt

$$K_z(z) = \varkappa \cdot u_* \cdot z_l \cdot \left(\frac{z}{z_l} - \tanh\frac{z}{z_l}\right), \tag{7.28}$$

wobei Reichardt (1951) für z_l anstelle von $11 \cdot \nu/u_*$ den etwas höheren Wert $11{,}7 \cdot \nu/u_*$ angibt. Für große z wird $\tanh(z/z_l) \approx 1$; der Ausdruck geht also für große z wie erforderlich in $K_z(z) = \varkappa \cdot u_* \cdot z$ über (wenn auch etwas zu langsam); für kleine z ergibt er, wegen $\tanh x = x - x^3/3 + \ldots$,

$$\begin{aligned} K_z(z) &= \varkappa \cdot u_* \cdot z_l \cdot \frac{(z/z_l)^3}{3} \\ &= \varkappa \cdot u_* \cdot 11{,}7 \cdot \frac{\nu}{u_*} \cdot \frac{(z/z_l)^3}{3} \\ &\approx 1{,}5 \cdot \nu \cdot (z/z_l)^3. \end{aligned} \tag{7.29}$$

Der etwas höhere Zahlenwert von z_l, den Reichardt angibt und der in dritter Potenz im Nenner auftritt, kompensiert etwa den Faktor 1,5, so daß für kleine z das Ergebnis der Reichardtschen Interpolationsformel mit dem zuvor abgeleiteten Ausdruck für $K_z(z)$ praktisch identisch ist. Ebenso wird, wie man direkt nachrechnen kann, an der Stelle $z = z_l$ der vertikale turbulente Diffusionskoeffizient etwa gleich der kinematischen Viskosität ν.

Über rauhen Erdoberflächen hängt die Integrationskonstante C, die in diesem Fall Rauhigkeitsparameter genannt und mit z_0 bezeichnet wird, von der Größe und der Art der Unebenheiten ab und muß experimentell aus dem gemessenen Windprofil bestimmt werden. Man schreibt dann

$$\frac{v_x}{u_*} = \frac{1}{\varkappa} \cdot \ln \frac{z}{z_0}. \tag{7.30}$$

Bei sehr groben Bodenstrukturen kann es zur Anpassung des gemessenen Windprofils an eine logarithmische Gerade notwendig werden, eine Nullpunktverschiebung um eine Strecke d vorzunehmen, oder anschaulich gesprochen, das Windprofil erst ein Stück oberhalb der Erdoberfläche beginnen zu lassen. Beispielsweise beträgt d bei Getreide oder bei hinreichend dichtem Baumbestand etwa 2/3 bis 3/4 der tatsächlichen Höhe des Bewuchses (Thom 1975). Mit dieser Nullpunktverschiebung lauten die entsprechenden Gleichungen

$$\frac{dv_x}{dz} = \frac{u_*}{\varkappa} \cdot \frac{1}{z-d} \tag{7.31}$$

und

$$\frac{v_x}{u_*} = \frac{1}{\varkappa} \cdot \ln \frac{z-d}{z_0}. \tag{7.32}$$

Der Rauhigkeitsparameter z_0 selbst beträgt grob etwa 3% bis 10% der tatsächlichen Höhe der Bodenunebenheiten. Einige Beispiele sind:

- für Schnee $z_0 \approx 0{,}1$ bis 1 mm,
- für Rasen $z_0 \approx 1$ bis 10 mm,
- für Getreide $z_0 \approx 5$ bis 10 cm,
- für Wald $z_0 \approx 0{,}5$ bis 3 m,
- für Städte $z_0 \approx 1$ bis 5 m.

Ein Kriterium dafür, ob bei einer gegebenen, durch z_0 parametrisierten Bodenstruktur und bei einer gegebenen, durch u_* parametrisierten Turbulenzstärke eine Oberfläche aerodynamisch rauh oder glatt ist, liefert die sog. Rauhigkeitsreynoldszahl Re_0 mit

$$Re_0 = \frac{u_* \cdot z_0}{\nu}. \tag{7.33}$$

Nach Nikuradse (1933) ist ein Boden sicher aerodynamisch glatt, wenn $Re_0 < 0{,}13$ ist, der Impuls wird in diesem Fall durch viskose Reibung auf die Erdoberfläche übertragen; dagegen ist ein Boden sicher aerodynamisch rauh, wenn $Re_0 > 2{,}5$ ist, in diesem Fall wird der Impulsübertrag durch Staudruck relevant.

7.1.2 Der Einfluß wechselnder Bodenreibung

Im Rahmen der bisherigen Darstellung mag es erstaunlich wirken, daß die Schubspannung, d. h. der Impulsübertrag auf den Boden, und ebenso der die Austauschintensität beschreibende turbulente Diffusionskoeffizient nicht explizit von der Bodenrauhigkeit z_0 abhängen. Der Grund dafür liegt darin, daß in der bisherigen Darstellung alle Größen mit der Schubspannungsgeschwindigkeit u_* selbst als unabhängiger Variabler parametrisiert wurden, eine Abhängigkeit von u_* von anderen Größen also nicht zum Tragen kommen konnte. Wählt man dagegen die Windgeschwindigkeit in einer festen Höhe als unabhängige Bezugsgröße, so ergibt sich selbstverständlich, daß Impulsübertrag und Vertikalaustausch um so intensiver werden, je größer die Bodenrauhigkeit ist. Es sei z. B. v_r die Windgeschwindigkeit in einer Referenzhöhe z_r (eine oft benutzte Referenzhöhe ist z. B. $z_r = 10$ m); dann gilt

$$\frac{v_r}{u_*} = \frac{1}{\varkappa} \cdot \ln \frac{z_r}{z_0} \tag{7.34}$$

und damit

$$u_* = v_r \cdot \frac{\varkappa}{\ln(z_r/z_0)} \tag{7.35}$$

sowie für den turbulenten Diffusionskoeffizienten, wegen $K = \varkappa \cdot u_* \cdot z$,

$$K = \frac{\varkappa^2 \cdot v_r \cdot z}{\ln(z_r/z_0)}. \tag{7.36}$$

Bei festgehaltener Geschwindigkeit in der Referenzhöhe nehmen also u_* und damit die Schubspannung $\tau = -\varrho \cdot u_*^2$ sowie der Koeffizient der turbulenten Diffusion wie erwartet mit wachsender Bodenrauhigkeit zu. Natürlich hängt damit auch das Geschwindigkeitsprofil selbst von der Bodenrauhigkeit ab. Setzt man u_* in den zuvor angeschriebenen Ausdruck für $v_x(z)$ ein (s. Gl. 7.30), so erhält man

$$v_x(z) = v_r \cdot \frac{\ln(z/z_0)}{\ln(z_r/z_0)} \tag{7.37}$$

Abbildung 7.2 zeigt zur Illustration drei nach dieser Formel gerechnete Windprofile mit festgehaltener Referenzgeschwindigkeit in 10 m Höhe; als Rauhigkeitsparameter sind 10^{-2} mm (praktisch glatt), 1 mm (kurzgeschorener Rasen) und 100 mm (hohes Getreide) angenommen. In der Abbildung sind zur Demonstration die Windgeschwindigkeiten in 0,5 m und in 2 m Höhe relativ zur Geschwindigkeit in der Referenzhöhe eingezeichnet; an diesen ist die stärkere Bremsung der Strömung in Bodennähe durch die größeren Bodenrauhigkeiten deutlich erkennbar.

Wir wollen an dieser Stelle noch eine weitere Größe zur Kennzeichnung der Bodenrauhigkeit einführen, den sog. Drag-Koeffizienten C_D (engl. drag coefficient; eine gute deutsche Übersetzung gibt es eigentlich nicht). Dieser ist definiert durch

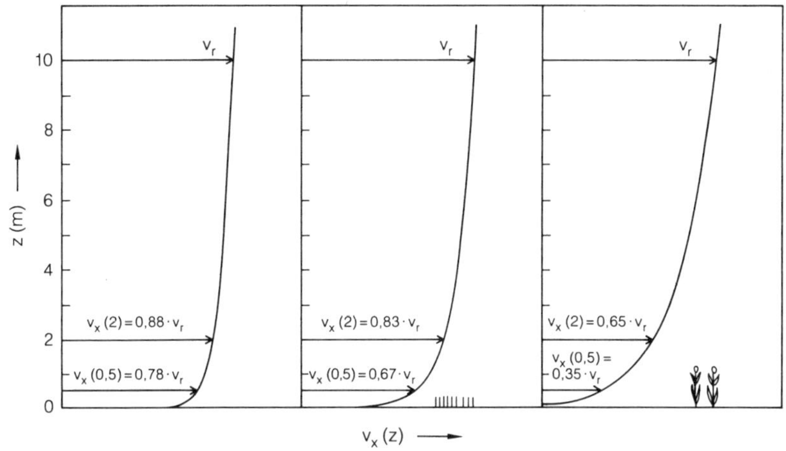

Abb. 7.2. Windprofile bei unterschiedlichen Bodenrauhigkeiten. *Links:* $z_0 = 10^{-2}$ mm, *Mitte:* $z_0 = 1$ mm, *rechts:* $z_0 = 10$ cm

Tabelle 7.1. Einige dynamische Parameter bei verschiedenen Bodenrauhigkeiten

	$z_0 = 10^{-2}$ mm	$z_0 = 1$ mm	$z_0 = 100$ mm
u_*	$0{,}029 \cdot v_r$	$0{,}043 \cdot v_r$	$0{,}087 \cdot v_r$
K_z	$0{,}012 \cdot v_r \cdot z$	$0{,}017 \cdot v_r \cdot z$	$0{,}035 \cdot v_r \cdot z$
C_D	$0{,}84 \cdot 10^{-3}$	$1{,}85 \cdot 10^{-3}$	$7{,}60 \cdot 10^{-3}$

$$C_D = \frac{\text{Schubspannung (= vertikale Flußdichte des Horizontalimpulses)}}{\text{Horizontale Flußdichte des Horizontalimpulses bei } z = z_r}$$

$$= \frac{u_*^2}{v_r^2} = \left(\frac{\varkappa}{\ln(z_r/z_0)} \right)^2 . \tag{7.38}$$

Die Zusammenstellung in Tabelle 7.1 gibt als Beispiele die Werte für die Schubspannungsgeschwindigkeit, den vertikalen turbulenten Diffusionskoeffizienten und den Drag-Koeffizienten für die in Abb. 7.2 angenommenen Rauhigkeitsparameter und für eine angenommene Referenzhöhe von 10 m wieder. Über ausgedehnten Wasseroberflächen ist - bei niedrigen Windgeschwindigkeiten - ein Drag-Koeffizient von $1{,}3 \cdot 10^{-3}$ ein guter Anhaltswert; bei höheren Windgeschwindigkeiten steigt er etwas an.

Es bleibt jetzt noch die Frage offen, wie sich das Strömungsfeld verhält, wenn sich die Bodenrauhigkeit in Strömungsrichtung ändert. Nehmen wir beispielsweise an, der Wind weht von flachem, bewachsenem Gelände mit einem Rauhigkeitsparameter von $z_0 = 10$ cm (wie bei der Skizze ganz rechts in Abb. 7.2) über ein Ufer hinweg auf eine Wasseroberfläche hinaus, die eine Rauhigkeitslänge von $z_0 = 10^{-2}$ mm aufweist (wie ganz links in Abb. 7.2). Es ist zu erwarten, daß nach dem

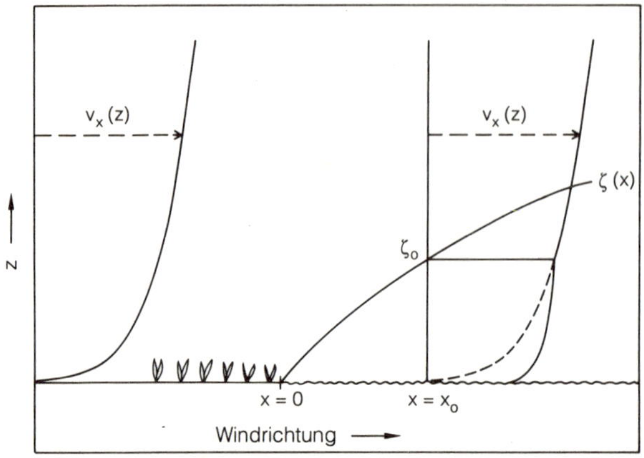

Abb. 7.3. Änderung des Windprofils $v_x(z)$ bei dem Übergang von einer Oberfläche mit großer Rauhigkeit zu einer solchen mit kleiner Rauhigkeit; $x=0$ markiert die Übergangsstelle. *Links* das ursprüngliche Windprofil; ab $x=0$ Ausbildung einer „inneren Grenzschicht" mit einem der kleineren Rauhigkeit entsprechenden Windprofil bis zu der Höhe $\zeta(x)$; *rechts* als Beispiel das Windprofil an der Stelle $x=x_0$ mit der Höhe ζ_0, der inneren Grenzschicht (zum Vergleich ist unten das ursprüngliche Profil gestrichelt eingezeichnet)

Übergang unmittelbar über der Oberfläche die Strömung wegen der geringeren Schubspannung beschleunigt wird und sich das Windprofil dem niedrigeren Rauhigkeitsparameter anpaßt, daß aber die Fortpflanzung dieser Einflüsse in größere Höhen eine gewisse Zeit beanspruchen wird. Es wird sich von dem Übergangspunkt aus windabwärts eine mehr oder minder scharfe Grenze zwischen dem „neuen" Windprofil unten über der Wasseroberfläche und dem „alten" Windprofil in etwas größerer Höhe ausbilden (für die Schicht unterhalb dieser Grenzfläche hat sich die Bezeichnung „Innere Grenzschicht" eingebürgert); in Abb. 7.3 ist versucht, diesen Übergang zu skizzieren.

Für die praktische Anwendung der in diesem und dem nächsten Abschnitt entwickelten Theorie der Prandtl-Schicht ist es natürlich von Interesse, in welcher Höhe, als Funktion des horizontalen Abstandes von der Übergangsstelle, die Grenze zwischen der „alten" und der „neuen" Strömung liegt, und wie der Verlauf dieser Grenzfläche aussieht.

Der einfachste Ansatz, der die empirischen Befunde auch tatsächlich gut wiedergibt, geht von der Annahme aus, daß die durch den Wechsel der Bodenrauhigkeit verursachte Änderung der Horizontalimpulsdichte in ähnlicher Weise von der Oberfläche weg nach oben diffundiert wie eine am Boden freigesetzte Beimengung, und daß die Diffusionsfront die Höhe der Grenzfläche repräsentiert. Für die Höhe ζ einer solchen Front können wir aus den im 6. Kap. angestellten Überlegungen die Beziehung

$$\frac{d\zeta^2}{dt} \sim K \qquad (7.39)$$

übernehmen und als Ergebnis aus dem jetzigen Kapitel den Zusammenhang

$$K \sim u_* \cdot \zeta \tag{7.40}$$

einsetzen; damit erhalten wir, mit C als Proportionalitätskonstanter,

$$\frac{d\zeta^2}{dt} = C \cdot u_* \cdot \zeta \tag{7.41}$$

oder

$$\frac{d\zeta}{dt} = \frac{1}{2 \cdot \zeta} \cdot C \cdot u_* \cdot \zeta = \frac{1}{2} \cdot C \cdot u_*. \tag{7.42}$$

Die Argumentation ist vielleicht insofern nicht ganz korrekt, als die Beziehung zwischen der Ableitung von σ^2 und K für einen örtlich nicht veränderlichen turbulenten Diffusionskoeffizienten abgeleitet wurde; sie geht aber von der plausiblen Annahme aus, daß für das Fortschreiten der Front in der Höhe ζ in erster Näherung auch der in dieser Höhe aktuelle Diffusionskoeffizient entscheidend sein wird.

Der Verlauf von ζ als Funktion des Abstandes x von der Übergangsstelle, die mit $x = 0$ identifiziert sei, ergibt sich dann aus der Gleichung

$$\frac{d\zeta}{dx} = \frac{d\zeta}{dt} \cdot \frac{dt}{dx} = \frac{C \cdot u_*}{2 \cdot v_x(\zeta)} \tag{7.43}$$

oder, wegen $v_x(\zeta) = \frac{1}{\varkappa} \cdot u_* \cdot \ln \frac{\zeta}{z_0}$, aus

$$\frac{d\zeta}{dx} = \frac{C_*}{\ln \frac{\zeta}{z_0}} \quad \text{bzw.} \quad \ln \frac{\zeta}{z_0} \cdot \frac{d\zeta}{dx} = C_* \tag{7.44}$$

mit der neuen Proportionalitätskonstanten C_*. Die Integration nach x liefert mit der Anfangsbedingung $\zeta(0) = z_0$

$$\zeta(x) = \frac{C_* \cdot x - z_0}{\ln \frac{\zeta(x)}{z_0} - 1} \tag{7.45}$$

oder näherungsweise (da ζ und x sicher sehr schnell groß gegen z_0 werden)

$$\zeta(x) = \frac{C_* \cdot x}{\ln \frac{\zeta(x)}{z_0}} \tag{7.46}$$

als Bestimmungsgleichung für ζ. Ähnliche Ansätze wurden von verschiedenen Autoren diskutiert; hier seien vor allem Elliot (1958), Panofsky (1973) und Hunt u. Simpson (1982) genannt. Über den qualitativen Verlauf von $\zeta(x)$ besteht weitgehend Übereinstimmung; Differenzen ergeben sich bezüglich der Größe der Proportionalitätskonstanten C_* und bezüglich der Frage, welcher der beiden Rauhigkeitsparameter, z_{01} (vor der Übergangsstelle) oder z_{02} (nach der Übergangsstelle), in die angeschriebene Beziehung einzusetzen ist. Wir schließen uns hier der Auffassung von Hunt u. Simpson (1982) an, die zeigen können, daß die von ihnen verwendeten Parameter die experimentellen Ergebnisse innerhalb eines Fehlers von weniger als ±25% reproduzieren. Danach ist $C_* \approx 0{,}32$ und $z_0 = z_{01}$; wir erhalten schließlich für $\zeta(x)$, die Höhe der inneren Grenzschicht als Funktion des horizontalen Abstandes von der Übergangsstelle, die Gleichung

$$\zeta(x) = \frac{0{,}32 \cdot x}{\ln \dfrac{\zeta(x)}{z_{01}}} . \tag{7.47}$$

Setzen wir als Beispiel in diese Gleichung für z_{01} wieder 10 cm ein, so erhalten wir für $x = 10$ m eine Höhe der inneren Grenzschicht von 1,26 m, für $x = 100$ m eine solche von 7,45 m und für $x = 500$ m eine solche von 28 m.

7.2 Austausch und Dynamik in der Prandtl-Schicht bei thermisch nichtneutraler Schichtung

Bei der Betrachtung der thermisch neutralen Prandtl-Schicht hatte es sich gezeigt, daß die Messung des Windprofils allein schon Aufschluß über alle für Dynamik und Austausch relevanten Größen liefert, daß insbesondere ein einfacher und eindeutiger Zusammenhang zwischen vertikalem Impulsfluß und vertikalem Geschwindigkeitsgradienten besteht.

Bei nichtneutraler Schichtung können diese einfachen Zusammenhänge natürlich nicht mehr gelten. Bei labiler Schichtung erwarten wir verstärkten Austausch, größere Diffusionskoeffizienten und, bei gegebenem vertikalem Fluß, kleinere Gradienten. Umgekehrt sind bei stabiler Schichtung reduzierter Austausch, steilere Gradienten und kleinere Diffusionskoeffizienten zu erwarten; oberhalb einer gewissen Grenzstabilität wird der Austausch praktisch zum Erliegen kommen oder doch zumindest sehr schwach und zufallsbedingt werden.

Wir wollen jetzt versuchen, diese Einflüsse der positiven und negativen Auftriebskräfte auf Austausch und Dynamik und insbesondere auf den Zusammenhang zwischen vertikalen Flüssen und Gradienten mit Hilfe theoretischer Überlegungen und empirischer Daten so weit wie möglich zu quantifizieren.

Der erste Schritt wird dabei sein, eine geeignete Parametrisierung der Stabilität bzw. Labilität zu suchen, d. h. eine Kenngröße zur Charakterisierung des Einflusses der Auftriebskräfte auf die Intensität der Turbulenz im Vergleich zu dem entsprechenden Einfluß der Scherkräfte aufzustellen. Wir werden hierzu das Verhältnis der Rate der Produktion bzw. Vernichtung turbulenter Energie durch Auftriebskräfte zu der Energieproduktionsrate durch Scherkräfte heranziehen und untersuchen, ob und wieweit sich mit Hilfe dieses Maßes oder mit Hilfe davon abgeleiteter Kenngrößen die Einflüsse einer nichtadiabatischen Schichtung beschreiben lassen; dabei wird der Zusammenhang zwischen Flüssen und Gradienten im Vordergrund stehen.

In einem abschließenden Abschnitt werden wir noch auf die sog. freie Konvektion eingehen. Darunter versteht man eine rein thermisch bedingte Konvektion ohne relevanten Einfluß der Scherungsturbulenz, wie sie zum Beispiel bei niedrigen oder verschwindenden Windgeschwindigkeiten und gleichzeitiger starker Sonneneinstrahlung auftreten kann.

7.2.1 Kenngrößen zur Parametrisierung labilisierender oder stabilisierender Auftriebskräfte

Wie gerade angedeutet, soll zunächst das Verhältnis der Rate der Produktion (oder Vernichtung) turbulenter Energie durch Auftriebskräfte zu der entsprechenden Produktionsrate durch Scherkräfte untersucht werden; es wird sich dann zeigen, daß dieses Verhältnis bzw. eine davon abgeleitete Größe zur Parametrisierung labilisierender bzw. stabilisierender Auftriebskräfte geeignet ist.

Die Energieerzeugungsrate, d. h. die Leistung der Auftriebskräfte erhalten wir aus folgender Überlegung: Die Auftriebskraft pro Volumeneinheit, die ein Luftpaket der Dichte $\bar{\varrho} + \varrho'$ in einer Umgebung der Dichte $\bar{\varrho}$ erfährt, beträgt $-g \cdot \varrho'$ mit g als Betrag der Schwerebeschleunigung. Die momentane Leistung pro Volumeneinheit ist dann $dW/dt = -g \cdot \varrho' \cdot dz'/dt = -g \cdot \varrho' \cdot v_z'$, da $dW = -g \cdot \varrho' \cdot dz'$ gerade die momentane Arbeit ist, die durch die Auftriebskräfte an dem Einheitsvolumen bei einer Verschiebung um dz' geleistet wird. Im Mittel erhalten wir für die Leistungsdichte der turbulenten Auftriebskräfte, ε_A (ε steht für die Energieproduktionsrate, der Index A bedeutet Auftrieb),

$$\varepsilon_A = -g \cdot \overline{\varrho' \cdot v_z'}. \tag{7.48}$$

Für Fluktuationen ϱ' der Dichte eines Luftvolumens gegenüber der mittleren Dichte der Umgebung sind zwei Ursachen in Betracht zu ziehen:

- Fluktuationen der Temperatur,
- Fluktuationen des Wasserdampfgehaltes.

Die zweite Ursache, Fluktuationen des Wasserdampfgehaltes, kann wichtig werden, weil Wasserdampf bei gegebenem Druck eine wesentlich geringere Dichte als Luft aufweist, feuchte Luft also leichter ist als trockene. Verdunstendes Wasser an der Unterseite eines Luftkörpers – oder allgemein ein nach oben gerichteter Wasserdampfstrom – führt deshalb in ähnlicher Weise zur Labilisierung dieses Luftkörpers und damit zur konvektiven Erzeugung von Turbulenz wie eine Erwärmung an der Unterseite eines Luftkörpers oder allgemein wie ein nach oben gerichteter Wärmestrom. Die Erzeugung konvektiver Turbulenzenergie durch diesen Effekt kann über Wasserflächen mit hoher Verdunstung beträchtlich werden (selbstverständlich ist dieser Effekt ein reiner Dichteeffekt und hat nichts mit der Labilisierung durch freiwerdende Kondensationswärme zu tun). Trotz dieser Relevanz des Wasserdampfes wollen wir – der besseren Übersicht wegen – zunächst die gesuchten Beziehungen für trockene Luft ableiten und erst weiter unten, in Abschn. 7.2.3, wieder auf die Rolle des Wasserdampfes zu sprechen kommen.

Wegen

$$d\varrho = \frac{\partial \varrho}{\partial \theta} \cdot d\theta \tag{7.49}$$

können wir für kleine Temperaturfluktuationen θ'

$$\varrho' = \theta' \cdot \frac{\partial \varrho}{\partial \theta} \tag{7.50}$$

setzen. Aus der allgemeinen Gasgleichung folgt - bei konstantem Druck - $\varrho = \text{const}/T$ und damit weiter $d\varrho/dT = -\text{const}/T^2 = -\varrho/T$. Da nach der Poissongleichung (s. Abschn. 2.2.1) bei festgehaltenem Druck $\theta = \text{const}' \cdot T$ ist, können wir genau so auch $d\varrho/d\theta = -\varrho/\theta$ schreiben und erhalten damit

$$\varrho' = -\frac{\theta' \cdot \varrho}{\theta} \tag{7.51}$$

und weiter - wenn ϱ' oben in den Ausdruck für ε_A eingesetzt wird -

$$\varepsilon_A = -g \cdot \overline{\varrho' \cdot v_z'} = +\frac{g \cdot \varrho \cdot \overline{\theta' \cdot v_z'}}{\theta}. \tag{7.52}$$

Mit dem vertikalen Wärmefluß $H = c_p \cdot \varrho \cdot \overline{\theta' \cdot v_z'}$ können wir dafür auch

$$\varepsilon_A = \frac{g \cdot H}{c_p \cdot \theta} \tag{7.53}$$

schreiben. Nach der Diskussion im Abschn. 2.3 sind H und damit ε_A bei labiler Schichtung positiv, bei neutraler Schichtung Null, und bei stabiler Schichtung negativ, wie man das auch rein anschaulich erwartet. Es sei noch darauf hingewiesen, daß die in dem Ausdruck für ε_A enthaltenen Größen und damit ε_A selbst nur wenig von der Höhe über der Erdoberfläche abhängig sind.

Um die Leistungsdichte bei der Erzeugung turbulenter Energie durch Scherkräfte zu erhalten, betrachten wir zunächst die Leistung der Scherkraft pro Flächeneinheit, oder anders ausgedrückt, die Flußdichte der Energie, da ja Leistung pro Fläche gleich Energie pro Zeit und Fläche ist. Die Arbeit, die die Scherkraft pro Flächeneinheit bei einer Verschiebung um dx leistet, ist durch $dW = \tau \cdot dx$ gegeben; damit erhalten wir für die Leistung pro Flächeneinheit

$$\frac{dW}{dt} = \tau \cdot \frac{dx}{dt} = \tau \cdot v_x. \tag{7.54}$$

Wegen $\tau = -\varrho \cdot u_*^2$ ist dies

$$\frac{dW}{dt} = -\varrho \cdot u_*^2 \cdot v_x. \tag{7.55}$$

Die uns interessierende Leistungsdichte ist dann gleich der negativen Divergenz der Energieflußdichte; wir erhalten (der Index S bedeute Scherung)

$$\varepsilon_S = -\frac{d^2W}{dt \cdot dz} = +\varrho \cdot u_*^2 \cdot \frac{dv_x}{dz}. \tag{7.56}$$

Im Falle neutraler Schichtung galt

$$\frac{dv_x}{dz} = \frac{u_*}{\varkappa \cdot z}. \tag{7.57}$$

In dem allgemeineren Fall der thermisch nicht neutralen Schichtung kann diese einfache Beziehung natürlich nicht mehr zutreffen, da darin keinerlei thermische Größen berücksichtigt sind. Wir können uns aber dadurch helfen, daß wir formal von dem im neutralen Fall gültigen Geschwindigkeitsprofil ausgehen und dieses mit einer Korrekturfunktion Φ multiplizieren. Diese Korrekturfunktion muß sicher von dem vertikalen Wärmefluß H abhängen, der ja die Erzeugung konvektiver Turbulenzenergie parametrisiert; wir wollen aber allgemein die Möglichkeit mit zulassen, daß Φ auch von der Höhe und von der Schubspannung abhängt. Wir schreiben formal

$$\frac{dv_x}{dz} = \frac{u_*}{\varkappa \cdot z} \cdot \Phi(H, u_*, z) \tag{7.58}$$

mit

$$\Phi(H, u_*, z) = \frac{\text{aktueller vertikaler Gradient der Windgeschwindigkeit}}{\text{Gradient der Windgeschwindigkeit bei neutraler Schichtung}}.$$

Definitionsgemäß ist bei neutraler Schichtung $\Phi = 1$; ansonsten sind die Eigenschaften von Φ noch zu untersuchen.

Wenn wir jetzt mit diesem Ansatz für den vertikalen Gradienten der Windgeschwindigkeit in den oben angeschriebenen Ausdruck für ε_S (s. Gl. 7.56) gehen, so erhalten wir

$$\varepsilon_S = \frac{\varrho \cdot u_*^3}{\varkappa \cdot z} \cdot \Phi(H, u_*, z). \tag{7.59}$$

Sehen wir in erster Näherung einmal von einer Höhenabhängigkeit von Φ ab, so ist oberhalb der viskosen Bodengrenzschicht die Erzeugung turbulenter Energie durch Windscherung proportional $1/z$, nimmt also mit zunehmender Höhe über der Erdoberfläche relativ rasch ab (oben (s. Gl. 7.53) hatten wir gesehen, daß die Leistung der Auftriebskräfte nur wenig von der Höhe abhängig ist).

Jetzt können wir das Verhältnis der Energieproduktionsraten durch thermische Kräfte, ε_A, und durch Scherkräfte, ε_S, bilden. Dieses Verhältnis ist natürlich positiv bei labiler Schichtung, negativ bei stabiler Schichtung, und Null bei thermisch neutraler Schichtung. Aus Gründen der Konvention hat es sich jedoch eingebürgert, den negativen Wert dieses Verhältnisses, die sog. (Fluß-)Richardson-Zahl $R_f = -\varepsilon_A/\varepsilon_S$ zu betrachten. Die Fluß-Richardson-Zahl ist somit gegeben durch

$$R_f = -\frac{\varepsilon_A}{\varepsilon_S} = -\frac{\varkappa \cdot g \cdot H}{c_p \cdot \varrho \cdot \theta \cdot u_*^3} \cdot \frac{z}{\Phi(H, u_*, z)}; \tag{7.60}$$

sie ist positiv bei stabiler Schichtung und negativ bei labiler Schichtung. Wenn wir wieder für den Moment von einer Höhenabhängigkeit von Φ absehen, so steigt R_f in guter Näherung linear mit der Höhe an, da die anderen in R_f enthaltenen Größen nicht oder nur wenig höhenabhängig sind. Damit läßt sich R_f in der Form

$$R_f = \frac{z}{L_* \cdot \Phi(H, u_*, z)} \tag{7.61}$$

mit

$$L_* = -\frac{c_p \cdot \varrho \cdot \theta \cdot u_*^3}{\varkappa \cdot g \cdot H} \tag{7.62}$$

darstellen; die hier auftretende Skalierungslänge L_* ist die sog. Monin-Obuchow-Länge. Wie schon dargelegt, enthält L_* nur Größen, die nicht oder nur sehr schwach von der Höhe abhängen; damit kann man L_* selbst als praktisch höhenunabhängig ansehen. Ebenso wie R_f ist L_* bei stabiler Schichtung positiv und bei labiler Schichtung negativ, bei neutraler Schichtung wird L_* wegen $H = 0$ unendlich und verliert da ihren Sinn.

Aus der Darstellung von R_f geht auch hervor, daß die Fluß-Richardson-Zahl bei Annäherung an die Erdoberfläche Null wird, d. h., daß der Einfluß der thermischen Auftriebskräfte relativ zu dem Einfluß der Scherkräfte verschwindet.

Es hat sich nun empirisch gezeigt, daß die Bedeutung von L_* über die Eigenschaft einer Skalierungslänge für die Höhenabhängigkeit von R_f hinausgeht. Sie hat sich auch als geeignete Skalierungsgröße zur Darstellung der oben eingeführten Korrekturfunktion Φ erwiesen; diese Funktion läßt sich allgemein in der Form $\Phi(H, u_*, z) = \Phi(z/L_*)$ schreiben. Damit wird $R_f = (z/L_*)/\Phi(z/L_*)$, das heißt aber, daß die Größe z/L_* generell zur Charakterisierung der Schichtungsstabilität bzw. -labilität geeignet ist. In der Näherung $\Phi \approx 1$ kann man $z = L_*$ etwa als die Höhe über dem Boden interpretieren, in der $R_f = \varepsilon_A/\varepsilon_S = 1$ ist, wo also die Produktion von Turbulenzenergie durch Auftriebskräfte gleich der Produktion durch Scherkräfte wird.

Diese universelle Eigenschaft der Monin-Obuchow-Länge ist nicht ganz überraschend, da es sich zeigen läßt, daß L_* die dimensionsmäßig einzige Möglichkeit darstellt, aus den gegebenen Bestimmungsstücken eine Skalierungslänge zu bilden.

Um ein Gefühl für die Größenordnung der Monin-Obuchow-Länge, die ja im wesentlichen eine Funktion von H und u_* ist, zu vermitteln, zeigt Abb. 7.4 ein Nomogramm zur Bestimmung von L_* aus den meteorologischen Daten über den vertikalen Wärmefluß und die mittlere Windgeschwindigkeit für den Fall thermisch labiler Schichtung, also positiven, nach oben gerichteten Wärmeflusses. Die Abbildung zeigt Isolinien für negative L_*-Werte bei einer Rauhigkeitslänge z_0 von 3 cm, was etwa Feldern mit mittelhohem Gras oder Getreide entspricht.

Mit der Fluß-Richardson-Zahl und der Monin-Obuchow-Länge bzw. dem Verhältnis z/L_* haben wir Kenngrößen gefunden, die prinzipiell sehr gut zur Parametrisierung der Schichtungsstabilität geeignet sind. Sie haben allerdings den Nachteil, experimentell nur sehr schwer bestimmbar zu sein. Ihre Messung erfordert die direkte Messung von Impuls- und Wärmeflüssen, was nur über die aufwendige, für Routinemessungen wenig geeignete Methode der korrelierten Fluktuationen möglich ist. Deshalb wollen wir an dieser Stelle eine weitere, für den praktischen

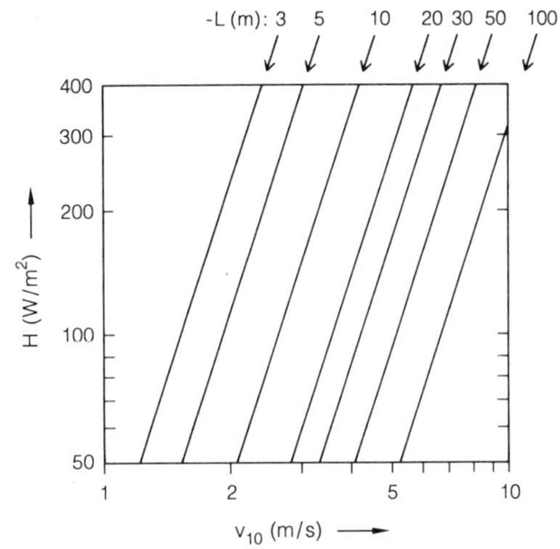

Abb. 7.4. Nomogramm zur Bestimmung der Monin-Obuchow-Länge L_* bei labiler Schichtung als Funktion des vertikalen Wärmeflusses H und der horizontalen Windgeschwindigkeit v_{10} in einer Referenzhöhe von 10 m, für einen Rauhigkeitsparameter von $z_0 = 3$ cm. (Nach Pasquill 1974)

Gebrauch besser geeignete Kenngröße einführen, die sog. Gradient-Richardson-Zahl, die meist einfach nur als Richardson-Zahl bezeichnet wird.

Die (Gradient-)Richardson-Zahl Ri ergibt sich aus der Fluß-Richardson-Zahl, wenn in letztere für die Flüsse von Impuls und Wärme die entsprechenden Gradientansätze eingesetzt werden; dabei soll zwischen dem turbulenten Diffusionskoeffizienten für Impuls K, und dem für Wärme, K_H, unterschieden werden. Es gelten

$$H = -c_p \cdot \varrho \cdot K_H \cdot \frac{d\theta}{dz} \tag{7.63}$$

und

$$\tau = -\varrho \cdot u_*^2 = -\varrho \cdot K \cdot \frac{dv_x}{dz} \tag{7.64}$$

bzw.

$$u_*^2 = K \cdot \frac{dv_x}{dz} \tag{7.65}$$

sowie

$$\frac{dv_x}{dz} = \frac{u_*}{\varkappa \cdot z} \cdot \Phi(z/L_*) \tag{7.66}$$

bzw.

$$u_* = \frac{\varkappa \cdot z}{\Phi(z/L_*)} \cdot \frac{dv_x}{dz}. \tag{7.67}$$

Durch Einsetzen von H, u_*^2 und u_* in R_f erhalten wir

$$R_f = -\frac{\varkappa \cdot g \cdot H}{c_p \cdot \varrho \cdot \theta \cdot u_*^3} \cdot \frac{z}{\Phi(z/L_*)} = +\frac{g \cdot (d\theta/dz)}{\theta \cdot (dv_x/dz)^2} \cdot \frac{K_H}{K} \tag{7.68}$$

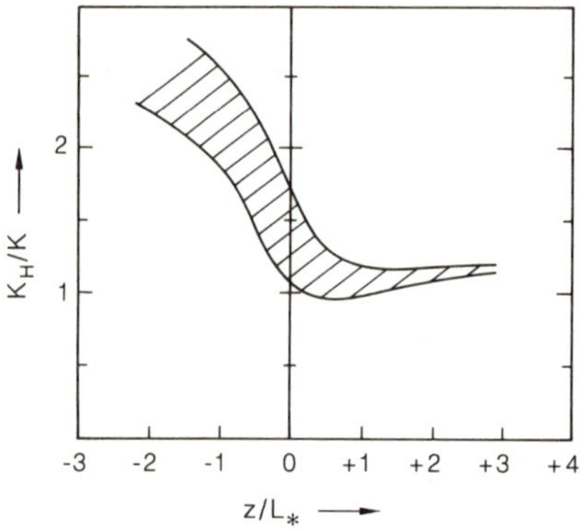

Abb. 7.5. Verhältnis der vertikalen Diffusionskoeffizienten für Wärme, K_H, und Impuls, K, als Funktion von z/L_*. (Nach Businger et al. 1971)

oder

$$R_f = Ri \cdot \frac{K_H}{K} \tag{7.69}$$

mit

$$Ri = \frac{g \cdot (d\theta/dz)}{\theta \cdot (dv_x/dz)^2}. \tag{7.70}$$

Die so definierte Gradient-Richardson-Zahl Ri ist der Messung leicht zugänglich; notfalls genügt die Messung von potentieller Temperatur und Windgeschwindigkeit in zwei verschiedenen Höhen. Im 6. Kap. hatten wir schon erwähnt, daß Ri mit dem in dem Abschn. 2.3.2 definierten Stabilitätsmaß B^2 über die Beziehung

$$Ri = \frac{B^2}{(dv_x/dz)^2} \tag{7.71}$$

zusammenhängt. Zahlenmäßig unterscheidet sich die Gradient-Richardson-Zahl von der Fluß-Richardson-Zahl durch das empirisch zu bestimmende Verhältnis der turbulenten Diffusionskoeffizienten von Wärme und Impuls. Abbildung 7.5 zeigt den Bereich experimenteller Daten für dieses Verhältnis nach Businger et al. (1971).

Die Daten von Businger et al. (1971) lassen ein signifikantes Anwachsen des Verhältnisses von K_H und K mit zunehmender Konvektion erkennen; auch im neutralen Fall ist dieses Verhältnis etwas größer als eins. Diese Daten sind zwar weitgehend anerkannt und haben vielfach Eingang in die Literatur gefunden, sind aber dennoch nicht unumstritten. So haben Dyer u. Bradley (1982) bei Untersuchungen im Bereich zwischen $-4 < z/L_* < -0{,}004$ durchweg Gleichheit von K_H und K gemessen. Eine Erklärung für die Diskrepanz konnte nicht gefunden werden. Auch für den in dem nächsten Abschnitt diskutierten Zusammenhang zwischen Flüssen und Gradienten geben Dyer u. Bradley (1982) etwas andere Relationen als Businger et al. (1971) an.

Abbildung 7.6 zeigt den Verlauf der Fluß-Richardson-Zahl R_f und der Gradient-Richardson-Zahl Ri als Funktion von z/L_* (nach Businger et al. 1971). Bei labiler thermischer Schichtung nimmt das Verhältnis der Produktionsraten von Turbulenzenergie durch Auftrieb bzw. Konvektion und durch Scherung etwa linear mit

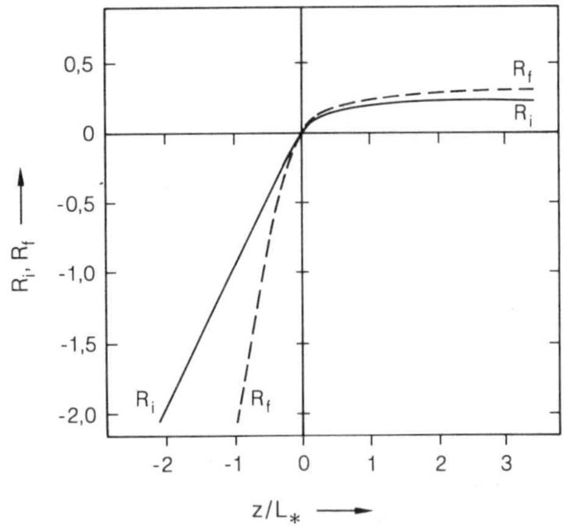

Abb. 7.6. Die Richardson-Zahlen R_f und Ri als Funktionen von z/L_*. (Nach Businger et al. 1971)

z/L_* zu; für Ri gilt sogar über einen weiten Bereich die einfache Beziehung, daß $Ri \approx z/L_*$ ist. Die weitgehende Gültigkeit dieser Beziehung im labilen Bereich erlaubt eine sehr einfache experimentelle Bestimmung der Monin-Obuchow-Länge mit weniger als 10% Fehler, sobald Ri unter etwa $-0{,}2$ ist. Es ist dann

$$L_* \approx \frac{z}{Ri} \approx \frac{z \cdot \theta \cdot (dv_x/dz)^2}{g \cdot (d\theta/dz)}. \qquad (7.72)$$

Im angenähert neutralen Bereich (etwa $|z/L_*| < 0{,}05$) ist Ri etwas kleiner als z/L_*, es gilt hier angenähert

$$Ri \approx \frac{3}{4} \cdot \frac{z}{L_*} \qquad (7.73)$$

bzw.

$$L_* \approx \frac{3}{4} \cdot \frac{z}{Ri}. \qquad (7.74)$$

Bei stabiler Schichtung geht die Richardson-Zahl in eine gewisse Sättigung über. Dies hängt damit zusammen, daß oberhalb einer kritischen Richardson-Zahl (etwa $Ri = 0{,}20$ bis $0{,}25$) die Erzeugung von Turbulenzenergie praktisch zum Erliegen kommt oder sich zumindest auf zufällige, unsystematische Störungen beschränkt.

7.2.2 Zusammenhang zwischen Flüssen und Gradienten

Nachdem im vorangegangenen Abschnitt Kenngrößen zur Parametrisierung des Einflusses nichtadiabatischer Temperaturschichtungen auf die Turbulenz aufgestellt worden sind, soll jetzt versucht werden, mit Hilfe dieser Kenngrößen Ausdrücke für die turbulenten Diffusionskoeffizienten zu finden und den Zusammenhang zwischen Flüssen und Gradienten von Impuls und von skalaren Beimengungen zu quantifizieren.

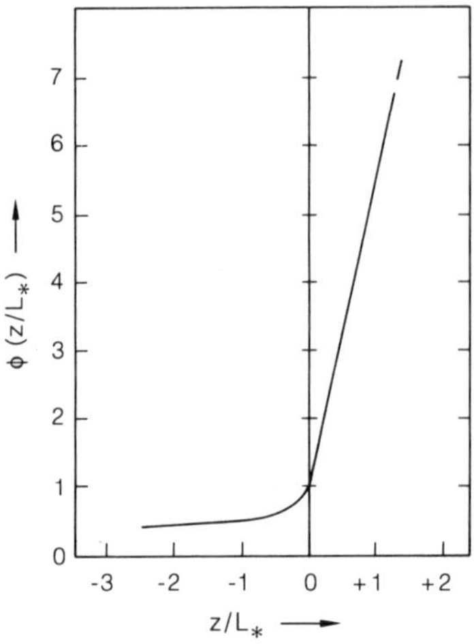

Abb. 7.7. Die Funktion $\Phi(z/L_*)$. (Nach Businger et al. 1971)

Den Zusammenhang zwischen der Schubspannung, d. h. dem vertikalen Fluß von Horizontalimpuls, und dem vertikalen Windprofil hatten wir bereits formuliert, als wir die Funktion $\Phi(H, u_*, z) = \Phi(z/L_*)$ definierten. Es galt

$$\frac{dv_x}{dz} = \frac{u_*}{\varkappa \cdot z} \cdot \Phi(z/L_*) \tag{7.75}$$

Die Funktion $\Phi(z/L_*)$, deren Verlauf bisher offengelassen wurde, muß hierbei experimentell bestimmt werden. In Abb. 7.7 ist, als beste Anpassung an verfügbare Meßdaten, diese Funktion graphisch dargestellt.

Analytisch kann man $\Phi(z/L_*)$ im stabilen Bereich, d. h. für $L_* > 0$, durch

$$\Phi(z/L_*) = 1 + 4{,}7 \cdot \frac{z}{L_*} \tag{7.76}$$

und im labilen Bereich, d. h. für negative L_*, durch

$$\Phi(z/L_*) = \left(1 - 15 \cdot \frac{z}{L_*}\right)^{-1/4} \tag{7.77}$$

darstellen.

Im stabilen Fall ist damit die Integration der Gleichung für das Geschwindigkeitsprofil leicht durchzuführen. Es ist:

$$\frac{dv_x}{dz} = \frac{u_* \cdot \Phi(z/L_*)}{\varkappa \cdot z} = \frac{u_*}{\varkappa} \cdot \left(\frac{1}{z} + \frac{4{,}7}{L_*}\right), \tag{7.78}$$

und die Integration liefert

$$v_x(z) = \frac{u_*}{\varkappa} \cdot \left(\ln \frac{z}{z_0} + 4{,}7 \cdot \frac{z - z_0}{L_*}\right) \tag{7.79}$$

Wir erhalten ein gemischtes Profil, das in Bodennähe zunächst fast logarithmisch ist und mit zunehmender Höhe in ein lineares Profil übergeht.

Im Fall labiler Schichtung ist die Integration formal wesentlich schwieriger; sie liefert auch kein so einfach interpretierbares Ergebnis wie im Fall stabiler Schichtung. Es sei deshalb hier nur der aus der Integration folgende Ausdruck für $v_x(z)$ angegeben, für die formale Begründung sei auf Paulson (1970) verwiesen. Es ist

$$v_x(z) = \frac{u_*}{\varkappa} \cdot \left(\ln \frac{z}{z_0} - \Psi(z/L_*) \right) \tag{7.80}$$

mit

$$\Psi(z/L_*) = 2 \cdot \ln \left(\frac{1 + \Phi^{-1}(z/L_*)}{2} \right) + \ln \left(\frac{1 + \Phi^{-2}(z/L_*)}{2} \right)$$
$$-2 \cdot \operatorname{arctg} (\Phi^{-1}(z/L_*)) + \pi/2. \tag{7.81}$$

Für den vertikalen Impulsdiffusionskoeffizienten K folgt aus der Definitionsgleichung,

$$\tau = -\varrho \cdot u_*^2 = -K \cdot \varrho \cdot \frac{dv_x}{dz}, \tag{7.82}$$

und der Gleichung für das Windgeschwindigkeitsprofil,

$$\frac{dv_x}{dz} = \frac{u_* \cdot \Phi(z/L_*)}{\varkappa \cdot z}, \tag{7.83}$$

daß

$$K = \frac{\varkappa \cdot u_* \cdot z}{\Phi(z/L_*)} \tag{7.84}$$

ist. Setzt man in diese Formel die Zahlenwerte für $\Phi(z/L_*)$ bzw. die angegebenen analytischen Näherungen ein, so sieht man, daß der Diffusionskoeffizient K – oder anders ausgedrückt, die turbulente kinematische Zähigkeit der Luft – mit zunehmender Labilität der Schichtung relativ langsam zunimmt, daß er dagegen bei zunehmender Stabilität rasch abnimmt. Im stabilen Fall mit (etwa) $z/L_* > 1$ können wir näherungsweise schreiben

$$K = \frac{\varkappa \cdot u_* \cdot z}{1 + 4{,}7 \cdot (z/L_*)} \approx \frac{\varkappa \cdot u_* \cdot L_*}{4{,}7}, \tag{7.85}$$

d. h., der Diffusionskoeffizient wird bei stärkerer Stabilität in etwas größerem Abstand vom Boden höhenunabhängig, was natürlich mit dem zuvor erwähnten linearen Windgeschwindigkeitsprofil im Einklang steht. Physikalisch ist dies so zu interpretieren, daß bei hoher Stabilität die größeren Wirbel bzw. Turbulenzelemente sich nicht mehr ausbilden können, welche für die Zunahme von K mit der Höhe verantwortlich sein sollten.

Für den Zusammenhang zwischen Flußdichte, vertikalem Gradienten und Diffusionskoeffizienten einer skalaren Beimengung gelten ganz ähnliche Beziehungen wie für die entsprechenden Größen des Impulsaustausches bzw. der turbulenten Reibung. Wir wollen dies anhand des besonders wichtigen und auch am besten

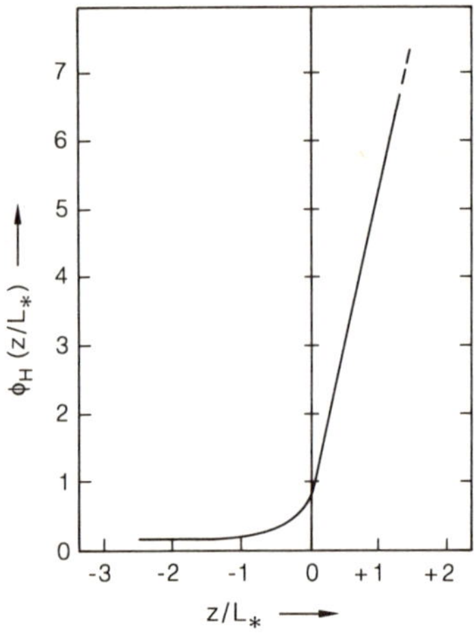

Abb. 7.8. Die Funktion $\Phi_H(z/L_*)$. (Nach Businger et al. 1971)

untersuchten Falles diskutieren, anhand des Transports von Wärme; die dabei abgeleiteten Beziehungen können ohne Bedenken auf den Transport anderer skalarer Beimengungen übertragen werden.

Wir gehen von der bekannten Beziehung für die vertikale Wärmeflußdichte H aus,

$$H = c_p \cdot \varrho \cdot \overline{\theta' \cdot v_z'} = -c_p \cdot \varrho \cdot K_H \cdot \frac{d\theta}{dz}, \tag{7.86}$$

wobei K_H den turbulenten Diffusionskoeffizienten für Wärme (die turbulente „Temperaturleitfähigkeit") bedeutet; K_H wird von der gleichen Größenordnung wie K sein, kann sich aber durchaus etwas von K unterscheiden (s. Abb. 7.5 und die zugehörige Diskussion im Text). In Analogie zu dem entsprechenden Ausdruck für K setzen wir jetzt für K_H

$$K_H = \frac{\varkappa \cdot u_* \cdot z}{\Phi_H(z/L_*)}. \tag{7.87}$$

Die so eingeführte Funktion $\Phi_H(z/L_*)$ muß wieder experimentell bestimmt werden. Im Gegensatz zu $\Phi(z/L_*)$, wo definitionsgemäß $\Phi(0) = 1$ war, muß jetzt keineswegs $\Phi_H(0) = 1$ gelten; aus den Definitionsgleichungen folgt aber natürlich sofort, daß

$$\frac{\Phi_H(z/L_*)}{\Phi(z/L_*)} = \frac{K}{K_H} \tag{7.88}$$

sein muß. In Abb. 7.8 ist, wieder als beste Anpassung an Meßdaten, $\Phi_H(z/L_*)$ graphisch dargestellt; analytische Näherungen für diese Kurve sind für den Fall labiler Schichtung

$$\Phi_H(z/L_*) = 0{,}74 \cdot \left(1 - 9 \cdot \frac{z}{L_*}\right)^{-1/2} \tag{7.89}$$

und für den Fall stabiler Schichtung

$$\Phi_H(z/L_*) = 0{,}74 + 4{,}7 \cdot \frac{z}{L_*}. \tag{7.90}$$

Für das vertikale Profil der potentiellen Temperatur erhalten wir mit

$$\frac{d\theta}{dz} = -\frac{H}{c_p \cdot \varrho} \cdot \frac{1}{K_H} = -\frac{H}{c_p \cdot \varrho} \cdot \frac{1}{\varkappa \cdot u_* \cdot z} \cdot \Phi_H(z/L_*) \tag{7.91}$$

im Falle stabiler thermischer Schichtung (d. h. H negativ, $d\theta/dz$ positiv) ähnlich wie bei dem Windprofil wieder einen gemischt linear-logarithmischen Verlauf:

$$\theta(z) - \theta_0 = -\frac{H}{c_p \cdot \varrho \cdot \varkappa \cdot u_*} \cdot \int_{z_{0s}}^{z} \left(\frac{0{,}74}{z} + 4{,}7 \cdot \frac{1}{L_*}\right) \cdot dz$$

$$= -\frac{H}{c_p \cdot \varrho \cdot \varkappa \cdot u_*} \cdot \left(0{,}74 \cdot \ln \frac{z}{z_{0s}} + 4{,}7 \cdot \frac{z - z_{0s}}{z_{0s}}\right). \tag{7.92}$$

Für den Fall der labilen thermischen Schichtung (d. h. H positiv, $d\theta/dz$ negativ) liefert die Integration (nach Paulson 1970)

$$\theta(z) - \theta_0 = -\frac{0{,}74 \cdot H}{c_p \cdot \varrho \cdot \varkappa \cdot u_*} \cdot \left(\ln \frac{z}{z_{0s}} - \Psi_H(z/L_*)\right) \tag{7.93}$$

mit

$$\Psi_H(z/L_*) = 2 \cdot \ln \left(\frac{1 + 0{,}74 \cdot \Phi_H^{-1}(z/L_*)}{2}\right). \tag{7.94}$$

Die hier verwendete Integrationskonstante z_{0s} (der Index s soll auf „skalar" hinweisen) unterscheidet sich i. allg. von der Konstanten z_0, die wir bei der Integration des Geschwindigkeitsprofiles erhalten haben. Wir wollen auf diesen Unterschied hier nicht eingehen, sondern verweisen auf den folgenden Abschnitt über die bodennahen Transferwiderstände. θ_0 ist genau genommen die auf die Höhe z_{0s} extrapolierte Temperatur, wir können sie aber ohne nennenswerten Fehler mit der Temperatur der Luft bei $z = 0$ identifizieren.

Als Zusammenfassung dieses und des vorhergehenden Abschnittes kann man etwa folgende Feststellungen treffen:

- Bei neutraler thermischer Schichtung genügt die Kenntnis bzw. die Messung des Windgeschwindigkeitsprofils, um Dynamik und Austausch in der Prandtl-Schicht zu beschreiben.
- Bei labiler Schichtung liefert die Messung von Windgeschwindigkeits- und Temperaturprofilen ausreichende Informationen, da wegen $Ri \approx z/L_*$ die Kenntnis von Ri, die aus diesen Profilen zu erschließen ist, praktisch allein ausreicht, um die anderen wichtigen Parameter wie L_*, $\Phi(z/L_*)$ oder $\Phi_H(z/L_*)$ mit einigermaßen brauchbarer Genauigkeit zu erfassen. Eine Alternative ist natürlich die – im Prinzip korrektere – direkte Messung von H und τ, und damit auch von L_*, mit Hilfe der Methode der korrelierten Fluktuationen. Diese Methode ist aber – wie im 6. Kap. betont – aufwendig und für größere Meßreihen deshalb nicht sehr geeignet.

- Bei stabiler Schichtung bietet sich praktisch nur noch die letztgenannte Methode an, trotz der gerade angebrachten Einwände. Die Bestimmung der wichtigen Parameter nur durch Messung der Windgeschwindigkeits- und Temperaturprofile und Angabe von Ri wird unzuverlässig oder unmöglich, da Ri beim Anstieg von z/L_* in die Sättigung geht und deshalb kein Schluß von Ri bzw. von den Geschwindigkeits- und Temperaturgradienten auf L_* und die davon abhängenden Größen mehr möglich ist. Allenfalls bei ganz schwach stabilen Lagen verspricht die Messung der Gradienten noch einen gewissen Erfolg.

7.2.3 Der Einfluß von Wasserdampf auf die Stabilität bzw. Labilität

Im Abschn. 7.2.1 hatten wir auf den Einfluß von Wasserdampf auf die Stabilität bzw. Labilität und auf die Erzeugung konvektiver turbulenter Energie kurz hingewiesen, die genauere Behandlung aber zurückgestellt. Diese soll jetzt nachgeholt werden. Vorsichtshalber sei auch hier, wie schon oben, nochmals darauf hingewiesen: Die hier zu besprechenden Effekte haben nichts mit der Freisetzung von Kondensationsenergie zu tun (s. hierzu Kap. 2; dort wurde im Zusammenhang mit der Freisetzung von Kondensationsenergie z. B. der Ausdruck „Feuchtlabilität" eingeführt, der vielleicht zu einer Verwechslung Anlaß geben könnte); sie sind allein auf die geringere Dichte des Wasserdampfes im Vergleich zu trockener Luft zurückzuführen.

In Analogie zu der Schlußweise in Abschn. 7.2.1 und unter Vernachlässigung von Effekten höherer Ordnung können wir für die Dichtefluktuation unter Berücksichtigung des Wasserdampfes schreiben

$$\varrho' = \frac{d\varrho}{d\theta} \cdot \theta' + \frac{d\varrho}{d\varrho_W} \cdot \varrho'_W; \tag{7.95}$$

dabei bedeuten jetzt ϱ die Dichte der feuchten Luft und ϱ_W die Dichte des Wasserdampfes.

Für den ersten Term hatten wir oben $\varrho' = -\varrho \cdot \theta'/\theta$ abgeleitet. Für die Berechnung des zweiten Terms müssen wir berücksichtigen, daß sich die Gesamtdichte der feuchten Luft, ϱ, additiv aus den Dichten der trockenen Luft, ϱ_L, und des Wasserdampfes, ϱ_W, zusammensetzt; ebenso setzt sich der konstante Gesamtdruck p aus den entsprechenden Partialdrücken p_L und p_W zusammen:

$$\varrho = \varrho_L + \varrho_W \tag{7.96}$$

$$p = p_L + p_W = \text{const}_1. \tag{7.97}$$

Für die einzelnen Partialdrücke gilt (mit i = L bzw. i = W)

$$p_i = \frac{n_i \cdot R \cdot T}{V} = \frac{n_i \cdot M_i \cdot R \cdot T}{V \cdot M_i} = \varrho_i \cdot \frac{R \cdot T}{M_i} \quad \text{(mit den Molmassen} M_i\text{)} \tag{7.98}$$

Einsetzen von Gl. 7.98 in Gl. 7.97 ergibt

$$\text{const}_1 = \varrho_L \cdot \frac{R \cdot T}{M_L} + \varrho_W \cdot \frac{R \cdot T}{M_W} \tag{7.99}$$

oder, bei festgehaltener Temperatur und mit $\text{const}_2 = \text{const}_1/R \cdot T$,

$$\text{const}_2 = \frac{\varrho_L}{M_L} + \frac{\varrho_W}{M_W} \tag{7.100}$$

bzw. mit $\text{const}_3 = \text{const}_2 \cdot M_L$

$$\varrho_L = \text{const}_3 - \varrho_W \cdot \frac{M_L}{M_W}. \tag{7.101}$$

Damit wird

$$\varrho = \varrho_W \cdot \left(1 - \frac{M_L}{M_W}\right) + \text{const}_3 \tag{7.102}$$

und

$$\frac{\partial \varrho}{\partial \varrho_W} = 1 - \frac{M_L}{M_W} \approx 0{,}61. \tag{7.103}$$

So erhalten wir schließlich für ϱ'

$$\varrho' = -\frac{\varrho}{\theta} \cdot \theta' + \left(1 - \frac{M_L}{M_W}\right) \cdot \varrho'_W \tag{7.104}$$

und für die Rate der Produktion konvektiv-turbulenter Energie

$$\begin{aligned} \varepsilon_A = -g \cdot \overline{\varrho' \cdot v'_z} &= g \cdot \left[\frac{\varrho}{\theta} \cdot \overline{\theta' \cdot v'_z} + \left(\frac{M_L}{M_W} - 1\right) \cdot \overline{\varrho'_W \cdot v'_z}\right] \\ &= g \cdot \left[\frac{\varrho}{\theta} \cdot \overline{\theta' \cdot v'_z} + 0{,}61 \cdot \overline{\varrho'_W \cdot v'_z}\right]. \end{aligned} \tag{7.105}$$

Der erste Term in der Klammer ist, wie in Abschn. 7.2.1 schon ausgenutzt, mit der Flußdichte fühlbarer Wärme verknüpft; der zweite Term stellt, bis auf den Zahlenfaktor 0,61, gerade die Flußdichte der absoluten Feuchte, d. h. die Wasserdampfflußdichte j_W, dar:

$$\varepsilon_A = g \cdot \left(\frac{H}{c_p \cdot \theta} + 0{,}61 \cdot j_W\right) \quad \text{mit } j_W = \overline{\varrho' \cdot v'_z}. \tag{7.106}$$

Berücksichtigt man noch, daß die Flußdichte latenter Wärme H_l durch

$$H_l = j_W \cdot L \tag{7.107}$$

mit der Verdampfungswärme L gegeben ist, so kann man schließlich schreiben:

$$\varepsilon_A = g \cdot \left(\frac{H}{c_p \cdot \theta} + 0{,}61 \cdot \frac{H_l}{L}\right) \tag{7.108}$$

oder auch

$$\varepsilon_A = \frac{g \cdot H}{c_p \cdot \theta} \cdot \left(1 + 0{,}61 \cdot \frac{c_p \cdot \theta}{L} \cdot \frac{H_l}{H}\right). \tag{7.109}$$

Die zweite Schreibweise erlaubt eine einfache Abschätzung der Größenordnung des Beitrags des verdunstenden Wassers zur Erzeugung turbulenter Energie. Mit $c_p = 1$ Joule/g · K, $\theta \approx 300$ K und $L \approx 2500$ Joule/K erhält man

$$\varepsilon_A = \frac{g \cdot H}{c_p \cdot \theta} \cdot \left(1 + 0{,}07 \cdot \frac{H_l}{H}\right). \tag{7.110}$$

Über Land sind H und H_l im großen und ganzen von gleicher Größenordnung; daraus erkennt man, daß die Erzeugung von Turbulenzenergie durch verdunstendes Wasser im Mittel nur wenige Prozente der Energieerzeugung durch thermische Konvektion ausmacht. Über großen Wasserflächen ist dagegen H_l um eine Größenordnung größer als H (über dem Ozean ist im Mittel $H_l/H \approx 9$), hier erreicht der Beitrag der Verdunstung zur Erzeugung turbulenter Energie die gleiche Größenordnung wie der Beitrag der thermischen Konvektion.

Für die Fluß-Richardson-Zahl erhält man bei feuchter Luft, in Analogie zu den in Abschn. 7.2.1 durchgeführten Rechnungen,

$$R_f = \frac{\varkappa \cdot g}{u_*^3} \cdot \left(\frac{H}{c_p \cdot \varrho \cdot \theta} + 0{,}61 \cdot \frac{H_l}{\varrho \cdot L}\right) \cdot \frac{z}{\Phi(z/L_*)} \tag{7.111}$$

und entsprechend für die Monin-Obuchow-Länge

$$L_* = \frac{u_*^3}{\varkappa \cdot g \cdot [H/(c_p \cdot \varrho \cdot \theta) + 0{,}61 \cdot H_l/(\varrho \cdot L)]}. \tag{7.112}$$

7.2.4 Freie Konvektion

Bisher waren wir bei der Beschreibung des Austauschs im nichtneutralen Fall so vorgegangen, daß wir den Austausch durch Scherungsturbulenz als den primären Mechanismus angesehen und dann Korrekturen für die im nichtneutralen Fall wirksam werdenden Auftriebskräfte angebracht hatten. In jedem Fall enthielten die Ausdrücke für Profile und Diffusions- bzw. Reibungskoeffizienten noch die Schubspannungsgeschwindigkeit u_*, wir setzten also voraus, daß der Wind und die Windscherung für die Dynamik relevant sind.

Es liegt aber beispielsweise die Frage nahe, was sich bei Windstille über einem durch Sonneneinstrahlung erwärmten Boden abspielt, oder allgemeiner, wie sich der Vertikalaustausch bei labiler Schichtung beschreiben läßt, wenn die Scherungsturbulenzen nicht mehr wesentlich zu Transport- und Austauschprozessen beitragen. Dieser Fall wird als „Freie Konvektion" bezeichnet. Freie Konvektion bedeutet nicht unbedingt, daß Windstille herrscht; es genügt, daß der Beitrag der Scherungsturbulenz zu den Flüssen keine Rolle mehr spielt.

Erstaunlicherweise existiert für diesen scheinbar einfachen Fall noch keine sehr befriedigende Beschreibung. Die Ansätze sind z. T. kontrovers, die Übereinstimmung zwischen Experiment und Theorie ist oft mangelhaft. Eine schlüssige Darstellung ist deshalb noch kaum möglich. Wir beschränken uns deshalb hier – neben einigen mehr phänomenologischen Aspekten – auf einen schon älteren, im wesentlichen auf Dimensions- bzw. Ähnlichkeitsbetrachtungen beruhenden Ansatz von Priestley (1959), der noch relativ einfach und durchsichtig ist, wenn er auch die auftretenden Phänomene nur teilweise beschreiben kann und bei manchen Autoren (z. B. Businger 1973) auf Widerspruch gestoßen ist. Auch ist er mit den Überlegungen der beiden vorangehenden Abschnitte nur „asymptotisch" in Einklang zu bringen. Der Ansatz von Priestley (1959) ist für den Bereich der Prandtl-Schicht zwischen etwa 1 m und 10 bis 20 m Höhe brauchbar; für größere Höhenbereiche ist die für Ähnlichkeitsüberlegungen erforderliche dynamische Einheitlichkeit der Schicht nicht mehr gewährleistet.

Wir können davon ausgehen, daß die durch freie Konvektion verursachten vertikalen Flüsse sicher vom Gradienten der potentiellen Temperatur $d\theta/dz$, von dem thermischen Ausdehnungskoeffizienten der Luft $1/T$ und von der Schwerebeschleunigung g abhängen. Es ist ferner plausibel, daß die Stärke des konvektiven Flusses von der möglichen Größe der Konvektionszellen, d. h. in Bodennähe von dem Abstand z von der Erdoberfläche abhängt. Nach der Definition der freien Konvektion dürfen dagegen dynamische Größen wie u_* oder dv_x/dz keine Rolle spielen. Wenn wir jetzt annehmen, daß es auch sonst keine weiteren relevanten Einflußgrößen gibt, so können wir für den Zusammenhang zwischen dem vertikalen Wärmefluß H bzw. dem damit verbundenen „Temperaturfluß" $H/(c_p \cdot \varrho)$ und den genannten Größen den dimensionsmäßig allein möglichen Ansatz

$$H/(c_p \cdot \varrho) = C \cdot \left(\frac{g}{T}\right)^{1/2} \cdot \left(-\frac{d\theta}{dz}\right)^{3/2} \cdot z^2 \qquad (7.113)$$

machen, mit C als dimensionsloser, experimentell zu bestimmender Proportionalitätskonstanten. Nach dem Gradienten der potentiellen Temperatur aufgelöst lautet diese Beziehung

$$\frac{d\theta}{dz} = -C^{-2/3} \cdot \left(\frac{H}{c_p \cdot \varrho}\right)^{2/3} \cdot \left(\frac{g}{T}\right)^{-1/3} \cdot z^{-4/3}. \qquad (7.114)$$

Da die auf der rechten Seite stehenden Vorfaktoren in erster Näherung höhenunabhängig sind, prognostiziert diese Gleichung ein Temperaturprofil mit $d\theta/dz \sim z^{-4/3}$. Wir werden weiter unten noch diskutieren, innerhalb welcher Grenzen der Ansatz brauchbar ist.

Soweit der Ansatz experimentell abgesichert ist, liegt die Größenordnung der Proportionalitätskonstanten C bei eins: Priestley (1959) gibt $C \approx 0{,}8$ an, umfangreichere, von Dyer (1965) ausgewertete Messungen, legen eher $C \approx 1{,}3$ nahe.

Setzen wir in die Definitionsgleichung für den vertikalen Wärmediffusionskoeffizienten

$$K_H = -H/(c_p \cdot \varrho) \cdot \left(\frac{d\theta}{dz}\right)^{-1} \qquad (7.115)$$

den oben angegebenen Wert von $d\theta/dz$ ein, so erhalten wir

$$K_H = C^{2/3} \cdot \left(\frac{H}{c_p \cdot \varrho}\right)^{1/3} \cdot \left(\frac{g}{T}\right)^{1/3} \cdot z^{4/3}. \tag{7.116}$$

Ein Zahlenbeispiel soll diese formalen Überlegungen etwas illustrieren: Rechnen wir mit einem vertikalen Wärmefluß von 200 W/m^2 und setzen $C = 1$, so erhalten wir

für den Wärmediffusionskoeffizienten

- in 1 m Höhe $K_H \approx 1{,}7 \cdot 10^3\ cm^2/s$
- in 10 m Höhe $K_H \approx 3{,}8 \cdot 10^4\ cm^2/s$

und für den Temperaturgradienten

- in 1 m Höhe $-d\theta/dz \approx 0{,}89\ K/m \approx 90\ \Gamma$
- in 10 m Höhe $-d\theta/dz \approx 0{,}04\ K/m \approx 4\ \Gamma$,

wobei Γ der adiabatische Temperaturgradient ist. Zum Vergleich sei an die mittleren bodennahen Temperaturgradienten aus Abb. 2.5 erinnert.

Wie schon angedeutet, deckt sich der Ansatz von Priestley (1959) nicht ganz mit den in den Abschn. 7.2.2 bzw. 7.2.3 diskutierten Gedankengängen. Interessanterweise gehen aber beide Betrachtungsweisen ineinander über, wenn man für die Korrekturfunktion $\Phi_H(z/L_*)$ den Ansatz $\Phi_H \sim (z/L_*)^{-1/3}$ macht, d. h. für hinreichend große z/L_* eins gegenüber $9 \cdot z/L_*$ vernachlässigt und statt des Exponenten $-1/2$ einen Wert von $-1/3$ wählt; dieser Wert liegt etwa in der Mitte zwischen dem Wert $-1/2$, wie er für Φ_H angenommen wurde, und dem für Φ angegebenen Wert von $-1/4$. Da $L_* \sim u_*^3$ ist, wird dann $K_H = \varkappa \cdot u_* \cdot z/\Phi_H$ von u_* unabhängig; man erhält exakt die gleichen Ausdrücke für K_H und für $d\theta/dz$ wie Priestley (1959).

Wir wollen jetzt versuchen, den Gültigkeitsbereich der Priestleyschen Darstellung der freien Konvektion abzugrenzen. Ein Kriterium dafür kann man etwa folgendermaßen festlegen: Man normiert den tatsächlichen gemessenen Wärmefluß auf den aus dem Priestleyschen Ansatz folgenden, oben angegebenen Wärmefluß (s. Gl. 7.113), d. h. man bildet den Quotienten

$$H_* = \frac{\overline{\theta' \cdot v_z'}}{C \cdot (g/T)^{1/2} \cdot (-d\theta/dz)^{3/2} \cdot z^2}. \tag{7.117}$$

Ist der Ansatz richtig, so sollte $H_* = 1/C$ sein; insbesondere sollte H_* nicht von u_* abhängen oder von Größen, die ihrerseits u_* oder die Windscherung enthalten. Als solche Testgröße kann man die leicht zu messende Richardson-Zahl Ri wählen. Die Auswertung einer größeren Zahl von Messungen von H_* als Funktion von Ri (Taylor 1956; Dyer 1965) hat gezeigt, daß innerhalb der (nicht sehr guten) Meßgenauigkeit H_* tatsächlich gleich $1/C$ wird, wenn in einer Meßhöhe von 1,5 m ungefähr $-Ri > 0{,}03$ wird (die Bezugshöhe ist wichtig, da Ri mit der Höhe rasch ansteigt). Dies ist eine gute Bestätigung für die zumindest bereichsweise Anwendbarkeit des Ansatzes von Priestley.

Tabelle 7.2 (nach Priestley 1959) soll einen Eindruck von der Häufigkeit des Eintretens von Bedingungen für freie Konvektion vermitteln. Die Messungen sind an klaren Sommertagen bei typischen Wärmeflüssen von etwa 200 W/m^2 durch-

Tabelle 7.2. Häufigkeiten und Mittelwerte von $-\mathrm{Ri}$ in 1,5 m Höhe in Abhängigkeit von der mittleren Windgeschwindigkeit in 2 m Höhe bei sommerlichem Strahlungswetter

Windgeschw. (*m/s*)	Häufigkeit von Ri (%)			Mittel von $-\mathrm{Ri}$
	$-\mathrm{Ri}<0{,}03$	$0{,}03<-\mathrm{Ri}<0{,}05$	$-\mathrm{Ri}>0{,}05$	
<2	0	0	100	0,37
2–3	7	10	83	0,18
3–4	22	0	78	0,10
4–5	52	7	41	0,05
5–6	63	37	0	0,02
>6	100	0	0	0,015

geführt. Angegeben sind die Häufigkeiten, mit denen Klassen von Richardson-Zahlen auftreten, sowie die dazugehörigen Gesamtmittelwerte von Ri. Bei der Interpretation der Tabelle kann man davon ausgehen, daß bei $-\mathrm{Ri}>0{,}05$ in der Regel freie Konvektion auftritt, daß man dagegen bei $-\mathrm{Ri}<0{,}03$ das Auftreten freier Konvektion ausschließen kann (Ri ist dabei wieder auf eine Meßhöhe von 1,5 m bezogen).

Bei sehr intensiver Konvektion dürfte der Priestleysche Ansatz bzw. die Proportionalität $d\theta/dz \sim z^{-4/3}$ nicht mehr zutreffen. Arbeiten von Webb (1958) und von Townsend (1962) deuten darauf hin, daß $d\theta/dz$ praktisch nach Null geht, wenn $z>-L_*$ wird; im Endeffekt heißt dies, daß bei sehr starker konvektiver Durchmischung der Gradient der potentiellen Temperatur mehr oder minder zusammenbricht, es stellt sich ein Temperaturprofil ein, das sich von dem adiabatischen Profil praktisch nicht mehr unterscheidet.

7.3 Transport skalarer Beimengungen zur Erdoberfläche hin bzw. von der Erdoberfläche weg; Transferwiderstände und Transfergeschwindigkeiten

Die beiden vorangegangenen Abschnitte haben sich in erster Linie mit der Dynamik der Prandtl-Schicht befaßt, oder anders ausgedrückt, mit dem Transport von Impuls innerhalb der Prandtl-Schicht zur Erdoberfläche hin. Es zeigte sich, daß bei neutraler thermischer Schichtung mit der Angabe der Bodenrauhigkeitsstruktur und der Windgeschwindigkeit in einer Referenzhöhe Impulsfluß bzw. Schubspannung und Geschwindigkeitsprofil festgelegt und beschrieben sind, oder umgekehrt, daß alle wesentlichen dynamischen Größen aus dem Geschwindigkeitsprofil erschlossen werden können. Bei nichtneutraler thermischer Schichtung kamen als weitere Bestimmungsstücke noch der vertikale Wärmefluß oder der Verlauf der Temperatur mit der Höhe hinzu.

Die Diffusion skalarer Beimengungen ist damit jedoch noch nicht vollständig beschrieben, da die molekular-viskose Grenzschicht unmittelbar am Boden i. allg. für skalare Beimengungen einen anderen Widerstand darstellt als für den Impuls. Im Fall aerodynamisch glatter Oberflächen ergeben sich beispielsweise Unterschiede, wenn die molekulare Diffusionskonstante für skalare Beimengungen sich in ihrem Wert von der Diffusionskonstanten für Impuls, d. h. von der kinematischen Zähigkeit unterscheidet. An aerodynamisch rauhen Oberflächen wird der Widerstand der molekular-viskosen Grenzschicht für Impuls durch den Staudruck in einem gewissen Sinne kurzgeschlossen, während skalare Beimengungen diesen Widerstand nach wie vor überwinden müssen.

Wir werden hier zunächst das allgemeine Konzept des Transferwiderstandes bzw. der Transfergeschwindigkeit zur Beschreibung des Transports zur Erdoberfläche hin bzw. von dieser weg diskutieren und dabei versuchen, die Unterschiede zwischen dem Transport von Impuls und von skalaren Beimengungen herauszuarbeiten; anschließend werden wir einige spezielle Ansätze oder Modelle zur Beschreibung des Transferwiderstandes der molekular-viskosen Schicht besprechen. Um die Darstellung übersichtlicher zu machen, werden wir die möglichen Unterschiede zwischen den vertikalen turbulenten Diffusionskoeffizienten für Impuls und für skalare Beimengungen vernachlässigen, also $K \approx K_H$ setzen, und uns in der Regel auf neutrale thermische Schichtungen beschränken. Zum Schluß werden wir noch die Diffusion durch eine Luft-Wasser-Grenze hindurch und die sog. trockene Deposition von Aerosolpartikeln auf der Erdoberfläche besprechen.

Das in diesem Abschnitt vorgestellte Konzept des Transferwiderstandes hat sich bestens für die Beschreibung von Transportvorgängen bewährt, die auf einem Konzentrationsgradienten beruhen und diffusiven Charakter haben. Es eignet sich dagegen nicht oder nur auf Umwegen für die Beschreibung von Driftbewegungen wie etwa die in Abschn. 6.1 behandelte Thermophorese oder die Sedimentation im Schwerefeld, auf die wir bei der Diskussion der Partikeldeposition noch zu sprechen kommen.

7.3.1 Transferwiderstand und Transfergeschwindigkeit

Um zu den Begriffen des Transferwiderstandes und der Transfergeschwindigkeit zu gelangen, betrachten wir den diffusiven Strom einer Beimengung zum Boden hin bzw. von dem Boden weg; der Strom sei konstant, d. h. von der Höhe unabhängig. Der Strom ist die Folge eines Konzentrationsunterschiedes; für die Stromdichte j gilt dann (die Konzentration sei mit q bezeichnet):

$$j = -(K(z) + D) \cdot \frac{dq(z)}{dz}, \tag{7.118}$$

bzw. es ist

$$\frac{dq(z)}{dz} = -\frac{j}{K(z) + D}. \tag{7.119}$$

Durch Integration nach z erhalten wir

$$q(z_2) - q(z_1) = -j \cdot \int_{z_1}^{z_2} \frac{1}{K(z)+D} \cdot dz. \tag{7.120}$$

In dieser allgemeinen Form ist über die Lage der Niveaus z_1 und z_2 noch nichts ausgesagt. Wir wollen jedoch $z_2 > z_1$ festlegen; ist dann $q(z_1) < q(z_2)$, so wird j negativ und ist zum Boden hin gerichtet. Für $q(z_1) > q(z_2)$ wird j entsprechend positiv, von der Erdoberfläche weggerichtet.

Dividieren wir jetzt beide Seiten noch durch $(-j)$, so erhalten wir links einen Ausdruck, der – in Analogie zum elektrischen Widerstand – ein Quotient aus antreibendem Konzentrationsgefälle und fließendem Strom bzw. Stromdichte ist. Diesen Quotienten bezeichnen wir als Transferwiderstand $R_{2,1}$ zwischen z_2 und z_1,

$$R_{2,1} = \frac{q(z_2) - q(z_1)}{-j} = \int_{z_1}^{z_2} \frac{1}{K(z)+D} \cdot dz. \tag{7.121}$$

Die Dimension von $R_{2,1}$ ist offensichtlich Zeit/Strecke. $R_{2,1}$ ist anschaulich ein Maß für die Zeit, die der Transport einer Beimengung von z_2 nach z_1 in Anspruch nimmt. Wir wollen im weiteren den linken Teil dieser Gleichung auch allein, ohne Bezug auf den Fickschen Gradient-Ansatz, als Definition für den Transferwiderstand ansehen.

Als Transfergeschwindigkeit w bezeichnen wir jetzt den Kehrwert des so definierten Transferwiderstandes,

$$w_{2,1} = \frac{1}{R_{2,1}} = \frac{-j}{q(z_2) - q(z_1)}. \tag{7.122}$$

Die Transfergeschwindigkeit $w_{2,1}$ kann man anschaulich als die Geschwindigkeit interpretieren, mit der im Mittel eine Beimengung durch die Schicht $z_2 \geqq z \geqq z_1$ geschoben wird. Wenn die untere Schichtgrenze die Erdoberfläche ist ($z_1 = 0$), und wenn diese eine vollständige Senke für die betreffende Beimengung darstellt, so spricht man häufig von einer Depositionsgeschwindigkeit statt von einer Transfergeschwindigkeit (allerdings kann der Begriff der Depositionsgeschwindigkeit auch weiter gefaßt und auf nichtdiffusive Transportmechanismen ausgedehnt werden).

Es ist aus der Definition von R unmittelbar einsichtig, daß die Transferwiderstände zwischen mehreren Höhenniveaus sich – in Analogie zur Serienschaltung elektrischer Widerstände – additiv zu einem Gesamtwiderstand zusammensetzen, daß z. B. für drei Höhen $z_1 < z_2 < z_3$ gilt

$$R_{3,1} = \frac{q(z_3) - q(z_1)}{-j} = \frac{q(z_3) - q(z_2)}{-j} + \frac{q(z_2) - q(z_1)}{-j}$$
$$= R_{3,2} + R_{2,1}. \tag{7.123}$$

Nach diesem Prinzip können wir z. B. den Gesamttransferwiderstand für den Transport einer Beimengung zur Erdoberfläche hin (oder auch von dieser weg) zusammensetzen aus dem Widerstand der turbulenten Schicht, dem Widerstand der laminaren Schicht, gegebenenfalls einem Übergangswiderstand in der Erdoberfläche selbst oder in einer Pflanzenhaut, und dgl. mehr.

Bei thermisch neutraler Schichtung können wir den Transferwiderstand in der turbulenten Schicht leicht angeben. Wegen $K = \varkappa \cdot u_* \cdot z$ erhalten wir, bei Vernachlässigung des molekularen Anteils der Diffusion,

$$R_{2,1} = \int_{z_1}^{z_2} \frac{1}{K} \cdot dz = \frac{1}{\varkappa \cdot u_*} \cdot \int_{z_1}^{z_2} \frac{1}{z} \cdot dz = \frac{1}{\varkappa \cdot u_*} \cdot \ln(z_2/z_1) \qquad (7.124)$$

und entsprechend ergibt sich für die Transfergeschwindigkeit

$$w_{2,1} = \frac{\varkappa \cdot u_*}{\ln(z_2/z_1)}. \qquad (7.125)$$

Ein Zahlenbeispiel soll diese Zusammenhänge illustrieren: Setzt man in die angegebenen Beziehungen für die Schubspannungsgeschwindigkeit $u_* = 30\,cm/s$ ein (dies ist ein typischer mittlerer Wert), so erhält man zwischen $z_1 = 1\,m$ und $z_2 = 10\,m$ einen Transferwiderstand von 20 s/m und entsprechend eine Transfergeschwindigkeit $w_{1,2} = 5\,cm/s$. Wegen des logarithmischen Verhaltens ist der Transferwiderstand zwischen 10 cm und 1 m Höhe noch einmal genau so groß; zwischen 10 cm Höhe und 10 m Höhe ergibt sich damit ein Gesamttransferwiderstand von 40 s/m, die entsprechende Transfergeschwindigkeit beträgt dann noch 2,5 cm/s.

Um ein Gefühl für die Größenordnung des Transferwiderstandes zwischen der turbulenten Schicht und der Erdoberfläche, d. h. über die laminar-viskose Unterschicht hinweg, zu bekommen, wenden wir die Definitionsgleichung in der Form

$$R(z_r) = \frac{q(z_r) - q(0)}{-j} \qquad (7.126)$$

auf die Impulsdichte $\varrho \cdot v_x(z)$ und auf die vertikale Impulsflußdichte $\tau = -\varrho \cdot u_*^2$ an und schreiben, mit $v_x(0) = 0$ (der Index p soll auf den Transferwiderstand für Impuls hinweisen):

$$R_p(z_r) = \frac{\varrho(v_x(z_r) - v_x(0))}{\varrho \cdot u_*^2} = \frac{v_x(z_r)}{u_*^2}. \qquad (7.127)$$

Der Gedanke dabei ist, daß z_r eine Referenzhöhe in Bodennähe, aber in der turbulenten Schicht, darstellt, z. B. in 1 m Höhe oder – bei glatten Oberflächen – auch bei 10 cm Höhe. Setzen wir für $v_x(z_r)$ beispielsweise 5 m/s und für u_* wieder 30 cm/s ein, so erhalten wir als Transferwiderstand für den Impuls $R_p \approx 50\,s/m$ oder entsprechend als Transfergeschwindigkeit 2 cm/s. Diese Werte stellen allgemein ein gutes Maß für die Größenordnung des Widerstandes für den Transfer durch die atmosphärische molekular-viskose Grenzschicht dar, wenn auch die Transferwiderstände für skalare Beimengungen in der Regel etwas größer sind.

Im nächsten Schritt wollen wir den Zusammenhang zwischen den Transferwiderständen und den logarithmischen Konzentrationsprofilen betrachten und dabei die Unterschiede zwischen skalaren Beimengungen und Impuls herausarbeiten. Der besondere Vorteil dieser Betrachtungsweise wird darin liegen, daß man den Transferwiderstand für eine skalare Beimengung direkt aus den Vertikalprofilen der

Konzentration der jeweiligen Beimengung und der Windgeschwindigkeit erhalten kann, ohne sich über die Strukturen und Mechanismen in der molekular-viskosen Unterschicht selbst Gedanken machen zu müssen.

In Analogie zu dem Vorgehen im Abschn. 7.1 integrieren wir jetzt die nach dem Konzentrationsgradienten aufgelöste Grundgleichung für die turbulente Diffusion,

$$\frac{dq}{dz} = -\frac{j}{\varkappa \cdot u_*} \cdot \frac{1}{z} \tag{7.128}$$

zu

$$q(z) = -\frac{j}{\varkappa \cdot u_*} \cdot \ln (z/z_{0s}) \tag{7.129}$$

(der Index s bei z_0 soll dabei auf die skalare Beimengungen hinweisen). Wenn wir den Einfluß der molekularen Diffusion formal außer Betracht lassen und weiter den Unterschied zwischen $z = z_{0s}$ als Ausgangspunkt des rein logarithmischen Konzentrationsprofils und $z = 0$ als Ausgangspunkt des realen Profils vernachlässigen, so können wir – ebenfalls formal – von der Erdoberfläche zu einer Referenzhöhe z_r integrieren und erhalten

$$q(z_r) - q(0) = -\frac{j}{\varkappa \cdot u_*} \cdot \ln (z_r/z_{0s}). \tag{7.130}$$

Ähnlich wie bei der Ableitung des logarithmischen Windprofils haben wir in z_{0s} eine Skalierungslänge für das logarithmische vertikale Konzentrationsprofil einer skalaren Beimengung innerhalb der turbulenten Schicht erhalten; diese Skalierungslänge parametrisiert den Übergang einer skalaren Beimengung von bzw. zu der Erdoberfläche in ähnlicher Weise wie z_0 den Impulsübertrag parametrisiert. z_{0s} hängt natürlich, außer von der Bodenbeschaffenheit, von der Art der Beimengung ab. Der Definition nach ist z_{0s} die Höhe, bei der in halblogarithmischer Auftragung die extrapolierte Gerade q(z) die Konzentration q(0) schneidet; z_{0s} kann somit aus einem gemessenen Konzentrationsprofil direkt bestimmt werden (eine unmittelbare physikalische Bedeutung hat z_{0s} nicht).

Die Division der oben angeschriebenen Gleichung für das Konzentrationsprofil durch die Flußdichte ergibt den Transferwiderstand R_s für die skalare Beimengung zwischen der Referenzhöhe und der Erdoberfläche

$$R_s(z_r) = \frac{1}{\varkappa \cdot u_*} \cdot \ln (z_r/z_{0s}). \tag{7.131}$$

Diese Größe vergleichen wir jetzt mit dem entsprechenden Transferwiderstand $R_p(z_r)$ für den Impuls,

$$\begin{aligned} R_p(z_r) &= \frac{\varrho \cdot v_x(z_r)}{\varrho \cdot u_*^2} \\ &= \frac{1}{\varkappa \cdot u_*} \cdot \ln (z_r/z_0) \quad \left(\text{da } v_x(z_r) = \frac{1}{\varkappa} \cdot u_* \cdot \ln (z_r/z_0)\right). \end{aligned} \tag{7.132}$$

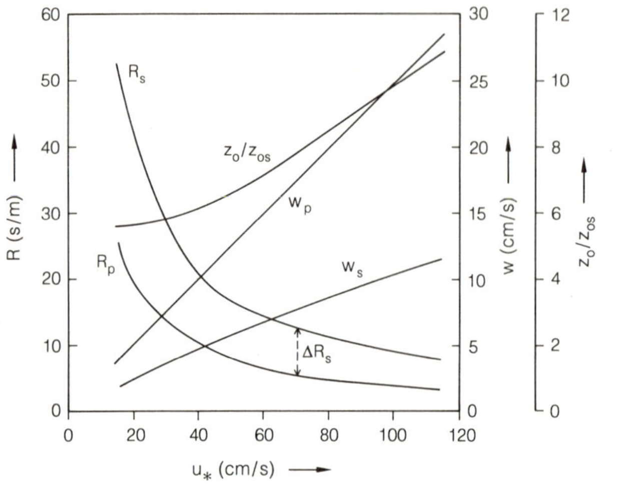

Abb. 7.9. Gemessenes Beispiel für das Verhältnis z_0/z_{0s}, sowie für die Transferwiderstände für Impuls (R_p) und Wasserdampf (R_s) und die entsprechenden Transfergeschwindigkeiten $w_p = 1/R_p$ und $w_s = 1/R_s$, als Funktion der Schubspannungsgeschwindigkeit, über einer künstlichen Grasoberfläche von 10 cm Höhe. (Nach Chamberlain 1966)

Der Vergleich liefert eine einfache Beziehung für den zusätzlichen Transferwiderstand ΔR_s, den eine skalare Beimengung im Vergleich zum Impuls erfährt:

$$\Delta R_s = R_s(z_r) - R_p(z_r) = \frac{1}{\varkappa \cdot u_*} \cdot (\ln (z_r/z_{0s}) - \ln (z_r/z_0)) \tag{7.133}$$

oder

$$\Delta R_s = \frac{1}{\varkappa \cdot u_*} \cdot \ln (z_0/z_{0s}). \tag{7.134}$$

Es ist offensichtlich, daß der so berechnete zusätzliche Transferwiderstand ΔR_s nicht von der Referenzhöhe abhängt; er ist allein eine Folge der molekular-viskosen Grenzschicht am Boden. Wie oben schon darauf hingewiesen, lassen sich alle Größen in dem angeschriebenen Ausdruck aus Wind- und Konzentrationsprofilen in der turbulenten Schicht erschließen, ohne Kenntnis der Mechanismen für den Transferwiderstand.

Es sei noch angemerkt, daß für das Produkt $u_* \cdot \Delta R_s$ (das ist der dimensionslos gemachte Zusatzwiderstand) in der Literatur häufig die Bezeichnung B^{-1} zu finden ist. Weiter sei noch darauf hingewiesen, daß eine Erweiterung des hier entwickelten Formalismus auf thermisch nichtneutrale Schichtungen bei Brutsaert (1975) zu finden ist.

Abbildung 7.9 zeigt ein Beispiel: In einem Windkanal wurden R_p, R_s und ΔR_s für den Transport von Wasserdampf aus einer Oberfläche heraus gemessen, die aus künstlichem Gras von 10 cm Höhe bestand; die Rauhigkeitslänge z_0 betrug 1 cm (nach Chamberlain 1966).

Dieses Beispiel demonstriert den Unterschied des Transferwiderstandes für Impuls und für die skalare Beimengung Wasserdampf, der durch die aerodynamisch rauhe Struktur des Untergrundes verursacht ist, bei etwa gleichen molekularen Diffusionskonstanten für den Impuls und für die skalare Beimengung. Eine andere mögliche Ursache für solch einen Unterschied sind unterschiedliche molekulare

Diffusionskonstanten, auch bei aerodynamisch glatter Oberfläche. Im Abschn. 7.3.3 werden wir Modelle diskutieren, die helfen sollen, diese Differenzen zu verstehen.

Bisher haben wir nur die Beiträge des Widerstandes in der molekular-viskosen Unterschicht zu R_s bzw. zu ΔR_s besprochen. Falls nun die fragliche Oberfläche keine ideale, widerstandsfreie Senke bzw. keine eigenwiderstandsfreie Quelle darstellt, kommt hierzu noch der Beitrag des Widerstandes in der aufnehmenden bzw. abgebenden Oberfläche. Dies trifft, in mehr oder minder starkem Maße, für praktisch alle Spurengase an der Erdoberfläche zu, von Wasserdampf über Flüssigwasser einmal abgesehen. Ein sehr wichtiges Beispiel hierfür ist der wasserseitige Widerstand gegenüber dem Gasaustausch durch eine Luft-Wasser-Grenzfläche; diesen Fall werden wir im Abschn. 7.3.4 besprechen. Ein weiteres wichtiges Beispiel ist der Übergangswiderstand für Spurengase wie CO_2, SO_2 und Wasserdampf durch die Blatt- oder Nadeloberflächen von Pflanzen, für den hier noch ein paar Angaben folgen sollen. Eine Zusammenstellung weiterer experimenteller Ergebnisse ist bei McMahon u. Denison (1979) zu finden, z. T. allerdings ohne die meßtechnisch nicht ganz einfache Aufschlüsselung in den Teilwiderstand der laminaren Unterschicht und in den Übergangswiderstand.

Der Gasaustausch zwischen Pflanzen und Luft findet ganz überwiegend durch die Stomata, die Blatt- bzw. Nadelöffnungen, hindurch statt; der Widerstand gegenüber der Diffusion durch die Blatthaut selbst, der Kutikularwiderstand, ist vergleichsweise so groß, daß die Diffusion durch die Blatthaut allenfalls in Ausnahmefällen eine Rolle spielen kann. Die Stomata sind normalerweise am Tage während der Assimilationsphase geöffnet, während sie in der Nacht in der Regel geschlossen sind; auch bei akutem Wassermangel schließen sich die Stomata, um weitere Verdunstung zu unterbinden.

Die Angaben über stomatale Widerstände streuen sehr stark; der Größenordnung nach liegen sie am Tage bei etwa 1 s/cm, in der Nacht dagegen bei 25 s/cm und mehr. Die nachfolgenden Literaturangaben sollen einige weitere Anhaltspunkte liefern:

- SO_2, Gras: Beitrag des Übergangswiderstandes 0,1–4 s/cm, im Mittel etwa 1 s/cm (Chamberlain 1973);
- SO_2, Gras: 1,5 s/cm (Garland et al. 1974);
- SO_2, Nadelwald: Am Tage 1,5–5 s/cm, in der Nacht 20 s/cm (Garland u. Branson 1977);
- Wasserdampf, Nadelwald (Pinus resinosa): In der Nacht > 20–50 s/cm, am Tag, je nach Alter der Nadeln: bei frischen Nadeln 3 s/cm, bei 2jährigen Nadeln 8,5 s/cm, bei 4jährigen 11 s/cm (Waggoner u. Turner 1971).

7.3.2 Bulk-Transferkoeffizienten

Im Abschn. 7.1 hatten wir den Drag-Koeffizienten C_D kennengelernt, der durch

$$C_D = \frac{\text{Schubspannung}}{\text{Horizontale Impulsflußdichte}} = \frac{u_*^2}{v_x^2(z_r)} \tag{7.135}$$

definiert war, wobei z_r eine frei wählbare Referenzhöhe bedeutete.

Die Einführung der Transfergeschwindigkeit erlaubt eine weitere Interpretation des Drag-Koeffizienten: Mit w_p als vertikaler Transfergeschwindigkeit für den Impuls und mit $\varrho \cdot v_x$ als Impulsdichte in der Referenzhöhe gilt auch

$$\tau = -w_p \cdot \varrho \cdot v_x \tag{7.136}$$

und damit

$$C_D = \frac{w_p \cdot \varrho \cdot v_x}{\varrho \cdot v_x^2} = \frac{w_p}{v_x} \tag{7.137}$$

oder

$$w_p = C_D \cdot v_x. \tag{7.138}$$

Der Drag-Koeffizient ist in dieser Deutung also der Proportionalitätsfaktor zwischen der Transfergeschwindigkeit und der Windgeschwindigkeit in der Referenzhöhe.

Wegen der Analogie der Transportmechanismen ist es naheliegend, auch Proportionalität zwischen der Transfer- bzw. Depositionsgeschwindigkeit skalarer Beimengungen und der Windgeschwindigkeit in einer Bezugshöhe anzusetzen. Die dabei auftretenden Proportionalitätskonstanten werden, in Anlehnung an den englischen Ausdruck „bulk transfer coefficient“ als Bulk-Transferkoeffizienten bezeichnet. Für eine skalare Beimengung gilt demnach

$$w_s = C_s \cdot v_x. \tag{7.139}$$

Aus den Definitionen der Koeffizienten folgt sofort

$$\frac{C_s}{C_D} = \frac{w_s}{w_p} = \frac{R_p}{R_s} = \frac{\ln(z_r/z_0)}{\ln(z_r/z_{0s})} \tag{7.140}$$

oder auch, wegen $C_D = \varkappa^2/(\ln(z_r/z_0))^2$ (siehe Abschn. 7.1),

$$C_s = \frac{\varkappa^2}{\ln(z_r/z_0) \cdot \ln(z_r/z_{0s})} \tag{7.141}$$

(bei Beschränkung auf neutrale Schichtung). Die Bulk-Transferkoeffizienten für skalare Beimengungen können also mit Hilfe der „skalaren Rauhigkeitslänge“ z_{0s} ebenfalls aus Geschwindigkeits- und Konzentrationsprofilen berechnet werden. Allerdings sei an dieser Stelle auf die an sich selbstverständliche Voraussetzung hingewiesen, daß für die praktische Anwendung der hier diskutierten Methoden auch wirklich einwandfreie Profilmessungen vorhanden sein müssen.

Für die vertikalen Flußdichten ergibt sich die sehr einfache Parametrisierung

$$j = -C_s \cdot v_x(z_r) \cdot (q(z_r) - q(0)) \tag{7.142}$$

bzw., falls die Erdoberfläche eine vollkommene Senke für die betreffende Beimengung darstellt,

$$j = -C_s \cdot v_x(z_r) \cdot q(z_r). \tag{7.143}$$

Für die Beimengung Wasserdampf wird der Bulk-Transferkoeffizient auch als „Dalton-Zahl“, für die Beimengung Wärme als „Stanton-Zahl“ bezeichnet. Die

Wärmeflußdichte z. B. läßt sich schreiben als

$$H = -C_H \cdot v_x(z_r) \cdot c_p \cdot \varrho \cdot (\theta(z_r) - \theta(0)) \tag{7.144}$$

und in ähnlicher Weise können die Flüsse anderer Beimengungen parametrisiert werden.

7.3.3 Modelle für den Transferwiderstand und die Transfergeschwindigkeit skalarer Beimengungen in der laminar-viskosen Unterschicht

In diesem Abschnitt wollen wir versuchen, den in Abschn. 7.3.1 definierten Transferwiderstand für skalare Beimengungen in der laminar-viskosen Unterschicht bzw. die ihm reziproke Transfergeschwindigkeit in relativ einfachen Fällen zu berechnen. Wir werden zunächst den Widerstand einer Grenzschicht über einer festen und aerodynamisch glatten Oberfläche diskutieren, dann auf ein Modell zur Berechnung des Widerstandes über einer ebenfalls festen, aber aerodynamisch rauhen Oberfläche zu sprechen kommen. Im Abschn. 7.3.4 werden wir auf die speziellen Aspekte beim Übergang zwischen Luft und einer Wasseroberfläche eingehen.

Die einfachste Vorstellung zur Beschreibung des Transferwiderstandes über einer festen, aerodynamisch glatten Oberfläche geht davon aus, daß sich luftseitig an die allein durch turbulenten Austausch bestimmte Prandtl-Schicht praktisch übergangslos eine rein molekular-diffusiv bestimmte Schicht anschließt, die ihrerseits an ihrer Unterseite an der Erdoberfläche „haftet". Wenn wir unter dieser Annahme in den im Abschn. 7.3.1 abgeleiteten Ausdruck für den Transferwiderstand,

$$R_{1,2} = \int_{z_1}^{z_2} \frac{1}{K(z)+D}, \tag{7.145}$$

für die Strecke zwischen z_1 und z_2 die Dicke z_l der molekular-viskosen Grenzschicht einsetzen und weiter innerhalb dieser Schicht $K(z) = 0$ setzen, so erhalten wir als Transferwiderstand bzw. als Transfergeschwindigkeit

$$R_s = \int_0^{z_l} \frac{dz}{D} = z_l/D \quad \text{bzw.} \quad w_s = D/z_l. \tag{7.146}$$

z_l kann man mit der Dicke der laminaren, molekular-viskosen Schicht identifizieren, die sich im Abschn. 7.1 bei der Behandlung des logarithmischen Windprofils über aerodynamisch glatten Oberflächen zu

$$z_l \approx 11 \cdot \frac{\nu}{u_*} \tag{7.147}$$

ergab; man erhält damit

$$R_s = \frac{11 \cdot \nu}{u_* \cdot D} = \frac{11}{u_*} \cdot Sc \tag{7.148}$$

und

$$w_s = \frac{u_* \cdot D}{11 \cdot \nu} = \frac{u_*}{11} \cdot Sc^{-1} \tag{7.149}$$

mit der Schmidt-Zahl $Sc = \nu/D$. Im Rahmen dieses Modells ist also die Transfergeschwindigkeit unmittelbar der molekularen Diffusionskonstanten D proportional. Dieser Ansatz ist unter dem Namen „stagnant film model" bekannt geworden. Sein Vorzug ist die außerordentliche Einfachheit; auf der anderen Seite kann er aber nur solange vernünftige Ergebnisse liefern, wie die Diffusionskonstanten für Impuls und für die skalare Beimengung ungefähr gleich sind, die Schmidt-Zahl also von der Größenordnung eins ist.

Der Ansatz muß aber falsch werden, sobald die thermischen Diffusionskonstanten für den Stofftransport wesentlich kleiner werden als die Diffusionskonstante für den Impulstransport, sobald also die Schmidt-Zahl groß gegen eins wird. Dann nämlich sind selbst schwache Restturbulenzen in der viskosen Unterschicht für den Transport skalarer Beimengungen noch effektiver als die thermische Diffusion selbst; die Vernachlässigung von K(z) gegenüber D muß deshalb zu beträchtlichen Fehlern führen. In der Luft gilt dies z. B. für Aerosolpartikel, deren thermische Diffusionskoeffizienten viel kleiner sind als die kinematische Zähigkeit der Luft (z. B. $D = 3 \cdot 10^{-6}\,\mathrm{cm^2/s}$ für Partikel mit 0,1 µm Radius gegenüber $\nu = 0{,}15\,\mathrm{cm^2/s}$); wir werden weiter unten sehen, daß es in Wasser für die meisten skalaren Beimengungen zutrifft.

Wir werden jetzt einen Zwischenschicht- oder Pufferschichtansatz (nach Vielstich 1953) besprechen, in dem diesem Sachverhalt Rechnung getragen wird. In diesem Modell wird der Film der Dicke z_l, in dem molekulare Prozesse für die Dynamik bestimmend sind, nochmals unterteilt in eine äußere Zwischenschicht oder Pufferschicht, in der zwar $K(z) < \nu$, aber $K(z) > D$ ist, in der also der Transport der skalaren Beimengung – zumindest überwiegend – durch die Restturbulenzen bewirkt wird, und in eine innere Schicht, in der sowohl $K(z) < \nu$ als auch $K(z) < D$ wird, in der also nur noch molekulare Prozesse für den Transport relevant sind. Abbildung 7.10 zeigt schematisch die Aufeinanderfolge der Schichten und die im folgenden benutzten Symbole.

Dieses Modell, das für große Schmidt-Zahlen gedacht ist, wirkt durch seine Einteilung in verschiedene diskrete Schichten etwas artifiziell; es soll aber dennoch relativ ausführlich besprochen werden, weil es in seiner Schlußweise recht transparent ist und weil es sich in seinen Vorhersagen kaum von anderen, weniger durchsichtigen Modellen unterscheidet.

Zur Diskussion des Modells greifen wir auf den in Abschn. 7.1 besprochenen Ansatz für den turbulenten Diffusionskoeffizienten in unmittelbarer Bodennähe zurück. Danach war

$$K(z) = \nu \cdot \left(\frac{z}{z_l}\right)^3 . \tag{7.150}$$

Dieser Ansatz soll jetzt für $z < z_l$ gelten; von der Schicht T nehmen wir an, daß sie durch turbulente Prozesse so gut durchmischt ist, daß sie zum Transferwiderstand

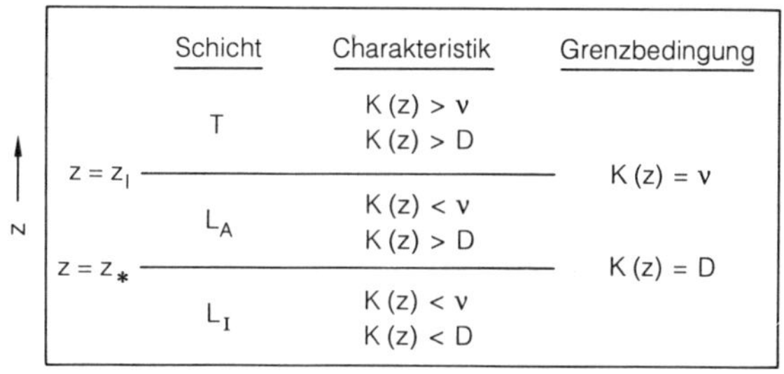

Abb. 7.10. Schichtenfolge im Pufferschichtmodell: *T:* Rein turbulent bestimmte, nach oben unbegrenzte Schicht; *L_A:* Äußere laminare Schicht (Zwischen- oder Pufferschicht); *L_I:* Innere, ausschließlich molekular-diffusiv bestimmte laminare Schicht. *Rechts* die Definitionen der Höhen z_l und z_*

nichts beiträgt. Die Grenze z_* zwischen der äußeren Zwischenschicht L_A und der inneren Schicht L_I, in der nur die molekulare Diffusion eine Rolle spielen soll, ergibt sich aus der Bedingung

$$K(z_*) = D = \nu \cdot \left(\frac{z_*}{z_l}\right)^3 \tag{7.151}$$

zu

$$z_* = z_l \cdot \left(\frac{D}{\nu}\right)^{1/3} = z_l \cdot Sc^{-1/3}. \tag{7.152}$$

Unter Vernachlässigung der molekularen Diffusion skalarer Beimengungen in der Zwischenschicht (L_A) ergibt sich dann für den Transferwiderstand dieser Schicht

$$\begin{aligned} R_A &= \int_{z_*}^{z_l} \frac{1}{K(z)} \cdot dz = \frac{z_l^3}{\nu} \cdot \int_{z_*}^{z_l} \frac{1}{z^3} \cdot dz = -\frac{z_l^3}{2 \cdot \nu} \cdot \left(\frac{1}{z_l^2} - \frac{1}{z_*^2}\right) \\ &= -\frac{z_l^3}{2 \cdot \nu} \cdot \left(\frac{1}{z_l^2} - \frac{1}{z_l^2 \cdot Sc^{-2/3}}\right) = \frac{z_l}{2 \cdot \nu} \cdot (Sc^{2/3} - 1). \end{aligned} \tag{7.153}$$

Für z_l setzen wir $z_l \approx 11 \cdot \nu / u_*$ und erhalten damit schließlich

$$R_A = \frac{11}{2 \cdot u_*} \cdot (Sc^{2/3} - 1). \tag{7.154}$$

Für den Transferwiderstand in der rein molekular-diffusiv bestimmten Unterschicht L_I erhalten wir, jetzt unter Vernachlässigung der Restturbulenz,

$$\begin{aligned} R_I &= \int_0^{z_*} \frac{1}{D} \cdot dz \\ &= \frac{z_*}{D} = \frac{z_l}{D} \cdot \left(\frac{D}{\nu}\right)^{1/3} = \frac{11 \cdot \nu}{u_* \cdot D} \cdot \left(\frac{D}{\nu}\right)^{1/3} = \frac{11}{u_*} \cdot \left(\frac{D}{\nu}\right)^{-2/3} \\ &= \frac{11}{u_*} \cdot Sc^{2/3}. \end{aligned} \tag{7.155}$$

Für $Sc \approx 1$ verschwindet der Anteil von R_A. Für $Sc \gg 1$, d. h. für den Fall, für den der Ansatz in seiner einfachen Form eigentlich gedacht ist, können wir in dem Ausdruck für R_A in der Klammer 1 gegen $Sc^{2/3}$ vernachlässigen und erhalten dann für den Gesamttransferwiderstand R_s

$$R_s = R_A + R_I = \frac{11}{2 \cdot u_*} \cdot Sc^{2/3} + \frac{11}{u_*} \cdot Sc^{2/3}$$

$$\approx \frac{16}{u_*} \cdot Sc^{2/3} \tag{7.156}$$

bzw. für die Transfergeschwindigkeit w_s

$$w_s \approx \frac{u_*}{16} \cdot Sc^{-2/3}. \tag{7.157}$$

Die wesentliche Änderung gegenüber dem zuerst besprochenen einfachen Filmmodell liegt in der $D^{2/3}$-Proportionalität für die Transfergeschwindigkeit anstelle der D^1-Proportionalität beim Filmmodell. Diese $D^{2/3}$-Proportionalität steht in guter Übereinstimmung mit experimentellen Ergebnissen, z. B. für die Transfergeschwindigkeit von Aerosolpartikeln (Möller u. Schumann 1970) oder von Wasserdampf (Merlivat 1978). Die geringere Abhängigkeit des Transferwiderstandes von der Schmidt-Zahl, im Vergleich zum einfachen Filmmodell, kommt ganz offensichtlich daher, daß die Dicke der Schicht, in der allein die thermische Diffusion relevant ist, um so geringer wird, je kleiner der molekulare Diffusionskoeffizient ist.

Dem hier diskutierten Pufferschichtmodell (Vielstich-Modell) haften noch einige kleinere Schwächen an, so z. B. die Vernachlässigung der molekularen Diffusion in der Zwischenschicht, oder der abrupte Übergang zwischen den Schichten. Deacon (1977) beschreibt ein verfeinertes Modell, das diese Schwächen vermeidet, das allerdings nur noch numerisch auswertbar und damit viel weniger durchsichtig ist.

Deacon (1977) geht von der vollständigen Beziehung

$$R_s(z_r) = \int_0^{z_r} \frac{1}{K(z) + D} \cdot dz \tag{7.158}$$

für den Transferwiderstand zwischen $z = 0$ und der Referenzhöhe $z = z_r$ aus und benutzt dabei für den turbulenten Diffusionskoeffizienten $K(z)$ die im Abschn. 7.1 besprochene Interpolationsformel von Reichardt (1951),

$$K(z) = \varkappa \cdot u_* \cdot z_l \cdot \left(\frac{z}{z_l} - \tanh \frac{z}{z_l} \right) \tag{7.159}$$

mit

$$z_l = 11{,}7 \cdot \frac{\nu}{u_*}. \tag{7.160}$$

Für sehr große Schmidt-Zahlen erhält Deacon (1977)

$$R_s \approx \frac{12}{u_*} \cdot Sc^{2/3}; \tag{7.161}$$

für Schmidt-Zahlen in der Größenordnung von 1 errechnet er

$$R_s \approx \frac{15}{u_*} \cdot Sc^{0,61}, \tag{7.162}$$

also eine etwas schwächere Abhängigkeit des Transferwiderstandes von der Schmidt-Zahl.

Brutsaert (1975b) kommt, von einer anderen Modellvorstellung ausgehend, zu einem ähnlichen Ergebnis; er findet

$$R_s \approx \frac{13,6}{u_*} \cdot Sc^{2/3}. \tag{7.163}$$

Die hier diskutierten Ansätze nach Vielstich, Deacon oder Brutsaert, die sich alle auf eine aerodynamisch glatte Oberfläche beziehen, sind innerhalb einer Genauigkeit von etwa ± 15 bis 20% experimentell gut abgesichert und erlauben so eine recht präzise Beschreibung des Transferwiderstandes über solchen Oberflächen.

Die Berechnung des Transferwiderstandes über einer aerodynamisch rauhen Oberfläche stößt auf größere Schwierigkeiten, da in diesem Fall keine so einfache Kontinuitätsbedingung wie bei glatten Oberflächen (s. Abschn. 7.1) zu formulieren ist. Um dennoch zu einem Ansatz für den Transferwiderstand zu kommen, gehen wir von einem ganz anderen Konzept aus. Wir nehmen an, daß sich zwischen den fest und relativ grob gedachten Oberflächenstrukturen stagnierende Luftpakete festsetzen oder sich stationäre Wirbel ausbilden, die dort eine gewisse Zeit verweilen, bis sie durch die Turbulenz herausgelöst und durch neue Luftpakete oder neue Wirbel ersetzt werden. Während der Zeit der relativen Stagnation, zwischen zwei Erneuerungen, diffundiert die fragliche skalare Beimengung ungestört von der Oberfläche in die Luftpakete hinein bzw. aus diesen heraus auf die Oberfläche zu. Das hier beschriebene Modell geht in seinen Grundzügen auf das sog. Filmerneuerungsmodell von Danckwerts (1970) zurück, weicht in Details der Argumentation allerdings davon etwas ab.

Zur Vermeidung von Vorzeichenschwierigkeiten wollen wir bei der quantitativen Formulierung des Modells annehmen, daß die fragliche Beimengung von der rauhen Oberfläche wegtransportiert wird, d. h., daß sie von der Oberfläche aus zunächst in die stagnierenden Luftelemente hineindiffundiert und dann bei der Erneuerung dieser Luftelemente wegtransportiert wird. Ein sehr gutes Beispiel für diesen Fall ist die Verdunstung von Wasserdampf.

Es sei τ_0 die mittlere Dauer einer Stagnation und entsprechend $1/\tau_0$ die mittlere Erneuerungsrate für die stagnierenden Luftpakete. Die mittlere Abflußrate einer skalaren Beimengung ist dann sicher dieser Erneuerungsrate $1/\tau_0$ einerseits und der Konzentration q der Beimengung andererseits proportional; es gilt

$$\frac{\partial q}{\partial t} \text{(Abfluß durch Erneuerung)} = -\frac{q}{\tau_0}. \tag{7.164}$$

Während der Phase der Stagnation diffundiert die Beimengung von der Oberfläche aus in die Luftpakete hinein; die Diffusionsgleichung (Kap. 5) ergibt

$$\frac{\partial q}{\partial t} \text{(Nachlieferung durch Diffusion)} = D \cdot \frac{\partial^2 q}{\partial z^2}. \tag{7.165}$$

Im Mittel muß sich ein Gleichgewicht zwischen Abtransport und Nachlieferung einstellen, d. h. die Summe beider Beiträge wird Null; wir erhalten damit die Gleichung

$$\frac{\partial^2 q}{\partial z^2} - \frac{q}{D \cdot \tau_0} = 0. \tag{7.166}$$

Diese Gleichung hat unter den gewählten Bedingungen die Lösung

$$q = q(0) \cdot \exp\left(-z/\sqrt{D \cdot \tau_0}\right). \tag{7.167}$$

Um jetzt den Transferwiderstand zu berechnen, benötigen wir die Flußdichte der untersuchten Beimengung; direkt an der Oberfläche, wo nur die molekulare Diffusion als Transportprozeß wirksam ist, erhalten wir die Flußdichte j aus dem Fickschen Diffusionsansatz

$$j = D \cdot \left.\frac{\partial q}{\partial z}\right|_{z=0} \tag{7.168}$$

mit

$$\left.\frac{\partial q}{\partial z}\right|_{z=0} = -\frac{1}{\sqrt{D \cdot \tau_0}} \cdot q(0) \tag{7.169}$$

zu

$$j = \sqrt{\frac{D}{\tau_0}} \cdot q(0). \tag{7.170}$$

Da in diesem Modell eine Grenze zwischen dem molekular-viskos bestimmten und dem turbulent bestimmten Höhenbereich nicht ohne weiteres festzulegen ist, berechnen wir den Transferwiderstand zwischen $z=0$ und $z=\infty$ unter der Annahme, daß $q(\infty)=0$ ist; da der Widerstand mit wachsender Entfernung rasch abnimmt, resultiert hieraus kein nennenswerter Fehler. Wir erhalten

$$R_s = \frac{q(0)-q(\infty)}{j} = \frac{q(0)}{j} = \sqrt{\frac{\tau_0}{D}}. \tag{7.171}$$

Jetzt ist noch die Frage nach der mittleren Lebensdauer τ_0 der stagnierenden Luftpakete bzw. nach der dazu inversen Erneuerungsrate offen. Es ist sinnvoll anzunehmen, daß diese erstens von der turbulenten Energie, die in die stagnierenden Luftpakete gewissermaßen wieder hineingepumpt wird und die wir durch die Schubspannungsgeschwindigkeit u_* parametrisieren können (s. hierzu auch Abschn. 7.2.1), abhängt, zweitens von der Dissipation turbulenter Energie, parametrisiert durch die Zähigkeit ν, und drittens von der Struktur der Rauhigkeit, parametrisiert durch den Rauhigkeitsparameter z_0.

Der einzige dimensionsmäßig mögliche Ansatz, um τ_0 als Funktion von genau diesen drei Größen u_*, ν, und z_0 zu schreiben, ist

$$\tau_0 = C^2 \cdot \sqrt{\frac{\nu \cdot z_0}{u_*^3}} \tag{7.172}$$

mit der dimensionslosen Konstanten C^2. Einsetzen von τ_0 in den oben angeschriebenen Ausdruck für den Transferwiderstand R_s ergibt

$$R_s = \sqrt{\frac{\tau_0}{D}} = C \cdot \sqrt{\frac{\nu^{1/2} \cdot z_0^{1/2}}{D \cdot u_*^{3/2}}}$$

$$= C \cdot \sqrt{\frac{\nu}{D} \cdot \frac{1}{u_*^2} \cdot \frac{u_*^{1/2} \cdot z_0^{1/2}}{\nu^{1/2}}} \tag{7.173}$$

oder, unter Verwendung der Schmidt-Zahl $Sc = \nu/D$ und der Rauhigkeits-Reynolds-Zahl $Re_0 = u_* \cdot z_0/\nu$

$$R_s = \frac{C}{u_*} \cdot Sc^{1/2} \cdot Re_0^{1/4}. \tag{7.174}$$

Entsprechend erhalten wir für die Transfergeschwindigkeit

$$w_s = \frac{u_*}{C} \cdot Sc^{-1/2} \cdot Re_0^{-1/4}. \tag{7.175}$$

Der Wert der dimensionslosen Konstanten C muß experimentell bestimmt werden. Brutsaert (1975b), der auf etwas anderem Weg zu einem ähnlichen Ergebnis kommt, gibt $C = 7{,}3$ an. Die prinzipielle Gültigkeit des Ansatzes für relativ grobe, windundurchlässige Rauhigkeitselemente (s. hierzu die Bemerkung weiter unten) ist experimentell gut bestätigt (z. B. Brutsaert 1975b; Merlivat 1978).

Wir können zusammenfassend feststellen, daß die über aerodynamisch glatten Oberflächen geltende Proportionalität des Transferwiderstandes R_s zu $Sc^{2/3}$ über rauhen Oberflächen in eine Proportionalität zu $Sc^{1/2}$ übergeht. Der Absolutwert des Transferwiderstandes in Abhängigkeit von Re_0, bezogen auf $Sc = 1$, fällt im Übergangsbereich zwischen dem aerodynamisch glatten und dem rauhen Fall mit wachsender Rauhigkeits-Reynolds-Zahl zunächst leicht ab, bis etwa $Re_0 = 1$, wo er ein flaches Minimum durchläuft, und steigt dann oberhalb etwa $Re_0 = 2$ proportional zu $Re_0^{1/4}$ an (die Angaben verschiedener Autoren über die Lage des Minimums streuen allerdings etwas).

Das beschriebene Modell ist, wie schon angedeutet, auf relativ grobe, windundurchlässige Strukturen anwendbar. Werden die Rauhigkeitsstrukturen winddurchlässig und insgesamt feiner strukturiert (Gras, Getreide und andere Vegetationsformen sind Beispiele dafür), so ist das beschriebene einfache Modell nicht mehr ausreichend. Für solche Fälle hat z. B. Brutsaert (1979) ein Modell vorgeschlagen, dessen Darstellung aber den Rahmen der vorliegenden Darstellung übersteigen würde.

7.3.4 Gasaustausch zwischen Luft und Wasser

Bei der Behandlung des Gasaustauschs durch eine Luft-Wasser-Phasengrenze kann man zunächst davon ausgehen, daß sich wasserseitig ein ähnlicher Schichtaufbau einstellt wie auf der Seite der Luft: Direkt an der Phasengrenze bildet sich eine dünne laminar-viskose Grenzschicht aus, an die sich – in den Wasserkörper hinein – eine vergleichsweise gut durchmischte turbulente Schicht anschließt. Diese Vorstellung trifft auch zu, solange die wasserseitigen Strukturen nicht durch die Bildung von Wellen grundlegend verändert werden. Wir werden auf diesen letzteren Punkt am Schluß des Abschnittes zurückkommen, zunächst aber davon ausgehen, daß sich wasserseitig prinzipiell die gleichen Modelle anwenden lassen wie wir sie hier für die Luftseite diskutiert haben.

Unter dieser Prämisse sind auf der Wasserseite – im Vergleich zu den luftseitigen Verhältnissen – drei wichtige Modifikationen zu beachten. Das sind die ganz anderen Größenordnungen der Schmidt-Zahlen, die sehr variable Löslichkeit der Beimengungen in Wasser und schließlich die wegen der hohen Dichte des Wassers bei gegebener Schubspannung (d. h. bei gegebenem Impulsfluß) wesentlich geringere Schubspannungsgeschwindigkeit.

Die Schmidt-Zahlen für Gase und auch für Wärme sind in Wasser wesentlich größer als in Luft, so daß die Abhängigkeit des Transferwiderstandes von der Schmidt-Zahl für Gase wasserseitig eine viel ausschlaggebendere Rolle spielt als luftseitig. Während die Diffusionskonstanten für die wichtigsten Gase in Wasser in der Größenordnung von $10^{-5}\,cm^2/s$ liegen, beträgt die kinematische Zähigkeit des Wassers bei 0°C $\nu_w = 1790 \cdot 10^{-5}\,cm^2/s$ (der Index w soll für Wasser stehen) und bei 20°C noch $\nu_w = 1010 \cdot 10^{-5}\,cm^2/s$, liegt also rund drei Größenordnungen über den Gasdiffusionskonstanten. So betragen z. B. bei 20°C die Schmidt-Zahlen für Sauerstoff ca. $Sc \approx 500$ und für Kohlendioxid ca. $Sc \approx 600$; selbst für den Wärmetransport ist die Schmidt-Zahl mit $Sc \approx 7$ (ebenfalls bei 20°C) noch deutlich größer als in Luft.

Weiterhin wird der Übergang eines Gases zwischen den beiden Medien ganz entscheidend durch die Löslichkeit dieses Gases in Wasser bestimmt (prinzipiell gilt dies natürlich auch für andere Beimengungen wie Wärme, Impuls oder auch Wasser selbst; wir werden darauf zurückkommen). Die Ostwaldsche Löslichkeit α eines Gases in Wasser (s. Abschn. 5.3.2 in Kap. 5) ist gegeben durch

$$q_w = \alpha \cdot q_l, \tag{7.176}$$

wobei q_w die Konzentration (Masse/Volumen oder Mol/Volumen) des Gases in Wasser und q_l entsprechend die Konzentration in der Luft bedeuten. Für den Transfer eines Gases durch die Phasengrenze zwischen Luft und Wasser ergeben sich hieraus unmittelbar zwei Konsequenzen:

- Direkt an der Phasengrenze (durch den Index s bezeichnet) stehen die Konzentrationen im Lösungsgleichgewicht, es ist

  $$q_{ws} = \alpha \cdot q_{ls}; \tag{7.177}$$

  die Konzentration des Gases macht an der Phasengrenze also einen Sprung um den Faktor α.
- Der den diffusiven Tranport antreibende effektive Unterschied der Konzentrationen in den gut durchmischten Schichten (die mit dem Index 0 gekennzeichnet seien), d. h. im eigentlichen Wasserkörper und Luftkörper, beträgt, je nach dem Standpunkt eines Beobachters,

$$\Delta q_{\text{eff}}^{(w)} = \alpha \cdot q_{l0} - q_{w0} \tag{7.178}$$

bzw.

$$\Delta q_{\text{eff}}^{(l)} = q_{l0} - q_{w0}/\alpha. \tag{7.179}$$

Im ersten Fall (oberer Index w) haben wir den Standpunkt eines Beobachters im Wasser eingenommen, für den sich der Einfluß der Löslichkeit natürlich nur auf der Luftseite bemerkbar macht, im zweiten Fall (oberer Index l) den eines Beobachters in der Luft, für den sich die Löslichkeit auf der Wasserseite bemerkbar macht. Beide Betrachtungsweisen sind üblich; vor allem in der englischsprachigen Literatur wird gern der Standpunkt eines Beobachters in der flüssigen Phase eingenommen.

Um nun den Einfluß der Löslichkeit auf die Transferwiderstände bzw. die Transfergeschwindigkeiten zu überschauen, formen wir die in Gl. 7.178 u. Gl. 7.179 angeschriebenen Ausdrücke für die effektiv treibenden Konzentrationsdifferenzen noch etwas um und dividieren dann durch die (luft- und wasserseitig gleiche!) Flußdichte.

Stellen wir uns auf den Standpunkt eines Beobachters im Wasser, so können wir schreiben

$$\Delta q_{\text{eff}}^{(w)} = (\alpha \cdot q_{l0} - \alpha \cdot q_{ls}) + (q_{ws} - q_{w0}), \tag{7.180}$$

da die Addition von $q_{ws} - \alpha \cdot q_{ls} = 0$ an dem oben angeschriebenen Ausdruck natürlich nichts ändert, und erhalten weiter für den Gesamttransferwiderstand R

$$\begin{aligned} R^{(w)} &= \frac{\Delta q_{\text{eff}}^{(w)}}{j} = \alpha \cdot \frac{q_{l0} - q_{ls}}{j} + \frac{q_{ws} - q_{w0}}{j} \\ &= \alpha \cdot R_l + R_w; \end{aligned} \tag{7.181}$$

für einen wasserseitigen Beobachter ist der luftseitige Transferwiderstand R_l mit der Löslichkeit α zu multiplizieren, während sich für ihn am wasserseitigen Widerstand R_w nichts ändert.

Stellen wir uns andererseits auf den Standpunkt eines Beobachters in der Luft, so ergibt ein analoger Schluß

$$R^{(l)} = R_l + \frac{1}{\alpha} \cdot R_w, \tag{7.182}$$

d. h. für einen luftseitigen Beobachter ändert sich nichts am luftseitigen Transferwiderstand, während der wasserseitige durch die Löslichkeit zu dividieren ist. Anschaulich kann man dies dahingehend interpretieren, daß bei gegebener Effektivität der Transportmechanismen die Flußdichte einer Beimengung im Wasser linear mit der Löslichkeit α steigt, der effektive Transferwiderstand also um einen Faktor α abnimmt.

Beide Betrachtungsweisen zeigen, daß bei der Hintereinanderschaltung des wasserseitigen und des luftseitigen Widerstandes zu dem Gesamttransferwiderstand dieser um so mehr von der Luftseite bestimmt wird, je höher die Löslichkeit der betrachteten Beimengung ist. Umgekehrt wird dann natürlich der Transferwiderstand um so mehr von dem wasserseitigen Widerstand bestimmt, je niedriger die Löslichkeit im Wasser ist.

Tabelle 7.3. Formale Ostwaldsche Löslichkeiten α für Wasserdampf, Wärme und Impuls

Beimengung	Definition	α bei 0°C	bei 20° C
Wasserdampf, gesättigt	$\alpha = \frac{\varrho_{\text{Flüssigwasser}}}{\varrho_{\text{Dampf}}}$	200000	55000
Wärme	$\alpha = \frac{\varrho_w \cdot c_w}{\varrho_l \cdot c_l}$	3300	3500
Impuls	$\alpha = \frac{\varrho_w}{\varrho_l}$	775	830

c: spez. Wärme, ϱ: Dichte, Index *l*: Luft, Index *w*: Wasser.

Vom Einfluß der Löslichkeit einmal ganz abgesehen, ist bei der Abschätzung der tatsächlichen Beiträge von R_l und R_w zum Gesamtwiderstand zu berücksichtigen, daß R_w wesentlich größer ist als R_l. Der eine Grund dafür ist, daß – wie schon erwähnt – die Schmidt-Zahlen skalarer Beimengungen in Wasser viel größer sind als in Luft, der zweite Grund liegt darin, daß wegen $\tau = -\varrho_w \cdot u_{*w}^2 = -\varrho_l \cdot u_{*l}^2$ (mit τ als Schubspannung und ϱ als Dichte) die Schubspannungsgeschwindigkeit u_{*w} im Wasser um den Faktor $(\varrho_w/\varrho_l)^{1/2} \approx 28$ kleiner ist als die Schubspannungsgeschwindigkeit u_{*l} in Luft. Als ganz groben Anhaltspunkt kann man abschätzen, daß – je nach Größe der Schmidt-Zahl und nach Art der Schmidt-Zahl-Abhängigkeit des Transferwiderstandes – der Beitrag des luftseitigen Widerstandes bei $\alpha > 500$ bis 1500 überwiegt, während für kleinere Löslichkeiten der wasserseitige Widerstand den Hauptanteil zum Gesamtwiderstand liefert.

In der Tabelle 5.4 im 5. Kap. waren die Löslichkeiten einiger Gase in Süß- und zum Teil auch in Meerwasser aufgelistet. In der Tabelle 7.3 sind zur Ergänzung Definitionen und jeweils zwei Werte für die entsprechenden formalen Löslichkeiten von Wasserdampf, Wärme und Impuls zusammengestellt.

Aus diesen Tabellen geht zusammen mit dem zuvor Gesagten hervor, daß für die Verdunstung von Wasserdampf oder für den Austausch fühlbarer Wärme der Transferwiderstand ganz in der Gasphase, d. h. in der Luft, konzentriert ist. Für die meisten Gase liegt dagegen der weitaus größte Teil des Transferwiderstandes auf der Wasserseite. Eine Ausnahme davon machen allenfalls extrem gut lösliche Gase oder chemisch sehr reaktive Spurengase wie z. B. Schwefeldioxid.

Wie wir schon im 5. Kap. gesehen hatten, können durch chemische Reaktionen die effektive Löslichkeit ganz erheblich gesteigert und der wasserseitige Widerstand drastisch reduziert werden. Gerade bei Schwefeldioxid kann dieser Effekt beträchtlich werden; nach Liss (1971) wird z. B. bei $p_H = 7$ die effektive Löslichkeit von SO_2 in Wasser gegenüber der rein physikalischen Löslichkeit auf rund das 3000-fache erhöht, mit der Folge, daß der Transferwiderstand ganz auf die Luftseite verlagert wird. Auch für Kohlendioxid wird die effektive Löslichkeit durch chemische Dissoziation erhöht; dies spielt eine große Rolle für die Aufnahme von CO_2 durch die Meere (s. Kap. 8), allerdings ist der Effekt hier nicht ausreichend, um den Haupttransferwiderstand auf die Luftseite zu verlagern.

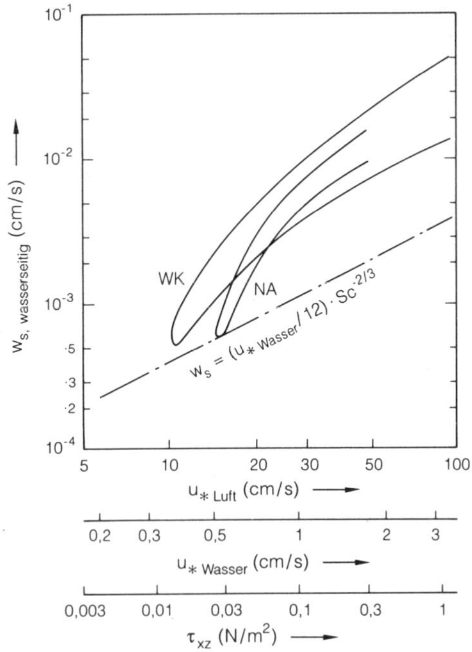

Abb. 7.11. *Umrandete Gebiete:* Experimentell ermittelte Bereiche der wasserseitigen Transfergeschwindigkeit w_s durch eine Luft/Wasser-Grenzfläche, als Funktion der luft- und wasserseitigen Schubspannungsgeschwindigkeiten bzw. der Schubspannung selbst. *WK:* Windkanalmessungen. (Nach einer Zusammenstellung von Jähne et al. 1984) *NA:* Feldmessungen im Nordatlantik. (Kromer u. Roether 1983) Als Bezugsrate ist *strichpunktiert* die Transfergeschwindigkeit für eine glatte Wasseroberfläche eingezeichnet. Sämtliche Daten sind auf eine wasserseitige Schmidt-Zahl Sc = 600 bezogen; dies entspricht CO_2 bei 20°C

Bisher haben wir die Wasseroberfläche als glatte und quasi feste Oberfläche angesehen. Wie schon weiter oben angedeutet, wird diese Vorstellung unhaltbar, sobald bei etwas stärkerem Wind, etwa ab einer luftseitigen Schubspannungsgeschwindigkeit von rund 10 cm/s, Wellenbildung einsetzt. In Übereinstimmung mit den bisher diskutierten Modellen geht die Schmidt-Zahl-Abhängigkeit des Transferwiderstandes luft- und wasserseitig von der Proportionalität zu $Sc^{2/3}$ bei dem Einsetzen und Steilerwerden der Wellen in eine Proportionalität zu $Sc^{1/2}$ über. An dem luftseitig kontrollierten Transport, wozu als besonders wichtiger Prozeß die Verdunstung gehört, ändert sich darüber hinaus nichts Wesentliches. Dagegen ist eine fast dramatische Änderung des wasserseitigen Transports zu beobachten.

Abbildung 7.11 stellt an einigen Beispielen den empirischen Sachverhalt dar; weitere Daten sind bei Jähne et al. (1987) zu finden. Das auffälligste Phänomen ist die Tatsache, daß die Abhängigkeit der Transfergeschwindigkeit von der Schubspannungsgeschwindigkeit keinen linearen Zusammenhang mehr darstellt; der Anstieg der Transfergeschwindigkeit ist viel stärker, als es die bisherigen Modelle beschreiben können. Die Erklärung hierfür ist – pauschal gesehen – in einer durch die Wellen veränderten Turbulenzstruktur des Wassers zu suchen.

Die experimentellen Ergebnisse legen nahe, den Impulseintrag bzw. die Schubspannungsgeschwindigkeit nicht mehr als die passende Größe zur Beschreibung und Parametrisierung des Gasaustauschs anzusehen. Jähne et al. (1984, 1987) haben gezeigt, daß zwischen dem mittleren Quadrat der wellenbedingten Neigung der Wasseroberfläche und der Transfergeschwindigkeit ein linearer Zusammenhang besteht, daß diese Größe also wesentlich besser zur Parametrisierung des Gasaustauschs geeignet ist; Abbildung 7.12 zeigt diesen Sachverhalt. Ein Mechanismus, der

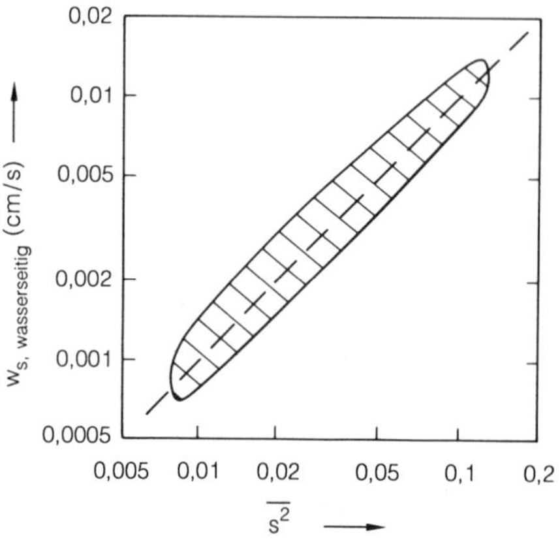

Abb. 7.12. Wasserseitige Transfergeschwindigkeit w_s als Funktion des mittleren Quadrates $\overline{s^2}$ der wellenbedingten Neigung s der Wasseroberfläche, aus Windkanalmessungen, normiert auf Sc = 600; die *geschlossene Kurve* ist die Einhüllende der Meßwerte. (Nach Jähne et al. 1984)

die Phänomene befriedigend erklären kann, ist noch nicht gefunden; einige Ansätze dazu werden bei Jähne et al. (1987) diskutiert.

7.3.5 Trockene Deposition von Aerosolpartikeln

Die trockene Abscheidung von Aerosolteilchen auf der Erdoberfläche („trocken" im Gegensatz zur Ausscheidung durch den Regen!) ist insofern ein komplexerer Vorgang als die bisher behandelten Diffusionsprozesse, als sehr unterschiedliche Mechanismen daran beteiligt sind: Für sehr kleine Teilchen, mit Lineardimensionen unter etwa 0,1 µm, ist die Diffusion der dominante Prozeß; die Deposition kann zumindest bei aerodynamisch glatten Oberflächen, auf die wir uns in diesem Abschnitt beschränken wollen, mit den in den vorangehenden Abschnitten besprochenen Vorstellungen und Modellen beschrieben werden. Für größere Partikel nimmt die Effizienz der Diffusion rasch ab; für Teilchen mit Radien oberhalb von 0,1 µm ist sie praktisch vernachlässigbar. Sehr große Partikel, etwa mit Lineardimensionen oberhalb von 10 µm, sedimentieren im Schwerefeld aus. Im Größenbereich zwischen einigen zehntel Mikrometern und einigen Mikrometern wird die Trägheitsabscheidung der bestimmende Effekt: Die Partikel können in den bodennahen Mikroturbulenzen wegen ihrer trägen Masse der Luftbewegung nicht mehr folgen, sie werden gewissermaßen „aus der Kurve getragen" und fliegen teilweise auf die Oberfläche zu und bleiben dort haften. Bei Lineardimensionen im Bereich um ein zehntel Mikrometer tritt ein Minimum der Abscheidewahrscheinlichkeit auf, wie wir es ähnlich schon beim Einfangen von Aerosolpartikeln durch fallende Regentropfen kennengelernt haben. Hier können gegebenenfalls phoretische Effekte ebenfalls zu einer leichten Erhöhung der Abscheidewahrscheinlichkeit beitragen.

Die Deposition im Schwerefeld ist eine Driftbewegung, die durch das Gleichgewicht zwischen antreibender Schwerkraft und bremsender viskoser Reibung bestimmt ist. Wie schon angedeutet, eignet sie sich deshalb nicht für die Behandlung mit Hilfe des Konzeptes des Transferwiderstandes, da dieses Konzept ja von einem antreibenden Konzentrationsgradienten ausgeht. Wir können die Driftgeschwindigkeit aber einigermaßen zwanglos mit der früher definierten Depositionsgeschwindigkeit gleichsetzen.

In dem für die gravitative Abscheidung relevanten Größen- und Geschwindigkeitsbereich wird der Widerstand, den ein Teilchen bei einer Bewegung relativ zu dem Trägergas erfährt, durch das bekannte Gesetz von Stokes beschrieben (Näheres zu dessen Grenzen in Kap. 9). Nach Stokes erfährt ein Partikel eine Widerstandskraft

$$F_W = 6 \cdot \pi \cdot \eta \cdot r \cdot v \tag{7.183}$$

(mit η als kinematischer Zähigkeit, r als Teilchenradius und v als Relativgeschwindigkeit), die mit der Gravitationskraft

$$F_G = \frac{4 \cdot \pi}{3} \cdot r^3 \cdot \varrho \cdot g \tag{7.184}$$

(mit ϱ als der Dichte des Partikelmaterials und mit g als Schwerebeschleunigung) im Gleichgewicht steht. Durch Gleichsetzen der beiden Kräfte und Auflösen nach v erhält man

$$v = \frac{2 \cdot r^2 \cdot \varrho \cdot g}{9 \cdot \eta}. \tag{7.185}$$

Einsetzen von Zahlenwerten liefert z. B. bei einer Dichte des Partikelmaterials von $1\,g/cm^3$ eine Sedimentationsgeschwindigkeit von $1{,}3 \cdot 10^{-2}\,cm/s$ für Teilchen mit einem Radius von 1 µm und eine solche von 1,3 cm/s für Teilchen mit einem Radius von 10 µm.

Die Diffusion kleiner Partikel durch die laminare Grenzschicht können wir, wie schon gesagt, mit den in den vorangehenden Abschnitten entwickelten Vorstellung und Modellen behandeln. Da die thermische Diffusionskonstante von Aerosolteilchen sehr klein und damit die Schmidt-Zahlen sehr groß sind (Näheres auch hierzu in Kap. 9), spielt hier die Art und Größe der Abhängigkeit von der Schmidt-Zahl eine viel größere Rolle als bei der Diffusion von Spurengasen in Luft. Für Partikel mit $r = 0{,}05\,\mu m$ betragen beispielsweise die Diffusionskonstante $D = 0{,}8 \cdot 10^{-5}\,cm^2/s$, die Schmidt-Zahl $Sc = \nu/D \approx 2 \cdot 10^4$ und schließlich die Transfergeschwindigkeit durch die laminare Schicht – bei einer angenommenen Schubspannungsgeschwindigkeit von $u_* \approx 50\,cm/s$ – etwa $v_d = 6 \cdot 10^{-3}\,cm/s$; der Verlauf von v_d über einen größeren Radienbereich ist weiter unten in Abb. 7.13 dargestellt.

Zur Beschreibung der Trägheitsabscheidung müssen wir hier zwei Begriffe aus der Aerosoldynamik (s. Kap. 9) vorwegnehmen, die Bremsrelaxationszeit τ und die Bremslänge Λ: Wir gehen davon aus, daß ein Aerosolpartikel sich anfänglich relativ zu seinem Trägergas bewegt, und daß die viskose Reibung von seiten des Gases versucht, diese Relativbewegung zu dämpfen oder zu bremsen. Falls die Relativgeschwindigkeit v zwischen Trägergas und Partikel nicht zu groß ist, können wir für die bremsende Reibungskraft und damit auch für die Verzögerung bzw. Beschleunigung des Teilchens relativ zum Gas Proportionalität zu v annehmen (das gerade erwähnte Stokessche Gesetz ist ein typisches Beispiel hierfür), d. h.

$$\frac{dv}{dt} = -\text{const} \cdot v. \tag{7.186}$$

Die Proportionalitätskonstante ist offensichtlich das Inverse einer Zeit; wir schreiben deshalb

$$\frac{dv}{dt} = -\frac{v}{\tau} \tag{7.187}$$

mit der damit definierten Bremsrelaxationszeit τ. Bei einem Trägergas, das ruhend oder gleichförmig bewegt ist, hat diese Differentialgleichung die einfache Lösung

$$v = v_0 \cdot \exp(-t/\tau) \tag{7.188}$$

mit v_0 als Anfangsgeschwindigkeit. Der während des Brems- oder Relaxationsvorganges zurückgelegte Weg, d. h. die Bremslänge Λ, erhält man durch Integration von v nach der Zeit zu

$$\Lambda = \int_0^\infty v \cdot dt = v_0 \cdot \int_0^\infty \exp(-t/\tau) \cdot dt = v_0 \cdot \tau. \tag{7.189}$$

τ hängt nicht von der Geschwindigkeit ab, sondern nur von den Eigenschaften des Partikels und des Trägergases; in Luft bei Normalbedingungen beträgt die Bremsrelaxationszeit für ein kugelförmiges Teilchen der Dichte $\varrho = 1\,g/cm^3$ mit einem Radius von 1 µm beispielsweise etwa $1{,}3 \cdot 10^{-5}$ s, für ein solches mit einem Radius von 10 µm etwa $1{,}4 \cdot 10^{-3}$ s.

Die Trägheitsabscheidung beruht nun, wie schon angedeutet, darauf, daß größere Partikel wegen ihrer Massenträgheit der mikroturbulenten Bewegung nicht mehr zu folgen vermögen, sobald ihre Bremslänge in die Größenordnung der Dimensionen der Turbulenzelemente kommt. Dann kann der Fall eintreten, daß ein Teilchen, das der Krümmung der turbulenten Strömung in der Nähe einer Oberfläche (wo die Normalkomponente der Strömung natürlich verschwinden muß) nicht mehr zu folgen vermag, auf diese Oberfläche zufliegt und dort abgeschieden wird.

Dieser Prozeß läßt sich theoretisch kaum exakt behandeln; ein Modellansatz, der sich sehr gut bewährt hat, geht von der einigermaßen einfachen Annahme aus, daß der diffusive Transport der Partikel nicht mehr bis zur Oberfläche, d. h. bis zu $z = 0$, führt, sondern nur bis zu $z = \Lambda + r$ (mit r als Teilchenradius), d. h. bis zu einer Distanz, von der aus ein frei fliegendes Teilchen gerade die Oberfläche erreichen kann. Vor dort sollen die Partikel mit einer mittleren Geschwindigkeit, die der lokalen Turbulenzgeschwindigkeit proportional ist, direkt bis zur Oberfläche fliegen. Die Bremslänge ist dabei durch $\Lambda = \tau \cdot v'_z(z_k)$ gegeben, wobei $v'_z(z)$ die turbulente Geschwindigkeit des Trägergases senkrecht zu der fraglichen Oberfläche ist, und z_k gerade der kritische Abstand, von dem aus die Teilchen direkt zur Oberfläche fliegen können.

Das letzte Stück des Diffusionsweges, zwischen z_k und 0, wird also – wenn man so will – kurzgeschlossen. Der Transferwiderstand R_d von einer Referenzhöhe z_r bis zur Oberfläche erhält man dann formal zu

$$R_d = \int_{z_k}^{z_r} \frac{1}{K(z)+D} \cdot dz + \frac{1}{C \cdot v'_z(z_k)} \tag{7.190}$$

mit $z_k = \Lambda + r$; dabei beschreibt C die Proportionalität zwischen der lokalen turbulenten Geschwindigkeit und der effektiven Geschwindigkeit, mit der die Partikel zur Oberfläche fliegen. Der genaue Wert von C ist unkritisch, da der Beitrag des zweiten Terms zu dem Gesamttransferwiderstand i. allg. klein ist (plausible Werte für C, die sich durch Mittelbildung ergeben, liegen zwischen 1/6 und 1/4). Die Bestimmung von z_k und die Auswertung des angegebenen Ausdrucks für R_d sind nur numerisch möglich. z_k hängt einmal von der Bremsrelaxationszeit, also von den Partikeleigenschaften ab, zum anderen aber natürlich auch empfindlich von den Annahmen über $v'_z(z)$. Die erste brauchbare Theorie der Trägheitsabscheidung geht auf Davies (1966) zurück; dieser hat angenommen, daß $v'_z(z)$ herab bis zur Obergrenze der laminaren Schicht bei $z_l \approx 11 \cdot \nu/u_*$ etwa gleich der Schubspannungsgeschwindigkeit u_* ist und dann bis zur Oberfläche linear mit z nach Null geht. Dies steht allerdings im Widerspruch zu den weiter oben, in Abschn. 7.1, diskutierten Kontinuitätsbedingungen, nach denen innerhalb der laminaren Schicht $v'_z(z)$ proportional zu z^2 abnehmen sollte. Wir haben deshalb den Transferwiderstand neu berechnet, unter der Annahme, daß für $z \geqq z_l$ die mittlere turbulente Geschwindigkeit gleich u_* sein soll und für $z < z_l$ gerade $u_* \cdot (z/z_l)^2$ wird; hierdurch wird der Verlauf des Transferwiderstandes bzw. der Depositionsgeschwindigkeit als Funktion des Partikelradius zu kleinen Teilchen hin etwas steiler als bei dem Ansatz von Davies (1966). Als weitere Verfeinerung gegenüber der Theorie von Davies (1966) ging noch die Annahme in die Rechnung ein, daß $v'_z(z)$ für eine bestimmte Höhe keine feste Größe ist, sondern eine Verteilung um die mittlere Geschwindigkeit aufweist.

Abbildung 7.13 faßt die in diesem Abschnitt diskutierten Mechanismen bzw. die Ergebnisse der Modellrechnungen in Abhängigkeit von dem Partikelradius zusammen und stellt sie experimentellen Daten gegenüber. In Anbetracht der doch recht stark vereinfachenden Modellannahmen ist die Übereinstimmung von Theorie und experimentellen Befunden sehr befriedigend, doch fällt ganz klar auf, daß bei sehr kleinen Depositionsgeschwindigkeiten, in dem Bereich des Minimums der Abscheidung, die gemessenen Depositionsgeschwindigkeiten auf Wasseroberflächen sehr viel höher sind als auf festen Oberflächen und auch sehr viel höher sind, als es die Rechnung prognostiziert. Es könnte sein, daß hierfür Kapillarwellen auf der Wasseroberfläche verantwortlich sind, von denen die Autoren allerdings nichts berichten. Es spricht aber auch sehr viel dafür, daß die erhöhten Depositionsgeschwindigkeiten auf den Wasseroberflächen eine Folge phoretischer Effekte sind. Um dies zumindest qualitativ zu belegen, sind in Vergleichskurven zu den berechneten Depositionsgeschwindigkeiten noch Thermophoresegeschwindigkeiten (s. Ergänzung 6.1) unter der Annahme eines Temperaturunterschiedes von 5 K zwischen dem kälteren Wasser und der wärmeren Luft addiert. Der Vergleich zeigt, daß die Thermophorese zumindest eine mögliche Erklärung für die Überhöhung der Depositionsgeschwindigkeit auf Wasseroberflächen ist.

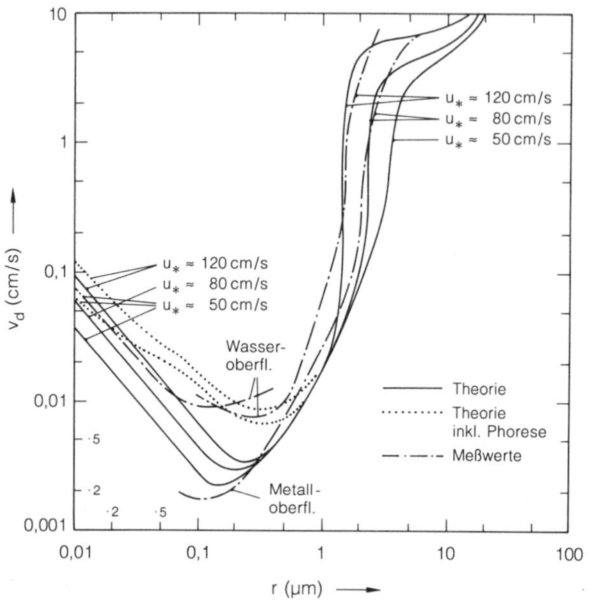

Abb. 7.13. Depositionsgeschwindigkeiten als Funktion des Teilchenradius, gerechnet für eine Dichte des Partikelmaterials von 1,5 g/cm³. Rechnungen nach den in diesem Abschnitt diskutierten Modellen ohne (*durchgezogen*) und mit (*punktiert*) Berücksichtigung der Thermophorese. Meßwerte nach Möller u. Schumann (1970), Sehmel (1973) und Sehmel u. Sutter (1974)

7.4 Einige Anmerkungen zum Anschluß an die Ekman-Schicht und an die äußere Atmosphäre

Im 3. Kap. haben wir die dynamischen Grundlagen der Ekman-Schicht diskutiert und die Bewegungsgleichung unter der Annahme eines konstanten Austausch- bzw. Diffusionskoeffizienten gelöst. In diesem Abschnitt wollen wir noch einige Details über die Ekman-Schicht und ihren Anschluß an die Prandtl-Schicht und an die äußere Atmosphäre nachtragen, die sich nicht aus den im 3. Kap. angestellten Überlegungen ableiten lassen. Die im 3. Kap. besprochene Lösung der Bewegungsgleichung reproduziert zwar die wichtigsten dynamischen Eigenschaften der Ekman-Schicht selbst überraschend gut, sie kann aber keinen sinnvollen Anschluß an die Prandtl-Schicht bzw. an die Erdoberfläche schaffen, da dort die Annahme eines höhenkonstanten Austauschkoeffizienten sicher endgültig ihre Anwendbarkeit einbüßt. So bleiben Fragen offen wie

- welche Schubspannung stellt sich in Bodennähe ein, wenn der geostrophische Wind und der Rauhigkeitsparameter vorgegeben sind;
- wie mächtig wird unter diesen Bedingungen die Ekman-Schicht (wiewohl die im 3. Kap. abgeleitete Höhe der Ekman-Schicht die tatsächlichen Verhältnisse recht gut trifft);
- wie groß wird der Winkel zwischen dem Bodenwind und dem geostrophischen Wind?

Experimentelle wie theoretische Untersuchungen in der Ekman-Schicht sind ungleich schwieriger als in der Prandtl-Schicht, einerseits weil die Zahl der

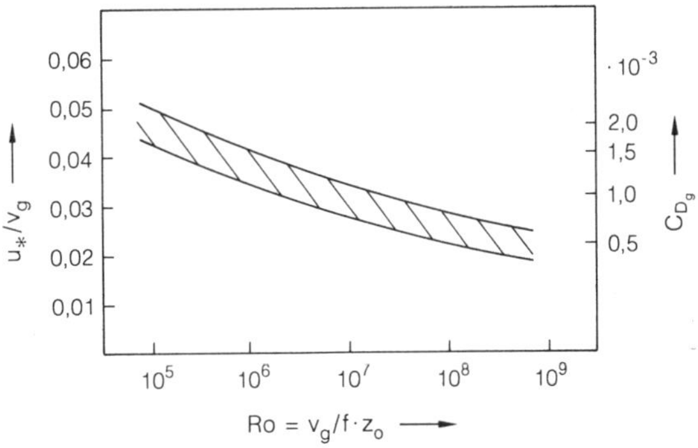

Abb. 7.14. Verhältnis der bodennahen Schubspannungsgeschwindigkeit u_* zu der geostrophischen Windgeschwindigkeit v_g (*linke Ordinate*) und geostrophischer Drag-Koeffizient C_{Dg} (*rechte Ordinate*) als Funktion der Rossby-Zahl *Ro*

möglichen Parameter viel größer wird, andererseits weil einfach die physische Zugänglichkeit deutlich schlechter ist. Eine eingehende Diskussion übersteigt den Rahmen dieses Buches; der interessierte Leser sei beispielsweise auf den von Nieuwstadt u. van Dop (1984) herausgegebenen Band verwiesen, in dem eine Fülle von Material in gut lesbarer Form zusammengetragen ist.

Relativ einfache analytische (und auch physikalisch deduzierbare) Beziehungen, wie sie für die Prandtl-Schicht möglich sind, können für die Ekman-Schicht oder für die planetare Grenzschicht insgesamt kaum angegeben werden. Die Modelle für die Ekman-Schicht sind deshalb im großen und ganzen numerische Modelle. Auch zur Beantwortung der eingangs gestellten Fragen sollen einige halbempirische numerische Rechnungen herangezogen werden, die zumindest gewisse Vorstellungen von den Größenordnungen vermitteln. Allerdings sind diese Ergebnisse unter recht vereinfachenden, vielleicht nicht sehr realistischen Voraussetzungen gewonnen worden (wir werden darauf zurückkommen).

Als erstes zeigt Abb. 7.14, nach Estoque (1973), das Verhältnis zwischen der Schubspannungsgeschwindigkeit in der Prandtl-Schicht und der geostrophischen Windgeschwindigkeit als Funktion der sog. Rossby-Zahl $\mathrm{Ro} = v_g/(f \cdot z_0)$ (v_g: geostrophische Windgeschwindigkeiten; f: Coriolis-Parameter; z_0: Rauhigkeitsparameter), gerechnet für thermisch neutrale Schichtung.

Im 1. Abschn. dieses Kapitels hatten wir den sog. Drag-Koeffizienten C_D als Verhältnis von der Schubspannung, d. h. dem vertikalen Impulsfluß, zu dem horizontalen Impulsfluß in einer bestimmten Referenzhöhe in der Prandtl-Schicht definiert. Ganz analog definieren wie hier einen geostrophischen Drag-Koeffizienten C_{Dg} mit

$$C_{Dg} = \frac{-\tau}{\varrho \cdot v_g^2} = \frac{u_*^2}{v_g^2}, \tag{7.191}$$

wobei τ bzw. u_* die Schubspannung bzw. die Schubspannungsgeschwindigkeit in Bodennähe bedeuten. Dieser geostrophische oder planetare Drag-Koeffizient ist in der rechten Ordinate der Abb. 7.14 wiedergegeben. Beispielsweise ist für $z_0 = 1$ mm, $f = 10^{-4}\,\mathrm{s}^{-1}$ und $v_g = 10$ m/s, d. h. für $\mathrm{Ro} = 10^8$, aus der Abbildung ein Verhältnis $u_*/v_g = 0{,}028$ sowie ein geostrophischer Drag-Koeffizient von $0{,}8 \cdot 10^{-3}$ abzulesen, d. h. die Schubspannungsgeschwindigkeit beträgt in diesem Fall 28 cm/s, die entsprechende Schubspannung ist $\tau = 0{,}1\ \mathrm{N/m^2}$. Für $z_0 = 100$ mm ergäbe sich unter

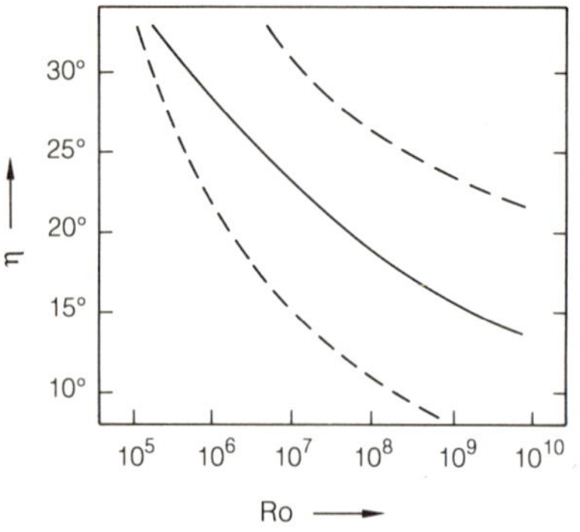

Abb. 7.15. Winkel η zwischen der Bodenwindrichtung und der geostrophischen Windrichtung als Funktion der Rossby-Zahl. *Durchgezogene Kurve* nach Rechnungen von Estoque (1973), *gestrichelt* der Streubereich der experimentellen Daten

sonst gleichen Bedingungen eine Schubspannungsgeschwindigkeit von 40 cm/s und eine Schubspannung von 0,2 N/m^2.

Für die Mächtigkeit z_E der Ekman-Schicht als Funktion der bodennahen Schubspannung (wieder bei neutraler Schichtung) haben Blackadar u. Tennekes (1968) mit Hilfe ähnlichkeitstheoretischer Überlegungen und empirischer Daten die Beziehung

$$z_E = C \cdot u_*/f \quad \text{mit } C = 0{,}25 \text{ bis } 0{,}30 \tag{7.192}$$

abgeleitet. Für das zuvor angeführte Zahlenbeispiel errechnet sich hieraus eine Mächtigkeit der Ekman-Schicht von ca. 800 m bei $z_0 = 1$ mm bzw. von ca. 1100 m bei $z_0 = 100$ mm.

Abbildung 7.15 zeigt noch, nach Rechnungen von Estoque (1973), den Winkel zwischen der Bodenwindrichtung und der geostrophischen Windrichtung als Funktion der Rossby-Zahl. Für unser Zahlenbeispiel stellt sich danach bei $z_0 = 1$ mm ein Winkel von etwa 20° und bei $z_0 = 100$ mm ein solcher von knapp 30° ein. Die in der Abbildung angedeuteten experimentellen Daten streuen allerdings stark und liegen im Mittel eher etwas höher als die gerechneten Werte.

Die hier angeführten Ergebnisse wurden alle unter der Voraussetzung thermisch neutraler Schichtung durchgeführt. Dies ist ein gewisser Ansatzpunkt für Kritik: Wegen der im Vergleich zur Prandtl-Schicht viel größeren Mächtigkeit der Ekman-Schicht kommen in letzterer selbst an sich sehr schwache positive oder negative Auftriebskräfte viel stärker zur Wirkung. Die thermische neutrale Schichtung stellt für die Ekman-Schicht eher eine Ausnahme dar, konvektive oder stabile Ekman-Schichten sind die Regel. Andererseits sind für nicht neutrale Schichtungen ähnlich einfach zu verwertende Modellrechnungen nicht bekannt; deshalb sollen die Rechnungen für neutrale Schichtung doch als erste Anhaltspunkte dienen. Ansonsten kann man ganz generell anführen, daß die Mächtigkeit der Ekman-Schicht und damit der ganzen Bodenreibungszone bei stabiler Schichtung wesentlich geringer werden kann als im neutralen Fall (bis auf wenige hundert Meter), daß sie umgekehrt bei labiler Schichtung und damit verstärktem Vertikalaustausch beträchtlich zunehmen kann (bis auf etwa 2 km, gegebenenfalls sogar noch darüber). Ebenso ist im Mittel die Höhe der Bodenreibungszone im Winter geringer als im Sommer, da i. allg. in der kalten Jahreszeit der Vertikalaustausch schwächer ist als in der warmen.

Ein weiterer Einwand gegen die angeführten Modellrechnungen liegt noch darin, daß es fraglich ist, ob die Rossby-Zahl $Ro = v_g/f \cdot z_0$ wirklich generell ein guter Parameter ist. Ganz sicher ist dies nicht mehr der Fall, wenn der Coriolis-Parameter am Äquator sehr klein wird und damit die Rossby-Zahlen unrealistisch groß werden; für mittlere und höhere Breiten haben sich aber Ähnlichkeitstheorien, die auf der Rossby-Zahl beruhen, recht gut bewährt.

Zum Schluß noch eine Bemerkung zum Übergang in die sog. freie Atmosphäre: Die Betonung des Vertikalaustauschs innerhalb der im Mittel etwa 1 km starken planetaren Reibungsschicht, ferner die oft an die planetare Grenzschicht gekoppelte Existenz einer Grundschichtinversion dürfen nicht zu der Annahme verführen, daß in der freien Atmosphäre oberhalb der planetaren Grenzschicht gar kein nennenswerter Austausch mehr stattfände oder gar kein Einfluß der Bodenreibung mehr zu finden sei. Dagegen sprechen schon der durch die ganze Troposphäre hindurch auftretende, nach oben gerichtete Wärmefluß und die damit verbundene Konvektion, aber auch dynamische Turbulenzen können durchaus auftreten. Dabei reichen die Resteinflüsse der Erdoberfläche über dem Land wegen der dort viel stärkeren Konvektion und wegen des größeren Einflusses der Bodenrauhigkeit oft deutlich weiter in die Höhe als über dem Meer. Als Anhaltspunkt kann man damit rechnen, daß die von der Erdoberfläche beeinflußte – und auch von dort mit Spurenstoffen angereicherte – Schicht über den Kontinenten etwa 5 km und über den Ozeanen etwa 3 km hoch reicht; der Übergang an der Küste kann dabei unter Umständen sogar recht abrupt sein.

Kapitel 8

Klimarelevante Spurengase

8.1 Überblick

In diesem Kapitel wollen wir uns mit denjenigen Spurengasen in der Atmosphäre befassen (von dem Wasserdampf einmal abgesehen), die für den atmosphärischen Strahlungs- und Energiehaushalt eine wichtige Rolle spielen oder zumindest spielen können und die damit auch bei einer anthropogen verursachten Konzentrationserhöhung eventuell einschneidende Klimaänderungen verursachen können (eine darüber hinausgehende allgemeinere Behandlung der Chemie der Atmosphäre überstiege den Rahmen dieses Buches; der interessierte Leser sei deshalb auf die sehr ausführliche Monographie von Warneck 1988 verwiesen).

Für die Beeinflussung des atmosphärischen Strahlungs- und Energiehaushaltes durch die in Frage kommenden Spurengase ist fast ausschließlich deren Absorptions- und Emissionsverhalten im Spektralbereich der infraroten terrestrischen Strahlung verantwortlich; eine Ausnahme hiervon macht eigentlich nur das Ozon, dessen Absorptionswirksamkeit vorzugsweise im Bereich der solaren Strahlung liegt, das allerdings auch eine Absorptionsbande bei 9,6 μm aufweist. Die Spurengase beeinflussen je nach ihrer Konzentration das Verhältnis zwischen der Abstrahlung der Energie in den Weltraum und der Gegenstrahlung zur Erde hin. Im Abschn. 1.3.2 war diskutiert worden, daß für die Nettoabstrahlung der Erdoberfläche das spektrale „Fenster" zwischen etwa 8 und 13 μm verantwortlich ist; es liegt auf der Hand, daß Spurengase mit Absorptionsbanden in diesem Bereich besonders wirksam werden können. In gewissem Sinn gilt dies auch für das wichtigste der zu behandelnden Spurengase, für das Kohlendioxid, dessen Absorptionsbande sich bei einer Konzentrationserhöhung gewissermaßen von der langwelligen Seite her in das Fenster hineinschiebt.

Als wichtiges Kriterium für die Klimawirksamkeit von Spurenstoffen sollte noch beachtet werden, daß für eine deutliche Wirkung auf das Klima eine weltweite, zumindest überregionale Beeinflussung des Strahlungshaushaltes erforderlich ist. Deshalb ist ein Klimaeffekt nur von solchen Spurengasen zu erwarten, die weltweit verbreitet sind, d. h. die entweder weltweit produziert werden oder die eine Lebensdauer aufweisen, die hinreichend groß ist im Vergleich zu den atmosphärischen Mischungszeiten, die ihrerseits in der Größenordnung von Wochen bis Monaten liegen.

Tabelle 8.1 gibt eine Aufstellung der wichtigsten klimarelevanten Spurengase wieder; eine Übersicht über weitere Spurengase, die zumindest prinzipiell in den

Tabelle 8.1. Klimarelevante Spurengase (ohne Wasserdampf)

Gas	Konzentration	Atm. Verweilzeit	Temperatureffekt
CO_2	351 ppm (1989)	(*1*) 4 bis 5 Jahre (*2*) 7 bis 10 Jahre (*3*) 50 bis 120 Jahre	Verdoppl.: $\Delta T \approx 3\,K$ Vervierf.: $\Delta T \approx 6\,K$
O_3	sehr variabel Tropos. um 0,05 ppm Stratos. um 0,5 ppm	variabel (Monate)	s. Text (Troposph. Anstieg um 50%: $\Delta T \approx 0{,}4\,K$)
CH_4	Nordhem.: 1,75 ppm Südhem.: 1,65 ppm	8 bis 11 Jahre	Verdoppl.: $\Delta T \approx 0{,}3\,K$
N_2O	0,32 ppm	100 bis 200 Jahre	Anstieg um 50%: $\Delta T \approx 0{,}2\,K$
CCl_3F	0,27 ppb	50 bis 70 Jahre	Anstieg von 0 auf 1 ppb: $\Delta T \approx 0{,}15\,K$ je Gas (für CCl_3F und CCl_2F_2)
CCl_2F_2	0,45 ppb	80 bis 150 Jahre	
CO	Nordhem.: 0,13 ppm Südhem.: 0,07 ppm	einige Monate	indirekt
NO/NO_2	0,01 ppm (extreme Reinluft) bis über 100 ppm (stark belastete Luft)	variabel	indirekt

CO_2: *1:* Gemittelte Verweilzeit gegenüber Austausch mit Biosphäre und Ozean (s. Text).
2: Verweilzeit gegenüber Austausch mit Ozean.
3: Abklingzeit einer impulsartigen CO_2-Injektion.

Strahlungshaushalt eingreifen können, ist z. B. bei Ramanathan et al. (1985) zu finden.

An erster Stelle stehen die beiden wichtigsten Spurengase, das Kohlendioxid, CO_2, und das Ozon, O_3; wegen ihrer besonderen Bedeutung sollen ihre atmosphärischen bzw. geochemischen Zyklen in gesonderten Abschnitten (8.2 und 8.3) behandelt werden. In Abschn. 8.4 sollen dann die weiteren Komponenten Methan, CH_4, Distickstoffoxid (Lachgas), N_2O, Freon 11, CCl_3F und Freon 12, CCl_2F_2, zusammen mit dem troposphärischen Ozon besprochen werden. Dabei wird auch die Rolle der an letzter Stelle stehenden Spurengase, des Kohlenmonoxids, CO, und der Stickoxide, NO bzw. NO_2, diskutiert; deren direkter Einfluß auf den Strahlungshaushalt ist meist vernachlässigbar, wegen ihrer Bedeutung für die Luftchemie können sie aber indirekt in den Strahlungshaushalt eingreifen.

Die in der Tabelle angegebenen Verweilzeiten sind mit Ausnahme der bei dem Kohlendioxid angeführten Zeiten mittlere Abbauzeiten, d. h. Zeiten, die die Zerstörung des betreffenden Gases charakterisieren. CO_2 wird dagegen nicht im eigentlichen Sinne abgebaut, seine Verweilzeit wird durch den Austausch zwischen der Atmosphäre und den anderen Reservoiren bestimmt. Die drei in der Tabelle angegebenen Zeiten beziehen sich auf unterschiedliche Prozesse und entsprechen unterschiedlichen Definitionen der Verweilzeit. (1) beschreibt die Zeit, die ein

CO_2-Molekül im Mittel in der Atmosphäre verbringt, bis es in eines der beiden anderen Reservoire, die Biosphäre und die Ozeane, überwechselt; weiter unten, in Abb. 8.3, sind die Reservoirgrößen und die Flüsse zwischen den Reservoiren zu sehen. (2) ist die Zeit, innerhalb der das atmosphärische Kohlendioxid einmal gegen Kohlendioxid aus dem Ozean ausgetauscht wird. Zwischen den zu (1) und zu (2) beitragenden Mechanismen besteht ein wichtiger Unterschied: Das von der Biosphäre aufgenommene CO_2 wird zu einem großen Teil sehr rasch, innerhalb eines Jahreszyklus oder noch schneller, wieder an die Atmosphäre abgegeben; wenn man will, kann man sich diesen Anteil des Kreislaufs in gewissem Sinne kurzgeschlossen vorstellen. Der von den Meeren aufgenommene Anteil wird dagegen im wesentlichen durch marines CO_2 ersetzt; ein Molekül, das einmal von der Grenzschicht weg in den Wasserkörper hinein gemischt oder transportiert worden ist, hat eine viel geringere Chance, innerhalb kurzer Zeit wieder in die Atmosphäre zu gelangen. Insofern ist es sinnvoll, (1) und (2) getrennt zu betrachten; es kann sogar durchaus sinnvoll sein, nur (2) als effektive atmosphärische Verweilzeit anzusehen (dafür sprechen zum Beispiel austauschbedingte Änderungen in der isotopischen Zusammensetzung des Kohlenstoffs, auf die wir hier aber nicht näher eingehen wollen). (3) stellt schließlich die Zeit dar, mit der ein einmal zu einem bestimmten Zeitpunkt in die Atmosphäre injizierter CO_2-Schub bis auf einen durch die chemischen Gleichgewichte bedingten Rest von ca. 15% wieder abklingt (nach Siegenthaler 1983); diese Zeit ist am ehesten mit den für die anderen Gase angegebenen Verweilzeiten vergleichbar.

Die in der Tabelle angegebenen Werte für die Temperaturerhöhungen sind Ergebnisse von Modellrechnungen und damit natürlich von dem jeweiligen Modell abhängig. Die Werte beim Kohlendioxid sind den Zirkulationsmodellen des Geophysical Fluid Dynamics Laboratory, Princeton, USA (Manabe u. Wetherald 1980; Wetherald u. Manabe 1981; Spelman u. Manabe 1984) und des National Center for Atmospheric Research (NCAR), Boulder, USA (Washington u. Meehl 1983, 1984) entnommen (Näheres über Modelle in Kap. 10). Die Werte für die anderen Spurengase stammen aus der schon erwähnten Arbeit von Ramanathan et al. (1985).

Im Fall des Ozon mit seiner optischen Wirksamkeit im solaren und im terrestrischen Spektralbereich sind die Verhältnisse komplizierter als bei den anderen Spurengasen. In der unteren Atmosphäre macht sich bei einer Erhöhung der Konzentration ganz überwiegend die Erhöhung der atmosphärischen Gegenstrahlung bemerkbar, die zu der in der Tabelle angegebenen Erwärmung führt. Bei einem Anstieg des Ozonpegels in größeren Höhen wird dagegen, in Konkurrenz zu der verstärkten Gegenstrahlung, immer mehr die tendenzielle Abkühlung der bodennahen Luft durch Absorption solarer Strahlung in der Höhe relevant. Deshalb hängen Ausmaß und Vorzeichen des Nettoeffekts einer Änderung der stratosphärischen Ozonkonzentration empfindlich von dem Höhenprofil dieser Änderung und auch von der geographischen Breite ab (Ramanathan et al. 1976, 1987; Ramanathan u. Dickinson 1979; Roedel 1980); bei einer globalen uniformen Änderung der Ozonkonzentration bewirkt eine Erhöhung des Ozonpegels eine Erhöhung der bodennahen Temperaturen.

8.2 Kohlendioxid

Kohlendioxid fällt insofern etwas aus dem Rahmen der übrigen atmosphärischen Spurengase, als die Menge des in der Atmosphäre befindlichen CO_2 nur einen sehr kleinen Teil des gesamten in den Kreislauf involvierten Kohlenstoffs ausmacht und seine Konzentration in der Luft durch das Wechselspiel mit anderen Reservoiren bestimmt wird. In Abschn. 8.2.1 sollen die atmosphärischen Kohlendioxidkonzentrationen und deren anthropogen bedingter Anstieg im Hinblick auf diese Wechselbeziehungen besprochen und der globale Kohlendioxidkreislauf vorgestellt werden. In Abschn. 8.2.2 werden wir noch etwas spezieller auf die anthropogenen Einflüsse zurückkommen. In den beiden letzten Abschnitten werden dann die marinen Komponenten des Kreislaufs behandelt; in Abschn. 8.2.3 wird die Chemie des Kohlendioxids im Meer und die hieraus folgende Pufferfähigkeit der Ozeane besprochen, in Abschn. 8.2.4 wird abschließend kurz auf die Rolle der marinen Karbonatsedimente eingegangen.

8.2.1 Übersicht

Wenn wir vom Wasserdampf einmal absehen, ist Kohlendioxid, CO_2, der atmosphärische Spurenstoff mit der höchsten Konzentration. Diese beträgt zur Zeit im Mittel etwa 351 ppm; sie ist wegen der Verbrennung fossiler Brennstoffe und wegen der Vernichtung rezenter Biomasse durch Rodungen, Wald- und Steppenbrände und dgl. langsam im Steigen begriffen. Neben diesem säkularen Anstieg ist die Konzentration von Kohlendioxid beträchtlichen räumlichen und zeitlichen Schwankungen unterworfen.

Natürliche Quellen und Senken des Kohlendioxids sind die lebende und tote pflanzliche Biosphäre und die Ozeane. Pflanzen verbrauchen Kohlendioxid bei der Assimilation, der Photosynthese von Kohlenhydraten; umgekehrt wird durch die Pflanzenatmung und durch die Bodenatmung (aus der Wurzelatmung und aus der Verrottung abgestorbenen pflanzlichen Materials) Kohlendioxid in die Atmosphäre abgegeben. Die Ozeane sind eher passive Speicher; sie können je nach Temperatur, Salinität, p_H-Wert und atmosphärischer CO_2-Konzentration Kohlendioxid aus der Atmosphäre aufnehmen oder an diese abgeben; dazu kommt die langsame Aufnahme und Abgabe von CO_2 bei der Wechselwirkung mit den ozeanischen Karbonatsedimenten.

Für einen großen Teil der zeitlichen und räumlichen Schwankungen ist die Landbiosphäre verantwortlich; diese Schwankungen zeigen sich in typischen Tages- und Jahresgängen der CO_2-Konzentration. Mit dem Einsetzen der Photosynthese z. B. am Morgen nach Sonnenaufgang beginnt der CO_2-Gehalt über Flächen mit Grünwuchs zu sinken und erreicht am späten Nachmittag ein Minimum; während der Nacht steigt dann die CO_2-Konzentration wieder, da dann die Assimilation wegfällt und die CO_2-Abgabe durch die Boden- und Pflanzenatmung zum Tragen kommt. Die Amplitude solcher Tagesgänge kann in Bodennähe sehr beträchtlich werden, wenn Wachstumsphase der Pflanzen und kräftige Sonneneinstrahlung

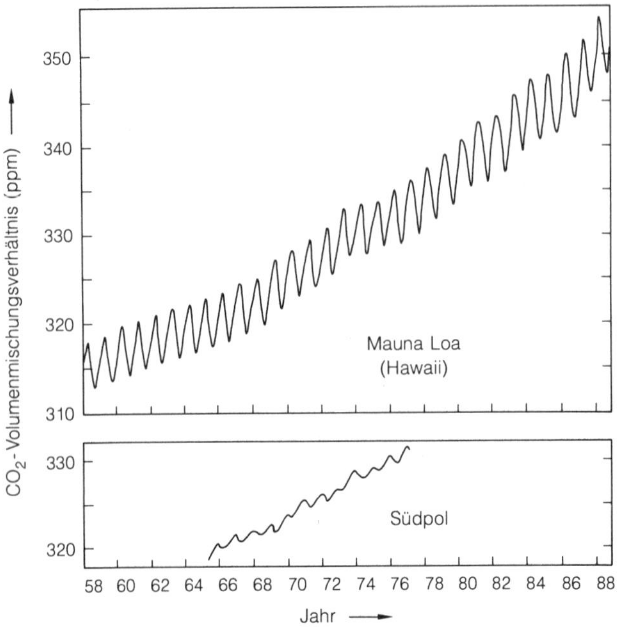

Abb. 8.1. Periodische Variation und säkularer Anstieg der Kohlendioxidkonzentration in der Atmosphäre. *Oben:* Messungen auf dem Mauna Loa (Hawaii, 19,5° N, ca. 3000 m Höhe); *unten:* Messungen am Südpol. (Nach Bacastow u. Keeling 1979; Bacastow et al. 1985 und Keeling et al. 1989)

zusammenkommen. Bei sonnigem Wetter wurden über Getreidefeldern in der Wachstumsphase Variationen um ±50 ppm gemessen; bei bedecktem Wetter sanken die Amplituden auf etwa 1/3 dieses Wertes (Junge 1963).

Die jahreszeitliche Variation der atmosphärischen CO_2-Konzentration (s. Abb. 8.1) geht auf ganz ähnliche Ursachen zurück. Mit dem Einsetzen der pflanzlichen Wachstumsphase, d. h. auf der Nordhalbkugel etwa im März, beginnt die CO_2-Konzentration in der Nordhemisphäre abzunehmen und erreicht in der zweiten Jahreshälfte ein Minimum, um dann bis zum darauffolgenden Frühjahr wieder anzusteigen. Die Amplitude dieses Jahresgangs liegt in Bodennähe bei etwa 10 ppm (Abweichung vom Mittelwert nach beiden Seiten); sie nimmt mit der Höhe über dem Boden ab und beträgt in 3000 m Höhe (Mauna Loa, Abb. 8.1, obere Kurve) noch etwa 3 ppm. Auf der Südhalbkugel sind die Verhältnisse etwas verwickelter; es kommt dort zu einer Überlagerung des biologischen Zyklus, der auf der Südhalbkugel wegen der kleineren Landflächen weniger stark ausgeprägt ist als auf der Nordhalbkugel, und des durch Interhemisphärenaustausch von der Nordhalbkugel herantransportierten Materials. Am Südpol tritt das Maximum der CO_2-Konzentration um die Neujahrszeit herum auf, also im südlichen Hochsommer; die mittlere Amplitude liegt dort unter 1 ppm (Abb. 8.1, untere Kurve).

Die sog. vorindustrielle Konzentration des CO_2, d. h. die Konzentration etwa um das Jahr 1800, lag nach Daten aus Gletscherbohrkernen (Neftel et al. 1985) bei etwa

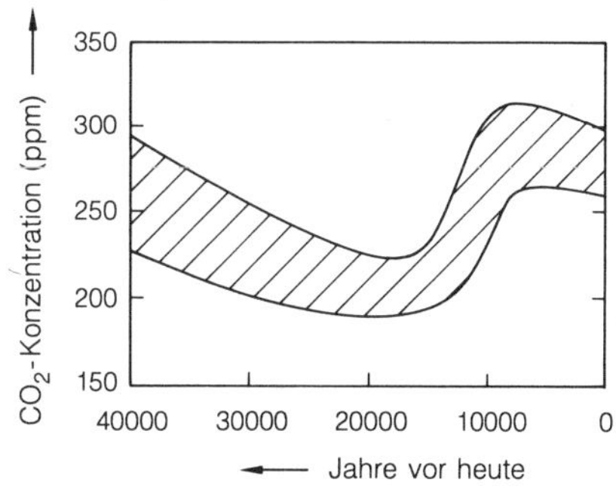

Abb. 8.2. Bandbreite der atmosphärischen CO_2-Konzentration während der letzten 40000 Jahre vor heute; nach Messungen in Inlandeisbohrkernen. (Neftel et al. 1982)

275–280 ppm. Verfolgte man die atmosphärische CO_2-Konzentration weiter zurück (auch dies anhand von Gletschereisdaten aus Grönland und aus der Antarktis, Neftel et al. 1982), so zeigen sich auch erhebliche Variationen des natürlichen CO_2-Pegels in der Atmosphäre. Abbildung 8.2 deutet an, innerhalb welchen Bereichs sich die Konzentration des Kohlendioxids in den letzten 40000 Jahren bewegt hat. Das Minimum vor etwa 18000 Jahren, das sich zeitlich mit dem Höhepunkt der Würm-Kaltzeit (s. Kap. 10) deckt, lag um 1/3 tiefer als der Wert der vorindustriellen Konzentration um das Jahr 1800; vielleicht läßt sich sogar eine leicht erhöhte Konzentration während der letzten Zwischeneiszeit aus der Abbildung herauslesen.

Die positive Korrelation zwischen CO_2-Konzentration und Temperatur wird durch Messungen an einem Eisbohrkern von der russischen Antarktis-Station Vostok noch erhärtet (Barnola et al. 1987; Jouzel et al. 1987). In diesen Arbeiten werden die aus Messungen der stabilen Wasserstoffisotope ermittelten Temperaturschwankungen und die Variationen der CO_2-Konzentrationen über einen Zeitraum von 160000 Jahren einander gegenübergestellt. Die Ursachen für diese Korrelation sind wahrscheinlich in Änderungen der maritimen Zirkulation und in Änderungen des CO_2-Partialdruckes in dem ozeanischen Oberflächenwasser zu suchen, doch sind auch andere Begründungen, zum Beispiel auf biologischer Basis, denkbar (z. B. hängt die Erzeugung von CO_2 durch mikrobiologischen Abbau von organischem Material sehr empfindlich von der Temperatur ab, während umgekehrt die Photosynthese und damit der Verbrauch von CO_2 deutlich weniger temperaturabhängig sind).

In Abb. 8.3 ist der globale Kreislauf des Kohlendioxids bzw. des diesem äquivalenten Kohlenstoffs zwischen Atmosphäre, Biosphäre und Ozean dargestellt. Zwischen diesen drei Reservoiren läuft der Austausch noch „einigermaßen schnell" ab; die typischen Zeitskalen liegen zwischen einem Jahr und etwa 1000 Jahren. Dagegen sind die Bildung und die Auflösung von Sedimenten, die ebenfalls in den Kohlenstoffkreislauf involviert, aber in dieser Darstellung nicht berücksichtigt sind, vergleichsweise langsame Prozesse mit Zeitskalen in der Größenordnung bis zu 100000 Jahren. Die in Abb. 8.3 angegebenen Zahlen schwanken etwas von Autor zu Autor, die Unterschiede fallen aber nicht sehr ins Gewicht.

Die Atmosphäre selbst wird schnell durchmischt; typische Zeiten liegen bei 4 Wochen für die Durchmischung der Troposphäre und bei einem Jahr für die Durchmischung des Systems Stratosphäre und Troposphäre. Im Vergleich dazu

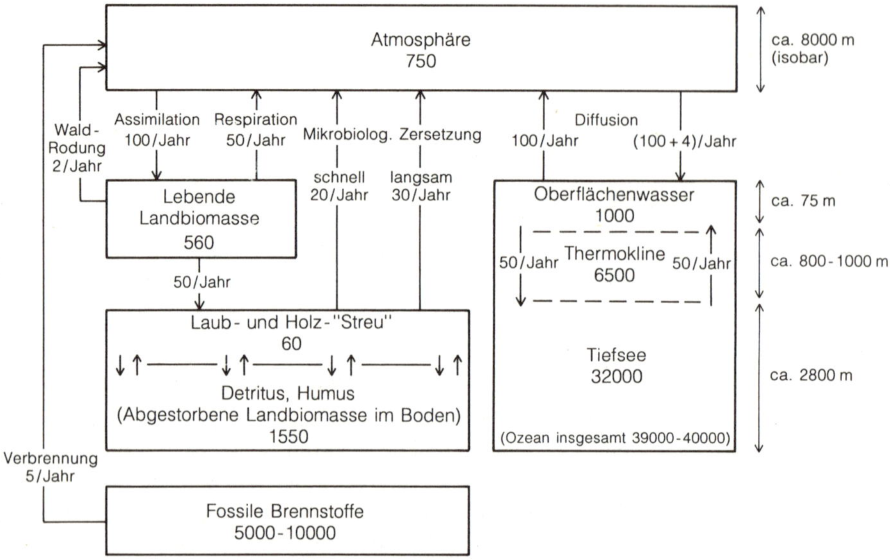

Abb. 8.3. CO_2-Kreislauf zwischen Atmosphäre, Biosphäre und Ozean. *Die Zahlen in den voll umrandeten Kästchen* geben das jeweilige Inventar wieder (Einheit: *Gigatonnen Kohlenstoff*), *die Zahlen an den Pfeilen* die jährlichen Umsätze (*Gigatonnen Kohlenstoff pro Jahr*). Sämtliche Zahlenangaben beziehen sich auf Kohlenstoffäquivalente, die Umrechnung auf CO_2-Äquivalente ergibt sich durch Multiplikation mit 3,66. *Rechts* sind Angaben über die Mächtigkeit der Schichten der Reservoire Atmosphäre und Ozean eingezeichnet

sind die Zeitkonstanten für den Austausch zwischen der Atmosphäre und den beiden anderen Reservoiren meist größer; die typischen Zeitkonstanten ergeben sich als Quotienten aus den Inhalten und den jeweiligen Flüssen, mit der Notwendigkeit, diese Aussage bei dem Austausch zwischen Biosphäre und Atmosphäre etwas zu relativieren.

Wie in dem linken Teil der Abb. 8.3 zu erkennen ist, wird der Atmosphäre pro Jahr rund 1/8 bis 1/7 ihres Kohlenstoffinventars durch die pflanzliche Assimilation des CO_2 zu Kohlenhydraten entzogen; dies bedeutet formal eine partielle Verweilzeit des CO_2 in der Atmosphäre von 7 bis 8 Jahren (oder, wenn man größere Unsicherheiten in der Abschätzung in Rechnung stellen will, auch von 5 bis 10 Jahren). Die gleiche Menge Kohlenstoff fließt wieder aus der Biosphäre in die Atmosphäre zurück, allerdings in komplexer zeitlicher Unterteilung. Ein Teil geht durch Respiration relativ schnell in die Atmosphäre. Auch die mikrobiologische Zersetzung der oberflächlich abgelagerten Laubstreu trägt teilweise zu der schnellen Abgabe des biogenen Kohlendioxids an die Atmosphäre bei. Dem stehen vergleichsweise sehr viel langsamere Pfade gegenüber, die durch die mikrobiologische Zersetzung resistenter Teile der abgestorbenen Biomasse bestimmt wird. Die Abgabe des Kohlendioxids aus der Landbiomasse läßt sich also nicht mit einer einheitlichen Zeitkonstanten beschreiben, oder anders ausgedrückt, die Biosphäre ist kein einheitliches, gut durchmischtes Reservoir. Für die Freisetzung von CO_2 aus abgestorbenem organischem Material auf und in dem Erdboden haben Dörr u.

Münnich (1986) ein Modell entwickelt, das mit zwei Zeitkonstanten arbeitet; in Anlehnung an dieses Modell ist die Aufteilung in einen schnellen und in einen langsamen Pfad in Abb. 8.3 vorgenommen, allerdings mit einer Unsicherheit von mindestens ± 5 Gt/Jahr bei den relativen Anteilen der beiden Zweige. Die Aufteilung auf Oberflächen- und auf Bodenmaterial geht auf eine Arbeit von Ajatay et al. (1979) zurück.

Im rechten Teil von Abb. 8.3 ist modellhaft die Unterteilung des Ozeans in eine gut durchmischte warme Deckschicht, in die Thermokline als Zwischenschicht und schließlich in das kalte Tiefenwasser dargestellt. Das warme Oberflächenwasser wird durch winderzeugte Turbulenzen in Zeiten von der Größenordnung einer Woche durchmischt. Die sich daran zur Tiefe hin anschließende Thermokline war schon im Absch. 4.3 bei der Diskussion des ENSO-Phänomens erwähnt worden. Im Gegensatz zu der dort benutzten Modellvorstellung einer scharfen Temperatursprungschicht ist der Übergang von dem warmen Oberflächen- zu dem kalten Tiefenwasser in der Realität eher stetig, was sich in der angegebenen Mächtigkeit der Thermokline äußert. Auch diese Schicht ist keine absolute Sperrschicht, sie wird sehr langsam, in Zeiten von der Größenordnung von Jahren, durch die jahreszeitlich bedingte Konvektion durchmischt. Dieses einfache Dreischichtmodell des Ozeans entspricht allerdings insofern nicht ganz der Realität, als es nur für die wärmeren Teile der Weltmeere gültig ist. In hohen arktischen und antarktischen Breiten kann aus niedrigeren Breiten kommendes, sehr salzhaltiges Oberflächenwasser bei der Abkühlung durch den Kontakt mit der kalten Luft so schwer werden, daß es in die Tiefe absinkt und dort wieder in niedrigere Breiten zurückströmt; die globalen Absinkraten liegen bei etwa 1 bis $2 \cdot 10^6\,km^3$/Jahr. Durch diesen Mechanismus wird das ozeanische Tiefenwasser in Zeiten von mehreren hundert Jahren (ca. 400 Jahre im Atlantik, ca. 1000 Jahre im Pazifik) gegen Oberflächenwasser ausgetauscht (oder, wie man häufig dafür sagt, „erneuert“).

Der diffusive Austausch zwischen der Atmosphäre und dem Oberflächenwasser selbst läuft mit einer global gemittelten Rate von ca. 19 ± 2 Mol/($m^2 \cdot$ Jahr) oder rund 840 g CO_2/($m^2 \cdot$ Jahr) ab (mit einem leichten Überschuß in der Richtung von der Atmosphäre in den Ozean, bedingt durch den ansteigenden atmosphärischen CO_2-Pegel). Im Mittel wird hierdurch das atmosphärische Kohlendioxid in rund 7 bis 8 Jahren einmal gegen maritimes Kohlendioxid ausgetauscht (vielleicht ist auch hier die mögliche Bandbreite etwas größer, die Größenordnung ist aber sicher richtig); die Relevanz dieses Austauschs war schon zu Beginn dieses Kapitels, bei der Besprechung der Tabelle 8.1 angesprochen worden.

Der langsame Transport von CO_2 in die Tiefe durch Austausch und Zirkulation wird noch durch den Transport von Karbonat und organischem Kohlenstoff durch Mikrolebewesen ergänzt, die in den oberen Schichten des Ozeans leben und nach ihrem Tod als Partikel in die Tiefe absinken. Über dieses sog. „biological pumping“ ist wenig bekannt; der Überschuß an CO_2 im Tiefenwasser gegenüber dem Oberflächenwasser kann aber dahingehend interpretiert werden, daß der Transport durch diesen biologischen By-Pass etwa 10 bis 15% des Transports durch Austausch und Zirkulation ausmacht.

8.2.2 Der säkulare CO_2-Anstieg

Wie schon erwähnt, lag der CO_2-Pegel gegen Ende des vorigen Jahrhunderts bei etwa 280 ppm; seitdem hat er im Mittel um etwa 0,7 ppm/Jahr zugenommen. Der gegenwärtige Anstieg macht etwa 1,7 bis 1,8 ppm/Jahr aus. Ein Anstieg um 1 ppm entspräche rechnerisch einem Emissionsäquivalent von $7{,}9 \cdot 10^9$ t CO_2, falls das gesamte in die Atmosphäre injizierte Kohlendioxid dort verbliebe. Tatsächlich verbleibt aber nur ein gewisser Bruchteil des Kohlendioxids, das durch den Verbrauch fossiler Brennstoffe und eventuell durch Abbau rezenter Biomasse freigesetzt wird, in der Atmosphäre, der andere Teil wird von den Ozeanen aufgenommen. Es ist klar, daß es für den CO_2-Haushalt und für das Problem des weiteren CO_2-Anstiegs von entscheidender Bedeutung ist, wie groß der von dem Meer aufgenommene Anteil wirklich ist.

Im langjährigen Mittel wurden durch die Nutzung fossiler Brennstoffe ca. $10 \cdot 10^9$ t CO_2/Jahr in die Atmosphäre injiziert; die gegenwärtige Rate liegt etwa bei dem doppelten Wert. Der zeitliche Verlauf der Emissionen ist in Abb. 8.4 skizziert. Der oben genannte langjährige mittlere Anstieg der atmosphärischen Konzentration um 0,7 ppm/Jahr entspricht einer Emissionsrate von $5{,}5 \cdot 10^9$ t CO_2/Jahr. Wäre die Verbrennung fossilen Kohlenstoffs die einzige derzeitige CO_2-Quelle, ließe man also die Emissionen aus der Zerstörung rezenter Biomasse unberücksichtigt, so würden diese Zahlen aussagen, daß etwa 55% des emittierten CO_2 in der Atmosphäre verblieben und etwa 45% von den Weltmeeren aufgenommen worden wären. Diese Zahlen stünden in guter Übereinstimmung mit den derzeitigen Modellen zur Beschreibung der CO_2-Aufnahme durch das Meer (Oeschger et al. 1975; Siegenthaler 1983; Peng 1984).

Andererseits existiert eine Reihe von Abschätzungen und Überlegungen, aus denen hervorgeht, daß die Landbiosphäre netto als CO_2-Quelle anzusehen ist. Die extremsten Zahlen wurden von Woodwell et al. (1978) angegeben, nach denen eine Nettoproduktion von CO_2 aus rezenter Biomasse zwischen $15 \cdot 10^9$ und $30 \cdot 10^9$ t pro Jahr als wahrscheinlich anzusehen sei; das wäre mehr als die Freisetzung aus fossilen Brennstoffen. Eine sehr zurückhaltende Abschätzung mit etwa $3{,}5 \cdot 10^9$ t pro Jahr geht auf Bolin (1977) zurück. Neuere Zahlen (Houghton et al. 1987, 1988) liegen bei etwa $4 \cdot 10^9$ bis $9{,}5 \cdot 10^9$ t CO_2 bzw. $1 \cdot 10^9$ bis $2{,}5 \cdot 10^9$ t C/Jahr, bei Raten also, die zwar etwas unter den Emissionsraten für fossilen Kohlenstoff, aber doch in

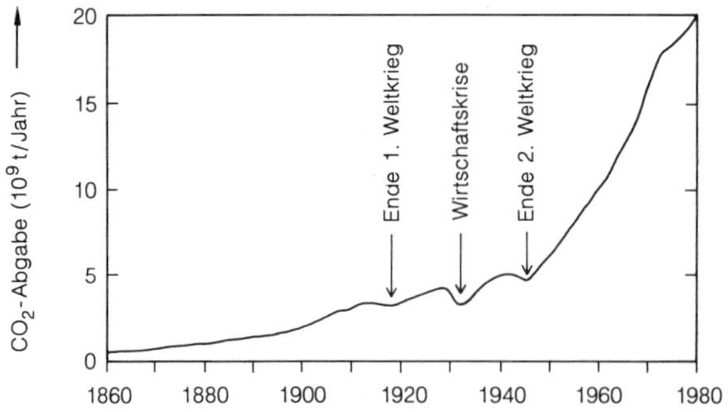

Abb. 8.4. CO_2-Emission durch Verbrennung fossiler Brennstoffe zwischen 1860 und 1980. (Nach Daten von Rotty u. Marland 1986) Die Umrechnung auf die Emission von Kohlenstoff ergibt sich durch Multiplikation mit dem Faktor 0,273

der gleichen Größenordnung liegen. Falls diese Zahlen zutreffen, oder falls überhaupt die Landbiosphäre als bedeutsame Nettoquelle für Kohlendioxid in Frage kommt, so müßten die Ozeane merklich mehr als die oben genannten, mit den Modellrechnungen in Einklang stehenden 45% der Emissionen aufnehmen, um die gemessenen atmosphärischen Konzentrationen herstellen zu können.

Diese Diskrepanzen lassen sich zur Zeit nicht überzeugend aufklären; es ist fraglich, ob sie sich jemals ganz aufklären lassen, da eine wirklich vollständige Bilanz des Beitrags der Biosphäre selbst bei sorgfältigstem Vorgehen extrem schwierig aufzustellen ist. Schon die Bruttoproduktion von Kohlendioxid durch Rodungen, natürliche und künstliche Waldbrände, Steppenbrände und dgl. ist kaum abzuschätzen. Den genannten CO_2-Quellen bei der Vernichtung biologischer Substanz stehen aber auch mögliche CO_2-Senken gegenüber. Das sind einmal die Wiederaufforstung nach langen Zeiten des Raubbaus in den gemäßigten Breiten und der Wiederbewuchs in zuvor gerodeten tropischen Ländern, das sind zum anderen aber auch mögliche Reaktionen der photosynthetisierenden, Kohlendioxid verbrauchenden Pflanzen auf das erhöhte CO_2-Angebot aus der Atmosphäre. Der Beitrag der erstgenannten Senken ist auf die Dauer wohl zu klein, um den CO_2-Pegel in der Atmosphäre signifikant zu beeinflussen. Der Beitrag der zweiten Senke, einer möglicherweise erhöhten Photosyntheserate, ist sehr schwer abzuschätzen. Für eine Diskussion der Interdependenz von CO_2-Konzentration, Feuchtigkeits- und Nährstoffangebot und Photosyntheseraten sei z. B. auf Lemon (1977), Hampicke (1980) oder Van Keulen et al. (1980) verwiesen. Wir wollen hier nur zur Illustration der Problematik auf einige Einzelheiten hinweisen.

Schon bei optimalen Nahrungs-, Feuchtigkeits- und Einstrahlungsbedingungen, wie sie in Laboratorien oder Treibhäusern gegeben sind, zeigen Pflanzen sehr unterschiedliche Reaktionen auf erhöhte CO_2-Angebote; Abbildung 8.5 zeigt dafür zwei typische Beispiele (nach Van Keulen et al. 1980 und weiteren dort zitierten Arbeiten): Mais und Sonnenblumen. Bei Mais reagieren die Regelkreise, die die Stomata (Blattöffnungen) und damit den Gasaustausch mit der Umgebung steuern, auf CO_2 und halten den internen CO_2-Pegel annähernd konstant, während bei Sonnenblumenblättern diese Regelmechanismen primär nicht auf CO_2 reagieren.

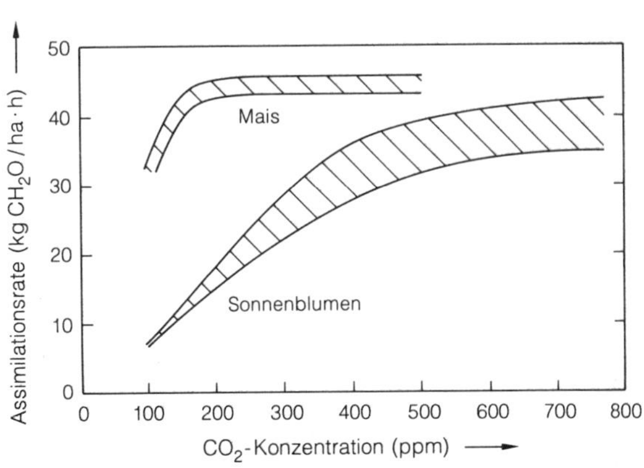

Abb. 8.5. Photosyntheseraten (Bildung von Kohlehydraten pro Zeiteinheit und pro Einheit bebauter Fläche) als Funktion der CO_2-Konzentration in der Luft, unter Laborbedingungen

Definiert man einen Biota-Faktor ε mit

$$\varepsilon = \frac{\text{Prozentuale Zunahme der Photosyntheserate}}{\text{Prozentuale Zunahme der } CO_2\text{-Konzentration}},$$

so ist im Fall des Mais $\varepsilon \approx 0$, im Fall der Sonnenblumen $\varepsilon \approx 0{,}7$ bis 1, beides beim heutigen CO_2-Pegel und unter optimalen Bedingungen. Global gesehen kann aber sicher nicht von einem Überflußangebot von Wasser, Nährstoffen und Strahlung ausgegangen werden; in der Praxis wird an vielen Standorten die Beschränktheit dieser Faktoren eine starke positive Reaktion der Photosyntheseraten auf ein erhöhtes Angebot von Kohlendioxid unmöglich machen, selbst wenn von der pflanzenphysiologischen Seite her die Bereitschaft dazu da wäre. Biota-Faktoren bis zu $\varepsilon \approx 0{,}4$, wie sie in der Literatur bisweilen zu finden sind, erscheinen deshalb schon beim heutigen CO_2-Niveau unwahrscheinlich und werden mit zunehmender CO_2-Konzentration noch unwahrscheinlicher; sie können aber nicht völlig ausgeschlossen werden.

8.2.3 Kohlendioxid im Ozean

Wir hatten in Absch. 8.2.1 gesehen, daß der Ozean das größte Reservoir für Kohlendioxid ist, von den Karbonatsedimenten einmal abgesehen. Seine Speicherfähigkeit ist - im Vergleich mit der Speicherfähigkeit der Atmosphäre - um rund zwei Größenordnungen größer als es dem Volumenverhältnis von Atmosphäre und Ozean entspricht. Die Reaktion des Ozeanwasser auf eine Änderung des atmosphärischen CO_2-Pegels bestimmt die Aufteilung von neu in die Atmosphäre injiziertem Kohlendioxid auf Atmosphäre und Ozean und kontrolliert damit den effektiven Anstieg der atmosphärischen CO_2-Konzentration. Dies sind die Gründe, sich etwas eingehender mit dem Verhalten des Kohlendioxids und seiner Dissoziationsprodukte im Ozean zu beschäftigen.

Die Reaktion des Meeres auf eine Änderung des CO_2-Partialdruckes in der Atmosphäre wird bestimmt

- durch die Chemie des Kohlendioxids im Ozeanwasser und
- durch die Verteilung des CO_2 in den Ozeanen, d. h. durch innerozeanische Transport- und Austauschprozesse.

Der Gehalt an Kohlenstoff von Wasser, das mit einer CO_2-haltigen Atmosphäre im Gleichgewicht steht, ist durch das Lösungsgleichgewicht des Gases zwischen Wasser und Luft und durch die Dissoziationsgleichgewichte der Kohlensäure festgelegt. Das Lösungsgleichgewicht können wir in der Form

$$[CO_2]_{\text{Wasser}} = \alpha \cdot [CO_2]_{\text{Luft}} \tag{8.1}$$

oder

$$[CO_2]_{\text{Wasser}} = k_0 \cdot p_{CO_2} \tag{8.2}$$

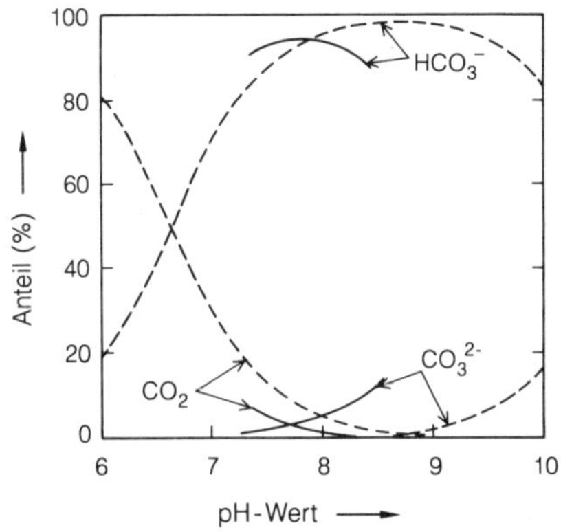

Abb. 8.6. Relative Anteile von physikalisch gelöstem CO_2, HCO_3^- und CO_3^{--} an dem insgesamt vom Wasser aufgenommenen Kohlendioxid, in Abhängigkeit vom p_H-Wert des Wassers. *Durchgezogen:* Meerwasser, *gestrichelt:* Süßwasser. (Nach Riley und Chester 1971)

schreiben, mit

$$k_0 = \frac{\alpha}{R \cdot T}. \tag{8.3}$$

Hierbei steht das Symbol [ ] für die jeweilige Konzentration, gerechnet als Zahl der Mole pro Volumeneinheit, p_{CO_2} ist der Partialdruck des CO_2 in der Luft. α ist die Ostwaldsche Löslichkeit (s. Kap. 5). Für Meerwasser mit 35‰ Salzgehalt sind die Zahlenwerte $\alpha = 0{,}86$ und $k_0 = 0{,}038$ Mol/l·bar bei 0° C bzw. $\alpha = 0{,}55$ und $k_0 = 0{,}023$ Mol/l·bar bei 15° C (vgl. auch Tabelle 5.4).

Das physikalisch gelöste CO_2 bzw. dessen Hydrat, die Kohlensäure H_2CO_3, dissoziiert weiter gemäß

$$CO_2 + H_2O \rightleftharpoons HCO_3^- + H^+ \rightleftharpoons CO_3^{--} + 2\,H^+. \tag{8.4}$$

Diese drei Formen stehen miteinander im Gleichgewicht, die Gleichgewichtskonstanten sind

$$k_1 = \frac{[HCO_3^-] \cdot [H^+]}{[CO_2]_{Wasser}} \tag{8.5}$$

$$k_2 = \frac{[CO_3^{--}] \cdot [H^+]}{[HCO_3^{--}]}, \tag{8.6}$$

wobei mit CO_2 die Summe aus physikalisch gelöstem CO_2 und undissozierter Kohlensäure gemeint ist. Die Zahlenwerte für diese Konstanten – wieder für 35‰ Salzgehalt des Meerwassers – sind $k_1 = 7{,}24 \cdot 10^{-4}$ Mol/l und $k_2 = 4{,}17 \cdot 10^{-10}$ Mol/l bei 0° C bzw. $k_1 = 9{,}12 \cdot 10^{-4}$ Mol/l und $k_2 = 6{,}17 \cdot 10^{-10}$ Mol/l bei 15° C. Das H^+-Ion liegt in Wasser an sich nicht als Proton, sondern als Protonenhydrat, H_3O^+, vor; der besseren Übersichtlichkeit wegen bleiben wir dennoch bei der konventionellen Schreibweise H^+.

Zunehmende Azidität verschiebt die Gleichgewichte nach links, zunehmende Alkalität nach rechts. Abbildung 8.6 zeigt die relativen Anteile der drei Spezies, CO_2, HCO_3^- und CO_3^{--}, als Funktion des p_H-Wertes. Der p_H-Wert von Meerwasser liegt in der Gegend von 7,9 bis 8,2. Bei diesem p_H-Wert stellt Hydrogenkarbonat mit fast 90% den Hauptanteil des anorganischen Kohlenstoffs, Karbonat ist mit etwa

11% vertreten, während das physikalisch gelöste CO_2 inclusive H_2CO_3 nur rund 0,6%, d. h. rund 1/160, ausmacht. In Zahlen ausgedrückt liegen in Ozeanwasser ungefähr folgende Konzentrationen vor (als CO_2-Äquivalente gerechnet):

$CO_2(+H_2CO_3)$	13 mMol/m³	bzw.	0,57 g/m³
HCO_3^-	1890 mMol/m³	bzw.	83,3 g/m³
CO_3^{--}	234 mMol/m³	bzw.	10,3 g/m³.

Die entsprechenden Zahlen für die Atmosphäre bei 0° C sind etwa 15,5 mMol/m³ bzw. 0,68 g/m³.

Wir wollen jetzt diskutieren, wie sich das Gleichgewicht zwischen Kohlendioxid in der Luft und den im Wasser gelösten Spezies, bzw. der Summe aus im Wasser gelöstem CO_2 und seinen Dissoziationsprodukten ändert, wenn der atmosphärische CO_2-Pegel ansteigt, d. h. wir suchen einen funktionalen Zusammenhang zwischen der Summe des im Wasser gelösten CO_2 und dem CO_2-Partialdruck in der Atmosphäre.

Oben hatten wir die drei Gleichgewichte

$$k_0 = \frac{[CO_2]_{\text{Wasser}}}{p_{CO_2}} \tag{8.7}$$

$$k_1 = \frac{[HCO_3^-]\cdot[H^+]}{[CO_2]_{\text{Wasser}}} \tag{8.8}$$

$$k_2 = \frac{[CO_3^{--}]\cdot[H^+]}{[HCO_3^-]} \tag{8.9}$$

angegeben. Nehmen wir noch die Definitionsgleichung

$$\sum CO_2 = [CO_2]_{\text{Wasser}} + [HCO_3^-] + [CO_3^{--}] \tag{8.10}$$

(gesprochen als „Summe CO_2") hinzu, so können wir $[CO_2]_{\text{Wasser}}$, $[HCO_3^-]$ und $[CO_3^{--}]$ eliminieren und erhalten

$$\sum CO_2 = p_{CO_2}\cdot\left(k_0 + \frac{k_0\cdot k_1}{[H^+]} + \frac{k_0\cdot k_1\cdot k_2}{[H^+]^2}\right) \tag{8.11}$$

als erste Darstellung des gesuchten Zusammenhanges zwischen dem CO_2-Gehalt des Meerwassers und dem CO_2-Partialdruck in der Atmosphäre. Diese Beziehung zeigt schon qualitativ, daß mit wachsender CO_2-Zufuhr und damit wachsender H^+-Konzentration die relative Speicherfähigkeit der Ozeane abnehmen muß.

Um die Änderung von $\sum CO_2$ bei einer Änderung von p_{CO_2} quantitativ in den Griff zu bekommen, d. h. um in der gerade aufgestellten Formel die H-Ionenkonzentration explizit zu berechnen, müssen alle Ionenarten in Rechnung gestellt werden, deren Konzentration sich bei einer Änderung des p_H-Wertes des Ozeanwassers ebenfalls ändert. Neben den Dissoziationsstufen der Kohlensäure selbst sind dies natürlich die H^+- und OH^--Ionen und weiterhin die im Meerwasser enthaltene Borsäure und deren Dissoziationsprodukte, deren Dissoziationsgrad gerade im Bereich um $p_H \approx 8$ empfindlich vom p_H-Wert abhängt (in Wasser dissoziiert Borsäure gemäß $H_3BO_3 + H_2O \rightleftharpoons B(OH)_4^- + H^+$, das Borat-Ion $H_2BO_3^-$ liegt in

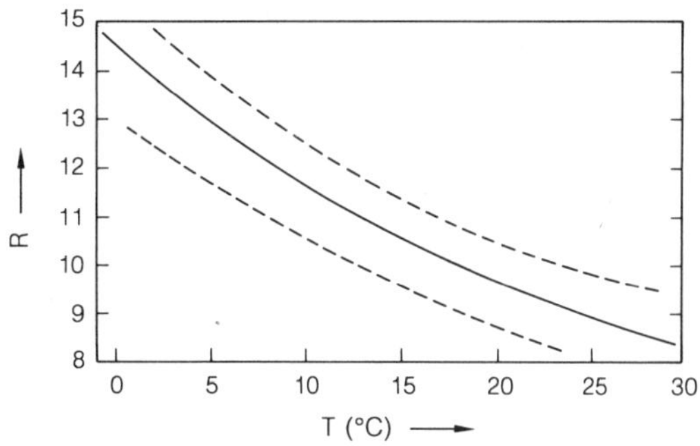

Abb. 8.7. Puffer- oder Revelle-Faktor als Funktion der Wassertemperatur. (Nach Takahashi 1979) *Durchgezogene Kurve:* Werte für R bei Gleichgewicht zwischen den CO_2-Partialdrücken in Luft und Wasser. *Gestrichelte Kurven:* Variationsbereich durch Abweichungen vom Gleichgewicht dieser Partialdrücke (s. weiter unten und Abb. 8.9)

hydratisierter Form vor; s. hierzu Riley u. Chester 1971). Mit diesen Ionen gilt das Ionengleichgewicht

$$[H^+] = [HCO_3^-] + 2[CO_3^{--}] + [B(OH)_4^-] + [OH^-], \tag{8.12}$$

wobei alle Ionen, deren Konzentration bei einer Änderung des p_H-Wertes im fraglichen Bereich invariant bleibt, nicht berücksichtigt sind.

Zu den drei oben angeschriebenen Gleichgewichten mit den Konstanten k_0, k_1 und k_2 (s. Gl. 8.7–8.9) kommen jetzt noch die Gleichgewichte

$$k_4 = \frac{[B(OH)_4^-] \cdot [H^+]}{[H_3BO_3]} \tag{8.13}$$

$$k_5 = [OH^-] \cdot [H^+] \tag{8.14}$$

(mit $k_4 = 3{,}16 \cdot 10^{-10}$ Mol/l bei 0 °C bzw. $= 4{,}68 \cdot 10^{-10}$ Mol/l bei 15 °C und $k_5 = 0{,}114 \cdot 10^{-14}$ Mol^2/l^2 bei 0 °C bzw. $= 0{,}45 \cdot 10^{-14}$ Mol^2/l^2 bei 15 °C). Damit sind genügend Bestimmungsgleichungen vorhanden, um die H-Ionenkonzentration und damit $\sum CO_2$ als Funktion von p_{CO_2} oder umgekehrt zu berechnen. Für Abschätzungen und Prognosen über das Verhalten des Ozeans bei einem weiteren Ansteigen der Kohlendioxidkonzentration ist es sinnvoller, statt p_{CO_2} als Funktion von $\sum CO_2$ die Ableitung $dp_{CO_2}/d\sum CO_2$ oder noch besser die Größe

$$R = \frac{dp_{CO_2}}{p_{CO_2}} \Bigg/ \frac{d\sum CO_2}{\sum CO_2} = d(\ln p_{CO_2})/d(\ln \sum CO_2) \tag{8.15}$$

zu betrachten. Diese Größe R wird üblicherweisen Puffer- oder „Revelle"-Faktor genannt (für davon abweichende Definitionen des Pufferfaktors s. z. B. Wagener 1979). Anschaulich bedeutet dieser Faktor, daß für eine Steigerung des im Wasser physikalisch und chemisch gespeicherten Kohlendioxids um 1% die atmosphärische Konzentration um R % zunehmen muß. Abbildung 8.7 zeigt den derzeitigen Pufferfaktor R als Funktion der Wassertemperatur; im globalen Mittel liegt R gegenwärtig bei etwa 10.

Bei weiterer Zufuhr von CO_2 in das Meerwasser steigt der Pufferfaktor R an, d. h. die Pufferfähigkeit des Ozeans wird mit steigendem CO_2-Gehalt immer schlechter. Abbildung 8.8 illustriert diesen Sachverhalt. Sie zeigt den Zusammenhang zwischen den atmosphärischen CO_2-Partialdrücken p, bezogen auf den derzeitigen Partialdruck p_0, und den Summen des maritimen Kohlendioxids $\sum CO_2$, ebenfalls bezogen

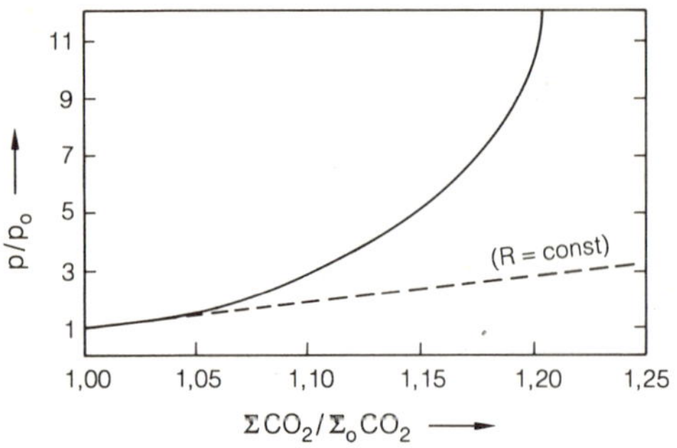

Abb. 8.8. CO_2-Partialdruck p, bezogen auf den gegenwärtigen CO_2-Partialdruck p_0, als Funktion der im Ozean gespeicherten Gesamt-CO_2-Menge $\sum CO_2$, bezogen auf die gegenwärtige Menge $\sum_0 CO_2$, bei 24° C Wassertemperatur

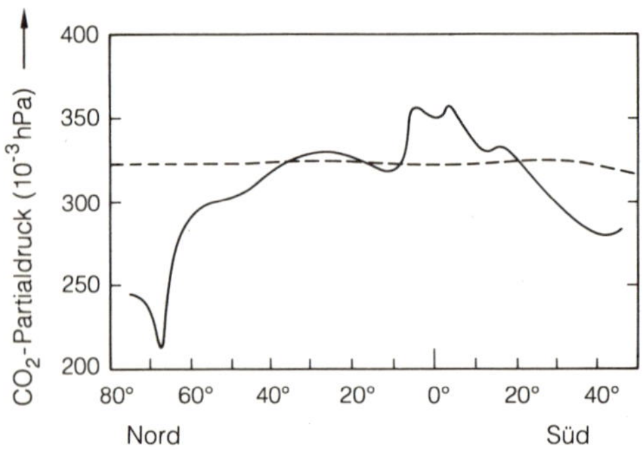

Abb. 8.9. CO_2-Partialdruck im Oberflächenwasser als Funktion der geographischen Breite (Atlantik, westliches Becken, Spätjahr 1972). (Nach Takahashi 1979) *Die gestrichelte Kurve* gibt den zugehörigen atmosphärischen Partialdruck wieder

auf die gegenwärtige Summe $\sum_0 CO_2$. Die gestrichelte Linie zeigt den hypothetischen Anstiegs des Druckes, der sich einstellen würde, wenn die durch R charakterisierte Pufferfähigkeit der Ozeane konstant bliebe.

Wie schon in der Legende zu Abb. 8.7 angedeutet, stehen die Partialdrücke in der Luft und im Wasser nicht immer im Gleichgewicht, teils wegen der endlichen Austauschrate (nach Takahashi 1979 liegen die typischen Zeitkonstanten für die Einstellung des Gleichgewichtes bei etwa 1 bis 2 Jahren), teilweise wegen temperaturbedingter Abweichungen: Pauschal gesprochen ist das Meerwasser in den Tropen hinsichtlich CO_2 eher über- und in den hohen Breiten eher untersättigt. Abbildung 8.9 zeigt exemplarisch einen Meridionalschnitt durch den CO_2-Partialdruck des Oberflächenwassers; die Kurve gibt natürlich nur die Werte am Ort und zur Zeit der Messung wieder und gilt nicht allgemein, sie illustriert aber gut den typischen Verlauf (nach Broecker et al. 1980 wurden an der tropischen Pazifikoberfläche in Bereichen mit aufsteigendem Tiefenwasser Werte bis 420 ppm gemessen).

Wir wollen jetzt abschätzen, in welchem Rahmen sich derjenige Anteil des zusätzlich in die Atmosphäre injizierten Kohlendioxids bewegt, der vom Ozean aufgenommen werden kann (dieser Anteil sei mit x bezeichnet), bzw. der Anteil $(1-x)$, der in der Atmosphäre verbleibt. Wenn mit $\Delta CO_2(\text{total})$ die gesamte in die Atmosphäre injizierte Kohlendioxidmenge bezeichnet wird, und analog $\Delta CO_2(\text{Atmosphäre})$ und $\Delta CO_2(\text{Ozean})$ die in der Atmosphäre verbleibenden bzw. die vom Ozean aufgenommenen zusätzlichen CO_2-Mengen sind, dann ist

$$x = \frac{\Delta CO_2(\text{Ozean})}{\Delta CO_2(\text{total})} = \frac{\Delta CO_2(\text{Ozean})}{\Delta CO_2(\text{Atmosphäre}) + \Delta CO_2(\text{Ozean})}. \quad (8.16)$$

Die aufgenommenen Mengen ΔCO_2 verhalten sich zueinander wie die Größen der beteiligten Reservoire (die mit [Res] bezeichnet werden sollen), wobei das atmosphärische Reservoir mit dem Revell-Faktor R zu gewichten ist, da relativ zum jeweiligen Bestand R mal soviel CO_2 in die Atmosphäre geht wie ins Meer. Wir erhalten

$$x = \frac{[\mathrm{Res}]_{\mathrm{Ozean}}}{R \cdot [\mathrm{Res}]_{\mathrm{Atmosphäre}} + [\mathrm{Res}]_{\mathrm{Ozean}}} . \tag{8.17}$$

Setzen wir $R = 10$, $[\mathrm{Res}]_{\mathrm{Atmosphäre}} = 750 \cdot 10^9\,\mathrm{t\,C}$ und nehmen für den Ozean zunächst einmal das maximal mögliche $[\mathrm{Res}]_{\mathrm{Ozean}} = 39\,500 \cdot 10^9\,\mathrm{t\,C}$ an, gehen also davon aus, daß der ganze Ozean gleichmäßig an der CO_2-Aufnahme beteiligt sei, so erhalten wir als maximal möglichen Anteil, der von den Meeren aufgenommen wird, $x = 0{,}84$. Der Ozean als Ganzes (allerdings ohne Berücksichtigung der Wechselwirkung mit den Sedimenten) könnte also im Gleichgewicht 84% des in die Atmosphäre injizierten Kohlendioxids aufnehmen, wenn er völlig durchmischt wäre; 16% blieben in jedem Falle in der Atmosphäre. Wegen des langsamen Austauschs zwischen Oberflächen- und Tiefenwasser bleibt aber die tatsächliche Aufnahmefähigkeit der Weltmeere weit hinter diesen 84% zurück, und es ist das Anliegen aller Austauschmodelle, den tatsächlichen Prozentsatz bestmöglich zu beschreiben.

Ein sehr bekanntes und weithin akzeptiertes Modell zur Beschreibung der Aufnahme von Kohlendioxid durch das Meer geht auf Oeschger zurück (Oeschger et al. 1975; Siegenthaler u. Oeschger 1978). Dieses Modell besticht durch einen sehr einfachen Aufbau: Es geht von einer gut durchmischten Oberflächenwasserschicht (s. Abb. 8.4) und einem langsamen diffusiven Transport aus dieser Schicht in die Thermokline und in das Tiefenwasser hinein aus; später hat Siegenthaler (1983) noch den direkten Kontakt zwischen der Atmosphäre und dem sich neu bildenden Tiefenwasser in hohen Breiten berücksichtigt.

Das Modell ergibt, daß etwa 45% (ohne Berücksichtigung der Tiefenwasserneubildung) bis 48% (mit Berücksichtigung der Tiefenwasserneubildung) des seit dem letzten Jahrhundert in die Atmosphäre injizierten Kohlendioxids vom Ozean aufgenommen worden sind. Nach diesem Modellergebnis entspräche der bisherige Anstieg des atmosphärischen CO_2-Pegels ziemlich genau dem Verbrauch fossiler Brennstoffe; ein signifikanter Nettoabbau von rezenter Biomasse ist damit nicht verträglich. Dies gilt weithin als starke Stütze für die Annahme, daß die Biosphäre netto keine CO_2-Quelle darstellt, einen schlüssigen Beweis sollte man darin aber noch nicht sehen. Es sei übrigens darauf hingewiesen, daß sich die Ergebnisse weit differenzierterer, der tatsächlichen Struktur des Ozeans besser gerecht werdender, aber auch viel schwieriger zu handhabender Modelle nicht allzusehr von denen des Oeschger-Siegenthaler-Modells unterscheiden (eine gute Übersicht hat Peng 1984 geschrieben), so daß dieses – die erwähnte Unsicherheit über den Beitrag der heutigen Biosphäre einmal unberücksichtigt gelassen – als gutes und relativ einfaches Arbeitsmodell gelten kann.

8.2.4 Einfluß ozeanischer Karbonatsedimente

Bisher haben wir nur die Wechselwirkung zwischen Atmosphäre und Ozean und den innerozeanischen Transport in Rechnung gestellt; die Wechselwirkung des Meerwassers mit den maritimen Kalziumkarbonatsedimenten war außer Betracht geblieben. Tatsächlich liegen die Zeiten, innerhalb der die Auflösung ozeanischer Sedimente durch das aus der Atmosphäre kommende Überschuß-CO_2 und der damit verbundene Verbrauch an Kohlendioxid wirksam werden können, in der Größenordnung vieler tausend Jahre. Die unmittelbaren Umweltprobleme lösen sich auf diese Weise also nicht. Auf lange Sicht wird aber die Pufferkapazität der Weltmeere durch die Auflösung der Sedimente ganz entscheidend erhöht. Wir wollen deshalb die Rolle der Karbonatsedimente an dieser Stelle kurz diskutieren, ohne allerdings auf ozeanographische oder geologische Details einzugehen.

Die Pufferfähigkeit des Systems von Ozeanwasser und Sedimenten beruht auf dem Gleichgewicht zwischen schwerlöslichem Kalziumkarbonat und Kohlendioxid bzw. Kohlensäure einerseits und leichtlöslichem Hydrogenkarbonat andererseits:

$$CaCO_3 + CO_2 + H_2O \rightleftharpoons Ca^{++} + 2\,HCO_3^- . \qquad (8.18)$$

Wegen des chemischen Massenwirkungsgesetzes bedeutet diese Beziehung, daß bei einer Erhöhung des CO_2-Angebotes Karbonat in Lösung geht, unter Erhöhung der Hydrogenkarbonatkonzentration und unter Verbrauch von CO_2. Damit wird die Erhöhung des CO_2-Partialdruckes abgepuffert, solange ungelöstes Karbonat zur Verfügung steht. Da in den Karbonatsedimenten um etwa drei Größenordnungen mehr Kohlendioxid abgelagert ist als im Ozean gespeichert wird, können die Weltmeere – den Zeitfaktor einmal ausgeklammert – praktisch den ganzen CO_2-Überschuß aufnehmen und werden dies im Laufe vieler Jahrtausende wohl auch tun.

Die sehr langsame Antwort des Systems aus Ozean und Sedimenten auf einen CO_2-Anstieg hat zwei Gründe:

- Die Einstellung des oben angeschriebenen Lösungsgleichgewichtes ist ein sehr langsamer Vorgang, nicht zuletzt wegen des sehr langsamen Austauschs oder Transports in den Sedimenten selbst;
- der Transport von fossilem CO_2 bis in die Tiefen, in denen eine Auflösung möglich ist, geht nur langsam vonstatten, auch unter Berücksichtigung des im vorhergehenden Abschnitt erwähnten „biological pumping".

Den zuletzt angesprochenen Sachverhalt, nämlich daß die Auflösung von Karbonaten durch überschüssige Kohlensäure erst in größeren Tiefen möglich ist, wollen wir noch kurz erläutern.

Mit wachsendem statischen Druck nimmt der p_H-Wert des Meerwassers ab (s. dazu z. B. Riley u. Chester 1971); wegen der damit verbundenen Verschiebung der Dissoziationsgleichgewichte und wegen einiger weiterer weniger wichtiger Effekte nimmt die CO_3^{--}-Konzentration im Wasser mit zunehmender Tiefe ab; die Oberflächenkonzentrationen liegen bei etwa 200 $mMol/m^3$, die Konzentrationen in 5000 m bei etwa 100 $mMol/m^3$ (s. dazu auch Abb. 8.10). Andererseits nimmt die Löslichkeit des Karbonats mit wachsendem Druck und damit mit der Tiefe zu; dieser Effekt macht etwa einen Faktor 2 auf 5000 m aus. Diese beiden gegenläufigen

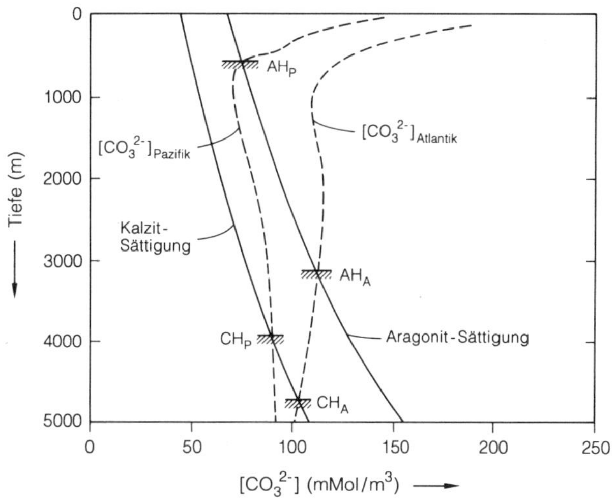

Abb. 8.10. Kalziumkarbonatsättigungskonzentrationen (*durchgezogene Kurven*, für die beiden Modifikationen Aragonit und Kalzit) und aktuelle Karbonatkonzentrationen im Atlantik und im Pazifik (*gestrichelte Kurven*), jeweils als Funktion der Meerestiefe (Nach Broeker et al. 1979). *Die Schnittpunkte* ergeben die Gleichgewichtshorizonte, dabei bedeuten *AH* die Aragonitgleichgewichtshorizonte und *CH* die Kalzithorizonte, der Index *A* bezieht sich auf den Atlantik, der Index *P* auf den Pazifik

Tendenzen haben zur Folge, daß das Meerwasser in der Tiefe bezüglich des Kalziumkarbonats untersättigt, in den oberflächennahen Schichten dagegen übersättigt ist. Dazwischen liegt ein Horizont, in dem gerade Lösungsgleichgewicht vorliegt. Nur auf der Höhe dieses Horizontes kann die oben beschriebene Karbonatauflösung einsetzen; oberhalb dieses Horizontes ist das Meerwasser bezüglich der Karbonate übersättigt, unterhalb des Horizontes sind keine Karbonatsedimente mehr vorhanden (genau genommen liegt der Horizont, unterhalb dessen keine Karbonatsedimente mehr auftreten, der sog. Kompensationshorizont, aus dynamischen Gründen etwas tiefer; wir wollen darauf aber nicht näher eingehen). Kohlendioxid, das in den Ozean frisch eingebracht wird, muß deshalb erst in die Tiefen gelangen, die diesen Horizonten entsprechen, bevor die geschilderte Pufferwirkung einsetzen kann.

Abbildung 8.10 soll diese Wechselbeziehungen noch etwas illustrieren. Dazu sei noch erwähnt, daß Kalziumkarbonat in zwei Modifikationen vorkommt, dem thermodynamisch instabileren Aragonit, das bevorzugt in warmem Wasser gebildet wird, und dem thermodynamisch stabilen Kalzit, das den weitaus größten Teil der Tiefseesedimente stellt. Die Abbildung zeigt auch, daß lediglich das mengenmäßig nicht allzusehr ins Gewicht fallende Aragonit in absehbarer Zeit von anthropogenem Kohlendioxid erreicht werden kann, während die anderen Horizonte erst in Zeiten, die der Umwälzzeit des Tiefenwassers entsprechen, ins Spiel kommen können.

8.3 Ozon in der Stratosphäre

Nach der Entdeckung der stratosphärischen Ozonschicht in den 20er Jahren stellte Chapman (1930) die erste photochemische Theorie des stratosphärischen Ozons auf. Diese Theorie, die ein Gleichgewicht zwischen Photosynthese und Photolyse postulierte, galt 30 Jahre lang als verbindlich, bis in den 60er bis 70er Jahren die Vorstellungen über den Ozonkreislauf fast revolutionsartige Veränderungen erfuhren. Es wurde offenbar, daß der Ozonabbau durch eine Vielzahl atmosphärischer Spurenstoffe gesteuert wird. Mit fast jeder neuen Entdeckung stratosphärischer Spurenstoffe mußte das Bild revidiert werden; hinzu kamen neue Daten über die Ablaufgeschwindigkeit der beteiligten Reaktionen, die teilweise ebenfalls Revisionen der Vorstellungen über den Ozonkreislauf notwendig werden ließen. In den 80er Jahren wurde die Chemie des stratosphärischen Ozons erneut aktuell, als durch die Entdeckung des Phänomens des sog. Ozonloches die potentielle Gefährdung der Ozonschicht durch anthropogene Spurenstoffe, d. h. vor allem durch Fluorchlorkohlenwasserstoffe (FCKW), offenbar wurde. Wir werden nacheinander die Produktion, den Abbau und die anthropogene Beeinflussung des stratosphärischen Ozons behandeln.

8.3.1 Ozonproduktion

Oberhalb etwa 20 bis 25 km Höhe wird Ozon fast ausschließlich durch die schon erwähnte Photosynthese, d. h. durch die photolytische Spaltung des molekularen Sauerstoffs (durch Absorption von UV-Strahlung im Herzberg-Kontinuum des O_2) und die nachfolgende Synthese des Ozon gebildet:

$$O_2 + h \cdot \nu (\lambda < 240\,\text{nm}) \rightarrow O + O \tag{8.19}$$

$$O + O_2 + M \rightarrow O_3 + M. \tag{8.20}$$

Hierbei soll M andeuten, daß zur simultanen Erfüllung von Energie- und Impulssatz ein weiteres Partnermolekül wie z. B. N_2 erforderlich ist. Hauptproduktionsstätte ist die Stratosphäre der tropischen Breiten. Die globale Produktionsrate beträgt im Mittel etwa $5 \cdot 10^{31}$ Moleküle/s (Johnston 1975) oder rund $1{,}25 \cdot 10^{11}$ t/Jahr. Dies stellt eine außerordentlich hohe Zahl dar; selbst die im vorangegangenen Abschnitt diskutierte antropogene CO_2-Produktion ist um eine Größenordnung kleiner, von der Erzeugungsrate anderer Spurengase einmal ganz abgesehen. Größenordnungsmäßig 1% der stratosphärischen Produktion wird in die Troposphäre verfrachtet. Ein Überblick über das vertikale Ozonprofil wurde in Abschn. 1.1 gegeben, auf die für den Ozontransport relevanten stratosphärischen Strömungen und auf den Austausch zwischen Stratosphäre und Troposphäre wurde in Abschn. 4.3.4 hingewiesen.

In der unteren Stratosphäre, etwa unterhalb 20 km, und in der Troposphäre kann durch die geschilderte Photosynthese kein Ozon produziert werden, da das zur Spaltung von O_2 erforderliche UV-Licht mit Wellenlängen unter 240 nm nicht in die tieferen Schichten der Atmosphäre vordringt. In der Troposphäre laufen andere Produktionsprozesse ab, durch die etwa die gleiche Menge Ozon in der Troposphäre produziert wird wie sie von der Stratosphäre zufließt. Diese Prozesse werden im Abschn. 8.4 im Zusammenhang mit dem Methanabbau und mit der Rolle der troposphärischen Stickoxide besprochen.

8.3.2 Abbaureaktionen

Die am längsten bekannte Abbaureaktion für Ozon in der Stratosphäre ist die photolytische Spaltung:

$$\begin{array}{lll} & O_3 + h \cdot \nu(\lambda < 1100\,\mathrm{nm}) & \rightarrow O_2 + O(^3P) \\ \text{oder} & O_3 + h \cdot \nu(\lambda < \;\; 310\,\mathrm{nm}) & \rightarrow O_2 + O(^1D) \\ & O \; + O_3 & \rightarrow 2\,O_2 \\ \hline \text{netto} & 2O_3 + h \cdot \nu & \rightarrow 3\,O_2 \end{array} \qquad (8.21)$$

$O(^1D)$ ist dabei ein angeregter, sehr reaktiver Zustand des atomaren Sauerstoffs, mit einer Anregungsenergie von etwa 190 kJ/Mol über dem $O(^3P)$-Grundzustand. Neben der angeschriebenen Reaktionsfolge mit theoretisch zwei zerstörten O_3-Molekülen pro absorbiertem Quant gibt es natürlich auch die Reaktionsfolge mit Sauerstoffrekombination, $O + O + M \rightarrow O_2 + M$, und damit einem zerstörten O_3-Molekül pro absorbiertem Quant. Vor allem kann aber der atomare Sauerstoff mit molekularem Sauerstoff wieder zu Ozon reagieren und die Photolyse damit wieder rückgängig machen. Da die Reaktion $O + O_3 \rightarrow 2\,O_2$ ziemlich langsam ist, wird diese Rückbildung von Ozon recht wahrscheinlich. Die Effizienz der beschriebenen einfachen photolytischen Spaltung ist deshalb nicht sehr hoch; die Bedeutung der weiter unten zu diskutierenden katalytischen Abbauzyklen wird damit verständlich.

Die destruktive Absorption von Licht durch Ozon findet vor allem im Wellenlängenbereich zwischen etwa 200 nm und 320 nm, in der sog. Hartley-Bande statt. Diese Absorptionsbande übt die bekannte, für die Erhaltung des nichtmarinen Lebens notwendige Schutzfunktion gegen das solare UV-Licht aus. Die Absorption durch die Hartley-Bande ist in deren Zentrum sehr stark; schon etwa 3% des in der Stratosphäre enthaltenen Ozons schwächen im Zentrum der Hartley-Bande die solare Strahlung um einen Faktor 10. Ein teilweiser Abbau der Ozonschicht, etwa durch anthropogene Chemikalien, würde eine Erhöhung der UV-Durchlässigkeit der Stratosphäre im Spektralbereich der Flanken der Hartley-Bande, nicht aber in deren Zentrum zur Folge haben. Neben der Absorption in der Hartley-Bande tritt eine schwache, aber ebenfalls photolytische Absorption im sichtbaren Bereich des Sonnenlichts, zwischen etwa 450 nm und 700 nm, mit Maximum im Grünen, in der sog. Chappuis-Bande auf.

In den 60er Jahren wurde nun deutlich, daß der Wasserdampf der Stratosphäre, mit Konzentrationen um 2 bis 3 ppm, über die Bildung von OH- und O_2H-Radikalen in den Ozonhaushalt eingreift. Radikale sind elektrisch neutrale Gebilde mit einem ungepaarten und damit besonders reaktiven Elektron. OH-Radikale können über Reaktionen der Art

$$O_3 + h \cdot \nu \rightarrow O(^1D) + O_2 \quad (8.22)$$

$$O(^1D) + H_2O \rightarrow 2\,OH \quad (8.23)$$

gebildet werden. Sie greifen katalytisch in den Ozonabbau ein:

$$\begin{array}{lllll} & O_3 + OH & \rightarrow & O_2 + O_2H & \\ & O_2H + O & \rightarrow & OH + O_2 & (8.24) \\ \hline \text{netto} & O_3 + O & \rightarrow & 2\,O_2 & \end{array}$$

oder auch, bei geringerer Konzentration des atomaren Sauerstoffs,

$$\begin{array}{lllll} & O_3 + OH & \rightarrow & O_2 + O_2H & \\ & O_2H + O_3 & \rightarrow & 2\,O_2 + OH & (8.25) \\ \hline \text{netto} & 2\,O_3 & \rightarrow & 3\,O_2 & . \end{array}$$

Reaktionen dieser Art wollen wir als O_xH-Reaktionen bezeichnen. Sie sind – und das gilt erst recht für die weiter unten noch zu besprechenden anderen katalytischen Reaktionen – recht effizient, da sie deutlich schneller ablaufen als die zuvor diskutierte direkte Reaktion von O_3 mit O.

Ein weiteres Umdenken wurde erforderlich, als zu Beginn der 70er Jahre Crutzen (1971) und Johnston (1971) den Stickoxidzyklus (NO_x-Zyklus) für den Ozonabbau entdeckten. Der Hintergrund dieser Entdeckung war die Sorge um eine mögliche Beeinträchtigung der Ozonschicht durch den Stickoxidausstoß von Überschallverkehrsflugzeugen. Diese Sorge erwies sich weitgehend als unbegründet, führte aber zur Entdeckung der Rolle der natürlichen Stickoxide in der Stratosphäre. Deren wohl wichtigste Quelle ist die Oxidation von biogenem Distickstoffoxid durch angeregten atomaren Sauerstoff nach dem Schema

$$N_2O + O(^1D) \rightarrow 2\,NO. \quad (8.26)$$

Daneben kann NO in der oberen Stratosphäre durch ionisierende Partikelstrahlung von der Sonne und in der unteren Stratosphäre durch die galaktische kosmische Strahlung produziert werden.

Der NO_x-Zyklus läuft nach dem Schema

$$\begin{array}{lllll} & O_3 + NO & \rightarrow & O_2 + NO_2 & \\ & NO_2 + O & \rightarrow & NO + O_2 & (8.27) \\ \hline \text{netto} & O_3 + O & \rightarrow & 2\,O_2 & \end{array}$$

ab, wobei man sich den atomaren Sauerstoff wieder durch Photolyse von Ozon entstanden denken kann. Natürlich sind mit dieser Darstellung die Reaktionen auf die einfachste Form gebracht, Querverbindungen und Verzweigungen sind unberücksichtigt geblieben. Insgesamt sind wohl mehr als 80 zum Teil konkurrierende Reaktionen in die stratosphärische Ozonchemie involviert (s. z. B. Johnston u. Podolske 1978).

Einige Jahre nach der Entdeckung des NO_x-Zyklus wurde ein weiterer wirksamer Zyklus für den Ozonabbau aufgefunden, der Chlor- oder ClO_x-Zyklus

(Molina u. Rowland 1974). Auch hierzu war die Anregung von einem „man made"-Problem ausgegangen, von der Frage, ob Fluorchlorkohlenwasserstoffe wie $CFCl_3$ (Freon 11) oder CF_2Cl_2 (Freon 12) die Ozonschicht anzugreifen vermögen. Diese Substanzen sind in der Troposphäre extrem stabil und können deshalb ungeändert in die Stratosphäre gelangen. Dort werden sie durch UV-Strahlung photolysiert unter Bildung freier Cl-Atome, die wegen ihrer ungepaarten Außenelektronen ebenfalls radikalartig reaktiv sind. Diese Chloratome greifen katalytisch unter Bildung von Chlormonoxidradikalen in den Ozonabbau ein:

$$\begin{array}{ll} & O_3 + Cl \rightarrow ClO + O_2 \\ & ClO + O \rightarrow Cl + O_2 \\ \hline \text{netto} & O_3 + O \rightarrow 2\,O_2 \quad . \end{array} \tag{8.28}$$

Eine andere mögliche und auch wichtige Reaktionskette ist

$$\begin{array}{ll} & O_3 + Cl \rightarrow ClO + O_2 \\ & ClO + NO \rightarrow Cl + NO_2 \\ & NO_2 + h\cdot\nu \rightarrow NO + O \\ \hline \text{netto} & O_3 + h\cdot\nu \rightarrow O_2 + O \quad . \end{array} \tag{8.29}$$

Die große Bedeutung des Chlorzyklus wurde offensichtlich, als es gelang, Cl und ClO in beträchtlicher Konzentration in der mittleren und oberen Stratosphäre nachzuweisen (Anderson et al. 1977). Die Messungen deuteten darauf hin, daß auch schon im ungestörten, nicht durch anthropogenes Chlor beeinflußten Ozonhaushalt der ClO_x-Zyklus eine wichtige Rolle spielt. Die wahrscheinlichste natürliche Quelle für das stratosphärische Chlor ist die photolytische Zersetzung von biogenem Methylchlorid, $CClH_3$, das von der Erdoberfläche in die Stratosphäre gelangt.

Damit sind die wichtigsten heute bekannten Mechanismen für den Ozonabbau zusammengestellt. Die Frage nach den relativen Anteilen der verschiedenen Zyklen

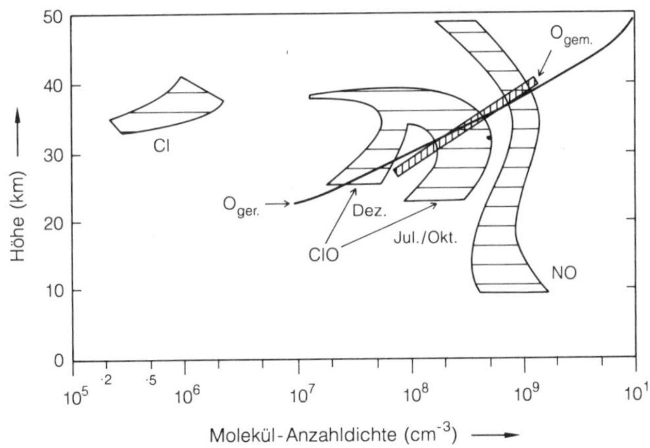

Abb. 8.11. Konzentrationen der wichtigsten Reaktionspartner des stratosphärischen Ozons: $O_{gemessen}$, (nach Anderson 1975) $O_{gerechnet}$, (nach Johnston u. Podolske 1978) *Cl* und *ClO* (nach Anderson et al. 1977) *NO* (nach einer Zusammenstellung von Crutzen u. Howard 1978)

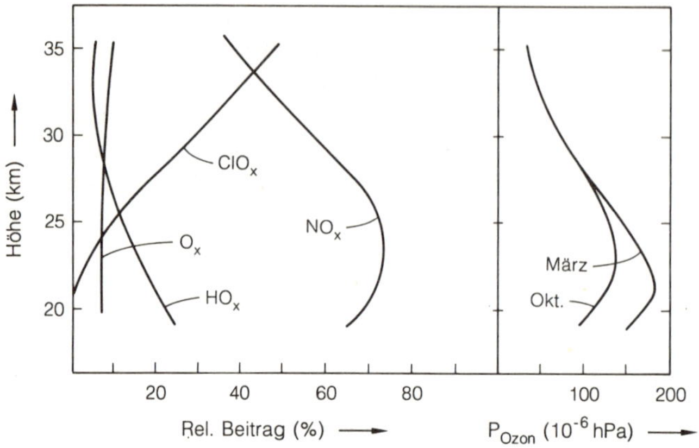

Abb. 8.12. *Links:* Relative Anteile in % der verschiedenen Zyklen am Ozonabbau als Funktionen der Höhe. *Rechts:* Mittlere Ozonpartialdrücke als Funktionen der Höhe (in Anlehnung an Abb. 1.6)

am Gesamtabbau läßt sich nur mit Unsicherheiten beantworten, da diese sich nur modellmäßig abschätzen lassen, wobei Unsicherheiten der Konzentrationen und der Reaktionsgeschwindigkeiten in die Rechnungen eingehen.

Abbildung 8.11 gibt die Konzentrationsprofile der wichtigsten am Ozonabbau beteiligten Reaktionspartner mit den zugehörigen Variationsbreiten wieder; die Konzentration des Ozons selbst liegt – zum Vergleich – in der Größenordnung von 10^{12} Molekülen/cm^3. In Abb. 8.12 ist der Versuch gemacht, die relativen Anteile der vier wichtigsten Zyklen am Ozonabbau als Funktion der Höhe darzustellen (im wesentlichen nach Rechnungen von Johnston u. Podolske 1978). Im rechten Teil der Abbildung sind noch die O_3-Partialdruckprofile eingezeichnet, die ein Maß für die Absolutmengen in den betreffenden Höhen sind. Kombiniert man beide Seiten der Abbildung, so erkennt man den nach heutiger Kenntnis überwältigenden Einfluß des Stickoxidzyklus auf den Gesamtozonabbau in der Stratosphäre, der größenordnungsmäßig ca. 2/3 des Gesamtabbaus ausmacht.

8.3.3 Anthropogene Einflüsse auf die Ozonschicht; das „Ozonloch"

Die Frage, ob und in welchem Maße anthropogene Einflüsse einen beschleunigten Abbau des stratosphärischen Ozons bewirken, wird in letzter Zeit in zunehmendem Maße diskutiert. Diese Diskussion ist nicht zuletzt durch spektakuläre Einbrüche der Ozonkonzentration in der unteren antarktischen Stratosphäre ausgelöst worden, die unter der Bezeichnung „Ozonloch" bekannt geworden sind. Wie schon angedeutet, kann die Stickoxidemission aus Flugzeugtriebwerken als möglicher Faktor bei der Ozonzerstörung wahrscheinlich vernachlässigt werden. Dagegen stellen die Emissionen der im Zusammenhang mit dem ClO_x-Zyklus bereits erwähnten Fluorchlorkohlenwasserstoffe sicher eine potentielle Gefährdung für das stratosphärische Ozon dar. Wie im letzten Abschnitt dargelegt, geht das Gefährdungspotential dieser Substanzen von ihrer extremen Stabilität in der

Troposphäre aus; sie diffundieren in die Stratosphäre und werden dort photolytisch zersetzt; die dabei frei werdenden Chloratome können in der beschriebenen Weise in den Ozonabbau eingreifen.

Bis jetzt läßt sich die Frage, ob damit die stratosphärische Ozonschicht im globalen Maßstab beeinflußt wird bzw. schon beeinflußt worden ist, noch nicht schlüssig beantworten. In den letzten Jahren wurde eine schwache und auf die Wintermonate beschränkte Abnahme des stratosphärischen Ozons über den gemäßigten Breiten der Nordhalbkugel beobachtet (um insgesamt ca. 3,5% bis 5% in einem Zeitraum von 20 Jahren), doch könnte diese Variation noch im Rahmen natürlicher Schwankungen liegen; während der Sommermonate war innerhalb der statistischen Signifikanz keine Abnahme des Ozon zu registrieren (WMO 1989). Auf globaler Basis liegen zu wenig Meßwerte über längere Zeit vor, um zu einer gesicherten Aussage über eventuelle Änderungen der Ozonschicht gelangen zu können. Auch eine Prognose anhand chemischer Modelle ist schwierig; immerhin kommen Modellrechnungen auf der Basis der bisher bekannten FCKW-Emissionen auf Reduktionen der stratosphärischen Ozonschicht seit Beginn der Industrialisierung um 0,6% (Wuebbles et al. 1983) bis 3% (Gidel et al. 1983), letztere unter Einbeziehung der Emissionen von Tetrachlorkohlenstoff und Äthylchlorid. Eine Abnahme des globalen Ozonpegels liegt also im Rahmen des Möglichen und ist sogar wahrscheinlich, doch kann von einem gesicherten Ergebnis noch nicht gesprochen werden.

Dagegen kann das „Ozonloch“, d. h. der kurzzeitige Abfall der Ozonkonzentration über der Antarktis im antarktischen Frühjahr, mit sehr hoher, an Sicherheit grenzender Wahrscheinlichkeit auf die Wirkung des Chlors aus anthropogenen Fluorchlorkohlenwasserstoffen zurückgeführt werden.

Der Ozonlocheffekt ist in Abb. 8.13 illustriert. Im antarktischen Spätwinter, d. h. August bis Anfang September, treten – ähnlich wie im Februar oder März auf der Nordhalbkugel (s. Abb. 1.6) – in der unteren Stratosphäre sehr hohe Ozonkonzentrationen auf. Beim Eintritt des antarktischen Frühlings, nach der Polarnacht, geht die Ozonkonzentration im Bereich dieses Maximums sehr rasch (mit Zeiten in der

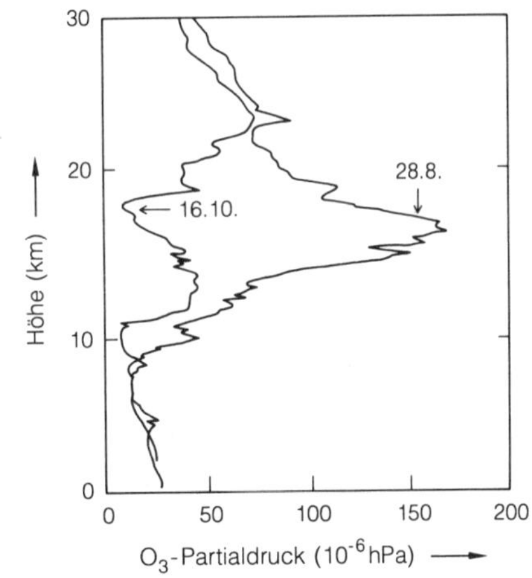

Abb. 8.13. Höhenprofil des Ozonpartialdruckes über der Antarktis in 78° südl. Breite im Spätwinter und im Frühjahr. (Nach Hofmann et al. 1987)

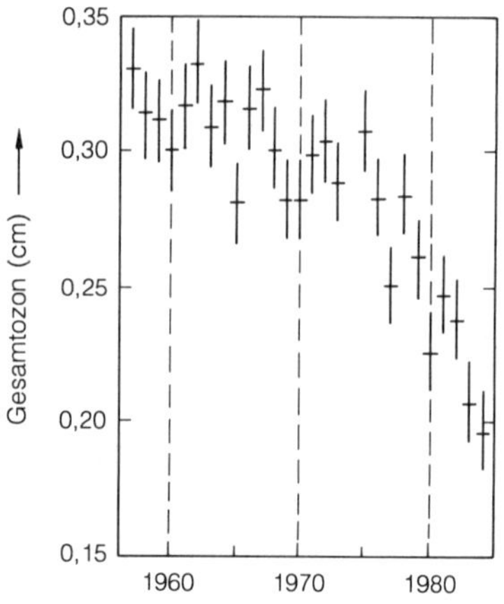

Abb. 8.14. Oktobermittel der Gesamtozonmenge über Halley Bay, in 76° südl. Breite. (Nach Farman et al. 1985)

Größenordnung Wochen) auf einen Bruchteil ihres vorherigen Betrages zurück oder verschwindet sogar fast ganz. Dieser Zustand hält einige Wochen an; mit fortschreitender Erwärmung der Stratosphäre, etwa im November, stellt sich dann der ursprüngliche Zustand annähernd wieder ein, das Ozonloch wird wieder aufgefüllt. Abbildung 8.13 stellt die Höhenprofile des Ozonpartialdruckes über der Station McMurdo (78° südl. Breite) von Ende August 1986 und Mitte Oktober des gleichen Jahres einander gegenüber. Der dramatische Einbruch im Höhenbereich des vorangegangenen Maximums ist deutlich zu sehen, ebenso die Tatsache, daß die höhere Stratosphäre fast unbeeinflußt bleibt. Die integralen Zahlen für die Gesamtozonmenge über der Station sind 0,271 cm am 28. 8. und 0,155 cm am 16. 10. (zu der Einheit s. Abschn. 1.1.4), die Gesamtmenge ist also grob auf die Hälfte zurückgegangen.

Abbildung 8.14 zeigt noch die langfristigen Oktobermittel der Gesamtozonmenge über der Station Halley Bay (nach Farman et al. 1985, durch deren Arbeiten das Phänomen des Ozonloches entdeckt wurde). Diese Messungen beweisen, daß der Effekt keine auf einzelne Jahre beschränkte Singularität darstellt, sondern daß hier eine langfristige Abnahme des Ozons im antarktischen Frühjahr vorliegt.

Die Mechanismen, die zur Bildung des Ozonloches beitragen, sind lange ungeklärt geblieben; Anomalien der atmosphärischen Zirkulation wurden ebenso herangezogen wie chemische Prozesse mit natürlichen und anthropogenen Partnern. Die Diskussion ist auch heute noch nicht abgeschlossen, doch scheint es jetzt sicher, daß chemische Prozesse, die mit den Halogenen aus den Fluorchlorkohlenwasserstoffen zusammenhängen, eine ausschlaggebende Rolle spielen.

Das erste zu klärende Problem liegt – kurz gesagt – darin, daß der oben beschriebene katalytische Ozonabbau im ClO_x-Zyklus unter den normalen Bedingungen der Gasphasenchemie in der unteren Stratosphäre zwischen 10 km und 25 km ein sehr ineffektiver Prozeß ist (s. hierzu auch Abb. 8.12). Dies hat seinen Grund vor allem darin, daß Chlor in dieser Höhe ganz überwiegend in der Form von Chlorwasserstoff (Salzsäure), HCl, und – bei Anwesenheit von Stickoxiden – in Form von Chlornitrat, $ClONO_2$, vorliegt, teilweise aber auch darin, daß die für die katalytische Wirkung des Chlors wichtige Regenerationsreaktion $ClO + O \rightarrow Cl + O_2$

(s. Abschn. 8.3.2) in der unteren Stratosphäre nur eine untergeordnete Rolle spielt. Diese Ineffektivität des ClO_x-Zyklus in der unteren Stratosphäre, im Höhenbereich des Ozonmaximums, ist auch ein Grund dafür, daß Prognosen über eine Beeinflussung der Ozonschicht in globalem Rahmen bisher noch sehr unsicher sind. Das zweite zu klärende Problem ist der zeitliche Verlauf des Einbruchs der Ozonkonzentration, der mit den Vorstellungen über die normale Gasphasenchemie ebenfalls kaum zu deuten ist. Es gilt deshalb als weitgehend gesichert, daß der Chemismus des Ozonloches nicht primär in der Gasphase abläuft, sondern daß die für die antarktische Polarnacht typischen stratosphärischen Wolken, die vermutlich aus Wassereis und Salpetersäure bestehen, dabei beteiligt sind. Diese polaren stratosphärischen Wolken sind an sehr tiefe Temperaturen gebunden; nach Arnold u. Knop (1989) ist die Kondensation von Salpetersäure-Wasser-Wolken unter stratosphärischen Bedingungen bei etwa $-78°$ bis $-80°C$ zu erwarten. Damit wird zum Teil auch die besondere Situation der Antarktis verständlich, da die arktische Stratosphäre im Winter merklich weniger abkühlt als die antarktische; die genannten Temperaturen werden über der Arktis allenfalls sporadisch erreicht, während sie über der winterlichen Antarktis eher die Regel sind. Ein weiterer Grund für die Sonderrolle der Antarktis ist die viel ausgeprägtere und symmetrischere zyklonale Winterzirkulation, die das Polargebiet stärker von der globalen Zirkulation abkoppelt, als dies auf der Nordhalbkugel der Fall ist.

Es ist hier nicht der Ort, die zahlreichen Vorschläge für heterogene, d. h. an die Wolkenpartikel gebundene Reaktionen zu besprechen. Deshalb wollen wir uns auf ganz wenige Mechanismen beschränken, die nach der derzeitigen Kenntnis wohl die wahrscheinlichsten Erklärungen für die in der polaren Stratosphäre ablaufenden Prozesse darstellen. Eine von Solomon et al. (1986) vorgeschlagene Möglichkeit ist die Umsetzung von Chlornitrat und Chlorwasserstoff (die, wie erwähnt, das Chlor binden) in bzw. an den Wolkenpartikeln zu molekularem Chlor und Salpetersäure, gemäß

$$ClONO_2 + HCl \rightarrow Cl_2 + HNO_3. \tag{8.30}$$

Diese und ebenso die weiter unten angeführte Reaktion können nicht als reine Gasphasenreaktionen ablaufen, da in der Gasphase die erforderliche Aktivierungsenergie nicht zur Verfügung steht; erst die Reaktion an der Oberfläche der Wolkenpartikel ermöglicht diese Aktivierung. Das molekulare Chlor, das als solches Ozon nicht angreift, wird akkumuliert und dann nach der Wiederkehr der Sonne am Ende der Polarnacht photolytisch zu atomarem Chlor gespalten; damit kann die katalytische Zerstörung des Ozons über die Reaktion $O_3 + Cl \rightarrow O_2 + ClO$ einsetzen (wenn auch dann weitere Modellannahmen für die Regeneration des ClO erforderlich sind; s. hierzu weiter unten). Da nach dem Verdampfen der polaren stratosphärischen Wolken bei weiterer Erwärmung auf dem angegebenen Weg kein Chlor mehr nachgeliefert wird, kommt der Abbauprozeß nach einigen Wochen zum Stillstand, das Ozon in der unteren Stratosphäre kann sich dann regenerieren.

In ähnlicher Weise wurde von Crutzen u. Arnold (1986) und von McElroy et al. (1986) die ebenfalls in bzw. an Wolkenpartikeln ablaufende Reaktion

$$ClONO_2 + H_2O \rightarrow HOCl + HNO_3 \tag{8.31}$$

mit anschließender Photolyse von HOCl

$$HOCl + h \cdot \nu \rightarrow OH + Cl \tag{8.32}$$

vorgeschlagen. Hinzu kann der Abbau von Stickoxiden in heterogenen Reaktionen kommen, die letztlich zu kondensierter Salpetersäure führen; hierdurch könnte die Bildung von Chlornitrat und die damit verbundene Bindung von Chlor unterdrückt werden. Auch in diesem Fall tritt eine Zerstörung von Ozon kurz nach der Wiederkehr der Sonne ein; nach dem Verdampfen der Wolken kommt der Abbau dann zum Stillstand.

Eine noch offene Frage bei dem Ablauf dieser oder ähnlicher Prozesse ist die Regeneraton des ClO zu atomarem Chlor, die zu einem effizienten katalytischen Abbau des Ozons erforderlich ist. Wie schon angedeutet, ist der in Abschn. 8.3.2 diskutierte Schritt $ClO + O \rightarrow Cl + O_2$ (nach Molina u. Rowland 1974) in der unteren Stratosphäre wegen der verschwindenden Konzentration des atomaren Sauerstoffs unbedeutend. Deshalb wurden verschiedene andere Zyklen vorgeschlagen, wie z. B. (Molina u. Molina 1987)

$$\begin{array}{lll} & ClO + ClO + M & \rightarrow Cl_2O_2 + M \\ & Cl_2O_2 + h \cdot \nu & \rightarrow ClOO + Cl \\ & ClOO + M & \rightarrow Cl + O_2 + M \\ \hline \text{netto} & 2\,ClO + h \cdot \nu & \rightarrow 2\,Cl + O_2 \end{array} \tag{8.33}$$

oder (Solomon et al. 1986)

$$\begin{array}{lll} & O_2H + ClO & \rightarrow HOCl + O_2 \\ & HOCl + h \cdot \nu & \rightarrow OH + Cl \\ & OH + O_3 & \rightarrow O_2H + O_2 \\ \hline \text{netto} & ClO + O_3 + h \cdot \nu & \rightarrow Cl + 2\,O_2 \end{array} \tag{8.34}$$

Im Kontext dieses Kapitels, d. h. im Hinblick auf die klimatische Relevanz, spielt der kurzfristige Einbruch der Ozonkonzentration im antarktischen Frühling sicher keine Rolle. Das Phänomen weist aber unübersehbar auf die potentielle Gefährdung hin. Wenn auch – wie angedeutet – eine endgültige Beurteilung der Wirkung der anthropogenen Fluorchlorkohlenwasserstoffe auf das globale stratosphärische Ozon noch nicht möglich ist, so ist doch eine Verharmlosung des Problems sicher fehl am Platz.

8.4 Methan, troposphärisches Ozon und weitere Spurengase

Wie in der Tabelle 8.1 angedeutet wurde, liegen die derzeitigen atmosphärischen Methankonzentrationen bei etwa 1750 ± 100 ppb auf der Nordhalbkugel und bei etwa 1650 ± 100 ppb auf der Südhalbkugel. Diese Werte steigen jährlich um etwa 1%, so daß innerhalb von etwa 50 bis 80 Jahren mit einer Verdoppelung zu rechnen ist, wenn der gegenwärtige Trend anhält. Der vorindustrielle Pegel lag vermutlich bei etwa 800 ppb (etwa um das Jahr 1800).

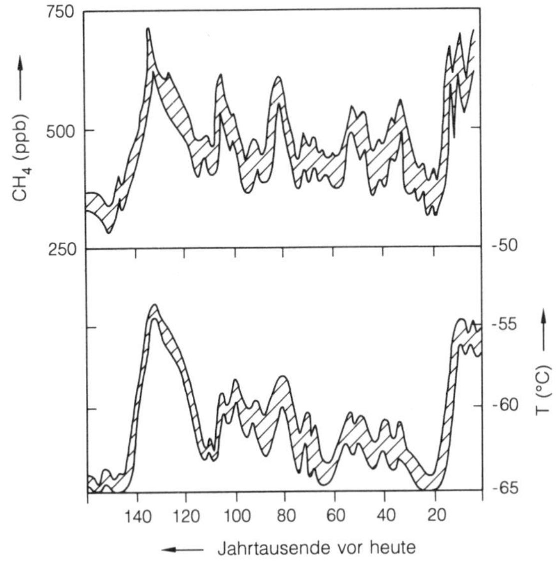

Abb. 8.15. Rekonstruktion der atmosphärischen Methankonzentrationen während der letzten 160000 Jahre vor heute anhand eines an der Antarktis-Station Vostok gewonnenen Eisbohrkernes (Chappellaz et al. 1990) (**oben**) im Vergleich mit den aus Deuteriummessungen am gleichen Bohrkern abgeleiteten Paläotemperaturen (Jouzel et al. 1987) (**unten**); die heutige Mitteltemperatur an der Station Vostok beträgt −55,5°C

Die schon bei der Besprechung der CO_2-Konzentration erwähnten Spurengasmessungen an dem Vostok-Bohrkern haben gezeigt, daß die atmosphärische Methankonzentrationen in der Vergangenheit hoch mit den Paläotemperaturen korreliert waren, mit relativen Amplituden, die die Schwankungen des Kohlendioxids noch deutlich übertreffen. Abbildung 8.15 stellt Methankonzentrationen und Paläotemperaturen der letzten 160000 Jahre einander gegenüber. Der Effekt ist wahrscheinlich durch die sehr starke Temperaturabhängigkeit der biologischen Produktion, vielleicht zum Teil auch durch die Variation der von Dauerfrost erfaßten Teile des Erdbodens verursacht. Auch hier kann man an einen gewissen Rückkopplungseffekt denken: Eine Erwärmung führt zu einer erhöhten Methanfreisetzung und zu einer erhöhten Konzentration; diese wiederum trägt über den Treibhauseffekt zu einer Temperaturerhöhung bei, und so fort; allerdings verursachen – zumindest nach den heute akzeptierten Modellen – die in Abb. 8.15 zu sehenden CH_4-Variationen nur Änderungen der Treibhauseffekte in der Größenordnung einiger zehntel Grad. Es mag vielleicht wichtig sein, darauf hinzuweisen, daß die Methankonzentration in der Vergangenheit niemals den heutigen Pegel erreicht hat.

Tabelle 8.2 gibt eine Abschätzung der gegenwärtigen Methanquellen wieder; Angaben dieser Art sind allerdings mit erheblichen Unsicherheiten behaftet. So schwanken – um nur ein Beispiel anzuführen – die Abschätzungen des viel diskutierten Beitrags der Termiten (in der Tabelle unter „Sonstige Quellen") um einen Faktor 10 zwischen 10 Mt/Jahr und 100 Mt/Jahr. Faßt man die Angaben verschiedener Autoren zusammen, so kristallisiert sich ein Bereich für die jährliche Gesamtproduktion von 450 Mt bis 700 Mt heraus. Der jährliche Anstieg der Konzentration um etwa 15 bis 18 ppb entspricht einer in der Atmosphäre verbleibenden Methanmenge von 45 ± 5 Mt/Jahr.

Tabelle 8.2. CH_4-Produktionsraten (alle Werte in Megatonnen/Jahr). (Nach Khalil u. Rasmussen 1983)

Quellen	Nordhemisphäre	Südhemisphäre	total
Abbau von Biomasse in Sümpfen	90	60	150
Reisfelder	81	14	95
Wiederkäuer	95	25	120
Verbrennung von Biomasse	15	10	25
Ozeane und Süßwasserseen	12	11	23
Direkte anthropogene Erzeugung	30	10	40
Sonstige Quellen	56	44	100
total	379	174	553

Gründe für den Anstieg der atmosphärischen CH_4-Konzentration sind wohl vor allem die wachsende Intensivierung von Viehzucht und Reisanbau; es ist aber auch zu diskutieren, ob nicht auch eine Abnahme der spezifischen Senken des Methans zu dessen Anstieg beitragen könnte.

Ein Teil des Methans wird in die Stratosphäre transportiert (und trägt dort übrigens über die Reaktion $CH_4 + OH \rightarrow CH_3 + H_2O$ etwa zur Hälfte zum Wasserdampfgehalt bei). Die weitaus wichtigste Senke des Methans ist aber der chemische Abbau in der Troposphäre. Eine breitere Behandlung der Chemie der troposphärischen Spurengase würde den Rahmen dieses Buches sprengen; da aber die Chemie des Methans, des troposphärischen Ozons, des Kohlenmonoxids und schließlich der Stickoxide untrennbar miteinander verbunden sind, sollen doch die wichtigsten Sachverhalte der Chemie dieser Spurengase in der Troposphäre hier angedeutet werden.

Wichtige Schlüsselrollen in der troposphärischen Chemie spielen das Ozon und die Stickoxide. Etwa die Hälfte des troposphärischen Ozons stammt aus der Stratosphäre, die zweite Hälfte aus chemischen Reaktionen, die in der Troposphäre ablaufen; in stark belasteten Gebieten ist dieser zweite Anteil eher noch höher. Ozon löst über die Reaktionskette

$$O_3 + h \cdot \nu \rightarrow O_2 + O(^1D) \tag{8.35}$$

$$O(^1D) + H_2O \rightarrow 2\,OH \tag{8.36}$$

eine ungeheure Vielfalt von Radikalreaktionen aus, die für die troposphärische Chemie charakteristisch und bestimmend sind. Die weitaus wichtigste Quelle der Stickoxide sind Verbrennungsprozesse, in denen NO aus N_2 und O_2 entsteht. Dieser Prozeß ist endotherm und läuft deshalb um so besser ab, je höher die Temperatur ist (das heißt allerdings auch, je wirtschaftlicher die Verbrennung ist); bei nicht zu langsamer Abkühlung bleibt das bei tiefen Temperaturen gegenüber dem Zerfall in Stickstoff und Sauerstoff an sich instabile NO metastabil erhalten. NO wird durch molekularen Sauerstoff nur langsam, durch Radikalreaktionen dagegen recht schnell zu NO_2 oxidiert. NO_2 vermag über die Reaktion

$$NO_2 + h \cdot \nu(\lambda < 400\ \text{nm}) \rightarrow NO + O \tag{8.37}$$

atomaren Sauerstoff bereitzustellen und trägt so zur Produktion von Ozon bei.

Die folgende Reaktionsfolge zeigt den gewissermaßen klassischen Methan-Stickoxid-Prozeß (nach Johnston u. Podolske 1978), bei dem Methan, CH_4, über die Zwischenstufe des Formaldehyds, CH_2O, nach der Photolyse des letzteren, zu Kohlenmonoxid, CO, und Wasser, H_2O, bei gleichzeitiger Produktion von Ozon, O_3, oxidiert wird:

$$\begin{array}{llllllll}
 & CH_4 & + & OH & \rightarrow & CH_3 & + & H_2O \\
 & CH_3 & + & O_2 + M & \rightarrow & CH_3O_2 & & + M \\
 & CH_3O_2 & + & NO & \rightarrow & CH_3O & + & NO_2 \\
 & CH_3O & + & O_2 & \rightarrow & CH_2O & + & O_2H \\
 & CH_2O & + & h \cdot \nu & \rightarrow & COH & + & H \\
 & COH & + & O_2 + M & \rightarrow & CO & + & O_2H + M \\
 & H & + & O_2 + M & \rightarrow & O_2H & & + M \\
 & 2\,O_2H & + & 2\,NO & \rightarrow & 2\,OH & + & 2\,NO_2 \\
 & O_2H & + & OH & \rightarrow & H_2O & + & O_2 \\
 & 3\,NO_2 & + & 3\,h \cdot \nu & \rightarrow & 3\,NO & + & 3\,O \\
 & 3\,O & + & 3\,O_2 + 3\,M & \rightarrow & 3\,O_3 & & + 3\,M \\
\hline
\text{netto} & CH_4 & + & 6\,O_2 & \rightarrow & CO & + & 2\,H_2O + 3\,O_3 \quad .
\end{array} \tag{8.38}$$

Bei diesem Prozeß werden pro oxidiertem Methanmolekül 3 Ozonmoleküle gebildet. Der Prozeß stellt gewissermaßen einen Idealtyp der Methanoxidation dar; in der Natur gibt es eine Vielfalt ähnlicher Prozesse mit anderen Verzweigungen und auch mit geringeren Ozonausbeuten (s. beispielsweise Logan et al. 1981). Ähnliche Prozeßketten laufen auch mit höheren natürlichen und anthropogenen Kohlenwasserstoffen ab.

Da die Hydroxylradikale eine Schlüsselstellung bei der Methanoxidation einnehmen, da andererseits Hydroxylradikale auch bei zahlreichen anderen Spurenstoffreaktionen beteiligt sind und dabei natürlich auch verbraucht werden, ist es nicht unwahrscheinlich, daß eine ansteigende Belastung der Atmosphäre mit anderen Spurenstoffen zu einer Reduzierung der Methanoxidationsraten führt. Dies könnte – neben den anderen weiter oben angeführten Ursachen – ein Grund für den Anstieg der atmosphärischen Methankonzentration sein.

Die Oxidation des Methans stellt auch eine wichtige, wenn nicht die wichtigste Quelle des atmosphärischen Kohlenmonoxids dar. In Tabelle 8.3 (nach Logan et al. 1981) sind – allerdings mit Unsicherheiten bis zu einem Faktor 2 behaftete – Abschätzungen der wichtigsten Kohlenmonoxidquellen wiedergegeben. Anthropogene und natürliche Produktionen sind größenordnungsmäßig gleich; die anthropogene Produktion ist allerdings weitgehend auf die Nordhalbkugel beschränkt. So ist es nicht überraschend, die in Tabelle 8.1 angegebenen Konzentrationsunterschiede zwischen Nord- und Südhemisphäre zu finden.

Der überwiegende Teil des Kohlenmonoxids wird – wieder in Reaktionen mit den atmosphärischen OH-Radikalen – zum CO_2 weiteroxidiert; weitere, allerdings weniger effektive Senken sind die Aufnahme durch den Boden und der Transport in

Tabelle 8.3. CO-Produktionsraten (alle Werte in Megatonnen/Jahr)

Quelle	Nordhemisphäre	Südhemisphäre	Total
Oxidation von CH_4	405	405	810
Oxidation höherer natürlicher Kohlenwasserstoffe	380	180	560
Oxidation höherer anthropogener Kohlenwasserstoffe	85	5	90
Verbrennung fossiler Brennstoffe	425	25	450
Rodung von Urwald	260	120	380
Steppenbrände	100	100	200
Sonstige Quellen	160	90	250
total	1815	925	2740

die Stratosphäre. Bei der Oxidation zum CO_2 kann in Gegenwart von Stickoxiden ebenfalls Ozon erzeugt werden; ob es dabei netto zu einer Erzeugung oder Vernichtung von Ozon kommt, hängt von der aktuellen Stickoxidkonzentration ab: Für NO/O_3-Konzentrationsverhältnisse über etwa 1:5000 bis 1:4000 ist die folgende Reaktionskette dominierend (nach Crutzen u. Gidel 1983), die schon von Johnston u. Podolske (1978) diskutiert worden war:

$$\begin{array}{llcll} CO + OH & \rightarrow & CO_2 + H & \\ H + O_2 + M & \rightarrow & O_2H & + M \\ O_2H + NO & \rightarrow & OH + NO_2 & \\ NO_2 + h \cdot \nu & \rightarrow & NO + O & \\ O_2 + O + M & \rightarrow & O_3 & + M \\ \hline \text{netto} \quad CO + 2O_2 & \rightarrow & CO_2 + O_3 & . \end{array} \tag{8.39}$$

Bei niedrigeren Stickoxidkonzentrationen, d.h. bei NO/O_3-Verhältnissen kleiner als etwa 1:5000, überwiegt eine andere Reaktionskette, die mit einem Abbau von Ozon verbunden ist:

$$\begin{array}{llcll} CO + OH & \rightarrow & CO_2 + H & \\ H + O_2 + M & \rightarrow & O_2H & + M \\ O_2H + O_3 & \rightarrow & OH + 2O_2 & \\ \hline \text{netto} \quad CO + O_3 & \rightarrow & CO_2 + O_2 & . \end{array} \tag{8.40}$$

Die aktuellen troposphärischen Ozonkonzentrationen über Mitteleuropa und vergleichbaren Gegenden liegen in Bodennähe zwischen etwa 20 µhPa im Winter und 50 µhPa im Sommer (Mittelwerte); 1 µhPa entspricht am Boden einem Mischungsverhältnis von 1 ppb. Mit der Höhe steigen die Konzentrationen etwas an und erreichen in ca. 2–3 km Höhe Maximalwerte, die um etwa 1/3 höher liegen als die Bodenwerte. Die höheren Sommerwerte spiegeln die intensivere Photochemie im Sommer wider; die leichte Zunahme des Ozons mit der Höhe ist wohl auf einen Ozonabbau durch organisches Material am Boden zurückzuführen. Ansonsten sind für den Ozonabbau in der Troposphäre ähnliche Prozesse wie in der unteren Stratosphäre wirksam.

Volz u. Kley (1988) haben Ozonmessungen aus dem 19. Jahrhundert ausgewertet; danach lag der Pegel um 1880 bei etwa 7 ppb bis 10 ppb (Messungen bei Paris); die Konzentrationen sind durch die Industrialisierung also auf das 2- bis 5fache angestiegen.

Die bodennahen NO_x-Konzentrationen variieren um mehrere Größenordnungen von etwa 0,01 bis 0,1 ppb in ozeanischen und etwa 1 ppb in kontinentalen Reinluftgebieten bis zu einigen 100 ppb in hoch belasteten Gebieten. Normalerweise kann davon ausgegangen werden, daß über den industrialisierten Ländern von Europa, Asien und Nordamerika auch abseits von Ballungsgebieten die Stickoxidkonzentrationen immer so hoch sind, daß bei der CO-Oxidation die Ozonproduktion überwiegt; die oben genannte Schwelle wird z. T. um das 1000fache überschritten.

Wir haben versucht, die einfachsten Grundlagen des Teiles der troposphärischen Chemie zu skizzieren, in den Methan, Ozon und Sonnenlicht involviert sind. Natürlich kann diese einfache Darstellung nicht der ungeheuren Komplexizität der Luftchemie gerecht werden. Es gibt in der Troposphäre eine große Vielfalt von Reaktionen, an denen Spurengase, Sauerstoffradikale, Peroxide, atomarer Sauerstoff und vieles mehr beteiligt sind; insofern wurde hier – wenn man so will – nur der „harte Kern" dieser Reaktionen dargestellt, ohne Verzweigungen und Querverbindungen, ohne Berücksichtigung vieler konkurrierender Reaktionen. Es sei für eine detaillierte Darstellung auch an dieser Stelle auf Warneck (1988) verwiesen.

Abschließend soll hier noch kurz auf die restlichen klimarelevanten Spurengase der Tabelle 8.1 eingegangen werden.

N_2O, Distickstoffoxid, Lachgas, tritt zur Zeit in einer Konzentration von ca. 0,32 ppm auf; die Steigerungsrate beträgt etwa 0,6 bis 1,6 ppb/Jahr. Die wichtigsten Quellen sind mikrobiologische Prozesse im Erdboden und in den tropischen und subtropischen Meeren, natürliche und anthropogene Verbrennung von Biomasse sowie – für den Anstieg wohl in erster Linie verantwortlich – der Verbrauch von Kunstdünger und die Verbrennung fossiler Brennstoffe. Jede dieser Quellen trägt einige Megatonnen pro Jahr bei; die Gesamtproduktionsrate kann man in der Gegend von 10 bis 20 Mt/Jahr vermuten. N_2O ist wegen seiner hohen Stabilität kaum in die troposphärische Chemie involviert; die einzige wirksame Senke ist der Transport in die Stratosphäre, wo N_2O direkt oder indirekt photolytisch abgebaut wird:

$$N_2O + h \cdot \nu \rightarrow N_2 + O \tag{8.41}$$

oder

$$N_2O + O(^1D) \rightarrow N_2 + O_2 \tag{8.42}$$

oder

$$N_2O + O(^1D) \rightarrow 2\,NO. \tag{8.43}$$

Der angeregte Sauerstoff wird hierbei durch die Photolyse von Ozon zur Verfügung gestellt (s. Abschn. 8.3).

Die Produktion von Fluorchlorkohlenwasserstoffen ist wohl rein anthropogen; die gegenwärtige Rate beträgt etwa 1 Mt/Jahr. Die Substanzen werden - wie schon mehrfach erwähnt - wegen ihrer großen chemischen Stabilität in der Troposphäre nicht abgebaut und akkumulieren sich hier; die derzeitige Konzentration von etwa 0,27 ppb (Freon 11) bzw. 0,47 ppb (Freon 12) steigt um 2 bis 4%/Jahr an. Die einzige bekannte Senke ist auch hier der Transport in die Stratosphäre, wo die Fluorchlorkohlenwasserstoffe photolytisch gespalten werden. Auf die damit verbundenen Risiken für das stratosphärische Ozon sind wir in Abschn. 8.3.3 bereits eingegangen.

Kapitel 9

Aerosole

In den vorangegangenen Kapiteln waren Aerosole und Aerosolteilchen schon mehrfach zur Sprache gekommen: Im 1. Kap. war auf die Definition, die Anzahldichte und die Größenverteilung atmosphärischer Aerosole und auf einige Grundlagen der Aerosoloptik eingegangen worden. Im 5. Kap. hatten wir die Rolle der Aerosole bei der Kondensation angesprochen und die Ausscheidung der Partikel durch den Niederschlag behandelt. Im 6. Kap. war die Thermophorese als aerosoldynamischer Effekt erwähnt worden. Im 7. Kap. kam noch die Diskussion der trockenen Deposition von Aerosolen hinzu.

In diesem Kapitel wollen wir in etwas geschlossenerer Form einige weitere Einzelheiten der Physik der Aerosole besprechen, die für das Verständnis des atmosphärischen Geschehens nützlich sind. Der 1. Abschn. soll einen allgemeinen Überblick über atmosphärische Aerosole vermitteln; dabei wird das Schwergewicht auf troposphärischen Aerosolen liegen. Unter anderem werden die Entstehung, das weitere Schicksal bis zur Ausscheidung, die Größenverteilung und die chemische Elementzusammensetzung angesprochen werden. Der 2. Abschn. soll in die Grundlagen der Aerosoldynamik einführen. Der 3. Abschn. ist den stratosphärischen Aerosolen und deren möglichen Einflüssen auf das Klima gewidmet (die schwer abzuschätzenden Einflüsse troposphärischer Aerosole auf den Strahlungshaushalt werden hier nicht behandelt; eine umfassende Darstellung des gegenwärtigen Kenntnisstandes ist bei Hobbs u. McCormick 1988, zu finden).

9.1 Entstehung und Lebenslauf atmosphärischer Aerosole

Dieser Abschnitt will die wichtigsten Grundlageninformationen über atmosphärische (und speziell über troposphärische) Aerosole zusammenstellen. Wir beginnen mit der Aerosolproduktion und versuchen dann, den weiteren Lebenslauf und die hieraus folgenden Eigenschaften von Aerosolpartikeln zu skizzieren. Der Abschnitt schließt mit einer kurzen Übersicht über die globalen Quellen von Aerosolen und über die in den Partikeln zu findenden chemischen Elemente.

9.1.1 Aerosolproduktion: Nukleation und Dispersion

Neue Teilchen können prinzipiell durch zwei Klassen von Mechanismen in die Atmosphäre gelangen:

- durch homogene Kondensation übersättigter Dämpfe aus der Gasphase heraus (sog. homogene Nukleation); solche Dämpfe können durch chemische Reaktionen aus ursprünglich gasförmigen Bestandteilen der Atmosphäre entstehen (wie z. B. Schwefelsäuredampf aus Schwefeldioxid);
- durch die Dispergierung und Aufwirbelung von Material von der Erdoberfläche, das dort schon in kondensierter Form vorliegt, wie z. B. Mineralstaub oder Seesalzspray.

In dieser Reihenfolge wollen wir die Produktionsmechanismen auch behandeln.

Die wichtigste Reaktion für die Bildung neuer Kondensationsteilchen in der Atmosphäre stellt wahrscheinlich die Oxidation des Schwefeldioxids, SO_2, zu Schwefelsäure, H_2SO_4, bzw. zu Sulfat dar. Der Grund dafür liegt in dem extrem niedrigen Dampfdruck der Schwefelsäure, vor allem in Gegenwart von Wasserdampf und gegebenenfalls von Ammoniak.

Typische SO_2-Konzentrationen in Mitteleuropa liegen bei etwa 5 μg/m³ bis 100 μg/m³, in Ballungsgebieten, und hier vor allem im Winter, findet man Werte bis zu 400 μg/m³ (während der Heizungsperiode ist die Produktionsrate höher; hinzu kommt, daß im Winter austauscharme Wetterlagen recht häufig sind); die Lebensdauer des SO_2 beträgt etwa 1 bis 4 Tage. Rund die Hälfte des Schwefeldioxids wird in der Atmosphäre zu Schwefelsäure oder Sulfat oxidiert (der Rest wird durch den Regen ausgeschieden oder an der Bodenoberfläche absorbiert). Davon wird wieder rund die Hälfte, oder etwas mehr, in heterogenen Prozessen umgesetzt; der Rest steht für die homogene Nukleation zur Verfügung. Da unter den Reaktionen, die zur homogenen Nukleation führen können, die photochemische Oxidation die größte Rolle spielt, sind Rate und Anteil der homogenen Nukleation im Sommer deutlich höher als im Winter. Die mengenmäßig wichtigste Reaktion ist wahrscheinlich die Addition von OH-Radikalen (s. Kap. 8) an SO_2 unter Bildung eines HSO_3-Radikals mit nachfolgendem Zerfall dieses Radikals zu Schwefeltrioxid, SO_3, und Wasserstoff, H; Schwefeltrioxid und Wasser bilden dann zusammen Schwefelsäure.

An den angeführten Gründen wollen wir hier die Bildung von Nukleationsaerosolen aus Schwefelsäure in den Vordergrund stellen. Daneben gibt es aber vielfältige weitere Möglichkeiten zur Entstehung kondensierbarer Dämpfe. Es ist hier nicht der Ort für eine umfassendere Darstellung (s. hierzu Warneck 1988), es sei nur als Beispiel noch auf den berüchtigten Los Angeles-Smog hingewiesen: Im 8. Kap. hatten wir im Zusammenhang mit der Methanoxidation auf die Rollen der Stickoxide und des troposphärischen Ozons als photochemisch initiierte Lieferanten für reaktionsfähigen atomaren Sauerstoff hingewiesen. In einer typischen Los Angeles-Smog-Situation kann dieser reaktionsfähige Sauerstoff auf Kohlenwasserstoff treffen, deren Ursprung zum großen Teil der Straßenverkehr ist. Die Reaktion von Kohlenwasserstoffen mit atomarem Sauerstoff, oder ebenso die Reaktion mit anderen starken Oxidantien wie OH-Radikalen oder Ozon selbst, führt zu einer Vielzahl von organischen Verbindungen wie organischen Säuren, organischen Peroxiden, Aldehyden etc., die zum Teil in Form übersättigter, kondensierbarer Dämpfe vorliegen.

Der prinzipielle Vorgang der Nukleation entspricht bezüglich seiner thermodynamischen und kinetischen Grundlagen dem Prozeß der homogenen Kondensa-

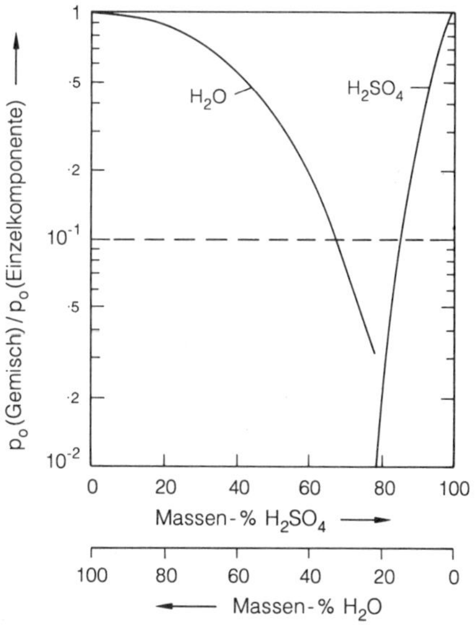

Abb. 9.1. Verhältnis des Sättigungsdampfdrucks von Wasser und von Schwefelsäure über einer Mischung der beiden Komponenten zu dem Sättigungsdampfdruck über den reinen Einzelkomponenten. (Nach Roedel 1979)

tion, die im 1. Abschn. des 5. Kap. ausführlich besprochen worden ist, und auf die wir hier zurückverweisen.

Allerdings kommt in der freien Troposphäre die Nukleation, bei der nur eine Molekülspezies beteiligt ist (die sog. homomolekulare homogene Kondensation bzw. Nukleation), in der Regel nicht vor, da die hierzu notwendigen Übersättigungen im Normalfall nicht erreicht werden. Dagegen können in einem System mit zwei oder sogar noch mehr beteiligten Komponenten, einem sog. heteromolekularen System, bei gegebener Konzentration einer Spezies wesentlich höhere Übersättigungen zustande kommen, wenn die Mischung der Komponenten exotherm ist. In einem solchen Fall kann der Sättigungsdampfdruck einer Komponente über dem Gemisch um Größenordnungen niedriger liegen als über der Einzelkomponente.

Abbildung 9.1 zeigt die Absenkung des Sättigungsdampfdruckes sowohl der Schwefelsäure als auch des Wassers über einem Gemisch dieser beiden Substanzen als Funktion des Mischungsverhältnisses, relativ zu den Dampfdrücken über Wasser oder Schwefelsäure allein. Der an sich schon sehr niedrige Sättigungsdampfdruck der Schwefelsäure (etwa $3{,}3 \cdot 10^{-5}$ hPa bei 23° C, nach Roedel 1979) wird durch die Zumischung von etwas über 20% Wasser nochmals um rund zwei Größenordnungen reduziert. Der Effekt ist durch die bekannt hohe Mischungswärme beim Mischen von Wasser mit Schwefelsäure bedingt.

Der thermodynamische Ansatz zur Berechnung der Nukleationsrate eines zweikomponentigen Systems ist dem im 5. Kap. diskutierten Verfahren analog, doch mit dem Unterschied, daß die Änderung der freien Enthalpie bei dem Übergang von gasförmig zu flüssig, ΔG, jetzt von der Anzahl der Moleküle von beiden Komponenten abhängt, d. h. $\Delta G = \Delta G(n_1, n_2)$, wobei n_1 bzw. n_2 die Zahl der Moleküle der Spezies 1 bzw. der Spezies 2 in dem sich bildenden Tröpfchen bedeuten.

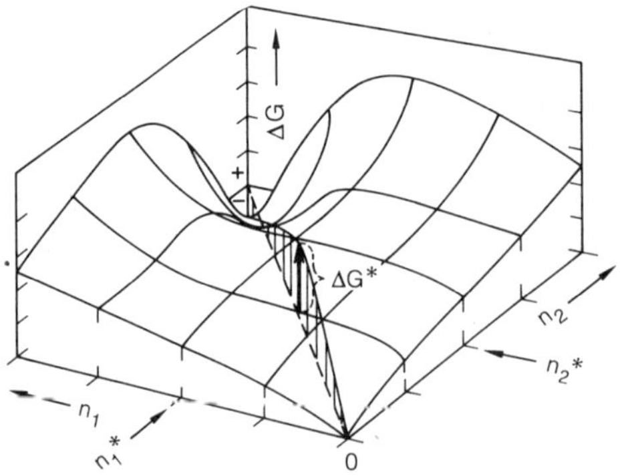

Abb. 9.2. Schematische Darstellung der Sattelpunktkonfiguration von $\Delta G_{Dampf \rightarrow Tröpfchen}$ als Funktion der Anzahlen n_1 und n_2 der in dem sich bildenden Tröpfchen enthaltenen Moleküle. (Nach Roedel 1979)

Im 5. Kap. hatten wir für die homomolekulare Kondensation die Beziehung

$$\Delta G_{\mathrm{Dampf \rightarrow Tröpfchen}} = - n \cdot k \cdot T \cdot \ln S + \sigma \cdot A \tag{9.1}$$

abgeleitet, wobei die Übersättigung S das Verhältnis des aktuellen Dampfdrucks zu dem Sättigungsdampfdruck bedeutete; $\sigma \cdot A$ war der Beitrag der Oberflächenspannung. Die analoge Argumentation erlaubt im heteromolekularen Fall mit zwei Komponenten zwei verschiedene Darstellungen, und zwar entweder

$$\Delta G_{\mathrm{Dampf \rightarrow Tröpfchen}} = - k \cdot T \cdot (n_1 \cdot \ln S_{1,\mathrm{Mischung}} + n_2 \cdot \ln S_{2,\mathrm{Mischung}}) + \sigma \cdot A, \tag{9.2}$$

wobei $\ln S_{1,\,\mathrm{Mischung}}$ bzw. $\ln S_{2,\,\mathrm{Mischung}}$ die die Logarithmen der Sättigungen der Spezies 1 bzw. der Spezies 2 über der Mischung der beiden Komponenten bedeuten, oder

$$\Delta G_{\mathrm{Dampf \rightarrow Tröpfchen}} = n_1 \cdot (\mu_{1,\mathrm{Mischung}} - k \cdot T \cdot \ln S_1) + n_2 \cdot (\mu_{2,\mathrm{Mischung}} - k \cdot T \cdot \ln S_2) + \sigma \cdot A, \tag{9.3}$$

wobei S_1 und S_2 für die Übersättigungen bezüglich der Sättigungsdampfdrucke über den einzelnen reinen Komponenten stehen, jetzt aber in die gesamte freie Enthalpie noch die auf die Einzelmoleküle bezogenen Mischungsenthalpien $\mu_{1,\mathrm{Mischung}}$ bzw. $\mu_{2,\mathrm{Mischung}}$ eingehen.

Abbildung 9.2 zeigt schematisch die sich ergebende ΔG-Fläche über der (n_1, n_2)-Fläche. Bei der Darstellung ist davon ausgegangen worden, daß der Dampf bezüglich der einzelnen Komponenten untersättigt ist (für $n_2 = 0$ z. B. steigt $\Delta G(n_1)$ stetig an); für gewisse Mischungsverhältnisse, d. h. für gewisse Bereiche der (n_1, n_2)-Ebene ist der Dampf dagegen offensichtlich übersättigt, ΔG fällt dort ab. Die Abbildung ist zur besseren Überschaubarkeit symmetrisch in n_1 und n_2; bei realen Gemischen ist dies normalerweise nicht der Fall.

Die ganze Konfiguration zeigt die für exotherme Gemische typische Sattelform der ΔG-Fläche; ein „Embryo", das ein Tröpfchen oder Partikel „werden will", muß auch hier einen Sattelpunkt bei einer kritischen Molekülzahl (n_1^*, n_2^*) überspringen; die Höhe dieses Sattelpunktes ist die kritische freie Enthalpie ΔG^*. ΔG^* sowie n_1^* und n_2^* ergeben sich aus den Bedingungen

$$\frac{\partial \Delta G}{\partial n_1} = 0 \tag{9.4}$$

und

$$\frac{\partial \Delta G}{\partial n_2} = 0. \tag{9.5}$$

Die detaillierte Rechnung, die wir hier nicht wiedergeben wollen (s. Yue u. Hamill 1979), führt zu Verallgemeinerungen der im 5. Kap. vorgestellten Thomson/Kelvin-Gleichung. Unter der normalerweise gegebenen Voraussetzung, daß in der Gasphase die Häufigkeit einer Komponente wesentlich größer ist als die der anderen (das heißt z. B., daß in der Atmosphäre der Wasserdampfgehalt viel größer ist als der Gehalt an Schwefelsäure, was ohne Zweifel erfüllt ist), gelten auch für die Kinetik der Kondensation ganz ähnliche Beziehungen wie im monomolekularen Fall. Als Ergebnis der Rechnungen zeigt sich, daß bei relativen Feuchten von etwa 50% bis 80% die homogene heteromolekulare Kondensation von Schwefelsäure einsetzt, wenn der Schwefelsäuredampfdruck die Größenordnung von etwa 10^{-7} hPa erreicht.

Die Nukleation in einem reinen binären H_2SO_4/H_2O-System wird durch die hier kurz skizzierte Theorie richtig wiedergegeben, wie z. B. Experimente von Boulaud et al. (1977) gezeigt haben. In der realen Atmosphäre liegen in der Regel allerdings keine reinen H_2SO_4/H_2O-Systeme vor, so daß Abweichungen von den hier dargestellten Verhältnissen zu berücksichtigen sind.

So sind in der Atmosphäre nicht unbedingt binäre Reaktionen zu erwarten. In der unteren Troposphäre kommt Ammoniak in Konzentrationen um 1 ppb vor (s. z. B. Georgii u. Lenhard 1978), das in der Lage ist, die gebildete Schwefelsäure zumindest z. T. zu neutralisieren; ein nicht unbeträchtlicher Teil der Sulfationen in troposphärischen Aerosolen liegt tatsächlich in der Form von Ammonsulfat vor. Es ist durchaus möglich, daß primär H_2SO_4/H_2O-Kondensationsaerosole gebildet werden, die dann nachträglich Ammoniak aufnehmen; es ist aber genau so gut möglich (und vielleicht sogar wahrscheinlicher), daß schon bei dem primären Nukleationsprozeß die drei Komponenten Schwefelsäure, Wasser und Ammoniak beteiligt sind. In diesem letzteren Fall stellte die Zweikomponententheorie natürlich keine gute Beschreibung der Nukleation mehr dar.

Eine weitere Komplikation wird durch die Gegenwart schon gebildeter Aerosole verursacht. In diesem Fall besteht für die Schwefelsäuremoleküle, zusammen mit dem Wasserdampf, die Alternative, entweder in der beschriebenen Form durch homogene Nuleation neue Partikel zu bilden, oder aber heterogen an den bereits vorhandenen Partikeln zu kondensieren. Wenn die Radien der bereits existierenden Teilchen ausreichend groß sind (in der Regel ist dies der Fall), so ist für die heterogene Kondensation eine nur geringe Übersättigung erforderlich; dies bedeutet, daß die heterogene Kondensation an existierenden Teilchen gegenüber der homogenen Kondensation thermodynamisch weit bevorzugt ist.

Trotzdem ist die homogene Kondensation damit nicht ausgeschlossen, da für die Rate der heterogenen Kondensation an schon vorhandenen Teilchen primär nicht die Energetik der Kondensation limitierend ist, sondern die Geschwindigkeit, mit der kondensierbare Moleküle zu der Oberfläche der aufnehmenden Teilchen diffundieren können. Wegen dieser begrenzten Diffusionsgeschwindigkeit kann trotz der Konkurrenz der heterogenen Kondensation bei ausreichend hoher Rate der Erzeugung kondensierbarer Moleküle eine für die homogene Kondensation ausreichende Konzentration dieser Moleküle aufgebaut werden. Middleton u. Kiang (1978) bzw. Middleton (1980) haben diesen Fall in einem Modell durchgerechnet und gezeigt, daß homogene Nukleation auch in der realen Atmosphäre, in Gegenwart schon existierender Partikel, durchaus möglich ist, wenn auch die Nukleationsraten dann natürlich kleiner sind als in einem reinen Dampfsystem.

Wir betrachten jetzt noch einige Aspekte der Erzeugung von Dispersionsaerosolen an der Erdoberfläche, ohne allerdings dieses Gebiet systematisch behandeln zu wollen. Für die Ablösung von Partikeln von der Erdoberfläche kann eine Vielzahl von schwer zu überschauenden Prozessen eine Rolle spielen. Von der Menge der erzeugten Partikel her sind zwei Mechanismen besonders interessant, die wir deshalb hier, gewissermaßen exemplarisch, besprechen wollen:

- die Aufwirbelung von Mineralstaub durch den Wind,
- die Produktion von Seesalzpartikeln, sog. Seesalzkernen, durch das Zerplatzen von Blasen an der Meeresoberfläche.

Die Aufwirbelung fester Teilchen durch den Wind beginnt fast immer damit, daß die Partikel durch die Windkräfte tangential zur Bodenoberfläche bewegt werden. Dies hat zur Folge, daß die Kontaktflächen zum Untergund reduziert und die Adhäsionskräfte am Untergrund geringer werden. Die aerodynamischen Auftriebskräfte erhalten so eine größere Chance, wirksam zu werden. Bei Partikeln unterhalb einiger zehntel Mikrometer überwiegen allerdings oft doch die Adhäsionskräfte; dies ist ein Grund dafür, daß in natürlichen Dispersionsaerosolen Partikel unterhalb dieser Größe einen verschwindenden Anteil an der Gesamtmasse ausmachen (wir werden weiter unten auf diesen Punkt zurückkommen).

Eine zweite Folge der primär eingeleiteten Tangentialbewegung sind Stöße der Partikel mit Unebenheiten des Untergrundes; durch solche Stöße erhalten die Teilchen den notwendigen Vertikalimpuls. Das Springen der Teilchen kann sogar zu einer Art Lawine führen, wenn die wieder auftreffenden Partikel weitere Teilchen von ihrer Unterlage lösen.

Experimentell ergibt sich, daß die Aufwirbelung erst oberhalb einer kritischen Stärke des Windschubs einsetzt, daß dann aber die Menge des aufgewirbelten Materials mit wachsender Windgeschwindigkeit rasch zunimmt. Verschiedene Autoren parametrisieren diese Abhängigkeiten auf etwas unterschiedliche Art. So haben z. B. Gilette (1978) bzw. Gilette et al. (1980) kritische Größen für die Schubspannungsgeschwindigkeit u_* gefunden (zur Definition von u_* s. Kap. 7), die je nach Bodenart zwischen etwa 20 cm/s und 1 m/s variieren; für die Menge des aufgewirbelten Materials (gemessen als horizontale Flußdichte in einem Windkanal) postulieren sie oberhalb der kritischen Schubspannungsgeschwindigkeit eine Proportionalität zu $u_*^2 \cdot (u_* - u_{*kr})$, wobei u_{*kr} für die kritische Schubspannungsgeschwindigkeit steht. Fuchs (1964) gibt in einer Übersicht über Daten verschiedener Autoren kritische Grenzgeschwindigkeiten des Windes in 1 m Höhe zwischen 2 m/s und 4 m/s (je nach Material) und für $v > v_{kr}$ eine Proportionalität der Menge des aufgewirbelten Staubs zu etwa $(v - v_{kr})^3$ an, wobei v die aktuelle Geschwindigkeit und v_{kr} die kritische Grenzgeschwindigkeit bedeuten. Die Schwellengeschwindigkeiten hängen auch etwas von der Partikelgröße ab; einerseits haften kleine Teilchen besser am Untergrund als mittelgroße, andererseits erfordern sehr große Partikel schon beträchtliche Windkräfte und damit hohe Windgeschwindigkeiten zum Aufwirbeln, so daß sich ein gewisses Optimum bei Teilchen in der Größenordnung von 10 μm einstellt.

Alles in allem ist der ganz überwiegende Teil der Masse der Dispersionsaerosole im Radienbereich zwischen etwa 1 μm und etwas über 10 μm zu finden (Anzahldichtenverteilungen von Dispersionsaerosolen zeigen ein etwas anderes Bild; in diesen sind kleinere Teilchen durchaus vertreten, doch tragen diese nur sehr wenig zur Gesamtmasse bei). Die Verteilung der Masse auf die Teilchengrößen wird nach unten hin durch die schon erwähnten, bei kleineren Partikeln relativ stärkeren Adhäsionskräfte eingegrenzt, ferner durch die Notwendigkeit, daß die Partikel dank ihrer Trägheit in der Lage sein müssen, die unterste laminare Strömungsschicht über dem Boden zu verlassen, um von der turbulenten Strömung erfaßt und weggetragen werden zu können. Die obere Grenzgröße der Dispersionsaerosole ist durch die Konkurrenz zwischen dem turbulenten Transport von der Erdoberfläche weg und der Sedimentation zum Boden hin bestimmt (eine einfache Formel für die Sedimentationsgeschwindigkeit war in dem Abschn. 7.3.5 angegeben). In der Regel kann man davon ausgehen, daß die obere Grenzgröße für einigermaßen dauerhaft in der Atmosphäre verbleibende Teilchen bei Radien in der Größenordnung von 10 μm bis 20 μm liegt (auf die Lebensdauer von Aerosolen gehen wir weiter unten ein).

Der zweite Dispergierungsprozeß, den wir hier besprechen wollen, ist die Erzeugung von Seesalzaerosolen („Seesalzkerne"), die beim Zerplatzen von Blasen an der Meeresoberfläche entstehen. Diese Blasen werden vor allem bei etwas stärkerem Wind in den sich brechenden Wellenkämmen gebildet; dieser Mechanismus setzt – grob – bei Windgeschwindigkeiten um 3 m/s ein. Die kleinsten Blasen haben Durchmesser von etwa 100 μm oder etwas darunter; noch kleinere Luftblasen werden in dem Seewasser sehr schnell gelöst und haben deshalb nur geringe Chancen, bis zur Wasseroberfläche zu gelangen. Eine scharfe untere Grenze existiert allerdings nicht. Die größten Blasen weisen Durchmesser von mehreren Millimetern auf.

Wie in Abb. 9.3 skizziert ist, tragen zur Bildung von Seesalzspray zwei Mechanismen bei, die zu Tröpfchen unterschiedlicher Größe führen: Einmal entstehen beim Zerplatzen der Blasenhaut in großer Anzahl kleine Tröpfchen; beim Zerplatzen der größten Blasen werden mehrere hundert Tröpfchen mit Durchmessern im Mikrometerbereich oder sogar noch darunter gebildet. Zum anderen steigt beim Zerplatzen der Blase unter dem Antrieb durch die Oberflächenspannung des Wassers ein zentraler Jet auf, der sich in etwa 3 bis 8 Tröpfchen auflöst, die mehrere Zentimeter hochgeschleudert werden können. Die Durchmesser der Jettröpfchen liegen größenordnungsmäßig bei etwa 10% des Blasendurchmessers.

Die einmal gebildeten Seesalztröpfchen dampfen in der Luft auf etwa die Hälfte bis ein Drittel ihres ursprünglichen Durchmessers ein. Ein vollständiges Eindampfen ist wegen der Hygroskopizität des im Seesalz enthaltenen Magnesiumchlorids

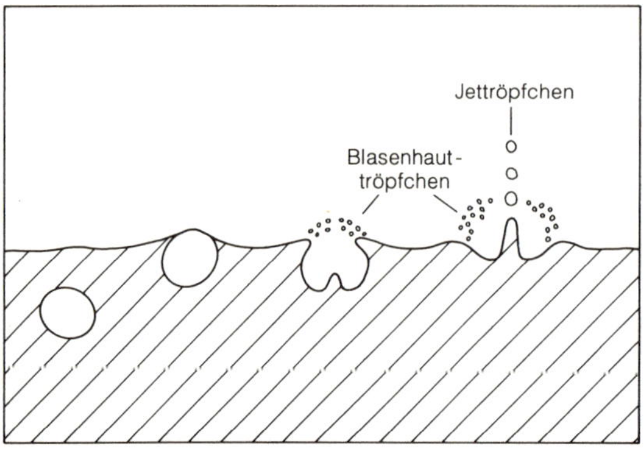

Abb. 9.3. Tröpfchenbildung bei dem Zerplatzen von Meerwasserblasen

nicht zu erwarten (auf 1 g Natrium im Seesalz kommen etwa 130 mg Magnesium); $MgCl_2$ trocknet erst bei relativen Feuchten unterhalb 31% vollständig ein. Die Gesamtzahl der Seesalzkerne liegt in den unteren Luftschichten bei etwa 100 cm^{-3} oder etwas darüber; oberhalb einiger hundert Meter über der Meeresoberfläche nimmt die Konzentration schnell ab, oberhalb etwa 3 km sind fast keine Seesalzaerosole mehr zu finden.

9.1.2 Lebenslauf troposphärischer Aerosole; Größenverteilungen

Im vorangehenden Abschnitt hatten wir die beiden Produktionsmechanismen für neue Aerosolpartikel besprochen, die Kondensation oder Nukleation aus der Gasphase auf der einen Seite und die Dispergierung festen oder flüssigen Materials auf der anderen. Die homogene Nukleation aus der Gasphase führt zu sehr kleinen Primärteilchen; die Dimensionen hängen etwas von der aktuellen Übersättigung der kondensierenden Dämpfe ab, liegen aber tendenziell im Nanometerbereich. Die Größenspektren der Dispersionsaerosole sind sehr breit; der Hauptteil der Masse ist aber im Größenbereich zwischen 1 μm und 10 μm zu finden; von der Tendenz her sind Dispersionsaerosole große Partikel.

Die primären Eigenschaften und auch die primären Größenverteilungen bleiben während des Aufenthalts der Partikel in der Atmosphäre nicht erhalten; die Teilchen machen sehr vielfältige Prozesse durch, die zu Änderungen der chemischen Zusammensetzung, der Größenverteilung und anderer Charakteristika führen.

Abbildung 9.4 stellt, in etwas schematisierter Form, einige wichtige Umwandlungsprozesse zusammen. Das Bild soll zeigen, wie das ursprünglich gebildete Aerosol durch aerosolphysikalische und durch meteorologische Prozesse verändert wird, bis schließlich nach einem bis einigen Tagen ein gealtertes Mischaerosol vorliegt.

Sowohl die primären Produktionsmechanismen als auch – innerhalb gewisser Grenzen – die Umwandlungsprozesse spiegeln sich in den Größenspektren der Aerosole wider.

Im 1. Kap. waren wir kurz auf Teilchengrößenspektren eingegangen; in Abb. 1.7 waren typische Anzahldichtespektren als Funktion des Partikelradius wiedergege-

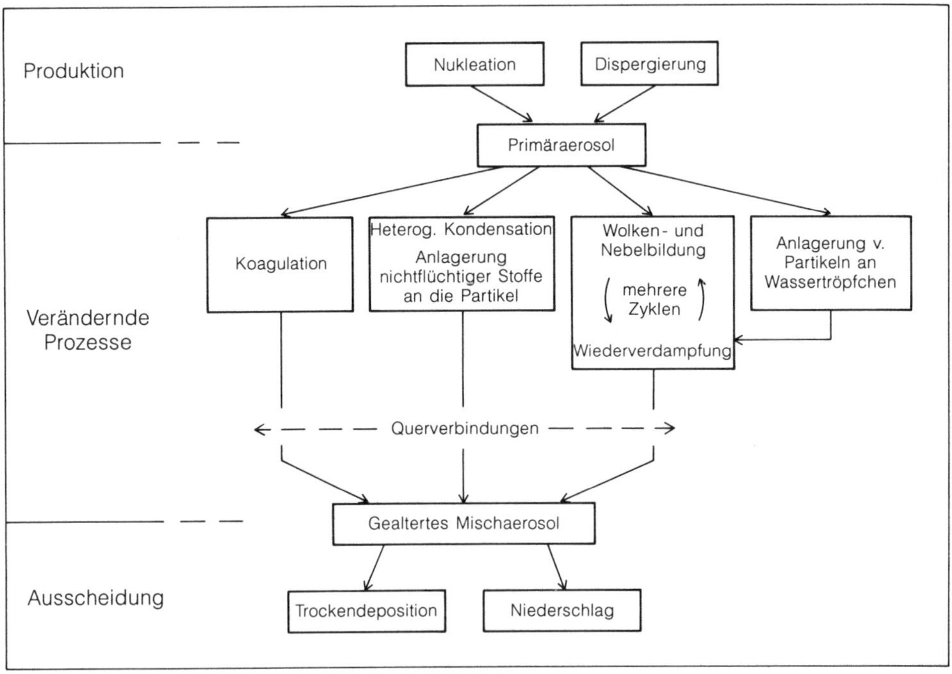

Abb. 9.4. Umwandlungsprozesse in der Troposphäre

ben. Wir hatten erwähnt, daß etwas gealterte Aerosole in dem Größenbereich oberhalb von rund 0,1 µm meistens eine Anzahldichteverteilung aufweisen, die einer Potenzverteilung der Form

$$n^*(r) = \frac{dN(r)}{d\log r^*} \sim r^{-s} \tag{9.6}$$

mit $s \approx 3{,}5 \pm 1$ gehorcht; r* war der durch Normierung auf einen Einheitsradius dimensionslos gemachte Radius. Verteilungen dieser Art sind in der Aerosolphysik als Junge-Verteilungen (nach Christian E. Junge) bekannt.

Wir wollen diesen Anzahldichteverteilungen noch Volumen- und Massenverteilungen gegenüberstellen, die Details im spektralen Verlauf (die zum Beispiel auf Erzeugungsprozesse zurückzuführen sind) besser erkennen lassen. Eine Volumenverteilung der Form $dV/d\log r^*$ beschreibt zum Beispiel das Aerosolvolumen pro Volumeneinheit Trägergas und pro logarithmischem Radiusintervall (präziser ausgedrückt ist dies eine Volumendichteverteilung); sie hängt mit der früher eingeführten Anzahldichteverteilung (Teilchenzahl pro Volumeneinheit Trägergas und pro logarithmischem Radiusintervall) über

$$\frac{dV}{d\log r^*} = \frac{dV}{dN} \cdot \frac{dN}{d\log r^*} = \frac{4 \cdot \pi \cdot r^3}{3} \cdot \frac{dN}{d\log r^*} \tag{9.7}$$

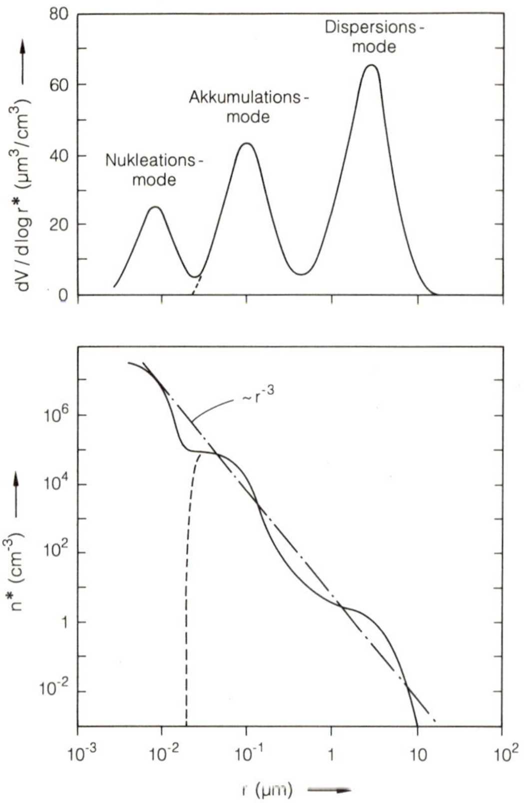

Abb. 9.5. *Oben:* Trimodales Volumenspektrum (Whitby-Spektrum), lineare Einteilung der Ordinate. *Unten:* Hieraus abgeleitetes Anzahldichtespektrum (Junge-Spektrum), logarithmische Einteilung der Ordinate, mit $n^* = dN(r)/d\log r^*$. *Gestrichelt:* Abfall der Spektren bei Abwesenheit der Nukleationsmode

zusammen (mit r als „normalem“ und r* als dimensionslos geschriebenem Radius). Ähnlich gilt für eine Massenverteilung, mit der (als einheitlich angenommenen) Dichte ϱ des Partikelmaterials,

$$\frac{dM}{d\log r^*} = \varrho \cdot \frac{dV}{d\log r^*} = \frac{\varrho \cdot 4 \cdot \pi \cdot r^3}{3} \cdot \frac{dN}{d\log r^*}. \tag{9.8}$$

Abbildung 9.5 zeigt im oberen Teil ein typisches Volumenspektrum, das ganz offensichtlich drei charakteristische Bereiche oder Moden aufweist. Auf der Seite der sehr kleinen Partikel, mit Schwerpunkt bei etwa 0,018 μm, gibt es einen Bereich der primären Kondensations- oder Nukleationsteilchen. Diese Mode hat eine Lebensdauer in der Größenordnung weniger Stunden und fehlt bei älteren Aerosolen, wenn nicht laufend neue Nukleationsaerosole nachgebildet werden. Zu größeren Radien hin, mit Schwerpunkt bei etwa 0,1 μm, schließt sich ein Bereich an, der durch die Koagulation der sehr kleinen Teilchen aus der Nukleationsmode bevölkert wird; dieser Bereich wird als Akkumulationsbereich oder als Akkumulationsmode bezeichnet. Da kleine Teilchen eher mit mittelgroßen als mit anderen kleinen Teilchen koagulieren (Näheres hierzu in Abschn. 9.2), wird die Lücke zwischen Nukleations- und Akkumulationsmode nur sehr langsam aufgefüllt und bleibt in der Regel sichtbar, solange überhaupt eine Nukleationsmode vorhanden

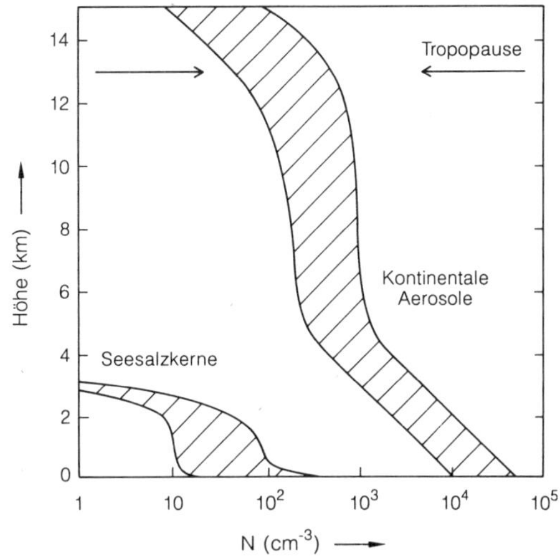

Abb. 9.6. Teilchenzahldichte als Funktion der Höhe, *links unten* für Seesalz-Kerne, *weiter rechts* für kontinentale Aerosole. Die ungefähre Lage der Tropopause ist mit *zwei Pfeilen* angedeutet

ist. Zu diesen beiden Moden kommt auf der Seite der großen Partikel ein weiterer Bereich, in dem das Gros der Masse der Dispersionsteilchen vertreten ist. Wegen der sehr langsamen Koagulation mittelgroßer Partikel wird auch die Lücke zwischen Akkumulations- und Dispersionsmode nur sehr langsam aufgefüllt. Trimodale Spektren dieser Art werden gern als Whitby-Spektren bezeichnet (nach Kenneth T. Whitby).

Trimodale Spektren und Junge-Spektren müssen trotz ihrer scheinbar so verschiedenen Form nicht im Widerspruch zueinander stehen. Zum unmittelbaren Vergleich ist dem sehr ausgeprägt trimodalen Volumenspektrum im oberen Teil der Abb. 9.5 im unteren Teil der gleichen Abbildung das zugehörige Anzahldichtespektrum gegenüber gestellt. Man sieht sofort, daß Details in der Struktur eines Spektrums in der Anzahldichteverteilung viel weniger in Erscheinung treten als in der Volumenverteilung. Stellt man sich jetzt noch vor, daß in einem stärker gealterten Aerosol der Verlauf des Spektrums noch etwas besser geglättet ist, und berücksichtigt man auch noch die bei der Aufnahme der Spektren unvermeidlichen Meßfehler, so sieht man auch, daß trimodalen Volumenspektren durchaus relativ glatte Junge-Spektren entsprechen können.

Dem in Abb. 9.4 mehr von einem mikrophysikalischen Standpunkt gesehenen Schicksal troposphärischer Aerosole stellen wir jetzt noch einige mehr globale Aspekte gegenüber.

Abbildung 9.6 zeigt die vertikale Verteilung der Anzahldichte troposphärischer Aerosole, getrennt nach kontinentalen Aerosolen und nach Seesalzpartikeln; die Schraffierung gibt die Streuung der von verschiedenen Autoren veröffentlichten Messungen wieder. Über den Kontinenten fällt die Dichte bis in etwa 5 km Höhe um zwei Größenordnungen ab, um dann bis zur Tropopause praktisch konstant zu bleiben, von einem schwachen Rückgang parallel zur Luftdichte einmal abgesehen. Die Dichte der Seesalzkerne nimmt oberhalb einiger hundert Meter schnell ab; wie schon einmal erwähnt, sind oberhalb etwa 3 km Seesalzteilchen nicht mehr zu beobachten. Dies hängt mit der feuchten Luft über dem Meer, der hohen Löslichkeit

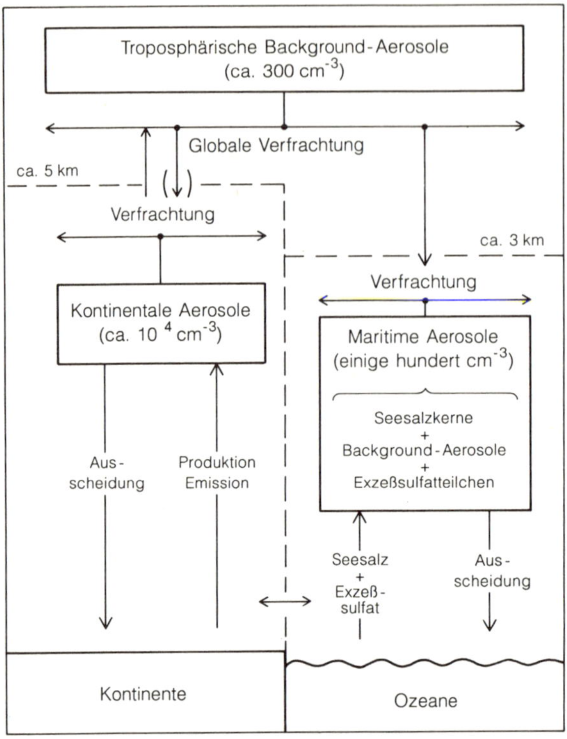

Abb. 9.7. Modell des globalen troposphärischen Aerosolkreislaufs

und den damit verbundenen guten Eigenschaften der Seesalzteilchen als Kondensationskerne zusammen, und außerdem damit, daß die vertikale Durchmischung über dem offenen Meer weniger effektiv ist als über den Kontinenten, wo sich der stärkere Einfluß der Bodenreibung und die intensivere thermische Konvektion bemerkbar machen.

Diese Höhenverteilungen sind eine starke Stütze für ein Modell des globalen troposphärischen Aerosolhaushaltes, das in seinen Grundzügen auf Junge zurückgeht und das in Abb. 9.7 skizziert ist.

Nach diesem Modell wird der größte Teil der über den Kontinenten durch Dispergierung und Nukleation erzeugten Partikel durch Niederschlag, Sedimentation und Diffusion zum Boden auch wieder über den Kontinenten ausgeschieden. Ein kleiner Teil steigt jedoch in die obere Troposphäre, d. h. in Höhen oberhalb etwa 5 km auf, und wird dort über große Strecken, d. h. praktisch weltweit verfrachtet; nach Abb. 9.6 weisen diese hochtroposphärischen Aerosole ziemlich einheitlich eine Konzentration in der Größenordnung von 300 cm^{-3} auf. Sie diffundieren, ebenfalls weltweit, wieder in die untere Troposphäre zurück und bilden dort einen Untergrund unter den lokal oder regional erzeugten Teilchen. Sie werden deshalb allemein als troposphärische Untergrund-, Hintergrund- oder Background-Aerosole bezeichnet.

Auch im maritimen Bereich werden Aerosole aus Gasreaktionen erzeugt. Winkler (1975) fand bei den sehr kleinen Partikeln über dem Meer einen sehr hohen

Sulfatanteil, der nicht aus dem Seesalz kommen konnte und der wohl durch Kondensation aus der Gasphase erzeugt sein mußte, da andere Quellen eigentlich nicht in Frage kamen (für einen Transport vom Land auf den offenen Ozean ist die Lebensdauer der kleinen Partikel zu gering). Die Quelle dieses sog. Exzeß-Sulfats ist nach heutiger Kenntnis im wesentlichen Dimethylsulfid, $(CH_3)_2S$, das im Ozean bei biologischen Prozessen gebildet wird und das in die Atmosphäre entweicht (s. z. B. Barnard et al. 1982). Im weiteren Verlauf wird Dimethylsulfid überwiegend zu Methansulfonsäure (CH_3SO_3H) bzw. Methansulfonat und zu Schwefelsäure bzw. Sulfat oxidiert.

Damit wird auch die Größenverteilung der maritimen Aerosole in Abb. 1.7 verständlich: Die Überlagerung von Seesalzkernen und troposphärischen Background-Aerosolen ergibt das breite Maximum bei etwa 0,1 μm, während die durch Kondensation von Methansulfonsäure bzw. Schwefelsäure entstehenden Exzeß-Sulfatteilchen das zweite Maximum bei etwa 0,01 μm verursachen.

Die Lebensdauer der Aerosolpartikel in der unteren Troposphäre wird durch drei Mechanismen bestimmt:

- Im mittleren Größenbereich, mit Teilchenradien zwischen einigen hundertstel Mikrometer und etwa 10 Mikrometer, ist die nasse Ausscheidung durch den Regen der dominierende Prozeß; die Mechanismen sind in dem Abschn. 5.3 besprochen worden. Die nasse Ausscheidung begrenzt die Lebensdauer der Aerosole auf einige Tage.
- Im unteren Größenbereich, unterhalb etwa 0,1 μm, nimmt die Effizienz der nassen Ausscheidung erst langsam, dann aber sehr rasch ab; für die Lebensdauer der sehr kleinen Partikel wird die thermische Koagulation bestimmend, deren Effektivität in einem Gemisch verschieden großer Teilchen mit abnehmendem Partikelradius schnell zunimmt (auch hier sei auf den Abschn. 9.2 verwiesen).
- Bei sehr großen Partikeln bleibt die nasse Ausscheidung wirksam, sie verliert aber ihren Charakter als dominierender Prozeß; für die Lebensdauer der Teilchen in der Atmosphäre wird die Sedimentation im Schwerefeld der Erde ausschlaggebend.

Abbildung 9.8 zeigt die aus diesen Überlegungen folgende Lebensdauer als Funktion des Partikelradius. Da die Hauptmasse der Aerosole im mittleren Größenbereich zu finden ist, stellt die mittlere Lebensdauer für die Ausscheidung durch nasse Deposition von etwa 4 bis 6 Tagen gleichzeitig ein gutes Maß für die Lebensdauer der Aerosolmasse überhaupt dar.

Jaenicke (1978) hat eine Näherungsformel zur Berechnung der Aerosollebensdauer τ als Funktion des Partikelradius r angegeben:

$$\frac{1}{\tau} = \frac{1}{\tau_{wet}} + \frac{1}{\tau_0} \cdot \left(\frac{r}{r_0}\right)^{-2} + \frac{1}{\tau_0} \cdot \left(\frac{r}{r_0}\right)^2 \tag{9.9}$$

Dabei ist τ_{wet} die partielle Lebensdauer für nasse Ausscheidung; $\tau_0 = 1{,}28 \cdot 10^8$ s (das sind rund 4 Jahre) und $r_0 = 0{,}3$ μm sind Konstanten. In Abb. 9.8 ist die aus dieser Näherungsformel folgende Kurve für $\tau_{wet} = 5$ Tage eingezeichnet.

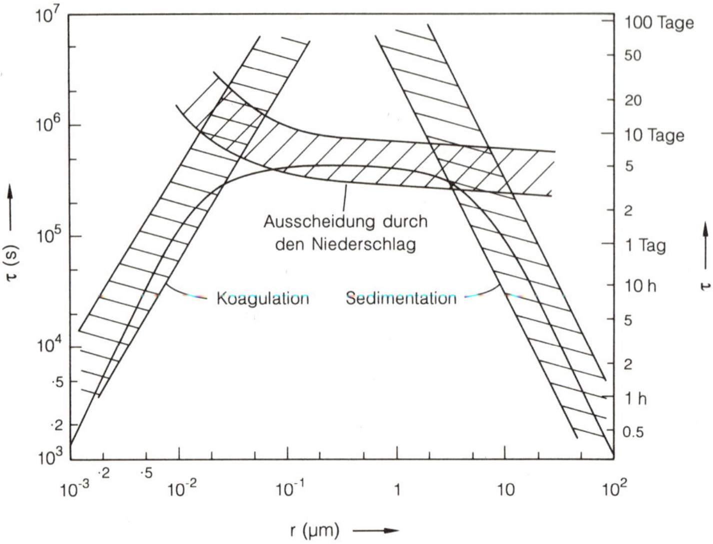

Abb. 9.8. Mittlere Aerosollebensdauer in der Troposphäre in Abhängigkeit von dem Teilchenradius (teilweise nach Jaenicke 1978), mit partiellen Lebensdauern gegenüber Koagulation, Ausscheidung durch den Niederschlag und Sedimentation (*schraffierte Bereiche*). *Durchzogene Kurve* nach einer Approximationsformel von Jaenicke (1978). (s. Text)

9.1.3 Globale Aerosolquellen; Häufigkeit chemischer Elemente

Über die Herkunft der Aerosole insgesamt, d. h. über die globalen Aerosolquellen, lassen sich nur näherungsweise Angaben machen, da Abschätzungen und Extrapolationen oft nur weniger Daten notwendigerweise mit sehr großen Unsicherheiten behaftet sind.

Pauschal wird die Produktionsrate natürlicher Aerosole aus direkten Partikelemissionen und aus Gasreaktionen auf etwa 2 bis 2,5 Gt/Jahr geschätzt; davon stammen rund 2/3 aus der direkten Partikelemission (Dispergierung), etwa 1/3 entsteht durch die Kondensation von Dämpfen aus Gasreaktionen (diese und weitere entsprechende Zahlen umfassen homogene und heterogene Kondensation!). Die anthropogenen Emissionen sind auf etwa 0,3 bis 0,4 Gt/Jahr anzusetzen; davon werden etwa 2/3 über Gasreaktionen mit nachfolgender Kondensation und etwa 1/3 durch direkte Emission von Stäuben erzeugt.

Tabelle 9.1 versucht, diese Zahlen weiter aufzuschlüsseln. Die Werte sind aus vielen Quellen zusammengetragen; besonders erwähnt seien Robinson u. Robbins (1971), Peterson u. Junge (1971), Barnard et al. (1982), Berresheim u. Jaeschke (1982), und Ketserides u. Jaenicke (1977).

Die Zusammenstellung der Umwandlungsprozesse in Abb. 9.4 hat deutlich gemacht, daß der ursprüngliche Charakter der frisch gebildeten oder in die Atmosphäre injizierten Aerosole nicht lange erhalten bleibt. Diese Aussage gilt natürlich auch für die chemische Zusammensetzung der Partikel. Aus der Betrachtung der verschiedenen Mechanismen wird auch schnell klar, daß nicht nur ein

Tabelle 9.1. Globale natürliche und anthropogene Aerosolquellen (alle Werte in Megatonnen/Jahr)

Natürliche Quellen:	
Direkte Partikelemissionen	
Seesalz	1000
Mineralstaub	200–500
Vulkane (ohne Gasemissionen)	10– 20
Wald- und Buschfeuer	3– 30
Biologisch-organisches Material	80
Produktion aus Gasreaktionen	
Sulfat (meist aus $(CH_3)_2S$ und H_2S)	100–200
Nitrat	75–400
Ammonium	250
Partikel aus organischen Dämpfen	75–200
Partikel aus vulkanischen Gasen	15
Anthropogene Quellen:	
Direkte Partikelemissionen	
Stäube	90–135
Produktion aus Gasreaktionen	
Sulfat (meist aus SO_2)	100–200
Nitrat	30– 40
Partikel aus Kohlenwasserstoffen u. ähnl.	30

Tabelle 9.2. Typische Elementkonzentrationen in kontinentalen Aerosolen (Größenordnungen)

Elemente	Konzentrationen (ng/m^3 Luft)
C	30000
Si, S	10000
Fe, Ca, Al, Na, Mg, K, N, H	3000
Zn, Cl, Pb	1000
Ti, Br	300
Mn, P, Ba, F, V	100
Ni, Sn,Cr, Sr und andere	30
Cd, Sb, B, As, Mo und andere	10
Li, Co, Se, Ag, Hg und andere	3
Ga, W, Cs, Te, Sm und andere	1
Seltene Erden, U, In und andere	0,3
Au, Tl und andere	0,1

Ensemble von vielen Aerosolteilchen eine sehr heterogene chemische Zusammensetzung haben kann, sondern daß auch schon für die Zusammensetzung eines einzelnen Partikels – zumindest in etwas gealterten Aerosolen – ein Gemisch sehr vieler Substanzen und sehr vieler chemischer Elemente zu erwarten ist.

Tabelle 9.2 gibt typische mittlere Elementkonzentrationen in bodennaher Luft über Mitteleuropa und über den USA wieder (nach einer Übersicht von Rahn 1976). Die in der Tabelle angegebenen Konzentrationen sind allerdings nur mittlere

Anhaltswerte; die aktuellen Konzentrationen können ohne weiteres um eine Größenordnung und mehr schwanken.

Wegen dieser starken Schwankungen geben die Absolutkonzentrationen eines Elementes in einer Aerosolprobe auch nur wenig Anhaltspunkte für die Herkunft der Aerosole oder für die Bedeutung natürlicher oder anthropogener Quellen. Dagegen können relative Elementkonzentrationen unter Umständen recht gute Informationen über den Ursprung dieser Elemente liefern, wenn diese relativen Konzentrationen in einer Probe in Bezug gesetzt werden zu den relativen Konzentrationen in einer für eine bestimmte Quelle charakteristischen Referenzprobe. Als Kenngröße für solche Vergleiche hat sich der sog. Elementanreicherungsfaktor („enrichment factor", ER) eingebürgert.

Interessiert man sich beispielsweise für eine anthropogene Überhöhung von Elementkonzentrationen gegenüber der durch die Erdkruste gegebenen natürlichen mineralischen Zusammensetzung, so wählt man als Referenz die Zusammensetzung des Krustenmaterials (diese ist z. B. bei Mason 1966 oder bei Turekian 1971 zu finden). Als Bezugselement ist in diesem Fall zum Beispiel Aluminium, Al, geeignet, da dieses fast ausschließlich natürlichen Ursprungs ist. X bezeichne das jeweils interessierende Element, [X] sei dessen Konzentration in einer Probe. Dann ist der Anreicherungsfaktor ER definiert durch

$$\mathrm{ER} = \frac{[\mathrm{X}]_{\mathrm{Probe}}/[\mathrm{Al}]_{\mathrm{Probe}}}{[\mathrm{X}]_{\mathrm{Kruste}}/[\mathrm{Al}]_{\mathrm{Kruste}}}. \tag{9.10}$$

Abb. 9.9 zeigt zwei Beispiele, erstens für X = Silizium (oben), zweitens für X = Nickel (unten). Für eine Anzahl von Proben sind jeweils die gemessenen Einzelwerte von ER als Funktion der Konzentration des Referenzelementes Aluminium in das Diagramm eingetragen. In einer solchen Darstellung sind die Konzentrationen des jeweils interessierenden Elementes X durch Isolinien der Steigung −1 gegeben.

Silizium ist typisch für ein natürliches Element aus dem Krustengestein. Trotz der großen Variation der Absolutkonzentrationen sowohl des Siliziums als auch des Aluminiums sind die ER-Werte um ER = 1 konzentriert, wobei die Variabilität mit steigender Absolutkonzentration ein wenig zunimmt; die beiden durchgezogenen Geraden bilden angenähert die Umhüllenden der ER-Werte.

Nickel ist dagegen meist aus anthropogenen Quellen angereichert; die Anreicherungsfaktoren in Abb. 9.9 gehen bis etwa 250 und sind kaum mit den Al-Konzentrationen korreliert. Die dreieckförmige Umhüllende der Meßwerte ist für viele angereicherte Elemente charakteristisch; der Schenkel parallel zu den Ni-Isolinien mit [Ni] etwas unterhalb 1 ng/m^3 repräsentiert ungefähr die natürliche Untergrundkonzentration des Elementes.

Nach Rahn (1976) sind gegenüber Aluminium als Referenz die Elemente Si und Sc praktisch nicht angereichert, die Alkali- und Erdalkalimetalle und Fe, Co und Mn wenig angereichert (mit ER zwischen 1 und 10), die Elemente V, B, Ni und Ge mittelhoch angereichert (mit ER zwischen 10 und 100), und z. B. Cu, Zn, S, Hg, Cl, Au, Ag, und Sn hoch angereichert (mit ER zwischen 100 und 1000). Extrem hohe Anreicherungsfaktoren, mit ER bei einigen Tausend, sind z. B. bei Blei und bei Kohlenstoff zu finden.

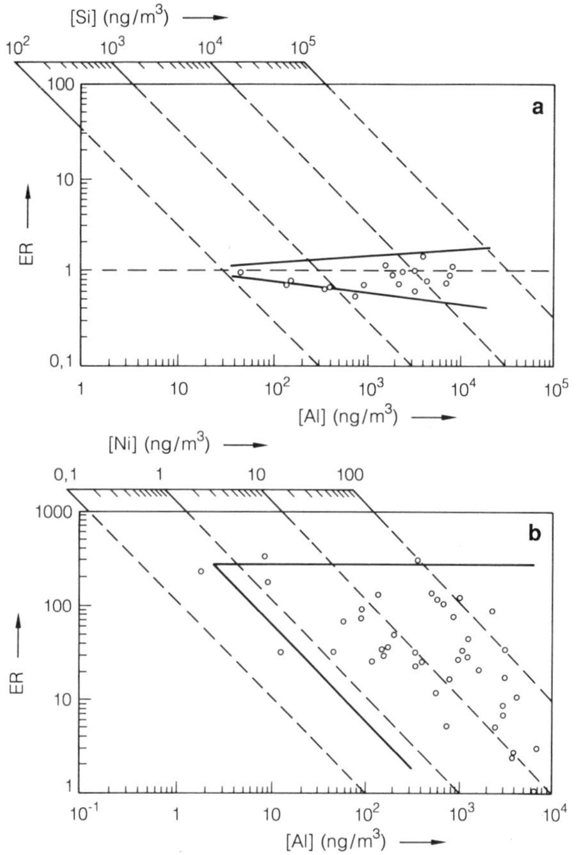

Abb. 9.9 a, b. ER-Diagramme für Silizium (**a**) und für Nickel (**b**), mit Aluminium als Referenzelement. (In Anlehnung an Rahn 1976)

Die hohe Anreicherung des Bleis ist sicher auf anthropogene Quellen zurückzuführen; der hohe ER-Wert von Kohlenstoff zeigt aber, daß formal hohe Anreicherungsfaktoren nicht kritiklos als Hinweis auf anthropogene Emissionen gewertet werden dürfen. Große und weit streuende Anreicherungsfaktoren – wie hier gegenüber den Werten des Krustengesteins – beweisen zunächst natürlich nur, daß die Quelle des betreffenden Elements eben nicht das Krustengestein ist. Im Fall des Kohlenstoffs ist dies trivial, aber bei vielen anderen Elementen können sehr sorgfältige zusätzliche Überlegungen und Untersuchungen notwendig werden, um die Ursachen hoher Anreicherungen zu erkennen oder um sicher auf anthropogene Quellen schließen zu können.

9.2 Grundzüge der Aerosoldynamik

Dieser Abschnitt befaßt sich mit Kräften, die auf Aerosolpartikel wirken können, und mit Bewegungen, die Teilchen unter der Wirkung dieser Kräfte ausführen. Zu solchen Kräften gehören äußere Kräfte, wie z. B. die Gravitation. Uns interessieren hier aber vor allem aerosoltypische Kräfte, die durch Wechselwirkungen zwischen dem Trägergas und den Teilchen zustande kommen. Dies sind in erster Linie die Reibungskräfte, die auf ein relativ zu dem Trägergas bewegtes Partikel ausgeübt werden; zu diesen Kräften gehören aber auch die gaskinetischen bzw. thermischen Kräfte, die zu stochastischen, diffusionsartigen Bewegungen führen. Eine Folge der diffusionsbedingten Relativbewegung verschiedener Teilchen in einem Ensemble ist auch die thermische Koagulation, auf die wir hier zum Schluß ebenfalls eingehen werden.

9.2.1 Reibungskräfte

Bewegt sich ein Aerosolpartikel relativ zu seinem Trägergas, so übt dieses auf das Teilchen eine geschwindigkeitsabhängige, der Richtung der Relativgeschwindigkeit entgegengesetzte Reibungs- oder Bremskraft aus. Die Beschreibung dieser Widerstandskräfte hängt davon ab, wie groß die Teilchendimensionen im Verhältnis zur mittleren freien Weglänge der Luft- bzw. Trägergasmoleküle sind. In Luft bei Normalbedingungen beträgt diese freie Weglänge 0,06 µm, während die Partikelgrößen von wenigen Nanometern bis zu vielen Mikrometern reichen.

Um diesem Sachverhalt Rechnung zu tragen, wird als charakterisierende Kenngröße eine dimensionslose Zahl, die sog. Knudsen-Zahl Kn mit

$$\mathrm{Kn} = \frac{\lambda}{r} \tag{9.11}$$

eingeführt, wobei λ die mittlere freie Weglänge der Trägergasmoleküle und r den Teilchenradius bedeuten. Für sehr kleine Knudsen-Zahlen erlaubt die Kontinuumhydrodynamik eine angemessene Beschreibung der Widerstandskraft. In Kap. 6 hatten wir die Navier-Stokes-Gleichung eingeführt. Setzt man in dieser Gleichung die expliziten und impliziten Zeitabhängigkeiten gleich Null, vernachlässigt also insbesondere alle Trägheitskräfte der Form $\varrho \cdot (\vec{v} \cdot \nabla) \cdot \vec{v}$, so erhält man nach längeren Rechnungen, die wir hier nicht wiedergeben wollen, für die auf kugelförmige Teilchen wirkende Widerstandskraft F_W die bekannte Formel von Stokes,

$$F_W = -6 \cdot \pi \cdot \eta \cdot r \cdot v, \tag{9.12}$$

mit η als der dynamischen Zähigkeit des Trägergases, r als Partikelradius und v als Relativgeschwindigkeit zwischen Gas und Teilchen.

Das Stokessche Gesetz gilt streng nur für sehr große Partikel, d. h. für den Grenzfall $\mathrm{Kn} \to 0$; der relative Fehler bei kleineren Partikeln liegt in der Größenordnung von $100 \cdot \mathrm{Kn}$ % (dies heißt z. B., daß für $\mathrm{Kn} = 10^{-2}$ das Stokessche Gesetz eine um 1% zu hohe Widerstandskraft ergibt). Wegen der Vernachlässigung des Trägheitsterms gilt das Stokessche Gesetz auch nur für kleine Geschwindigkeiten. Ein Maß hierfür ist die Reynolds-Zahl Re (s. auch hierzu Kap. 6), die für kugelförmige Teilchen in der Form

$$\mathrm{Re} = \frac{2 \cdot r \cdot v}{\nu} \tag{9.13}$$

(mit der kinematischen Zähigkeit ν) geschrieben werden kann. Die Stokes-Formel ist bis etwa Re = 0,1 gut brauchbar, bei Re = 0,5 liefert sie einen um etwa 9% zu niedrigen Wert für die Widerstandskraft (bei Re = 10 macht der Fehler schon fast 75% aus!).

In der Regel bleiben bei den in der Natur vorkommenden Teilchengrößen und Relativgeschwindigkeiten die Reynolds-Zahlen klein genug, um die Anwendung der Stokes-Formel zu rechtfertigen. Deshalb wollen wir hier für größere Reynolds-Zahlen eine Widerstandsformel lediglich angeben und auf eine Begründung verzichten (s. z. B. Fuchs 1964). Eine bis mindestens Re = 400 sehr gute Widerstandsformel ist

$$F_W = -\frac{\pi \cdot \varrho \cdot v^2 \cdot r^2}{2} \cdot \left(\frac{24}{Re} + \frac{4}{Re^{1/3}}\right). \tag{9.14}$$

(der zweite Term in der Klammer stellt offensichtlich die Korrektur gegenüber dem Gesetz von Stokes dar; läßt man nämlich in der Formel diesen zweiten Term weg, so ergibt sich mit $Re = 2 \cdot r \cdot v/\nu$ und mit $\nu = \eta/\varrho$ unmittelbar das Gesetz von Stokes).

In dem Abschnitt über die trockene Deposition von Aerosolpartikeln in Kap. 7 hatten wir bereits zwei dynamische Größen, die Bremsrelaxationszeit und die Bremslänge, eingeführt, die wir der Vollständigkeit halber hier noch einmal wiederholen wollen:

Die Bremsrelaxationszeit τ war definiert als

$$\tau = -\frac{v}{dv/dt}. \tag{9.15}$$

Wenn F_W und damit auch dv/dt proportional zu v sind (und nur für diesen Fall ist die Bremsrelaxationszeit sinnvoll), so ist τ von der Geschwindigkeit unabhängig und ist damit eine Kenngröße des Aerosols. Weiter unten, in Abb. 9.10, sind Zahlenwerte für τ wiedergegeben.

Aus der Definition von τ folgt sofort

$$\frac{dv}{dt} = -\frac{v}{\tau}. \tag{9.16}$$

Diese Differentialgleichung wird durch einen Exponentialansatz für v gelöst; für die Geschwindigkeit eines Teilchens, das mit der Anfangsgeschwindigkeit v_0 relativ zu seinem Trägergas startet und außer der Reibung keinen Kräften unterworfen ist, gilt dann

$$v(t) = v_0 \cdot \exp\left(-\frac{t}{\tau}\right). \tag{9.17}$$

Die Bremslänge Λ war über die Beziehung

$$\Lambda = \int_0^\infty v(t) \cdot dt = v_0 \cdot \int_0^\infty \exp\left(-\frac{t}{\tau}\right) = v_0 \cdot \tau \tag{9.18}$$

definiert. Sie ist die Strecke, die ein mit v_0 relativ zu dem Trägergas startendes, keinen weiteren Kräften unterworfenes Teilchen in dem Gas zurücklegt, bis seine Relativgeschwindigkeit Null wird.

Wir wollen hier noch eine dritte wichtige dynamische Kenngröße einführen, die Beweglichkeit B. Zu ihrer Definition gehen wir von dem Fall aus, daß ein Partikel unter der Wirkung einer äußeren antreibenden Kraft F so lange beschleunigt wird, bis die mit der Geschwindigkeit ansteigende Widerstandskraft F_W gleich der antreibenden Kraft wird und sich eine konstante Geschwindigkeit einstellt. F_W sei wieder der Geschwindigkeit proportional. Dann wird umgekehrt auch die sich einstellende Endgeschwindigkeit der antreibenden Kraft proportional; die Proportionalitätskonstante ist gerade die Beweglichkeit B:

$$v = B \cdot F = -B \cdot F_W. \tag{9.19}$$

Die Beweglichkeit kann man als die sich pro Einheit der antreibenden Kraft einstellende Geschwindigkeit interpretieren. Ihre Dimension [B] ist (N steht hier für die Einheit Newton)

$$[B] = \frac{m/s}{N} = \frac{m/s}{kg \cdot m/s^2} = \frac{s}{kg}. \tag{9.20}$$

Wegen

$$B = -\frac{v}{F_W} \tag{9.21}$$

und

$$\tau = -\frac{v}{dv/dt} = -\frac{v}{F_W/m} \tag{9.22}$$

gilt auch

$$B = \frac{\tau}{m} \tag{9.23}$$

mit m als Partikelmasse. B ist also, ähnlich wie τ, von der Geschwindigkeit unabhängig und insofern auch eine Kenngröße des Aerosols. Zahlenwerte für B sind ebenfalls weiter unten in Abb. 9.10 zu finden.

Wie schon angedeutet, ist die reine Kontinuumhydrodynamik bis zu Knudsen-Zahlen von etwa 0,01 (oder etwas darüber) brauchbar; unter troposphärischen Bedingungen entspricht dies Partikelradien oberhalb etwa 5 µm (oder, bei geringeren Genauigkeitsansprüchen, oberhalb etwa 1 µm). Ganz kleine Partikel, mit Knudsen-Zahlen über etwa 10 (oder, unter troposphärischen Bedingungen, mit Teilchenradien unterhalb etwa 5 nm) können mit gaskinetischen Ansätzen behandelt werden. Dagegen existieren in dem bei den troposphärischen Aerosolen dominierenden Zwischenbereich mit Radien zwischen etwa 5 nm und 5 µm bisher keine exakten Theorien für die aerodynamischen Widerstandskräfte. An ihre Stelle treten empirische Beziehungen; lediglich bis zu Knudsen-Zahlen von etwa 0,25 hat der sog. Slip-Flow-Ansatz, der allerdings eher eine Plausibilitätsbetrachtung als eine echte Theorie darstellt, ein gewisses quantitatives Verständnis gebracht. Da dieser Slip-Flow-Ansatz ganz allgemein eine gewisse Einsicht in aerosoldynamische Prinzipien vermittelt, wollen wir ihn hier kurz behandeln.

Diesem Ansatz liegt folgender Gedankengang zugrunde: Bei der makroskopisch-hydrodynamischen Betrachtungsweise ist der Verlauf der Konzentration einer Beimengung in dem Trägergas von großen Entfernungen bis zur Oberfläche der Partikel stetig. Für die Beimengung Impuls wird dabei die Teilchenoberfläche als ideale Senke angesetzt, d. h. die Geschwindigkeit wird an der Teilchenoberfläche Null. Bei Distanzen von der Größenordnung der mittleren freien Weglänge der Gasmoleküle hat es aber keinen Sinn mehr, von einem stetigen Verlauf der Impulsdichte (oder einer sonstigen Beimengungsdichte) zu sprechen: An der Teilchenoberfläche tritt eine Diskontinuität auf, d. h. ein Sprung in der Konzentration der Beimengung oder eben in der Geschwindigkeit. Die Größenordnung dieser Diskontinuität ist durch das Produkt aus der mittleren freien Weglänge der Trägergasmoleküle und dem Gradienten dc/dr bzw. dv/dr der Beimengung bzw. der Geschwindigkeit gegeben (zur Vermeidung von Verwechslungen wollen wir ab jetzt den Teilchenradius mit r_0 und die laufende Radiuskoordinate mit r bezeichnen).

Schreiben wir das Ergebnis dieser einfachen Überlegung speziell für den Verlauf der Geschwindigkeit in der Nähe der Partikeloberfläche hin, so erhalten wir an dieser Oberfläche eine Diskontinuität der Größe

$$\Delta v = \lambda \cdot \left.\frac{dv(r)}{dr}\right|_{r=r_0} . \qquad (9.24)$$

Für den Gradienten an der Partikeloberfläche gilt, weiterhin unter der Annahme, daß diese Oberfläche eine vollständige Senke ist,

$$\left.\frac{dv(r)}{dr}\right|_{r=r_0} = \frac{v(\infty)}{r_0} , \qquad (9.25)$$

wobei $v(\infty)$ die ungestörte, in hinreichendem Abstand von der Partikeloberfläche betrachtete Relativgeschwindigkeit zwischen Partikel und Gas ist. Die Begründung dieses Zusammenhangs ist in der Ergänzung 9.1 zu finden. Es ist an dieser Stelle vielleicht nützlich, darauf hinzuweisen, daß ein einigermaßen großes Aerosolteilchen die Geschwindigkeitsverteilung in seiner Nähe stark beeinflußt; mit den in die Ausdrücke für die Widerstandskraft (wie z. B. das Stokessche Gesetz) eingehenden Geschwindigkeiten sind immer die ungestörten Geschwindigkeiten, $v(\infty)$, gemeint.

Setzt man diesen Ausdruck für den Gradienten in den vorangegangenen Ausdruck für die Diskontinuität Δv ein, so erhält man

$$\Delta v \approx \frac{\lambda \cdot v(\infty)}{r_0} ; \qquad (9.26)$$

um diesen Betrag wird näherungsweise die für die Widerstandskraft relevante Relativgeschwindigkeit vermindert. Aus der Vorstellung heraus, daß unter diesen Umständen das Partikel im Vergleich zu dem zuvor angenommenen Haften des Trägergases an der Oberfläche quasi etwas „durchrutscht“, wurde der Ausdruck „slip flow“ geprägt; allerdings sollte man diesen Begriff nicht allzu wörtlich nehmen.

Ausgehend von dem Stokesschen Gesetz können wir jetzt für die Widerstandskraft näherungsweise den Ansatz

$$F_W = -6\cdot\pi\cdot\eta\cdot r_0\cdot(v-\Delta v) = -6\cdot\pi\cdot\eta\cdot r_0\cdot v\cdot\left(1-\frac{\lambda}{r_0}\right)$$
$$= -6\cdot\pi\cdot\eta\cdot r_0\cdot v\cdot(1-Kn) \quad (9.27)$$

machen; für $v(\infty)$ ist jetzt wieder einfach v geschrieben. Eine etwas weiter gehende Analyse, die die Details des Impulsübertrages von den Gasmolekülen auf die Partikeloberfläche in Rechnung stellt (s. z.B. Fuchs 1964), ergibt mit $1-\Delta v \approx (1+\Delta v)^{-1}$

$$F_W = -\frac{6\cdot\pi\cdot\eta\cdot r_0\cdot v}{1+A\cdot Kn}. \quad (9.28)$$

Dieser Ausdruck für den Reibungswiderstand eines Partikels wird als Stokes-Cunningham-Formel bezeichnet.

A ist ein Korrekturfaktor von der Größenordnung eins, in den die Art der Reflexion der Gasmoleküle an der Partikeloberfläche, oder anders ausgedrückt, die Art des Impulsübertrags eingeht. Die vertraute elementare kinetische Theorie der Gase nimmt unkorrekterweise an, daß die Reflexion von Gasmolekülen an makroskopischen Oberflächen spiegelnd ist, mit einem Ausfallwinkel, der gleich dem Einfallwinkel ist. In diesem Fall würde aber kein Tangentialimpuls übertragen werden; es liegt auf der Hand, daß diese Beschreibung nicht korrekt sein kann, da auf diese Weise keine Reibungskräfte zustande kämen. Tatsächlich ist der weitaus häufigere Vorgang der, daß ein Gasmolekül nach dem Auftreffen zunächst kurz haftet, dabei seinen Tangentialimpuls abgibt und dann diffus, mit im Mittel verschwindendem Tangentialimpuls, wieder emittiert wird.

Millikan (1923) fand in seinen berühmten Versuchen zur Bestimmung der elektrischen Elementarladung für Öltröpfchen einen Wert von $A=0{,}864$; mit Hilfe der oben erwähnten detaillierteren Analyse des Reibungswiderstandes kann man hieraus abschätzen, daß nur etwa 10% aller Gasmoleküle spiegelnd reflektiert werden und daß etwa 90% der Moleküle nach dem Auftreffen zunächst haften und dann erst durch thermische Kräfte wieder emittiert werden.

Wie schon erwähnt, sind der Slip-Flow-Ansatz und die Stokes-Cunningham-Formel bis zu Knudsen-Zahlen von etwa 0,25 brauchbar. Für einen noch größeren Bereich von Knudsen-Zahlen, bis hinein in das Gebiet der Gaskinetik, hat Millikan (1923) eine empirische Beziehung der Form

$$F_W = -\frac{6\cdot\pi\cdot\eta\cdot r\cdot v}{1+A\cdot Kn+Q\cdot Kn\cdot\exp(-b/Kn)} \quad (9.29)$$

angegeben (wir schreiben für den Teilchenradius jetzt wieder r anstelle von r_0). Die Werte für die empirischen Konstanten A, Q und b, die von verschiedenen Autoren angegeben werden, streuen beträchtlich und sind wohl mit erheblichen Fehlern behaftet. Als recht zuverlässig gelten die von Millikan (1923) selbst angegebenen Zahlen mit $A=0{,}86$, $Q=0{,}29$ und $b=1{,}25$.

Für sehr große Knudsen-Zahlen, d. h. für sehr kleine Teilchen, geht diese Beziehung unter Vernachlässigung der 1 im Nenner über in

$$F_W = -\frac{6 \cdot \pi \cdot \eta \cdot r \cdot v}{(A + Q) \cdot Kn} = -\frac{F_{W,\,Stokes}}{(A + Q) \cdot Kn} \approx \frac{F_{W,\,Stokes}}{1{,}15 \cdot Kn}. \tag{9.30}$$

Dieser recht handliche Ausdruck für die Widerstandskraft, die sehr kleine Teilchen erfahren, deckt sich gut mit dem Ergebnis eines rein gaskinetischen Ansatzes für F_W. Da der gaskinetische Bereich für troposphärische Aerosole nur eine geringe Rolle spielt, wollen wir hier nur das Resultat der gaskinetischen Theorie angeben und verweisen für die Begründung z. B. auf Hidy u. Brock (1970):

Durch die Summation über alle Impulse, die von den Gasmolekülen auf ein relativ zu dem Trägergas bewegtes Teilchen übertragen werden, erhält man unter der Annahme kugelförmiger Teilchen und unter der Voraussetzung, daß die in die Stoßgesetze eingehende Teilchenmasse noch groß gegen die Masse eines einzelnen Gasmoleküls ist, die Beziehung

$$F_W = -\frac{4 \cdot \pi}{3} \cdot r^2 \cdot n_g \cdot m_g \cdot v_g \cdot \delta \cdot v, \tag{9.31}$$

wobei n_g die Anzahldichte der Gasmoleküle, m_g die Masse eines Gasmoleküls und v_g die linear gemittelte Geschwindigkeit der Gasmoleküle sind; r bzw. v bedeuten wie bisher Partikelradius bzw. relative Partikelgeschwindigkeit. δ ist ein Zahlenfaktor, der wieder von der Art der Reflexion der Gasmoleküle an der Partikeloberfläche abhängt und der zwischen 1,0 für rein spiegelnde und 1,4 für rein diffuse Reflexion variiert.

Da wir noch angenähert $\eta \approx n_g \cdot m_g \cdot \lambda \cdot v_g/3$ setzen können (s. hierzu Abschn. 6.1), wird

$$F_W = -\frac{12 \cdot \pi \cdot r^2 \cdot \eta \cdot v \cdot \delta}{3 \cdot \lambda} \approx \frac{F_{W,\,Stokes}}{(1{,}5/\delta) \cdot Kn}, \tag{9.32}$$

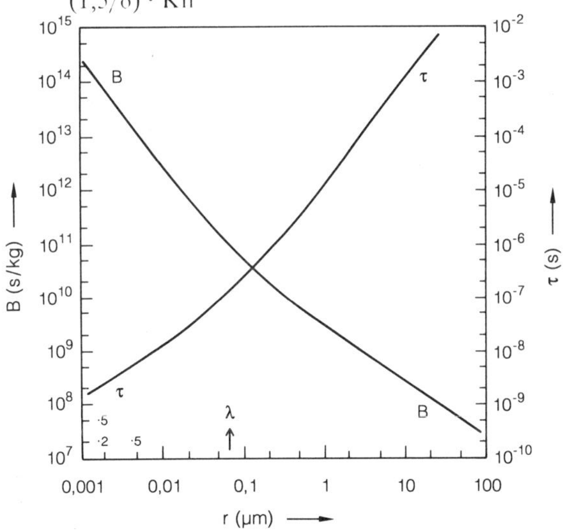

Abb. 9.10. Bremsrelaxationszeit τ (für Teilchenmaterialdichte 1 g/cm^3) und Beweglichkeit *B* als Funktionen des Partikelradius

was sich, wie weiter oben schon gesagt, im Grenzfall großer Knudsen-Zahlen, und unter Berücksichtigung der Fehler von (A + Q), mit der oben angegebenen empirischen Formel von Milikan (1923) deckt.

In Abb. 9.10 sind – als Zusammenfassung der Ergebnisse dieses Abschnittes – die Bremsrelaxationszeit für Teilchen der Dichte 1 g/cm^3 und die Beweglichkeit als Funktionen des Partikelradius bei atmosphärischem Normaldruck dargestellt.

9.2.2 Thermische Diffusion und thermische Koagulation

Unter dem Einfluß des statistisch schwankenden Impulsübertrages von den thermisch bewegten Trägergasmolekülen auf ein Aerosolpartikel führt dieses eine Zufallsbewegung aus, die wir als thermische Diffusion eines Teilchens interpretieren. Diese Bewegung war – unter der unzutreffenden Bezeichnung „Brownsche Molekularbewegung" – eines der ersten beobachtbaren gaskinetischen Phänomene.

Die thermische Diffusion von Molekülen war in dem Abschn. 6.1 ausführlich behandelt worden. Wir wollen zunächst klären, welche der dort eingeführten Begriffe und Größen hier übernommen werden können und welche in ihrer Bedeutung abgeändert werden müssen.

Der Gleichverteilungssatz für die thermische Energie der Gase gilt auch für Aerosolpartikel; die mittlere Energie pro Freiheitsgrad ist auch hier durch $1/2 \cdot k \cdot T$ mit der Boltzmann-Konstanten k gegeben. Dabei sind bei Aerosolteilchen auch die drei Freiheitsgrade der Rotation immer angeregt, was bei Molekülen wegen der dort zum Zug kommenden Quantenbedingungen nicht immer erfüllt ist. Die thermischen Geschwindigkeiten der Partikel werden ebenfalls mit den gleichen Formeln beschrieben wie die der Moleküle (s. Abschn. 6.1; natürlich ist in die dort angegebenen Ausdrücke für m jetzt die Partikelmasse einzusetzen).

Der begrifflich wichtigste Unterschied zwischen der thermischen Diffusion von Molekülen und der von Partikeln besteht darin, daß bei den Gasmolekülen die Geschwindigkeit vor einem Stoß mit einem anderen Molekül mit der Geschwindigkeit nach dem Stoß nicht korreliert ist, daß also ein Gasmolekül bei einem Stoß seine Vorgeschichte vergißt, während die Geschwindigkeit eines Aerosolpartikels durch einen einzelnen Stoß eines Moleküls nur unmerklich geändert wird. Erst durch die Summe sehr vieler Stöße kann die Geschwindigkeit eines Partikels erkennbar geändert werden.

Damit wird es auch erforderlich, dem Begriff der mittleren freien Weglänge eine andere Deutung zu geben als bei der molekularen Diffusion. Dort war die mittlere freie Weglänge als die im Mittel zwischen zwei Stößen zurückgelegte Wegstrecke definiert. Wegen des verschwindend kleinen Einflusses eines einzelnen Stoßes auf die Partikelbewegung ist es nicht sinnvoll, diese Definition für Aerosole zu übernehmen. Es bietet sich jedoch ein anderer Weg der Definition der mittleren freien Weglänge an: Für ein Molekül ist diese Größe auch die Strecke, nach der es seine Vorgeschichte vergißt. In Übertragung dieses Sachverhaltes können wir für Aerosole eine scheinbare mittlere freie Weglänge Λ als die Strecke definieren, entlang der auch die Partikel die Information über ihre Vorgeschichte verlieren, d. h. nach der sich die Geschwindigkeit des Teilchens wesentlich geändert hat. Ein Maß hierfür ist sicher die auf die mittlere thermische Geschwindigkeit bezogene Bremslänge. Somit können wir eine scheinbare freie Weglänge durch

$$\Lambda = v_{th} \cdot \tau \tag{9.33}$$

definieren, mit der Bremsrelaxationszeit τ und der mittleren thermischen Geschwindigkeit v_{th}. Aus Gründen, auf die wir hier nicht näher eingehen wollen, ist es sinnvoll, für v_{th} die quadratisch gemittelte Geschwindigkeit zu wählen. Da v_{th} und τ gegenläufig von dem Partikelradius abhängen, hängt Λ selbst nur relativ schwach von der Teilchengröße ab; Λ variiert zwischen 0,01 µm bis 0,02 µm für mittelgroße Teilchen (mit Radien zwischen 0,01 µm und 1 µm) und etwa 0,06 µm für sehr kleine und sehr große Partikel.

Natürlich hat die thermische Diffusion von Aerosolpartikeln ebenso wie die von Molekülen die Tendenz, Konzentrationsunterschiede auszugleichen. Sie führt zu einem Nettodiffusionsstrom, der der Richtung des Gradienten der Teilchendichte n entgegengesetzt ist; in Analogie zur molekularen Diffusion können wir ein Ficksches Gesetz für die Teilchenstromdichte j aufstellen,

$$j = -D \cdot \operatorname{grad} n, \tag{9.34}$$

mit D als Diffusionskoeffizienten. Allerdings ist hier eine gewisse Einschränkung notwendig: Der Ficksche Diffusionsansatz ist wegen der Trägheit der Partikel, oder anders ausgedrückt, wegen des Erinnerungsvermögens der Teilchen, nur auf Diffusionsprobleme anwendbar, deren charakteristische Dimensionen groß gegen die gerade eingeführte scheinbare freie Weglänge und deren charakteristische Zeiten groß gegen die Bremsrelaxationszeit sind. Eine eingehende Diskussion der damit zusammenhängenden Fragen ist bei Roedel (1982) zu finden; eine Besprechung hier an dieser Stelle würde zu weit führen. Es sei nur darauf hingewiesen, daß das Problem eine direkte Analogie zu der im 6. Kap. behandelten turbulenten Diffusion zeigt; auch dort darf der Ficksche Diffusionsansatz nur unter gewissen Bedingungen angewendet werden, z. B. wenn die charakteristischen Zeiten groß gegen die Lagrangesche Skalenzeit sind.

Für den Diffusionskoeffizienten selbst hat Einstein die Beziehung

$$D = k \cdot T \cdot B \tag{9.35}$$

mit der Boltzmann-Konstanten k und der Beweglichkeit B aufgestellt. Die Ableitung dieser „Einstein-Beziehung" geht von folgender Argumentation aus:

Die barometrische Höhenformel, die man ja als Konsequenz der Boltzmann-Statistik verstehen kann (s. Abschn. 2.1), muß auch für Partikel gelten, d. h. für die Partikelzahldichte n(z) als Funktion der Höhe z muß

$$dn(z) = -\frac{m \cdot g}{k \cdot T} \cdot n(z) \cdot dz \tag{9.36}$$

sein, mit m als Partikelmasse und mit g als Schwerebeschleunigung. Diese Höhenverteilung kann man nun als Ergebnis zweier konkurrierender Mechanismen auffassen, nämlich der Sedimentation, die eine gleichförmige Abwärtsdrift darstellt, und der Diffusion entgegen dem Konzentrationsgradienten, die Partikel nach oben

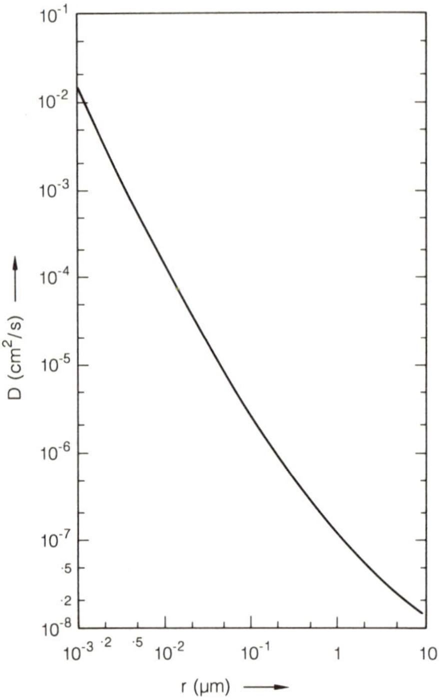

Abb. 9.11. Thermische Diffusionskonstante *D* als Funktion des Partikelradius

befördert. Nach der Definition der Beweglichkeit kann man die Sedimentationsstromdichte j_s als Produkt aus Teilchendichte, Beweglichkeit und antreibender Schwerkraft ($= m \cdot g$) schreiben,

$$j_s = -n(z) \cdot B \cdot m \cdot g, \qquad (9.37)$$

während für den Diffusionsstrom

$$j_D = -D \cdot \frac{dn(z)}{dz} = D \cdot \frac{m \cdot g}{k \cdot T} \cdot n(z) \qquad (9.38)$$

gilt. Im stationären Gleichgewicht muß $j_D = -j_s$ sein,

$$D \cdot \frac{m \cdot g}{k \cdot T} \cdot n(z) = n(z) \cdot B \cdot m \cdot g, \qquad (9.39)$$

woraus durch Auflösen nach D sofort die Einstein-Beziehung folgt.

Mit dieser Beziehung kann der Diffusionskoeffizient unmittelbar auf die dynamische Beweglichkeit der Partikel, wie sie z. B. aus Abb. 9.10 abzulesen ist, zurückgeführt werden. Abb. 9.11 zeigt den Diffusionskoeffizienten D als Funktion des Teilchenradius.

Die thermische Bewegung der Aerosolteilchen ist auch die wichtigste Ursache für die Koagulation von Partikeln (andere denkbare Ursachen sind z. B. elektrostatische Kräfte; auf solche werden wir hier aber nicht eingehen). Koagulation tritt ein, wenn zwei Teilchen in einem Trägergas zusammenstoßen, aneinander haften und so ein Partikel mit größerer Masse bilden. Bei kleineren Teilchen kann man davon ausgehen, daß die Kohäsionskräfte normalerweise groß sind gegen die thermischen Kräfte, die die Teilchen wieder voneinander trennen könnten, so daß das Aneinanderhaften nach dem Stoß in der Regel gewährleistet ist. Bei der Kollision größerer Teilchen muß dies nicht unbedingt der Fall sein; wir werden im folgenden jedoch davon ausgehen, daß zwei Partikel zusammen bleiben, wenn sie einmal kollidiert sind.

Wir gehen von einem Teilchenensemble aus, in dem Teilchen der Art 1 mit Radius R_1 und Teilchen der Art 2 mit Radius R_2 vorhanden sind (die Radien seien mit großen Buchstaben bezeichnet; r sei die Ortsvariable). Die Anzahldichten der Partikel seien $n_1(r)$ bzw. $n_2(r)$. Zunächst untersuchen wir in einem elementaren Diffusionsansatz den Strom $I_{1\to 2}$ von Teilchen der Art 1 auf ein einzelnes Teilchen der Art 2. Ein Partikel der Art 1 diffundiere auf ein Partikel der Art 2 zu, bis der Abstand der Mittelpunkte der kugelförmig gedachten Teilchen gerade $R_1 + R_2$ ist; dann berühren sie sich. Der Diffusionsstrom $I_{1\to 2}$ ist dann gegeben durch das Produkt aus der Oberfläche der Kugel mit Radius $(R_1 + R_2)$ und der aus dem Fickschen Gesetz folgenden Diffusionsstromdichte $-D_1 \cdot dn_1/dr$ an der Stelle $r = R_1 + R_2$ (D_1 sei sinngemäß der Diffusionskoeffizient von Teilchen der Art 1),

$$I_{1\to 2} = -4 \cdot \pi \cdot (R_1 + R_2)^2 \cdot D_1 \cdot \left.\frac{dn_1}{dr}\right|_{r=R_1+R_2} . \tag{9.40}$$

Nach der schon erwähnten, in der Ergänzung 9.1 abgeleiteten Formel für den Wert des Gradienten an der Kugeloberfläche ist

$$\left.\frac{dn_1}{dr}\right|_{r=R_1+R_2} = \frac{n_1(\infty)}{R_1 + R_2} \tag{9.41}$$

(unter der Voraussetzung, daß die genannte Kugeloberfläche eine vollkommene Senke darstellt; dies ist gleichbedeutend mit vollständiger Haftung der Partikel aneinander). Mit dieser Beziehung erhalten wir für den Diffusionsstrom

$$I_{1\to 2} = -4 \cdot \pi \, (R_1 + R_2) \cdot D_1 \cdot n_1(\infty). \tag{9.42}$$

Jetzt ist noch zu berücksichtigen, daß auch die Teilchen der Art 2 einer thermischen Bewegung unterworfen sind. Dabei interessiert die Änderung des relativen Abstandes bei beiden Teilchen durch die diffusive Bewegung. Wir suchen nach dem relativen mittleren Verschiebungsquadrat und erhalten

$$\overline{(\Delta r_2 - \Delta r_1)^2} = \overline{(\Delta r_2)^2 - 2 \cdot \Delta r_1 \cdot \Delta r_2 + (\Delta r_1)^2}, \tag{9.43}$$

wobei sich die Indizes bei r auf Teilchen der Art 1 bzw. Teilchen der Art 2 beziehen sollen. Da die thermische Bewegung zweier verschiedener Partikel unkorrelliert ist, wird

$$\overline{2 \cdot \Delta r_1 \cdot \Delta r_2} = 0 \tag{9.44}$$

und damit weiter

$$\overline{(\Delta r_2 - \Delta r_1)^2} = \overline{(\Delta r_2)^2} + \overline{(\Delta r_1)^2} \tag{9.45}$$

(Summation und Mittelbildung dürfen vertauscht werden). Im 1. Abschn. des 6. Kap. hatten wir einen Zusammenhang der Form

$$\overline{(\Delta r)^2} = 2 \cdot D \cdot t \tag{9.46}$$

hergeleitet. Unter Ausnutzung dieser Beziehung erhalten wir schließlich

$$\overline{(\Delta r_2 - \Delta r_1)^2} = \overline{(\Delta r_1)^2} + \overline{(\Delta r_2)^2} = 2 \cdot D_1 \cdot t + 2 \cdot D_2 \cdot t = 2 \cdot (D_1 + D_2) \cdot t; \tag{9.47}$$

dies bedeutet, daß der Diffusionskoeffizient für die Relativbewegung gerade gleich der Summe der einzelnen Diffusionskoeffizienten ist.

Ferner ist noch zu berücksichtigen, daß wir bisher nur den Diffusionsstrom auf ein einzelnes Teilchen der Art 2 in Rechnung gestellt haben, daß die Gesamtkoagulationsrate aber natürlich noch der Zahl der Teilchen der Art 2 proportional ist. Fassen wir alles zusammen, so erhalten wir für die Koagulationsrate J (das ist die Zahl der Koagulationsereignisse pro Zeit- und pro Volumeneinheit)

$$J = 4 \cdot \pi \cdot (R_1 + R_2) \cdot (D_1 + D_2) \cdot n_1(\infty) \cdot n_2(\infty). \tag{9.48}$$

Die nur von den Teilcheneigenschaften und nicht von der Teilchenzahl abhängigen Anteile kann man in einer Koagulationsfunktion $K(R_1, R_2)$ zusammenfassen

$$K(R_1, R_2) = 4 \cdot \pi \cdot (R_1 + R_2) \cdot (D_1 + D_2), \tag{9.49}$$

und die Koagulationsrate in der Form

$$J = K(R_1, R_2) \cdot n_1(\infty) \cdot n_2(\infty) \tag{9.50}$$

schreiben.

Die Koagulationsfunktion ist symmetrisch bezüglich der Eigenschaften der beiden Teilchenarten. Man kann schnell einsehen, daß K klein bleibt, wenn die Partikel der Art 1 und der Art 2 etwa gleich groß sind, und daß K groß wird, wenn die Teilchen sehr unterschiedlich sind: Radius und Diffusionskoeffizient sind gegenläufig. In der Koagulationsfunktion ist deshalb bei gleich großen Teilchen der eine Faktor groß, der andere klein, oder es sind höchstens beide von mittlerer Größe; das Produkt bleibt klein. Sind dagegen die Radien der beteiligten Partikel wesentlich verschieden, so setzt sich innerhalb der beiden Faktoren jeweils der größere Summand durch, das heißt, K ergibt sich als Produkt des größeren Partikelradius des großen Teilchens und des größeren Diffusionskoeffizienten des kleineren Teilchens. K ist dann das Produkt zweier großer Faktoren. Allgemein wird die Koagulationsfunktion um so größer, je unterschiedlicher die Teilchengrößen sind.

Die bisherige Ableitung der Koagulationsfunktion weist noch einen Mangel auf: Sie ging davon aus, daß der Ansatz der kontinuierlichen Diffusion nach dem Fickschen Gesetz bis zur Oberfläche der Berührungskugel mit Radius $(R_1 + R_2)$ korrekt ist. Diskontinuitäten der Konzentrationen, die durch die endliche freie Weglänge der Teilchen bedingt sind und die wir weiter oben schon bei der Behandlung des Reibungswiderstandes kennengelernt haben, bleiben also unberücksichtigt. Der Fehler, den man dabei macht, wird bei größeren Teilchen vernachlässigbar sein, kann aber bei sehr kleinen Partikeln ins Gewicht fallen.

Eine exakte Behandlung der dadurch notwendigen sog. kinetischen Korrektur ist sehr schwierig. Dagegen wird eine relativ einfache Näherung durch die sog. Grenzkugelmethode ermöglicht, die u. a. von Fuchs (1964) und von Zebel (1966) auf die Partikelkoagulation angewandt wurde.

Die Argumentation bei dieser Methode läuft darauf hinaus, daß der Ficksche Diffusionsansatz bis zu einem Abstand von der Oberfläche des zentralen Partikels anwendbar ist, der gerade der mittleren freien Weglänge der diffundierenden Partikel gleich ist; in unserem Bild hieße dies, daß der Ficksche Ansatz bis zu einer „Grenzkugel" mit dem Radius $(R_1 + R_2 + \lambda)$ gültig wäre (wenn wir jetzt für die freie Weglänge λ schreiben, ohne uns darauf festzulegen, wie λ zu interpretieren ist). Innerhalb dieser Grenzkugel laufen die Moleküle oder Partikel - je nachdem, was gerade betrachtet wird - mit ihrer thermischen Geschwindigkeit weiter, bis sie entweder auf das zentrale Teilchen treffen oder die Grenzkugel wieder verlassen. An der Grenze zwischen dem kontinuierlichen und dem gaskinetischen Bereich, d. h. an der Oberfläche der Grenzkugel, müssen gewisse Stetigkeitsbedingungen für Konzentration und Flußdichte erfüllt werden, aus denen dann die Größe der Diskontinuität abgeschätzt werden kann; diese Größe wird dann als Korrektur in den ursprünglichen kontinuierlichen Diffusionsansatz eingesetzt.

Die Anwendung dieser Methode auf koagulierende Aerosole ist allerdings nicht unproblematisch, weil der Begriff und damit die Größenordnung der mittleren freien Weglänge nicht eindeutig sind; es ist ein gewisser Meinungsstreit entbrannt, ob die oben eingeführte scheinbare oder die viel kleinere echte gaskinetische freie Weglänge die korrekten Ergebnisse liefert. Die Diskussion dieser Auffassungsunterschiede führt an dieser Stelle zu weit, zumal sie keine wesentlich tieferen Einsichten in die Physik der Koagulation liefern. Wir schließen uns hier der Arbeit von Walter (1973) an. Nach dieser können wir die Koagulationsfunktion unter Berücksichtigung der kinetischen Korrekturen in der Form

$$K(R_1, R_2) = \frac{4 \cdot \pi \cdot (R_1 + R_2) \cdot (D_1 + D_2)}{1 + 4 \cdot (D_1 + D_2)/[(R_1 + R_2) \cdot (v_1^2 + v_2^2)^{1/2}]} \tag{9.51}$$

schreiben. Dabei stellt offensichtlich der Nenner die kinetische Korrektur zu dem im Zähler stehenden Ergebnis des elementaren Ansatzes dar. v_1 und v_2 sind die linear gemittelten thermischen Geschwindigkeiten der beiden beteiligten Partikelarten. Einsetzen von Zahlenwerten zeigt, daß z. B. für $R_1 = R_2 = 0{,}001$ µm die Koagulationsfunktion durch die kinetische Korrektur um rund zwei Größenordnungen kleiner wird, während z. B. für $R_1 = R_2 = 0{,}1$ µm die Korrektur bereits vernachlässigbar ist.

Abbildung 9.12 zeigt die Koagulationsfunktion $K(R_1, R_2)$ inkl. kinetischer Korrektur als Funktion der Radien der beiden beteiligten Partikel. Die Darstellung zeigt das scharf ausgeprägte Minimum für gleichgroße Teilchen, das von der absoluten Größe der Partikel fast unabhängig ist, und zeigt weiterhin die sehr große Wahrscheinlichkeit für die Anlagerung sehr kleiner Teilchen an wesentlich größere. Bei Walter (1973) sind die Werte in tabellierter Form zu finden.

Um ein gewisses Gefühl für die Größenordnung der Koagulationsrate und für die koagulationsbegrenzte Lebensdauer der kleinen Partikel zu geben, wollen wir ein einfaches Zahlenbeispiel durchrechnen:

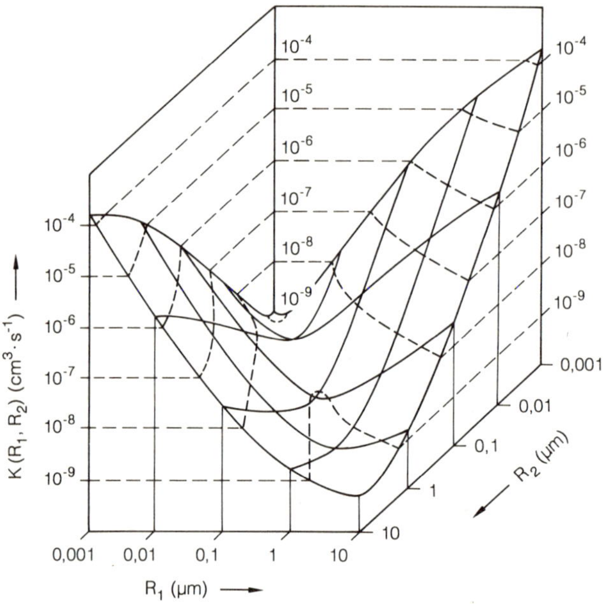

Abb. 9.12. Koagulationsfunktion $K(R_1, R_2)$ mit R_1 und R_2 als Radien der beiden beteiligten Partikel

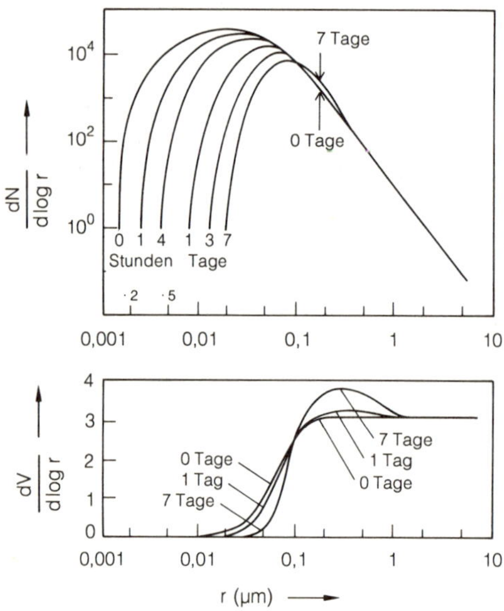

Abb. 9.13. Änderung einer Junge-Verteilung mit der Zeit unter dem Einfluß der thermischen Koagulation. (Nach Junge 1963) **Oben** als Anzahldichtespektrum mit logarithmisch unterteilter Ordinate, **unten** als Volumenspektrum mit linear unterteilter Koordinate

Wir gehen von einem Gemisch von Teilchen mit $R_1 = 0{,}01\ \mu m$ und von Teilchen mit $R_2 = 1\ \mu m$ aus; die anfänglichen Konzentrationen seien $n_1 = 10^4\ cm^{-3}$ und $n_2 = 10^2\ cm^{-3}$. Die Koagulationsfunktion (Abb. 9.12) ist etwa $K = 1{,}7 \cdot 10^{-7}\ cm \cdot s^{-1}$. Damit erhalten wir eine anfängliche Koagulationsrate $J = 0{,}17\ cm^{-3} \cdot s^{-1}$. Mit dieser Rate verschwinden auch die kleinen Teilchen aus dem Gemisch. Die großen Partikel werden kaum verändert; es müßte 1 Mio. kleiner Teilchen auf ein einziges großes Partikel auftreffen, um dessen Masse zu verdoppeln! Wir können jetzt auch die Lebensdauer der Teilchen der Sorte 1 berechnen; diese Lebensdauer, t_0, ist durch das Verhältnis der Konzentration zu der Koagulationsrate (mit der die Teilchen aus dem Gemisch entfernt werden) gegeben. In unserem Beispiel erhalten wir

$$t_0 = \frac{n_1}{J} \approx 6 \cdot 10^4 \, s \approx 17 \, \text{Std.} \tag{9.52}$$

Da J linear von n_1 abhängt, ist diese Lebensdauer von der Konzentration n_1 der kleinen Teilchen unabhängig.

Als Beispiel für die koagulationsbedingte Änderung von Größenspektren ist in Abb. 9.13 das Ergebnis einer etwas älteren Rechnung (nach Junge 1963) wiedergegeben, in der die Änderung einer Junge-Verteilung (s. Abschn. 9.1) untersucht wird. Das Bild zeigt, daß die Veränderungen im Bereich kleiner Radien schon nach sehr kurzer Zeit deutlich werden, während Veränderungen im Bereich größerer Radien nur sehr langsam vor sich gehen.

Ergänzung 9.1

Der Gradient einer Beimengung an einer Kugeloberfläche

Wir gehen von einem Trägergas aus, das homogen mit einer Beimengung erfüllt ist. In dieses Gas bringen wir ein kugelförmiges Partikel, dessen Oberfläche eine Senke für die betreffende Beimengung darstellen soll. Es liegt auf der Hand, daß ein solches Teilchen die Konzentration der Beimengung in seiner Umgebung beeinflußt. Die Konzentration c(r) als Funktion des Abstandes r von dem Mittelpunkt des Partikels und der Gradient dc(r)/dr werden durch die Diffusion der Beimengung auf die Kugel bestimmt. Wir wollen c(r) und dc(r)/dr für den Fall berechnen, daß die Kugeloberfläche eine ideale Senke für die betreffende Beimengung darstellt, daß also $c(R) = 0$ ist (r sei die laufende Ortsvariable, R der Teilchenradius). Insbesondere wollen wir den Gradienten von c(r) an der Kugeloberfläche bestimmen, dessen Wert bei der Einführung des Slip-Flow-Ansatzes und bei der Behandlung der Koagulation im Haupttext benötigt wird, und der allgemein bei der Diffusion einer Beimengung auf ein absorbierendes Aerosolpartikel oder auf ein absorbierendes Wolken- oder Regentröpfchen eine Rolle spielt.

Bei Annahme von Kugelsymmetrie ist die Diffusionstromdichte j auf eine Kugel hin durch

$$j = -D \cdot \frac{dc(r)}{dr} \tag{9.53}$$

gegeben; der gesamte Diffusionstrom J auf die Kugel zu ist dann

$$J = -4 \cdot \pi \cdot r^2 \cdot D \cdot \frac{dc(r)}{dr}. \tag{9.54}$$

Diese Gleichung lösen wir nach dem Gradienten dc(r)/dr auf,

$$\frac{dc(r)}{dr} = -\frac{J}{4 \cdot \pi \cdot r^2 \cdot D}, \tag{9.55}$$

und integrieren zu

$$c(r) = \frac{J}{4 \cdot \pi \cdot r \cdot D} + \text{const.} \tag{9.56}$$

Für $r \approx \infty$ verschwindet der erste Term auf der rechten Seite, es gilt offensichtlich

$$\text{const} = c(\infty) \tag{9.57}$$

mit $c(\infty)$ als der Konzentration der Beimengung im ungestörten, von dem Aerosolpartikel nicht beeinflußten Trägergas. Daraus folgt

$$c(\infty) - c(r) = \frac{-J}{4 \cdot \pi \cdot r \cdot D}. \tag{9.58}$$

Setzen wir jetzt für r die Koordinate der Kugeloberfläche, R, ein, so wird wegen $c(R) = 0$

$$J = -4 \cdot \pi \cdot R \cdot D \cdot c(\infty). \tag{9.59}$$

Mit diesem Ergebnis gehen wir oben in die Ausdrücke für c(r) und für dc(r)/dr und erhalten so die gewünschten Beziehungen

$$c(r) = \frac{J}{4 \cdot \pi \cdot r \cdot D} + c(\infty) = c(\infty) \cdot \left(1 - \frac{R}{r}\right) \tag{9.60}$$

und

$$\frac{dc(r)}{dr} = -\frac{J}{4 \cdot \pi \cdot r^2 \cdot D} = \frac{R \cdot c(\infty)}{r^2}. \tag{9.61}$$

Insbesondere wird an der Stelle $r = R$

$$\left.\frac{dc(r)}{dr}\right|_{r=R} = \frac{c(\infty)}{R}. \tag{9.62}$$

9.3 Stratosphärische Aerosole

Für die Diskussion der Aerosole in der Stratosphäre sind, von der Quelle der Teilchen her gesehen, zwei unterschiedliche Gruppen zu unterscheiden:

- Partikel, die durch einen stetigen Massenfluß von der Troposphäre bzw. von der Erdoberfläche her erzeugt werden und die eine einigermaßen stationäre Aerosolschicht in der Stratosphäre bilden;

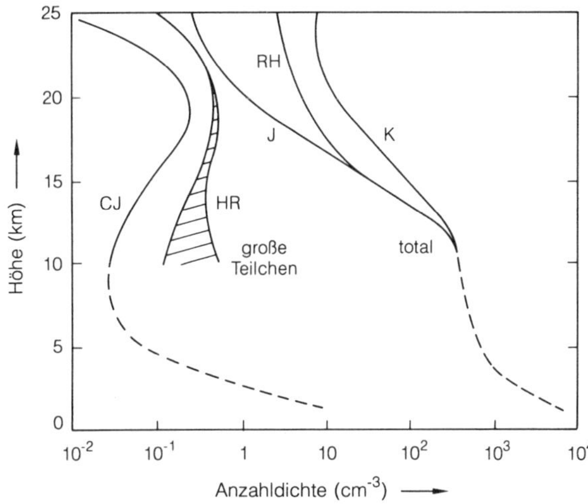

Abb. 9.14. Partikelanzahldichten in der Stratosphäre, *rechts* Gesamtzahl aller Teilchen, *links* Zahl der großen Partikel (s. Text). *CJ:* Chagnon u. Junge (1961); *HR:* Hofman et al. (1975) und Rosen (1975); *J:* Junge et al. (1961); *RH:* Rosen u. Hofmann (1977); *K:* Käselau (1974)

- Partikel, die bei Vulkanausbrüchen direkt oder über die Gasphase mit nachfolgender Kondensation in der Stratosphäre injiziert werden und dort episodisch Aerosolschichten bilden; für eine begrenzte Zeit können diese in ihrer Massenkonzentration und in ihrer optischen Wirkung die quasi-stationäre Schicht um bis zu zwei Größenordnungen übertreffen.

Gerade die Aerosole der zweiten Gruppe, die vulkanischen Emissionen, konnten in den letzten Jahren großes wissenschaftliches Interesse auf sich ziehen. Dies hängt einmal damit zusammen, daß die „Jahrhundert-Eruption" des El Chichón im Süden Mexikos im Frühjahr 1982 eine exzellente Gelegenheit geboten hat, die Einflüsse einer solchen Eruption auf den stratosphärischen Aerosolhaushalt und im weiteren auf die globale Atmosphäre zu untersuchen. Der zweite Grund für das wachsende Interesse liegt darin, daß es sehr überzeugende Argumente für einen Einfluß vulkanisch-stratosphärischer Partikel auf den Strahlungshaushalt und das Klima der Erde gibt.

Wir wollen uns zunächst mit der ersten Gruppe, mit den stationären stratosphärischen Aerosolen beschäftigen: Abbildung 9.14 zeigt die Teilchenzahlkonzentrationen in der Stratosphäre als Funktion der Höhe, einmal als Gesamtanzahldichte, die durch die Menge der kleinen Partikel bestimmt wird, und zum anderen als Anzahldichte der größeren Partikel mit Radien oberhalb etwa 0,1 μm. Die Zahl der kleinen Partikel nimmt, wie erwartet, mit der Höhe gleichermaßen ab; dieser Verlauf ist mit der Vorstellung verträglich, daß die Teilchen in der unteren Atmosphäre oder am Erdboden produziert und durch Mischungs- und Diffusionsprozesse in die Höhe transportiert werden. Die größeren Partikel weisen dagegen eine Auffälligkeit in der Höhenverteilung auf, die lange Zeit schwer erklärbar schien. Sie zeigen ein ausgeprägtes Maximum der Teilchenzahl wenige Kilometer oberhalb der Tropopause. Ein solches Maximum kann nie durch Mischung oder Diffusion erzeugt werden; das heißt, daß die Partikel in situ, in der Stratosphäre selbst, produziert werden müssen.

Da die großen Partikel trotz ihrer geringen Anzahldichte den Hauptteil der Aerosolmasse bilden, kann man von einer definierten stratosphärischen Aerosolschicht in etwa 20 km Höhe sprechen; diese Schicht wird nach ihrem Entdecker Chr. E. Junge oft als „Junge-Schicht" bezeichnet.

Das Größenspektrum der Teilchen der Junge-Schicht ist relativ eng begrenzt und liegt bei Radien zwischen einem und einigen zehntel Mikrometern. Chemisch besteht die Schicht zu 4/5 oder mehr aus Schwefelsäuretröpfchen oder Sulfatteilchen. Das bedeutet, daß die Schicht in situ aus gasförmigen Schwefelverbindungen entstehen muß, die aus der unteren Atmosphäre durch die Tropopause in die Stratosphäre diffundieren.

Die Massendichte in der Junge-Schicht beträgt etwa 0,02 bis 0,03 $\mu g/m^3$; die integrierte Massenbelegung in einer vertikalen Säule mit Einheitsquerschnitt liegt bei einigen hundert $\mu g/cm^2$ (Lazrus u. Gandrud 1974). Berücksichtigt man noch, daß die Lebensdauer stratosphärischer Aerosole in der Größenordnung von einem Jahr liegt, so zeigt sich, daß der für die Aufrechterhaltung der stratosphärischen Sulfatschicht notwendige Fluß aus der Troposphäre bei $1 \cdot 10^7$ bis $2 \cdot 10^7$ S-Atome pro cm^2 und s oder bei rund 1 μg S pro m^2 und Tag liegen muß.

Zu diesem Fluß können verschiedene Schwefelverbindungen beitragen; die wichtigste ist wohl Carbonylsulfid, COS, das aus dem Meer emittiert wird und das in der Troposphäre sehr beständig ist. Eine weitere recht beständige Verbindung ist der Schwefelkohlenstoff, CS_2, der aus biologischen Abbauprozessen stammt. Dagegen spielt Schwefeldioxid, das ja in der unteren Troposphäre in relativ großen Mengen vorkommt, sicher nur eine sehr kleine Rolle, da seine Lebensdauer (in der Größenordnung Tage) sicher zu kurz ist, um eine nennenswerte Diffusion in die Stratosphäre zu erlauben. Turco et al. (1980) haben abgeschätzt, daß die Flüsse von COS und CS_2 durch die Tropopause bei jeweils etwa 10^7 S-Atome/($cm^2 \cdot s$) liegen, der Fluß des Schwefeldioxids dagegen höchstens bei 10^6 S-Atome/($cm^2 \cdot s$).

In der Stratosphäre werden die Sulfide COS und CS_2 vermutlich zunächst zu Schwefeldioxid oxidiert; dafür spricht, daß die SO_2-Konzentration in der unteren Stratosphäre mit der Höhe wieder leicht ansteigt. Das Schwefeldioxid wird dann auf photochemischem Wege zu Schwefelsäure weiteroxidiert.

Wir wollen jetzt den zweiten oben angeführten Punkt ansprechen, den Einfluß von Vulkaneruptionen auf das stratosphärische Aerosol. Dabei ist es natürlich etwas schwierig, allgemeine Aussagen zu machen, da es sich bei Vulkanausbrüchen ja um schwer zu verallgemeinernde Einzelereignisse handelt. Generell tragen zu den Injektionen in die Stratosphäre sowohl mineralische Partikel als auch schwefelhaltige Gase bei, die dann zu Teilchen konvertiert werden. Die Wirkung einer Eruption hängt außer von dem Dispergierungsgrad der mineralischen Bestandteile ganz empfindlich von der ausgestoßenen Gasmenge ab, für die die Stärke der Eruption nicht unbedingt ein Maß sein muß. So hat z. B. der spektakuläre Ausbruch des Mt. Helens im Frühjahr 1980 nur wenig oder zumindest nur für sehr kurze Zeit zu den stratosphärischen Aerosolen beigetragen, da das ejizierte mineralische Material relativ grobkörnig war und der Anteil der gasförmigen Emissionen gering blieb. Dagegen wurden bei der zunächst viel weniger beachteten Eruption des El Chichón im Frühjahr 1982 außerordentlich große Mengen von aerosolbildendem Material in die Stratosphäre injiziert, da bei diesem Ausbruch der Anteil der

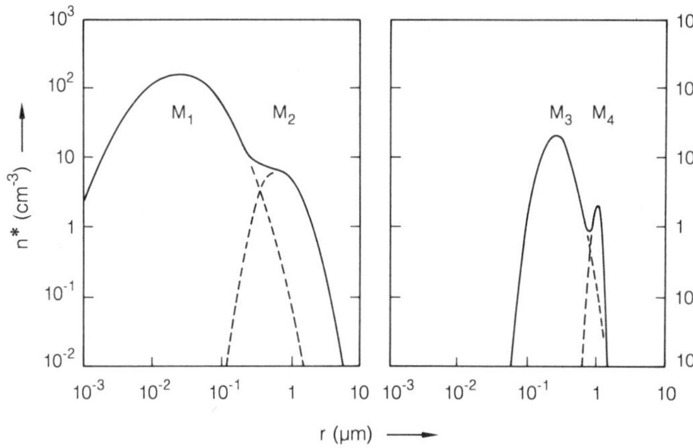

Abb. 9.15. Größenverteilungen der stratosphärischen Partikel nach der Eruption des El Chichón. *Links:* Messung am 19. 5. 82, ca. 1,5 Monate nach der Eruption, *rechts:* Messung am 23. 10. 82, ca. 7 Monate nach der Eruption. Gesamtteilchenzahldichte, Gesamtmasse und mittlerer Radius in M_1 150 cm^{-3}, 1 $\mu g/m^3$ und 0,02 µm, in M_2 4 cm^{-3}, 35 $\mu g/m^3$ und 0,72 µm, in M_3 10 cm^{-3}, 2,9 $\mu g/m^3$ und 0,27 µm, und in M_4 0,2 cm^{-3}, 1,5 $\mu g/m^3$ und 1,0 µm. (Nach Hofmann u. Rosen 1983)

Schwefelgase sehr hoch lag. Die Eruption des El Chichón ist in dieser Hinsicht in eine Reihe zu stellen mit den gewaltigen Ausbrüchen des Krakatau (Sunda-Straße zwischen Java und Sumatra, 1883) und des Mt. Agung (Bali, 1963).

Nach Daten von Castleman et al. (1974), die Mittelwerte über die Südhalbkugel zwischen dem Äquator und 43° S wiedergeben, stieg nach dem Ausbruch des Mt. Agung im Frühjahr 1963 die stratosphärische Sulfatkonzentration durch die fortschreitende Konversion von Schwefeldioxid in Schwefelsäure stetig an und erreichte im Frühjahr 1964, etwas mehr als ein Jahr nach dem Ausbruch, ein Maximum von etwa 30 µg Sulfat pro Kilogramm Luft, entsprechend etwa 2 $\mu g/m^3$ in 20 km Höhe. Dies stellte gegenüber dem nichtvulkanischen Basiswert eine Erhöhung um rund zwei Größenordnungen dar. Anschließend fiel die stratosphärische Sulfatkonzentration innerhalb von knapp 2 Jahren wieder auf den Basiswert ab; dies steht im Einklang mit den bekannten stratosphärischen Verweilzeiten von Aerosolen (s. hierzu auch Kap. 4). Auch andere von Castleman et al. (1974) untersuchte Vulkaneruptionen zeigten ein ähnliches Bild, wenn auch das Maß der Erhöhung der stratosphärischen Sulfatkonzentrationen unter dem für den Mt. Agung-Ausbruch genannten Wert blieb.

Wie schon angedeutet, war die Entwicklung der stratosphärischen Aerosolschicht nach der Eruption des El Chichón Gegenstand zahlreicher Untersuchungen; Hofmann (1987) hat darüber einen Übersichtsartikel geschrieben. In Abb. 9.15 ist die Entwicklung von Partikelzahlen und Größenverteilungen in 25 km Höhe im ersten Jahr nach dem Ausbruch aufgezeigt (nach Hofmann u. Rosen 1983); das für vulkanische Emissionen typische zeitliche Verhalten von mineralischen Aerosolen und von aus der Gasphase entstandenen Partikeln ist hier sehr gut zu verfolgen. An die gemessenen Größenverteilungen (durchgezogene Kurven) sind (logarithmische) Normalverteilungen (gestrichelte Kurven) angepaßt; wenn auch solche Anpassungen nicht ganz eindeutig sind, so lassen sich die unterschiedlichen Quellen für die Partikel doch gut erkennen.

Die Verteilung aus der ersten Messung, ca. 1,5 Monate nach der Emission, zeigt eine breite Mode (M_1) mit Schwerpunkt bei einem Radius von 0,02 μm und eine weitere Mode (M_2) mit Schwerpunkt bei 0,72 μm Radius, wobei zu diesem Zeitpunkt 97% der gesamten Masse der Vulkanaerosole in der Mode M_2 zu finden sind. M_1 können wir eindeutig als Nukleationsmode identifizieren, die auf die bei der Eruption ausgestoßenen Gase zurückzuführen ist. Die Partikel der Mode M_1 bestanden zu rund 80% aus Sulfat. Die Mode M_2 enthält die bei dem Ausbruch hochgetragene mineralische Feststoffkomponente.

In den etwa ein halbes Jahr später gemessenen Verteilungen sind sehr drastische Veränderungen erkennbar. Die Nukleationsmode ist nicht mehr zu sehen; offensichtlich fand zu diesem Zeitpunkt keine nennenswerte Neuproduktion von Teilchen mehr statt. Die bei der ersten Messung beobachteten Partikel des Nukleationsbereiches sind infolge ihrer Koagulation aus der Verteilung verschwunden; ihre Masse findet sich in einer typischen Akkumulationsmode mit Schwerpunkt bei 0,27 μm wieder (M_3). Die Masse der Dispersionspartikel hat innerhalb des halben Jahres zwischen den beiden Messungen um rund einen Faktor 25 abgenommen (M_4 im Vergleich zu M_2); dieser Rückgang ist sicher auf die Sedimentation im Schwerefeld zurückzuführen.

Überlegt man sich, wie die stratosphärischen Aerosole den atmosphärischen Strahlungshaushalt und längerfristig das Klima beeinflussen könnten, so kommen dafür drei Mechanismen in Frage:

- die Erhöhung der planetaren Albedo durch Rückstreuung von Sonnenlicht in den Weltraum,
- die Absorption solarer Strahlung in der Stratosphäre,
- die Absorption und Emission terrestrischer Infrarotstrahlung.

Wie die Bilanz dieser drei Effekte aussieht, hängt u. a. von den Eigenschaften des Partikelmaterials ab. Pollack et al. (1976) kommen in einer Studie über den Zusammenhang zwischen Klimaänderungen und Vulkaneruptionen zu dem Schluß, daß die drei Mechanismen sich bei mineralischem Eruptionsmaterial praktisch kompensieren, während von stratosphärischen Schwefelsäure- und Sulfatpartikeln eindeutig eine Abkühlung der bodennahen Luftschichten, verbunden mit einer Erwärmung der Stratosphäre, zu erwarten ist. In diesem Fall ist die Absorption solarer Strahlung in der Stratosphäre der dominierende Effekt. Pollack et al. (1976) finden einen linearen Zusammenhang zwischen der Abkühlung der bodennahen Luft, ΔT, und der Zunahme der als Trübungsmaß dienenden optischen Tiefe $\tau = \int K_e \cdot dz$, die durch stratosphärische Sulfat- bzw. Schwefelsäureteilchen verursacht wird (zur Definition von τ s. Abschn. 1.1.3): für bestimmte Modellbedingungen geben sie $\Delta T/\Delta\tau = -6$ K an (danach nimmt z. B. die bodennahe Temperatur um 0,6 K ab, wenn τ um 0,1 zunimmt).

Da die optische Tiefe der nichtvulkanischen Junge-Schicht etwa 0,005 beträgt, kann man ihren Einfluß auf die troposphärischen Temperaturen wohl vernachlässigen. Nach starken Vulkanausbrüchen (Mt. Agung, El Chichón) wurden dagegen $\Delta\tau$-Werte bis über 0,3 gemessen; auch nach schwächeren Eruptionen lagen die

Trübungen noch deutlich über den Werten für die ungestörte Stratosphäre. Wenn auch die angegebene Beziehung von Pollack et al. (1976), die von einer stationären Veränderung der stratosphärischen Trübung ausgeht, sich vielleicht nicht quantitativ auf die doch relativ kurz währenden vulkanischen Ereignisse anwenden läßt, so kann doch eine Beeinflussung der bodennahen Temperaturen durch vulkanische stratosphärische Sulfat- bzw. Schwefelsäureaerosole als sicher angesehen werden.

Nach der Eruption des Mt. Agung wurde die Erhöhung der Stratosphärentemperatur und die Absenkung der Temperaturen der unteren Troposphäre direkt gemessen und nachgewiesen (Newell u. Weare 1976; Hansen et al. 1978). Nach dem Ausbruch im März 1963 war, wie erwähnt, ein mehrere Monate währender Anstieg der stratosphärischen Sulfatkonzentrationen zu beobachten; damit einhergehend stieg die optische Tiefe der stratosphärischen Aerosolschicht an. Parallel dazu nahm die Stratosphärentemperatur bis zum Spätsommer 1964 zu (im Maximum um bis zu 5 K), während die Temperatur der bodennahen Luft um bis zu 0,4 K absank. Im Lauf der beiden folgenden Jahre verschwanden diese Effekte wieder.

Erstaunlicherweise blieb ein solcher Temperatureffekt nach der Eruption des El Chichón aus, obwohl die durch Sulfat bedingte stratosphärische Trübung mindestens in gleichem Maße zunahm wie nach dem Ausbruch des Mt. Agung. Die Stratosphärentemperatur stieg zwar kurzfristig etwas an (um dann wieder kräftig abzufallen), die bodennahen Temperaturen zeigten aber keinerlei Tendenz zum Rückgang, sondern begannen einige Monate nach dem Ausbruch sogar, deutlich anzusteigen. Mit sehr großer Wahrscheinlichkeit ist diese überraschende Entwicklung damit zu erklären, daß der erwartete Einfluß der El Chichón-Eruption durch das ungewöhnlich starke ENSO-Ereignis von 1982/83 (s. Abschn. 4.3.3) völlig überdeckt wurde.

Zu ähnlichen Ergebnissen kommt auch eine Studie von Angell u. Korshover (1985), in der klimatische Effekte von sechs herausragenden Vulkanausbrüchen seit 1780 untersucht werden: Tendenziell ist danach mit den vulkanischen Emissionen in die Stratosphäre wohl eine Absenkung der bodennahen Temperaturen verbunden, doch ist diese keineswegs immer zu beobachten; dies gilt auch, wenn die Eruption mit einer starken Extinktion der solaren Strahlung in der Stratosphäre einhergeht. Die Autoren diskutieren ebenfalls eine mögliche Maskierung des vulkanischen Einflusses durch ein kurz nach der Eruption eintretendes ENSO-Ereignis. Hofmann (1987) geht darüber noch hinaus und deutet die Möglichkeit an, daß ein ENSO-Ereignis durch einen vorangegangenen Vulkanausbruch verstärkt oder sogar ausgelöst werden könnte; dies bedeutete quasi einen Gegenkopplungseffekt zur Reduzierung des vulkanischen Einflusses.

Im Mittel scheint aber doch der Effekt einer Abkühlung der bodennahen Luftschichten durch die stratosphärische Extinktion der solaren Strahlung sicher zu sein. In diesem Zusammenhang ist auch eine Gegenüberstellung von längerfristigen Temperaturschwankungen und mittlerer vulkanischer Aktivität interessant, wie sie Hammer et al. (1980) vorgelegt haben. In Abb. 9.16 sind die mittleren Jahrestemperaturen in England und der Säuregehalt von Firn und Eis in einem bei der Station Crête in Grönland gewonnenen Bohrkern miteinander verglichen; der Säuregehalt des Eises dient als Indikator für die vulkanische Aktivität der jeweiligen Epoche. Aus dem Bild ist unschwer eine Antikorrelation zwischen Temperatur und vul-

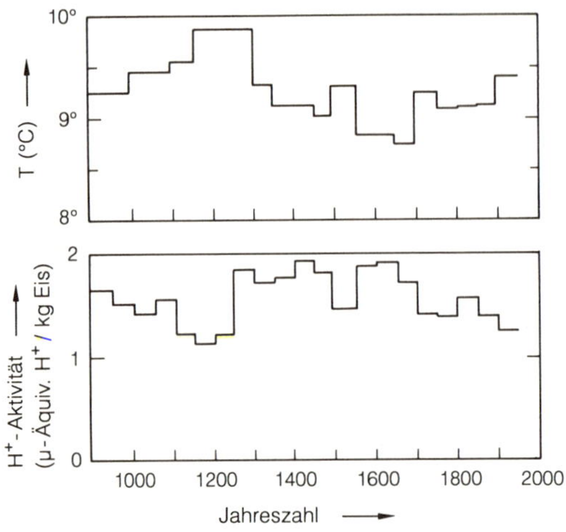

Abb. 9.16. Mittlere Jahrestemperaturen in England (nach einer Rekonstruktion von Lamb 1968) und Säuregehalt (H^+-Ionen-Aktivität) als Indikator für vulkanische Aktivität (nach Hammer et al. 1980) während der letzten 1100 Jahre

kanischer Aktivität abzulesen. Natürlich ist eine solche Antikorrelation noch kein sicherer Beweis für einen kausalen Zusammenhang, und man sollte bei der Betrachtung der Abb. 9.16 nicht in den Fehler verfallen, alle mittelfristigen Klimaschwankungen den Vulkanen anzulasten; ein gewisser Einfluß der Vulkane auf das Klima scheint aber kaum zu leugnen zu sein.

Kapitel 10

Klimaänderungen

Das Klima ist sicher einer der stärksten und unmittelbar am meisten spürbaren Umweltfaktoren; es prägt das wirtschaftliche, kulturelle und politische Gefüge einer Gesellschaft wie kaum ein anderer Umwelteinfluß. Die Geschichte der frühen Hochkulturen deutet an, daß Höhepunkte intellektueller und kultureller Leistungsfähigkeit wohl an das Vorhandensein eines günstigen Klimas gebunden waren; wahrscheinlich konnte in den frühen Kulturen nur dieses die Chance geben, über den reinen Existenzkampf hinaus zusätzliches intellektuelles Potential zu aktivieren. Es ist sicher einer Überlegung wert, ob nicht auch manche wirtschaftliche und politische Probleme der Gegenwart zu einem ganz erheblichen Teil klimatische Probleme sind.

Entsprechend stark können Veränderungen des Klimas das sozioökonomische Umfeld einer Gesellschaft oder einer Kultur beeinflussen. Stärkere Variationen haben schon zum Untergang ganzer Zivilisationen oder – gemessen an den Möglichkeiten der jeweiligen Zeit – zu riesigen Völkerbewegungen geführt. Aber auch kleinere, fast unmerkliche Schwankungen oder nur leichte Verschiebungen der Klimagürtel können große, ja katastrophale Folgen nach sich ziehen; man denke z. B. an die Probleme der Sahel-Zone. Bei der heutigen Dichte der Weltbevölkerung ist auch ein elastisches Nachgeben auf Verschlechterungen der klimatischen Bedingungen, wie es die großen Völkerwanderungen der vergangenen Epochen darstellten, nicht mehr möglich. Hinzu kommt, daß wegen der großen Zahl von Menschen auf der Erde auch die Ernährung der Weltbevölkerung keine klimabedingte Verschlechterung mehr verträgt. Ganz allgemein sind die Folgen einer stärkeren Klimaänderung kaum vorhersehbar, und alle menschlichen Aktivitäten, die potentiell eine solche nach sich ziehen, erfordern deshalb äußerste Vorsicht.

Nach diesen – vielleicht etwas subjektiven – Vorbemerkungen wollen wir in diesem Kapitel das Problem der Klimaänderungen und der anthropogenen Klimabeeinflussung in drei Schritten angehen: Der erste Abschnitt gibt einerseits eine Übersicht über die natürlichen Klimaschwankungen, angefangen bei den Kaltzeit-Warmzeit-Zyklen der letzten 500000 Jahre bis hin in die geschichtliche Zeit, andererseits versucht er, Klimatendenzen der neuesten Zeit aufzuzeigen, in der sich anthropogene Einflüsse bemerkbar machen könnten. Im zweiten Abschnitt sollen Klimamodelle zur Sprache kommen, und im letzten Teil des Kapitels soll untersucht werden, ob Klimaänderungen durch die anthropogene Erhöhung des Treibhauseffektes schon beobachtbar sind und ob gegebenenfalls Prognosen von Klimamodellen mit den beobachteten Änderungen verträglich sind.

10.1 Klimaänderungen in der Vergangenheit

Wie gerade angedeutet, verfolgt dieser Abschnitt zwei Ziele: Zum einen sollen generell die natürlichen Klimaschwankungen besprochen werden; diese natürlichen Variationen des Klimas bilden den Hintergrund, vor dem die anthropogenen Beeinflussungen zu sehen sind. Zum anderen sollen die Trends der jüngsten Vergangenheit diskutiert werden, letztlich im Hinblick auf eine Beantwortung der Frage, ob die zu erwartende anthropogene Verstärkung des Treibhauseffektes sich schon in den Klimadaten bemerkbar macht.

Wenn wir das Klima der Vergangenheit betrachten, so sind die spektakulärsten Ereignisse sicher die Eiszeiten, oder – wie wir besser formulieren – der Wechsel von Kaltzeiten (Glazialen) und Zwischeneiszeiten (Interglazialen). Die Epoche dieser alternierenden Klimasituationen, in der wir uns wohl noch befinden und die wir als Eiszeitalter bezeichnen können, dauert bisher vermutlich etwas über 3 Mio. Jahre an. Im Vergleich zu dem Alter der Erde von etwa 4,6 Mrd. Jahren ist diese Epoche sehr kurz; wenn es auch in der geologischen Vergangenheit immer wieder Vereisungen gab, so ist doch sicher, daß während rund 9/10 der erdgeschichtlichen Zeit die Erde eisfrei war und ein viel wärmeres Klima als heute herrschte. Die ältere Klimageschichte ist allerdings nicht Gegenstand dieses Buches; eine Fülle von Informationen darüber ist aus eher geologischer Sicht bei Schwarzbach (1974) und aus eher klimatologischer Sicht bei Schönwiese (1979) zu finden.

Die ersten Hinweise auf die großen Vergletscherungen des derzeitigen Eiszeitalters gaben geologische Befunde; diese tragen auch heute noch vielfältige Informationen zur Klimageschichte bei. In dem Kontext dieses Buches wollen wir aber die isotopengeophysikalischen Methoden in den Vordergrund stellen, deren Grundlagen in dem 5. Kap. behandelt worden waren. Die detailliertesten Informationen liefern die Rekonstruktionen der Isotopenverhältnisse des Sauerstoffs und des Wasserstoffs im Niederschlag anhand von Gletscher- bzw. Inlandeisbohrkernen; Abbildung 5.21 gab ein Beispiel dafür. Die Reichweite dieser Methode kann man größenordnungsmäßig mit 100000 Jahren beziffern. Eine weniger differenzierende, aber vergleichsweise fast unbegrenzt weit zurückreichende Archivierung des Ausmaßes der Vereisung ist in den Sedimenten der Tiefsee zu finden (wenn auch die Spuren mit wachsendem zeitlichen Abstand immer verwaschener werden): Bei der Verdunstung von Wasser werden die schwereren Isotope im Dampf abgereichert und im verbleibenden Wasser entsprechend angereichert. Wird nun ein Teil des Niederschlags dauerhaft in Gletscher- und Inlandeis gebunden, so fließen die isotopisch leichteren Wässer nicht mehr in den Ozean zurück; das Meerwasser wird proportional zur Vereisung isotopisch schwerer. Schmilzt das Festlandeis wieder ab, so kommt das isotopisch leichtere Wasser wieder den Ozeanen zugute; das Meerwasser wird in wärmerer Zeit isotopisch wieder leichter. Die Isotopenverhältnisse im Meerwasser spiegeln sich in entsprechenden Verhältnissen in Kalkschalen von Mikrolebewesen (Foraminiferen) wider. Diese sedimentieren nach ihrem Absterben auf den Meeresboden; auf diese Weise werden der Isotopengehalt des Meerwassers und damit das Ausmaß der Festlandvereisung in den Tiefseesedimenten archiviert. Die darauf beruhende Technik der Erfassung und Datierung von

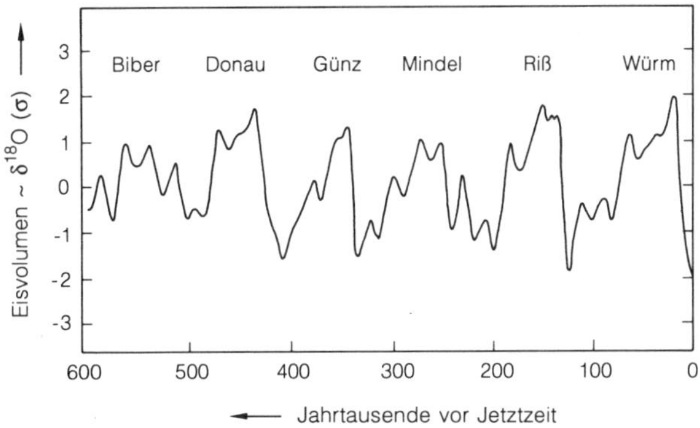

Abb. 10.1. Rekonstruktionen des Festlandeisvolumens aus dem Zuwachs des schweren Sauerstoffisotops ^{18}O im Meerwasser. *$\delta^{18}O$-Werte* als Standardabweichungen (σ) vom Mittel dargestellt, um Ergebnisse verschiedener Sedimentbohrungen miteinander vergleichbar zu machen (Größenordnung der $\delta^{18}O$-Ausschläge von Spitze zu Spitze etwa 2‰). *Über der Kurve* Namen der Kaltzeiten nach der alpinen Klassifikation

Kalt- und Warmzeiten geht auf Emiliani (1955) zurück. In Abb. 10.1 sind die Daten aus einer neueren Arbeit von Imbrie et al. (1984) wiedergegeben, die auf Ergebnissen aus mehreren Tiefseebohrungen beruhen.

Die Ausschläge der $\delta^{18}O$-Werte in den Tiefseesedimenten sind übrigens gegenphasig zu denen in dem Gletschereis, wie sie in Abb. 5.21 dargestellt sind: Vereisung führt – wie dargelegt – zu einer Anreicherung des schwereren Isotops ^{18}O im Meerwasser, da die leichteren Isotope bevorzugt verdunsten und dann im Festlandeis konserviert werden. Da diese Bevorzugung der leichten Isotope um so ausgeprägter wird, je tiefer die Temperaturen bei der Verdunstung sind, werden der Luftwasserdampf und damit der Niederschlag und das Gletschereis mit abnehmender Temperatur isotopisch leichter.

Die vier letzten, noch einigermaßen gut zu untersuchenden Kaltzeiten sind (nach der sog. alpinen Nomenklatur)

- die Würm-Kaltzeit etwa 75000 bis 12000 Jahre vor heute,
- die Riß-Kaltzeit etwa 175000 bis 125000 Jahre vor heute,
- die Mindel-Kaltzeit etwa 280000 bis 225000 Jahre vor heute,
- die Günz-Kaltzeit etwa 390000 bis 320000 Jahre vor heute.

Davor lagen weitere Kaltzeiten, von denen noch die Donau-Kaltzeit (ca. 470000 bis 420000 Jahre vor heute) und die Biber-Eiszeit (mit Schwerpunkt vor etwa 550000 Jahren) einigermaßen deutlich zu sehen sind. Insgesamt rechnet man mit etwa 20 Kaltzeiten während des gegenwärtigen Eiszeitalters, wenn auch ihre Spuren mit wachsendem zeitlichen Abstand immer undeutlicher werden. Wir wollen schon an dieser Stelle auf eine auffällige Periodizität der Kaltzeiten, mit einer Periode von etwa 100000 Jahren, hinweisen; wir werden darauf zurückkommen.

Während des Höhepunktes der am besten bekannten Würm-Kaltzeit lagen die europäischen Jahresmitteltemperaturen um 7° bis 10° unter den gegenwärtigen. Der skandinavische Eisschild drang in Mitteleuropa und im europäischen Rußland von Norden her bis fast zum 50. Breitengrad (das ist etwa die Breite von Hunsrück und Taunus), der kanadische Eisschild in Nordamerika sogar bis etwa 38° N (das entspricht der Breite von Süditalien) vor. Die großen Alpengletscher dehnten sich etwa 100 km weiter in das Alpenvorland aus als heute. Die Januar-0°C-Isotherme, die nach Abb. 1.30 heute durch Island läuft und dann, sich südwärts wendend, das Gebiet von Schleswig-Holstein kreuzt, verlief während der letzten Hoch-Kaltzeit vermutlich durch Südspanien, Süditalien und Griechenland zum Libanon.

Wie schon aus der Abb. 5.21 hervorgeht, war die Würm-Kaltzeit keineswegs einheitlich kalt (und ähnliches gilt wohl auch für die früheren Kaltzeiten); sehr kalte Perioden wechselten abrupt, innerhalb weniger hundert Jahre, mit Zeiten ab, die nicht sehr viel kälter als heute waren.

Zwischen den Kaltzeiten lagen Warmzeiten mit Temperaturen, die zum Teil die heutigen deutlich übertreffen. Die bekanntesten sind die Eem-Warmzeit (zwischen Riß und Würm), die Holstein-Warmzeit (zwischen Mindel und Riß) und die Cromer-Warmzeit (zwischen Günz und Mindel). Nach der letzten Kaltzeit, der Würm-Kaltzeit (die populär oft mit „der Eiszeit" schlechthin identifiziert wird), setzte vor 12000 bis 10000 Jahren eine kräftige, wenn auch zeitweise unterbrochene Erwärmung ein, die etwa 7000 bis 5000 Jahre vor heute in einer ausgeprägten Warmzeit gipfelte, mit Temperaturen, die in Mitteleuropa um etwa 1,5° bis 2° über den heutigen lagen, und zum Teil mit relativ häufigen und sehr heftigen Niederschlägen (die Überlieferung der „Sintflut" geht vermutlich auf die Zeit um 6000 bis 5000 Jahre vor heute zurück).

Bevor wir näher auf die Periode zwischen der letzten Kaltzeit und heute eingehen, wollen wir – ohne jeden Anspruch auf Vollständigkeit – einige Hypothesen zur Erklärung der Abfolge von Kalt- und Warmzeiten besprechen.

Schon vor etwa 70 Jahren erschien eine Veröffentlichung von Milankovitch (1920), in der die Änderungen der solaren Einstrahlung infolge quasi-periodischer Variationen gewisser Parameter der Erdbahn als Ursachen für die Kalt- und Warmzeiten diskutiert wurden. In der Folge wurden diese Überlegungen weiter verfeinert, doch fand die sog. Milankovitch-Theorie lange Zeit wenig Anklang, da die allein durch die Variation der Einstrahlung zu erzielenden Temperaturschwankungen zu klein schienen, um die Kaltzeit-Warmzeit-Sequenzen befriedigend erklären zu können. Der Durchbruch gelang erst, als Hays et al. (1976) bei sehr sorgfältigen Isotopenanalysen von Tiefseesedimenten genau die von der Erdbahnparameterhypothese geforderten Perioden entdecken konnten. Dieses Ergebnis wurde in der Folgezeit mehrfach bestätigt, und heute besteht kaum mehr ein Zweifel, daß der überwiegende Anteil der variierenden Vergletscherung der Erde während des jetzigen quartären Eiszeitalters auf die Variationen der Erdbahnparameter zurückzuführen ist. Im einzelnen können folgende Einflüsse eine Rolle spielen:

1. Die Exzentrizität der Erdbahn, d.h. die Abweichung von einer exakten Kreisbahn, ändert sich unter dem Einfluß der anderen Planeten in einer an sich sehr komplizierten Weise, aber mit einer gut ausgeprägten mittleren Periode von etwa 100000 Jahren. Diese Variation kann die Gegensätze zwischen Winter und Sommer beeinflussen (s. hierzu Abschn. 1.1); hinzu kommt, daß auch die über

das Jahr gemittelte Einstrahlung etwas, wenn auch schwach, von der Form der Bahnellipse abhängt.
2. Die Neigung der Erdachse gegenüber der Bahnnormalen, die sog. Schiefe der Ekliptik, variiert mit einer Periode von etwa 40000 Jahren zwischen 22,1° und 24,5°. Je stärker diese Neigung ist, um so schärfer wird der Gegensatz zwischen Sommer und Winter.
3. Die Erde ist keine ideale Kugel, sondern weist eine leichte Abplattung, d. h. einen gewissen Massenüberschuß am Äquator, auf. Aus diesem Grund, in Verbindung mit der Neigung der Erdachse, kann die von der Sonne und dem Mond ausgeübte Schwerkraft ein Kippmoment auf die Erde ausüben. Wie jeder Kreisel folgt auch die Erde nicht diesem Kippmoment, sondern weicht seitlich aus und führt eine Präzessionsbewegung aus, bei der die Erdachse einen Kegel beschreibt, dessen Öffnungswinkel gerade das Doppelte des Winkels der Neigung der Erdachse gegen die Erdbahnnormale ist. Die Periode dieser Präzessionsbewegung selbst beträgt 26000 Jahre. Dieser Präzessionsbewegung ist nun eine Eigenbewegung der Bahnellipse der Erde überlagert. Diese Eigenbewegung, eine ungleichförmige Drehung der ganzen Ellipse um die im Brennpunkt stehende Sonne, ist eine Folge der Gravitation der anderen Planeten (hinzu kommt eine Drehung als Folge der durch die Allgemeine Relativitätstheorie beschriebenen massenbedingten Raumkrümmung). Man kann sich diese ungleichförmige Drehung als eine der Epizykelbewegung ähnliche Superposition von Drehungen mit mehreren Perioden vorstellen; die fünf dominierenden Perioden liegen zwischen rund 72000 Jahren und 350000 Jahren. Die Überlagerung von Präzession und Drehung der Bahnellipse führt nun dazu, daß die Zeitpunkte von Perihel und Aphel innerhalb einer mittleren Zeit von 21000 Jahren durch alle Jahreszeiten hindurchlaufen. Dieser Effekt ist – wenn man so will – eine zeitliche Variation des unter (1) beschriebenen Effektes; letztlich wird wieder die Stärke der jahreszeitlichen Gegensätze moduliert. Der zeitliche Verlauf ist äußerst kompliziert, er läßt sich aber in ausreichender Näherung als eine Art Schwebung, als eine Überlagerung zweier periodischer Bewegungen beschreiben, deren Einzelperioden bei 19000 Jahren und bei 23000 Jahren liegen.

Genau diese Periodendauern von 100000 Jahren, 40000 Jahren, 23000 Jahren und 19000 Jahren konnten Hays et al. (1976) in ihrer oben erwähnten Isotopenanalyse von Tiefseesedimenten identifizieren und damit der Milankovitch-Theorie zu ihrem heutigen Erfolg verhelfen. Dennoch bleibt die Frage offen, wie die sehr kleinen Variationen der Intensität der Sonneneinstrahlung durchgreifende Änderungen des Klimas zur Folge haben können.

Zunächst ist festzustellen, daß die ausschlaggebende Wirkung der beschriebenen Variationen nicht so sehr die absolute Änderung der globalen Zufuhr solarer Energie ist, sondern – wie schon anklang – der Einfluß auf die Stärke des Wechsels der Jahreszeiten, und dies vor allem in höheren und hohen Breiten. Dort ist schon die Variation der Einstrahlung durch die angeführten astronomischen Einflüsse viel größer als im globalen Mittel; hinzu kommt dann – zumindest auf der Nordhalbkugel – ein gewisser Rückkopplungseffekt: kühle Sommer und kühle Herbste in hohen Breiten können zur Folge haben, daß die im vorangegangenen Winter gebildete

Schneedecke nicht vollständig abtaut. Die damit verbundene Erhöhung der Albedo führt zu einer weiteren Absenkung der Temperatur der Erdoberfläche. Tritt dieser Effekt mehrere Jahre hindurch auf, so sind Firnbildung und Vergletscherung fast unausbleiblich; die Albedo wird dauerhaft erhöht und die Energiezufuhr durch die Sonne ebenso reduziert. Bei diesem Mechanismus spielt es kaum eine Rolle, ob die Winter selbst kalt oder mild sind; ausschlaggebend sind die für das Abtauen der Schneedecke relevanten Sommer- und Herbsttemperaturen. Deshalb führen dann auch warme Sommer wieder rasch zu einem Rückgang des Eises, selbst wenn die Winter sehr streng sind.

Aber auch dieser an sich recht effektive Mechanismus reicht wohl allein noch nicht aus, um die tatsächlich aufgetretenen Klimavariationen zu erklären, und es ist bis heute offen, welche Mechanismen die schwachen Primäreffekte so weit verstärken, daß es zu so dramatischen Klimaänderungen wie den Kalt- und Warmzeiten kommen kann. Bei dem Wort Verstärkung darf man sicher nicht an eine quasi-lineare Verstärkung denken; es ist wohl eher so, daß die Verstärkungsmechanismen eine Art Umschalten des Systems Atmosphäre–Ozean zwischen verschiedenen quasi-stabilen Zuständen bewirken oder vielleicht auch eine Art Resonanz zwischen der antreibenden Variation der solaren Strahlung und irdischen Fluktuationen auslösen. Auf zwei offene Fragen sei in diesem Zusammenhang besonders hingewiesen: Das erste Problem liegt darin, daß die dominante Periode der Vereisungszyklen ganz eindeutig die Periode von 100000 Jahren ist (aus der Abb. 10.1 ist dies sofort ersichtlich), daß aber in einem Frequenzspektrum der Intensität der Einstrahlung die Periode von 100000 Jahren keineswegs besonders stark ausgeprägt ist. Ein zweites Problem sind die oft sehr schnellen Temperaturwechsel; die Änderungsgeschwindigkeiten der Einstrahlung sind um Größenordnungen langsamer.

Es ist nicht möglich, an dieser Stelle die zahlreichen Hypothesen und Modelle für solche Verstärkungs- und Auslösemechanismen zu diskutieren. Wir wollen deshalb hier exemplarisch nur auf einen Vorschlag eingehen (Broecker u. Denton 1989), nicht weil der darin beschriebene Mechanismus unbedingt der richtige sein muß, sondern weil er ein weiteres sehr interessantes Beispiel für eine mögliche Wechselwirkung von Atmosphäre und Ozean darstellt. Ganz unabhängig von diesem speziellen Vorschlag lassen sich die großen Klimavariationen wohl nur in dem Gesamtsystem aus Atmosphäre, Ozean und Festland verstehen.

Bei der Besprechung des Kohlendioxidkreislaufs in dem 8. Kap. hatten wir die sog. „Tiefenwasserneubildung" im Nordatlantik erwähnt. Durch die Abkühlung salzreichen Wassers wird dieses so schwer, daß es in die Tiefe absinkt. Dieses absinkende Wasser wird durch einen Zustrom wärmeren Wassers aus niedrigeren Breiten ersetzt. Die Rate dieser nordatlantischen Tiefenwasserneubildung liegt bei $10^6\,km^3$/Jahr. Gehen wir davon aus, daß dieses Wasser im hohen Norden durch den Kontakt mit der kalten Atmosphäre um 5 K abgekühlt wird (dies ist ein eher zu kleiner Wert), so erhalten wir eine Energieabgabe aus dem Wasser an die Atmosphäre von rund $2 \cdot 10^{22}$ Joule/Jahr. Die Fläche des Nordatlantik und der anliegenden Kontinente (Nordeuropa, Nordosten der USA, Ostkanada) kann man zu etwa $20 \cdot 10^6\,km^2$ abschätzen (etwa 75 Längengrade zwischen 60° und 90° nördlicher Breite). Setzt man diese Fläche mit dem zuvor abgeschätzten Energieumsatz in Beziehung, so erhält man durch die Tiefenwasserneubildung eine Energieabgabe an die Atmosphäre von etwa 10^9 Joule/(m^2 · Jahr); dies macht mehr als 1/10 der mittleren solaren Einstrahlung aus. Die tatsächliche Energieabgabe ist eher höher, da die angenommene Abkühlung von 5 K eher zu niedrig angesetzt ist. Das Einsetzen oder das Ausbleiben der Tiefenwasserneubildung kann also ohne weiteres drastische Klimaänderungen bewirken, die durchaus von der Größenordnung der Kaltzeit-Warmzeit-Sequenzen sind (die Tiefenwasserneubildung im Nordatlantik, zwischen Grönland und Skandinavien, ist übrigens auch der wichtigste Grund für die anhand von Abb. 1.30 diskutierten winterlichen Temperaturmuster über dem Nordatlantik und über Nordeuropa und nicht, wie oft angenommen wird, der Golf-Strom, der nicht so weit nach Norden reicht).

Broecker u. Denton (1989) weisen nun auf Evidenzen hin, daß die Tiefenwasserneubildung während der Kaltzeiten wirklich ausgesetzt hat, und schlagen hierfür einen Mechanismus vor. Der Grundgedanke dabei ist der, daß das Meerwasser, das aus niedrigeren Breiten nach Norden strömt, auf (kleine) Änderungen der solaren Einstrahlung mit einer (ebenfalls kleinen) Änderung der Verdunstung und damit des Salzgehaltes reagiert. Die Dichte des abgekühlten Wassers hängt nun viel empfindlicher von dem Salzgehalt als von der Temperatur ab; dies hat seine Ursache darin, daß das Dichtemaximum von Meerwasser etwa bei dem Gefrierpunkt liegt und daß in der Umgebung dieses Maximums die Dichte nur ganz schwach von der Temperatur abhängt. Die Folge ist, daß eine kleine Variation des Salzgehaltes darüber entscheiden kann, ob Tiefenwasser gebildet wird oder nicht, oder anders ausgedrückt, ob die zuvor beschriebene Energiezufuhr in den hohen Norden einsetzt oder ausfällt. Damit wäre ein Prozeß gefunden, der auf eine kleine Variation der primären Energiezufuhr von der Sonne mit einer viel größeren Änderung des Energietransports in den klimatisch sehr sensiblen hohen Norden reagiert und damit eine großflächige Vereisung auslösen oder abbauen kann.

Es ist sicher noch nicht möglich zu entscheiden, ob ein solcher Mechanismus wirklich in der Lage ist, Kaltzeit-Warmzeit-Sequenzen zu steuern. Eine Reihe von Problemen bleibt offen, wie etwa die Frage, wie eine eher regionale Vereisung im nordatlantischen Raum das globale Klima beeinflußt, oder die Frage, warum ausgerechnet die Periode von 100000 Jahren in den Vereisungszyklen dominant ist. Dennoch ist die Hypothese von Broecker u. Denton (1989) attraktiv; so ist sie z. B. in der Lage, auch recht abrupte Änderungen verständlich zu machen (selbst bei einer sehr langsamen Änderung der Dichte des Wasser kann die Tiefenwasserneubildung beim Erreichen einer Dichteschwelle sehr plötzlich einsetzen oder ausbleiben; auch episodische Änderungen des Süßwasserzuflusses in den Nordatlantik sind als Ursachen schneller Klimavariationen denkbar).

Der letzte Höhepunkt der Würm-Kaltzeit ist auf etwa 18000 Jahre vor heute zu datieren; er war vor allem durch die maximale Ausdehnung der Vergletscherung gekennzeichnet und wohl weniger durch extrem tiefe Temperaturen (man vermutet, daß die kälteste Epoche der Würm-Kaltzeit das Hochglazial um etwa 30000 vor heute war; da diese Epoche aber vergleichsweise trocken und niederschlagsarm war, stießen die Gletscher wahrscheinlich nicht ganz so weit vor wie vor 18000 Jahren). Nach diesem Zeitpunkt setzte eine erst langsame, dann aber, ab etwa 13000 vor heute, rasche Erwärmung ein. Allerdings war der Übergang von der Kaltzeit zur

Warmzeit kein stetiger Vorgang; schnelle Erwärmungen lösten sich mit ebenso raschen Abkühlungen ab. Zwei herausragende Phasen sind die Alleröd-Zeit um etwa 12000 vor heute, eine Epoche sehr schneller Erwärmung, in der nahezu, wenn auch nicht ganz, heutige Temperaturen erreicht wurden, und ein fast katastrophaler Kälterückschlag, die nur wenige Jahrhunderte ausdauernde Jüngere Dryas-Zeit um etwa 11000 bis 10500 vor heute.

In der dann rasch einsetzenden Warmzeit wurden – wie schon erwähnt – Temperaturen erreicht, die um bis zu 2° über den heutigen lagen; diese Zeit war zudem zumindest episodisch sehr niederschlagsreich.

Während dieser letzten (sog. „modernen") Warmzeit entstanden in Mesopotamien und in Ägypten die vermutlich ersten Hochkulturen der Menschheit. Etwa 5000 vor heute bildeten sich, fast gleichzeitig, die ersten sumerischen Stadtstaaten in Mesopotamien und das frühe ägyptische Reich. Mit diesen Hochkulturen, zu deren wichtigsten Leistungen die Entwicklung der Schrift gehört, beginnt die geschichtliche Zeit. Ab dieser Zeit sind mehr oder weniger unmittelbare Aufzeichnungen über das Klima und seine soziokulturellen und sozioökonomischen Folgen überliefert. Die wichtigsten Klimaperioden in geschichtlicher Zeit sind in der Tabelle 10.1 zusammengefaßt.

Die Suche nach Ursachen (in einem deterministischen Sinn) für die relativ kurzfristigen Klimavariationen, wie sie in der Tabelle 10.1 dokumentiert sind, gestaltet sich noch schwieriger als die Suche nach einer Erklärung für die Eiszeitzyklen. Es ist sehr wahrscheinlich, daß ein Teil dieser Variationen stochastischer Natur ist, es ist aber genau so wahrscheinlich, daß auch von außen aufgeprägte Ursachen für einen Teil der Schwankungen verantwortlich sind. So hatten wir am Ende des 9. Kap. auf die Rolle des Vulkanismus hingewiesen. Eine andere denkbare Einflußgröße ist die variierende Aktivität der Sonne (s. z. B. Eddy 1977, der auf das Fehlen von Sonnenflecken während der „kleinen Eiszeit" aufmerksam macht, oder Roedel 1980, der einen möglichen Einfluß der solaren Partikelstrahlung diskutiert). Alles in allem ist die Frage nach den Ursachen der Schwankungen noch offen.

Bei der Bewertung der natürlichen Klimaschwankungen ist ein ganz wichtiger Gesichtspunkt, daß die Amplituden der Variation der mittleren Temperaturen in geschichtlicher Zeit nie über 1,5° bis 2° hinausgingen, daß diese Schwankungen aber doch sehr große soziale Veränderungen nach sich zogen. Dies sollte im Hinblick auf anthropogene Klimabeeinflussungen ein deutlicher Hinweis darauf sein, welch große, unter Umständen katastrophale Folgen schon eine rein zahlenmäßig klein erscheinende Klimaänderung haben kann. Ein weiterer in diesem Zusammenhang sehr wichtiger Sachverhalt wurde schon im Kap. 5 angedeutet, nämlich die Tatsache, daß mit einer Änderung der globalen klimatischen Situation in der Regel auch eine Verlagerung der globalen Zirkulationsgürtel verbunden ist, die durch eine Verstärkung oder Abschwächung der meridionalen Temperaturgegensätze verursacht wird. Die ökonomischen und sozialen Folgen einer solchen Verlagerung sind schwer vorherzusagen.

Wir kommen jetzt zur Variation der klimatischen Parameter während der letzten 100 bis 150 Jahre, die vielleicht Aufschluß darüber geben, ob und wieweit bereits anthropogene Einflüsse auf das Klima zu beobachten sind.

Tabelle 10.1. Klimaperioden in geschichtlicher Zeit

Bis ca. 2500 v. Chr.	Warmzeit (sog. „Hauptklimaoptimum", „Altithermum"); ca. 1,5° bis 2° wärmer als heute, niederschlagsreich, Meeresspiegel durch Abschmelzen von Festlandeis 1 bis 2 Meter höher als heute. Hochkulturen in Ägypten und Mesopotamien (ab 3000 v. Chr. Blütezeit der sumerischen Kultur; 2900 1. Pharaonendynastie und ab 2635 „Altes Reich" in Ägypten). Ab 2500 v. Chr. Abkühlung, wahrscheinlich auch trockener.
2200 bis 2000 v. Chr.	Ausgeprägt kalte Epoche, mit politischen Wirren durch Einwanderungen von Norden in den Mittelmeerraum.
1850 bis 1200 v. Chr.	Sehr warme, aber wenig beständige Klimaepoche (sog. „Subboreal"); Blütezeit Ägyptens (z. B. Ramses II., 1289–1223).
1200 bis 450 v. Chr.	Sehr kalte, niederschlagsreiche Zeit mit Temperaturen, die 1° bis 2° unter den heutigen lagen. Vorstoß indogermanischer Völker nach Süden (z. B. „Dorische Einwanderung" nach Griechenland um etwa 1150).
200 v. bis 350 n. Chr.	Sehr warme, meist niederschlagsreiche, erst gegen Ende trockener werdende Periode; etwa 1° wärmer als heute. Weinbau bis zur Nord- und Ostsee, Alpenpässe z. T. im Winter passierbar; Blütezeit des Römischen Reiches („Klimaoptimum der Römerzeit").
400 bis 700 n. Chr.	Kalte, regnerische Epoche mit zahlreichen Gletschervorstößen. Zeit der germanischen Völkerwanderungen nach Süden in den Mittelmeerraum.
900 bis 1250 n. Chr.	„Mittelalterliche Warmzeit", ca. 1° bis 1,5° wärmer als heute, Meeresspiegel ca. 80 cm höher als heute. Vermutliche sehr ausgeglichene Witterung mit wenig Stürmen (Besiedlung von Island und Grönland durch die Wikinger mit offenen Schiffen, Vorstoß bis Amerika); Weinbau in Südengland.
ab 1250 n. Chr.	Abrupte „Klimawende" mit Abkühlung, heftigen Stürmen und starken Regenfällen.
1300 bis 1850 n. Chr.	Kühle, meist niederschlagsreiche Zeit mit heftigen Stürmen und starken Schwankungen der Witterung. Die grönländische Siedlung der Wikinger kann nicht mehr versorgt werden und stirbt 1350 aus. Zwischen 1550 und 1700 vermutlich kälteste Epoche seit der Jüngeren Dryas, sog. „Kleine Eiszeit" mit um 1,5° bis 2° tieferen Temperaturen und bis zu 2 m niedrigerem Meeresspiegel als heute; Gletscher ca. 200 Höhenmeter weiter in die Täler vorstoßend; tiefwinterliche Gemälde aus heute recht milden Regionen wie z. B. den Niederlanden.
ab 1850 n. Chr.	Relativ warme, klimagünstige Zeit.

Verschiedene Arbeitsgruppen haben in den letzten Jahren sehr viel Mühe investiert, um die Temperaturen der jüngsten Vergangenheit zuverlässig zu rekonstruieren. Wir schließen uns hier im wesentlichen der Gruppe um Jones, University of East Anglia, an, deren Daten auch der Allgemeinheit relativ leicht zugänglich sind (Jones et al. 1986, Jones 1988; Jones u. Wigley 1990). Es ist vielleicht ganz interessant, einige Schlaglichter auf die Schwierigkeiten zu werfen, die sich einer solchen Rekonstruktion entgegenstellen. So kann z. B. eine Urbanisierung, eine „Verstädterung", der Umgebung einer Station, an der langfristige Zeitreihen der Temperatur aufgenommen werden, allein schon einen Temperaturanstieg

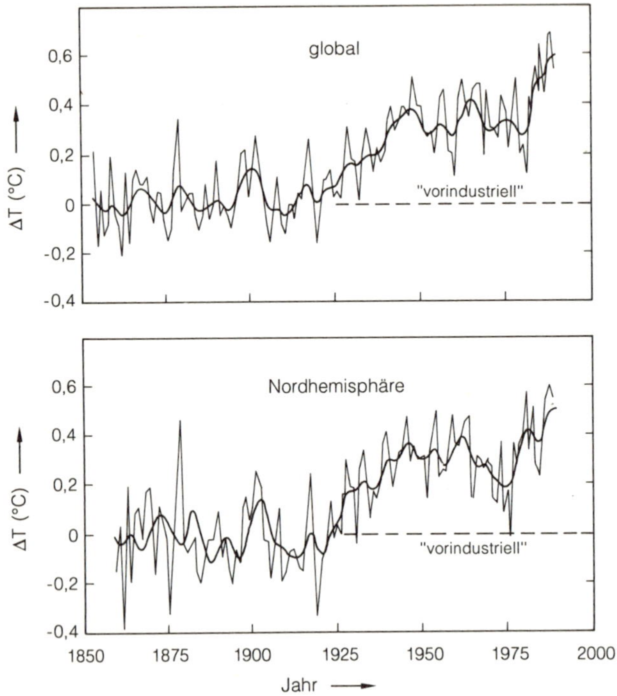

Abb. 10.2. Veränderungen der globalen (**oben**) bzw. der nordhemisphärischen (**unten**) Temperaturen in den letzten 125 Jahren. Nullpunkt ist das Mittel der Temperaturen zwischen 1860 und 1875 (hier als *„vorindustriell"* bezeichnet). *Spitze Kurven* geben Jahresmittel, die *geglättete Kurve* das laufende Zehnjahresmittel wieder. (Nach Jones et al. 1986, Jones 1988 umgezeichnet in Anlehnung an Jones u. Wigley 1990)

vortäuschen. Eine (vielleicht nicht einmal notierte) Änderung der Höhe des eingesetzten Thermometers über dem Erdboden kann ebenfalls eine Änderung der abgelesenen Temperatur zur Folge haben, die größer ist als die eigentlich gesuchte Langzeitvariation und die diese natürlich überdeckt. Noch größere Schwierigkeiten ergeben sich bei der Rekonstruktion der Temperaturen über See; auch hier täuschen Wechsel in der Technik der Temperaturmessung, Wechsel in der Höhe der Thermometer (die Schiffe wurden im Lauf der Zeit immer größer) oder Wechsel in der Tageszeit der Messung (z. B. wurden zu Kriegszeiten wegen des Zwanges zur Verdunklung auf vielen Schiffen die Thermometer nur während des Tages abgelesen) nichtreale Temperaturvariationen vor. Solche verfälschenden Artefakte mußten sorgfältig analysiert und korrigiert werden, um wirklich aussagekräftige Daten über die Langzeitvariation der Temperatur zu erhalten.

Abbildung 10.2 zeigt im oberen Teil die global gemittelten und im unteren Teil die über die Nordhemisphäre gemittelten Temperaturen während der letzten 130 Jahre. Die stetigen Kurven geben Zehnjahresmittel wieder, die Trends besser erkennen lassen als die über kürzere Zeiten gemittelten Temperaturen. Um andererseits ein Gefühl für die Schwankungen von Jahr zu Jahr zu geben, die

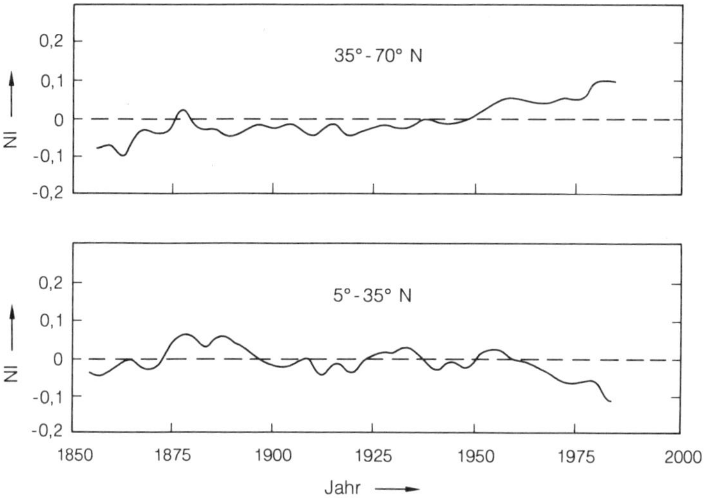

Abb. 10.3. Variation der Niederschlagsintensität auf der Nordhalbkugel zwischen 1860 und 1985; **oben** für geographische Breiten zwischen 35° und 70° N, **unten** für Breiten zwischen 5° und 35° N. Um Niederschlagszeitreihen sehr unterschiedlicher Stationen vergleichbar zu machen, sind die Werte in Form eines Niederschlagsindex *NI* wiedergegeben, der ein statistisches Maß für Abweichungen vom Mittelwert darstellt. (Nach Bradley et al. 1987)

dem Langzeittrend überlagert sind und die wohl subjektiv viel stärker empfunden werden, sind die Verbindungslinien der Jahresmitteltemperaturen ebenfalls eingezeichnet.

Schaut man sich die Zehnjahresmittelkurven der Abb. 10.2 genauer an, so erkennt man, daß die Temperaturen seit etwa 1900 oder 1910 deutlich zunehmen, daß diese Zunahme aber keineswegs gleichförmig ist. Bis etwa 1900 blieb die Temperatur im Langzeitmittel auf einem einheitlichen Niveau, diesem Mittel waren aber deutliche wellenförmige Schwankungen mit Amplituden in der Größenordnung von Zehntel Grad überlagert. Zwischen 1910 und 1945 stieg die mittlere Temperatur fast monoton gleichmäßig mit einer Rate von etwa 1,1 K/100 Jahre an, um dann ab 1945 bis in die 70er Jahre wieder zurückzugehen, wenn auch unter starken Schwankungen. Etwa 1980 setzte dann wieder ein Anstieg ein, der steiler als alle bisher beobachteten Temperaturzunahmen war; wenn man über einen so kurzen Zeitraum schon von einer Anstiegsrate sprechen darf, dann betrug diese zwischen 1980 und 1989 etwa 4 K/100 Jahre (!).

Wie schon oft betont, ist neben der Temperatur der Niederschlag der wichtigste Klimaparameter; dies gilt für das subjektive Empfinden ebenso wie für die ökonomischen und ökologischen Konsequenzen. Untersucht man die Entwicklung des Jahresniederschlags ebenfalls seit der Mitte des vorigen Jahrhundert, so kann man global, oder auch für die Hemisphärenmittel, keinen Trend erkennen (Bradley et al. 1987; Diaz et al. 1989). Das Bild ändert sich aber signifikant, wenn man die Entwicklung des Niederschlags nach Breitenzonen differenziert. In Abb. 10.3 sind die Trends des mittleren Jahresniederschlags für die Zone zwischen 5° N und 35° N und für die Zone zwischen 35° N und 70° N einander gegenübergestellt. Es wird deutlich, daß der Niederschlag in den tropisch-subtropischen Breiten abgenommen und in den gemäßigten Breiten zugenommen hat. Es sei zum jetzigen Zeitpunkt noch dahingestellt, ob sich in diesen Verläufen wirklich schon eine Verschiebung der Zirkulationsgürtel widerspiegelt, wie sie bei einer stärkeren Erwärmung der höheren Breiten zu erwarten ist; auszuschließen ist dies jedenfalls nicht.

10.2 Klimamodelle

Die Atmosphäre und noch mehr der Verbund von Atmosphäre und Ozean sind ungeheuer komplexe Gebilde. Für eine Beschreibung und damit auch für eine Prognose eventueller Änderungen sind wir deshalb auf Modelle angewiesen, die gezielt versuchen, einen gewissen Satz atmosphärischer Variablen wie z. B. Temperatur, Luftfeuchte, Niederschlag u. dgl. möglichst gut, d. h. möglichst weitgehend den empirischen Befunden entsprechend, zu reproduzieren und – im zweiten Schritt – Änderungen dieser Variablen bei einer Variation der Ausgangsparameter wie z. B. der Einstrahlung von der Sonne, der Konzentration von Spurengasen u. dgl. vorherzusagen. Für Modelle, die klimarelevante Variable wie z. B. die Temperatur zu berechnen erlauben, hat sich der Begriff „Klimamodelle" eingebürgert (wenn dieser Begriff auch oft etwas anspruchsvoll erscheint).

Wir wollen in diesem Abschnitt zunächst einen gewissen Überblick über Klimamodelle in diesem Sinn geben. Dabei wird keine Vollständigkeit angestrebt, sondern eher versucht, die Modellhierarchie von nulldimensionalen Modellen, die nur einen globalen Mittelwert für eine atmosphärische Variable liefern, bis zu dreidimensionalen dynamischen Zirkulationsmodellen (als GCM, „general circulation model", bekannt) aufzuzeigen.

Wenn überhaupt, so sind nur die letztgenannten Modelle in der Lage, klimatische Änderungen in detaillierterer Form zu prognostizieren. Wir werden deshalb im zweiten Teil dieses Abschnitts Modelle dieser Art, die unter dem Aspekt der Vorhersage von Klimaänderungen bei einem Anstieg der atmosphärischen Kohlendioxidkonzentration entwickelt wurden, eingehender besprechen. Insbesondere wollen wir anhand eines bestimmten Modells (NCAR-Modell, Washington u. Meehl 1984, 1989) dessen verschiedene Varianten behandeln; dieses Modell lag zunächst als reines Atmosphärenmodell vor, bei dem der Ozean als äußerer Parameter auftrat, und wurde dann zu einem gekoppelten Modell weiterentwickelt, in dem die atmosphärische und die ozeanische Zirkulation sowie deren Wechselwirkungen in die Rechnung eingehen.

10.2.1 Überblick

Der begrifflich einfachste Modelltyp ist der des Energiebilanzmodells („EBM"). In seiner nulldimensionalen Form können wir dieses durch die Gleichung für die Temperatur der Erdoberfläche T_s,

$$\frac{dT_s}{dt} \cdot C_s = S_e - H - F_n \tag{10.1}$$

mit C_s als einer Zahl, die die Wärmekapazität der Erdoberfläche parametrisiert, S_e als der solaren Einstrahlung, H als dem nichtradiativen Energiefluß (der positiv zu rechnen ist, wenn er von der Erdoberfläche wegführt) und $F_n = F_\uparrow - F_\downarrow$ als dem Nettofluß der terrestrischen Strahlung (s. Kap. 1) beschreiben. Dabei ist $F_\uparrow$ durch das Stefan-Boltzmann-Gesetz,

$$F_\uparrow = \varepsilon \cdot \sigma \cdot T_s^4, \tag{10.2}$$

mit der Temperatur der Erdoberfläche verknüpft (ε ist das relative Emissionsvermögen der Erdoberfläche, σ die Stefan-Boltzmann-Konstante; beide Größen sind im 1. Kap. definiert bzw. beschrieben).

Im stationären Gleichgewicht verschwindet die Zeitableitung auf der linken Seite; wir erhalten

$$S_e - H - F_n = 0. \tag{10.3}$$

Wir wollen diese Beziehung mit einem eigentlich trivialen Beispiel illustrieren: Der Abb. 1.25 können wir entnehmen, daß $S_e - H = 0{,}21 \cdot S_0$ ist (mit $S_0 = 342\ \mathrm{W/m^2}$ als der mittleren Einstrahlung von der Sonne), ferner daß $F_\uparrow$ und $F_\downarrow$ sich zueinander wie 109:88 verhalten. Daraus erhalten wir

$$F_n = F_\uparrow \cdot \left(1 - \frac{88}{109}\right) = 0{,}193 \cdot F_\uparrow = 0{,}193 \cdot \varepsilon \cdot \sigma \cdot T_s^4 \tag{10.4}$$

und weiter

$$0{,}21 \cdot S_0 = 0{,}193 \cdot \varepsilon \cdot \sigma \cdot T_s^4. \tag{10.5}$$

Lösen wir diese Gleichung nach T_s auf und setzen Zahlenwerte ein, so bekommen wir mit $\varepsilon = 0{,}95$

$$T_s = 288\ \mathrm{K} \tag{10.6}$$

bzw.

$$T_s \approx 15\,^\circ\mathrm{C}, \tag{10.7}$$

also genau die tatsächliche mittlere Oberflächentemperatur der Erde.

Betrachten wir als zweites Beispiel die atmosphärenfreie Erde und nehmen wir für die Oberflächenalbedo einen Wert von 10% und für das relative Emissionvermögen im terrestrischen Spektralbereich einen solchen von 100% an, rechnen wir also mit der Erde als schwarzem Strahler, so erhalten wir

$$F_n = F_\uparrow = \sigma \cdot T_s^4 = 0{,}9 \cdot S_0 \tag{10.8}$$

oder aufgelöst nach T_s

$$T_s = \left(\frac{0{,}9 \cdot S_0}{\sigma}\right)^{1/4} \tag{10.9}$$

und nach Einsetzen der Zahlenwerte

$$T_s = 270\ \text{K} \tag{10.10}$$

oder

$$T_s \approx -3^\circ\text{C}. \tag{10.11}$$

Auf diese Weise wurden die in dem Abschn. 1.3.1 angegebenen Temperaturen errechnet.

Die beiden Beispiele weisen auf eine wesentliche Eigenschaft nulldimensionaler Modelle hin: sie sind nur anwendbar, wenn man entweder horizontale Energieflüsse vernachlässigt, oder wenn man sich auf globale Mittelwerte beschränkt. In der realen irdischen Atmosphäre ist die erste Alternative in der Regel nicht zulässig; will man sich nicht auf globale Mittel beschränken, so ist es deshalb naheliegend, die Ansätze zu eindimensionalen (oder sogar zweidimensionalen) Modellen zu erweitern, in der Form, daß man horizontale Energieflüsse in Rechnung stellt.

Mit W als horizontaler Energieflußdichte erhält man dann im zeitabhängigen Fall

$$\frac{dT_s}{dt} \cdot C_s = S_e - H - F_n - \text{div}\,W \tag{10.12}$$

bzw. im stationären Fall

$$S_e - H - F_n - \text{div}\,W = 0. \tag{10.13}$$

Die klassische Form dieser Energiebilanzmodelle in eindimensionaler Form, mit Einbeziehung meridionaler Energieflüsse, aber mit zonaler Mittelung geht auf Budyko (1969) und auf Sellers (1969) zurück, die unabhängig voneinander mit etwas unterschiedlicher Parametrisierung der meridionalen Flüsse solche Modelle entwickelt haben. Deshalb wird in der Literatur auch häufig von Budyko-Sellers-Modellen gesprochen.

Natürlich konnten hier nur die einfachsten Grundlagen der EBM angedeutet werden. Durch geeignete Parametrisierung lassen sich weitere Bestimmungsgrößen und sogar Wechselwirkungs- und Rückkopplungsbeziehungen in die Modelle einbauen. Wir verweisen auf einen sehr detaillierten Einführungs- und Übersichtsartikel von North et al. (1981).

Die nächste Stufe der Modellhierarchie stellen die sog. radiativ-konvektiven Modelle („radiative convective model“, RCM) dar, deren bekanntester „Prototyp“ von Manabe u. Strickler (1964) entwickelt wurde. Das Ziel dieser Modelle ist die Berechnung des vertikalen Temperaturprofils der Atmosphäre einschließlich der bodennahen Temperaturen. Sie sind im Prinzip eindimensionale vertikale Modelle. Ihr Vorteil liegt darin, daß sie eine relativ einfache Abschätzung der Wirkungen erlauben, die z. B. durch variierende Spurenstoffkonzentrationen in verschiedenen Höhen oder durch sonstige variierende Einflüsse hervorgerufen werden. Ihr Nachteil ist die Beschränkung auf eine Dimension, auf die Vertikale, die eigentlich nur die Berechnung globaler oder hemisphärischer Mittelwerte erlaubt.

Die Energiebilanz für jede Höhenstufe in einem vertikalen Modell ergibt sich aus dem Zufluß und Abfluß von Energie durch solare Strahlung, durch terrestrische Infrarotstrahlung und durch nichtradiativen diffusiven Transport. Schreiben wir diesen Sachverhalt als Gleichung und berücksichtigen dabei, daß die Energieänderung pro Volumeneinheit durch die Divergenz der Flußdichten bestimmt ist, so erhalten wir für den zeitabhängigen Fall

$$c_p \cdot \varrho \cdot \frac{dT}{dt} = -\frac{d}{dz}(S + F_n + H) \tag{10.14}$$

und für den stationären Fall

$$\frac{d}{dz}(S + F_n + H) = 0, \tag{10.15}$$

wobei wieder S für die solare Strahlungsflußdichte, F_n für die terrestrische Nettostrahlungsflußdichte und H für die konvektive oder allgemeiner nichtradiative Wärmeflußdichte stehen. Für den stationären Fall kann man hierfür auch sofort das Integral

$$S + F_n + H = \text{const} = 0 \tag{10.16}$$

hinschreiben, wobei const = 0 aus den Randbedingungen

$$S(\infty) + F_n(\infty) = S(\infty) + F_\uparrow(\infty) = 0 \tag{10.17}$$

und

$$H(\infty) = 0 \tag{10.18}$$

folgt. Die gewünschte Information über die Temperatur ist auch hier in der Temperaturabhängigkeit der terrestrischen Flüsse enthalten.

Diese terrestrischen Strahlungsflüsse und ebenso die solaren Energieflüsse können bei Kenntnis der chemischen Zusammensetzung der Atmosphäre ohne allzu große Schwierigkeiten berechnet werden. Bei zu vernachlässigenden nichtradiativen Flüssen lassen sich deshalb die dem Strahlungsgleichgewicht entsprechenden Temperaturen im Prinzip ohne grundlegende Probleme ermitteln (dieser Fall ist z. B. in einer stationären Stratosphäre gegeben). Dagegen ist es außerordentlich schwierig, vernünftige und einigermaßen einfache Modellannahmen über konvektive Energieflüsse zu machen. Von wenigen Ausnahmen abgesehen gehen die radiativ-konvektiven Modelle deshalb von folgendem Prinzip aus:

In einem ersten Schritt wird für jede Höhenstufe die aus dem Strahlungsgleichgewicht allein (ohne nichtradiative Beiträge) folgende Temperatur berechnet. Der sich hieraus ergebende „radiative“ Temperaturgradient wird mit einem „kritischen“ Gradienten verglichen, der das Einsetzen von Konvektion charakterisiert (in einer wasserfreien Atmosphäre wäre letzterer gerade der trocken-adiabatische Gradient $dT/dz = -g/c_p$). Ist nun der berechnete Gradient über gewisse Höhenbereiche dem Betrag nach größer als der kritische, so wird angenommen, daß konvektiver Energietransport einsetzt, der den (dem Betrage nach) zu hohen Temperaturgradienten soweit reduziert, daß gerade der kritische Gradient erreicht wird; dann stoppt der nichtradiative Transport wieder. In einem zweiten Schritt wird deshalb für die fraglichen Höhenbereiche anstelle des aus dem Strahlungsgleichgewicht berechneten Temperaturverlaufs der kritische Temperaturverlauf angesetzt und mit dem so korrigierten Temperaturprofil die Rechnung wiederholt, bis Konvergenz erzielt wird. Dieses Verfahren wird als „convective adjustment" bezeichnet; ein deutscher Ausdruck hat sich hierfür eigentlich nicht eingebürgert. Als Wert für den kritischen Temperaturverlauf wird in den meisten Rechnungen $-0{,}65\,\mathrm{K}/100\,\mathrm{m}$ angenommen, wenn auch diese Zahl nicht unumstritten ist.

Auch hier, bei der Besprechung der radiativ-konvektiven Modelle, können wir auf weitere Details und Verfeinerungen nicht eingehen und verweisen auf einen gut lesbaren Übersichtsartikel von Ramanathan u. Coakley (1978).

Die bisher diskutierten Modelle weisen wichtige Vorteile auf: Sie sind gut überschaubar, ihre Aussagen und Schlußfolgerungen sind meteorologisch-physikalisch meist unmittelbar interpretierbar, und sie sind - nicht zuletzt - rechnerisch wenig aufwendig. Auf der anderen Seite sind sie aber sehr grundsätzlichen Einschränkungen unterworfen: Sie erlauben kaum eine regionale Differenzierung, und vor allem enthalten sie als „modellierbare", d. h. im Modell berechenbare, Variable nur thermische Größen; die ganze atmosphärische Dynamik kann in diese Modelle nicht eingebaut werden. Damit wird es unmöglich, Wechselwirkungen zwischen der Dynamik, die sich z. B. in den atmosphärischen Zirkulationen widerspiegelt, und der Energetik und dem Strahlungshaushalt in dem Modell selbst zu berechnen.

Dies vermögen - wenn überhaupt - erst die dynamischen dreidimensionalen Zirkulationsmodelle („general circulation model", GCM), die die höchste Stufe in der Modellhierarchie bilden. Diese Modelle basieren im Prinzip auf einem Satz von Gleichungen, in dem die dynamischen Grundgleichungen, wie wir sie im 3. Kap. behandelt haben, mit den Gleichungen, die die Übertragung radiativer und nichtradiativer Energie beschreiben, gekoppelt sind. Diese Gleichungen sind zum Teil nichtlineare Differentialgleichungen; das bedeutet einmal, daß ihre zeitliche Reichweite wegen der möglichen Instabilität der Lösungen (s. hierzu Kap. 6) beschränkt sein kann, wenn ihre Parameter nicht sehr sorgfältig ausgewählt werden; das bedeutet aber auch, daß Lösungen dieser Gleichungen nur numerisch möglich sind. Damit geht auch meist die gute Überschaubarkeit verloren; die Ergebnisse sind oft nicht einfach interpretierbar.

Für die praktische Konstruktion der Modelle wird die Atmosphäre horizontal in ein „möglichst" engmaschiges Netz von Gitterzellen oder Gitterpunkten und vertikal in „möglichst" viele in sich als homogen angenommene Schichten diskretisiert. Das Attribut „möglichst" wird von dem als noch vertretbar angesehenen Rechenaufwand determiniert. Die Grenzen der räumlichen Auflösung liegen zur Zeit bei horizontalen Gitterweiten von wenigen hundert Kilometern und in der Vertikalen bei etwa 20 Schichten. Die Zeitschritte bei der numerischen Integration der Differentialgleichungen müssen so klein gewählt werden, daß Lösungsinstabilitäten vermieden werden, die entstünden, wenn die Ausbreitung atmosphärischer Ereignisse von einem Gitterpunkt zum nächsten in kürzeren Zeiten als der Länge der Integrationszeitschritte vor sich ginge. In der Praxis werden zeitliche Integrationsschritte in der Größenordnung einer Stunde gewählt. Das Modell muß offensichtlich einen Kompromiß zwischen der Schnelligkeit und der Speicherkapazität der eingesetzten Rechner einerseits und der zeitlichen und räumlichen Auflösung und der Zahl der berechenbaren Modellvariablen (Temperatur, Druckverteilung, Luftfeuchtigkeit, Bedeckungsgrad, Niederschlag u. a.) andererseits bilden.

Der bis jetzt beschriebene Fall stellt sogar erst die „Grundversion“ der Zirkulationsmodelle dar, in der nur die atmosphärischen Variablen berechnet und die Einflüsse der Weltmeere (oder auch die Einflüsse der großen Eismassen) als externe Parameter vorgegeben werden. Für eine genaue und auch längerfristige Klimaprognose ist es aber wünschenswert, wenn nicht sogar notwendig, die Rückwirkungen von Änderungen in der Atmosphäre auf die Ozeane und umgekehrt in das Modell mit einzubeziehen. Es bietet sich deshalb an, atmosphärische Modelle mit ozeanischen Zirkulationsmodellen (und gegebenenfalls mit Kryosphärenmodellen) zu koppeln (unter Kryosphäre versteht man in diesem Zusammenhang die Gesamtheit der mit Schnee und Eis bedeckten, eventuell auch noch der von Dauerfrost, sog. Permafrost, erfaßten Teile der Erdoberfläche).

Alles in allem wird klar, daß nur die leistungsfähigsten Computer überhaupt die Möglichkeit bieten, einigermaßen realistische Zirkulationsmodelle einzusetzen. Es ist deshalb nicht erstaunlich, daß nur relativ wenige Arbeitsgruppen derart anspruchsvolle Klimamodellrechnungen durchführen. Die wohl bekanntesten Institutionen sind zur Zeit drei US-amerikanische Institute (das Goddard Institute for Space Studies, GISS, in New York, das National Center for Atmospheric Research, NCAR, in Boulder, und das Geophysical Fluid Dynamics Laboratory, GFDL, in Princeton) sowie das Klimaforschungszentrum des Britischen Wetterdienstes (United Kingdom Meteorological Office, UKMO, in Bracknell). In Deutschland wird vor allem an dem Max-Planck-Institut für Meteorologie in Hamburg an einem gekoppelten Atmosphäre-Ozean-Modell gearbeitet.

10.2.2 Zirkulationsmodelle („general circulation models“, GCM)

In dem vorangegangenen Abschnitt haben wir das Prinzip der GCM, d. h. die numerische Lösung eines Satzes von Gleichungen zur Beschreibung des atmosphärischen Systems, unter geeigneter Parametrisierung oder Modellierung verschiedener Einflußgrößen, kurz dargelegt. Wir wollen hier einige weitere Einzelheiten behandeln und dabei zwei besonders wichtige Punkte anschneiden, die – wenn man so will – wieder eine gewisse Hierarchie innerhalb der Zirkulationsmodelle begründen. Das ist die Berücksichtigung der Wechselwirkung zwischen Atmosphäre und Ozean, und das ist weiter die Nutzung der Modelle als Gleichgewichtsmodelle oder als zeitabhängige Modelle (diese Ausdrucksweise darf nicht mißverstanden werden: Die durch Differentialgleichungen dargestellten Modelle sind natürlich prinzipiell zeitabhängig; die eben getroffene Unterscheidung bezieht sich auf die Art der Nutzung der Modelle als Prognoseinstrumente). Zum Schluß werden wir an dem konkreten Beispiel des NCAR-Modells die Vorhersagen der verschiedenen Varianten miteinander vergleichen.

Die frühen GCM haben den Ozean als eine nasse Oberfläche parametrisiert, die Feuchtigkeit in beliebiger Menge abgeben oder aufnehmen kann, die aber ansonsten den Energiehaushalt nicht beeinflußt. Die Wärmekapazität des Ozeans wird nicht berücksichtigt; die Oberflächentemperatur des Wassers wird jeweils an die sich aus der Modellrechnung ergebende Temperatur der untersten Luftschicht angeglichen. Für diese Art von Modellozean hat sich die Bezeichnung „Sumpf-Ozean", „swamp ocean", eingebürgert; in der Tat verhält sich ein Sumpf auf dem Land ähnlich wie dieser Modellozean. Da die Wärmekapazität der Meere bzw. der Wärmeübergang in die oberste Wasserschicht hinein oder aus dieser heraus eine wichtige Rolle für die jahreszeitlichen Zyklen der Lufttemperatur spielt, müssen Modelle mit einem „Sumpf-Ozean" versagen, wenn die Wechsel der Jahreszeiten explizit in das Modell eingehen sollen. Modelle dieser Art sind nur für die Prognose von Jahresmitteln geeignet.

Die Berücksichtigung der Wärmekapazität der oberen, gut durchmischten Deckschicht des Ozeans (s. hierzu z. B. Kap. 8) führt zu einer nächsten Stufe der Modellhierarchie. Die durchmischte Oberflächenschicht, die „mixed layer", mit einer Mächtigkeit von 50 m bis 80 m, wird dabei als quasi statischer Körper behandelt (im Englischen ist die Bezeichnung „slab" üblich), der zwar die Wärmekapazität einer entsprechenden Wassersäule hat, der aber keinen horizontalen Wärmetransport zuläßt. Dieser Modellozean hat den Vorteil, daß er die explizite Berücksichtigung der jahreszeitlichen Zyklen des atmosphärischen Strahlungs- und Energiehaushaltes erlaubt, ohne schon einen allzu großen Rechenaufwand zu erfordern. Der Großteil der GCM-Anwendungen arbeitet mit einem solchen Bild des Ozeans.

Dennoch ist natürlich die Realitätsferne eines solchen Modellozeans nicht zu übersehen; er muß spätestens dann versagen, wenn die Wirkung einer sich mit der Zeit ändernden Atmosphäre auf die maritime Zirkulation und dann die Rückwirkung des sich ändernden ozeanischen Systems auf die Atmosphäre modelliert werden sollen (ein Beispiel dafür wäre die Wechselwirkung zwischen dem atmosphärischen Geschehen und der im Abschn. 10.1 erwähnten Tiefenwasserneubildung). Deshalb ist es naheliegend, auch für den Ozean ein zeitabhängiges Zirkulationsmodell zu konstruieren und die Modelle von Atmosphäre und Ozean miteinander zu koppeln. Solche gekoppelten Modelle liegen allerdings auch für die leistungsfähigsten Großcomputer an der Grenze des Machbaren; außerdem darf man natürlich nicht vergessen, daß die Details der ozeanischen Zirkulation viel schlechter bekannt sind als die der atmosphärischen. Dennoch wurden in den letzten beiden Jahren erste Ergebnisse solcher gekoppelter Atmosphäre-Ozean-Modelle publiziert.

Ähnliche Hierarchien, wie wir sie eben für den Einbau des Ozeans in die Zirkulationsmodelle diskutiert haben, sind natürlich auch für andere Einflußgrößen denkbar. Als besonders wichtiges Beispiel wollen wir noch die Wolkenhäufigkeit erwähnen, die fest oder zeitabhängig vorgegeben oder aber von weiter entwickelten Modellen als Modellvariable berechnet werden kann.

Der erste Schritt bei der Durchführung eines Modellexperimentes ist die Untersuchung der Gültigkeit des Modells, die Validation. In Testläufen wird versucht, den Ist-Zustand der Atmosphäre bzw. des Systems aus Atmosphäre und Ozean, d. h. die gegenwärtige klimatische Situation, möglichst gut zu simulieren. Es liegt auf der Hand, daß das Vertrauen in die Prognosefähigkeit eines Klimamodells um so besser ist, je vollkommener die Simulation der Gegenwart gelingt. Allerdings ist dies in Perfektion bisher noch bei keinem GCM der Fall, alle Modelle zeigen noch mehr oder minder ins Gewicht fallende Unvollkommenheiten.

Ist die Modellvalidation befriedigend abgeschlossen, so bieten sich zwei Möglichkeiten, das Modell für Prognosezwecke einzusetzen. Der erste Weg ist, eine relevante Einflußgröße, z. B. die Konzentration des Kohlendioxids in der Atmosphäre, einmalig zu ändern und dann das Modell solange laufen zu lassen, bis ein neuer Gleichgewichtszustand erreicht ist. Die Mehrzahl der Modelle, oder besser gesagt, die Mehrzahl der Modellanwendungen, arbeitet auf diese Weise. Zum Beispiel wird dabei – dies ist die übliche Methode – die CO_2-Konzentration in einer Stufe auf das Doppelte erhöht und dann das Ergebnis des Laufes mit verdoppelter CO_2-Konzentration mit dem Ergebnis des ursprünglichen Laufes mit einfacher CO_2-Konzentration verglichen. Die Differenz beider Läufe wird als das durch die Verdopplung des Kohlendioxids verursachte Klimasignal interpretiert.

Die Alternative zu diesem Vorgehen besteht darin, die interessierende Einflußgröße, z. B. die atmosphärische Kohlendioxidkonzentration, stetig bzw. in sehr kleinen Zeitschritten zu ändern und das Klimasignal, d. h. die Differenz zwischen Ausgangszustand und dem späteren Zustand, jetzt als Funktion der Zeit zu studieren. Dieser zweite Weg kommt den Prognosebedürfnissen zweifellos weit besser entgegen als der erste, doch haben beide Alternativen ihre Berechtigung. Die Gleichgewichtsmodellaussagen sind schon mit deutlich weniger Aufwand zu gewinnen, da sie schon mit den einfacheren Parametrisierungen des Ozeans erhalten werden können, während die zeitabhängigen Klimasignale eigentlich nur dann aussagekräftig sind, wenn sie unter Einsatz einigermaßen realistischer Ozeanmodelle gewonnen worden sind. Ein weiterer Vorteil der Gleichgewichtsmodelle ist die bessere Vergleichbarkeit von Ergebnissen verschiedener Modelle. Dennoch wird künftig der zeitabhängigen, mit gekoppelten Atmosphäre- und Ozeanmodellen arbeitenden Klimaprognose eine immer größere Bedeutung zukommen.

Wir wollen jetzt an einem konkreten Fall, anhand des Klimamodells der NCAR-Gruppe (Washington u. Meehl 1984, 1989) die verschiedenen Modellentwicklungsstufen und die diesen entsprechenden Klimaprognosen betrachten. Die Wahl fiel auf dieses Modell, weil hier auf der Basis des gleichen atmosphärischen Grundmodells die Aussagen einer Gleichgewichtssimulation mit Berücksichtigung des Ozeans als stationärer Mischungsschicht, einer Gleichgewichtssimulation mit Berücksichtigung des Ozeans über ein angekoppeltes dynamisches Ozeanmodell und schließlich einer zeitabhängigen Simulation veröffentlicht worden sind und miteinander verglichen werden können.

Das atmosphärische Grundmodell des NCAR arbeitet mit einer horizontalen Auflösung von 4,5° in meridionaler und 7,5° in longitudinaler Richtung. Vertikal ist die Atmosphäre in acht Schichten sehr unterschiedlicher Mächtigkeit aufgeteilt; die unterste, der Erdoberfläche anliegende Schicht ist knapp 8 m, die oberste dagegen etwa 14 km hoch. Insgesamt erfaßt das Modell eine Höhe von 32 km über dem Boden. Die vertikale Temperaturverteilung wird zunächst aus den Modellgleichungen errechnet; ergibt sich dabei eine instabile Schichtung, so wird eine konvektive Korrektur (convective adjustment) angewendet, ähnlich wie wir es bei den radiativ-konvektiven Modellen kennengelernt haben (allerdings mit anderer Parameterwahl). Die Wolkenbedeckung wird von dem Modell errechnet. Die Zeitschrittweite bei der Integration der Modellgleichungen beträgt 40 min.

In der früheren Version (Washington u. Meehl 1984) wird die Atmosphäre mit einem stationären Mischungsschichtozean („slab ocean“, siehe weiter oben) von 50 m Tiefe zusammengeschaltet, der lediglich Feuchte und Wärmekapazität bereitstellt, aber keinen Wärmetransport ermöglicht. In dieser Kombination erreicht das Modell den Gleichgewichtszustand innerhalb von einigen Jahren Modellzeit; die effektive Laufzeit z. B. für die Prognose der Konsequenzen einer CO_2-Verdopplung beträgt 15 Jahre.

In der neuesten Version (Washington u. Meehl 1989) wird für den Ozean ein eigenes dynamisches Zirkulationssystem entwickelt, mit einem horizontalen Gitterpunktabstand von je 5° in meridionaler und longitudinaler Richtung und mit einer vertikalen Aufteilung des Meeres in vier Schichten; die oberste Schicht ist 50 m mächtig und entspricht damit in ihrer Ausdehnung und in ihrer Wärmekapazität der stationären Mischungsschicht des vorhergehenden Modells. Entwickelt sich während des Laufes der Modellrechnung eine hydrostatisch instabile Schichtung, so tritt ebenfalls eine konvektive Korrektur in Aktion, die zwei benachbarte Schichten „durchrührt“, d. h. Homogenität von Salzgehalt und Temperatur herstellt. Die Zeitschrittweite bei der Integration beträgt bei dem ozeanischen Teilmodell 30 min.

Es ist interessant festzustellen, wie aufwendig die Kopplung der beiden Teilmodelle ist. Für das Erreichen des Ist-Zustandes liefen zunächst beide Modelle getrennt. Dabei war der atmosphärische Teil zunächst an eine stationäre Ozeanschicht von 50 m Mächtigkeit (ganz analog zu dem früheren Modell) angebunden; in dieser Konfiguration lief das Atmosphärenmodell 15 Modelljahre. Der ozeanische Teil wurde zunächst ohne Rückwirkungsmöglichkeit an das beobachtete, zeitunabhängige atmosphärische Wind- und Temperaturfeld angekoppelt; dieses Teilmodell lief bis zum Erreichen eines Gleichgewichtszustandes 50 Modelljahre. Erst dann wurden beide Teilbereiche aneinander angekoppelt; Kopplungs- bzw. Beeinflussungsgrößen sind in der Richtung von der Atmosphäre zu dem Ozean der Windschub, der Strahlungs- und Energiefluß und schließlich der Niederschlag abzüglich der Verdunstung. Die entsprechenden Parameter in umgekehrter Richtung, von dem Ozean zur Atmosphäre, sind die Oberflächentemperatur des Wassers und die Eisbedeckung. In diesem gekoppelten Zustand lief das Modell weitere 16 Modelljahre, bis der Gleichgewichts-Ist-Zustand erreicht war und das eigentliche Experiment zur Simulation eines CO_2-Anstieg starten konnte.

Bei diesem wurden zwei Fälle simuliert, eine einmalige stufenförmige Verdopplung der atmosphärischen CO_2-Konzentration von 330 ppm auf 660 ppm und ein stetiger Anstieg der CO_2-Konzentration um 1% des Ausgangswertes von 330 ppm, d. h. um 3,3 ppm, pro Jahr. Die Laufzeit des Experimentes betrug in beiden Fällen 30 Jahre.

Bei der folgenden Besprechung der Ergebnisse der verschiedenen Modelläufe werden wir das Hauptgewicht auf die Änderungen der Lufttemperatur legen und andere Modellprognosen nur am Rande streifen.

In Abb. 10.4 und Abb. 10.5 sind die zonal gemittelten Änderungen der Lufttemperaturen als Isolinien in einem Meridionalschnitt durch die Atmosphäre dargestellt; Abbildung 10.4 zeigt Werte für den Nordwinter (Dezember bis Februar),

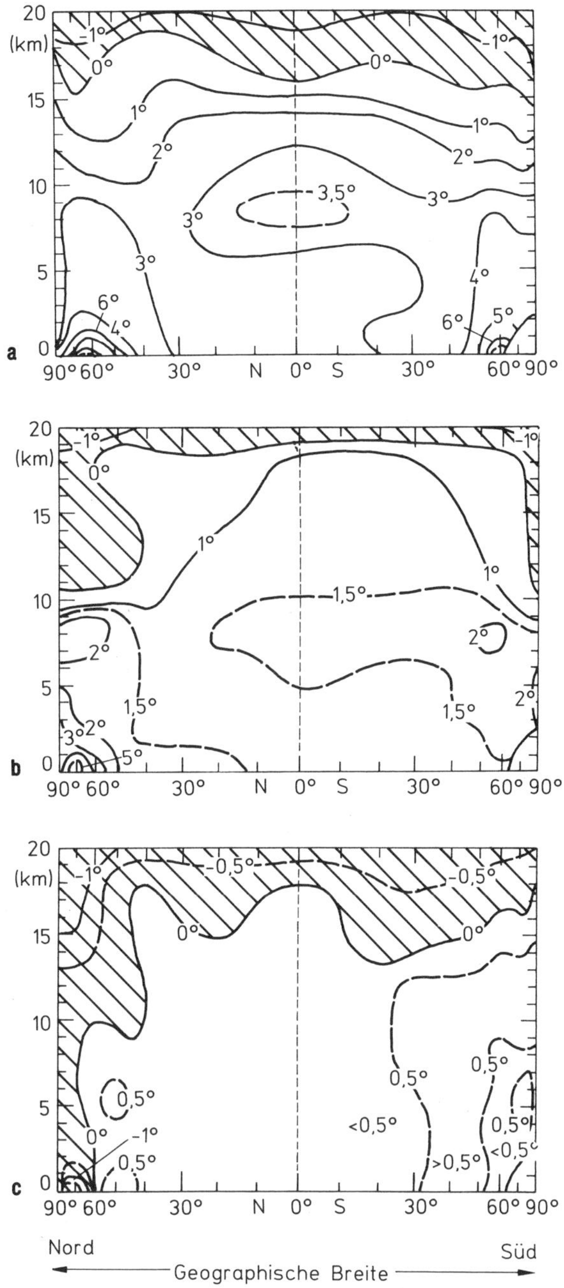

Abb. 10.4a–c. Modell-Prognosen für die Änderungen der bodennahen Temperaturen während des Nordwinters (Dez.–Feb.) bei einem Anstieg der atmosphärischen CO_2-Konzentration (*schraffiert:* Rückgang, *sonst:* Anstieg der Temperaturen), dargestellt als *Temperaturisolinien* (° C oder K) in einem Meridionalschnitt durch die Atmosphäre; die Einteilung der Abszisse (geogr. Breite) ist so gewählt, daß gleichen Abschnitten gleiche Anteile an der Erdoberfläche entsprechen; halbzahlige Isolinien sind *gestrichelt.* (**a**) Atmosphärisches Zirkulationsmodell mit „festem" Ozean (s. Text), einmalige Verdopplung der CO_2-Konzentration von 330 ppm auf 660 ppm. (**b**) Gekoppeltes Atmosphäre-Ozean-Zirkulationsmodell, einmalige Verdopplung des CO_2 wie bei a. (**c**) Modell wie bei b, jedoch stetiger Anstieg der CO_2-Konzentration um 3,3 ppm/Jahr von 330 ppm auf etwa 425 ppm (zum direkten Vergleich mit einer Verdopplung des CO_2 sind die Zahlenwerte von c mit 2,6 zu multiplizieren)

Abb. 10.5 Werte für den Nordsommer (Juni bis August). Das jeweils obere Bild (a) gibt das Temperatursignal bei einer Verdopplung der CO_2-Konzentration aus dem Modell mit Berücksichtigung des Ozeans durch eine stationäre Mischungsschicht

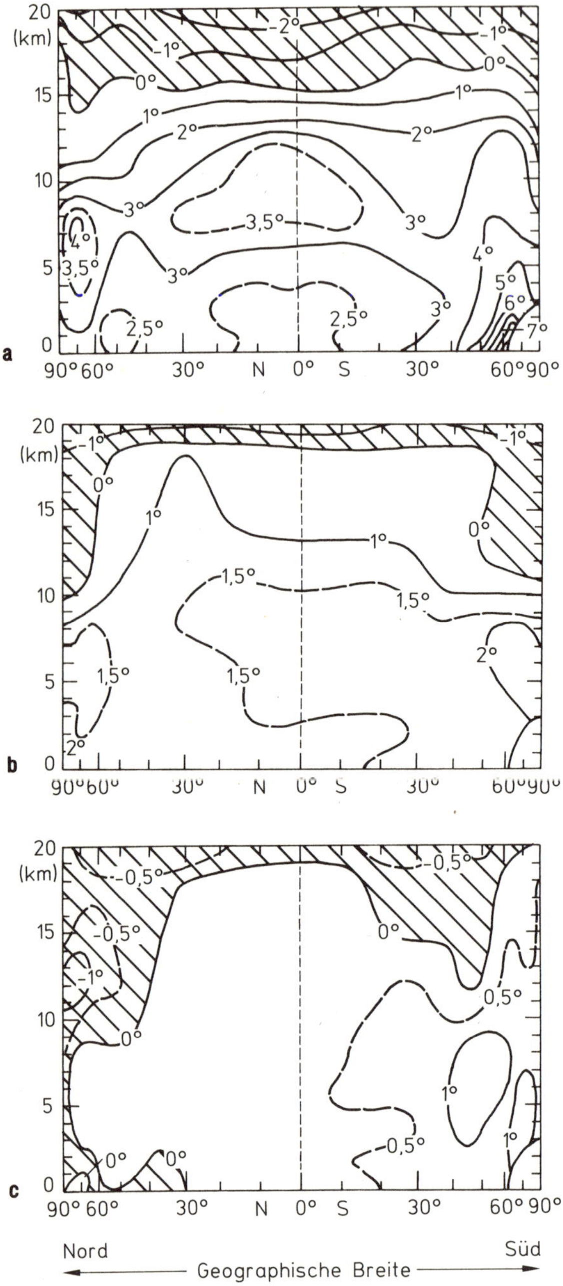

Abb. 10.5a–c. Wie Abb. 10.4, jedoch für den Nordsommer (Juni bis Aug.); maximaler Temperaturanstieg zwischen 60° und 70° S im *Teilbild a* bei etwa 13° (in der Zeichnung nicht aufgelöst)

wieder, das jeweils mittlere Bild (b) das Temperatursignal bei einer Verdopplung der CO_2-Konzentration aus dem gekoppelten Atmosphäre-Ozean-Modell, und schließlich das jeweils untere Bild (c) das Signal bei einem stetigen Anstieg der CO_2-

Konzentration um 3,3 ppm/Jahr, nach knapp 30 Jahren Laufzeit, ebenfalls aus dem gekoppelten Modell. Die Auftragung der geographischen Breite ist wieder so gewählt, daß gleichen Abszissenabschnitten gleiche Anteile an der Erdoberfläche entsprechen.

Die absoluten Werte der Teilbilder (c) sind wegen des Anstiegs der CO_2-Konzentration um nur rund 30% nicht unmittelbar mit den Teilbildern (a) und (b) vergleichbar, die für einen Anstieg um 100% gerechnet sind. Eine für eine brauchbare Abschätzung ausreichende Vergleichbarkeit wird aber möglich, wenn man die Zahlenwerte von (c) mit dem Faktor $2{,}5 \approx \ln 2/\ln 1{,}3$ multipliziert, da das arithmetische Temperatursignal näherungsweise dem Logarithmus der Kohlendioxidkonzentration proportional ist (dies trifft nur für CO_2 und nicht generell für klimaaktive Spurengase zu!).

Für die Diskussion der Ergebnisse der verschiedenen Modellansätze werden wir in erster Linie die Nordwinterdaten nach Abb. 10.4 heranziehen, da bei diesen die Unterschiede am augenfälligsten in Erscheinung treten. Die generelle Tendenz ist eine kräftige Erwärmung der unteren Luftschichten, eine nach oben hin geringer werdende Erwärmung der Troposphäre und eine mit der Höhe zunehmende Abkühlung der Stratosphäre. Die Darstellung in den Zeichnungen reicht nur bis 20 km Höhe; die Modelle berechnen dagegen das Temperatursignal bis zu einer Höhe von 32 km, wo sich – fast unabhängig von dem Ansatz – eine Abkühlung um etwa 6° einstellt. Dieses generelle Verhalten ist leicht zu verstehen: Die Erhöhung der Konzentration infrarotaktiver Spurengase verstärkt nach dem Kirchhoffschen Gesetz die Emissionsfähigkeit dieser Gase; für die unteren Luftschichten macht sich dies in einer Erhöhung der Gegenstrahlung und damit in einer Temperaturerhöhung bemerkbar, während in der Höhe die stärkere Abstrahlung in den Weltraum mit einer stärkeren Strahlungskühlung gleichbedeutend ist.

Das Modell mit stationärem Oberflächenschichtozean (a) prognostiziert bei einer einmaligen stufenförmigen CO_2-Verdopplung eine Temperaturerhöhung für große Teile der Erdoberfläche um etwa 3° bis 4°. Dieses Temperatursignal verdoppelt bis verdreifacht sich an der Eisgrenze (die in diesem Modell bei etwa 60° bis 70° nördlicher Breite liegt); hier kommt der schon früher erwähnte Rückkopplungseffekt durch eine Reduzierung der Bodenalbedo und eine damit verbundene stärkere Aufheizung bei einem polwärts gerichteten Rückzug der Meereis- und der Vergletscherungsgrenze zum Tragen.

Das gekoppelte Atmosphäre-Ozean-Modell reagiert auf eine einmalige stufenförmige Erhöhung der CO_2-Konzentration auf das Doppelte mit einem qualitativ sehr ähnlichen Muster des Temperatursignals (b), doch ist das Ausmaß der Temperaturerhöhungen, oder anders ausgedrückt, die Empfindlichkeit gegenüber einer Änderung der Strahlungsbilanz, nur etwa halb so groß wie im vorangegangenen Fall. Die Autoren führen dies auf zwei Ursachen zurück: in dem gekoppelten Atmosphäre-Ozean-Modell mit zirkulierendem Ozean sind im Vergleich zu dem Modell mit stationärem Ozean die Wassertemperaturen an der Meeresoberfläche in den Tropen und Subtropen niedriger und in den hohen Breiten höher. Dies hat einmal global eine geringere Verdunstung und damit auch eine geringere Rate der Kondensation zur Folge, was insgesamt eine Reduzierung der Empfindlichkeit gegenüber Änderungen des Strahlungsflusses zur Konsequenz hat; zum anderen

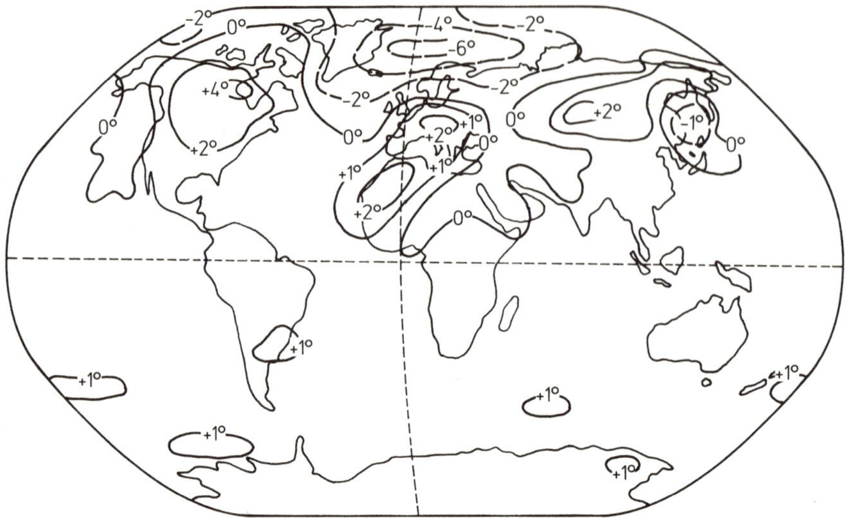

Abb. 10.6. Geographische Differenzierung der bodennahen Temperaturen während des Nordwinters (Dez. bis Febr.). Basis: Gekoppeltes Atmosphäre-Ozean-Zirkulationsmodell, stetiger Anstieg der CO_2-Konzentration um 3,3 ppm/Jahr von 330 ppm auf etwa 425 ppm

wird durch die höheren Temperaturen in subpolaren Breiten die Einflußsphäre des Meereises zurückgedrängt; auch dies reduziert die Empfindlichkeit des Systems gegenüber Variationen in der Strahlungsbilanz.

Betrachten wir jetzt die Teilbilder (c), die die Modellreaktion nach knapp 30 Modelljahren auf den langsamen Anstieg der CO_2-Konzentration um 3,3 ppm pro Jahr wiedergeben, so beobachten wir, daß die von den bisher besprochenen Modellansätzen prognostizierte Temperaturerhöhung in hohen nördlichen Breiten zumindest im zonalen Mittel von einer Absenkung der Temperatur der oberflächennahen Luft abgelöst worden ist. Die Erklärung für diesen zunächst erstaunlichen Sachverhalt zeigt Abb. 10.6, in der die Nordwintertemperatursignale geographisch differenzierter dargestellt sind: Die geänderte atmosphärische Zirkulation treibt eine Meeresströmung an, die sehr kaltes arktisches Oberflächenwasser in das europäisch-asiatische Nordmeer führt. Durch dieses kalte Meerwasser wird auch die untere Atmosphäre über dem Nordatlantik stark abgekühlt, und diese Abkühlung in einem an sich recht beschränkten Gebiet prägt das zonale Mittel in Abb. 10.5. Über den Kontinenten ergibt auch dieses Modell eine mindestens ebenso starke Erwärmung wie die zuvor besprochenen Ansätze. Für Zentraleuropa wird z. B. eine Temperaturerhöhung um über 2° prognostiziert. Extrapoliert man diesen Wert, wie oben angedeutet, auf eine Reaktion gegenüber einer Verdopplung der CO_2-Konzentration, so erhält man eine Erwärmung um rund 5°(!).

Unabhängig von der heute noch nicht zu beantwortenden Frage, wie realistisch die Modelle und wie zutreffend die Prognosen wirklich sind, hat die relativ ausführliche Diskussion der verschiedenen Entwicklungsstufen des NCAR-Modells nicht zuletzt auf zwei wichtige Punkte hingewiesen: Es hat sich wieder die schon öfter angedeutete Notwendigkeit bestätigt, die Atmosphäre nicht isoliert zu betrachten, sondern die Wechselwirkung mit den Weltmeeren in Rechnung zu stellen. Weiter hat sich gezeigt, daß nur eine geographische Differenzierung nutzbare Prognosen über die Auswirkungen zunehmender Spurengaskonzentrationen erlaubt, daß – anders ausgedrückt – die gerade in der öffentlichen Diskussion oft angeführten globalen Erwärmungsraten nicht unbedingt immer sehr aufschlußreich sind. Der Nutzen solcher globaler Prognosewerte liegt eher in der Möglichkeit eines schnellen Vergleichs der Voraussagen verschiedener Modelle, nicht zuletzt eines Vergleichs zwischen den Ergebnissen von Zirkulationsmodellen und von konvektiv-radiativen Modellen.

Die erste Version des hier vorgestellten NCAR-Modells mit stationärem Oberflächenschichtozean (Washington u. Meehl 1984) prognostiziert für den Fall einer Verdopplung der gegenwärtigen Konzentration des Kohlendioxids einen globalen Temperaturanstieg von 3,5°; in der Version mit angekoppeltem ozeanischen Zirkulationsmodell (Washington u. Meehl 1989) wird dieser Wert auf etwa die Hälfte reduziert, und zwar ziemlich unabhängig davon, ob eine einmalige Verdopplung des CO_2-Pegels angenommen wird (für diesen Fall geben die Autoren einen Wert von 1,6° an) oder ob man den Wert von 0,7°, den das Modell für einen stetigen Anstieg des Kohlendioxidgehaltes um 30% innerhalb von 30 Jahren vorhersagt, in der oben angegebenen Weise auf eine CO_2-Verdopplung extrapoliert.

Die Spanne der in der neueren Literatur zu findenden Prognosen für den globalen Temperaturanstieg im Fall einer Verdopplung der Kohlendioxidkonzentration in der Atmosphäre reicht von etwa 1,5° bis 5°; eine Aussage darüber, welches nun der „richtige" Wert sei, ist zur Zeit nicht möglich. In diesem Zusammenhang sei auf einen sehr aufschlußreichen Vergleich von Modellen verschiedener Autoren durch Schlesinger u. Mitchel (1987) hingewiesen.

Die Modelle auf der Basis der Simulation der allgemeinen Zirkulation prognostizieren neben dem Temperatursignal in unterschiedlichem Maße eine Reihe weiterer klimarelevanter Größen; wir wollen hier noch kurz auf die zu erwartenden Änderungen der Niederschlagsintensität eingehen. Generell ist mit einer globalen Erwärmung eine globale Zunahme der Verdunstung und damit auch der Niederschlagsintensität verbunden. Das Gros der Modelle läßt auch ziemlich einheitlich eine Zunahme der globalen Niederschläge um etwa 3% pro Grad Temperaturanstieg erwarten. Für die Abschätzung der Auswirkungen von Klimaänderungen sind allerdings die nach der geographischen Breite differenzierenden Prognosen aussagekräftiger; hier sind die Unterschiede von Modell zu Modell deutlich größer, und es läßt sich kaum abschätzen, wie gut die Zuverlässigkeit solcher Vorhersagen ist. Das NCAR-Modell (nach Washington u. Meehl 1984; die spätere Arbeit von 1989 enthält keine Angaben) läßt z. B. einen Rückgang der Niederschlagsraten zwischen dem Äquator und etwa 25° N um etwa 100 mm/Jahr bis 150 mm/Jahr und einen ähnlichen, aber schwächeren Rückgang zwischen 15° S und 30° S erwarten, ansonsten steigt nach diesem Modell der Niederschlag ziemlich weltweit um etwa 100 mm/Jahr bis 150 mm/Jahr an. Wegen der großen und zum Teil recht unsystematischen Unterschiede von Modell zu Modell sollte man solche Prognosen allerdings nicht überbewerten.

10.3 Das Problem des Nachweises anthropogener Klimaänderungen

Schaut man sich in Abb. 10.2 die globalen oder nordhemisphärischen Temperaturvariationen während der letzten 100 bis 150 Jahre an, so ist unverkennbar, daß die bodennahe Atmosphäre zumindest während der letzten 70 Jahre weltweit wärmer geworden ist. Global hat die Temperatur seit der „vorindustriellen“ Zeit um etwa 0,6° zugenommen; während dieser Zeit stieg auch die Konzentration des Kohlendioxids in der Atmosphäre um rund 1/4 an.

Die im vorhergehenden Abschnitt diskutierten Klimamodelle prognostizieren für den Fall einer Verdopplung der atmosphärischen CO_2-Konzentration einen Anstieg der bodennahen Temperaturen um – je nach Modell – 1,6° bis 3,5° (oder, wenn wir den Rahmen etwas weiter stecken, sogar um 1,5° bis 5°). Rechnen wir unter der Annahme eines logarithmischen Zusammenhangs zwischen Temperaturänderung und CO_2-Anstieg diese Zahlen auf eine Zunahme des atmosphärischen Kohlendioxids um 25% um, so erhalten wir (mit $\ln 1{,}25/\ln 2 \approx 0{,}3$) Werte zwischen etwa 0,5° und 1,2°.

Auf den ersten Blick bedeutet dies eine exzellente Übereinstimmung zwischen den Modellvorhersagen und dem tatsächlich beobachteten globalen Temperaturanstieg, vor allem, wenn man die Modelle mit gekoppelter Zirkulation von Atmosphäre und Ozean zugrunde legt, deren Prognosen eher im unteren Teil der genannten Spanne liegen. Wir können sogar noch einen Schritt weiter gehen: Auch die am Ende des Abschn. 10.2 kurz angesprochenen Prognosen der Änderung der Niederschlagsintensität entsprechen sehr gut den tatsächlich beobachteten Trends, wie sie in Abb. 10.3 wiedergegeben sind. Es drängt sich die naheliegende Frage auf: Ist der anthropogene Einfluß auf die Temperatur und das Klima damit schon bewiesen und auch verstanden?

Wir wollen in diesem letzten Abschnitt auf diese Frage eingehen und Methoden zu ihrer Beantwortung diskutieren: Dabei sei vorweggenommen, daß eine endgültige, in einem deterministischen oder statistischen Sinn sichere Antwort bis jetzt noch nicht möglich ist, daß aber eine sehr, sehr hohe Wahrscheinlichkeit für einen Zusammenhang zwischen Klimaänderungen und anthropogenen Einflüssen besteht.

Schaut man sich die gemittelten Kurven von Abb. 10.2 genauer an, so erkennt man sofort, daß zwischen dem Anstieg der bodennahen Temperaturen und der Zunahme der CO_2-Konzentration kein einfacher Zusammenhang bestehen kann: Bis etwa 1945 stiegen Temperaturen und CO_2-Gehalt der Atmosphäre recht konform an; zwischen 1945 und den 70er Jahren nimmt die CO_2-Konzentration weiter kräftig zu,während der Anstieg der Temperaturen offensichtlich gestoppt ist und sogar von einem leichten Rückgang abgelöst wird. In den 80er Jahren, und hier vor allem in deren zweiter Hälfte, ist wieder ein Anstieg der Temperaturen zu beobachten, dessen Ausmaß im Vergleich zu der gleichmäßigen Zunahme des atmosphärischen Kohlendioxids eigentlich überproportional groß ist.

Der Temperaturverlauf – und dies gilt ganz allgemein für Änderungen der klimatischen Bedingungen – wird ganz offensichtlich von mehreren oder vielen Parametern gesteuert, wobei offen bleibt, in welchem Maße funktionale Zusammenhänge und in welchem Maße stochastische Effekte zu der beobachteten zeitlichen Variation beitragen. Bevor eine eindeutige Zuordnung zwischen Ursache und Wirkung, wie etwa zwischen Zunahme der CO_2-Konzentration und Anstieg der globalen Temperaturen, getroffen werden kann, ist eine detaillierte Diagnose der Klimavariation, d. h. im Prinzip eine Regression auf die verschiedenen denkbaren Einflußgrößen erforderlich.

Der einfachste und nächstliegende Weg hierzu ist der Versuch, eine einzelne Zeitreihe, z. B. den zeitlichen Verlauf der globalen Temperatur, zu analysieren und dabei die beobachtete Variation der interessierenden Variablen durch geeignete Regressionsverfahren definierten Teilursachen zuzuordnen; die so separierten Teilvariationen können dann mit Modellrechnungen verglichen werden. Ein höheres Maß an Aussagesicherheit erhält man aber, wenn man eine solche Analyse auf eine Vielzahl von Zeitreihen, etwa der Temperatur an vielen Orten und zu verschiedenen Jahreszeiten, ausdehnt. Diese letztere Methode, d. h. die Analyse differenzierterer Muster, wird im englischen Sprachgebrauch anschaulich als „fingerprint"-Methode (d. h. Fingerabdruck-Methode) bezeichnet.

In Deutschland hat eine Arbeitsgruppe des Frankfurter Meterologischen Instituts (Schönwiese et al. 1990) eine ausführliche und sorgfältige Analyse dieser Art durchgeführt, der wir uns hier in der weiteren Darstellung anschließen wollen. Wir werden zunächst die Analyse der globalen Temperaturzeitreihen skizzieren und die Ergebnisse von Schönwiese et al. (1990) mit den Prognosen der im vorangegangenen Abschnitt besprochenen Klimamodelle vergleichen. Anschließend werden wir – im Sinne der Fingerprint-Technik – die Temperaturtrends in Abhängigkeit von geographischer Breite und Jahreszeit betrachten und den Modellrechnungen von Washington u. Meehl (1984) gegenüberstellen.

Zu Beginn einer Diagnose der Temperaturzeitreihen ist es zunächst sinnvoll, den beobachteten Verlauf in einen mittleren Trend und in statistische Schwankungen aufzuteilen: Für die statistischen Schwankungen werden wir den Begriff „Rauschen" verwenden; das Maß für das Rauschen soll die Wurzel aus der Varianz (d. h. die einfache Standardabweichung),

$$\sigma_T = \left(\overline{(T(t) - \bar{T})^2} \right)^{1/2}, \tag{10.19}$$

sein. Weiter ist es erforderlich, einen Katalog der in Betracht kommenden Einflußgrößen aufzustellen (es ist, um ein triviales Beispiel zu nennen, sicher nicht sinnvoll, bei einer Analyse einer Zeitreihe über die letzten 150 Jahre die Variation der Erdbahnparameter in die Rechnung mit einzubeziehen, während dies bei der Analyse einer Zeitreihe über 150000 Jahre zwingend notwendig wäre). In der erwähnten Arbeit von Schönwiese et al. (1990) werden neben den Spurengaskonzentrationen als weitere Einflußgrößen die Vulkanaktivität, die Sonnenaktivität und die El Niño-Ereignisse (s. Abschn. 4.3.3) berücksichtigt. In einer linearen Näherung ist dann für den beobachteten Temperaturtrend ΔT der Ansatz

$$\begin{aligned} \Delta T = a_0 + a_1 \cdot C(\text{Spurengase}) + a_2 \cdot C(\text{Solare Aktivität}) \\ + a_3 \cdot C(\text{Vulkanaktivität}) + a_4 \cdot C(\text{El Niño}) \end{aligned} \tag{10.20}$$

möglich, wobei die C(...) für die beobachteten zeitlichen Variationen der Einflußgrößen stehen. Die Koeffizienten a_0 bis a_4, die die Stärke des Einflusses der jeweiligen Größe beschreiben, können in einer multiplen Regressionsrechnung als Regressionskoeffizienten erhalten werden. Auf Details der statistischen Analyse wollen wir hier nicht eingehen; wir verweisen deshalb auf Schönwiese (1985).

Die Analyse des beobachteten globalen Aufwärtstrends der bodennahen Lufttemperaturen zwischen etwa 1880 und 1985 ergab einen Beitrag aller Spurengase von rund 0,75° C; der durch die Regressionsrechnung ermittelte Anteil an dem Temperaturanstieg ist sogar etwas höher als der tatsächlich beobachtete Anstieg. Dies hieße, daß natürliche Einflüsse den anthropogenen Effekt eher etwas abgeschwächt hätten. Allerdings beträgt das Rauschen etwa 0,2°; der Unterschied zwischen 0,6° und 0,75° ist nicht signifikant. Korrigiert man den Einfluß der Spurengase auf den Anteil des Kohlendioxids allein, so erhält man einen Wert von etwa 0,45°.

Diesen Wert können wir mit den Resultaten der Klimamodelle vergleichen. Wie weiter oben dargelegt, liegen die Prognosen für einen Anstieg der CO_2-Konzentration um 25%, wie er für den fraglichen Zeitraum gemessen wurde, zwischen 0,5° und 1,2°; speziell das im vorangegangenen Abschnitt behandelte NCAR-Modell mit gekoppelter ozeanischer und atmosphärischer Zirkulation sagt als Reaktion auf einen Anstieg der CO_2-Konzentration um 25% einen globalen Temperaturanstieg von 0,5° voraus.

Diese Übereinstimmung von Modellprognose und beobachtetem Trend ist auf den ersten Blick exzellent, so daß man nahezu geneigt ist, von einem Beweis eines anthropogen verursachten Temperaturanstiegs zu sprechen. Allerdings sind doch einige Einschränkungen zu machen: Das Signal- zu Rausch-Verhältnis von etwas über 2 ist nicht allzu gut und läßt statistisch etwa 5% Irrtumswahrscheinlichkeit zu. Weiterhin ist über Ursachen und Größenordnungen der statistischen Temperaturschwankungen, die in dem System von Atmosphäre und Ozean intern erzeugt werden, kaum etwas bekannt. In einer neueren Arbeit von Wigley u. Raper (1990) werden mittels eines Atmosphäre-Ozean-Modells solche Fluktuationen rechnerisch generiert; die Autoren geben an, daß die Schwankungen mit Ausschlägen bis zu 0,4° in Zeitskalen zwischen 10 Jahren und 100 Jahren zwar in die Größenordnungen der tatsächlich beobachteten Variationen kommen, aber alles in allem doch wohl nicht ausreichen, die Temperaturänderungen der letzten 150 Jahre allein durch solche Schwankungen zu erklären. Schließlich sollte man auch nicht vergessen, daß eine noch so gute Korrelation noch kein Beweis für einen funktionalen Zusammenhang ist.

Diese Bemerkungen sollen jedoch nicht mißverstanden werden, sie sollen nur vor einem vorschnellen Gebrauch des Wortes Beweis warnen. Alles in allem lassen die Diagnose der globalen Temperaturzeitreihen und der Vergleich mit Modellprognosen den kausalen Zusammenhang zwischen dem Anstieg der Temperaturen und der Zunahme der Konzentration klimarelevanter Spurengase in hohem Maße wahrscheinlich und plausibel erscheinen und weisen auch schon auf ein gewisses quantitatives Verständnis durch die Modelle hin; lediglich ist bis jetzt ein Beweis im strengen Sinn noch nicht zu erbringen. Umgekehrt gibt es aber auch nicht die geringsten Hinweise darauf, daß die Annahme eines solchen Zusammenhanges falsch sein könnte.

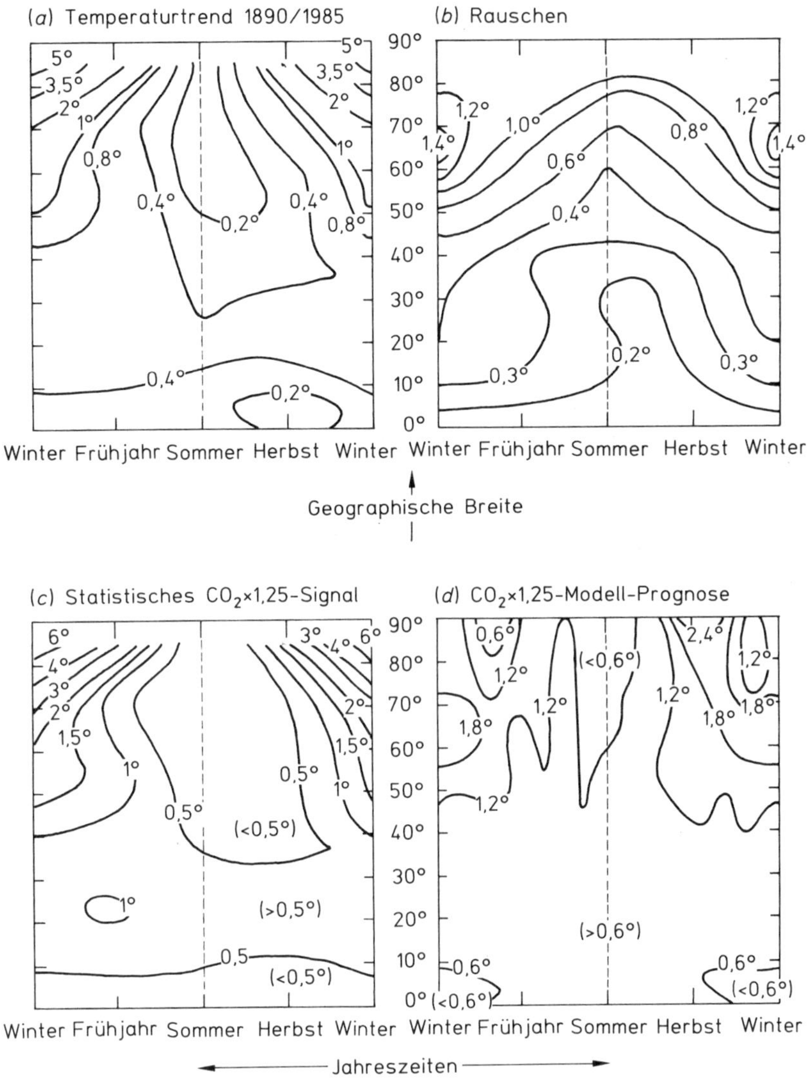

Abb. 10.7. a Beobachteter Trend der bodennahen Temperaturen auf der Nordhalbkugel zwischen 1890 und 1985 in Abhängigkeit von der geogr. Breite und der Jahreszeit (Darstellung als *Temperaturisolinien*, °C oder K). **b** Rauschen, definiert als einfache Standardabweichung der Temperaturvariation (zur unmittelbaren Vergleichbarkeit s. Text). **c** Aus a durch multiple Regression gewonnenes Temperatursignal für einen Anstieg des CO_2 um 25%. **d** Modellprognose (atmosphärisches Zirkulationsmodell mit „stationärem Ozean") für Temperaturänderung bei 25% Anstieg des CO_2. a, b und c umgezeichnet nach Schönwiese et al. (1990), d umgerechnet und umgezeichnet nach Washington u. Meehl (1984). Alle Diagramme beziehen sich auf die Nordhalbkugel

In Abb. 10.7 sind jetzt noch die entsprechenden Vergleiche für die Muster der Temperaturvariationen auf der Nordhalbkugel in Abhängigkeit von der geographischen Breite und von der Jahreszeit angestellt (Teilbilder a, b, und c nach Schönwiese et al. 1990; Teilbild d nach Washington und Meehl 1984). In dem Teilbild a links oben ist der aus den beobachteten Temperaturen nach der Bereinigung von statistischen Schwankungen folgende lineare Temperaturtrend zwischen 1890 und 1985 zu sehen. Im Teilbild b rechts oben ist die Verteilung des Rauschens in Abhängigkeit von Jahreszeit und geographischer Breite wiedergegeben; allerdings ist diese Darstellung aus einem anderen Datensatz abgeleitet, so daß die Kompatibilität mit den Teilbildern a und c nur näherungsweise gegeben ist.

Teilbild c links unten zeigt das aus den Trends nach Teilbild a durch multiple Regression gewonnene Temperatursignal für einen Anstieg der atmosphärischen CO_2-Konzentration um rund 25%, wie er in der Zeit zwischen 1890 und 1985 eingetreten ist. Der Vergleich der Teilbilder a und c zeigt, daß auch hier das durch statistische Analyse gewonnene Signal für den Einfluß des Kohlendioxids etwas über den beobachteten Trendwerten liegt, daß also die natürlichen Einflüsse eher zu einer Absenkung der bodennahen Temperaturen beigetragen haben.

Das Teilbild d rechts unten stellt schließlich den Trenddaten bzw. dem durch die statistische Analyse gewonnenen CO_2-Signal die Modellprognosen nach dem zuvor diskutierten Modell von Washington u. Meehl (1984) gegenüber; bei der Umrechnung der von dem Modell selbst zugrunde gelegten CO_2-Verdopplung auf eine Erhöhung der CO_2-Konzentration um 25% sind wir wieder von einem logarithmischen Zusammenhang zwischen Temperaturänderung und CO_2-Pegel ausgegangen. Leider haben die Autoren keine entsprechende Darstellung für das Modell mit gekoppelter Zirkulation von Atmosphäre und Ozean (Washington u. Meehl 1989) veröffentlicht, so daß auf das Modell mit stationärem Ozean zurückgegriffen werden mußte, das möglicherweise etwas zu hohe Werte liefert.

Auch hier, in diesem Beispiel für die Fingerprint-Methode, kann von einer sehr guten Übereinstimmung von Trendsignal und Modellprognose gesprochen werden. Sicher treffen die bei der Auswertung der globalen Daten vorgebrachten Einwände auch hier zu, aber der Mustervergleich zeigt doch weitere sehr offen zu Tage tretende Evidenzen für den Einfluß der anthropogenen Spurengase auf Temperaturverlauf und Klima.

Wir glauben, die Diskussion in diesem letzten Abschnitt dieses Buches dahingehend zusammenfassen zu können, daß der strenge Beweis für den Zusammenhang zwischen den anthropogenen Spurengasemissionen und den Klimaänderungen noch nicht zu erbringen ist, daß auch das quantitative Verständnis noch breite Lücken aufweist, daß aber dennoch dieser Zusammenhang, der durch das Schlagwort von dem anthropogenen Treibhauseffekt charakterisiert wird, in höchstem Maße wahrscheinlich und in vielfältiger Weise evident ist. Klimadiagnosen und Klimamodelle geben keinerlei Argumente dafür, daß die Annahme eines solchen Zusammenhanges irrig sein könnte. Der Autor möchte zum Schluß noch einmal seine zugegebenermaßen subjektive Überzeugung zum Ausdruck bringen, daß in nicht allzu ferner Zeit die Klimaänderungen wohl die schwierigsten Umweltprobleme überhaupt aufwerfen werden, und daß die Welt aufgerufen ist, die Versorgung mit Energie sachlich und emotionsfrei anzugehen und den Verbrauch von fossiler Energie nach Möglichkeit einzuschränken, und dies vor allem bei der stationären Gewinnung von Nutzenergie, wo Alternativen am leichtesten zu finden sind.

Literatur- und Quellenhinweise

Abramowitz M, Stegun IA (1972) Handbook of mathematical functions. Dover Publ, New York

Ajtay GL, Ketner P, Duvigneaud P (1979) Terrestrial primary production and phytomass. In: Bolin B et al. (eds) The global carbon cycle. SCOPE 13. Wiley and Sons, Chichester, pp 129–181

Anderson JG (1975) The absolute concentration of O(3P) in the earth's stratosphere. Geophys Res Lett 2:231–234

Anderson JG, Margitan JJ, Stedman DH (1977) Atomic chlorine and the chlorine monoxid radical in the stratosphere: Three in situ observations. Science 198:501–503

Angell JK, Korshover J (1985) Surface temperature changes following six major volcanic episodes between 1780 and 1980. J Clim Appl Meteorol 24:937–951

Arnold F, Knop G (1989) Stratospheric nitric acid vapour measurements in the cold arctic vortex: Implications for nitric acid condensation. Nature (London) 338:746–749

Assur A (1949) Neue Breitenmittel des Luftdrucks für Januar, Juli und das Jahr. Meteorol Rdsch 2:92–93

Bacastow RB, Keeling CD (1979) Models to predict atmospheric concentrations. In: Elliot WP, Machta L (eds) Carbon dioxid effects research and assessment program. U.S. Dept. of Energy, Washington D.C., pp 72–90

Bacastow RB, Keeling CD, Whorf TP (1985) Seasonal amplitude increase in atmospheric CO_2 concentrations at Mauna Loa, Hawai, 1959–1982. J Geophys Res 90:10529–10540

Barnard WR, Andreae MO, Watkins WE, Bingemer H, Georgil HW (1982) The flux of dimethylsulfide from the oceans to the atmosphere. J Geophys Res 87:8787–8793

Barnola JM, Raynaud D, Korotkevich YS, Lorius C (1987) Vostok ice core provides 160,000-year record of atmospheric CO_2. Nature (London) 329:408–414

Batchelor GK (1952) Diffusion in a field of homogeneous turbulence. II. The relative motion of particles. Proc Camb Phil Soc 48:345

Battan LJ, Reitan CH (1957) Artificial stimulation of rain. Pergamon, New York

Baumgartner A, Reichel E (1975) Die Weltwasserbilanz. Oldenbourg, München

Beard KV (1976) Terminal velocity and shape of cloud and precipitation drops aloft. J Atmos Sci 33:851–864

Beard KV, Grover SN (1974) Numerical collision efficiencies for small raindrops colliding with micron size particles. J Atmos Sci 31:543–550

Beard KV, Ochs HT (1984) Collection and coalescence efficiencies for accretion. J Geophys Res 89:7165–7169

Berresheim H, Jaeschke W (1982) Sulfur emissions from volcanoes. In: Georgii HW, Jaeschke W (eds) Chemistry of the unpolluted and polluted troposphere. Reidel, Dordrecht, pp 325–337

Best AC (1935) Transfer of heat and momentun in the lowest layers of the atmosphere. Met Off Geophys Mem 65, London

Best AC, Knighting E, Pedlow RH, Stormonth K (1952) Temperature and humidity gradient in the first 100 m over SE-England. Met Off Geophys Mem 89, London

Blackadar AK, Tennekes H (1968) Asymptotic similarity in neutral barotropic atmospheric boundary layers. J Atmos Sci 25:1015–1020

Blüthgen J, Weischet W (1980) Allgemeine Klimageographie. De Gruyter, Berlin

BMJ (1983) Der Bundesminister der Justiz: Störfall-Leitlinien. Bundesanz 35:245a

Bolin B (1977) Changes of land biota and their importance for the carbon cycle. Science 196:613–615

Boulaud D, Madelaine G, Vigla D, Bricard J (1977) Experimental study on the nucleation of water vapor sulfuric acid binary systems. J Chem Phys 66:4854–4860

Bradley RS, Diaz HF, Eischeid JK, Jones PD, Kelly PM, Goodess CM (1987) Precipitation fluctuations over northern hemisphere land areas since the the mid-19th century. Science 237:171–175

Brock JR (1962) On the theory of thermal forces acting on aerosol particles. J Colloid Sci 17:768–780

Broecker WS, Denton GH (1989) The role of ocean-atmosphere reorganizations in glacial cycles. Geochim Cosmochim Acta 53:2465–2501

Broecker WS, Peng TH (1974) Gas exchange rates between air and sea. Tellus 26:21–35

Broecker WS, Takahashi T, Simpson HJ, Peng TH (1979) Fate of fossil carbon dioxide and the global carbon budget. Science 206:409–418

Broecker WS, Peng FH, Engh R (1980) Modelling the carbon system. Radiocarbon 22:565–598

Brutsaert W (1975) The roughness length for water vapor, sensible heat, and other scalars. J Atmos Sci 32:2028–2031

Brutsaert W (1975b) A theory for local evaporation (or heat transfer) from rough and smooth surfaces at ground level. Water Resources Res 11:543–550

Brutsaert W (1979) Heat and mass transfer to and from surfaces with dense vegetation or similar permeable roughness. Boundary Layer Meteorol 16:365–388

Budyko MI (1969) The effect of solar radiation variations on the climate of the earth. Tellus 21:611–619

Businger JA (1973) Turbulent transfer in the atmospheric surface layer. In: Haugen DA (ed) Workshop on Micrometeorology. Am Meteorol Soc, Boston, pp 67–100

Businger JA, Wyngaard JC, Izumi Y, Bradley EF (1971) Flux profile relationships in the atmospheric surface layer. J Atmos Sci 28:181–189

Cane MA, Zebiak SE, Dolan SC (1986) Experimental forecasts of El Niño. Nature (London) 321:827–832

Carslaw HS, Jaeger JC (1959) Conduction of heat in solids. Oxford Univ Press, Oxford

Castleman AN, Munkelwitz HR, Manowitz B (1974) Isotopic studies of the sulfur component of the stratospheric aerosol layer. Tellus 26:222–234

Chagnon CW, Junge CE (1961) The vertical distribution of sub-micron particles in the stratosphere. J Meteorol 18:746–752

Chamberlain AC (1966) Transport of gases to and from grass and grass-like surfaces. Proc Roy Soc A 290:236–265

Chamberlain AC (1973) Deposition of gaseous SO_2 (unveröffentlicht)

Chapman S (1930) A theory of upper atmospheric ozone. Quart J R Meteorol Soc 3:103–125

Chappellaz J, Barnola JM, Raynaud D, Korotkevich YS, Lorius C (1990) Ice-core record of atmospheric methane over the past 160,000 years. Nature (London) 345:127–131

Charney JG (1947) The dynamics of long waves in a baroclinic westerly current. J Meteorol 4:135–163

Craig H (1961) Isotopic variations in meteoric waters. Science 133:1702–1703

Crutzen PJ (1971) Ozone production rates in an oxygen-hydrogen-nitrogen oxid atmosphere. J Geophys Res 76:7311–7327

Crutzen PJ, Arnold F (1986) Nitric acid cloud formation in the cold Antarctic stratosphere: A major cause for the springtime “ozone hole”. Nature (London) 324:651–655

Crutzen PJ, Gidel LT (1983) A two-dimensional photochemical model of the atmosphere. 2: The tropospheric budgets of anthropogenic chlorocarbons CO, CH_4, CH_3Cl and the effect of various. NO_x sources on tropospheric ozone. J Geophys Res 88:6641–6661

Crutzen PJ, Howard CJ (1978) The effect of the HO_2+NO-reaction rate constant on one-dimensional model calculations of stratospheric ozone pertubations. Pure Appl Geophys 116:497–510

Danckwerts PV (1970) Gas-liquid reactions. McGraw-Hill, London

Dansgaard W (1964) Stable isotopes in precipitations. Tellus 16:436–468

Dansgaard W, Johnsen SJ, Clausen HB, Gundestrup N (1973) Stable isotope glaciology. Medd Grønl 197 (2):1–53

Davidson B, Friend JP, Seitz H (1966) Numerical models of diffusion and rain-out of stratospheric radioactive materials. Tellus 18:301–315

Davies CN (1966) Deposition of moving aerosols. In: Davies CN (ed) Aerosol Science. Academic Press, London, pp 393–446
Deacon EL (1977) Gas transfer to and across a air-water interface. Tellus 29:363–374
Defant A, Defant R (1958) Physikalische Dynamik der Atmosphäre. Akad Verlagsanst Frankfurt
Diaz HF, Bradley RS, Eischeid JK (1989) Precipitation fluctuations over global land areas since the late 1800s. J Geophys Res 94:1195–1210
Diem M (1968) Zur Struktur der Niederschläge, III. Regen in der arktischen, gemäßigten und tropischen Zone. Arch Meteor Geophys Bioklimatol B 16:347–390
Dörr H, Münnich KO (1986) Annual variations of the ^{14}C content of soil CO_2. Radiocarbon 28:338–345
Dubois M, Bergé P (1978) Experimental study of the velocity field in Rayleigh-Bénard convection. J Fluid Mech 85:641–653
Dütsch HU (1970) Atmospheric ozone – a short revue. J Geophys Res 75:1707–1712
Dütsch HU (1978) Vertical ozone distribution on a global scale. Pure Appl Geophys 116:511–529
Dyer AJ (1965) The flux-gradient relation for turbulent heat transfer in the lower atmosphere. Quart J R Meteorol Soc 91:151–157
Dyer AJ, Bradley EF (1982) An alternative analysis of flux-gradient relationships at the 1976 ITCE. Boundary Layer Meterol 22:3–19
Eddy JA (1977) The case of missing sunspots. Sci Am 236:80–92
Elliot WP (1958) The growth of the atmospheric internal boundary layer. Trans Am Geophys Union 39:1048–1054
Emiliani C (1955) Pleistocene temperatures. J Geol 63:538–578
Engelmann RJ (1970) Scavenging prediction using ratios of concentrations in air and precipitation. In: Engelmann RJ, Slinn WGN (eds) Precipitation Scavenging. AEC Symp Ser 22. U.S. Atomic Energy Commission, Oak Ridge, pp 475–485
Estoque MA (1973) Numerical Modelling of the planetary boundary layer. In: Haugen DA (ed) Workshop on micrometerology. Am Meteorol Soc, Boston, pp 217–270
Farman JC, Gardiner BG, Shanklin JD (1985) Large losses of total ozone in Antarctica reveal seasonal ClO_x/NO_x interaction. Nature (London) 315:207–210
Feigenbaum MJ (1979) The onset spectrum of turbulence. Phys Lett A 74:375–378
Fiedler F (1982) Atmospheric circulation. In: Jaeschke W, Georgii HW (eds) Chemistry of the unpolluted and polluted troposphere. Reidel, Dordrecht, pp 119–154
Flohn H (1974) Vom Regenmacher zum Wettersatelliten. Kindler, Frankfurt/Main, als Taschenbuch: Fischer, Nr. 6252, Stuttgart
Fortak H (1982) Meteorologie. Reimer, Berlin
Fuchs NA (1964) The mechanics of aerosols. Pergamon, Oxford
Garland JA, Branson JR (1977) The deposition of sulphur dioxide to pine forrest assessed by a radioactive tracer method. Tellus 29:445–454
Garland JA, Atkins DJ, Readings CJ, Caughey SJ (1974) Deposition of gaseous sulphur dioxide to the ground. Atmos Environ 8:25–79
Georgii HW (1982) Global distribution of the acidity in precipitation. In: Georgii HW, Pankrath J (eds) Deposition of atmospheric pollutants. Reidel, Dordrecht, pp 55–66
Georgii HW, Lenhard U (1978) Contribution to the atmospheric NH_3 budget. Pure Appl Geophys 116:385–391
Gidel LT, Crutzen PJ, Fischmann J (1983) A two-dimensional photochemical model of the atmosphere. 1: Chlorocarbon emissions and their effect on stratospheric ozone. J Geophys Res 88:6622–6640
Gifford FA (1957a) Relative atmospheric diffusion of smoke puffs. J Meteorol 14:410
Gifford FA (1957b) Further data on relative atmospheric diffusion. J Meteorol 14:475
Gillette DA (1978) A wind tunnel simulation of the erosion of soil: effects of soil texture, sandblasting, wind speed and soil condition on dust production. Atmos Environ 12:1735–1743
Gillette DA, Adams J, Endo C, Smith D (1980) Threshold velocities for input of soil particles into the air by desert soils. J Geophys Res 85:5621–5630
Gill AE (1982) Atmospheric-Ocean Dynamics. Academic Press, New York

Goldsmith P, Delafield HJ, Cox LC (1961) Measurement of the deposition of submicron particles in the gradient of vapour pressure and of the efficiency of this mechanism in the capture of particulate matter by cloud droplets in nature. Geofis Pura Appl 50:278–280

Gollup JP, Benson SV (1980) Many routes to turbulent convection. J Fluid Mech 100:449–470

Goody RM (1964) Atmospheric radiation. Clarendon, Oxford

Gross MG (1972) Oceanography, a view of the earth. Prentice-Hall, Englewood Cliffs

Gunn R, Kinzer GD (1949) The terminal velocity of fall for water drops in stagnant air. J Meteorol 6:243–248

Gurvich AS (1960) Frequency spectra and distribution functions of vertical wind components. Izvestia A.N.S.S.S.R. Geophys Ser 7:1042

Hammer CU, Clausen HB, Dansgaard W (1980) Greenland ice-sheet evidence of post-glacial volcanism and its climatic impact. Nature (London) 288:230–235

Hampicke U (1980) The effect of the atmosphere-biosphere exchange on the global carbon cycle. Experientia 36:776–781

Hanel RA, Conrath BJ, Kunde VG, Prabhakara C, Revah I, Salomonson VV, Wolford G (1972) The Nimbus-4 infrared spectroscopy experiment, 1. Calibrated infrared thermal emission spectra. J Geophys Res 11:2629–2641

Hansen JE, Wei-Chyung Wang, Lacis AA (1978) Mount Agung eruption provides test of global climatic pertubations. Science 199:1065–1068

Haude W (1954) Zur praktischen Bestimmung der aktuellen und potentiellen Evaporation und Evapotranspiration. Mitt Dtsch Wetterdienst 8:3–11

Haugen DA (ed) (1973) Workshop on micrometeorology. Am Meteorol Soc, Boston

Hays JD, Imbrie J, Shackleton NJ (1976) Variations in the Earth's orbit: pacemaker of the ice ages. Science 194:1121–1132

Heikes BG, Thompson AM (1983) Effects of heterogeneous processes in NO_3, HONO, and HNO_3 chemistry in the troposphere. J Geophys Res 88:10883–10895

Hidalgo H, Crutzen PJ (1977) The tropospheric and stratospheric composition perturbed by NO_x emissions of high altitude aircraft. J Geophys Res 82:5833–5866

Hidy GM, Brock JR (1970) The dynamics of aerocolloidal systems. Pergamon, Oxford

Hinze JO (1975) Turbulence, 2nd edn. MacGraw-Hill, New York

Hinzpeter M (1958) The influence of meteorological parameters on the propagation of radioactive fission products in the biosphere. Proc II Int Conf Peaceful Uses of Atomic Energy, Vol. 18. United Nations, New York, p 284

Hobbs PV, McCormick MP (eds) (1988) Aerosols and Climate. Deepack, Hampton

Hodkinson JR (1966) The optical measurement of aerosols. In: Davies CN (ed) Aerosol Science. Academic Press, London, pp 287–357

Hofmann DJ (1987) Perturbations of the global atmosphere associated with the El Chichón volcanic eruption of 1982. Rev Geophys 25:743–759

Hofmann DJ, Rosen JM (1983) Sulfuric acid droplet formation and growth in the stratosphere after the 1982 eruption of El Chichón. Science 222:325–327

Hofmann DJ, Rosen JM, Peppin TJ, Pinnick RG (1975) Stratospheric aerosol measurements. I: Time variations at Northern midlatitudes. J Atmos Sci 32:1446–1456

Hofmann DJ, Harder JW, Rolf SR, Rosen JM (1987) Balloon-borne observations of the development and vertical structure of the Antarctic ozone hole in 1986. Nature (London) 326:59–62

Houghton RA, Boone RD, Fruci JR, Hobbie JM, Melillo JM, Palm CA, Peterson BJ, Shaver GR, Woodwell GM, Moore B, Skole DL, Myers N (1987) The flux of carbon from terrestrial ecosystems to the atmosphere in 1980 due to changes in land use: geographic distribution of the global flux. Tellus 39 B:122–139

Houghton RA, Woodwell GM, Sedjo RA, Detwiler RP, Hall CAS, Brown S (1988) The global carbon cycle. Science 241:1736–1739

Hunt JCR, Simpson JE (1982) Atmospheric boundary layers over non-homogeneous terrain. In: Plate EJ (ed) Engineering meteorology. Elsevier, Amsterdam, pp 269–318

Imbrie J, Hays JD, Martinson D, McIntyre A, Mix A, Morley J, Pisias N, Prell W, Shackleton NJ (1984) The orbital theory of Pleistocene climate: support from a revised chronology of the

marine $\delta^{18}O$ record. In: Berger AL et al. (eds) Milankovitch and Climate, Part I. Reidel, Dordrecht, pp 269–305
Jähne B, Huber W, Dutzi A, Wais T, Ilmberger J (1984) Wind/wavetunnel experiment on the Schmidt number and wave field dependence of air/water exchange. In: Brutsaert W, Jirka GH (eds) Gas transfer at water surfaces. Reidel, Dordrecht, pp 303-309
Jähne B, Münnich KO, Bösinger R, Dutzi A, Huber W, Libner P (1987) On the parameters influencing air-water exchange. J Geophys Res 92:1937–1949
Jaenicke R (1978) Über die Dynamik atmosphärischer Aitkenteilchen. Ber Bunsenges Phys Chem 82:1198–1202
Johnsen SJ, Dansgaard W, Clausen HB, Langway CC (1972) Oxygen isotope profiles through the Antarctic and Greenland ice sheets. Nature (London) 235:429–434
Johnston HS (1971) Reduction of stratospheric ozone by nitrogen oxide catalysts from supersonic transport exhaust. Science 173:517–522
Johnston HS (1975) Global ozone balance in the natural stratophere. Rev Geophys Space Phys 13:637–649
Johnston HS, Podolske J (1978) Interpretations of stratospheric chemistry. Rev Geophys Space Phys 16:491–519
Jones PD (1988) Hemispheric surface air temperature variations: Recent trends and an update to 1987. J Clim 1:654–660
Jones PD, Wigley TML (1990) Global warming trends. Sci Am Aug 1990:66–73 (deutsch: Die Erwärmung der Erde seit 1850, Spektr Wiss Okt 1990:108–116)
Jones PD, Wigley TML, Wright PB (1986) Global temperature variations between 1861 and 1984. Nature (London) 322:430–434
Jost W (1960) Diffusion in solids, liquids, gases. Academic Press, New York
Jouzel J, Lorius C, Petit JR, Genthon C, Barkov NI, Kotlyakov VM, Petrov VM (1987) Vostok ice core: a continuous isotope temperature record over the last climatic cycle (160,000 years). Nature (London) 329:403-408
Junge CE (1961) Vertical profiles of condensation nuclei in the stratosphere. J Meterol 18:501–509
Junge CE (1963) Air chemistry and radioactivity. Academic Press, New York
Junge CE (1975) Processes responsible for the trace content in precipitation. Vortrag XVI. General Assembly of I.U.G.G., Grenoble
Käselau KH, Fabian P, Röhrs H (1974) Measurements of aerosol concentration up to a height of 27 km. Pure Appl Geophys 112:877–885
Keeling CD (1973) The carbon dioxide cycle: Reservoir models to depict the exchange of atmospheric carbon dioxide with the oceans and landplants. In: Rasool SI (ed) Chemistry of the lower atmosphere. Plenum, New York, pp 251–329
Keeling CD, Bacastow RB, Carter AF, Piper SC, Whorf TP, Heimann M, Mook WG, Roeloffzen H (1989) A three dimensional model of atmospheric CO_2 transport based on observed winds: 1. Analysis of observational data. In: Petersen DH (ed) Aspects of climate variability in the Pacific and the Western Americas. Geophys. Monograph 55, Am Geophys Union, Washington, pp 165–236
Ketserides G, Jaenicke R (1977) Organische Beimengungen in atmosphärischer Reinluft: Ein Beitrag zur Budget-Abschätzung. In: Aurand K et al. (Hrsg) Organische Verunreinigungen in der Umwelt. Schmidt, Berlin, pp 379–390
Khalil MAK, Rasmussen RA (1983) Sources, sinks, and seasonal cycles of atmospheric methane. J Geophys Res 88:5131–5144
Klett JD, Davis MH (1973) Theoretical collision efficiencies of cloud droplets at small Reynolds numbers. J Atmos Sci 30:107–117
Klug W (1969) Ein Verfahren zur Bestimmung der Ausbreitungsbedingungen aus synoptischen Beobachtungen. Staub-Reinhalt Luft 29:143–147
Kolmogorov AN (1941) The local structure of turbulence in incompressible viscous fluids for very large Reynolds numbers. CR Acad Sci U.R.S.S. 30:301–305
Kondratyev KY, Moskalenko NI (1984) The role of carbon dioxid and other minor gaseous components and aerosols in the radiation budget. In: Houghton JT (ed) The global climate. Cambridge Univ Press, Cambridge, pp 225–233
Koschmieder H (1924) Theorie der horizontalen Sichtweite. Beitr Phys Frei Atmos 12:33–53

Kromer B, Roether W (1983) Field measurements of air-sea gas exchange by the radon deficit method during Jasin (1978) and FGGE (1979). Meteor Forsch Erg Reihe A/B 24:55–75

Kruse HA, von Storch H (1986) A step towards long range weather prediction: The exceptional atmospheric circulation of January 1983 and its relation to El Niño. Meteorol Rdsch 39:152–160

Lamb HH (1968) The changing climate. Methuen, London

Lamb HH (1972) Climate, present, past, and future, Vol. 1. Methuen, London

Lamb HH (1977) Climate, present, past, and future, Vol. 2. Methuen, London

Lazrus AL, Gandrud BW (1974) Stratospheric sulfate aerosol. J Geophys Res 79:3424–3431

Lemon E (1977) The land's response to more carbon dioxide. In: Andersen NR, Malahoff A (eds) The fate of fossil fuel CO_2 in the oceans. Plenum, New York, pp 97–130

Liljequist GH, Cehak K (1979) Allgemeine Meteorologie. Vieweg, Braunschweig

Liss PS (1971) Exchange of SO_2 between the atmosphere and natural waters. Nature (London) 233:327–329

Logan JA, Prather MJ, Wofsy SC, McElroy MB (1981) Tropospheric chemistry: A global perspective. J Geophys Res 86:7210–7254

Lumley JL, Panofsky HA (1964) The structure of atmospheric turbulence. Wiley and Sons, New York

Majoube M (1971) Fractionnement en oxygène 18 et en deutérium entre l'eau et sa vapeur. J Chim Phys 10:1423–1436

Manabe S, Strickler RF (1964) Thermal equilibrium of the atmosphere with a convective adjustment. J Atmos Sci 21:361–385

Manabe S, Wetherald RT (1980) On the distribution of climate change resulting from an increase in CO_2 content of the atmosphere. J Atmos Sci 37:99–118

Manier G (1975) Vergleich zwischen Ausbreitungsklassen und Temperaturgradient. Meteorol Rdsch 28:6–11

Mason B (1966) Principles of geochemistry. Wiley and Sons, New York

Mason BJ (1971) The physics of clouds. Clarendon, Oxford

Mayer DH (1982) Turbulenz: Durchbruch in einem lange ungelösten Problem? Phys Bl 38:55–59 (Teil 1); 38:87–92 (Teil 2)

McCormick RA, Gutsche B (1969) Meteorologie der Luftbeimengungen. Inst Theor Meteorol FU Berlin, Berlin

McElroy MB, Salawitch RJ, Wofsy SC, Logan JA (1986) Reductions of Antarctic ozone due to synergistic interactions of chlorine and bromine. Nature (London) 321:759–762

McMahon TA, Denison PJ (1979) Empirical atmospheric deposition parameters – a survey. Atmos Environ 13:571–585

Merlivat L (1978) Molecular diffusivities of $H_2{}^{16}O$, $HD^{16}O$, and $H_2{}^{18}O$ in gases. J Chem Phys 69:2864–2871

Middleton P (1980) A re-examination of atmospheric sulfuric acid aerosol formation and growth. J Aerosol Sci 11:411–414

Middleton P, Kiang CS (1978) A kinetic aerosol model for the formation and growth of seondary sulfuric acid particles. J Aerosol Sci 9:359–385

Milankovitch M (1920) Théorie mathématique des phénomènes thermiques produit par la radiation solaire. Gauthier-Villars, Paris

Millikan RA (1923) The general law of fall of a small spherical body through a gas, and its bearing upon the nature of molecular reflection from surface. Phys Rev 22:1–23

Möller F (1973) Einführung in die Meteorologie, 2 Bd. BI-Hochschultaschenbücher Nr. 276 u. Nr. 288, Bibliogr Inst, Mannheim

Möller U, Schumann G (1970) Mechanisms of transport from the atmosphere to the earth's surface. J Geophys Res 75:3013–3019

Molina LT, Molina MJ (1987) Production of Cl_2O_2 by the self reaction of ClO radical. J Phys Chem 91:433–436

Molina MJ, Rowland FS (1974) Stratospheric sink for chlorofluoromethans: Chlorine atom catalyzed destruction of ozone. Nature (London) 249:810–812

Monin AS, Yaglom AM (1973) Statistical Fluid Dynamics (2 Bände). MIT Press, Cambridge/Mass

Münnich KO, Flothmann D (1975) Gas exchange in relation to other air/sea interaction phenomena. Vortrag SCOR workshop on air/sea transport of pollutants, Miami
Neftel A, Oeschger H, Schwander J, Stauffer B, Zumbrunn R (1982) Ice core sample measurements give atmosphere CO_2 content during the past 40000 yrs. Nature (London) 295:220–223
Neftel A, Moor E, Oeschger H, Stauffer B (1985) Evidence from polar ice cores for the increase in atmosphere CO_2 in the past two centuries. Nature (London) 315:45–47
Nester K (1980) Statistisch äquivalente Verfahren zur Bestimmung von Ausbreitungskategorien. Vortrag Seminar on radioactive releases and their dispersion in the atmosphere following a hypothetical reactor accident, held at Roskilde, 22.-25. 4. 1980
Nester K, Thomas P (1979) Im Kernforschungszentrum Karlsruhe experimentell ermittelte Ausbreitungsparameter für Emissionshöhen bis 105 m. Staub-Reinhalt Luft 39:291–295
Newell RE, Weare BC (1976) Factors governing tropospheric mean temperature. Science 194:1413–1414
Nieuwstadt FTM, Van Dop H (eds) (1984) Atmospheric turbulence and air pollution modelling, 2nd edn. Reidel, Dordrecht
Nikuradse J (1933) Strömungsgesetze in rauhen Rohren. Forsch Arb Ing-Wesen 361
North GR, Cahalan RF, Coakley JA (1981) Energy balance climate models. Rev Geophys Space Phys 19:91–121
Oeschger H, Siegenthaler U, Schotterer U, Guglemann A (1975) A box diffusion model to study the carbon dioxide exchange in nature. Tellus 27:168–192
Oort AH (1971) The observed annual cycle in the meridional transport of atmospheric energy. J Atmos Sci 28:325
Palmén E, Newton CW (1969) Atmospheric circulation systems. Academic Press, New York
Paltridge PW, Platt CMR (1976) Radiative processes in meteorology and climatology. Elsevier, Amsterdam
Panofsky HA (1973) Tower micrometerology. In: Haugen DA (ed) Workshop on Micrometeorology. Am Meteorol Soc, Boston, pp 151–176
Panofsky HA, McCormick RA (1960) The spectrum of vertical velocity near the surface. Quart J Roy Meteorol Soc 86:495
Pasquill F (1961) The estimation of the dispersion of windborn material. Meteorol Mag 90:33–49
Pasquill F (1974) Atmospheric diffusion. Wiley, Chichester
Pasquill F, Smith FB (1983) Atmospheric Diffusion, 3rd edn. Horwood, Chichester
Paulson CA (1970) The mathematical presentation of wind speed and temperature profiles in the unstable atmospheric surface layer. J Appl Meteorol 9:857–861
Peirson DH, Cambray RS (1965) Fission product fallout from the nuclear explosions of 1961 and 1962. Nature (London) 205:433–440
Peirson DH, Cawse PA, Salmon L, Cambray RS (1973) Trace elements in the atmospheric environment. Nature (London) 241:252–256
Peng TH (1984) Invasion of fossil fuel CO_2 into the ocean. In: Brutsaert W, Jirka GH (eds) Gas transfer at water surfaces. Reidel, Dordrecht, pp 515–523
Penman HL (1948) Natural evaporation from open water, bare soil and grass. Proc Roy Soc A 193:120–145
Perseke C (1982) Composition of acid rain in the Federal Republic of Germany – Spatial and temporal variations during the period 1979–1981. In: Georgii HW, Pankrath J (eds) Deposition of atmospheric pollutants. Reidel, Dordrecht, pp 77–86
Peterson JT, Junge CE (1971) Sources of particulate matter in the atmosphere. In: Matthews WH et al. (eds) Mans impact on climate. MIT Press, Cambridge/Mass, pp 310–320
Pollack JB, Toon OB, Sagan C, Summers A, Baldwin B, Van Camp W (1976) Volcanic explosions and climatic change: A theoretical assessment. J Geophys Res 81:1071–1083
Priestley CHB (1959) Turbulent transfer in the lower atmosphere. Univ Chicago Press, Chicago
Pruppacher HR, Klett JD (1978) Microphysics of atmospheric clouds and precipitation. Reidel, Dordrecht
Quenzel H (1970) Determination of size distribution of atmospheric aerosol particles from spectral solar radiation measurements. J Geophys Res 75:2915–2921
Rahn KA (1976) The chemical composition of atmospheric aerosols. Rep. Graduate School of Oceangraphy, Univ Rhode Island, Kingston

Ramage CS (1986) El Niño. Sci Am 254:55–61 (deutsch: El Niño. Spektr Wiss Aug 1986:92–100)

Ramanathan V, Coakley JA (1978) Climate modelling through radiative-convective models. Rev Geophys Space Phys 16:465–489

Ramanathan V, Dickinson RE (1979) The role of stratospheric ozone in the zonal and seasonal radiative energy balance of the earth-troposphere system. J Atmos Sci 36:1084–1104

Ramanathan V, Callis LB, Boughner RE (1976) Sensitivity of surface temperature and atmospheric temperature to pertubations in the stratospheric concentration of ozone and nitrogen dioxide. J Atmos Sci 33:1092–1112

Ramanathan V, Cicerone RJ, Singh HB, Kiehl JT (1985) Trace gas trends and their potential role in climate change. J Geophys Res 90:5547–5566

Ramanathan V, Callis L, Cess R, Hansen J, Isaksen I, Kuhn W, Lacis A, Luther F, Mahlmann J, Reck R, Schlesinger M (1987) Climate-chemical interactions and effects of changing atmospheric trace gases. Rev Geophys 25:1441–1482

Reichardt H (1951) Vollständige Darstellung der turbulenten Geschwindigkeitsverteilung in glatten Leitungen. Z Angew Math Mech 31:208–219

Reiter ER (1975) Stratospheric-tropospheric exchange processes. Rev Geophys Space Phys 13:459–474

Richardson LF (1926) Atmospheric diffusion shown on a distance-neighbour graph. Proc Roy Soc A 110:709

Richards LW (1983) Comments on the oxidation of NO_2 to nitrate – day and night. Atmos Environ 17:397–402

Riley JP, Chester R (1971) Introduction to marine chemistry. Academic Press, London

Robinson E, Robbins RC (1971) Emissions, concentrations and fate of particulate atmospheric pollutants. Final Rep, SRI Project 8507, Am Petrol Inst

Rodgers CD, Walshaw CD (1966) The computation of infra-red cooling rate in planetary atmospheres. Quart J Roy Meteorol Soc 92:67–92

Roedel W (1979) Measurement of sulfuric acid saturation vapor pressure. Implications for aerosol formation by heteromolecular nucleation. J Aerosol Sci 10:375–386

Roedel W (1980) On the climate-radiocarbon relationship: Nitric oxide and ozone as connecting links between radiation and earth's surface temperatures. Radiocarbon 22:250–259

Roedel W (1982) Thermal diffusion of aerosol particles: Lagrangian autocorrelation as an alternative to Langevin's equation. J Aerosol Sci 13:597–601

Rogers RR, Yau MK (1989) A short course in cloud physics. Pergamon, Oxford

Rosen JM, Hofmann DJ (1977) Balloon-born measurements of condensation nuclei. J Appl Meteorol 16:56–62

Rosen JM, Hofmann DJ, Laby J (1975) Stratospheric aerosol measurements II: The world wide distribution. J Atmos Sci 32:1457–1462

Rotty RM, Marland G (1986) Production of CO_2 from fossil fuel burning by fuel type, 1860–1982. Report NDP-006, Carbon Dioxide Information Center, Oak Ridge National Lab

Ruelle D, Takens F (1971) On the nature of turbulence. Commun Math Phys 20:167

Schlesinger ME, Mitchell JFB (1987) Climate model simulations of the equilibrium climatic response to increased carbon dioxide. Rev Geophys 25:760–798

Schönwiese CD (1979) Klimaschwankungen. Springer, Berlin Heidelberg New York

Schönwiese CD (1985) Praktische Statistik für Meteorologen und Geowissenschaftler. Borntraeger, Berlin

Schönwiese CD (1986) Der statistische Nachweis des Spurengaseffektes. promet 16:9–13

Schönwiese CD, Birrong W, Schneider U, Stähler U, Ullrich R (1990) Statistische Analyse des Zusammenhangs säkularer Klimaschwankungen mit externen Einflußgrößen und Zirkulationsparametern unter besonderer Berücksichtigung des Treibhausproblems. Ber Inst Meteorol Geophys Univ Frankfurt 84, Frankfurt/Main

Schuster HG (1984) Deterministic Chaos. Physik-Verlag, Weinheim

Schwartz SE (1986) Mass-transport considerations pertinent to aqueous phase reaction of gases in liquid-water clouds. In: Jaeschke W (ed) Chemistry of multiphase systems, NATO ASI Ser, Vol. G6, Springer, Berlin Heidelberg New York Tokyo, pp 415–471

Schwarzbach M (1974) Das Klima der Vorzeit. Enke, Stuttgart

Sehmel GA (1973) Particle eddy diffusivities and deposition velocities for isothermal flow and smooth surfaces. J Aerosol Sci 4:125–138
Sehmel GA, Sutter SL (1974) Particle deposition on a water surface as a function of particle diameter and air velocity. J Rech Atmos 8:911–918
Sellers WD (1965) Physical Climatology. Univ Chicago Press, Chicago
Sellers WD (1969) A global climatic model based on the energy balance of the earth-atmosphere system. J Appl Meteorol 8:392–400
Shapiro MA (1980) Turbulent mixing within tropopause folds as a mechanism for the exchange of chemical constituents between the stratosphere and the troposphere. J Atmos Sci 37:994–1004
Shapiro MA (1981) Frontogenesis and geostrophically forced secondary circulations in the vicinity of jet stream-frontal zone systems. J Atmos Sci 38:954–973
Siegenthaler U (1983) Uptake of excess CO_2 by an outcrop-diffusion model of the ocean. J Geophys Res 88:3599–3608
Siegenthaler U, Oeschger H (1978) Predicting future atmospheric carbon dioxide levels. Science 199:388–395
Siegenthaler U, Wenk T (1984) Rapid atmospheric CO_2 variations and ocean circulation. Nature (London) 308:624–626
Smith ME, Singer IA (1966) An improved method of estimating concentrations and related phenomena from a point source emission. J Appl Meteorol 5:631–639
Solomon S, Garcia RR, Rowland FS, Wuebbles DJ (1986) On the depletion of antarctic ozone. Nature (London) 321:755–758
Solomon S, Mount GH, Sanders RW, Schmeltekopf AL (1987) Visible spectroscopy at McMurdo Station, Antarctica. 2. Observations of OClO. J Geophys Res 92:8329–8338
Sonntag Ch, Klitzsch E, Löhnert EP, El Shazly EM, Münnich KO, Junghans Ch, Thorweihe U, Weistroffer K, Swailem FM (1979) Paleoclimatic information from deuterium and oxygen-18 in C-14 dated North Saharian groundwaters. Groundwater formation in the past. In: Isotope Hydrology 1978, Vol. 2, IAEA, pp 569–581
Sonntag C, Münnich KO, Jacob H, Rozanski K (1983) Variations of deuterium and oxygen-18 in continental precipitation and groundwater, and their causes. In: Street-Perrott LA, Beran M, Ratcliffe R (eds) Variations in the global water budget. Reidel, Dordrecht, pp 107–124
Spelman MJ, Manabe S (1984) Influenced of oceanic heat transport upon the sensitivity of a model climate. J Geophys Res 89:571–586
Staley DO, Jurica GM (1970) Flux emissivity tables for water vapor, carbon dioxide and ozone. J Appl Meteorol 9:365–372
Stewart MK, Friedman I (1975) Deuterium fractionation between aqueous salt solution and water vapor. J Geophys Res 80:3812–3818
Sverdrup HU (1936) Das maritime Verdunstungsproblem. Ann Hydrogr Marit Meteorol 32:41–47
Takahashi T (1979) Carbon dioxide chemistry in ocean water. In: Elliott WP, Machta L (eds) Carbon dioxide effects research and assessment program, U.S. Dept. of Energy, Washington, D.C., pp 63–71
Taylor GI (1938) The structure of turbulence. Proc Roy Soc (London) A 164:476
Taylor RJ (1956) Some measurements of heat flux at large negative Richardson numbers. Quart J Roy Meteorol Soc 82:89
Thom AS (1975) Momentum, mass and heat exchange of vegetation. In: Monteith JL (ed) Vegetation and the atmosphere, Vol. 1. Academic Press, London, pp 57–109
Thornthwaite CW, Holzman B (1942) Measurements of evaporation from land and water surfaces. US Dept Agric Tech Bull 817
Thornthwaite CW, Mather JR (1955) The water balance. Inst Technol Publ Climat 8:1–86
Townsend AA (1962) Natural convection in the earth's boundary layer. Quart J Roy Meteorol Soc 88:51
Turco RP, Whitten RC, Toon OB, Pollack JB, Hamill P (1980) OCS, stratospheric aerosols and climate. Nature (London) 283:283–286
Turekian KK (1971) Geochemical distribution of elements. McGraw-Hill Encyclopedia of Science and Technology, Vol. 4. McGraw-Hill, London, pp 627–630
Turner DB (1964) A diffusion model for an urban area. J Appl Meteorol 3:83–91
Van de Hulst HC (1981) Light scattering by small particles. Dover, New York

Van der Westhuizen M (1969) Radioactive nuclear bomb fallout – a relationship between deposition, air concentration and rainfall. Atmos Environ 3:241

Van Keulen H, van Laar HH, Louwerse W, Goudriaan J (1980) Physiological aspects of increased CO_2 concentration. Experientia 36:787–792

Vielstich Z (1953) Der Zusammenhang zwischen Nernstscher Diffusionsschicht und Prandtlscher Strömungsgrenzschicht. Z Elektrochem 57:646–655

Vogt KJ (1976) Ergebnisse der Jülicher Ausbreitungsexperimente für 50 und 100 m Emissionshöhe. ZST-Bericht 240, KFA Jülich

Vogt KJ (1977) Empirical Investigations of the diffusion of waste air plumes in the atmosphere. Nucl Technol 34:43–57

Vollmer M, Weber A (1926) Keimbildung in übersättigten Gebilden. Z Phys Chem A 119:277–301

Volz A, Kley D (1988) Ozone measurements made in the 19th century: An evaluation of the Montsouris series. Nature (London) 332:240–242

Wagener K (1979) The carbonate system of the ocean. In: Bolin B et al. (eds) The global carbon cycle. Wiley and Sons, New York, pp 251–258

Waggoner PE, Turner CE (1971) Referiert bei: Jarvis PG, James GB, Landsberg JJ (1975) Coniferous forest. In: Monteith JL (ed) Vegetation in the atmosphere, Vol. 2. Academic Press, London, pp 171–240

Waldmann L, Schmitt KH (1966) Thermophoresis and diffusiophoresis of aerosols. In: Davies CN (ed) Aerosol science. Academic Press, London, pp 137–162

Walker GT (1923) Correlation in seasonal variations of weather. VIII: A preliminary study of world weather. Mem India Meteorol Dept 24:75–131

Walker GT (1924) Correlation of seasonal variations of weather. IX: A further study of world weather. Mem India Meteorol Dept 24:275–332

Walter H (1973) Coagulation and size distribution of condensation aerosols. J Aerosol Sci 4:115

Wang PK, Grover SN, Pruppacher HR (1978) On the effect of electric charges on the scavenging of aerosol particles by clouds and small raindrops. J Atmos Sci 35:1735–1743

Warneck P (1988) Chemistry of the natural atmosphere. Academic Press, San Diego

Washington WM, Meehl GA (1983) General circulation model experiments on the climate due to a doubling and quadrupling of carbon dioxid concentration. J Geophys Res 88:6600–6610

Washington WM, Meehl GA (1984) Seasonal cycle experiment on the climate sensitivity due to a doubling of CO_2 with an atmospheric general circulation model coupled to a simple mixed-layer ocean model. J Geophys Res 89:9475–9503

Washington WM, Meehl GA (1989) Climate sensitivity due to increased CO_2: Experiments with a coupled atmosphere and ocean general circulation model. Climate Dyn 4:1–38

Webb EK (1958) Vanishing potential temperature gradient in strong convection. Quart J Roy Meteorol Soc 84:118

Weischet W (1977) Einführung in die allgemeine Klimatologie. Teubner, Stuttgart

Wetherald RT, Manabe S (1981) Influence of seasonal variation upon the sensitivity of a model climate. J Geophys Res 86:1194–1204

Wigley TML, Raper SCB (1990) Natural variability of the climate system and detection of the greenhouse effect. Nature (London) 344:324–327

Winkler P (1975) Chemical analysis of Aitken particles ($<$ 0,2 μm) over the Atlantic ocean. Geophys Res Lett 2:45–48

WMO (1989) Report on the NASA/WMO Ozone Trends Panel. Global Ozon Research and Monitoring Project, Rep 18; 20

Woodwell GM, Whittaker RH, Reiners WA, Likens GE, Delwiche CC, Botkin DB (1978) The biota and thw world carbon budget. Science 199:141–146

Wuebbles DJ, Luther FM, Penner JE (1983) Effects of coupled anthropogenic pertubations on stratospheric ozone. J Geophys Res 88:1444–1456

Wyrtki K (1975) El Niño – The dynamic response of the equatorial Pacific Ocean to atmospheric forcing. J Phys Oceanogr 5:572–584

Wyrtki K (1982) The Southern Oscillation, ocean-atmosphere interaction and El-Niño. Mar Technol Soc J 16:3–10

Yamamoto G, Tanaka M, Asano S (1970) Radiative transfer in water clouds in the infrared region. J Atmos Sci 27:282–292

Yue GK, Hamill P (1979) The homogeneous nucleation rates of H_2SO_4-H_2O aerosol particles in air. J Aerosol Sci 10:609–614
Yurtsever Y, Gat JR (1981) Atmospheric waters. In: Gat JR, Gonfiantini R (eds) Stable Isotope Hydrology, Tech Rep Ser 210, IAEA, Wien, pp 103–142
Zebel G (1966) Coagulation of aerosols. In: Davies CN (ed) Aerosol Science. Academic Press, London, pp 31–58
Zeldovich J (1942) Theory of the formation of a new phase. Zh Eksp Teor Fiz 12:525
Zimin AG (1962) Mechanisms of capture and precipitation of atmospheric contaminants by clouds and precipitation. In: Karol IL, Malakhov (eds) Problems in nuclear meteorology. Gosatomizdat, Moskau, pp 139–182

Sachverzeichnis